[참!쉬움]
합격이 참 쉽다!

03 전기기사, 전기산업기사

이론부터 기출문제까지 한 권으로 끝내는

전기기기

알기 쉬운 기본이론 ➕ 상세한 기출문제 해설

문영철 지음

BM (주)도서출판 성안당

도서 A/S 안내

성안당에서 발행하는 모든 도서는 저자와 출판사, 그리고 독자가 함께 만들어 나갑니다.

좋은 책을 펴내기 위해 많은 노력을 기울이고 있습니다. 혹시라도 내용상의 오류나 오탈자 등이 발견되면 "좋은 책은 나라의 보배"로서 우리 모두가 함께 만들어 간다는 마음으로 연락주시기 바랍니다. 수정 보완하여 더 나은 책이 되도록 최선을 다하겠습니다.

성안당은 늘 독자 여러분들의 소중한 의견을 기다리고 있습니다. 좋은 의견을 보내주시는 분께는 성안당 쇼핑몰의 포인트(3,000포인트)를 적립해 드립니다.

잘못 만들어진 책이나 부록 등이 파손된 경우에는 교환해 드립니다.

저자 문의 : mycman78@naver.com(문영철)

본서 기획자 e-mail : coh@cyber.co.kr(최옥현)

홈페이지 : http://www.cyber.co.kr   전화 : 031) 950-6300

더 이상 쉬울 수 없다! **전기기기**

우리나라는 현대사회에 들어오면서 빠르게 산업화가 진행되고 눈부신 발전을 이룩하였는데 그러한 원동력이 되어준 어떠한 힘, 에너지가 있다면 그것이 바로 전기라 생각합니다. 이러한 전기는 우리의 생활을 좀 더 편리하고 윤택하게 만들어주지만 관리를 잘못하면 무서운 재앙으로 변할 수 있기 때문에 전기를 안전하게 사용하기 위해서는 이에 관련된 지식을 습득해야 합니다. 그 지식을 습득할 수 있는 방법이 바로 전기기사 및 전기산업기사 자격시험(이하 자격증)이라고 볼 수 있습니다. 또한, 전기에 관련된 산업체에 입사하기 위해서는 자격증은 필수가 되고 전기설비를 관리하는 업무를 수행하기 위해서는 한국전기기술인협회에 회원등록을 해야 하는데 이때에도 반드시 자격증이 있어야 가능하며 전기사업법 시행규칙 제45조에서도 전기안전관리자 선임자격에 자격증을 소지한 자라고 되어 있습니다. 이처럼 자격증은 전기인들에게는 필수이지만 아직까지 자격증 취득에 애를 먹어 전기인의 길을 포기하시는 분들을 많이 봤습니다.

이에 최단기간 내에 효과적으로 자격증을 취득할 수 있도록 본서를 발간하게 되었고, 이 책이 전기를 입문하는 분들에게 조금이나마 도움이 되었으면 합니다.

이 책의 특징

01 본서를 완독하면 충분히 합격할 수 있도록 이론과 기출문제를 효과적으로 구성하였습니다.

02 이론에 '쌤!코멘트'를 삽입하여 저자의 학습 노하우를 습득할 수 있도록 하였습니다.

03 문제마다 출제이력과 중요도를 표시하여 출제경향 및 각 문제의 출제빈도를 쉽게 파악할 수 있도록 하였습니다.

04 단원별로 유사한 기출문제들끼리 묶어 문제응용력을 높였습니다.

05 기출문제를 가급적 원문대로 기재하여 실전력을 높였습니다.

이 책을 통해 합격의 영광이 함께하길 바라며, 또한 여러분의 앞날을 밝힐 수 있는 밑거름이 되기를 바랍니다. 본서를 만들기 위해 많은 시간을 함께 수고해주신 여러 선생님들과 성안당 이종춘 회장님, 편집부 직원 여러분들의 노고에 감사드립니다.

앞으로도 더 좋은 도서를 만들기 위해 항상 연구하고 노력하겠습니다.

저자 씀

합격시켜 주는 「참!쉬움 전기기기」의 강점

1 10년간 기출문제 분석에 따른 장별 출제분석 및 학습방향 제시

☑ 10년간 기출문제 분석에 따라 각 장별 출제경향분석 및 출제포인트를 실어 학습방향을 제시했다.

또한, 출제항목별로 기사, 산업기사를 구분하여 출제율을 제시함으로써 효율적인 학습이 될 수 있도록 구성했다.

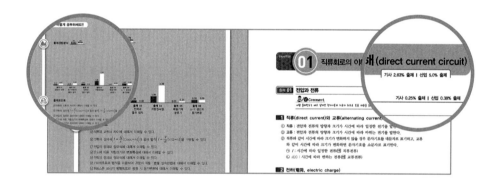

2 자주 출제되는 이론을 그림과 표로 알기 쉽게 정리

☑ 자주 출제되는 이론을 체계적으로 그림과 표로 알기 쉽게 정리해 초보자도 쉽게 공부할 수 있도록 했다.

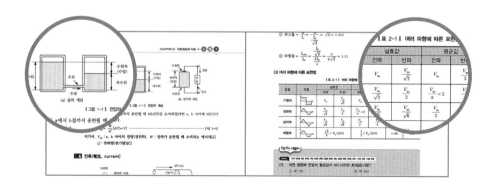

3 이론 중요부분에 '굵은 글씨'로 표시

☑ 이론 중 자주 출제되는 내용이나 중요한 부분은 '굵은 글씨'로 처리하여 확실하게 이해하고 암기할 수 있도록 표시했다.

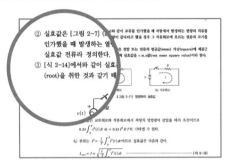

4 단락별로 '단락확인 기출문제' 삽입

☑ 이론 중 단락별로 기출문제를 삽입하여 해당되는 단락이론을 확실하게 이해할 수 있도록 삽입했다.

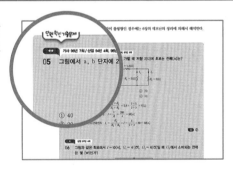

5 좀 더 이해가 필요한 부분에 '참고' 삽입

☑ 이론 내용을 상세하게 이해하는 데 도움을 주고자 부가적인 설명을 참고로 실었다.

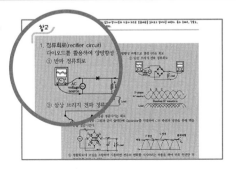

6 문제에 중요도 '별표 및 출제이력' 구성

☑ 문제에 별표(★)를 구성하여 각 문제의 중요
도를 알 수 있게 하였으며 출제이력을 표시하
여 자주 출제되는 문제임을 알 수 있게 하였다.

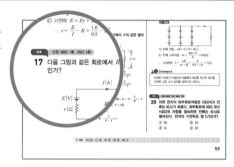

7 '집중공략' 문제 표시

☑ 자주 출제되는 문제에 '집중공략'이라고 표
시하여 중요한 문제임을 표시해 집중해서 학
습할 수 있도록 했다.

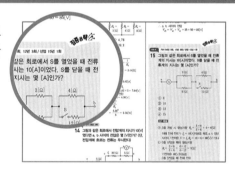

8 '쌤!코멘트' 구성

☑ 이론에 '쌤!코멘트'를 구성하여 문제 해결에
대한 저자분의 합격 노하우를 제시해 학습에
도움을 주었다.

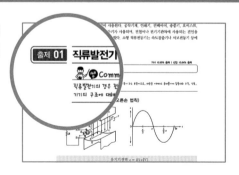

9 상세한 해설 수록

☑ 문제에 상세한 해설로 그 문제를 완전히 이해
할 수 있도록 했을 뿐만 아니라 유사문제에도
대비할 수 있도록 했다.

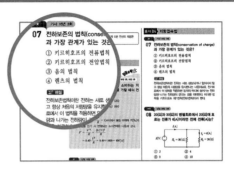

「참!쉬움」 전기기기를 효과적으로 활용하기 위한
제대로 학습법

01 매일 3시간 학습시간을 정해 놓고 하루 분량의 학습량을 꼭 지킬 수 있도록 학습계획을 세운다.

02 학습 시작 전 출제항목마다 출제경향분석 및 출제포인트를 파악하고 학습방향을 정한다.

03 한 장의 이론을 읽어가면서 굵은 글씨 부분은 중요한 내용이므로 확실하게 암기한다.

04 이론 중간중간에 '단원확인 기출문제'를 풀어보면서 앞의 이론을 확실하게 이해한다.

05 기출문제에서 헷갈렸던 문제나 틀린 문제는 문제번호에 체크표시(☑)를 해 둔 다음 나중에 다시 챙겨 풀어본다.

06 기출문제에 '별표'나 '출제이력', '집중공략' 표시를 보고 중요한 문제는 확실하게 풀고 '쌤!코멘트'를 이용해 저자의 노하우를 배운다.

07 하루 공부가 끝나면 오답노트를 작성한다.

08 그 다음날 공부 시작 전에 어제 공부한 내용을 복습해본다. 복습은 30분 정도로 오답노트를 가지고 어제 틀렸던 문제나 헷갈렸던 부분 위주로 체크해본다.

09 부록에 있는 과년도 출제문제를 시험 직전에 모의고사를 보듯이 풀어본다.

10 책을 다 끝낸 다음 오답노트를 활용해 나의 취약부분을 한 번 더 체크하고 실전시험에 대비한다.

단원별 **최신 출제비중**을 파악하자!

전기기사

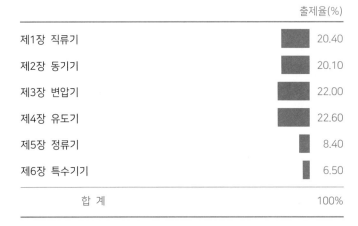

	출제율(%)
제1장 직류기	20.40
제2장 동기기	20.10
제3장 변압기	22.00
제4장 유도기	22.60
제5장 정류기	8.40
제6장 특수기기	6.50
합 계	100%

전기산업기사

	출제율(%)
제1장 직류기	18.43
제2장 동기기	20.40
제3장 변압기	22.29
제4장 유도기	23.12
제5장 정류기	8.96
제6장 특수기기	6.80
합 계	100%

전기자격 **시험안내**

01 시행처

한국산업인력공단

02 시험과목

구분	전기기사	전기산업기사	전기공사기사	전기공사산업기사
필기	1. 전기자기학 2. 전력공학 3. 전기기기 4. 회로이론 및 제어공학 5. 전기설비기술기준	1. 전기자기학 2. 전력공학 3. 전기기기 4. 회로이론 5. 전기설비기술기준	1. 전기응용 및 공사재료 2. 전력공학 3. 전기기기 4. 회로이론 및 제어공학 5. 전기설비기술기준	1. 전기응용 2. 전력공학 3. 전기기기 4. 회로이론 5. 전기설비기술기준
실기	전기설비 설계 및 관리	전기설비 설계 및 관리	전기설비 견적 및 시공	전기설비 견적 및 시공

03 검정방법

[기사]
- **필기** : 객관식 4지 택일형, 과목당 20문항(과목당 30분)
- **실기** : 필답형(2시간 30분)

[산업기사]
- **필기** : 객관식 4지 택일형, 과목당 20문항(과목당 30분)
- **실기** : 필답형(2시간)

04 합격기준

- **필기** : 100점을 만점으로 하여 과목당 40점 이상, 전과목 평균 60점 이상
- **실기** : 100점을 만점으로 하여 60점 이상

출제기준

주요 항목	세부항목
1. 직류기	(1) 직류발전기의 구조 및 원리 (2) 전기자 권선법 (3) 정류 (4) 직류발전기의 종류와 그 특성 및 운전 (5) 직류발전기의 병렬운전 (6) 직류전동기의 구조 및 원리 (7) 직류전동기의 종류와 특성 (8) 직류전동기의 기동, 제동 및 속도제어 (9) 직류기의 손실, 효율, 온도상승 및 정격 (10) 직류기의 시험
2. 동기기	(1) 동기발전기의 구조 및 원리 (2) 전기자 권선법 (3) 동기발전기의 특성 (4) 단락현상 (5) 여자장치와 전압조정 (6) 동기발전기의 병렬운전 (7) 동기전동기 특성 및 용도 (8) 동기조상기 (9) 동기기의 손실, 효율, 온도상승 및 정격 (10) 특수 동기기
3. 전력변환기	(1) 정류용 반도체 소자 (2) 정류회로의 특성 (3) 제어정류기
4. 변압기	(1) 변압기의 구조 및 원리 (2) 변압기의 등가회로 (3) 전압강하 및 전압변동률 (4) 변압기의 3상 결선 (5) 상수의 변환 (6) 변압기의 병렬운전 (7) 변압기의 종류 및 그 특성 (8) 변압기의 손실, 효율, 온도상승 및 정격 (9) 변압기의 시험 및 보수 (10) 계기용변성기 (11) 특수변압기
5. 유도전동기	(1) 유도전동기의 구조 및 원리 (2) 유도전동기의 등가회로 및 특성 (3) 유도전동기의 기동 및 제동 (4) 유도전동기제어 (5) 특수 농형유도전동기 (6) 특수유도기 (7) 단상유도전동기 (8) 유도전동기의 시험 (9) 원선도

주요 항목	세부항목
6. 교류정류자기	(1) 교류정류자기의 종류, 구조 및 원리 (2) 단상직권 정류자 전동기 (3) 단상반발 전동기 (4) 단상분권 전동기 (5) 3상 직권 정류자 전동기 (6) 3상 분권 정류자 전동기 (7) 정류자형 주파수 변환기
7. 제어용 기기 및 보호기기	(1) 제어기기의 종류 (2) 제어기기의 구조 및 원리 (3) 제어기기의 특성 및 시험 (4) 보호기기의 종류 (5) 보호기기의 구조 및 원리 (6) 보호기기의 특성 및 시험 (7) 제어장치 및 보호장치

CHAPTER 01 직류기

CHAPTER 02 동기기

CHAPTER 03 변압기

CHAPTER 04 유도기

출제 01 유도전동기의 원리 및 구조

출제 02 유도전동기의 등가회로 및 특성

출제 03 유도전동기의 운전특성

CHAPTER 05 정류기

CHAPTER 06 특수기기

부록 과년도 출제문제

■ 2022년 제1회 전기기사 기출문제 / 전기산업기사 CBT 기출복원문제

■ 2022년 제2회 전기기사 기출문제 / 전기산업기사 CBT 기출복원문제

■ 2022년 제3회 전기기사 CBT 기출복원문제 / 전기산업기사 CBT 기출복원문제

■ 2023년 제1회 전기기사 CBT 기출복원문제 / 전기산업기사 CBT 기출복원문제

■ 2023년 제2회 전기기사 CBT 기출복원문제 / 전기산업기사 CBT 기출복원문제

■ 2023년 제3회 전기기사 CBT 기출복원문제 / 전기산업기사 CBT 기출복원문제

■ 2024년 제1회 전기기사 CBT 기출복원문제 / 전기산업기사 CBT 기출복원문제

■ 2024년 제2회 전기기사 CBT 기출복원문제 / 전기산업기사 CBT 기출복원문제

■ 2024년 제3회 전기기사 CBT 기출복원문제 / 전기산업기사 CBT 기출복원문제

특별부록 기초이론 및 용어해설

CHAPTER

01

직류기

기사 20.40% 출제
산업 18.43% 출제

이렇게 공부하세요!!

출제경향분석　　기사 출제비율 %　　산업 출제비율 %

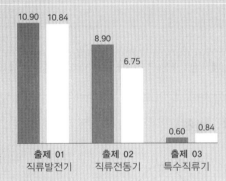

| 10.90 | 10.84 | 8.90 | 6.75 | 0.60 | 0.84 |

출제 01
직류발전기

출제 02
직류전동기

출제 03
특수직류기

출제포인트

☑ 직류발전기는 기전력, 직류전동기는 역기전력 및 토크 부분이 기본으로 발생원리 및 계산 문제가 출제된다.

☑ 전기자권선법의 종류 및 적용에 대한 내용과 정류 시 문제점 및 해결책에 대한 문제가 출제된다.

☑ 직류발전기의 종류별 특성을 구분하고 적용사항 및 계산문제가 출제된다.

☑ 직류발전기에서 용량부족으로 인한 과부하를 방지하기 위한 병렬운전부분의 문제가 출제된다 (병렬운전은 직류기, 동기기, 변압기 이렇게 세 부분에서 출제되는데 많이 출제되면 20문제 중 4문제까지 출제될 수 있음).

☑ 직류전동기의 종류별 특성을 구분하고 적용사항 및 계산문제, 속도제어방법에 대한 문제가 출제된다.

☑ 직류기 효율부분에서 효율을 나타내는 방법을 구분하고 효율식의 의미 및 운전 중의 효율계산 문제가 출제된다.

01 직류기

기사 20.40% 출제 | 산업 18.43% 출제

직류발전기는 원동기를 이용해 운동 에너지를 직류전력으로 변환시키는 기기이고, 직류전동기는 직류전력을 회전하는 운동 에너지로 변환시키는 기기이다. 따라서, 기기의 출력에 따라 직류발전기와 직류전동기로 구분할 수 있다.

직류기는 하나의 기계로 발전기로도 사용할 수 있고 전동기로도 사용할 수 있지만, 현재 발전기는 대부분 교류발전기를 사용하고 있기 때문에 직류발전기는 거의 사용되지 않는다. 그래서 직류기는 산업체에서 전동기로 많이 사용된다. 공작기계, 인쇄기, 컨베이어, 송풍기, 호이스트, 크레인 등 수십, 수백 마력의 직류전동기가 사용되며, 전철이나 전기기관차에 사용되는 견인용 전동기는 대부분 직류전동기가 사용되고 있다. 소형 직류전동기는 속도검출기나 서보전동기 등에 사용된다.

기사 10.90% 출제 | 산업 10.84% 출제

출제 01 직류발전기

**Comment**

직류발전기의 경우 전기기기 과목 중에서 가장 쉽고 기본이 되는 부분이므로, 내용을 이해하고 문제풀이에 집중하되 수식, 약호, 기기의 구조에 대해 익힐 필요가 있다.

1 직류발전기의 원리(플레밍의 오른손 법칙)

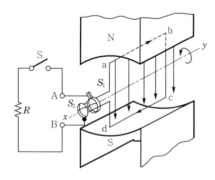
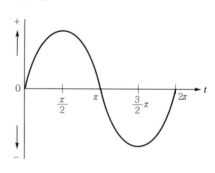

유기기전력 $e = Blv$[V]

오른손 법칙은 자기장 속에 도체(금속막대 등)을 놓고, 어떤 방향으로 움직일 때 엄지손가락은 도체를 움직이는 방향, 검지손가락은 자기장(자기력선)의 방향, 중지손가락은 전류의 방향을 나타낸다.

플레밍의 오른손법칙을 이용하여 연속적으로 동작시키기 위해 아래 회전을 하게 되면 자속과 도체의 쇄교하는 방향과 각도에 따라 크기와 방향이 시간에 따라 변하는 교류전력이 발생한다. 발전기에서 발생한 교류전력을 직류로 변환시키기 위해 정류자를 설치하여 운전한다. 이때, 양질에 직류전력을 얻기 위해 정류자편수를 증가시켜 맥동률을 줄여야 할 필요가 있다.

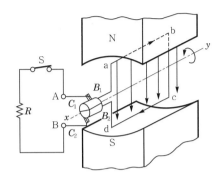
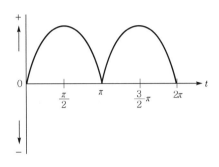

2 직류발전기의 구성요소

(1) 계자

회전자의 양쪽에서 N극과 S극을 형성하고 있는 부분을 고정자라고 한다. 이 고정자는 단순철심일수도 있고 영구자석일수도 있다. 단순철심의 경우에는 철심에 권선을 감아 직류전류를 흘려줌으로써 자속을 발생하도록 구성할 수 있는데 **전류를 흘려 자속을 발생시키는 것을 계자**라고 한다. 그리고 계자에 감겨 있는 권선을 계자권선이라고 하며, 계자권선에 흐르는 직류전류를 계자전류(I_f)라고 한다. 이 계자전류에 의해서 고정자에서 직류기 동작에 있어서 필수적인 자속을 만들어내며, 고정자를 극(자극)이라 한다.

① **철손 : 철손은 계자에서 자속을 만드는 과정에서 발생하는 손실을 말한다.**
② **철손 = 히스테리시스손 + 와류손**
  ㉠ 히스테리시스손($P_h \propto f B_m^2$) : 철심의 자화과정에서 열이 발생하여 소비되는 에너지 손실이다.
  ㉡ 와류손($P_e \propto t^2 f^2 B_m^2$) : 자화되어 발생되는 자속에 의해 철심의 면에 맴도는 전류로 인해 소비되는 손실이다.

(2) 전기자

자극 사이에서 회전하는 원통형 부분을 일반적으로 회전자라고 하며, 직류기에는 이 회전자에 권선이 감겨져 있어서 전류를 흘려주기 때문에 특별히 전기자라고 한다. 이 전기자에 감겨져 있는 권선을 전기자권선이라 하며 이 전기자권선에 흐르는 전류를 전기자전류(I_a)라고 한다.

(3) 정류자와 브러시

브러시와 정류자편은 교류전력을 정류하여 직류전력을 얻을 수 있게 해준다. 정류자편은 회전자의 회전자권선의 끝에 설치된 원형 고리형태의 부분이며, **브러시는 부하측에 설치되는 부분으로, 회전부분과 고정부분을 전기적으로 연결한다.**

전기자권선 전기자철심 정류자

브러시

단원 확인 기출문제

★★★ 산업 03년 3회

01 직류기를 구성하고 있는 3요소는?

① 전기자, 계자, 슬립링

② 전기자, 계자, 정류자

③ 전기자, 정류자, 브러시

④ 전기자, 계자, 보상권선

해설 ㉠ 직류기 3요소 : 전기자, 계자, 정류자
　　　㉡ 교류기 3요소 : 전기자, 계자, 슬립링

답 ②

---

3 전기자권선법

(1) 전기자권선

```
┌ 환상권
│
└ 고상권(개로권, 폐로권) ┬ 단층권
                        └ 2층권 ┬ 중권(병렬권)
                                └ 파권(직렬권)
```

① **환상권** : 환상철심에 도선을 환상으로 감은 것이다.

② **고상권**

    ㉠ 원통형 철심의 표면에만 권선을 감은 것이다.

    ㉡ 절연이 양호하고 제작이 용이하다.

    ㉢ 리액턴스가 작아 정류 시 양호하다.

③ **단층권** : 1개의 슬롯 내에 1개의 코일변(전기자도체)을 삽입하는 권선법이다.

④ **2층권** : 1개의 슬롯 내에 2개의 코일변(전기자도체)을 삽입하는 권선법이다.

(2) 중권과 파권

회전자의 슬롯에 전기자권선을 설치하고 정류자편과 연결시켜야 한다. **전기자권선은 정류자편과의 결선방법에 따라 중권과 파권으로 구분할 수 있다.**

① 중권과 파권의 비교

비교항목	중권(병렬권)	파권(직렬권)
병렬회로수(a)	극수와 같다($a = p$).	극수와 관계없이 2임($a = 2$)
브러시의 수(b)	극수와 같다($b = p$).	2개
균압환	○	×
용도	저전압, 대전류용	고전압, 소전류용

    ㉠ **중권** : 저전압, 대전류에 적당하며 전기자의 병렬회로수 a와 브러시수는 극수와 같다.

    ㉡ **파권** : 파권은 코일의 연결모양이 파도모양으로, 고전압, 소전류 시스템에 적당하며 전기자의 병렬회로수 a와 브러시수는 항상 2이다.

② 정류자편수 $= \dfrac{총 도체수}{2} = \dfrac{슬롯수 \times 슬롯\ 내\ 도체수}{2}$

단원 확인 기출문제

★★ 기사 94년 5회, 12년 1회

02 다음 권선법 중에서 직류기에 주로 사용되는 것은?

    ① 폐로권, 환상권, 이층권

    ② 폐로권, 고상권, 이층권

    ③ 개로권, 환상권, 단층권

    ④ 개로권, 고상권, 이층권

해설 직류기는 폐로권, 고상권, 이층권을 사용하고 있다.

답 ②

★★★★★ 기사 12년 1회(유사) / 산업 93년 2회, 94년 5회, 97년 2회, 06년 3회

03 전기자도체의 굵기, 권수, 극수가 모두 같을 때 단중 파권이 단중 중권과 비교하여 다른 것은?

    ① 대전류, 고전압

    ② 소전류, 고전압

    ③ 대전류, 저전압

    ④ 소전류, 저전압

전기자권선법의 중권과 파권 비교

비교항목	중권	파권
병렬회로수(a)	$P_{극수}$	2
브러시수(b)	$P_{극수}$	2
용도	저전압, 대전류	고전압, 소전류
균압환	사용함	사용 안 함

중권의 경우 다중도(m)일 경우 $a = m P_{극수}$

답 ②

4 직류발전기의 특성

(1) 유기기전력

쌤 Comment

유기기전력은 직류기, 동기기, 변압기에서 다뤄지는 부분으로, 기본내용은 공통으로서 수식의 내용도 유사하기 때문에 수식의 전개과정과
문제적용에 대해 이해가 필요하다.

실제의 기기에서 전기자의 출력단자전압은 병렬회로의 도체수와 각 도체의 전압을 곱한 값과
같다. 극면상에서 단일도체에 유기되는 전압은 다음과 같다.

① 도체 1개당 기전력 $E = B l v$ [V]

② **유기기전력** $E_a = \dfrac{PZ\phi}{a} \cdot \dfrac{N}{60}$ [V]

　여기서, 중권 : $a = P$, 파권 : $a = 2$

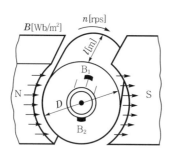
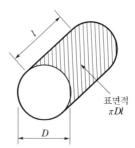

㉠ 자속밀도 $B = \dfrac{총자속}{전기자\ 단면적} = \dfrac{P_{극수}\ \phi_{극당}}{\pi D l}$ [Wb/m²]

㉡ 도체길이 l [m]

㉢ **주변속도** $v = \pi D N \dfrac{1}{60}$ [m/sec]

③ $E_a \propto k\phi N[\text{V}]$

여기서, 기계적 상수 $k = \dfrac{PZ}{a}$

㉠ 유기기전력은 자속 및 회전수에 비례한다.

㉡ 유기기전력이 일정할 때 자속과 회전수는 반비례한다.

단원확인기출문제

★★★ 산업 92년 2회, 99년 4회, 02년 3회, 04년 3회, 05년 3회, 07년 2회, 11년 3회

04 전기자 지름 0.2[m]의 직류발전기가 1.5[kW]의 출력에서 1800[rpm]으로 회전하고 있을 때 전기자 주변속도[m/sec]는?

① 18.84
② 21.96
③ 32.74
④ 42.85

해설 전기자 주변속도 $v = \pi D \dfrac{N}{60} = 3.14 \times 0.2 \times \dfrac{1800}{60} = 18.84[\text{m/sec}]$

답 ①

★★★★★ 산업 91년 2회

05 8극으로 된 직류 중권 발전기의 자극의 자속이 0.025[Wb]이고, 전기자 도체수가 500이다. 1200[rpm]으로 회전시킬 때 유기되는 기전력[V]은?

① 100
② 150
③ 200
④ 250

해설 유기기전력 $E = \dfrac{PZ\phi}{a} \dfrac{N}{60}[\text{V}]$ (중권의 경우 병렬회로수 $a = P_{극수}$)

$= \dfrac{8 \times 500 \times 0.025}{8} \times \dfrac{1200}{60} = 250[\text{V}]$

답 ④

(2) 전기자반작용

Comment

전기자반작용은 직류기 및 동기기에서 동시에 언급되는 내용으로, 출제비율이 아주 높고 전동기의 기본원리에 적용되는 중요한 부분이다.

전기자반작용 현상은 직류발전기와 직류전동기 모두에서 발생하는 이상현상으로, 전기자권선에 흐르는 전기자전류로 인한 누설자속이 계자극에서 발생하는 주자속에게 영향을 주는 현상이다.

① 전기자반작용으로 인한 문제점

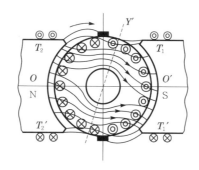

   ㉠ **편자작용으로 전기적 중성축이 이동한다.**

      ⓐ 발전기 : 회전방향으로 이동

      ⓑ 전동기 : 회전반대방향으로 이동

   ㉡ **감자작용으로 유기기전력이 감소한다.**

   ㉢ **정류불량 : 정류자와 브러시의 접촉면에서 불꽃 및 섬락이 발생한다.**

② 전기자반작용의 방지법

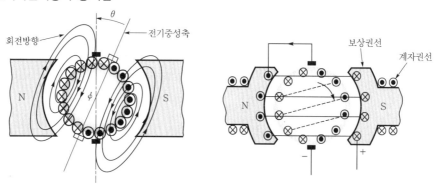

   ㉠ 발전기

      ⓐ 중성축 이동 : 로커를 이용하여 브러시를 기기의 회전방향과 같은 방향으로 이동한다.

      ⓑ 보극을 설치한다.

      ⓒ 보상권선 설치 : 전기자에 흐르는 전류와 반대방향의 전류에 설치한다.

   ㉡ 전동기

      ⓐ 중성축 이동 : 로커를 이용하여 브러시를 기기의 회전방향과 반대방향으로 이동한다.

      ⓑ 보극을 설치한다.

      ⓒ 보상권선 설치 : 전기자에 흐르는 전류와 반대방향의 전류에 설치한다.

③ 기자력의 구분

   ㉠ 감자기자력 : $AT_d = \dfrac{I_a Z}{2aP} \cdot \dfrac{2\alpha}{180}$ [AT/극]

ⓛ 교차기자력 : $AT_c = \dfrac{I_a Z}{2aP} \cdot \dfrac{\beta}{180}$ [AT/극]

단원확인기출문제

★ 기사 92년 6회, 04년 3회

06 직류기의 전기자반작용에 관한 설명으로 옳지 않은 것은?

① 보상권선은 계자극면의 자속분포를 수정할 수 있다.

② 전기자반작용을 보상하는 효과는 보상권선보다 보극이 유리하다.

③ 고속기나 부하변화가 큰 직류기에는 보상권선이 적당하다.

④ 보극은 바로 밑의 전기자권선에 의한 기자력을 상쇄한다.

해설 전기자반작용을 방지하는 데 보상권선이 보극보다 유리하다.

ⓐ 보상권선 : 전기자권선의 전기자전류에 의해 발생된 누설자속을 전기자전류와 반대방향으로 보상권선에 흐르는 전류에 의한 자속으로 상쇄시켜 공극의 자속분포를 수정할 수 있다.

ⓑ 보극 : 전기자반작용으로 인한 감자기자력을 상쇄하여 전압강하를 감소시킨다.

답 ②

(3) 정류

① **정류의 개념** : 직류발전기에 전기자권선에서 발생한 **교류전력을 직류전력으로 바꾸어 주는 것을 정류**라 하는데 정류 시 발생하는 불꽃이 정류자를 손상시킬 수 있어서 불꽃없는 정류를 하는 것이 필요하다.

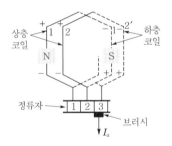

② **리액턴스 전압** : 전기자 코일에는 자기 인덕턴스가 있으므로 전류의 크기가 변화하면 렌츠의 법칙에 의해 전류의 변화를 방해하는 작용을 받게 된다. 이때, 코일의 인덕턴스를 L[H]이라고 하고 정류되고 있는 코일의 전류는 정류주기 T_c 사이에 $+i_c$에서 $-i_c$로 변화하므로 기전력이 발생하는데 이를 리액턴스 전압이라 한다.

$$\text{리액턴스 전압 } e_L = L\dfrac{2\,i_c}{T_c}\,[\text{V}]$$

여기서, e_L : 리액턴스 전압, L : 자기 인덕턴스, T_c : 정류주기

③ **정류곡선** : 정류시간 T_c 사이에 $+i_c$에서 $-i_c$로 변화하는 정류곡선을 나타낸 것이다.

㉠ 직선정류곡선(a) : 전류가 직선적으로 변화하는 것으로, 브러시의 접촉면에 나타나는 전류의 밀도가 균일하여 이상적이다.

㉡ 정현정류곡선(b) : 정류의 개시, 종료 때의 전류변화가 없으므로 불꽃 또한 발생하지 않는다.

㉢ 과정류곡선(c) : 정류가 시작될 때 브러시 앞쪽에서 불꽃이 발생한다.

㉣ 부족정류곡선(d) : 정류가 끝날 때 브러시 뒤쪽에서 불꽃이 발생한다.

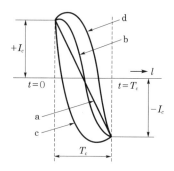

④ 저항정류 : 부하가 커지면 흐르는 전류도 증가하기 때문에 리액턴스 전압이 커져서 불꽃의 발생도 많아지고 정류자나 브러시를 과열시켜서 손상될 수 있다. 이와 같은 손상을 방지하기 위해 **접촉저항이 큰 흑연질 또는 탄소질 브러시를 써서 정류시키는 것**을 저항정류라 한다.

⑤ 전압정류 : 정류 중의 코일에 인덕턴스에 의하여 발생한 리액턴스 전압을 상쇄시킬 수 있는 반대방향의 정류전압을 코일에 발생시키면 정류가 좋게 된다. 이를 전압정류라 한다. 전압 정류를 하기 위해 주자극 중간에 작은 철심에 코일을 감은 **보극을 설치하여 리액턴스 전압을 감소시킨다.**

⑥ **양호한 정류를 하기 위한 조건**

　㉠ **리액턴스 전압이 작을 것**

　㉡ **인덕턴스가 작을 것**

　㉢ **정류주기가 클 것 → 회전속도가 작을 것**

　㉣ **보극을 설치할 것 → 전압정류**

　㉤ **브러시 접촉저항이 클 것 → 저항정류**

　㉥ **리액턴스 전압 < 브러시 전압 강하**

⑦ 정류주기 $T_c = \dfrac{b - \delta}{v_c}$ [S]

여기서, b : 브러시 폭[m], δ : 정류자편간 절연물의 폭[m] v_c : 주변속도[m/sec]

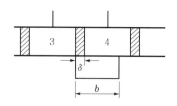

단원확인기출문제

07 직류기의 양호한 정류를 얻는 조건이 아닌 것은?

① 정류주기를 크게 할 것　　　　　② 정류 코일의 인덕턴스를 작게 할 것

③ 리액턴스 전압을 작게 할 것　　　④ 브러시 접촉저항을 작게 할 것

> **해설** 저항정류
>
> 탄소 브러시를 이용하는 데, 탄소 브러시는 접촉저항이 커서 정류 중 개방과 단락 시 브러시의 마모 및 파손을 방지하기 위해 사용한다.
>
> **답** ④

08 직류발전기에서 회전속도가 빨라지면 정류가 힘든 이유는?

① 리액턴스 전압이 커진다.　　　　② 정류자속이 감소한다.

③ 브러시 접촉저항이 커진다.　　　④ 정류주기가 길어진다.

> **해설** 리액턴스 전압 $e_L = L\dfrac{2i_c}{T_c}$[V]에서 $T_c \propto \dfrac{1}{v}$ (여기서, T_c : 정류주기, v : 회전속도)
>
> 직류기에서 정류 시 회전속도가 증가되면 정류주기가 감소하여 리액턴스 전압이 커지므로 정류가 불량해진다.
>
> **답** ①

5 직류발전기의 종류 및 특성

 **Comment**

직류발전기에서 표현하는 등가회로는 기기의 특성을 나타내는 중요한 방법으로, 각각의 기기에서 적용되므로 어려워도 잘 정리해야 한다. 또한, 기기의 운전 시 고장의 원인에 해당되는 부분과 기기의 사용용도는 출제가 많이 되고 있다.

(1) 직류발전기의 구분

① 여자방식에 의한 분류

　㉠ 자석발전기(영구자석발전기) : 영구자석을 이용하여 계자의 자속을 만드는 것이며 소형 발전기에 적용한다.

　㉡ **타여자 발전기 : 외부의 다른 직류전원으로부터 여자전류를 공급받아 계자의 자속을 만들어 발전한다.**

　㉢ 자여자 발전기 : 철심의 잔류자기를 발전기 자체에서 발생한 기전력으로 증가시켜 발전한다.

② 계자권선의 접속에 의한 분류(자여자 발전기의 종류 중에서 분류)

　㉠ 직권발전기 : 계자권선과 전기자권선이 직렬로 접속한 것이다.

　㉡ **분권발전기 : 계자권선과 전기자권선이 병렬로 접속한 것이다.**

　㉢ 복권발전기 : 분권계자권선과 직권계자권선 등 2개의 계자권선이 있다.

　　ⓐ 가(화)동 복권발전기 : 2개 계자권선이 만드는 기자력이 서로 더해지도록 접속된 것이다.

ⓑ 차동 복권발전기 : 2개의 계자권선이 만드는 기자력이 서로 상쇄되도록 접속된 것이다.

ⓒ 내분권 복권발전기 : 분권계자권선이 전기자측에, 직권계자권선이 단자측에 접속된 것이다.

ⓓ 외분권 복권발전기 : 직권계자권선이 전기자측에, 분권계자권선이 단자측에 접속된 것이다.

★★★ 기사 89년 2회, 95년 5회, 04년 3회, 16년 2회

09 계자권선이 전기자에 병렬로만 연결된 직류기는?

① 분권기   ② 직권기

③ 복권기   ④ 타여자기

해설 **직류발전기의 종류**

㉠ 분권기 : 계자권선과 전기자가 병렬로 접속된 것이다.

㉡ 직권기 : 계자권선과 전기자가 직렬로 접속된 것이다.

㉢ 복권기 : 직권계자권선과 분권계자권선이 전기자와 직·병렬로 접속된 것이다.

㉣ 타여자기 : 계자권선과 전기자가 별개로 결선된 것이다.

답 ①

(2) 직류발전기의 특성

① 타여자 발전기 : 타여자 발전기는 독립된 외부전원을 이용해서 계자전류를 흘리는 발전기이다. 독립된 외부전원으로 주자속이 공급되기 때문에 전기자전류가 주자속의 크기에 영향을 미치지 않으며, 따라서 타여자 발전기를 영구자석 발전기라고도 부른다.

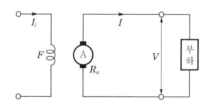

㉠ 전류관계 : $I_a = I_n$

㉡ 전압관계 : $E_a = V_n + I_a \cdot R_a$

㉢ 용도

ⓐ 발전기 운용 시 전압변화가 작기 때문에 안정된 운전이 가능하다.

ⓑ 화학공장의 전원 및 실험실 전원으로 사용된다.

② 자여자 발전기 : **역회전 시 잔류자기가 소멸하여 발전이 안 되므로 주의해야 한다.**

㉠ 직권발전기 : 직권발전기는 계자권선이 전기자와 직렬로 연결된 발전기이다. 전기자에 흐르는 전류가 분권발전기의 분권계자에 흐르는 전류보다 훨씬 많기 때문에 이 발전기

의 직권계자에는 권선수가 적고 사용하는 전선도 분권계자에 비해서 훨씬 굵은 전선을
사용한다.

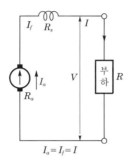

@ 전류관계 : 전기자전류(I_a)＝계자전류(I_f)＝부하전류(I)

ⓑ 전압관계 : $E_a = V_n + I_a(R_a + R_s)$

무부하운전 시 계자전류가 0이 되어 전압이 확립되지 않는다.

ⓒ 용도
  • 부하에 따른 전압변동이 커서 직류전원으로 사용하기 어렵다.
  • 선로의 전압강하보상용의 승압기로 사용한다.

ⓛ 분권발전기 : 분권발전기는 발전기의 단자에 병렬로 연결된 계자를 이용해서 스스로
계자전류를 흘리는 발전기이다. 즉, 원동기를 통해 발전된 유도기전력 E_a에 의하여
계자전류 I_f가 결정된다.

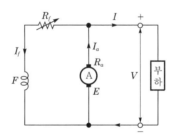

@ 전류관계 : $I_a = I_f + I$

ⓑ 전압관계 : $E_a = V_n + I_a \cdot R_a = I_f \cdot F + I_a \cdot R_a$

$\quad\quad V_n = I_f \cdot F$

  • 잔류자기를 이용하여 전압을 확립한다.
  • **회전방향을 반대로 할 경우 잔류자기가 소멸하여 발전이 안 된다.**

ⓒ 용도
  • 타여자 발전기와 같이 전압변동률이 작고, 다른 여자전원이 필요없다.
  • 계자저항기로 전압 조정이 가능하므로 화학용 전원, 축전지의 충전용 전원으로
    사용한다.

ⓒ 복권발전기 : 직권계자권선과 분권계자권선을 함께 사용한다.

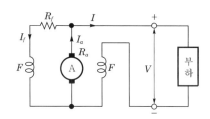

ⓐ 가동 복권발전기 $\phi = \phi_s + \phi_f$

　　직권계자자속(ϕ_s)과 분권계자자속(ϕ_f)이 같은 방향으로 자속의 크기가 증가한다.

ⓑ 차동 복권발전기 $\phi = \phi_s - \phi_f$

　　직권계자자속(ϕ_s)과 분권계자자속(ϕ_f)이 반대방향으로 자속의 크기가 감소한다.

ⓒ 복권발전기 응용

　• 복권발전기 → 직권발전기 : 분권계자권선 개방
　• 복권발전기 → 분권발전기 : 직권계자권선 단락
　　– 가동 복권발전기 → 차동 복권전동기
　　– 차동 복권발전기 → 가동 복권전동기

ⓓ 용도

　• 평복권발전기 : 부하가 증가해도 전압이 일정하므로 직류전원 및 기기의 여자전원
　• 과복권발전기 : 전압강하 보상용
　• 차동 복권발전기 : 수하특성을 가지므로 용접기전원용으로 사용

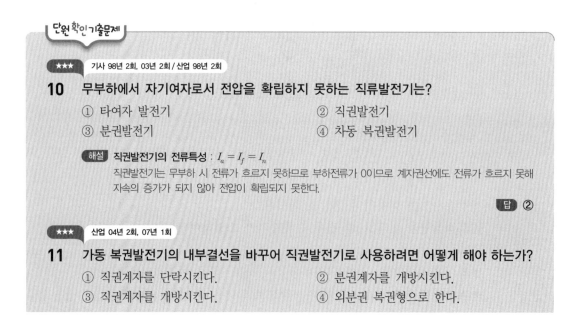

단원확인기출문제

★★★　기사 98년 2회, 03년 2회 / 산업 98년 2회

10 무부하에서 자기여자로서 전압을 확립하지 못하는 직류발전기는?

① 타여자 발전기　　　　　　　　② 직권발전기
③ 분권발전기　　　　　　　　　　④ 차동 복권발전기

해설 **직권발전기의 전류특성** : $I_a = I_f = I_n$

직권발전기는 무부하 시 전류가 흐르지 못하므로 부하전류가 0이므로 계자권선에도 전류가 흐르지 못해
자속의 증가가 되지 않아 전압이 확립되지 못한다.

답 ②

★★★　산업 04년 2회, 07년 1회

11 가동 복권발전기의 내부결선을 바꾸어 직권발전기로 사용하려면 어떻게 해야 하는가?

① 직권계자를 단락시킨다.　　　　② 분권계자를 개방시킨다.
③ 직권계자를 개방시킨다.　　　　④ 외분권 복권형으로 한다.

(3) 직류발전기의 특성곡선

① 무부하특성곡선 : 정격속도에서 유기기전력과 계자전류와의 관계곡선이다.

② 부하특성곡선 : 정격속도에서 부하전류를 일정하게 하였을 때 계자전류와 단자전압과의 관계곡선이다.

③ 외부특성곡선 : 정격속도에서 부하전류와 단자전압과의 관계곡선이다.

(4) 전압변동률

발전기를 정격속도, 정격전류 및 정격출력으로 운전하고 여자회로를 조정하지 않고 속도를 일정하게 유지하면서 정격부하에서 무부하로 했을 때 전압이 변동하는 비율을 전압변동률이라 한다.

$$전압변동률\ \varepsilon = \frac{V_0 - V_n}{V_n} \times 100\,[\%]$$

여기서, V_0 : 무부하전압, V_n : 정격전압

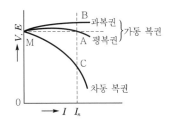

① $\varepsilon(+)$: 타여자·분권·부족복권 발전기

② $\varepsilon(0)$: 평복권발전기

③ $\varepsilon(-)$: 직권·과복권 발전기

단원확인기출문제

★ 기사 16년 1회, 19년 2회

12 직류발전기의 외부특성곡선에서 나타내는 관계로 옳은 것은?

① 계자전류와 단자전압　　　　② 계자전류와 부하전류

③ 부하전류와 단자전압　　　　④ 부하전류와 유기기전력

해설 **직류발전기의 특성곡선**

ㄱ 무부하포화곡선 : 계자전류와 유기기전력(단자전압)과의 관계곡선이다.
ㄴ 부하포화곡선 : 계자전류와 단자전압과의 관계곡선이다.
ㄷ 외부특성곡선 : 부하전류와 단자전압과의 관계곡선이다.
ㄹ 위상특성곡선(V곡선) : 계자전류와 부하전류(전기자전류)와의 관계곡선이다.

답 ③

★★★ 산업 93년 4회, 97년 2회, 01년 1회, 03년 4회

13 무부하 때에 119[V]인 분권발전기가 6[%]의 전압변동률을 가지고 있다고 한다. 전부하 단자전압은 몇 [V]인가?

① 105.1
② 112.2
③ 125.6
④ 145.2

해설 전압변동률 $\varepsilon = \dfrac{V_0 - V_n}{V_n} \times 100[\%]$

전부하단자전압 $V_n = \dfrac{V_0}{1 + \dfrac{\varepsilon}{100}} = \dfrac{119}{1 + \dfrac{6}{100}} = 112.2[\text{V}]$

답 ②

6 직류발전기의 병렬운전

 **Comment**

병렬운전은 직류발전기, 동기발전기 및 변압기에서 언급되는 내용으로, 매회 시험에 1~2문제 이상은 출제되므로 집중적인 공부가 필요하다.

(1) 병렬운전의 목적

① 부하에 안정된 전력공급이 가능하다.
② 동시에 발전기에 걸리는 과부하를 분산하는 효과가 있어 발전기의 고장이나 사고의 예방이 가능하다.

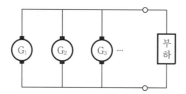

(2) 병렬운전의 조건

① 직류발전기의 극성이 같을 것
② 정격(단자)전압이 같을 것
③ 외부특성곡선이 일치할 것(수하특성 → 용접기, 누설변압기, 차동복권기)
④ 직권발전기 및 복권발전기의 경우 균압(모)선을 설치하여 안정된 운전이 가능할 것

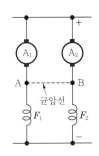

★★★★★ 기사 91년 6회, 99년 3회, 16년 3회 / 산업 90년 2회, 97년 7회, 11년 2회

14 직류분권발전기의 병렬운전을 하기 위해서는 발전기용량 P와 정격전압 V는 어떠한가?

① P도 V도 임의이다.   ② P는 임의, V는 같다.

③ P는 같고, V는 임의이다.   ④ P도, V도 같다.

해설 발전기의 병렬운전 시 용량, 출력, 부하전류의 크기는 같지 않아도 된다.

답 ②

★ 기사 91년 5회, 18년 3회

15 직류복권발전기의 병렬운전에 있어 균압선을 붙이는 목적은 무엇인가?

① 운전을 안전하게 한다.   ② 손실을 경감한다.

③ 전압의 이상상승을 방지한다.   ④ 고조파의 발생을 방지한다.

해설 직권발전기 또는 복권발전기의 경우 부하전류가 증가하면 단자전압이 상승하기 때문에 한쪽 전류가 증가하면 전압도 상승하여 점차 전류가 증가하게 되어 분권발전기와 같이 안정한 병렬운전을 할 수 없게 된다. 그러므로 직권발전기의 병렬운전을 안정하게 하려면 두 발전기의 직권계자권선을 서로 연결하고 이 연결한 선을 균압(모)선이라 한다.

답 ①

기사 8.90% 출제 | 산업 6.75% 출제

 **직류전동기**

쌤 Comment

각 전동기에 따른 운전 시의 주의사항에 관한 문제가 자주 출제되고 있고 직류전동기의 속도제어법은 유도전동기의 속도제어법과 함께 출제비중이 높으므로 숙지가 필요하다.

1890년대부터 대부분 교류 시스템을 사용하고 있으나 오늘날에도 직류전동기가 많이 사용되고 있다. 아직 승용차, 트럭, 항공기 등에서 직류가 이용되고 있다. 직류를 사용하는 차량에서는 당연히 직류전동기를 사용하고, 광범위한 속도제어가 필요한 시스템에서도 직류전동기가 사용된다. 전력전자 중 정류기-인버터가 광범위하게 사용되기 전에는 직류전동기가 속도제어용 전동기로서는 최고의 성능을 나타냈었다. 직류가 공급되지 않는 시스템에서도 반도체소자를 이용한 정류기나 초퍼를 이용해서 필요한 직류전력을 만들었고 직류전동기는 원하는 속도제어성능을 발휘해왔다.

1 직류전동기의 기본개념

**Comment**

직류전동기의 기본이론은 유도전동기 및 동기전동기의 기본내용에 해당하는 내용이므로 회전원리에 대한 공부가 필요하다. 또한, 전동기의 회전수, 토크에 대한 개념 확립이 필요하다.

(1) 플레밍의 왼손법칙(전동기 법칙)

① 자기장 속에 있는 도선에 전류가 흐를 때 전류가 받는 힘의 방향을 나타낸다. 이때, 둘째 손가락이 자기장의 방향, 가운데 손가락이 전류의 방향인 것은 오른손법칙과 같다. 하지만 엄지손가락은 도선이 받는 힘의 방향을 나타낸다. 이 힘의 방향으로 모터가 회전한다.

$$힘 \quad F = BIl[\text{N}]$$

② 전동기의 회전력을 결정하는 요소는 자속, 도체길이, 전류의 크기이다.

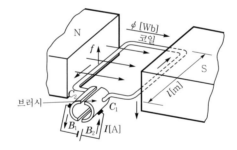

(2) 역기전력(E_c)

① 개념 : 전동기의 회전 시 전기자도체가 자속을 끊게 되고 발전기의 경우와 같이 기전력이 만들어진다. 이때, 기전력 방향이 전원과 반대방향이 되므로 역기전력이라 한다.

② $E_c = \dfrac{PZ\phi}{a} \dfrac{N}{60} = k\phi N[\text{V}]$

여기서, $k = \dfrac{PZ}{60a}$

③ **역기전력과 단자전압** $E_c = V - I_a \cdot r_a[\text{V}]$

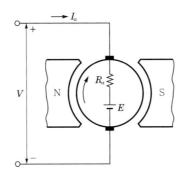

(3) 회전속도

전동기의 **회전속도**는 역기전력 및 단자전압에 비례하고 자속에는 반비례한다.

$$n = k\frac{E_c}{\phi} = k\frac{V - I_a \cdot r_a}{\phi}\,[\text{rps}]$$

(4) 토크(T)

① 회전자권선에 전류가 흐르면 $F = Bli\,[\text{N}]$의 전자력이 발생하여 회전자축은 토크(회전력)를 발생하게 된다.

㉠ $T = \dfrac{E_c I_a}{\omega} = \dfrac{PZ\phi I_a}{2\pi a}\,[\text{N}\cdot\text{m}]$

㉡ $T = \dfrac{E_c I_a}{\omega} = \dfrac{EI_a}{\dfrac{2\pi N}{60}} = \dfrac{60}{2\pi} \times \dfrac{EI_a}{N} \times \dfrac{1}{9.8} = 0.975\dfrac{P_o}{N}\,[\text{kg}\cdot\text{m}]$

② 토크는 자속 및 전기자전류와 비례하고 회전수에 반비례한다.

단원확인기출문제

★ 산업 15년 1회

16 직류전동기의 역기전력에 대한 설명 중 틀린 것은?

① 역기전력이 증가할수록 전기자전류는 감소한다.
② 역기전력은 속도에 비례한다.
③ 역기전력은 회전방향에 따라 크기가 다르다.
④ 부하가 걸려 있을 때에는 역기전력은 공급전압보다 크기가 작다.

해설 역기전력은 $E_c = \dfrac{PZ\phi}{a} \cdot \dfrac{N}{60}\,[\text{V}]$이므로 역기전력의 크기는 회전방향과 관계없다.

답 ③

17 전기자의 총도체수 360, 6극 중권의 직류전동기가 있다. 전기자전류가 60[A]일 때의 발생 토크[kg · m]는 약 얼마인가? (단, 1극당의 자속수는 0.06[Wb]이다)

① 12.3
② 21.1
③ 32.5
④ 43.2

해설 1[kg · m]=9.8[N · m]

토크 $T = \dfrac{PZ\phi I_a}{2\pi a} \times \dfrac{1}{9.8} = \dfrac{6 \times 360 \times 0.06 \times 60}{2\pi \times 6} \times \dfrac{1}{9.8} = 21.058 ≒ 21.1[kg · m]$

답 ②

2 직류전동기의 종류 및 특성

 Comment

각 전동기에 따른 운전 시의 주의사항에 관한 문제가 자주 출제되고 있으므로 좀더 집중적인 학습이 필요하며, 또한 기기의 구조를 익히면 다른 전동기의 공부에 도움이 될 수 있다.

(1) 직류전동기의 구분

직류전동기는 직류발전기와 같은 구조를 나타내며 여자방식 및 계자권선과 전기자권선의 접속방식에 따라 구분된다.

① 타여자 전동기 : 계자권선과 전기자권선이 분리되어 다른 전원에 접속한다.
② 자여자 전동기 : 계자권선과 전기자권선이 동일한 전원에 접속한다.
  ㉠ 직권전동기 : 계자권선과 전기자권선이 직렬로 접속한다.
  ㉡ 분권전동기 : 계자권선과 전기자권선이 병렬로 접속한다.
  ㉢ 복권전동기 : 계자권선과 전기자권선이 전원에 대해 직 · 병렬로 접속한다.

(2) 직류전동기의 특성

① 직권전동기 : 직권전동기는 전기자권선과 계자권선이 직렬로 접속되어 있어서 전원에서 공급되는 전류가 나누어지지 않아 계자와 전기자에서 자속이 크게 발생한다.

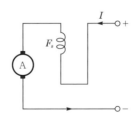

  ㉠ 전류특성 : 전기자전류 $I_a = I_f = I_n$

ⓒ 전압특성 : 역기전력 $E_c = V_n - I_a(r_a + r_f)$

ⓒ 속도특성 : $n = \dfrac{V_n - I_a(r_a + r_f)}{\phi}$ [rps]

ⓔ 토크 특성

    ⓐ 토크 $T = \dfrac{PZ\phi I_a}{2\pi a}$ [N·m] $\rightarrow$ $T \propto k \cdot \phi \cdot I_a$

    여기서, 기계적 상수 $k = \dfrac{PZ}{2\pi a}$

    ⓑ **직권전동기의 토크 특성** : $T \propto I_a^2 \propto \dfrac{1}{n^2}$

    ⓒ 직권전동기에서 발생되는 토크는 전기자전류의 제곱에 비례하고 회전수의 제곱에 반비례한다.

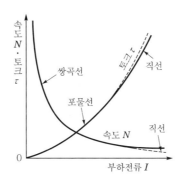

ⓜ 회전 시 극성을 바꾸어도 회전방향은 변하지 않는다.

    → 회전방향을 바꾸려면 전기자권선의 극성을 교체한다.

ⓗ 위험상태 : 정격전압·무부하 상태

    → 벨트를 걸고 운전 시 벨트가 벗겨지게 되면 위험상태이다.

단원확인기출문제

★★★   기사 92년 6회, 01년 2회, 13년 3회(유사)

18 직류직권전동기의 발생 토크는 전기자전류를 변화시킬 때 어떻게 변하는가? (단, 자기포화는 무시한다)

① 전류에 비례한다.   ② 전류의 제곱에 비례한다.

③ 전류에 역비례한다.   ④ 전류의 제곱에 역비례한다.

해설 직권전동기의 특성 $T \propto I_a^2 \propto \dfrac{1}{N^2}$

    여기서, T : 토크, I_a : 전기자전류, N : 회전수

답 ②

★★★ 기사 11년 3회, 13년 3회 / 산업 90년 6회, 93년 5회, 96년 6회, 12년 2회(유사)

19 직류전동기가 부하전류 100[A]일 때 1000[rpm]으로 12[kg · m]의 토크를 발생하고 있다. 부하를 감소시켜 60[A]로 되었을 때 토크[kg · m]는 얼마인가? (단, 직류전동기는 직권이다)

① 4.32   ② 7.2
③ 20.07   ④ 33.3

해설 직권전동기의 특성 $T \propto I_a^2 \propto \dfrac{1}{N^2}$

$12 : T = 100^2 : 60^2$

토크 $T = \left(\dfrac{60}{100}\right)^2 \times 12 = 4.32[kg \cdot m]$

 답 ①

② 분권전동기 : 분권전동기는 전기자권선과 계자권선이 병렬로 접속되어 있어서 정격전압이 일정하면 계자전류도 일정하게 나타나는 특성이 있다.

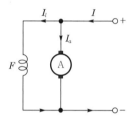

㉠ 전류특성 : 전기자전류 $I_a = I_n - I_f$

㉡ 전압특성 : 역기전력 $E_c = V_n - I_a \cdot r_a$

㉢ 속도특성 : $n \propto k \dfrac{V_n - I_a \cdot r_a}{\phi} [\text{rps}]$

㉣ 토크 특성

ⓐ 토크 $T = \dfrac{PZ\phi I_a}{2\pi a}[\text{N} \cdot \text{m}] \rightarrow T \propto k \cdot \phi \cdot I_a$

여기서, 기계적 상수 $k = \dfrac{PZ}{2\pi a}$

ⓑ **분권전동기의 토크 특성** : $T \propto I_a \propto \dfrac{1}{n}$

ⓒ 분권전동기에서 발생되는 토크는 전기자전류의 1승에 비례하고 회전수의 1승에 반비례한다.

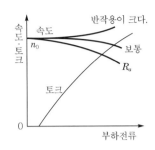

ⓜ 회전 시 극성을 바꾸어도 회전방향은 변하지 않는다.
  → 회전방향을 바꾸려면 전기자권선의 극성을 교체한다.

ⓗ 위험상태
  ⓐ 정격전압·무여자 상태
  ⓑ 계자회로단선 시 계자전류가 0이 되어 자속이 0으로 변해 회전속도가 급격히 상승 → 계자회로에 과전류차단기를 설치하지 않는다.

★★★ 기사 94년 3회, 01년 1회, 17년 2회

20 직류분권전동기를 무부하로 운전 중 계자회로에 단선이 생겼다. 다음 중 옳은 것은?
  ① 즉시 정지한다.
  ② 과속도로 되어 위험하다.
  ③ 역전한다.
  ④ 무부하이므로 서서히 정지한다.

해설 분권전동기의 운전 중 계자회로가 단선되면 계자전류가 0이 되고, 무여자($\phi=0$)상태가 되어 회전수 N이 위험속도가 된다.

답 ②

3 속도제어법

Comment
직류전동기의 속도제어법은 유도전동기의 속도제어법과 함께 출제비중이 높으므로 다수의 문제풀이가 필요하고 실무에도 필수적인 내용이므로 원리에 대한 접근이 필요하다.

직류전동기의 운전 시 회전속도를 부하의 특성, 운전의 목적에 맞게 속도를 조정하는 것이다.

$$회전속도 \ n = k\frac{E_c}{\phi} = k\frac{V_n - I_a \cdot r_a}{\phi}[\text{rps}]$$

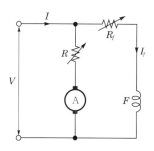

(1) 전압제어법

① 전동기전원의 정격전압을 변화시켜 속도를 조정하는 방법이다.

② **광범위한 속도제어가 용이하고 효율이 높은 것이 특징이다.**

③ **워드 레오나드 방식** : 권상기, 압연기, 엘리베이터 등에 사용한다.

> **참고** 워드 레오나드 방식
>
> 직류전동기의 입력단자가 전동기-발전기 세트(M-G set)의 출력단자에 연결되어 있다. M-G set의 전동기는 3상 유도전동기 또는 3상 동기전동기이고 발전기의 회전자축을 회전시키는 원동기의 역할을 한다.

④ **일그너 방식** : 플라이휠을 사용해 전동기를 부하변동이 심한 곳에 안정되게 운전할 때 사용한다.

(2) 계자제어법

① 계자측의 가변저항을 변화시켜 계자전류를 조정하여 자속을 변화시켜 속도를 제어하는 방식이다.

② 계자전류가 작기 때문에 손실도 작고, 전기자와 관계없이 광범위한 속도조정이 가능하다.

③ **정출력제어**

(3) 저항제어법

① 전기자회로에 삽입된 가변저항을 조정하여 속도를 제어하는 방법이다.

② **제어가 용이하고 보수 및 점검이 쉬우며 가격이 저렴하다.**

③ 전력손실이 크고 전압강하가 커져서 속도변동률이 크게 나타난다.

(4) 속도변동률

① 직류전동기의 속도변동률은 일정한 전원에서 정격상태로 운전하고 있을 때 무부하부터 정격부하까지 속도변화의 정격속도에 대한 비율이다.

$$속도변동률 \ \varepsilon_n = \frac{N_0 - N_n}{N_n} \times 100[\%]$$

여기서, N_0 : 무부하속도, N_n : 정격속도

② 직류전동기의 속도변동률 비교 : 직권전동기(A) > 가동 복권전동기(B) > 분권전동기(C)
> 차동 복권전동기(D)

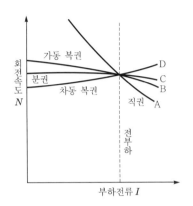

기사 90년 6회, 94년 6회, 98년 4회, 02년 2·4회

21 워드 레오나드 속도제어는 무엇인가?

① 전압제어   ② 직·병렬 제어
③ 저항제어   ④ 계자제어

해설 전압제어법=워드 레오나드

답 ①

★★★★★ 산업 95년 6회, 00년 6회, 03년 4회, 05년 2회, 13년 3회, 16년 1회

22 직류분권전동기의 계자저항을 운전 중에 증가하면 어떻게 되는가?

① 전류 일정   ② 속도 감소
③ 속도 일정   ④ 속도 증가

해설 분권전동기의 회전속도 $n \propto k \dfrac{V_n - I_a \cdot r_a}{\phi}$ [rps]

계자저항 증가 → 계자전류 감소 → 자속 감소 → 속도 증가

답 ④

4 제동

Comment

제동법은 전동기의 실기에서도 필수적인 내용으로, 유도전동기의 제동법과 함께 출제비중이 높으므로 숙지가 필요하다.

(1) 발전제동

운전 중인 선동기에서 스위치를 이용하여 전동기를 전원으로부터 분리시킨다. 전원으로부터

분리된 전동기는 저항에 연결되어 직류기가 **발생한 기전력을 저항에서 열로 소비시켜서 제동**하는 방법이다.

(2) 회생제동

발전제동과 마찬가지로 운전 중인 전동기에서 스위치를 이용하여 전동기를 전원으로부터 분리한 후 이때 **발생된 전력을 전원에 반환하여 제동**하는 방법이다.

(3) 역상제동(플러깅)

전동기를 전원에 접속된 상태에서 전기자의 접속을 반대로 하고, 회전방향과 반대방향으로 토크를 발생시켜 급속히 정지시키거나 역전시키는 방법이다.

★ 산업 16년 2회

23 직류전동기의 발전제동 시 사용하는 저항의 주된 용도는?

① 전압 강하   ② 전류의 감소
③ 전력의 소비   ④ 전류의 방향전환

해설 **발전제동**

운전 중인 전동기를 전원에서 분리하여 발전기로 작용시키고, 회전체의 운동 에너지를 전기적 에너지로 변환하여 이것을 저항에서 열 에너지로 소비시켜서 제동하는 방법이다.

답 ③

5 직류전동기의 기동

Comment

기동 시 기동전류를 억제하는 필요성에 대한 이해가 필요하고 동기전동기 및 유도전동기와의 구분이 필요하다.

(1) 기동의 의미

① 기동 : 정지상태에 있는 전동기를 운전상태로 하는 것이다.
② 기동할 때 대단히 큰 기동전류가 흘러서 기기가 손상되거나 전원에 나쁜 영향을 준다.

(2) 기동전류

$$I_{start} = \frac{V}{r_a + R}\,[\text{A}]$$

여기서, V : 단자전압
       r_a : 전기자저항
       R : 기동저항

(3) 기동 시 기동전류

① 기동전류를 작게 제한하기 위해서 기동저항(R)을 최대로 한다.

② 기동 토크를 크게 하면 계자저항(R_f)을 최소(또는 0)로 하여 자속을 크게 발생시킨다.

(4) 운전 시 기동전류

① 손실 감소 : 기동저항(R)을 최소로 한다.

② 계자저항 : 부하에 따라 적당히 선정한다.

★★ 산업 99년 5회

24 **직류분권전동기의 기동 시 계자전류는?**

① 큰 것이 좋다. ② 정격출력 때와 같은 것이 좋다.

③ 작은 것이 좋다. ④ 0에 가까운 것이 좋다.

해설 기동 시 기동 토크($T \propto k\phi I_a$)가 커야 하므로 큰 계자전류가 흘러 자속이 크게 발생하여야 한다.

답 ①

---

6 직류기의 손실 및 효율

Comment

직류기에서 다루는 손실 및 효율은 다른 기기에서도 동일하게 적용되므로 원리와 특성에 대한 내용을 공부할 필요가 있다.

(1) 손실

① 동손

㉠ 구리선에 전류가 흘러 발생하는 열로서, 줄의 법칙($P_c = I^2 \cdot r$)으로 나타낸다.

㉡ 정격전류 및 여자전류에 의해 발생되는 손실로 **부하전류의 제곱에 비례하여 변화**한다.

② 철손

㉠ 철심에서 자속을 형성하는 과정에서 발생하는 손실이다.

㉡ **히스테리시스손 + 와류손**

㉢ **규소강판을 성층철심의 형태로 철심을 제작**한다.

㉣ 전압 및 주파수가 일정하면 크기는 일정하다.

③ **표유부하손** : 계산이나 측정되지 않고 부하전류가 흐를 때 도체 또는 금속 내부에서 발생하여 부하에 비례하여 변화한다.

(2) 효율

기기의 입력과 출력의 비를 나타내는 것으로, 입력 에너지가 얼마만큼 유효하게 사용되는가를 백분율로 나타낸 것이다.

① 실측효율

  ㉠ 기기에 정격부하를 연결시켜 입력과 출력을 측정하여 계산하는 효율이다.

  ㉡ $\eta = \dfrac{출력}{입력} \times 100 [\%]$

② 규약효율 : 규정된 방법에 의해 각각의 손실을 측정하고 어떤 출력에 대한 입력, 입력에 대한 출력을 구하여 계산하는 효율이다.

  ㉠ 발전기효율 $\eta = \dfrac{출력}{출력 + 손실} \times 100 [\%]$

  ㉡ 전동기효율 $\eta = \dfrac{입력 - 손실}{입력} \times 100 [\%]$

  ㉢ 최대 효율조건 : 철손(P_i) = 동손(P_c)

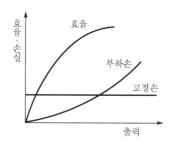

단원확인기출문제

★★★★★ 기사 93년 4회, 06년 1회

25 보통 전기기계에서는 규소강판을 성층하여 사용하는 경우가 많다. 성층하는 이유는 다음 중 어느 것을 줄이기 위한 것인가?

 ① 히스테리시스손   ② 와류손

 ③ 동손   ④ 기계손

 해설 철손 = 히스테리시스손 + 와류손
    히스테리시스손 경감은 규소를 함유한 규소강판을 사용한다.
    와류손 경감은 얇은 두께의 철심을 성층하여 사용한다.

                답 ②

★ 기사 99년 5회, 05년 1회

26 효율 80[%], 출력 10[kW]인 직류발전기의 고정손실이 1300[W]라 한다. 이때, 이 발전기의 가변손실은?

 ① 1000[W]   ② 1200[W]

 ③ 1500[W]   ④ 2500[W]

기사 0.60% 출제 | 산업 0.84% 출제

출제 03 특수직류기

 Comment

특수기기에서는 전기동력계의 사용목적에 주안점을 두고 공부해야 한다.

(1) 전기 동력계

전기동력계는 전동기, 원동기의 출력을 측정하는 특수직류기이다.

측정하고자 하는 전동기, 원동기를 전기동력계의 전기자축에 연결하고 전기동력계를 직류발전기로 구동하여 출력단자에 부하저항을 접속하고 발생된 기계동력을 전기 에너지로 변환 후 흡수한다. 이때, 동력계의 전기자에 가해지는 토크는 변하지 않고 계자 프레임에 전달되므로 프레임의 회전을 멈추는 데 필요한 힘을 가하여 이것을 저울로 측정하면 **토크의 크기를 알 수 있다.**

(2) 단극발전기

일정한 방향의 기전력을 발생하여 정류장치가 필요없는 발전기를 단극발전기라고 한다.

전기자도체는 1개지만 다수의 도체를 직렬로 접속하기 위해 슬립링이 필요하고 도체의 단면적이 커서 저전압 및 수천 암페어 이상의 대전류가 발생되므로 화학공장 및 저항용접 등에 적용된다.

(3) 승압기

직류회로에 직렬의 방법으로 접속해서 회로의 전압을 광범위하게 제어하기 위한 직류발전기를 승압기라고 한다.

단원 자주 출제되는 기출문제

★★★★★ 산업 03년 3회

01 직류기를 구성하고 있는 3요소는?

① 전기자, 계자, 슬립링
② 전기자, 계자, 정류자
③ 전기자, 정류자, 브러시
④ 전기자, 계자, 보상권선

해설

㉠ 직류기 3요소 : 전기자, 계자, 정류자
㉡ 교류기 3요소 : 전기자, 계자, 슬립링

★★ 산업 14년 1회

02 직류기에서 공극을 사이에 두고 전기자와 함께 자기회로를 형성하는 것은?

① 계자　　　　② 슬롯
③ 정류자　　　④ 브러시

해설 계자

철심에 코일을 감아서 전류를 흘려 여자현상으로 자속을 만드는 부분이다.

★★★ 기사 94년 5회, 12년 1회

03 다음 권선법 중에서 직류기에 주로 사용되는 것은?

① 폐로권, 환상권, 이층권
② 폐로권, 고상권, 이층권
③ 개로권, 환상권, 단층권
④ 개로권, 고상권, 이층권

해설

직류기는 폐로권, 고상권, 이층권을 사용하고 있다.

★★ 산업 16년 3회

04 다음 중 직류기의 전기자에 사용되지 않는 권선법은?

① 이층권　　　② 고상권
③ 폐로권　　　④ 단층권

해설 직류기의 전기자권선법

고상권(개로권, 폐로권), 이층권(중권, 파권)

★★★★★ 기사 12년 1회(유사) / 산업 93년 2회, 94년 5회, 97년 2회, 06년 3회

05 전기자도체의 굵기, 권수, 극수가 모두 같을 때 단중 파권이 단중 중권과 비교하여 다른 것은?

① 대전류, 고전압
② 소전류, 고전압
③ 대전류, 저전압
④ 소전류, 저전압

해설 전기자권선법의 중권과 파권 비교

구분	중권	파권
병렬회로수(a)	$P_{극수}$	2
브러시수(b)	$P_{극수}$	2
용도	저전압, 대전류	고전압, 소전류
균압환	사용함	사용안 함

중권의 경우 다중도(m)일 경우 $a = mP_{극수}$

★★★★★ 기사 91년 2회, 01년 2회, 13년 3회(유사)

06 직류기의 전기자권선을 중권(重券)으로 하였을 때 해당되지 않는 조건은?

① 전기자권선의 병렬회로수는 극수와 같다.
② 브러시수는 2개이다.
③ 전압이 낮고 비교적 전류가 큰 기기에 적합하다.
④ 균압선접속을 할 필요가 있다.

해설 전기자권선법의 중권과 파권 비교

구분	중권	파권
병렬회로수(a)	$P_{극수}$	2
브러시수(b)	$P_{극수}$	2
용도	저전압, 대전류	고전압, 소전류
균압환	사용함	사용안 함

정답 01. ②　02. ①　03. ②　04. ④　05. ②　06. ②

07 직류기의 권선을 단중 파권으로 감으면 어떻게 되는가?

기사 95년 6회, 04년 2회

① 내부 병렬회로수가 극수만큼 생긴다.
② 균압환을 연결해야 한다.
③ 저압 대전류용 권선이다.
④ 내부 병렬회로수가 극수와 관계없이 언제나 2이다.

해설

파권은 어떤 (+)브러시에서 출발하면 전부의 코일변을 차례차례 이어가서 브러시에 이르기 때문에 병렬회로수는 항상 2이고 코일이 모두 직렬로 이어져서 고전압·저전류 기기에 적합하다.

08 직류기의 권선법에 관한 설명으로 틀린 것은?

기사 94년 7회, 16년 1회(유사)

① 단중 파권으로 하면 단중 중권의 $\frac{P}{2}$ 배의 유기전압이 발생한다.
② 중권으로 하면 균압환이 필요없다.
③ 단중 중권의 병렬회로수는 극수와 같다.
④ 중권이나 파권의 권선법에는 모두 진권 및 여권을 할 수 있다.

해설

중권은 코일변을 병렬로 접속하였기 때문에 병렬회로수는 항상 극수와 같다. 또한, 전기기기는 공극이 균일하지 않아 각 병렬회로에 유기되는 기전력의 크기가 달라 순환전류가 브러시를 통하여 흐르므로 이를 막기 위해 등전위되는 점을 반드시 도선으로 연결하여야 한다. 이를 균압선이라 한다.

09 다음 직류기의 권선법에 대한 설명 중 틀린 것은?

산업 15년 3회

① 전기자권선에 환상권은 거의 사용되지 않는다.
② 전기자권선에는 고상권이 주로 이용되고 있다.
③ 정류를 양호하게 하기 위해 단절권이 이용된다.
④ 저전압 대전류 직류기에는 파권이 적당하며 고전압 직류기에는 중권이 적당하다.

해설 전기자권선법의 중권과 파권 비교

구분	중권	파권
병렬회로수(a)	P극수	2
브러시수(b)	P극수	2
용도	저전압, 대전류	고전압, 소전류
균압환	사용함	사용안 함

10 슬롯수 32, 코일 변수 64, 극수 4극인 1구 단중 중권기를 같은 극수의 1극 2층 파권기로 변경하면 단자전압은 약 몇 배가 되는가?

기사 95년 4회

① 0.5　② 1
③ 1.5　④ 2

해설

유기기전력 $E = \frac{PZ\phi}{a}\frac{N}{60}$[V]에서 $E \propto \frac{1}{a}$이므로 중권에서 파권으로 변경 시 병렬회로수(a)가 $a=4$에서 $a=2$로 변경되므로 단자전압은 2배로 증가한다.

11 4극 전기자권선이 단중 중권인 직류발전기의 전기자전류가 20[A]이면 각 전기자권선의 병렬회로에 흐르는 전류[A]는?

산업 90년 2회, 95년 6회, 03년 2회

① 10　② 8
③ 5　④ 2

해설

병렬회로에 흐르는 전류 $I = \frac{전기자전류}{병렬회로수}$
$= \frac{I_a}{a} = \frac{20}{4} = 5$[A]

12 60[kW], 4극, 전기자도체의 수 300개, 중권으로 결선된 직류발전기가 있다. 매극당 자속은 0.05[Wb]이고 회전속도는 1200[rpm]이다. 이 직류발전기가 전부하에 전력을 공급할 때 직렬로 연결된 전기자도체에 흐르는 전류[A]는?

기사 15년 2회

① 32　② 42
③ 50　④ 57

해설

유기기전력 $E = \dfrac{PZ\phi}{a}\dfrac{N}{60}$

$\qquad\qquad = \dfrac{4 \times 300 \times 0.05}{4}\dfrac{1200}{60} = 300[\text{V}]$

직류발전기에서의 전기자전류 $I_a = \dfrac{P}{E_a}$

$\qquad\qquad\qquad = \dfrac{6000[\text{W}]}{300[\text{V}]}$

$\qquad\qquad\qquad = 200[\text{A}]$

따라서, 각 병렬회로의 전기자도체에 흐르는 전류

$I = \dfrac{200}{4} = 50[\text{A}]$

★★★★★ **기사** 91년 5회, 96년 2회, 00년 3회, 04년 4회, 07년 3회, 12년 2회

13 직류기의 다중 중권권선법에서 전기자 병렬회로수 a와 극수 P 사이에는 어떤 관계가 있는가? (단, m : 다중도)

① $a = 2$ ② $a = 2m$

③ $a = P$ ④ $a = mP$

해설 중권권선법

㉠ 단중의 경우 $a = P$

㉡ 다중도 m의 경우 $a = mP$

여기서, a : 병렬회로수

$\qquad\quad P$: 극수

★★ **기사** 99년 6회

14 자극수 4, 슬롯수 40, 슬롯 내부 코일 변수 4인 단중 중권직류기의 정류자편수는?

① 80   ② 40

③ 20   ④ 1

해설

정류자편수는 코일수와 같고 총코일수$= \dfrac{\text{총도체수}}{2}$

이므로

정류자편수 $K = \dfrac{\text{슬롯수} \times \text{슬롯 내 코일 변수}}{2}$

$\qquad\qquad\quad = \dfrac{40 \times 4}{2} = 80$개

★★★★ **기사** 13년 1회, 16년 3회, 17년 1회 / **산업** 05년 1회, 07년 2회, 15년 1회

15 6극 직류발전기의 정류자편수가 132, 단자전압이 220[V], 직렬도체수가 132개이고 중권이다. 정류자편간 전압[V]은?

---

① 10   ② 20

③ 30   ④ 40

해설

정류자편간 전압 $e = \dfrac{\text{단자전압}}{\dfrac{\text{정류자편수}}{\text{병렬회로수}}} = \dfrac{E}{\dfrac{K}{a}}$

$\qquad\qquad\qquad = \dfrac{220}{\dfrac{132}{6}} = \dfrac{220}{22} = 10[\text{V}]$

여기서, E : 유기기전력[V]

$\qquad\quad a = P$: 병렬회로수

$\qquad\quad K$: 정류자편수

★ **산업** 92년 2회

16 4극의 직류발전기가 있다. 정류자 지름이 14.6[cm], 정류자편수가 92개, 브러시 두께 0.955[cm]로 매분 1150회전한다면 1개 코일의 정류주기[S]는?

① 1.085×10^{-3} ② 1.61×10^{-3}

③ 1.85×10^{-4} ④ 5.19×10^{-4}

해설

정류주기 $T_c = \dfrac{2b - \dfrac{\pi D}{K}}{\pi D \times \dfrac{N}{60}}$

$\qquad\qquad = \dfrac{2 \times 0.955 - \dfrac{3.14 \times 14.6}{92}}{3.14 \times 14.6 \times \dfrac{1150}{60}}$

$\qquad\qquad = 1.61 \times 10^{-3}[\text{S}]$

여기서, b : 브러시의 두께[m]

$\qquad\quad D$: 정류자지름[m]

$\qquad\quad K$: 정류자편수

$\qquad\quad N$: 회전수[rpm]

★★ **산업** 90년 7회

17 전기자의 지름 $D[\text{m}]$, 길이 $l[\text{m}]$이 되는 전기자에 전기자권선을 감은 직류발전기가 있다. 자극의 수 P, 각 극의 자속수가 $\phi[\text{Wb}]$일 때 전기자표면의 자속밀도[Wb/m²]는?

① $\dfrac{\pi DP}{60}$ ② $\dfrac{P\phi}{\pi Dl}$

③ $\dfrac{\pi Dl}{P\phi}$ ④ $\dfrac{\pi Dl}{P}$

정답 13. ④ 14. ① 15. ① 16. ② 17. ②

해설

자속밀도 $B = \dfrac{총자속}{전기자단면적} = \dfrac{P\phi}{\pi Dl}[\text{Wb/m}^2]$

여기서, P : 극수

$\quad\quad D$: 지름

$\quad\quad \phi$: 극당 자속

★★★★★ 산업 99년 4회, 02년 3회, 04년 3회, 05년 3회, 07년 2회, 11년 3회

18 전기자 지름 0.2[m]의 직류발전기가 1.5[kW]의 출력에서 1800[rpm]으로 회전하고 있을 때 전기자 주변속도[m/sec]는?

① 18.84 ② 21.96

③ 32.74 ④ 42.85

해설

전기자 주변속도 $v = \pi D \dfrac{N}{60}$

$\quad\quad\quad = 3.14 \times 0.2 \times \dfrac{1800}{60}$

$\quad\quad\quad = 18.84[\text{m/sec}]$

★★★★★ 산업 96년 4회, 97년 2회, 14년 3회(유사)

19 자극수 4, 전기자도체수 400, 자극당 유효자속 0.01[Wb], 600[rpm]으로 회전하는 파권 직류발전기의 유기기전력[V]은?

① 80 ② 100

③ 120 ④ 140

해설

유기기전력 $E = \dfrac{PZ\phi}{a}\dfrac{N}{60}[\text{V}]$

(파권의 경우 병렬회로수 $a = 2$)

여기서, P : 극수

$\quad\quad Z$: 총도체수

$\quad\quad \phi$: 극당 자속

$\quad\quad N$: 분당 회전수[rpm]

$E = \dfrac{PZ\phi}{a}\dfrac{N}{60}$

$\quad = \dfrac{4 \times 400 \times 0.01}{2} \times \dfrac{600}{60} = 80[\text{V}]$

★★★ 산업 91년 2회

20 8극으로 된 직류 중권발전기의 자극의 자속이 0.025[Wb]이고, 전기자도체수가 500이다. 1200[rpm]으로 회전시킬 때 유기되는 기전력[V]은?

① 100 ② 150

③ 200 ④ 250

해설

유기기전력 $E = \dfrac{PZ\phi}{a}\dfrac{N}{60}[\text{V}]$

(중권의 경우 병렬회로수 $a = P_{극수}$)

$\quad\quad = \dfrac{8 \times 500 \times 0.025}{8} \times \dfrac{1200}{60} = 250[\text{V}]$

★★ 기사 16년 2회

21 자극수 P, 파권, 전기자도체수가 Z인 직류발전기를 N[rpm]의 회전속도로 무부하운전할 때 기전력이 E[V]이다. 1극당 주자속[Wb]은 얼마인가?

① $\dfrac{120E}{PZN}$ ② $\dfrac{120Z}{PEN}$

③ $\dfrac{120ZN}{PE}$ ④ $\dfrac{120PZ}{EN}$

해설

유기기전력 $E = \dfrac{PZ\phi}{a}\dfrac{N}{60}[\text{V}]$ (파권 $a = 2$)

$\quad\quad = \dfrac{PZ\phi}{2}\dfrac{N}{60}[\text{V}]$

$\Rightarrow \phi = \dfrac{120E}{PZN}[\text{Wb}]$

★★★★ 기사 94년 3회, 18년 2회(유사)

22 6극 단중 파권, 전기자도체수 250의 직류발전기가 1200[rpm]으로 회전할 때 유기기전력이 600[V]라 한다. 매극당 자속은 몇 [Wb]인가?

① 0.019 ② 0.002

③ 0.04 ④ 0.12

해설

유기기전력 $E = \dfrac{PZ\phi}{a}\dfrac{N}{60}[\text{V}]$

(파권의 경우 병렬회로수 $a = 2$)

정답 18. ① 19. ① 20. ④ 21. ① 22. ③

여기서, P : 극수

Z : 총도체수

ϕ : 극당 자속

N : 분당 회전수[rpm]

매극당 자속 $\phi = \dfrac{a60E}{PZN} = \dfrac{2 \times 60 \times 600}{6 \times 250 \times 1200} = 0.04[\text{Wb}]$

★★★ 기사 91년 2회, 95년 6회, 15년 2회

23 1000[kW], 500[V]의 직류발전기가 있다. 회전수 246[rpm], 슬롯수 192, 각 슬롯 내의 도체수 6, 극수는 12일 때 전부하에서의 자속수는 얼마인가? (단, 전기자저항은 0.006[Ω], 중권이다)

① 0.502

② 0.305

③ 0.2065

④ 0.1084

🖊 해설

총도체수 = 슬롯수 × 슬롯 내부도체수

$= 192 \times 6 = 1152$

부하전류 $I_n = \dfrac{P}{V_n} = \dfrac{1000 \times 10^3}{500} = 2000[\text{A}]$

유기기전력 $E_a = V_n + I_a \cdot r_a$

$= 500 + 2000 \times 0.006 = 512[\text{V}]$

유기기전력 $E = \dfrac{PZ\phi}{a} \dfrac{N}{60}[\text{V}]$ (중권 $a = P_{극수}$)

자속수 $\phi = \dfrac{a60E}{PZN}$

$= \dfrac{12 \times 60 \times 512}{12 \times 1152 \times 246} = 0.1084[\text{Wb}]$

★★★★★ 기사 13년 2회 / 산업 95년 2회, 96년 6회, 99년 3회, 05년 1·3회, 07년 4회

24 포화하고 있지 않은 직류발전기의 회전수가 $\dfrac{1}{2}$ 로 되었을 때 기전력을 전과 같은 값으로 하자면 여자전류를 얼마로 해야 하는가?

① $\dfrac{1}{2}$배

② 1배

③ 2배

④ 4배

🖊 해설

유기기전력 $E = \dfrac{PZ\phi}{a} \dfrac{N}{60}$ 에서 $E \propto k\phi n$ 이다.

㉠ 기전력과 자속 및 회전수와 비례

→ $E \propto \phi$, $E \propto n$

㉡ 기전력이 일정할 경우 자속과 회전수는 반비례

→ $E =$ 일정, $\phi \propto \dfrac{1}{n}$

㉢ 회전수가 $\dfrac{1}{2}$ 일 경우 자속은 $\phi \propto \dfrac{1}{n} = \dfrac{1}{\frac{1}{2}} = 2$배이

므로 여자전류는 자속과 비례하므로 2배 증가한다.

★ 산업 00년 6회, 04년 2회, 14년 1회

25 브러시 홀더(brush holder)는 브러시를 정류자면의 적당한 위치에서 스프링에 의하여 항상 일정한 압력으로 정류자면에 접속하여야 한다. 가장 적당한 압력[kg/cm²]은?

① $1 \sim 2$

② $0.5 \sim 1$

③ $0.15 \sim 0.25$

④ $0.01 \sim 0.15$

🖊 해설 브러시 홀더

전기기기 중에 회전기에서 브러시를 정류자 또는 슬립링에 적당한 압력($0.15 \sim 0.25[\text{kg/cm}^2]$)으로 접촉하도록 하기 위하여 마련하는 장치이다.

★★ 기사 93년 5회, 17년 3회 / 산업 19년 2회(유사)

26 전기자 총도체수는 152, 4극, 파권인 직류발전기가 전기자전류를 100[A]로 할 때 극당 감자기전력[AT/극]은 얼마인가? (단, 브러시의 이동각은 10°이다)

① 33.6

② 52.8

③ 105.6

④ 211.2

🖊 해설

감자기자력 $= \dfrac{ZI_a}{2aP} \cdot \dfrac{2\alpha}{180}$

$= \dfrac{152 \times 100}{2 \times 2 \times 4} \times \dfrac{2 \times 10°}{180} = 105.56[\text{AT/극}]$

여기서, Z : 도체수

I_a : 전기자전류

α : 브러시 이동각

a : 병렬회로수

P : 극수

★★ 산업 98년 6회, 00년 5회

27 직류발전기에서 브러시간에 유기되는 기전력의 파형의 맥동을 방지하는 대책이 될 수 없는 것은?

① 사구(skewed slot)를 채용할 것

② 갭의 길이를 균일하게 할 것

③ 슬롯폭에 대하여 갭을 크게 할 것

④ 정류자편수를 적게 할 것

🔍 정답 23. ④ 24. ③ 25. ③ 26. ③ 27. ④

해설

직류발전기는 교류전력을 직류전력으로 변환시키는 정류과정이 필요하다. 정류 시 리플(맥동)을 감소시켜야 양질의 직류전력이 되는데 이를 위해 정류자편수를 많이 설치해야 한다.

★★★★ 산업 92년 5회, 13년 3회, 16년 1회

28 직류기에서 전기자반작용이란 전기자권선에 흐르는 전류로 인하여 생긴 자속이 무엇에 영향을 주는 현상인가?

① 모든 부분에 영향을 주는 현상
② 계자극에 영향을 주는 현상
③ 감자작용만을 하는 현상
④ 편자작용만을 하는 현상

해설

전기자반작용이란 전기자권선에 흐르는 전류로 인해 발생하는 누설자속이 계자극의 주자속에게 영향을 미치게 하여 자속의 분포를 변화시키는 현상이다.

★★★★ 산업 91년 7회, 94년 4회, 06년 3회

29 직류발전기의 전기자반작용을 설명함에 있어 그 영향을 없애는 데 가장 유효한 것은 어느 것인가?

① 균압환
② 탄소 브러시
③ 보상권선
④ 보극

해설 전기자반작용에 의한 문제점 및 대책

㉠ 전기자반작용으로 인한 문제점
  • 주자속 감소(감자작용)
  • 편자작용에 의한 중성축 이동
  • 정류자와 브러시 부근에서 불꽃 발생(정류불량의 원인)
㉡ 전기자반작용의 대책
  • 보극 설치(소극적 대책)
  • 보상권선 설치(적극적 대책)
  • 로커를 이용하여 브러시 이동(발전기 : 회전방향으로 이동, 전동기 : 회전과 반대방향으로 이동)

★ 기사 97년 7회

30 직류기에서 전기자반작용을 방지하는 방법 중 적합하지 않은 것은?

① 보상권선 설치
② 보극 설치
③ 보상권선과 보극 설치
④ 부하에 따라 브러시 이동

해설

전기자반작용을 방지하기 위해 보극, 보상권선, 브러시 이동 등의 방법이 있는데 이중 보극설치를 통한 반작용 방지효과가 작다.

★★★ 기사 92년 6회, 04년 3회

31 직류기의 전기자반작용에 관한 설명으로 옳지 않은 것은?

① 보상권선은 계자극면의 자속분포를 수정할 수 있다.
② 전기자반작용을 보상하는 효과는 보상권선보다 보극이 유리하다.
③ 고속기나 부하변화가 큰 직류기에는 보상권선이 적당하다.
④ 보극은 바로 밑의 전기자권선에 의한 기자력을 상쇄한다.

해설

전기자반작용을 방지하는 데 보상권선이 보극보다 유리하다.
㉠ 보상권선 : 전기자권선의 전기자전류에 의해 발생된 누설자속을 전기자전류와 반대방향으로 보상권선에 흐르는 전류에 의한 자속으로 상쇄시켜 공극의 자속분포를 수정할 수 있다.
㉡ 보극 : 전기자반작용으로 인한 감자기자력을 상쇄하여 전압강하를 감소시킨다.

★★★★★ 기사 16년 2회 / 산업 91년 2회, 01년 2·3회

32 전기자반작용이 직류발전기에 영향을 주는 것을 설명한 것이다. 틀린 설명은?

① 전기자중성축을 이동시킨다.
② 자속을 감소시켜 부하 시 전압강하의 원인이 된다.
③ 정류자편간 전압이 불균일하게 되어 섬락의 원인이 된다.
④ 전류의 파형은 찌그러지나 출력에는 변화가 없다.

해설 전기자반작용으로 인한 문제점

㉠ 주자속 감소(감자작용)
㉡ 편자작용에 의한 중성축 이동
㉢ 정류자와 브러시 부근에서 불꽃 발생(정류불량의 원인)

★★ 기사 16년 1회

33 직류기의 전기자반작용에 의한 영향이 아닌 것은?

① 자속이 감소하므로 유기기전력이 감소한다.
② 발전기의 경우 회전방향으로 기하학적 중성축이 형성된다.
③ 전동기의 경우 회전방향과 반대방향으로 기하학적 중성축이 형성된다.
④ 브러시에 의해 단락된 코일에는 기전력이 발생하므로 브러시 사이의 유기기전력이 증가한다.

해설 전기자반작용으로 인한 문제점

㉠ 주자속 감소(감자작용) – 유기기전력 감소
㉡ 편자작용에 의한 중성축 이동(발전기 : 회전방향, 전동기 : 회전 반대방향)
㉢ 정류자와 브러시 부근에서 불꽃 발생(정류불량의 원인)

★ 기사 16년 3회

34 직류발전기의 전기자반작용의 영향이 아닌 것은?

① 주자속이 증가한다.
② 전기적 중성축이 이동한다.
③ 정류작용에 악영향을 준다.
④ 정류자편 사이의 전압이 불균일하게 된다.

해설

전기자반작용은 전기자권선의 전류에 의해 발생된 누설자속이 계자의 주자속에 영향을 주는 현상으로, 주자속의 감소와 기전력 감소, 정류불량을 발생시킨다.

★★★ 기사 96년 6회, 13년 2회

35 다음 중 직류발전기에 섬락이 생기는 가장 큰 원인은 무엇인가?

① 장시간 운전
② 부하의 급변

③ 경부하운전
④ 회전속도가 지나치게 떨어졌을 때

해설

섬락현상은 전류가 흐를 때 발생하는 빛으로 부하의 급변으로 인해 직류발전기의 회전속도가 급변할 경우 발생한다.

★★★ 기사 02년 2·4회, 17년 1회(유사)

36 다음 중 직류기에 보극을 설치하는 목적이 아닌 것은?

① 정류자의 불꽃 방지
② 브러시의 이동 방지
③ 정류기전력의 발생
④ 난조의 방지

해설

보극 설치 시 전기자반작용의 감자현상을 감소시켜 전압강하를 줄이고 정류 시 리액턴스 전압에 의한 전압강하를 완화한다.
④ 난조 방지 : 제동권선

★★★★ 산업 98년 5회, 01년 1회, 19년 2회

37 다음은 직류발전기 정류곡선이다. 이중에서 정류말기에 정류상태가 좋지 않은 것은?

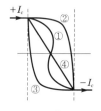

① 1   ② 2
③ 3   ④ 4

해설

리액턴스 전압 $e_L = L\dfrac{di}{dt} = L\dfrac{2i_c}{T_c}$[V]이 크게 될 때 정류상태가 불량해지는데 시간에 대해 전류의 변화가 클 때 리액턴스 전압이 크다.

㉠ 정현정류곡선 : 일반적인 정류곡선
㉡ 부족정류곡선 : 정류 말기에 나타나는 정류곡선
㉢ 과정류곡선 : 정류 초기에 나타나는 정류곡선
㉣ 직선정류곡선 : 가장 이상적인 정류곡선

정답 33. ④   34. ①   35. ②   36. ④   37. ②

★★★★★ 기사 96년 4회, 99년 5회, 17년 2회 / 산업 92년 2회

38 직류기에서 정류 코일의 자기 인덕턴스를 L이라 할 때 정류 코일의 전류가 정류주기 T_c 사이에 I_c에서 $-I_c$로 변한다면 정류 코일의 리액턴스 전압[V]의 평균값은?

① $L\dfrac{T_c}{2I_c}$ ② $L\dfrac{I_c}{2T_c}$

③ $L\dfrac{2I_c}{T_c}$ ④ $L\dfrac{I_c}{T_c}$

해설

리액턴스 전압 $e_L = L\dfrac{2I_c}{T_c}[V]$

여기서, L : 인덕턴스

I_c : 정류전류

T_c : 정류주기

★ 기사 90년 7회

39 직류기의 전압정류작용의 역할을 하는 것은?

① 탄소 브러시
② 보상권선
③ 전기자반작용
④ 보극

해설 정류개선대책

㉠ 전압정류 : 보극(리액턴스 전압 보상)
㉡ 저항정류작용 : 탄소 브러시 → 접촉저항이 크다.

★★★ 산업 91년 6회, 14년 3회

40 직류기에 탄소 브러시를 사용하는 이유는 무엇때문인가?

① 고유저항이 작다.
② 접촉저항이 작다.
③ 접촉저항이 크다.
④ 고유저항이 크다.

해설

탄소 브러시는 접촉저항이 커서 정류 중 개방과 단락 시 브러시의 마모 및 파손을 방지하기 위해 사용한다.

★★★★★ 기사 19년 2회 / 산업 04년 2회, 06년 3회, 08년 2회, 12년 1·3회(유사), 13년 2회

41 직류기의 양호한 정류를 얻는 조건이 아닌 것은?

① 정류주기를 크게 할 것
② 정류 코일의 인덕턴스를 작게 할 것
③ 리액턴스 전압을 작게 할 것
④ 브러시 접촉저항을 작게 할 것

해설 저항정류

㉠ 탄소 브러시 이를 이용한다.
㉡ 탄소 브러시는 접촉저항이 커서 정류 중 개방과 단락 시 브러시의 마모 및 파손을 방지하기 위해 사용한다.

★★ 기사 99년 7회, 14년 2회

42 직류기의 정류작용에 관한 설명으로 틀린 것은?

① 리액턴스 전압을 상쇄시키기 위하여 보극을 둔다.
② 정류작용은 직선정류가 되도록 한다.
③ 보상권선은 정류작용에 큰 도움이 된다.
④ 보상권선이 있으면 보극은 필요없다.

해설

보상권선은 전기자권선에서 발생하는 누설자속을 감소시켜 전기자반작용을 감소시키며, 보극은 전기자반작용 시 감자기자력을 없애며 정류 시 전압의 보충으로 리액턴스 전압을 감소시킨다.

★★★★ 기사 93년 6회, 03년 1회

43 직류기에 있어서 불꽃없는 정류를 얻는 데 가장 유효한 방법은?

① 탄소 브러시와 보상권선
② 보극과 탄소 브러시
③ 자기포화와 브러시의 이동
④ 보극과 보상권선

해설

㉠ 불꽃없는 정류(양호한 정류) : 보극, 탄소 브러시
㉡ 전기자반작용 방지 : 보극, 보상권선

정답 38. ③ 39. ④ 40. ③ 41. ④ 42. ④ 43. ②

★★★ 기사 95년 2회, 96년 6회

44 직류발전기에서 회전속도가 빨라지면 정류가 힘드는 이유는?

① 리액턴스 전압이 커진다.
② 정류자속이 감소한다.
③ 브러시 접촉저항이 커진다.
④ 정류주기가 길어진다.

📘 **해설**

리액턴스 전압 $e_L = L\dfrac{2i_c}{T_c}$[V]에서 $T_c \propto \dfrac{1}{v}$

여기서, T_c : 정류주기
　　　　v : 회전속도
직류기에서 정류 시 회전속도가 증가되면 정류주기가 감소하여 리액턴스 전압이 커지므로 정류가 불량해진다.

★★★★ 기사 90년 2·7회, 98년 7회, 00년 6회, 03년 4회, 12년 1회

45 보극이 없는 직류기에서 브러시를 부하에 따라 이동시키는 이유는?

① 정류작용을 잘 되게 하기 위하여
② 전기자반작용의 감자분력을 없애기 위하여
③ 유기기전력을 없애기 위하여
④ 공극자속의 일그러짐을 없애기 위하여

📘 **해설**

직류발전기의 정류자편과 브러시 접촉면의 이상현상(불꽃, 섬락)을 방지하여 정류를 양호하게 하기 위해 브러시를 이동된 중성축방향으로 로커를 가지고 이동시켜 운전한다.

★★ 기사 94년 5회, 05년 4회

46 직류분권발전기의 브러시를 중성대에서 회전방향으로 이동하면 전압은?

① 상승한다.
② 급속히 상승한다.
③ 변하지 않는다.
④ 강하한다.

📘 **해설**

부하급변 시에 중성축이 이동하여 정류불량 및 전기자 반작용이 크게 나타나므로 감자작용이 증가하여 전압강하가 증가된다.

★ 기사 98년 4회, 04년 1회

47 브러시를 중성축에서 이동시키는 것은?

① 로커
② 피그테일
③ 홀더
④ 라이저

📘 **해설**

회전 중인 직류기의 브러시를 로커를 이용해 이동한다.

★★★★ 기사 94년 5·6회, 17년 3회

48 보극이 없는 직류발전기는 부하의 증가에 따라 브러시 위치를 어떻게 하는가?

① 회전방향과 반대로 이동시킨다.
② 그대로 둔다.
③ 극의 중간에 놓는다.
④ 회전방향으로 이동시킨다.

📘 **해설** 브러시의 이동방향

㉠ 직류발전기 : 회전방향으로 이동
㉡ 직류전동기 : 회전반대방향으로 이동

★★ 기사 97년 4회

49 보극이 없는 직류전동기는 부하의 증가에 따라 브러시의 위치를 어떻게 하는 것이 좋은가?

① 그대로 둔다.
② 회전방향과 반대로 이동한다.
③ 회전방향으로 이동한다.
④ 극호의 중간위치에 둔다.

📘 **해설**

브러시를 발전기는 회전방향으로, 전동기는 회전방향과 반대로 이동한다.

★★ 기사 95년 2회, 00년 3회

50 불꽃없는 정류를 하기 위해 평균 리액턴스 전압(A)과 브러시 접촉면 전압강하(B) 사이에 필요한 조건은?

① $A > B$
② $A < B$
③ $A = B$
④ A, B에 관계없다.

📘 **해설**

불꽃없는 정류를 위해 접촉저항이 큰 탄소 브러시를 사용하므로 접촉면에 전압강하가 크게 된다.

🔍**정답** 44. ① 45. ① 46. ④ 47. ① 48. ④ 49. ② 50. ②

★★★★ 기사 95년 5회, 04년 3회, 16년 2회

51 계자권선이 전기자에 병렬로만 연결된 직류기는?

① 분권기
② 직권기
③ 복권기
④ 타여자기

해설 직류발전기의 종류

㉠ 분권기 : 계자권선과 전기자가 병렬로 접속된다.
㉡ 직권기 : 계자권선과 전기자가 직렬로 접속된다.
㉢ 복권기 : 직권계자권선과 분권계자권선이 전기자와 직·병렬로 접속된다.
㉣ 타여자기 : 계자권선과 전기자가 별개로 결선된다.

★★★ 기사 98년 2회, 03년 2회 / 산업 98년 2회

52 무부하에서 자기여자로서 전압을 확립하지 못하는 직류발전기는?

① 타여자발전기
② 직권발전기
③ 분권발전기
④ 차동 복권발전기

해설
직권발전기의 전류특성 : $I_a = I_f = I_n$
직권발전기는 무부하 시 전류가 흐르지 못하므로 부하전류가 0이므로 계자권선에도 전류가 흐르지 못해 자속의 증가가 이뤄지지 않아 전압이 확립되지 못한다.

집중공략

★★★★★ 기사 93년 5회, 98년 3회, 03년 1회, 04년 3회 / 산업 04년 4회, 14년 3회

53 직류발전기의 계자철심에 잔류자기가 없어도 발전을 할 수 있는 발전기는?

① 타여자발전기
② 분권발전기
③ 직권발전기
④ 복권발전기

해설
타여자발전기는 계자권선이 별도의 회로이므로 잔류자기가 없어도 전압확립이 가능하다.

★ 산업 15년 3회

54 직류 타여자발전기의 부하전류와 전기자전류의 크기는?

① 부하전류가 전기자전류보다 크다.
② 전기자전류가 부하전류보다 크다.
③ 전기자전류와 부하전류가 같다.
④ 전기자전류와 부하전류는 항상 0이다.

해설
타여자발전기의 경우 전기자와 부하의 접속이 직렬이므로 부하전류와 전기자전류의 크기는 같다.

★★★★★ 기사 95년 2회, 99년 5회, 15년 3회 / 산업 90년 6회, 96년 4회, 19년 2회(유사)

55 직류분권발전기를 서서히 단락상태로 하면 어떠한 상태로 되는가?

① 과전류로 소손된다.
② 과전압이 된다.
③ 소전류가 흐른다.
④ 운전이 정지된다.

해설
직류분권발전기의 운전 중 부하측이 서서히 단락상태로 되면 전기자전류가 모두 단락된 곳으로 흐르므로 계자전류가 0이 되어 계자권선에서는 잔류자기만 발생하여 기전력이 작아져 소전류가 흐른다.

★★ 기사 90년 2회, 98년 7회, 00년 5회, 16년 2회

56 직류분권발전기에 대하여 적은 것이다. 바른 것은?

① 단자전압이 강하하면 계자전류가 증가한다.
② 타여자발전기의 경우보다 외부특성곡선이 상향으로 된다.
③ 분권권선의 접속방법에 관계없이 자기여자로 전압을 올릴 수가 있다.
④ 부하에 의한 전압의 변동이 타여자발전기에 비하여 크다.

해설
부하전력 $P = V_n I_n$[kW]
계자권선전압 $V_f = I_f \cdot r_f$[V]
㉠ 분권발전기의 전류 및 전압
• $I_a = I_f + I_n$
• $E_a = V_n + I_a \cdot r_a$[V]

정답 51. ① 52. ② 53. ① 54. ③ 55. ③ 56. ④

ⓒ 분권발전기의 경우 부하변화 시 계자권선의 전압 및 전류도 변화되므로 전기자전류가 타여자발전기에 비해 크게 변화되므로 전압변동도 크다.

★★★ 기사 92년 5회, 94년 2회, 14년 3회

57 직류발전기의 단자전압을 조정하려면 다음 어느 것을 조정하는가?

① 전기자저항 　　② 기동저항

③ 방전저항 　　　④ 계자저항

🔍 **해설**

직류발전기의 경우 계자저항 변화 시 계자전류가 변화되어 자속이 변화된다. 자속의 변화는 기전력 및 전압의 크기를 조정할 수 있다.

집중공략

★★★★★ 기사 91년 6회, 17년 1회 / 산업 94년 2회, 11년 2회

58 분권발전기의 회전방향을 반대로 하면 일어나는 현상은?

① 발전되지 않는다.

② 정회전 때와 마찬가지이다.

③ 과대전압이 유기된다.

④ 섬락이 일어난다.

🔍 **해설**

자여자발전기(직권 및 분권 발전기)의 경우 역회전 시 잔류자기가 소멸되어 발전이 되지 않는다.

★★★ 기사 03년 2회

59 3상 유도전동기로 직류분권발전기를 구동하여 직류를 얻어 사용했었다. 유도기의 1차측 3선 중 2선을 바꾸어 결선을 하고 운전하였다면 직류분권발전기의 전압은?

① 전압이 0이 된다.

② 과전압이 유도된다.

③ +, － 극성이 바뀐다.

④ +, － 극성이 변함없다.

🔍 **해설**

3상 유도전동기의 운전 중에 3선 중 2선 접속변경 시 역방향으로 회전하게 되므로 분권발전기가 역회전하여 잔류자기가 소멸되어 전압이 0이 된다.

★★★ 산업 91년 7회, 96년 4회

60 직류분권발전기의 계자회로의 개폐기를 운전 중 갑자기 열면 어떻게 되는가?

① 속도가 감소한다.

② 과속도가 된다.

③ 계자권선에 고압을 유발한다.

④ 정류자에 불꽃을 유발한다.

🔍 **해설**

운전 중인 발전기의 계자회로 개폐 시 전자유도법칙 $\left(e = -L\dfrac{di}{dt}\right)$에 따라 계자권선에는 고압이 발생한다.

★ 기사 14년 2회(유사) / 산업 98년 4회

61 어떤 타여자발전기가 800[rpm]으로 회전할 때 120[V]의 기전력을 유도하는 데 4[A]의 여자전류를 필요로 한다고 한다. 이 발전기를 640[rpm]로 회전하여 140[V]의 유도기전력을 얻으려면 몇 [A]의 여자전류가 필요한가? (단, 자기회로의 포화현상은 무시한다)

① 약 6.7 　　　③ 약 6.4

③ 약 5.98 　　④ 약 5.83

🔍 **해설**

유기기전력 $E_a = \dfrac{PZ\phi}{a} \cdot \dfrac{N}{60} \propto k\phi N \propto k' I_f N$

기계정수 $k' = \dfrac{E_a}{I_f N} = \dfrac{120}{4 \times 800} = 0.0375$

타여자발전기를 640[rpm]으로 회전시켜 140[V]의 유기기전력을 얻기 위한 여자전류는 다음과 같다.

$I_f = \dfrac{E_a}{k' N} = \dfrac{140}{0.0375 \times 640} = 5.833 ≒ 5.83[A]$

★★★★ 산업 93년 5회, 00년 2회, 02년 2회, 08년 1회

62 25[kW], 125[V], 1200[rpm]의 타여자발전기가 있다. 전기자저항(브러시 포함)은 0.04[Ω]이다. 정격상태에서 운전하고 있을 때 속도를 200[rpm]으로 늦추었을 경우 부하전류는 어떻게 변화하는가? (단, 전기자반작용을 무시하고 전기자회로 및 부하저항값은 변하지 않는다고 한다)

① 33.3 　　　② 200

③ 1200 　　　④ 3125

해설

출력 $P_o = V_n I_n$[W]에서

부하전류 $I_n = \dfrac{25 \times 10^3}{125} = 200$[A]

유기기전력 $E_a = V_n + I_a \cdot r_a$
$$= 125 + 200 \times 0.04 = 133[V]$$

유기기전력 $E_a = \dfrac{PZ\phi}{a} \dfrac{N}{60} \propto k\phi N$이므로

$$E_{200} = \dfrac{N_2}{N_1} \times E_{1200} = \dfrac{200}{1200} \times 133 = 22[V]$$

회전속도 200[rpm]일 경우 부하전류

$$I_{200} = \dfrac{E_{200}}{E_{1200}} \times I_{1200} = \dfrac{22}{133} \times 200 = 33.3[A]$$

★★★★★ 산업 95년 7회, 03년 1회, 06년 2회, 08년 2회

63 25[kW], 125[V], 1200[rpm]의 직류 타여자발전기가 있다. 전기자저항(브러시 저항 포함)은 0.4[Ω]이다. 이 발전기를 정격상태에서 운전하고 있을 때 속도를 200[rpm]으로 저하시켰다면 발전기의 유기기전력은 어떻게 변화하겠는가? (단, 정상상태에서 유기기전력을 E이라 한다)

① $\dfrac{1}{2}E$ ② $\dfrac{1}{4}E$

③ $\dfrac{1}{6}E$ ④ $\dfrac{1}{8}E$

해설

유기기전력과 회전수의 관계 $E_a = \dfrac{PZ\phi}{a} \dfrac{N}{60} \propto N$

회전속도 200[rpm]일 경우 유기기전력

$$E_{200} = \dfrac{N_2}{N_1} \times E_{1200} = \dfrac{200}{1200} \times E = \dfrac{1}{6}E$$

★★★ 산업 95년 2회, 01년 1회

64 유도기전력 110[V], 전기자저항 및 계자저항이 각각 0.05[Ω]인 직권발전기가 있다. 부하전류가 100[A]라 하면 단자전압[V]은?

① 95   ② 100

③ 105   ④ 110

해설

정격전압 $V_n = E_a - I_a(r_a + r_f)$
$$= 110 - 100 \times (0.05 + 0.05) = 100[V]$$

★★ 산업 93년 3회, 09년 1회

65 부하전류가 50[A]일 때 단자전압이 100[V]인 직류 직권발전기의 부하전류가 70[A]로 되면 단자전압은 몇 [V]가 되겠는가? (단, 전기자저항 및 직권계자권선의 저항은 각각 0.10[Ω]이고 전기자반작용과 브러시 접촉저항 및 전압강하 모두 무시한다)

① 150   ② 140

③ 138   ④ 125

해설

유기기전력 $E_a = V_n + I_a(r_a + r_s)$
$$= 100 + 50 \times (0.1 + 0.1) = 110[V]$$

$E_a \propto I_a$이므로 부하전류 70[A]일 때

유기기전력 $E_{70} = \dfrac{I_{70}}{I_{50}} \times E = \dfrac{70}{50} \times 110 = 154[V]$

단자전압 $V_n = E_a - I_a(r_a + r_s)$
$$= 154 - 70 \times (0.1 + 0.1) = 140[V]$$

★ 기사 93년 6회, 01년 3회

66 직류 직권발전기가 있다. 정격출력 10[kW], 정격전압 100[V], 정격회전수 1500[rpm]이라 한다. 지금 정격상태로 운전하고 있을 때 회전수를 1200[rpm]으로 내리고 먼저와 같은 부하전류를 흘렸을 경우에 단자전압은 얼마인가? (단, 전기자회로의 저항은 0.059[Ω]이라 하고 전기자반작용은 무시한다)

① 105[V]   ② 84[V]

③ 80[V]   ④ 79[V]

해설

직권발전기의 전기자전류와 계자전류는 같다. 부하전류는 일정하다. 그러므로 회전수에 따라 기전력이 변한다.

전기자전류 $I_a = \dfrac{P_o}{V_n} = \dfrac{10 \times 10^3}{100} = 100[A]$

발전기의 유기기전력 $E_a = V_n + I_a \cdot r_a$
$$= 100 + (100 \times 0.059)$$
$$= 105.9[V]$$

따라서, 유기기전력 $E = \dfrac{PZ\phi}{a}\dfrac{N}{60} \propto k\phi N$ 에서

기계정수 $k\phi$ 를 구하면

$k\phi = \dfrac{E}{N} = \dfrac{105.9}{1500} = 0.0706$

그러므로 회전속도를 1200[rpm]으로 내리면
이때 유기기전력 $E_a \propto k\phi N = 0.0706 \times 1200$

$\qquad\qquad\qquad = 84.72[\text{V}]$

∴ 단자전압 $V_n = 84.72 - 100 \times 0.059$

$\qquad\qquad\quad = 78.82 \fallingdotseq 79[\text{V}]$

★★★★ 기사 94년 2회, 15년 3회 / 산업 15년 1회, 18년 2회(유사)

67 정격전압 100[V], 정격전류 50[A]인 분권 발전기의 유기기전력은 몇 [V]인가? (단, 전기자저항 0.2[Ω], 계자전류 및 전기자반 작용은 무시한다)

① 110
② 120
③ 125
④ 127.5

📝 해설

분권발전기 전류관계 $I_a = I_f + I_n$ 에서 계자전류가 0이 므로 $I_a = I_n$ 이다.

유기기전력 $E_a = V_n + I_a r_a$

$\qquad\qquad = 100 + 50 \times 0.2 = 110[\text{V}]$

★★★★★ 산업 92년 3회, 00년 7회, 19년 1회(유사)

68 전기자저항이 0.3[Ω]이며, 단자전압이 210[V], 부하전류가 95[A], 계자전류가 5[A]인 직 류분권발전기의 유기기전력[V]은?

① 180
② 230
③ 240
④ 250

📝 해설

계자전류 $I_f = 5[\text{A}]$, 부하전류 $I_n = 95[\text{A}]$이므로
전기자전류 $I_a = I_f + I_n = 5 + 95 = 100[\text{A}]$
유기기전력 $E_a = V_n + I_a \cdot r_a$

$\qquad\qquad = 210 + 100 \times 0.3 = 240[\text{V}]$

★★★★ 기사 13년 3회, 14년 1회(유사) / 산업 92년 7회, 14년 1회(유사)

69 정격속도로 회전하고 있는 무부하의 분권 발전기가 있다. 계자저항이 40[Ω], 계자전 류가 3[A], 전기자저항이 2[Ω]일 때 유기 기전력은 얼마인가?

① 114[V]
② 120[V]
③ 126[V]
④ 132[V]

📝 해설

분권발전기가 무부하이므로 $I_a = I_f = 3[\text{A}]$
유기기전력 $E_a = I_f \cdot r_f + I_a \cdot r_a$

$\qquad\qquad = 3 \times 40 + 3 \times 2 = 126[\text{V}]$

★★★ 기사 19년 2회(유사) / 산업 90년 6회, 98년 5회, 00년 4회, 01년 1회

70 무부하전압 213[V], 단자전압 200[V], 정 격출력 80[kW]의 분권발전기가 있다. 계 자저항이 20[Ω], 전부하 시의 전기자반작 용에 의한 전압강하가 4.8[V]라면 그 전기 자회로의 저항[Ω]은?

① 0.02
② 0.05
③ 0.08
④ 0.1

📝 해설

유기기전력 $E_a = V_n + I_a \cdot r_a + e_a[\text{V}]$

전기자전류 $I_a = I_n + I_f = \dfrac{P}{V_n} + \dfrac{V_n}{r_f}$

$\qquad\qquad = \dfrac{80 \times 10^3}{200} + \dfrac{200}{20} = 410[\text{A}]$

무부하전압은 유기기전력과 같은 크기이므로
$V_o = E_a = 213[\text{V}]$

전기자저항 $r_a = \dfrac{E_a - V_n - e_a}{I_a}$

$\qquad\qquad = \dfrac{213 - 200 - 4.8}{410} = 0.02[\Omega]$

★★★ 기사 96년 7회, 03년 3회

71 100[kW], 230[V] 자여자식 분권발전기에 서 전기자회로저항이 0.05[Ω]이고, 계자회 로저항이 57.5[Ω]이다. 이 발전기가 정격 전압 전부하에서 운전할 때 유기전압을 계 산하면?

① 232[V]
② 242[V]
③ 252[V]
④ 262[V]

해설

$$부하전류 \ I_n = \frac{P}{V_n} = \frac{100 \times 1000}{230} = 434.78 ≒ 435[A]$$

$$계자전류 \ I_f = \frac{V_n}{r_f} = \frac{230}{57.5} = 4[A]$$

전기자전류 $I_a = I_n + I_f = 435 + 4 = 439[A]$

유기전압 $E_a = V_n + I_a \cdot r_a = 230 + 439 \times 0.05$
$$= 251.95 ≒ 252[V]$$

★★ **기사 95년 2회**

72 100[V], 10[A], 1500[rpm]인 직류분권발전기의 정격 시 계자전류는 2[A]이다. 이 때, 계자회로에는 10[Ω]의 외부저항이 삽입되어 있다. 계자권선의 저항[Ω]은?

① 100   ② 80
③ 40   ④ 20

해설

단자전압 $V_n = I_f(r_f + R_{외부저항})$
$$= 2 \times (r_f + 10) = 100[V]$$

계자권선의 저항 $r_f = \frac{100}{2} - 10 = 40[Ω]$

★★ **산업 93년 6회, 97년 5회, 12년 1회, 16년 3회(유사)**

73 전기자저항이 0.05[Ω]인 직류분권발전기가 있다. 회전수가 1000[rpm]이고 단자전압이 220[V]일 때 전기자전류가 100[A]를 표시했다. 지금 이것을 전동기로서 사용하여 그 단자전압 및 전기자전류가 위의 값과 똑같을 때는 그 회전수[rpm]는 얼마가 되는가? (단, 전기자반작용은 무시한다)

① 약 1046.5   ② 약 977.8
③ 약 977.3   ④ 약 955.5

해설

유기기전력 $E_a = V_n + I_a \cdot r_a$
$$= 220 + 100 \times 0.05 = 225[V]$$

역기전력 $E_c = V_n - I_a \cdot r_a$
$$= 220 - 100 \times 0.05 = 215[V]$$

전동기로 운전 시 회전수

$$N_{전동기} = N_{발전기} \times \frac{E_c}{E_a}$$

$$= 1000 \times \frac{215}{225} = 955.5[rpm]$$

★★★ **기사 93년 2회, 05년 2회 / 산업 14년 2회(유사)**

74 직류분권발전기의 무부하포화곡선이 $V = \frac{940i_f}{33 + i_f}$, i_f는 계자전류[A], V는 무부하전압[V]으로 주어질 때 계자저항이 20[Ω]이면 몇 [V]의 전압이 유기되는가?

① 140   ② 160
③ 280   ④ 300

해설

단자전압 $V_n = I_f \times r_f = I_f \times 20 = \frac{940 I_f}{33 + I_f}$

$$I_f \times 20 \times (33 + I_f) = 940 I_f$$

$$33 + I_f = \frac{940}{20} = 47$$

여자전류 $I_f = 47 - 33 = 14[A]$

∴ 무부하단자전압 $V = I_f \cdot r_f$
$$= 14 \times 20 = 280[V]$$

★★★★ **산업 04년 2회, 07년 1회**

75 가동 복권발전기의 내부결선을 바꾸어 직권발전기로 사용하려면 어떻게 하는가?

① 직권계자를 단락시킨다.
② 분권계자를 개방시킨다.
③ 직권계자를 개방시킨다.
④ 외분권 복권형으로 한다.

해설 가동 복권발전기

㉠ 직권계자 단락 시 분권발전기로 운전한다.
㉡ 분권계자 개방 시 직권발전기로 운전한다.

★★★★ **산업 94년 2회, 02년 1회, 02년 4회**

76 가동 복권발전기의 내부결선을 바꾸어 분권발전기로 하자면 어떻게 하는가?

① 내분권 복권형으로 해야 한다.
② 외분권 복권형으로 해야 한다.
③ 분권계자를 단락시킨다.
④ 직권계자를 단락시킨다.

해설 가동 복권발전기

㉠ 직권계자 단락 시 분권발전기로 운전한다.
㉡ 분권계자 개방 시 직권발전기로 운전한다.

정답 72. ③ 73. ④ 74. ③ 75. ② 76. ④

★ 산업 94년 5회

77 정격 220[V], 95[kW]의 내분권 가동 복권발전기가 있다. 정격전압에서 부하전류가 40[A]일 때 유기기전력을은 얼마인가? (단, 전기자권선저항 $r_a = 0.1$[Ω], 직권계자권선저항 $r_s = 0.05$[Ω], 분권계자회로의 저항 $r_f = 55.5$[Ω]이고, 전기자반작용은 무시한다)

① 225.5[V] ② 226.4[V]
③ 227.3[V] ④ 228.5[V]

해설

직권계자저항의 전압 $V_s = r_s \cdot I_n$
$$= 0.05 \times 40 = 2[V]$$
직권계자권선전압과 정격전압의 합
$$V_n{'} = V_n + r_s \cdot I_n = 220 + 0.05 \times 40 = 222[V]$$
계자권선전압=222[V]에서
계자전류 $I_f = \dfrac{V_n}{r_f} = \dfrac{222}{55.5} = 4[A]$
전기자전류 $I_a = I_f + I_n = 4 + 40 = 44[A]$
유기기전력 $E_a = V_n{'} + r_a \cdot I_a$
$$= 222 + 0.1 \times 44 = 226.4[V]$$
여기서, r_a : 전기자저항
r_f : 분권계자저항
r_s : 직권계자저항

★ 산업 98년 4회

78 전기자권선의 저항 0.08[Ω], 직권계자권선 및 분권계자회로의 저항이 각각 0.07[Ω]과 100[Ω]인 외분권 가동 복권발전기의 부하전류가 18[A]일 때, 그 단자전압이 $V = 200$[V]라면 유기기전력[V]은? (단, 전기자반작용과 브러시 접촉저항은 무시한다)

① 201.5 ② 203
③ 205.4 ④ 207

해설

정격전압=계자권선전압이므로 $V_n = I_f \cdot r_f$에서
계자전류 $I_f = \dfrac{V_n}{r_f} = \dfrac{200}{100} = 2[A]$
전기자전류 $I_a = I_f + I_n = 2 + 18 = 20[A]$
유기기전력 $E_a = V_n + I_a(r_a + r_s)$
$$= 200 + 20(0.08 + 0.07) = 203[V]$$
여기서, r_a : 전기자저항
r_f : 분권계자저항
r_s : 직권계자저항

★★★★ 산업 91년 6회, 98년 7회, 00년 6회

79 무부하전압 250[V], 정격전압 210[V]인 발전기의 전압변동률[%]은?

① 16 ② 17
③ 19 ④ 22

해설

전압변동률 $\varepsilon = \dfrac{V_0 - V_n}{V_n} \times 100[\%]$
$$= \dfrac{250 - 210}{210} \times 100 = 19.04[\%]$$
여기서, V_0 : 무부하전압
V_n : 정격전압

★★★★★ 산업 93년 4회, 97년 2회, 01년 1회, 03년 4회

80 무부하 때 119[V]인 분권발전기가 6[%]의 전압변동률을 가지고 있다고 한다. 전부하 단자전압은 몇 [V]인가?

① 105.1 ② 112.2
③ 125.6 ④ 145.2

해설

전압변동률 $\varepsilon = \dfrac{V_0 - V_n}{V_n} \times 100[\%]$에서
정격전압 $V_n = \dfrac{V_0}{1 + \dfrac{\varepsilon}{100}} = \dfrac{119}{1 + \dfrac{6}{100}} = 112.2[V]$

★★★★★ 산업 98년 7회, 00년 6회, 01년 1회, 07년 4회

81 직류기에서 전압변동률이 (+)값으로 표시되는 발전기는?

① 과복권발전기
② 직권발전기
③ 분권발전기
④ 평복권발전기

해설

전압변동률은 발전기를 정격속도로 회전시켜 정격전압 및 정격전류가 흐르도록 한 후 갑자기 무부하로 하였을 경우의 단자전압의 변화 정도이다.

$$\varepsilon = \frac{V_0 - V_n}{V_n} \times 100 [\%]$$

여기서, V_0 : 무부하전압
V_n : 정격전압

㉠ $\varepsilon(+)$: 타여자 · 분권 · 부족 복권
㉡ $\varepsilon(0)$: 평복권
㉢ $\varepsilon(-)$: 과복권

★ 산업 16년 1회

82 직류발전기 중 무부하일 때보다 부하가 증가한 경우에 단자전압이 상승하는 발전기는?

① 직권발전기
② 분권발전기
③ 과복권발전기
④ 차동 복권발전기

해설

부하가 증가할 때 무부하전압보다 단자전압이 상승하는 경우 전압변동률이 '−'로 나타나므로 과복권발전기의 특성이 된다.

★★★ 기사 92년 2회, 12년 1 · 2회

83 정격이 5[kW], 100[V], 1500[rpm]의 타여자 직류발전기가 있다. 계자전압 50[V], 계자전류 5[A], 전기자저항 0.2[Ω]이고 브러시에서의 전압강하는 2[V]이다. 무부하 시와 정격부하 시의 전압차는 몇 [V]인가?

① 12
② 10
③ 8
④ 6

해설

부하전류 $I_n = \frac{P}{V_n} = \frac{5 \times 10^3}{100} = 50[A]$

유기기전력 $E_a = V_n + r_a \cdot I_a + e_b$
$= 100 + 0.2 \times 50 + 2 = 112[V]$

무부하 시 전압과 정격부하 시 전압의 차
$e = E_a - V_n = 112 - 100 = 12[V]$

★★★★★ 기사 04년 4회(유사), 15년 1회, 16년 2회 / 산업 19년 1회

84 200[kW], 200[V]의 직류분권발전기가 있다. 전기자권선의 저항이 0.025[Ω]일 때 전압변동률은 몇 [%]인가?

① 6.0
② 12.5
③ 20.5
④ 25.0

해설

부하전류 $I_n = \frac{P}{V_n} = \frac{200000}{200} = 1000[A]$

$E_a = V_0$이므로
$E_a = V_n + I_a r_a = 200 + 1000 \times 0.025 = 225[V]$

전압변동률 $\varepsilon = \frac{V_0 - V_n}{V_n} \times 100[\%]$

$= \frac{225 - 200}{200} \times 100 = 12.5[\%]$

★★★★★ 기사 97년 6회

85 2대의 직류발전기를 병렬운전할 때 필요조건 중 틀린 것은?

① 전압의 크기가 같을 것
② 극성이 일치할 것
③ 주파수가 같을 것
④ 외부특성이 수하특성일 것

해설 **직류발전기 병렬운전조건**

㉠ 발전기의 극성이 같을 것
㉡ 정격(단자)전압이 같을 것
㉢ 외부특성곡선이 일치할 것 → 수하특성(용접기, 누설변압기, 차동복권기)
㉣ 직권 · 복권 발전기의 경우 균압(모)선을 접속할 것

★★★★★ 기사 91년 6회, 99년 3회, 16년 3회 / 산업 90년 2회, 97년 7회, 11년 2회

86 직류분권발전기의 병렬운전을 하기 위해서는 발전기용량 P와 정격전압 V는?

① P도 V도 임의이다.
② P는 임의, V는 같다.
③ P는 같고, V는 임의이다.
④ P도, V도 같다.

해설

발전기의 병렬운전 시 용량 · 출력 · 부하전류의 크기는 같지 않아도 된다.

★★★★ 기사 97년 6회, 11년 3회, 12년 3회, 17년 1회 / 산업 13년 3회(유사)

87 직류발전기의 병렬운전에 있어서 균압선을 붙이는 발전기는?

① 분권발전기, 직권발전기

② 분권발전기, 복권발전기

③ 직권발전기, 복권발전기

④ 분권발전기, 단극발전기

해설

직권 및 복권 발전기의 경우 안정된 운전을 위해 균압 (모)선을 설치한다.

★★ 기사 91년 5회, 18년 3회

88 직류복권발전기의 병렬운전에 있어 균압선을 붙이는 목적은 무엇인가?

① 운전을 안전하게 한다.

② 손실을 경감한다.

③ 전압의 이상상승을 방지한다.

④ 고조파의 발생을 방지한다.

해설

직권발전기 또는 복권발전기의 경우 부하전류가 증가하면 단자전압이 상승하기 때문에 한쪽 전류가 증가하면 전압도 상승하여 점차 전류가 증가하게 되어 분권발전기와 같이 안정한 병렬운전을 할 수 없게 된다. 그러므로 직권발전기의 병렬운전을 안정하게 하려면 두 발전기의 직권계자권선을 서로 연결하고 연결한 선을 균압 (모선)이라 한다.

★★ 기사 97년 7회

89 용접용으로 사용되는 직류발전기의 특성 중에서 가장 중요한 것은?

① 과부하에 견딜 것

② 경부하일 때 효력이 좋을 것

③ 전압변동률이 작을 것

④ 전류에 대한 전압특성이 수하특성일 것

해설

용접을 할 경우 $I_n^2 \cdot r$로 발생하는 열을 이용하므로 전류(I_n)가 일정하여야 한다. 따라서, 직류발전기를 이용하여 용접을 할 경우 발전기의 운전이 급변할 경우 발전기의 출력이 짧은 시간에 급변하므로 이때 전류를 일정하게 하기 위해서는 기기의 전압특성이 수하특성이어야 한다.

★★ 기사 91년 6회, 99년 3회, 00년 6회

90 A, B 두대의 직류발전기를 병렬운전해 부하에 100[A]를 공급하고 있다. A발전기의 유기기전력과 내부저항은 110[V], 0.04[Ω], B발전기의 유기기전력과 내부저항은 112[V], 0.06[Ω]일 때, A발전기에 흐르는 전류[A]는?

① 4

② 6

③ 40

④ 60

해설

A, B 두 발전기 부하전류의 합 $I_n = I_A + I_B = 100$[A]

A, B 두 발전기의 단자전압($V_n = E_a - I_a \cdot r_a$)이 같으므로

$110 - I_A \times 0.04 = 112 - I_B \times 0.06$

A발전기전류 $I_A = 100 - I_B$를 윗식에 대입하여 구하면 다음과 같다.

$110 - (100 - I_B) \times 0.04 = 112 - I_B \times 0.06$

$0.1 I_B = 6, \ I_B = 60$[A]

$\therefore \ I_A = 100 - 60 = 40$[A]

★★★★ 기사 90년 2회, 98년 7회, 00년 5회, 01년 1회

91 종축에 단자전압, 횡축에 정격전류의 [%]로 눈금을 적은 외부특성곡선이 겹쳐지는 두 대의 분권발전기가 있다. 용량이 각각 100[kW], 200[kW]이고 정격전압은 100[V]이다. 부하전류가 150[A]일 때 각 발전기의 분담전류는 얼마인가?

① $I_1 = 50$[A], $I_2 = 100$[A]

② $I_1 = 75$[A], $I_2 = 75$[A]

③ $I_1 = 100$[A], $I_2 = 50$[A]

④ $I_1 = 70$[A], $I_2 = 80$[A]

해설

부하전류분담은 발전기용량에 비례하므로

$I_1 : I_2 = 100 : 200$

$100 I_2 = 200 I_1$에서 $I_2 = 2 I_1$

두 발전기의 부하전류의 합 $I_1 + I_2 = 150$[A]

$I_1 + 2 I_1 = 150$[A]

$I_1 = \dfrac{150}{3} = 50$[A]

$I_2 = 2 I_1 = 2 \times 50 = 100$[A]

★★★ 기사 90년 7회, 99년 6회, 13년 1회, 18년 3회

92 직류발전기의 병렬운전에서 계자전류를 변화시키면 부하분담은?

① 계자전류를 감소시키면 부하분담이 적어진다.
② 계자전류를 증가시키면 부하분담이 적어진다.
③ 계자전류를 감소시키면 부하분담이 커진다.
④ 계자전류와는 무관하다.

해설 직류발전기의 병렬운전 중에 계자전류의 변화 시

㉠ 계자전류 증가하면 기전력이 증가 – 부하분담 증가
㉡ 계자전류 감소하면 기전력이 감소 – 부하분담 감소

★ 산업 95년 2회

93 다음 중 직류발전기의 무부하포화곡선과 관계되는 것은?

① 부하전류와 계자전류
② 단자전압과 계자전류
③ 단자전압과 부하전류
④ 출력과 부하전류

해설 직류발전기의 특성곡선

㉠ 무부하포화곡선 : 계자전류와 유기기전력(단자전압)과의 관계곡선
㉡ 부하포화곡선 : 계자전류와 단자전압과의 관계곡선
㉢ 외부특성곡선 : 부하전류와 단자전압과의 관계곡선
㉣ 위상특성곡선(V곡선) : 계자전류와 부하전류와의 관계곡선

집중공략

★★★★★ 산업 91년 7회

94 다음 그림과 같은 직류발전기의 포화특성곡선에서 그 포화율은?

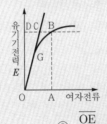

① $\dfrac{\overline{OF}}{\overline{OG}}$ ② $\dfrac{\overline{OE}}{\overline{DE}}$

③ $\dfrac{\overline{BC}}{\overline{CD}}$ ④ $\dfrac{\overline{CD}}{\overline{CO}}$

해설

$\overline{OC}$: 공극선, $\overparen{OB}$: 무부하포화곡선
포화율은 무부하포화곡선과 공극선으로 산정된다.

$$포화율 = \frac{\overline{CB}}{\overline{DC}}$$

★★ 기사 92년 7회, 14년 3회(유사)

95 직류발전기의 부하포화곡선은 다음 어느 것의 관계인가?

① 단자전압과 부하전류
② 출력과 부하전력
③ 단자전압과 계자전류
④ 부하전류와 계자전류

해설 부하포화곡선

계자전류와 단자전압과의 관계곡선이다.

★★★ 기사 16년 1회, 19년 2회

96 직류발전기의 외부특성곡선에서 나타내는 관계로 옳은 것은?

① 계자전류와 단자전압
② 계자전류와 부하전류
③ 부하전류와 단자전압
④ 부하전류와 유기기전력

해설 직류발전기의 특성곡선

㉠ 무부하포화곡선 : 계자전류와 유기기전력(단자전압)과의 관계곡선
㉡ 부하포화곡선 : 계자전류와 단자전압과의 관계곡선
㉢ 외부특성곡선 : 부하전류와 단자전압과의 관계곡선
㉣ 위상특성곡선(V곡선) : 계자전류와 부하전류(전기자전류)와의 관계곡선

★★ 산업 03년 3회, 06년 1회

97 다음 설명 중 전동기의 부하가 증가할 때 현상으로 틀린 것은?

① 전동기의 속도가 떨어진다.
② 역기전력이 감소한다.
③ 전동기의 전류가 증가한다.
④ 전동기의 단자전압이 증가한다.

해설

① 전동기의 속도 $n \propto k\dfrac{V_n - I_a \cdot r_a}{\phi}$에서 부하증가 시 I_a가 증가하면 속도는 감소한다.

② 역기전력 $E_c = V_n - I_a \cdot r_a$에서 부하증가 시 I_a가 증가하면 역기전력은 감소한다.

③ 부하증가 시 전류는 증가한다.

★★ 산업 15년 1회

98 직류전동기의 역기전력에 대한 설명 중 틀린 것은?

① 역기전력이 증가할수록 전기자전류는 감소한다.

② 역기전력은 속도에 비례한다.

③ 역기전력은 회전방향에 따라 크기가 다르다.

④ 부하가 걸려 있을 때에는 역기전력은 공급전압보다 크기가 작다.

해설

역기전력은 $E_c = \dfrac{PZ\phi}{a}\dfrac{N}{60}$[V]이므로 역기전력의 크기는 회전방향과 관계가 없다.

★★★ 기사 92년 2회

99 직류전동기에서 극수를 P, 전기자의 전도체수를 Z, 전기자 병렬회로수를 a, 1극당 자속수를 ϕ[Wb], 전기자전류를 I_a[A]라고 할 때 토크[N·m]를 나타내는 것은 어느 것인가?

① $\dfrac{PZ}{2\pi a} \cdot \phi I_a$

② $\dfrac{PZ}{a} \cdot \phi I_a$

③ $\dfrac{PZ}{2\pi a} \cdot \dfrac{\phi}{I_a}$

④ $\dfrac{2\pi a}{PZ} \phi I_a z$

해설

직류전동기 토크 $T = \dfrac{P_o}{\omega} = \dfrac{PZ\phi I_a}{2\pi a}$[N·m]

★★★★★ 산업 94년 2회, 95년 4회, 96년 6회, 00년 5회, 03년 4회

100 직류분권전동기가 있다. 전도체수 100, 단중 파권으로 자극수는 4, 자속수 3.14[Wb]이다. 여기에 부하를 걸어 전기자에 5[A]의 전류가 흐르고 있다면 이 전동기의 토크[N·m]는 약 얼마인가?

① 400　　② 450

③ 500　　④ 550

해설

토크 $T = \dfrac{PZ\phi I_a}{2\pi a}$

$= \dfrac{4 \times 100 \times 3.14 \times 5}{2 \times 3.14 \times 2} = 500$[N·m]

여기서, 병렬회로수는 파권이므로 $a = 2$

★★★★ 기사 99년 6회, 14년 3회(유사)

101 직류분권전동기의 전체 도체수는 100, 단중 중권이며 자극수는 4, 자속수는 극당 0.628[Wb]이다. 부하를 걸어 전기자에 5[A]가 흐르고 있을 때의 토크[N·m]는?

① 약 100　　② 약 75

③ 약 50　　④ 약 25

해설

토크 $T = \dfrac{PZ\phi I_a}{2\pi a}$

$= \dfrac{4 \times 100 \times 0.628 \times 5}{2 \times 3.14 \times 4} = 50$[N·m]

여기서, 중권의 병렬회로수 $a = P = 4$

★★ 산업 98년 5회, 13년 1회

102 P[kW], N[rpm]인 전동기의 토크[kg·m]는?

① $975\dfrac{P}{N}$　　② $856\dfrac{P}{N}$

③ $716\dfrac{P}{N}$　　④ $675\dfrac{P}{N}$

해설

전동기 토크 $T = 0.975\dfrac{P_o}{N}$[kg·m]

여기서, 출력 $P_o = P$[kW]$\times 10^3$

정답 98. ③　99. ①　100. ③　101. ③　102. ①

★★★ 산업 98년 3회, 07년 2회

103 출력 4[kW], 1400[rpm]인 전동기의 토크 [kg · m]는?

① 2.79   ② 27.9

③ 2.6   ④ 26.5

해설

토크 $T = 0.975 \dfrac{P_o}{N}$

$$= 0.975 \times \frac{4000}{1400} = 2.785 = 2.79[\text{kg} \cdot \text{m}]$$

★★★★★ 산업 97년 5회, 99년 6회, 07년 3회

104 출력 10[HP], 600[rpm]인 전동기의 토크 [kg · m]는 얼마인가?

① 약 11.9   ② 약 12.1

③ 약 0.02   ④ 약 0.2

해설

1[HP]=746[W]이므로

10[HP]=10×746=7460[W]

토크 $T = 0.975 \dfrac{P_o}{N}$

$$= 0.975 \times \frac{7460}{600} = 12.1[\text{kg} \cdot \text{m}]$$

★★★ 기사 92년 5회, 05년 2회, 19년 1회(유사)

105 전기자의 총도체수 360, 6극 중권의 직류 전동기가 있다. 전기자전류가 60[A]일 때 의 발생 토크[kg·m]는 약 얼마인가? (단, 1극당의 자속수＝0.06[Wb])

① 12.3   ② 21.1

③ 32.5   ④ 43.2

해설

1[kg · m]=9.8[N · m]

토크 $T = \dfrac{PZ\phi I_a}{2\pi a} \times \dfrac{1}{9.8}$

$$= \frac{6 \times 360 \times 0.06 \times 60}{2\pi \times 6} \times \frac{1}{9.8}$$

$$= 21.058 = 21.1[\text{kg} \cdot \text{m}]$$

★★★★ 기사 14년 1회 / 산업 93년 1회, 07년 3회, 13년 3회(유사)

106 단자전압 210[V], 전기자전류 110[A], 회 전속도 1200[rpm]으로 운전하고 있는 직 류전동기가 있다. 역기전력[V]은 얼마인 가? (단, 전기자회로의 저항은 0.2[Ω]이다)

① 82   ② 120

③ 188   ④ 210

해설

역기전력 $E_c = V_n - I_a \cdot r_a$

$$= 210 - 0.2 \times 110 = 188[\text{V}]$$

★★★★★ 기사 11년 1회(유사), 15년 2회 / 산업 98년 5회, 00년 4회, 13년 3회(유사)

107 직류전동기의 역기전력이 220[V], 분당 회전 수가 1200[rpm]일 때 토크가 15[kg · m]가 발생한다면 전기자전류는 약 몇 [A]인가?

① 54   ② 67

③ 84   ④ 96

해설

토크 $T = 0.975 \dfrac{P_o}{N} = 0.975 \dfrac{E_c I_a}{N}[\text{kg} \cdot \text{m}]$

전기자전류 $I_a = \dfrac{TN}{0.975 E_c}$

$$= \frac{15 \times 1200}{0.975 \times 220} = 83.9 = 84[\text{A}]$$

★★ 기사 05년 4회

108 단자전압 110[V], 전기자전류 15[A], 전기 자회로의 저항 2[Ω], 정격속도 1800[rpm] 으로 전부하에서 운전하고 있는 직류분권 전동기의 토크[N · m]는?

① 6.0   ② 6.4

③ 10.08   ④ 11.14

해설

역기전력 $E_c = V_n - I_a \cdot r_a$

$$= 110 - 15 \times 2 = 80[\text{V}]$$

발생동력 $P_o = E_c \cdot I_a = 80 \times 15 = 1200[\text{W}]$

1[kg · m]=9.8[N · m]

토크 $T = 0.975 \dfrac{P_o}{N} \times 9.8$

$= 0.975 \times \dfrac{80 \times 15}{1800} \times 9.8$

$= 6.37 ≒ 6.4[\text{N} \cdot \text{m}]$

★★★★★ 기사 92년 7회, 15년 2회, 18년 1회

109 직류전동기의 회전수를 $\dfrac{1}{2}$ 로 하자면 계자 자속을 몇 배로 해야 하는가?

① $\dfrac{1}{4}$　　　　② $\dfrac{1}{2}$

③ 2　　　　④ 4

🖋 해설

직류전동기의 회전수 $n \propto k\dfrac{E_c}{\phi}$ 에서 회전수와 자속은 반비례이므로

$\phi \propto \dfrac{1}{n} = \dfrac{1}{\frac{1}{2}} = 2$배

★★★★ 기사 92년 5회, 94년 5회, 97년 2회, 17년 2회

110 직류전동기에서 정속도(constant speed) 전동기라고 볼 수 있는 전동기는?

① 직류 직권전동기
② 직류 내분권식 전동기
③ 직류 복권전동기
④ 직류 타여자전동기

🖋 해설

㉠ 타여자 및 분권 전동기(정속도전동기) : $T \propto I_a$

$\propto \dfrac{1}{N}$

㉡ 직권전동기 : $T \propto {I_a}^2 \propto \dfrac{1}{N^2}$

★ 기사 96년 7회

111 타여자 직류전동기의 토크 특성곡선은? (단, 전기자반작용은 없다고 한다)

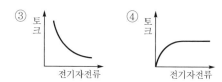

🖋 해설

타여자 및 분권 전동기는 $T \propto I_a \propto \dfrac{1}{N}$ 이므로 특성곡선은 ②번이다.

직권전동기는 $T \propto {I_a}^2 \propto \dfrac{1}{N^2}$ 이므로 특성곡선은 ①번이다.

★★ 산업 90년 2회, 16년 1회

112 직류직권전동기에서 토크 T 와 회전수 N 과의 관계는?

① $T \propto N$　　　② $T \propto N^2$

③ $T \propto \dfrac{1}{N}$　　　④ $T \propto \dfrac{1}{N^2}$

🖋 해설 직권전동기의 특성

$T \propto {I_a}^2 \propto \dfrac{1}{N^2}$

여기서, T : 토크
　　　　I_a : 전기자전류
　　　　N : 회전수

★★★ 기사 92년 6회, 01년 2회, 13년 3회(유사)

113 직류직권전동기의 발생 토크는 전기자전류를 변화시킬 때 어떻게 변하는가? (단, 자기포화는 무시한다)

① 전류에 비례한다.
② 전류의 제곱에 비례한다.
③ 전류에 역비례한다.
④ 전류의 제곱에 역비례한다.

🖋 해설 직권전동기의 특성

$T \propto {I_a}^2 \propto \dfrac{1}{n^2}$

여기서, T : 토크
　　　　I_a : 전기자전류
　　　　n : 회전수

직권전동기의 경우 발생 토크는 전기자전류의 변화된 크기의 제곱에 비례하여 변화된다.

🔖 정답　109. ③　110. ④　111. ②　112. ④　113. ②

★★★ 기사 97년 5회, 98년 4회, 04년 4회

114 직류직권전동기의 회전수를 반으로 줄이면 토크는 약 몇 배인가?

① $\dfrac{1}{4}$ ② $\dfrac{1}{2}$

③ 4   ④ 2

해설

직권전동기의 토크와 회전수

$$T \propto \frac{1}{N^2} = \frac{1}{\left(\frac{1}{2}\right)^2} = 4배$$

★★★ 산업 04년 1회, 12년 2회, 18년 2회

115 정격전압에서 전부하로 운전할 때 50[A]의 부하전류가 흐르는 직류직권전동기가 있다. 지금 이 전동기의 부하 토크만이 $\dfrac{1}{2}$로 감소하면 그 부하전류는? (단, 자기포화는 무시한다)

① 25[A]   ② 35[A]

③ 45[A]   ④ 50[A]

해설 직권전동기의 특성

㉠ 전류관계 : $I_a = I_f = I_n$
㉡ 전압관계 : $E_a = V_n + I_a(r_a + r_f)[V]$

토크 $T = \dfrac{PZ\phi I_a}{2\pi a} \propto k\phi I_a \propto k I_a^2$

(직권전동기의 경우 $\phi \propto I_f$)

부하전류 $I_a = \sqrt{\dfrac{1}{2}} \times 50 = 35.35[A]$

★★ 산업 93년 1회, 96년 5회, 99년 7회

116 정격속도 1000[rpm]의 직류직권전동기의 부하 토크가 $\dfrac{3}{4}$으로 감소하였을 때 회전수 [rpm]는 대략 얼마인가? (단, 자기포화는 무시한다)

① 866   ② 1000

③ 1154   ④ 1300

해설

직권전동기의 특성은 $T \propto I_a^2 \propto \dfrac{1}{N^2}$

$$T : \frac{3}{4}T = \frac{1}{1000^2} : \frac{1}{N^2}$$

회전수 $N = \dfrac{2}{\sqrt{3}} \times 1000 = 1154[rpm]$

집중공략

★★★★★ 기사 11년 3회, 13년 3회 / 산업 90년 6회, 93년 5회, 96년 6회, 12년 2회(유사)

117 직류전동기가 부하전류 100[A]일 때 1000[rpm]으로 12[kg·m]의 토크를 발생하고 있다. 부하를 감소시켜 60[A]로 되었을 때 토크[kg·m]는 얼마인가? (단, 직류전동기는 직권이다)

① 4.32   ② 7.2

③ 20.07   ④ 33.3

해설

직권전동기의 특성은 $T \propto I_a^2 \propto \dfrac{1}{N^2}$

$12 : T = 100^2 : 60^2$

토크 $T = \left(\dfrac{60}{100}\right)^2 \times 12 = 4.32[kg·m]$

★★★★ 산업 99년 6회

118 직권전동기에서 위험속도가 되는 경우는?

① 정격전압, 무부하
② 저전압, 과여자
③ 전기자에 저저항 접속
④ 정격전압, 과부하

해설

직류전동기의 회전속도 $n \propto k\dfrac{E_c}{\phi}$

㉠ 직권전동기 위험상태 : 정격전압, 무부하
㉡ 분권전동기 위험속도 : 정격전압, 무여자

★★★★★ 산업 90년 2회, 98년 3회, 18년 2회(유사)

119 직류직권전동기에서 벨트(belt)를 걸고 운전하면 안 되는 이유는?

① 손실이 많아진다.
② 직결하지 않으면 속도제어가 곤란하다.
③ 벨트가 벗어지면 위험속도에 도달한다.
④ 벨트가 마모하여 보수가 곤란하다.

해설

직권전동기의 경우 운전 중에 벨트가 벗겨지면 무부하 상태가 되어 위험속도에 도달하므로 기어 및 체인을 이용하여 회전력을 전달한다.

★★★★★ 산업 91년 3회, 03년 1회, 09년 1회

120 직류전동기의 공급전압을 V[V], 자속을 ϕ[Wb], 전기자전류를 I[A], 전기자저항을 R_a[Ω], 속도를 N[rps]이라 할 때 속도식은? (단, k는 상수이다)

① $N = k\dfrac{V + R_a I_a}{\phi}$ ② $N = k\dfrac{V - R_a I_a}{\phi}$

③ $N = k\dfrac{\phi}{V + R_a I_a}$ ④ $N = k\dfrac{\phi}{V - R_a I_a}$

해설

직류전동기의 회전속도 $N = k\dfrac{E_c}{\phi}$

$\qquad\qquad\qquad = k\dfrac{V - R_a I_a}{\phi}$[rps]

여기서, 기계적 상수 $k = \dfrac{PZ}{a}$

★★★ 기사 91년 6회, 95년 5회, 99년 3회, 05년 2회

121 전기자저항 0.3[Ω], 직권계자권선의 저항 0.7[Ω]의 직권전동기에 110[V]를 가하였더니 부하전류가 10[A]이었다. 이때, 전동기의 속도[rpm]는? (단, 기계정수는 2이다)

① 1200 ② 1500
③ 1800 ④ 3600

해설

직권전동기($I_a = I_f = I_n$)이므로 자속 $\phi \propto I_a$이기 때문에 회전속도를 구하면

$n = k \times \dfrac{V_n - I_a(r_a + r_f)}{\phi}$

$\quad = 2.0 \times \dfrac{110 - 10 \times (0.3 + 0.7)}{10} = 20$[rps]

직권전동기의 회전속도 $N = 60n$

$\qquad\qquad\qquad\qquad = 60 \times 20 = 1200$[rpm]

★★ 기사 14년 2회 / 산업 98년 5회, 00년 4회, 01년 1회, 05년 1회

122 직류직권전동기가 있다. 공급전압이 525[V], 전기자전류가 50[A]일 때 회전속도는 1500[rpm]이라고 한다. 공급전압을 400[V]로 낮추었을 때 같은 전기자전류에 대한 회전속도는 얼마인가? (단, 전기자권선 및 계자권선의 전저항은 0.5[Ω]이라 한다)

① 1000[rpm]
② 1125[rpm]
③ 1250[rpm]
④ 1375[rpm]

해설

공급전압 525[V]일 때
역기전력 $E_{c525} = V_n - I_a(r_a + r_f)$
$\qquad\qquad\quad = 525 - 0.5 \times 50 = 500$[V]
공급전압 400[V]일 때
역기전력 $E_{c400} = V_n - I_a(r_a + r_s)$
$\qquad\qquad\quad = 400 - 0.5 \times 50 = 375$[V]
역기전력은 $E_c = k\phi N \propto N$이므로,
$500 : 375 = 1500 : N$

$\therefore$ 회전속도 $N = \dfrac{375}{500} \times 1500 = 1125$[rpm]

★★ 기사 05년 2회

123 직류분권발전기의 전기자저항이 0.05[Ω]이다. 단자전압이 200[V], 회전수 1500[rpm]일 때 전기자전류가 100[A]이다. 이것을 전동기로 사용하여 전기자전류와 단자전압이 같을 때 회전속도[rpm]는? (단, 전기자반작용은 무시한다)

① 1427 ② 1577
③ 1620 ④ 1800

해설

분권발전기의 유기기전력
$E_a = V_n + I_a \cdot r_a = 200 + 100 \times 0.05 = 205$[V]
분권전동기의 역기전력
$E_c = V_n - I_a \cdot r_a = 200 - 100 \times 0.05 = 195$[V]
발전기나 전동기의 기전력은 회전속도에 비례하므로
$205 : 195 = 1500 : N$

분권전동기 회전속도 $N = \dfrac{195}{205} \times 1500$

$\qquad\qquad\qquad\qquad = 1426.8 \fallingdotseq 1427$[rpm]

정답 120. ② 121. ① 122. ② 123. ①

★ 산업 91년 6회, 05년 1회

124 직류직권전동기가 있다. 전기자저항과 계자저항은 다같이 0.8[Ω]이고, 그 자화곡선은 회전수 200[rpm], 전류 30[A]에 대하여 전압은 300[V]이다. 이 전동기를 전압 500[V]에 사용하여 전류가 위와 같이 30[A]로 되는 속도를 구하면? (단, 전기자반작용, 마찰손, 풍손 및 철손은 무시한다)

① 200[rpm]
② 301[rpm]
③ 452[rpm]
④ 500[rpm]

해설

역기전력 $E_c = \dfrac{PZ}{a}\phi n \propto k\phi n$에서

$k\phi = \dfrac{E_c}{n} = \dfrac{300}{200} = 1.5$

정격전압 500[V]일 때
역기전력 $E_c = V_n - I_a(r_a + r_f)$
$\quad\quad\quad = 500 - 30 \times (0.8 + 0.8) = 452[V]$

직권전동기의 회전속도 $N_2 = \dfrac{E_c}{k\phi} = \dfrac{452}{1.5}$
$\quad\quad\quad\quad = 301.33 ≒ 301[rpm]$

집중공략

★★★★★ 기사 95년 5회

125 직류분권전동기의 전압이 일정할 때 부하 토크가 2배라면 부하전류는 약 몇 배가 되는가?

① $\dfrac{1}{4}$
② $\dfrac{1}{2}$
③ 2
④ 1

해설 분권전동기의 특성

$T \propto I_a \propto \dfrac{1}{N}$

여기서, T : 토크
$\quad\quad\quad I_a$: 전기자전류
$\quad\quad\quad N$: 회전속도

★★★★ 산업 95년 2회, 00년 3회

126 직류직권전동기의 전원극성을 반대로 하면?

① 회전방향이 변한다.
② 회전방향은 변하지 않는다.
③ 속도가 증가한다.
④ 발전기로 된다.

해설

직권 및 분권 전동기의 전원극성을 반대로 하면 전기자권선과 계자권선의 전류방향이 동시에 바뀌어 회전방향은 변하지 않는다(역회전 운전 → 전기자권선만의 접속을 교체).

★★★★ 기사 90년 7회, 99년 6회

127 직류분권전동기에서 위험속도가 되는 경우는?

① 저전압, 과여자
② 정격전압, 무여자
③ 정격전압, 과부하
④ 전기자에 저저항 접속

해설

회전속도 $n \propto k \dfrac{E_c}{\phi}$[rpm]

위험속도상태는 다음과 같다.
㉠ 직권전동기 : 정격전압, 무부하
㉡ 분권전동기 : 정격전압, 무여자

★★★★★ 기사 94년 3회, 01년 1회, 17년 2회

128 직류분권전동기를 무부하로 운전 중 계자회로에 단선이 생겼다. 다음 중 옳은 것은?

① 즉시 정지한다.
② 과속도로 되어 위험하다.
③ 역전한다.
④ 무부하이므로 서서히 정지한다.

해설

분권전동기의 운전 중 계자회로가 단선되면 계자전류가 0이 되며 무여자($\phi = 0$)상태가 되어 회전수 N이 위험속도가 된다.

★★★ 기사 12년 1회

129 다음 ( ) 안에 알맞은 내용은?

> 직류전동기의 회전속도가 위험한 상태가 되지 않으려면 직권전동기는 (㉠) 상태로, 분권전동기는 (㉡) 상태가 되지 않도록 하여야 한다.

① ㉠ 무부하, ㉡ 무여자
② ㉠ 무여자, ㉡ 무부하
③ ㉠ 무여자, ㉡ 경부하
④ ㉠ 무부하, ㉡ 경부하

🖉 해설 직류전동기의 위험상태
㉠ 직권전동기 : 정격전압, 무부하
㉡ 분권전동기 : 정격전압, 무여자

★★★★★ 산업 95년 6회, 00년 6회, 03년 4회, 05년 2회, 13년 3회, 16년 1회

130 직류분권전동기의 계자저항을 운전 중에 증가하면 어떻게 되는가?

① 전류는 일정
② 속도가 감소
③ 속도가 일정
④ 속도가 증가

🖉 해설

분권전동기의 회전속도 $n \propto k \dfrac{V_n - I_a \cdot r_a}{\phi}$[rps]

계자저항 증가 → 계자전류 감소 → 자속 감소 → 속도 증가

★★★★ 산업 99년 5회

131 직류분권전동기의 기동 시 계자전류는?

① 큰 것이 좋다.
② 정격출력 때와 같은 것이 좋다.
③ 작은 것이 좋다.
④ 0에 가까운 것이 좋다.

🖉 해설

기동 시에 기동 토크($T \propto k\phi I_a$)가 커야 하므로 큰 계자전류가 흘러 자속이 크게 발생하여야 한다.

★★ 기사 95년 6회, 03년 4회

132 직류 가동복권발전기를 전동기로 사용하고자 하면은?

① 직권 코일의 분리가 필요하다.
② 속도가 급상승해서 사용불능하다.
③ 차동복권전동기로 사용가능하다.
④ 가동복권전동기로 사용가능하다.

🖉 해설

가동복권발전기를 전동기로 사용 시 계자권선과 전기자권선 중에 하나의 극성이 바뀌어서 감극성이 되므로 차동복권전동기로 사용된다.

★★★ 기사 95년 7회, 03년 1회

133 분권전동기의 설명 중 가장 옳은 것은? (단, 무부하의 경우)

① 공급전압의 극성을 반대로 하면 회전방향이 바뀐다.
② 공급전압을 증가시키면 회전속도는 별로 변하지 않는다.
③ 분권계자권선의 계자조정기와 저항을 감소시키면 회전속도는 증가한다.
④ 발전제동을 하는 경우에 분권계자권선의 접속을 반대로 접속한다.

🖉 해설

분권전동기는 전원, 전기자, 계자가 병렬로 접속되어 있다. 공급전압(V_n)이 증가하면 계자전압이 같이 증가하게 되고 이때 계자저항은 일정하기 때문에 계자전류가 증가하여 자속(ϕ)이 증가하게 된다.

회전속도 $n \propto \dfrac{V_n - I_a \cdot r_a}{\phi}$

따라서 공급전압(V_n)이 증가할 경우 자속(ϕ)도 같이 증가하므로 회전속도(n)는 별로 변화되지 않는다.

★ 기사 05년 1회

134 직류분권전동기의 기동 시 정격전압을 공급하면 전기자전류가 많이 흐르다가 회전속도가 점점 증가함에 따라 전기자전류가 감소한다. 그 중요한 이유는?

① 전동기의 역기전력 상승
② 전기자권선의 저항 증가
③ 전기자반작용의 증가
④ 브러시의 접촉저항 증가

🔍 정답 129. ① 130. ④ 131. ① 132. ③ 133. ② 134. ①

전동기의 기동 시 큰 기동전류가 점차 작아져서 정격전류가 되는 이유는 전기자에서 발생하는 역기전력이 기동전류와 반대방향으로 증가하기 때문이다.

★★★ 산업 93년 4회, 05년 1회

135 직류분권전동기의 단자전압과 계자전류는 일정하게 하고, 2배 속도로 2배 토크를 발생하는 데 필요한 전력은 처음 전력의 몇 배인가?

① 불변 ② 2배
③ 4배 ④ 8배

해설

토크 $T = 0.975\dfrac{P_o}{N}$ 에서

$2T = 0.975\dfrac{xP_o}{2N}$ 이므로 $x = 4$

따라서, 처음 전력의 4배의 전력이 필요하다.
여기서, N : 회전속도
T : 토크
P_o : 전력

★★★★ 산업 94년 2회, 11년 3회, 16년 3회

136 정격전압 225[V], 전부하 전기자전류 30[A], 전기자저항 0.2[Ω]이라는 직류분권전동기가 있다. 이 전동기에 정격전압을 걸어서 기동시킬 때 전기자회로에 몇 [Ω]의 저항을 넣어야 하는가? (단, 기동전류는 전부하전류의 1.5배로 제한하는 것으로 하고 계자전류는 무시한다)

① 4.8 ② 5.7
③ 6.8 ④ 7.7

해설

전동기의 기동전류 $I_s = \dfrac{V_n}{r_a + R_s}$[A]

여기서, V_n : 정격전압
r_a : 전기자저항
R_s : 기동저항
기동전류를 정격전류의 1.5배로 제한해야 하므로

기동전류 $I_s = \dfrac{225}{0.2 + R_s} = 1.5 \times 30$

기동저항 $R_s = \dfrac{225}{1.5 \times 30} - 0.2 = 4.8[Ω]$

★★★ 기사 94년 2회, 04년 2회

137 직류분권전동기의 정격전압이 300[V], 정격전기자전류 50[A], 전기자저항은 0.05[Ω]이다. 기동전류를 정격전류의 1.5배로 억제하기 위한 기동저항값[Ω]은?

① 3.95 ② 4.95
③ 5.95 ④ 6.95

해설

전동기의 기동전류 $I_s = \dfrac{V_n}{r_a + R_s}$[A]

여기서, V_n : 정격전압
r_a : 전기자저항
R_s : 기동저항
기동 시 전류를 정격전류의 1.5배로 하면
$I_s = 1.5 \times I_n = 1.5 \times 50 = 75$[A]

기동저항 $R_s = \dfrac{V_n}{I_s} - r_a = \dfrac{300}{75} - 0.05 = 3.95[Ω]$

★★★★★ 산업 97년 2회, 09년 1회, 16년 2회(유사)

138 정격전압 100[V], 전기자전류 50[A]일 때 1500[rpm]인 직류분권전동기의 무부하속도는 몇 [rpm]인가? (단, 전기자저항은 0.1[Ω]이고 전기자반작용은 무시한다)

① 약 1382 ② 약 1421
③ 약 1579 ④ 약 1623

해설

전압과 회전수의 관계는 $E_c \propto k\phi n$
분권전동기의 역기전력 $E_c = V_n - I_a \cdot r_a$
$= 100 - 50 \times 0.1 = 95$[V]
무부하전압을 $V_n = 100$[V]로 하면
$95 : 100 = 1500 : N_0$

무부하속도 $N_0 = \dfrac{100}{95} \times 1500 ≒ 1579$[rpm]

★★★★★ 기사 13년 3회 / 산업 02년 1회, 03년 3회, 04년 4회, 08년 1회, 14년 2회

139 직류분권전동기의 공급전압의 극성을 반대로 하면 회전방향은 어떻게 되는가?

① 변하지 않는다. ② 반대로 된다.
③ 회전하지 않는다. ④ 속도가 증가한다.

🔎 해설

직권 및 분권 전동기의 전원극성을 반대로 하면 전기자 권선과 계자권선의 전류방향이 동시에 바뀌어 회전방향은 변하지 않는다(역회전 운전 → 전기자권선만의 접속을 교체).

★★★ 기사 18년 3회(유사) / 산업 90년 6회, 98년 2회

140 100[V], 2[kW]의 직류분권전동기의 단자유입전류가 7.5[A]일 때 4[N·m]의 토크가 발생하였다. 부하가 증가해서 단자유입전류가 22.5[A]로 되었을 때의 토크는? (단, 전기자저항과 계자저항은 각각 0.2[Ω]과 40[Ω]이다)

① 12[N·m]　　② 13[N·m]
③ 15[N·m]　　④ 16[N·m]

🔎 해설

분권전동기의 토크 $T \propto I_a \propto \dfrac{1}{N}$

전기자전류 $I_a = I_n - I_f$

계자전류 $I_f = \dfrac{V_n}{r_f} = \dfrac{100}{40} = 2.5[A]$

단자유입전류 7.5[A]일 때
$I_a = 7.5 - 2.5 = 5[A]$

단자유입전류 22.5[A]일 때
$I_a = 22.5 - 2.5 = 20[A]$

$4 : T = 5 : 20$

유입전류 22.5[A]의 토크 $T = 20 \times 4 \times \dfrac{1}{5} = 16[N·m]$

★★★★★ 기사 90년 6회, 98년 6회, 99년 7회, 00년 6회, 02년 3회

141 120[V], 전기자전류 100[A], 전기자저항 0.2[Ω]인 분권전동기의 발생동력[kW]은?

① 10　　② 9
③ 8　　④ 7

🔎 해설

역기전력 $E_c = V_n - I_a \cdot r_a = 120 - 100 \times 0.2$
$\qquad = 100[V]$

발생동력 $P_o = E_c \cdot I_a = 100 \times 100 = 10000[W]$
$\qquad = 10[kW]$

★★★ 산업 92년 3회, 08년 4회, 15년 2회(유사)

142 단자전압 205[V], 전기자전류 50[A], 전기자전저항 0.1[Ω], 1분 간의 회전수가 1500[rpm]인 직류분권전동기가 있다. 발생 토크[N·m]는 얼마인가?

① 61.5　　② 63.7
③ 65.3　　④ 66.8

🔎 해설

역기전력 $E_c = V_n - I_a \cdot r_a$
$\qquad = 205 - 50 \times 0.1 = 200[V]$

토크 $T = 0.975 \dfrac{P_o}{N} = 0.975 \dfrac{E_c \cdot I_a}{N}$

$\qquad = 0.975 \times \dfrac{200 \times 50}{1500} = 6.5[kg·m]$

$1[kg·m] = 9.8[N·m]$에서
발생 토크 $T = 6.5 \times 9.8 = 63.7[N·m]$

★★ 기사 93년 3회, 05년 1회

143 100[HP], 600[V], 1200[rpm]의 직류분권전동기가 있다. 계자저항 400[Ω], 전기자저항 0.22[Ω], 정격부하에서의 효율이 90[%]일 때 전부하에서 역기전력은? (단, 1[HP]은 746[W]이다)

① 약 560[V]　　② 약 570[V]
③ 약 580[V]　　④ 약 590[V]

🔎 해설

분권전동기 계자전류 $I_f = \dfrac{V_n}{r_f} = \dfrac{600}{400} = 1.5[A]$

정격전류 $I_n = \dfrac{출력}{효율 \times 정격전압} = \dfrac{746 \times 100}{0.9 \times 600}$
$\qquad = 138.148[A]$

전기자전류 $I_a = I_n - I_f = 138.148 - 1.5$
$\qquad = 136.648 ≒ 137[A]$

역기전력 $E_c = V - I_a \cdot r_a = 600 - 137 \times 0.22$
$\qquad = 569.937 ≒ 570[V]$

★★★★★ 기사 17년 3회 / 산업 05년 3회, 06년 2회

144 다음 중 직류전동기의 속도제어방법에 속하지 않는 것은?

① 저항제어법　　② 전압제어법
③ 계자제어법　　④ 2차 여자법

🔎 정답 140. ④　141. ①　142. ②　143. ②　144. ④

해설 직류전동기의 속도제어방법

회전속도 $n = k\dfrac{V_n - I_a \cdot r_a}{\phi}$

㉠ 전압제어법(V_n 변화)
㉡ 계자제어법(ϕ 변화)
㉢ 저항제어법(r_a 변화)

③ 직렬저항제어 방식
④ 일그너 방식

해설 일그너 방식

부하변동이 심할 경우 안정도를 높이기 위해 플라이휠을 설치한다.

★ 산업 92년 6회, 04년 1회

145 직류전동기의 속도제어방식 중 직·병렬제어법을 사용할 수 있는 전동기는?

① 직류 타여자전동기
② 직류 분권전동기
③ 직류 직권전동기
④ 직류 복권전동기

해설

직·병렬 제어법은 직권전동기에 적용하는 전압제어법의 일종으로, 정격이 같은 전동기를 사용하는 경우로 만약 2대의 전동기를 직렬로 접속하여 전압 V를 인가하면 전동기 1대에 $\dfrac{1}{2}$의 전압이 가해지고 2대의 전동기를 병렬로 접속하여 전압 V를 인가하면 전동기 1대에 전 전압이 가해지므로 직렬접속과 병렬접속의 변화를 통해 속도를 조정할 수 있게 된다.

★★★★ 산업 05년 2회, 06년 4회, 08년 3회, 16년 2회, 18년 2회, 19년 2회

146 직류전동기의 속도제어방법 중 광범위한 속도제어가 가능하며, 운전효율이 좋은 방법은?

① 계자제어
② 직렬저항제어
③ 병렬저항제어
④ 전압제어

해설 전압제어법

직류전동기전원의 정격전압을 변화시켜 속도를 조정하는 방법으로, 다른 속도제어방법에 비해 광범위한 속도제어가 용이하고 효율이 높다.

★★ 산업 93년 6회

147 분권직류전동기에서 부하의 변동이 심할 때 광범위하게, 또한 안정되게 속도를 제어하는 가장 적당한 방식은?

① 계자제어방식
② 워드 레오나드 방식

★★★ 산업 96년 7회, 06년 1회, 08년 4회

148 직류전동기의 회전수는 자속이 감소하면 어떻게 되는가?

① 불변이다.
② 정지한다.
③ 저하한다.
④ 상승한다.

해설

직류전동기의 회전속도는 $n = k\dfrac{V_n - I_a \cdot r_a}{\phi}$이므로 자속이 감소하면 회전속도가 상승한다.

★★★★ 산업 92년 6회, 95년 6회, 08년 1·3회, 13년 3회, 14년 2회

149 직류분권전동기에서 운전 중 계자권선의 저항을 증가하면 회전속도의 값은?

① 감소한다.
② 증가한다.
③ 일정하다.
④ 관계없다.

해설

직류전동기의 회전속도는 $n = k\dfrac{V_n - I_a \cdot r_a}{\phi}$[rps]

계잔권선저항 증가 → 계자전류 감소 → 자속 감소 → 회전수 증가

★★★★★ 기사 99년 7회 / 산업 02년 1회, 12년 1회, 15년 3회

150 직류분권전동기의 기동 시에는 계자저항기의 저항값은 어떻게 해두는가?

① 영으로 해둔다.
② 최대로 해둔다.
③ 중위(中位)로 해둔다.
④ 끊어 놔둔다.

해설

토크 $T \propto k\phi I_a$

토크 T는 자속에 비례하고 기동 시 토크가 크게 발생하여야 하므로 계자측 저항을 최소로 하여 계자전류를 크게 흘려주어 자속을 크게 해야 한다.

★★★★★ 기사 97년 2회, 02년 1회, 13년 2회 / 산업 00년 2회, 02년 2회, 06년 4회

151 직류전동기의 속도제어법에서 정출력제어에 속하는 것은?

① 계자제어법

② 전기자 저항제어법

③ 전압제어법

④ 워드 레오나드 제어법

해설

전동기출력 $P_o = \omega T = 2\pi \dfrac{N}{60} \cdot k\phi I_a$[W]

회전수와 자속관계는 $N \propto \dfrac{1}{\phi}$ 이므로 계자제어(ϕ)는 출력 P_o가 거의 일정하다.

★★★★ 기사 90년 6회, 94년 6회, 98년 4회, 02년 2·4회

152 워드 레오나드 속도제어는?

① 전압제어

② 직·병렬 제어

③ 저항제어

④ 계자제어

해설

전압제어법＝워드 레오나드

★★ 기사 91년 5회

153 워드 레오나드 방식과 일그너 방식의 차이점은?

① 플라이휠을 이용하는 점이다.

② 전동발전기를 이용하는 점이다.

③ 직류전원을 이용하는 점이다.

④ 권선형 유도발전기를 이용하는 점이다.

해설

일그너 방식은 워드 레오나드의 속도제어 시 발생하는 진동을 억제하여 안정도를 향상시키기 위해 플라이휠을 설치한 것이다.

★★★ 산업 94년 3회

154 직류전동기의 회전속도를 나타내는 것 중 틀린 것은?

① 공급전압이 감소하면 회전속도가 감소한다.

② 자속이 감소하면 회전속도가 증가한다.

③ 전기자저항이 증가하면 회전속도는 감소한다.

④ 계자전류가 증가하면 회전속도는 증가한다.

해설

직류전동기의 회전속도 $n = k\dfrac{V_n - I_a \cdot r_a}{\phi}$[rps]

계자전류 증가 시 자속이 증가하고 회전수는 감소한다.

★★★★ 산업 04년 2회

155 직류전동기를 전부하전류 이하 동일전류에서 운전할 경우 회전수가 큰 순서대로 나열하면?

① 직권, 화동(가동)복권, 분권, 차동복권

② 직권, 차동복권, 분권, 화동(가동)복권

③ 차동복권, 분권, 화동(가동)복권, 직권

④ 화동(가동)복권, 분권, 차동복권, 직권

해설

속도변동률 $\varepsilon = \dfrac{N_0 - N_n}{N_n} \times 100$[%]

속도변동이 큰 순서

직권 ＞ 가(화)동복권 ＞ 분권 ＞ 차동복권

★★★ 기사 92년 5회, 96년 2회

156 어느 분권전동기의 정격회전수가 1500[rpm]이다. 속도변동률이 5[%]이면 공급전압과 계자저항의 값을 변화시키지 않고 이것을 무부하로 하였을 때의 회전수[rpm]는?

① 3527

② 2360

③ 1575

④ 1165

해설

속도변동률 $\varepsilon = \dfrac{N_0 - N_n}{N_n} \times 100$[%]

여기서, N_0 : 무부하속도

N : 정격속도

무부하속도 $N_0 = \left(1 + \dfrac{\varepsilon}{100}\right) \times N_n$

$= \left(1 + \dfrac{5}{100}\right) \times 1500 = 1575$[rpm]

정답 151. ① 152. ① 153. ① 154. ④ 155. ① 156. ③

★★ 기사 02년 1회

157 정격속도에 비하여 기동회전력이 가장 큰 전동기는?

① 타여자기 　② 직권기
③ 분권기 　④ 복권기

☑ 해설

직권전동기 $T \propto I_a^2 \propto \dfrac{1}{N^2}$

★★★ 기사 92년 7회, 05년 1회

158 기동횟수가 빈번하고 토크 변동이 심한 부하에 적당한 직류기는?

① 분권기 　② 직권기
③ 가동복권기 　④ 차동복권기

☑ 해설

직권전동기의 기동 토크가 가장 커서 토크 변동이 심한 곳인 기중기, 크레인, 전동차 등에 사용된다.

집중공략

★★★★★ 기사 98년 6회, 00년 5회, 02년 3회, 05년 1회 / 산업 11년 2회

159 부하가 변하면 심하게 속도가 변하는 직류전동기는?

① 가동복권전동기 　② 분권전동기
③ 직권전동기 　④ 차동복권전동기

☑ 해설

직권전동기 $T \propto I_a^2 \propto \dfrac{1}{N^2}$

직권전동기의 경우 부하변동 시 정격전류가 변화되고 회전수는 2승에 반비례하여 변화된다.

★★★★ 기사 98년 7회, 99년 7회 / 산업 00년 6회

160 부하변화에 대하여 속도변동이 가장 작은 전동기는?

① 차동복권 　② 가동복권
③ 분권 　④ 직권

☑ 해설

속도변동이 가장 작은 전동기는 차동복권이고, 가장 큰 전동기는 직권전동기이다.

집중공략

★★★★ 기사 95년 2회, 97년 5회, 15년 3회 / 산업 13년 2회

161 직류전동기 중 전기철도에 주로 사용되는 전동기는?

① 타여자 분권전동기
② 자여자 분권전동기
③ 직권전동기
④ 화동복권전동기

☑ 해설

직권전동기 $T \propto I_a^2 \propto \dfrac{1}{N^2}$

전기철도는 정격전류에 비해 큰 토크가 필요하므로 직권전동기가 적합하다.

★★★★ 기사 93년 2회, 94년 6회, 13년 2회

162 직류직권전동기가 전차용에 사용되는 이유 중 맞는 것은?

① 속도가 클 때 토크가 크다.
② 토크가 클 때 속도가 작다.
③ 기동 토크가 크고 속도가 일정하다.
④ 토크는 I^2, 출력은 I에 비례한다.

☑ 해설

직권전동기의 특성은 $T \propto I_a^2 \propto \dfrac{1}{N^2}$ 이므로 기동 시에 큰 토크를 발생할 때 속도는 작다.

★★★★ 산업 96년 5회, 00년 2회, 01년 2회, 02년 2회, 04년 4회, 06년 3회

163 직류전동기의 설명 중 바른 것은?

① 전동차용 전동기는 차동복권전동기이다.
② 직권전동기가 운전 중 무부하로 되면 위험속도가 된다.
③ 부하변동에 대하여 속도변동이 가장 큰 직류전동기는 분권전동기이다.
④ 직류직권전동기는 속도조정이 어렵다.

☑ 해설 **직권전동기의 위험상태**

㉠ 정격전압, 무부하
㉡ 회전속도 $n \propto k \dfrac{E_c}{\phi}$

정답 157. ② 158. ② 159. ③ 160. ① 161. ③ 162. ② 163. ②

ⓒ 직권전동기의 경우 운전 중에 무부하 시 계자전류는 0이 되어 과속도로 된다.

★★★ 산업 07년 3회

164 직류전동기의 제동법 중 발전제동을 옳게 설명한 것은?

① 전동기가 정지할 때까지 제동 토크가 감소하지 않는 특징을 지닌다.
② 전동기를 발전기로 동작시켜 발생하는 전력을 전원으로 반환함으로써 제동한다.
③ 전기자를 전원과 분리한 후 이를 외부저항에 접속하여 전동기의 운동 에너지를 열 에너지로 소비시켜 제동한다.
④ 운전 중인 전동기의 전기자접속을 반대로 접속하여 제동한다.

> **해설** 직류전동기의 제동법
> ㉠ 발전제동 : 운전 중인 전동기를 전원에서 분리하여 발전기로 작용시키고, 회전체의 운동 에너지를 전기적인 에너지로 변환하여 이것을 저항에서 열 에너지로 소비시켜서 제동하는 방법이다.
> ㉡ 회생제동 : 전동기가 갖는 운동 에너지를 전기 에너지로 변화하고, 이것을 전원으로 반환하여 제동하는 방법이다.
> ㉢ 역전제동 : 전동기를 전원에 접속된 상태에서 전기자의 접속을 반대로 하고, 회전방향과 반대방향으로 토크를 발생시켜서 급속히 정지시키거나 역전시키는 방법이다.

★★ 기사 15년 1회

165 직류전동기의 제동법 중 동일한 제동법이 아닌 것은?

① 회전자의 운동 에너지를 전기 에너지로 변환한다.
② 전기 에너지를 저항에서 열 에너지로 소비시켜 제동시킨다.
③ 복권전동기는 직권계자권선의 접속을 반대로 한다.
④ 전원의 극성을 바꾼다.

> **해설**
> 전원의 극성을 바꾸어 제동하는 방법은 역전제동이고 다른 보기는 모두 발전제동이다.

★★ 산업 16년 2회

166 직류전동기의 발전제동 시 사용하는 저항의 주된 용도는?

① 전압 강하
② 전류의 감소
③ 전력의 소비
④ 전류의 방향전환

> **해설** 발전제동
> 운전 중인 전동기를 전원에서 분리하여 발전기로 작용시키고, 회전체의 운동 에너지를 전기적인 에너지로 변환하여 이것을 저항에서 열 에너지로 소비시켜서 제동하는 방법이다.

★★★★ 기사 03년 2회, 17년 2회 / 산업 95년 7회, 05년 3회

167 직류전동기의 규약효율은 어떤 식으로 표시된 식에 의해 구한 값인가?

① $\eta = \dfrac{출력}{입력} \times 100[\%]$

② $\eta = \dfrac{출력}{입력 - 손실} \times 100[\%]$

③ $\eta = \dfrac{입력 - 손실}{입력} \times 100[\%]$

④ $\eta = \dfrac{입력}{출력 + 손실} \times 100[\%]$

> **해설** 규약효율
> ㉠ 전동기 $\eta_M = \dfrac{입력 - 손실}{입력} \times 100[\%]$
> ㉡ 발전기 $\eta_G = \dfrac{출력}{출력 + 손실} \times 100[\%]$

★★★ 산업 97년 6회, 99년 3회

168 어느 전동기가 입력 20[kW]로 운전하여 25[HP]의 동력을 발생하고 있을 때 손실 [kW]은?

① 1.35
② 13.5
③ 2.8
④ 2.35

> **해설**
> 손실 = 입력 - 출력 = $20 - (25 \times 0.746) = 1.35[\text{kW}]$
> 여기서, 1[HP] = 746[W]

🔧 **정답** 164. ③ 165. ④ 166. ③ 167. ③ 168. ①

해설

분권전동기의 입력 $P = V_n I_n = 200 \times 46 = 9200[\text{W}]$

전기자전류 $I_a = I_n - I_f = 46 - 2 = 44[\text{A}]$

여기서, 계자전류 $I_f = \dfrac{V_n}{r_f} = \dfrac{200}{100} = 2[\text{A}]$

역기전력 $E_c = V_n - I_a r_a - e$
$\qquad = 200 - 44 \times 0.25 - 2 = 187[\text{V}]$

발생동력 $P_o = E_c I_a = 187 \times 44 = 8228[\text{W}]$

분권전동기 실제출력은 발생동력에서 철손과 마찰손의 합, 표유부하손을 감해야 하므로

실제출력 $P' = 8228 - 380 - (10 \times 746 \times 0.01)$
$\qquad = 7773.4[\text{W}]$

분권전동기의 효율 $\eta = \dfrac{출력}{입력} \times 100$
$\qquad = \dfrac{7773.4}{9200} \times 100 = 84.5[\%]$

★★★★★ 기사 90년 2회, 95년 5회, 97년 6회, 03년 4회 / 산업 95년 6회, 14년 2회

169 효율 80[%], 출력 10[kW] 기기의 손실[kW]은?

① 2 　　　　② 2.5
③ 3 　　　　④ 3.5

해설

효율 $\eta = \dfrac{출력}{입력} \times 100[\%]$

입력 $= \dfrac{출력}{효율} = \dfrac{10}{0.8} = 12.5[\text{kW}]$

기기의 손실 = 입력 − 출력 = 12.5 − 10 = 2.5[kW]

★ 기사 91년 2회, 99년 6회

170 110[V], 5[kW], 1250[rpm]의 분권발전기의 전기자저항이 0.22[Ω], 계자전류 1[A], 철손 및 기계손의 합이 350[W]라면 전부하 효율[%]은 약 얼마인가?

① 82.3 　　　　② 84.2
③ 85.1 　　　　④ 85.4

해설

정격전류 $I_n = \dfrac{P_o}{V_n} = \dfrac{5 \times 10^3}{110} = 45.45[\text{A}]$

전기자전류 $I_a = I_n + I_f = 45.45 + 1 = 46.45[\text{A}]$

동손 $P_c = I_a^2 \cdot r_a = 46.45^2 \times 0.22 = 474.7[\text{W}]$

계자손실 $P_f = V_n I_f = 110 \times 1 = 110[\text{W}]$

전부하효율 $\eta = \dfrac{P_o}{P_o + P_i + P_f + P_c} \times 100$
$\qquad = \dfrac{5000}{5000 + 350 + 110 + 474.4} \times 100$
$\qquad = 84.2[\%]$

★ 기사 15년 1회

171 정격이 10[HP], 200[V]인 직류분권전동기가 있다. 전부하전류는 46[A], 전기자저항은 0.25[Ω], 계자저항은 100[Ω]이며, 브러시 접촉에 의한 전압강하는 2[V], 철손과 마찰손을 합쳐 380[W]이다. 표유부하손을 정격출력의 1[%]라 한다면 이 전동기의 효율[%]은? (단, 1[HP]=746[W])

① 84.5 　　　　② 82.5
③ 80.2 　　　　④ 78.5

★★★ 산업 98년 5회, 01년 1회

172 220[V], 50[kW]인 직류직권전동기를 운전하는데 전기자저항(브러시의 접촉저항 포함)이 0.05[Ω]이고 기계적 손실이 1.7[kW], 표유손이 출력의 1[%]이다. 부하전류가 100[A]일 때 출력은 약 몇 [kW]인가?

① 14.5 　　　　② 16.7
③ 18.2 　　　　④ 19.6

해설

직권전동기의 입력 $= 220 \times 100 \times 10^{-3} = 22[\text{kW}]$

전기자저항의 손실 $P_c = I_n^2 \cdot r = 100^2 \times 0.05 \times 10^{-3}$
$\qquad = 0.5[\text{kW}]$

기계적 손실 = 1.7[kW]

직권전동기의 출력 = 입력 − 전기자저항의 손실
$\qquad\qquad\qquad\qquad\quad$ − 기계적 출력

$P_o = 22 - 0.5 - 1.7 = 19.8[\text{kW}]$

표유부하손이 전동기출력의 1[%]를 반영하면
$19.8 \times 0.01 = 0.198[\text{kW}]$

∴ 직권전동기출력 $= 19.8 - 0.198 = 19.602[\text{kW}]$

★★ 기사 99년 5회, 05년 1회

173 효율 80[%], 출력 10[kW]인 직류발전기의 고정손실이 1300[W]라 한다. 이때, 이 발전기의 가변손실은?

① 1000[W] 　　　　② 1200[W]
③ 1500[W] 　　　　④ 2500[W]

해설

고정손실=철손=1.3[kW], 가변손실=동손

발전기효율 $\eta = \dfrac{P_o}{P_o + P_i + P_c} \times 100$

$= \dfrac{10}{10 + 1.3 + P_c} \times 100 = 80[\%]$

가변손실 $P_c = \dfrac{10}{80} - 10 - 1.3 = 1.2[\text{kW}] = 1200[\text{W}]$

★★ 산업 94년 3회

174 직류기의 손실 중에서 부하의 변화에 따라서 현저하게 변하는 손실은 다음 중 어느 것인가?

① 부하손　　② 철손
③ 풍손　　　④ 기계손

해설

부하손=동손이므로
동손 $P_c = I_n^2 \cdot r[\text{W}]$
동손은 부하전류(I_n)의 제곱에 비례하므로 부하가 변화되면 동손이 크게 변화된다.

★★★★ 기사 93년 4회, 06년 1회

175 보통 전기기계에서는 규소강판을 성층하여 사용하는 경우가 많다. 성층하는 이유는 다음 중 어느 것을 줄이기 위한 것인가?

① 히스테리시스손　② 와류손
③ 동손　　　　　　④ 기계손

해설

철손 = 히스테리시스손 + 와류손
㉠ 히스테리시스손 경감 → 규소를 함유한 규소강판 사용
㉡ 와류손 경감 → 얇은 두께의 철심을 성층하여 사용

★★★★★ 산업 91년 7회, 95년 6회, 00년 4회, 05년 1회, 08년 3회

176 전기기계에서 히스테리시스손을 감소시키기 위해 어떻게 하는가?

① 성층철심 사용　② 규소강판 사용
③ 보극 설치　　　④ 보상권선 설치

해설

발전기, 전동기와 같은 회전기계는 2 ~ 2.5[%], 변압기와 같은 정지기계는 4 ~ 4.5[%]의 규소가 함유된 강판을 사용하여 히스테리시스손을 경감시킨다.

★★★★ 산업 91년 5회, 98년 2회, 03년 2회

177 직류기의 효율이 최대가 되는 경우는?

① 와류손=히스테리시스손
② 기계손=전기자동손
③ 기계손=철손
④ 고정손=부하손

해설

효율 $\eta = \dfrac{V_n I_n}{V_n I_n + P_i + P_c} \times 100$에서 최대 효율은

$\dfrac{d\eta}{dI} = 0$이다.

최대 효율조건은 다음과 같다.
무부하손(고정손)=부하손(가변손)

★ 기사 96년 5회

178 직류기의 다음 손실 중에서 기계손에 속하는 것은?

① 풍손　　　　　② 와류손
③ 브러시의 전기손　④ 표유부하손

해설

풍손은 회전기에서 회전하는 부분이 공기 및 기체와의 마찰에 의해 발생하는 손실로서, 기계적 손실의 일부분이다.

★★★ 기사 94년 4회, 03년 3회 / 산업 95년 2회

179 일정 전압으로 운전하고 있는 직류발전기의 손실이 $\alpha + \beta I^2$으로 표시될 때 효율이 최대가 되는 전류는? (단, α, β는 정수이다)

① $\dfrac{\alpha}{\beta}$　　　　② $\dfrac{\beta}{\alpha}$

③ $\sqrt{\dfrac{\alpha}{\beta}}$　　　④ $\sqrt{\dfrac{\beta}{\alpha}}$

해설

최대 효율조건 $\alpha = \beta I^2$에서

효율이 최대가 되는 전류 $I = \sqrt{\dfrac{\alpha}{\beta}}$ [A]

정답　174. ①　175. ②　176. ②　177. ④　178. ①　179. ③

180 직류발전기가 90[%] 부하에서 최대 효율이 된다면 이 발전기의 전부하에 있어서 고정손과 부하손의 비는 얼마인가?

① 1.1　　　　　② 1.0
③ 0.9　　　　　④ 0.81

해설

최대 효율이 되는 부하율 $\dfrac{1}{m} = \sqrt{\dfrac{고정손}{부하손}} = \sqrt{\dfrac{P_i}{P_c}}$

$P_i = \left(\dfrac{1}{m}\right)^2 P_c = (0.9)^2 P_c = 0.81 P_c$

고정손과 부하손의 비는 $\alpha = \dfrac{P_i}{P_c} = 0.81$

181 정격출력 시 $\left(\dfrac{부하손}{고정손}\right) = 2$이고, 효율 0.8인 어느 발전기의 $\dfrac{1}{2}$ 정격출력 시의 효율은?

① 0.7　　　　　② 0.75
③ 0.8　　　　　④ 0.83

해설

$\dfrac{부하손}{고정손} = \dfrac{P_c}{P_i} = 2$이므로 $P_c = 2P_i$

정격출력 시 효율 $\eta = \dfrac{P_o}{P_o + P_c + P_i}$

$\qquad\qquad\qquad = \dfrac{P_o}{P_o + 2P_i + P_i} = 0.8$

정격출력이 $\dfrac{1}{2}$일 경우의 효율

$\eta = \dfrac{\dfrac{1}{2}P_o}{\dfrac{1}{2}P_o + 2 \times \left(\dfrac{1}{2}\right)^2 \times P_i + P_i}$

$\quad = \dfrac{P_o}{P_o + P_i + 2P_i} = 0.8$

182 직류기의 특성시험법 중 반환부하법이 아닌 것은?

① Blondel법　　　② Kapp법
③ Hopkinson법　　④ Meyer법

해설 반환부하법

발전기와 전동기를 직결하고 발전기의 발생전력을 전동기에 공급하며 전동기의 회전력을 발전기에 공급하여 두 기기의 손실을 외부에서 공급하는 것이다.
㉠ 카프법 : 발전기와 전동기의 전체 손실을 전기적으로 공급한다.
㉡ 홉킨스법 : 다른 전동기를 이용하여 손실을 기계적으로 공급한다.
㉢ 블론델법 : 발전기 및 전동기에 보조전동기로 무부하손을 공급하고 승압기로 동손을 공급한다.
④ Meyer법은 단상 변압기 2대를 이용하여 3상 교류를 2상으로 변압할 경우 결선법이다.

183 다음 중 일반적인 직류전동기의 정격표시 용어로 틀린 것은?

① 연속정격　　　② 순시정격
③ 반복정격　　　④ 단시간정격

해설

직류전동기의 정격은 표준규격에 정해져 있는 온도상승한도를 초과하지 않은 상태에서 연속정격, 반복정격, 단시간정격으로 나누어진다.
① 연속정격 : 정해진 조건에서 연속사용할 경우 규정의 온도상승한도를 초과하지 않는 정격이다.
③ 반복정격 : 정해진 조건에서 운전과 정지를 주기적으로 반복하는 경우 규정의 온도상승한도를 초과하지 않는 정격이다.
④ 단시간정격 : 일정한 단시간조건에서 운전할 때 규정의 온도상승한도를 초과하지 않는 정격이다.

184 대형 직류전동기의 토크를 측정하는 데 가장 적당한 방법은?

① 전기동력계
② 와전류제동기
③ 프로니 브레이크
④ 앰플리다인

해설

전기동력계는 특수직류기로, 전동기·수차·펌프 등의 동력이나 출력을 측정하는 설비이다.

동기기

기사 20.10% 출제
산업 20.40% 출제

이렇게 공부하세요!!

출제경향분석

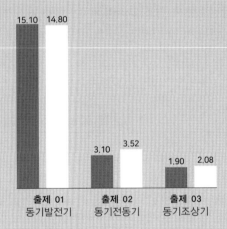

기사 출제비율 %

산업 출제비율 %

15.10 14.80

3.10 3.52

1.90 2.08

출제 01 동기발전기

출제 02 동기전동기

출제 03 동기조상기

출제포인트

☑ 동기발전기의 구조에 따라 구분되는 발전형태, 전기자권선법, Y결선과 델타 결선의 차이점 등에 대해서 출제된다.

☑ 동기속도에 대한 의미와 수식적인 표현, 기전력발생 시 크기 및 고려사항 등에 대해서 출제된다.

☑ 전기자반작용 및 동기발전기의 출력, 단락비에 대해 고려할 내용과 계산문제 등이 출제된다.

☑ 병렬운전 시 필요조건과 조건의 불일치 시 발생하는 이상현상에 대한 내용이 출제된다.

☑ 동기전동기만의 특성과 기동법 및 전기자반작용 등에 대해서 출제된다.

☑ 동기조상기의 특성에 대해서 출제된다.

현재 전 세계의 발전소에서 전력발생을 목적으로 사용되고 있는 대부분의 기기는 교류발전기이다. 교류발전기를 동기발전기라 하고 동기발전기와 같은 구조로 동력을 만드는 동기전동기도 있다. 두 가지 기기는 **정격상태로 운전 시 일정한 속도로 일정한 출력을 내는데 이를 동기기**라 한다. 동기기의 응용분야는 넓다.

동기기의 주된 용도는 발전기로서, 동기발전기는 1[kVA] 이하부터 1500[kVA]까지 사용되고 있는데 전 세계 사람들이 사용하는 전기 에너지의 99[%] 이상을 생산한다. 현재 전기 에너지에 대한 중요한 연구와 개발이 연료전지, 열전기, 태양 에너지 발전기 및 자기 수력·동력 등의 새로운 형태의 발전기에 치중되어 있지만 동기발전기가 앞으로도 여러 해 동안은 계속해서 주된 전기 에너지 발전기로 역할을 할 것임에는 틀림없다.

물론 다른 대부분의 기기들과 마찬가지로 동기기는 발전기뿐만 아니라 전동기로서도 동작이 가능하다. 대형(수백 또는 수천[kW]) 동기기는 발전소에서 펌프로 사용되고, 소형 동기기는 일정 속도가 요구되는 전기 시계, 타이머, 레코드 턴테이블 등에 사용된다. 그리고 산업용으로 사용되는 대부분의 구동장치는 가변속으로 운전된다.

출제 01 동기발전기

Comment

동기발전기는 교류기로 임피던스를 고려하여 특성을 파악하고 전압 및 전류의 위상특성을 숙지해야 한다. 또한, 동기기에서 주로 출제되는 부분이고 동기발전기의 구조가 동기전동기에 같게 적용되므로 숙지가 필요하다.

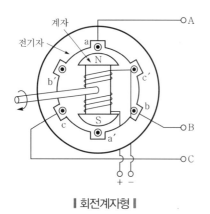

‖ 회전계자형 ‖

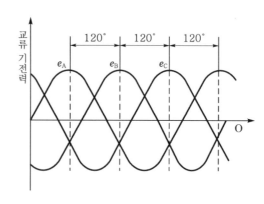

일반적으로 동기기는 동기발전기를 말하며 내부회전자에서 N-S의 극을 만들기 위하여 여자 코일을 권선하여 직류전압 V를 가한 후 이 자극을 동기속도로 회전시킨다. 이때, 고정자의 권선 a-a'에서는 1상의 전자유도기전력이 발생한다. 이를 회전계자형 동기발전기라고 한다. a상의 유도기전력 e_a는 사인파의 교류기전력으로 되고, 120° 전기각으로 배치되어 있는 전기자 3상 권선 a, b, c에서는 평형 3상 파형 e_a, e_b, e_c가 발전되어 출력된다.

1 동기발전기의 종류

(1) 회전자에 따른 분류

① 회전계자형 : 계자를 회전자로, 전기자를 고정자로 사용하는 방법이다.
  ㉠ 전기자권선의 발생전압이 높아 출력이 커서 **대용량 부하에 적합**하다.
  ㉡ 계자회로는 직류전력을 사용하는데 **회전전기자형에 비해 소요전력이 적다.**
  ㉢ **기계적으로 튼튼**하게 만들 수 있어 수명이 길다.
  ㉣ **전기자권선 Y결선의 사용으로 결선이 복잡**하고 기기의 치수가 크다.
② 회전전기자형 : 회전자를 전기자로, 고정자를 계자로 사용하는 방법이다.
  ㉠ 대전력용으로 제작이 어렵다.
  ㉡ 110 ~ 220[V]의 저전압·소용량에 적용한다.

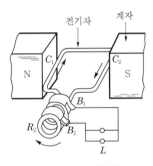

‖ 회전전기자형 ‖

③ 유도자형 : 계자와 전기자를 모두 고정시켜 발전하는 방법이다.
  ㉠ **고주파 발전기, 유도발전기로 사용한다.**
  ㉡ 상용전원을 만들기에 용량이 부족하여 실험실이나 특수장소에 사용한다.

(2) 원동기에 따른 분류

① 수차발전기 : 물의 유속을 이용하여 수차를 회전시켜 그 힘을 발전기에 전달하여 회전시키는 방법으로, 저속도기에 사용한다.
② 터빈 발전기 : 증기 터빈이나 가스터빈으로 터빈을 회전시켜 그 힘을 발전기에 전달하여 회전시키는 방법으로, 고속도기에 사용한다.
③ 엔진 발전기 : 엔진으로 발전기를 회전시키는데 비상용 발전기 등에 많이 사용한다.

(3) 상수에 의한 분류

① 단상 발전기 : 단상의 교류전력을 발생시키는 기기이다.

② 3상 발전기 : 일반적인 발전기로, 120°의 위상차가 나는 3상 전력을 발생시키는 3상 발전기가 보통 사용된다.

(4) 수소냉각과 공기냉각 방식의 비교

① 수소냉각방식은 전폐형 냉각방식으로, 수소를 공기 대신해서 사용하는 것이다.

② 수소 가스의 밀도는 공기의 약 7[%]이므로 풍손이 공기냉각방식에 비해 $\frac{1}{10}$ 로 감소하여 풍손에 의한 영향이 큰 고속도기에서 약 $0.75 \sim 1$[%]의 효율이득을 볼 수 있다.

③ 수소 가스는 공기에 비해 열전도율이 약 6.7배, 비열은 약 14배이기 때문에 냉각효과가 크다. 그래서 공기냉각방식에 비해 기기의 치수를 약 25[%] 작게 할 수 있다.

④ 수소 가스는 공기에 비해 활성화반응이 없으므로 코일의 절연능력을 상대적으로 오랫동안 유지할 수 있다.

⑤ 수소 가스의 외부누출을 막기 위해 전폐형으로 하기 때문에 수분 및 산소의 침임이 작고 소음을 현저하게 감소시킨다(**수소의 순도를 85[%] 이상으로 유지**).

⑥ 수소냉각방식의 단점 : 수소 가스와 공기가 혼합하여 폭발하는 사고의 우려가 있어 방지하는 장비가 필요해 설비비용이 높아진다.

단원 확인 기출문제

★★★★★ 기사 14년 3회, 19년 2회 / 산업 91년 6회, 00년 3회, 03년 1회

01 동기발전기에 회전계자형을 쓰는 경우가 많다. 그 이유에 적합하지 않은 것은?

① 전기자보다 계자극을 회전자로 하는 것이 기계적으로 튼튼하다.

② 기전력의 파형을 개선한다.

③ 전기자권선은 고전압으로 결선이 복잡하다.

④ 계자회로는 직류 저전압으로, 소요전력이 작다.

해설 동기발전기를 회전계자형으로 하는 이유

㉠ 기계적으로 튼튼하다.

㉡ 직류소요전력이 작고 절연이 용이하다.

㉢ 전기자권선은 Y결선으로 복잡하고 고압을 유기한다.

㉣ 대용량부하에 적합하다.

답 ②

★ 기사 00년 2회, 14년 2회(유사), 15년 3회

02 동기발전기에서 전기자와 계자의 권선이 모두 고정되고 유도자가 회전하는 것은?

① 수차발전기

② 고주파발전기

③ 터빈 발전기

④ 엔진 발전기

2 동기발전기의 구조 및 특징

(1) 회전자 구분

회전자는 발전기의 회전속도에 따라 돌극형과 비돌극형으로 나눌 수 있다. 돌극형은 주로 저속도로 회전하는 수차발전기나 엔진 발전기에 사용하고 비돌극형은 고속도로 회전하는 터빈 발전기에 사용한다.

구분	돌극형 발전기	비돌극형 발전기
회전자 형태		
회전속도	저속도기	고속도기
극수	다극기	2극 또는 4극
냉각방식	공기냉각방식	수소냉각방식
적용	수차발전기	터빈 발전기
단락비	크다.	작다.
최대 출력부하각	60°	90°

(2) 동기속도

$$N_s = \frac{120f}{P} \, [\text{rpm}] \left(\text{단}, \ n_s = \frac{2f}{P} \, [\text{rps}] \right)$$

여기서, f : 주파수, P : 자극수, N_s : 동기속도
주파수 및 극수에 동기속도를 적용하면 다음과 같다.

극수	2	4	6	8	10	12	16
50[Hz]	3000	1500	1000	750	600	500	375
60[Hz]	3600	1800	1200	900	720	600	450

(3) 여자장치

① 여자장치의 개념 : 동기발전기의 계자에 여자전류를 공급하는 장치로, 이때 직류전류를 공급해야 된다.

② 여자장치의 종류

　㉠ 직류여자방식 : 동기발전기 외부에 별개로 같은 축에 연결하여 사용되는데 소용량기에는 분권발전기가 사용되고, 중용량기 이상에서는 타여자발전기, 복권발전기 등이 사용된다.

　㉡ 정류기여자방식 : 발전기가 발생한 전력의 일부를 사용하여 반도체정류기를 통해 정류한 직류전류를 계자권선에 공급하는 방식으로, 회전하지 않으므로 취급·보수가 용이하여 최근 사용이 증가하고 있고 정지형 여자방식이라고도 한다.

　㉢ 브러시레스 여자방식 : 회전전기자형의 교류발전기를 사용하고 이 발생된 교류를 회전자상에 설치된 반도체 정류기로 정류하여 계자권선에 공급하는 방식이다. 또한, 정류자와 브러시가 없어 보수가 용이하다.

(4) 전기자권선법

 **Comment**

동기기에서 가장 많이 출제되는 부분이므로 수식과 권선법에 따른 내용을 반드시 암기해야 하고 계산문제 시 반드시 계산기를 사용하는 방법을 숙지해야 한다.

전기자에 권선을 감는 방법에 따라 기전력의 크기에 큰 영향을 준다. 발생하는 기전력을 크게 발생시키면서 고조파가 발생되지 않는 양질의 정현파를 만들기 위해서 여러 가지의 권선법이 있다.

① 집중권과 분포권

∥집중권∥　　　　　∥분포권∥

　㉠ **집중권** : 1극 1상의 코일이 차지하는 슬롯수가 1개가 되는 것이다.

　㉡ **분포권** : 1극 1상의 코일이 차지하는 슬롯수가 2개 이상에 분포된 것이다.

　　ⓐ **분포권의 특징**

　　　• 집중권에 비해 유기기전력은 감소된다.

　　　• 기전력의 고조파가 감소하여 파형이 좋게 된다.

　　　• 권선의 누설 리액턴스가 감소된다.

　　　• 전기자권선에 의한 열을 고르게 분포시켜 과열을 방지한다.

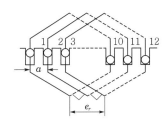

 ⓑ 매극 매상당 슬롯수(매극 매상의 슬롯수) : $q = \dfrac{총 슬롯수}{상수 \times 극수}$

 ⓒ 기본파에 대한 **분포권계수** : $K_d = \dfrac{\sin \dfrac{\pi}{2m}}{q \sin \dfrac{\pi}{2mq}}$

 ⓓ 제n고조파에 대한 분포권계수 : $K_d = \dfrac{\sin \dfrac{n\pi}{2m}}{q \sin \dfrac{n\pi}{2mq}}$

② 전절권과 단절권

 ㉠ 전절권 : 코일의 간격이 극간격과 같은 것이다.

 ㉡ 단절권 : 코일의 간격이 극간격보다 작은 것이다.

  ⓐ **단절권의 특징**

   • 전절권에 비해 유기기전력은 감소된다.

   • 고조파를 제거하여 기전력의 파형을 좋게 한다.

   • 코일 끝부분의 길이가 단축되어 기계 전체의 길이가 축소된다.

   • 구리의 양이 적게 든다.

  ⓑ 단절계수 : $\beta = \dfrac{코일피치}{극피치} = \dfrac{코일피치}{\dfrac{전 슬롯수}{극수}}$

  ⓒ 기본파에 대한 **단절권계수** : $K_p = \sin \dfrac{\beta\pi}{2}$

  ⓓ 제n고조파에 대한 단절권계수 : $K_p = \sin \dfrac{n\beta\pi}{2}$

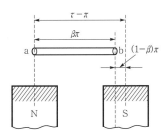

단원확인기출문제

★★★ 기사 15년 1회

03 동기기의 전기자권선이 매극 매상당 슬롯수가 4, 상수가 3인 권선의 분포계수는 얼마인가?

① 0.487

② 0.844

③ 0.866

④ 0.958

해설 상수 $m = 3$, 매극 매상당 슬롯수 $q = 3$이므로

$$분포계수\ K_d = \frac{\sin\dfrac{\pi}{2m}}{q\sin\dfrac{\pi}{2mq}} = \frac{\sin\dfrac{180°}{2\times3}}{4\sin\dfrac{180°}{2\times3\times4}} = 0.958$$

답 ④

★★★★★ 기사 92년 5회, 05년 1회 / 산업 98년 3회, 04년 4회, 08년 1회, 12년 1회

04 3상 6극 슬롯수 54의 동기발전기가 있다. 어떤 전기자 코일의 두 변이 제1슬롯과 제8슬롯에 들어있다면 기본파에 대한 단절권계수는 얼마인가?

① 0.9983

② 0.9948

③ 0.9749

④ 0.9397

해설 단절권계수 $K_p = \sin\dfrac{n\beta\pi}{2}$

여기서, n : 고조파차수, 단절계수 $\beta = \dfrac{코일피치}{극피치}$, $\pi = 180°$

단절계수 $\beta = \dfrac{8-1}{\dfrac{54}{6}} = \dfrac{7}{9}$

단절권계수 $K_p = \sin\dfrac{\beta\pi}{2} = \sin\dfrac{\dfrac{7}{9}\pi}{2} = \sin70° = 0.9397$

답 ④

(5) 동기발전기의 전기자권선의 Y결선 사용이유

회전계자형 발전기의 다수는 전기자권선의 결선을 Y결선으로 하는데 그 이유는 △결선과 비교하여 다음과 같은 특징이 있기 때문이다.

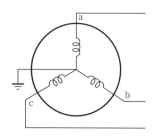

① Y결선은 △결선에 비해 상전압이 $\dfrac{1}{\sqrt{3}}$ 배 낮기 때문에 기기의 절연이 용이하다.

② 중성점접지 시 단절연이 가능하여 절연비용이 절감되어 기기의 가격이 낮아진다.

③ 지락사고검출이 용이해져서 보호계전기의 동작이 확실하다.

④ 대지전압 저하 및 이상전압 발생을 억제한다.

⑤ 3고조파 전류가 기기 내부에 나타나지 않아 불필요한 열이 발생하지 않는다.

3 동기발전기의 특성

(1) 유기기전력

동기발전기에서 유기기전력을 형성하는 과정을 간단히 설명하면 다음과 같다.

① 회전자에는 계자권선이 설치되어 있으며, 외부장치에 의해 계자권선에 직류의 계자전류가 흐른다. 이 계자전류에 의해 회전자에는 항상 일정한 방향, 일정한 크기의 자속이 발생된다.

② 자속이 만들어지고 있는 회전자를 원동기 등으로 회전시키면 자속이 공극에서 회전을 하게 되며 이 자속은 고정자 3상 권선과 쇄교하게 된다.

③ 권선에는 자속과 고정자권선 도체 상호반응에 의해 기전력이 발생한다.

다음은 유기기전력의 식을 해석하기에 용이한 회전전기자형의 그림으로 나타낸 것이다.

㉠ 유기기전력 $E = B \cdot l \cdot v$[V]

㉡ 자속밀도 $B = \dfrac{\phi_{총자속}}{A} = \dfrac{P \cdot \phi}{\pi \cdot D \cdot l}$ [Wb/㎡]

㉢ 도체길이 l[m]

㉣ **주변속도** $v = \pi \cdot D \cdot N_s \cdot \dfrac{1}{60} = \pi \cdot D \cdot \dfrac{2f}{P}$ [m/sec]

㉤ 파형률 $= \dfrac{실효값}{평균값}$ → 실효값 = 파형률 × 평균값 (정현파의 파형률 = 1.11 적용)

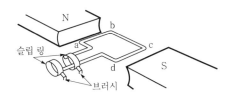

④ **1상의 유기기전력** $E = 4.44 k_w f N \phi$[V]

여기서, 권선계수 $k_w = k_d k_p$

N : 1상의 권수

⑤ 3상의 경우 단자전압(V_n)

㉠ Y결선 : $V_n = \sqrt{3} \times 4.44 k_w f N \phi$[V]

㉡ △결선 : $V_n = 4.44 k_w f N \phi$[V]

단원확인기출문제

05 60[Hz], 12극, 회전자 외경 2[m]의 동기발전기에 있어서 자극면의 주변속도[m/sec]는 대략 얼마인가?

① 30   ② 40

③ 50   ④ 60

해설 주변속도 $v = \pi D N_s \dfrac{1}{60} = \pi D \dfrac{2f}{P}$ [m/sec]

여기서, D : 회전자 외경, P : 극수

$v = \pi D n = \pi D \times \dfrac{2f}{P} = 3.14 \times 2 \times \dfrac{2 \times 60}{12} = 62.8$ [m/sec]

답 ④

06 동기발전기에서 극수 4, 1극의 자속수 0.062[Wb], 1분간의 회전속도를 1800, 코일의 권수를 100이라고 하고 이때 코일의 유기기전력의 실효값[V]을 구하시오. (단, 권선계수는 1.0이라 한다)

① 526   ② 1488

③ 1652   ④ 2336

해설 동기발전기의 유기기전력 $E = 4.44 K_w f N \phi$[V]

여기서, K_w : 권선계수, f : 주파수, N : 1상당 권수, ϕ : 극당 자속

동기속도 $N_s = \dfrac{120f}{P}$[rpm]에서 $f = \dfrac{N_s \times P}{120} = \dfrac{1800 \times 4}{120} = 60$[Hz]

유기기전력 $E = 4.44 K_w f N \phi = 4.44 \times 1.0 \times 60 \times 100 \times 0.062 = 1652$[V]

답 ③

(2) 전기자반작용

 **Comment**

동기발전기의 전기자반작용은 동기전동기의 전기자반작용과 특성이 유사하므로 서로 구분되는 내용을 정확하게 파악할 필요가 있다.

전기자전류에 의한 자속 중에서 공극을 지나 계자에서 만들어지는 주자속에 영향을 미치는 것을 전기자반작용이라 하며 이 반작용은 부하의 역률에 따라서 그 작용이 다르게 된다.

① 교차자화작용

    ㉠ 전기자전류 I_a가 유기기전력 E_a과 동상일 때 발생한다.

    ㉡ 횡축 반작용 → $I_n \cos \theta$

    ㉢ 전체적인 자속량의 변화가 없다.

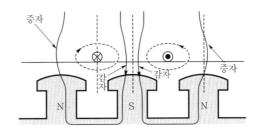

② **감자작용**

　㉠ **전기자전류 I_a가 유기기전력 E_a보다 위상이 90° 뒤질 때 발생한다.**

　㉡ **직축 반작용 → $I_n \sin\theta$**

　㉢ 자속이 감소하여 기전력이 감소한다.

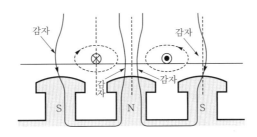

③ **증자작용**

　㉠ **전기자전류 I_a가 유기기전력 E_a보다 위상이 90° 앞설 때 발생한다.**

　㉡ **직축 반작용 → $I_n \sin\theta$**

　㉢ 자속이 증가하여 기전력이 증가한다.

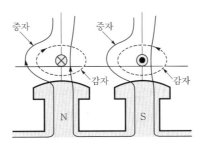

④ 일반적인 경우 기전력에 비해 일정한 위상차를 유지하는 전류가 흐를 경우

　㉠ 유효분 $I_n \cos\theta$에 의해 교차자화작용이 발생한다.

　㉡ 무효분 $I_n \sin\theta$에 의해 늦은 역률일 경우 감자작용이, 앞선 역률일 경우 증자작용이 발생한다.

　㉢ 전기자권선에 의해 만들어지는 동기 리액턴스 x_s는 계자와 쇄교하는 부분인 전기자반작용 리액턴스 x_a와 전기자 자신에게만 쇄교하는 누설 리액턴스 x_l로 구분된다. 즉, $x_s = x_a + x_l$로 이루어져 있다.

★★★★★ 기사 97년 5회, 03년 3회 / 산업 11년 3회, 16년 1회(유사)

07 3상 동기발전기에 유기기전력보다 90° 뒤진 전기자전류가 흐를 때 전기자반작용은?

① 교차자화작용을 한다.　　　　② 증자작용을 한다.

③ 자기여자작용을 한다.　　　　④ 감자작용을 한다.

해설 동기발전기에서 부하가 유도성일 경우 전기자전류가 90° 뒤진 전류가 흐르고 감자작용(직축 반작용)이 발생한다.

교류발전기의 전기자반작용

㉠ 교차자화작용(횡축 반작용) : 유기기전력 E와 전기자전류 I_a가 동상이다.

㉡ 감자작용(직축 반작용) : 유기기전력 E에 비해 전기자전류 I_a의 위상이 90° 늦은 경우이다.

㉢ 증자작용(직축 반작용) : 유기기전력 E에 비해 전기자전류 I_a의 위상이 90° 앞선 경우이다.

답 ④

(3) 동기발전기의 1상당 등가회로 및 벡터도

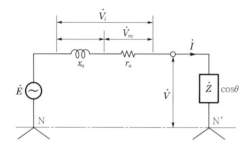

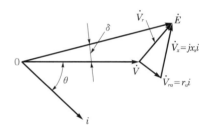

① 동기 임피던스

　㉠ 동기 리액턴스 : 전기자전류가 흘러서 만들어진 전기자반작용 리액턴스 x_a[Ω]와 전기자 누설 리액턴스 x_l[Ω]의 합이다.

　　$x_s = x_a + x_l$[Ω]

　㉡ 동기 임피던스 : 동기 리액턴스 x_s와 전기자권선저항 r_a[Ω]의 합이다.

　　$Z_s = r_a + jx_s$[Ω]

　㉢ 전기자권선의 저항 r_a는 리액턴스에 비해 너무 작으므로 이를 무시하면 $Z_s \fallingdotseq x_s \ (r_a \ll x_s)$

　　유기기전력 $E_a = V_n + I_n \cdot x_s$[V]

② 동기발전기의 출력

　㉠ 동기발전기 1상당 출력 $P = V_n I_n \cos \theta$[kW]

　㉡ **비돌극형 발전기 출력** $P = \dfrac{E_a V_n}{x_s} \sin \delta$[kW]

　　최대 출력부하각 $\delta = 90°$

ⓒ 돌극형 발전기의 출력 $P = \dfrac{E_a V_n}{x_d} \sin\delta + \dfrac{x_d - x_q}{2x_d x_q} V_n^2 \sin 2\delta \,[\text{kW}]$

최대 출력부하각 $\delta = 60°$

ⓔ 돌극형의 경우 : $x_d \gg x_q$

여기서, x_d : 직축 리액턴스, x_q : 횡축 리액턴스

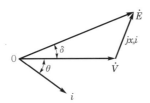

단원 확인기출문제

★★★ 기사 98년 3회, 17년 1·3회

08 비돌극형 동기발전기의 1상의 단자전압을 V, 유기기전력을 E, 동기 리액턴스를 X_s, 부하각을 δ라 하고 전기자저항을 무시할 때 1상의 최대 출력은?

① $\dfrac{E^2 V}{X_s} \sin\delta$ 　　　　　② $\dfrac{EV^2}{X_s} \sin\delta$

③ $\dfrac{EV}{X_s} \sin\delta$ 　　　　　④ $\dfrac{EV}{X_s}$

해설 비돌극형(원통형)은 최대 출력이 부하각 δ가 90°에서 발생한다.

최대 출력 $P_m = \dfrac{EV}{X_s}\,[\text{W}]$

여기서, $\sin\delta = 1.0$

답 ④

(4) 단락비

 Comment

단락비는 공부해야 하는 범위가 넓어 어려움이 있지만 필기시험에 대한 출제비중도 높고 실기시험에도 출제되므로 더 깊이 공부해야 할 필요가 있다.

① 무부하시험

　ⓐ 3상 동기발전기를 개방 또는 무부하 상태에서 정격전압이 될 때까지 필요한 계자전류이다.

　ⓑ **포화율 : 무부하포화곡선과 공극선의 비율**로, 발전기의 포화 정도를 나타낸다.

② 단락시험 : 3상 동기발전기를 단락하고 정격전류가 될 때까지 필요한 계자전류이다.

㉠ 돌발단락전류

ⓐ 돌발단락전류는 처음엔 크나 시간이 지나면 점차 감소하여 일정하다.

ⓑ 돌발단락전류의 억제 : 전기자누설 리액턴스

㉡ 지속단락전류 : $I_s = \dfrac{E_a}{x_s}$ [A]

지속단락전류의 크기가 변하지 않으면서 그 크기가 직선적인 것은 전기자반작용때문이다.

㉢ 동기 임피던스 Z_s는 [Ω]으로 표현하지 않고 정격전류 I_n에 임피던스를 곱한 임피던스 전압강하와 정격전압의 비를 백분율로 나타내기도 하는데 이것을 %동기 임피던스라고 한다.

$$\text{\%동기 임피던스} = \frac{I_n \cdot Z_s}{E} \times 100 = \frac{P \cdot Z_s}{10 \cdot E^2} \,[\%]$$

단원확인기출문제

★★★★★ 기사 91년 6회, 98년 7회, 00년 1회, 01년 1·2회 / 산업 19년 2회

09 동기발전기의 단락시험, 무부하시험으로 구할 수 없는 것은?

① 철손
② 단락비
③ 전기자반작용
④ 동기 임피던스

해설 동기발전기의 무부하시험 및 단락시험을 통해 단락비, 철손, 동기 임피던스, 동손 등을 알 수 있다.

답 ③

③ 단락비 : 정격속도에서 무부하정격전압 V_n[V]을 발생시키는 데 필요한 계자전류 $I_f{'}$[A]와 정격전류 I_n[A]과 같은 지속단락전류가 흐르도록 하는 데 필요한 계자전류 $I_f{''}$[A]의 비를 단락비 K_s라고 하고 $K_s = \dfrac{I_f{'}}{I_f{''}} = \dfrac{\text{od}}{\text{oe}}$ 이다.

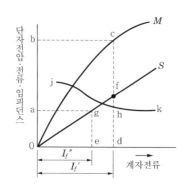

$$㉠ \quad K_s = \frac{I_f{'}}{I_f{''}} = \frac{I_s}{I_n} = \frac{100}{\% Z_s} = \frac{1}{Z_s[\mathrm{pu}]} = \frac{10^3 V^2}{P Z_s}$$

㉡ 단락비가 큰 기계의 특징

┌ 철기계
├ 수차발전기 : 1.2 정도
└ 터빈 발전기 : 0.6 ~ 1.0

ⓐ 동기 임피던스가 작다.

ⓑ 전기자반작용이 작다.

ⓒ 전압변동률이 작다.

ⓓ 공극이 크다.

ⓔ 안정도가 높다.

ⓕ 철손이 크다.

ⓖ 효율이 나쁘다.

ⓗ 가격이 비싸다.

ⓘ 선로에 충전용량이 크다.

ⓙ 기계의 크기와 중량이 크다.

단원 확인기출문제

★★★ 기사 17년 2회 / 산업 91년 2회, 07년 4회

10 정격출력 5000[kVA], 정격전압 3.3[kV], 동기 임피던스가 매상 1.8[Ω]인 3상 동기발전기의 단락비는 약 얼마인가?

① 1.1   ② 1.2

③ 1.3   ④ 1.4

해설 정격전류 $I_n = \dfrac{P}{\sqrt{3}\,V_n} = \dfrac{5000}{\sqrt{3}\times 3.3} = 874.8[\mathrm{A}]$

단락전류 $I_s = \dfrac{E}{Z_s} = \dfrac{\frac{3300}{\sqrt{3}}}{1.8} = 1058.5[\mathrm{A}]$

단락비 $K_s = \dfrac{I_s}{I_n} = \dfrac{1058.5}{874.8} = 1.21$

답 ②

★★★ 기사 17년 1회 / 산업 97년 7회

11 단락비가 큰 동기기의 특징으로 옳은 것은?

① 안정도가 떨어진다.

② 전압변동률이 크다.

③ 선로충전용량이 크다.

④ 단자단락 시 단락전류가 작게 흐른다.

해설 **단락비가 큰 기기의 특징**

㉠ 철의 비율이 높아 철기계라 한다.
㉡ 동기 임피던스가 작다(단락전류가 크다).
㉢ 전기자반작용이 작다.
㉣ 전압변동률이 작다.
㉤ 공극이 크다.
㉥ 안정도가 높다.
㉦ 철손이 크다.
㉧ 효율이 낮다.
㉨ 가격이 높다.
㉩ 송전선의 충전용량이 크다.

 답 ③

(5) 자기여자현상 및 안정도 증진대책

① 자기여자현상

㉠ 자기여자현상의 정의 : 무부하로 운전하는 동기발전기를 장거리 송전선로 등에 접속한 경우 선로의 충전용량(진상전류)에 의한 전기자반작용(증자작용) 등의 원인으로 인해 발전기가 스스로 여자되어 전압이 상승하는 현상이다.

㉡ 방지대책

ⓐ 수전단에 병렬로 리액턴스를 접속하여 진상전류를 보상한다.

ⓑ 변압기의 자화전류를 선로에 흘려주는데 자화전류는 지상전류로서 진상분인 충전전류를 보상하게 된다.

ⓒ 동기조상기를 이용하는 방법으로 수전단에 부족여자로 운전하는 동기조상기를 접속하여 지상전류를 흘려 충전전류를 보상하게 한다.

ⓓ 발전기를 2대 이상 모선에 접속하여 안정도가 향상된 운전을 한다.

ⓔ 발전기가 송전선로를 충전하는 경우 자기여자현상을 보상하기 위해서 단락비를 크게 한다.

② 안정도 증진대책

㉠ 정상 과도 리액턴스는 작게 하고 **단락비를 크게 한다.**

㉡ 자동전압조정기의 속응도를 크게 한다.

㉢ 회전자의 관성력을 크게 한다.

㉣ 영상 및 역상 임피던스를 크게 한다.

㉤ 관성을 크게 하거나 **플라이휠 효과를 크게 한다.**

단원확인기출문제

★★★ 기사 96년 4회, 02년 2·4회

12 동기발전기의 자기여자작용은 부하전류의 위상이 다음 중 어느 때 일어나는가?

① 역률이 1인 때
② 느린 역률 0인 때
③ 빠른 역률 0인 때
④ 역률과 무관하다.

해설 무여자상태에서도 90° 진상전류인 선로의 충전전류에 의해서 전기자반작용 중의 증자작용이 발생하여 발전기단자전압이 순식간에 이상상승할 수가 있는데 이를 발전기의 자기여자현상이라 한다.

답 ③

★★★★★ 산업 91년 2회, 96년 7회, 12년 1회, 14년 1회

13 동기발전기의 안정도를 증진시키기 위하여 설계상 고려할 점으로 틀린 것은?

① 자동전압조정기의 속도를 크게 한다.
② 정상 과도 리액턴스 및 단락비를 작게 한다.
③ 회전자의 관성력을 크게 한다.
④ 영상 및 역상 임피던스를 크게 한다.

해설 안정도를 증진시키려면 다음과 같이 한다.
㉠ 정상 과도 리액턴스 또는 동기 리액턴스는 작게 하고 단락비를 크게 한다.
㉡ 자동전압조정기의 속응도를 크게 한다(속응여자방식을 채용).
㉢ 회전자의 관성력을 크게 한다.
㉣ 영상 및 역상 임피던스를 크게 한다.
㉤ 관성을 크게 하거나 플라이휠 효과를 크게 한다.

답 ②

4 동기발전기의 병렬운전

 Comment

전기기기에서 언급되는 병렬운전 중에 출제되는 비율이 가장 높고 실무에서도 적용되기 때문에 이론적 특성에 대한 이해가 반드시 필요하다.

(1) 병렬운전의 의미

부하에 안정된 전력공급과 신뢰성을 높이기 위해 2대 이상의 동기발전기를 모선에 접속하여 부하에 전력을 공급하는 방식을 말한다.

(2) 병렬운전의 조건

① 유도기전력의 크기가 같을 것
 ㉠ 크기가 다를 경우 무효순환전류가 흐른다.
  예를 들어 $E_1 > E_2$ 경우

  무효순환전류(무효횡류) $I_o = \dfrac{E_1 - E_2}{2x}$ [A]

ⓐ G_1기 : I_o는 90° 지상전류 → 감자작용 → 역률 감소

ⓑ G_2기 : I_o는 90° 진상전류 → 증자작용 → 역률 증가

ⓛ 해결책 : 무효순환전류를 없애기 위해서는 발전기의 **여자전류를 조정**하여 발생전압의 크기를 같게 만들어 준다.

② 유도기전력의 위상이 같을 것

ⓗ 위상이 다를 경우 유효순환전류(동기화전류)가 흐른다.

수수전력(주고받는 전력) $P = \dfrac{E^2}{2x}\sin\delta[\text{W}]$

ⓛ 해결책 : 동기검정 등을 이용하여 위상의 일치를 확인한 다음 동기발전기를 모선에 접속하여야 한다.

③ 유도기전력의 **주파수가 같을 것**

ⓗ 주파수가 다를 경우 난조가 발생한다.

ⓛ 해결책 : 난조를 없애기 위해서는 원동기의 속도를 조정하여 모두 정격주파수에서 발전 동작을 하도록 한다.

④ 유도기전력의 **파형이 같을 것**

ⓗ 파형이 다를 경우 고주파 무효순환전류가 흐른다.

ⓛ 해결책 : 발전기에서 발생하는 기전력의 고조파를 제거하여 정현파를 발생시켜야 한다.

⑤ 유도기전력의 **상회전방향이 같을 것** : 기전력의 상회전방향이 다르게 되면 상회전방향을 검출할 수 있는 동기검정기에서 위상이 다른 상의 램프에 점등이 된다.

단원 확인 기출문제

★★★★★ 산업 04년 3회, 07년 1회, 09년 1회

14 동기발전기의 병렬운전에 필요하지 않은 조건은?

① 기전력의 주파수가 같을 것

② 기전력의 위상이 같을 것

③ 임피던스 및 상회전방향과 각변위가 같을 것

④ 기전력의 크기가 같을 것

[해설] 동기발전기의 병렬운전 시 유기기전력의 크기, 위상, 주파수, 파형, 상회전방향이 같아야 하고 용량, 출력, 부하전류, 임피던스 등은 임의로 운전한다.

답 ③

★★★ 기사 92년 6회, 95년 2회, 03년 2회, 04년 2회, 15년 1회

15 병렬운전을 하고 있는 2대의 3상 동기발전기 사이에 무효순환전류가 흐르는 경우는?

① 여자전류의 변화   ② 원동기의 출력변화

③ 부하의 증가   ④ 부하의 감소

해설 동기발전기의 병렬운전 시 유기기전력의 차에 의해 무효순환전류가 흐르게 된다. 기전력의 차가 생기는 이유는 각 발전기의 여자전류의 크기가 다르기 때문이다.

답 ①

(3) 원동기의 필요조건

동기발전기의 병렬운전 시 회전력을 발생시키는 원동기가 가져야 할 조건은 다음과 같다.

① 균일한 각속도 : 병렬운전하고 있는 동기발전기의 회전수가 서로 같더라도 1회전 중의 각속도가 일정하지 않으면 순간적 기전력의 크기와 위상에 차이가 생기므로 고조파횡류가 흘러서 만족한 운전이 어렵다.

② 적정한 속도조정률 : 부하의 변동에 대해서는 속도조정률이 작은 것이 바람직하나 부하의 분담을 원활히 하기 위해서는 적당한 속도조정률을 갖아야 한다.

(4) 난조

부하가 급변하는 경우 발전기의 회전수가 동기속도 부근에서 진동하는 현상으로, **제동권선을 설치하여 방지**한다.

단원확인기출문제

★★★★★ 기사 93년 5회, 94년 3회, 02년 1회, 04년 1회, 05년 1회, 14년 1회 / 산업 18년 2회

16 동기전동기의 제동권선의 효과는?

① 정지시간의 단축　　　　　　② 토크의 증가

③ 기동 토크의 발생　　　　　　④ 과부하내량의 증가

해설 제동권선은 기동 토크를 발생시킬 수 있고 난조를 방지하여 안정도를 높일 수 있다.

답 ③

기사 3.10% 출제 | 산업 3.52% 출제

출제 02 **동기전동기**

 Comment

동기전동기는 현재 사용빈도가 감소하여 중요도가 떨어지므로 주로 출제되는 부분의 내용을 짧게 정리하여 암기하는 것이 필요하다.

동기전동기는 부하의 변화와 전압변동에도 불구하고 일정 속도동작과 전동기 중 효율(92 ~ 96[%])이 가장 높으므로 전동기-발전기 세트, 공기압축기, 원심력 펌프, 송풍기, 분쇄기 및 다양한 형태의 연속처리압연기와 같은 일정속도, 연속운전 구동분야에 가장 적절한 전동기이다.

1 동기전동기의 특성

(1) 동기전동기의 원리

영구자석을 회전자로 하고 회전자의 자극 가까이에 권선으로 만든 전자석을 가까이 하여 회전시키면 회전자는 이동하는 전자석에 흡인되어 회전하는데 이것이 동기전동기의 회전원리이다.

(2) 동기전동기의 장점

① 역률 1로 운전이 가능하다.

② 필요 시 지상·진상으로 변환이 가능하다.

③ 정속도 전동기로, 속도가 거의 불변이다.

④ 타기기에 비해 효율이 양호하다.

(3) 동기전동기의 단점

① 기동 토크가 없어서 기동장치가 필요하다.

② 구조가 복잡하고 가격이 높다.

③ 속도조정이 어렵다.

④ 난조가 일어나기 쉽다.

단원확인기출문제

★★★ 기사 17년 3회 / 산업 97년 5회, 04년 1회

17 동기전동기에 관한 다음 기술사항 중 틀린 것은?

① 회전수를 조정할 수 없다. ② 직류여자기가 필요하다.

③ 난조가 일어나기 쉽다. ④ 역률을 조정할 수 없다.

해설 동기전동기는 역률 1.0으로 운전이 가능하여 다른 기기에 비해 효율이 높고 필요 시 여자전류를 변화하여 역률을 조정할 수 있다.

 답 ④

---

2 동기전동기의 기동법

(1) 자기기동법

회전자의 제동권선을 이용하여 기동 토크를 발생시켜 기동하는 방식이다.

(2) 타전동기 기동법

기동용 전동기로 유도전동기를 이용하여 기동하는 방법으로, 동기전동기에 비해 2극 적은 전동기를 선정한다.

단원확인기출문제

★★★ 기사 91년 5회, 15년 1회 / 산업 12년 3회

18 동기전동기의 기동법으로 옳은 것은?

① 직류 초퍼법, 기동전동기법
② 자기기동법, 기동전동기법
③ 자기기동법, 직류 초퍼법
④ 계자제어법, 저항제어법

해설 동기전동기의 기동법
   ㉠ 자기기동법 : 제동권선을 이용한다.
   ㉡ 기동전동기법(타전동기법) : 동기전동기보다 2극 적은 유도전동기를 이용하여 기동한다.

답 ②

3 동기전동기의 전기자반작용

(1) 교차자화작용

전기자전류 I_a가 유기기전력 E_a과 동상일 때 작용한다.

(2) 감자작용

전기자전류 I_a가 유기기전력 E_a보다 위상이 90° 앞설 때 작용한다(직축반작용, C 부하인 경우).

(3) 증자작용

전기자전류 I_a가 유기기전력 E_a보다 위상이 90° 늦을 때 작용한다(직축반작용, L 부하인 경우).

4 동기전동기의 토크

① 전동기의 1상 출력을 P_2라 하면 3상 동기전동기는 이것을 3배한 것이 동기 와트로 표시한 토크가 된다. 여기서, 철손과 기계손을 뺀 것이 유효출력 또는 유효 토크가 된다.

② 동기 와트 $P_2 = \omega T = 2\pi n T = 2\pi \dfrac{N_s}{60} T[\text{W}]$

③ 토크 $T = 0.975 \dfrac{P_2}{N_s}[\text{kg} \cdot \text{m}]$

기사 1.90% 출제 | 산업 2.08% 출제

출제 03 동기조상기

 Comment

동기조상기는 현재 변전소에서 사용되는 설비로, 전력공학에서도 중요하게 다루어지므로 V곡선특성을 적용하여 운전특성을 파악하는 것이 필요하다.

1 동기조상기의 기능

동기전동기를 무부하로 운전하며 계자전류를 조정하면 전원으로부터 지상(유도성) 무효전력을 흡수하거나 공급하는 역할을 함으로써 무효전력의 크기를 조절하여 **전압 조정 및 역률을 개선하는 역할**을 한다.

2 V곡선(위상특성곡선)의 특징

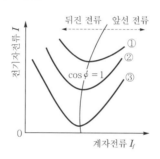

① 여자전류 I_f와 전기자전류 I_a 간의 관계곡선이다.

② 곡선상에서 전기자전류가 최소인 점이 역률 1.0인 점이다.

③ 과여자운전 시 진상의 전기자전류가 증가하게 되어 동기조상기는 콘덴서(SC)로 운전하여 역률을 개선한다.

④ 부족여자 운전 시 지상의 전기자전류가 증가하게 되어 동기조상기는 분로 리액터(ShR)로 운전하여 페란티 현상을 방지한다.

⑤ 출력의 크기순서는 $P_0 = 0 < P_1 < P_2$이며, 동기조상기는 무부하로 운전하므로 출력 $P_0 = 0$인 곡선으로 운전된다.

⑥ 동기조상기의 용량 : $Q_c = P\,[\text{kW}](\tan\theta_1 - \tan\theta_2)[\text{kVA}]$

단원확인기출문제

★★★ 산업 16년 3회

19 다음에서 동기전동기의 V곡선에 대한 설명 중 맞지 않는 것은?

① 횡축에 여자전류를 나타낸다.

② 종축에 전기자전류를 나타낸다.

③ 동일출력에 대해서 여자가 약한 경우가 뒤진 역률이다.

④ V곡선의 최저점에는 역률이 0[%]이다.

> 해설 **V곡선(위상특성곡선)**
> ㉠ 계자전류(I_f)와 전기자전류(I_a)의 관계곡선이다.
> ㉡ 횡축에 I_f, 종축에 I_a를 나타내고 부족여자 시 뒤진 역률, 과여자 시 앞선 역률이 된다. 그리고 V곡선의 최저점이 전기자전류의 최소 크기로, 역률이 100[%]이다.

답 ④

★★★★★ 기사 14년 1회(유사) / 산업 16년 2회

20 화학공장에서 선로의 역률은 앞선 역률 0.7이었다. 이 선로에 동기조상기를 병렬로 결선해서 과여자로 하면 선로의 역률은 어떻게 되는가?

① 뒤진 역률이며 역률은 더욱 나빠진다.

② 뒤진 역률이며 역률은 더욱 좋아진다.

③ 앞선 역률이며 역률은 더욱 좋아진다.

④ 앞선 역률이며 역률은 더욱 나빠진다.

> 해설 **동기조상기**
> ㉠ 과여자운전 : 앞선 역률이 되며 전기자전류가 증가한다.
> ㉡ 부족여자운전 : 뒤진 역률이 되며 전기자전류가 증가한다.
> 앞선 역률에서 동기조상기로 과여자로 운전하면 앞선 전류가 더욱 증가하여 피상전류가 증가해 선로의 역률은 나빠진다.

답 ④

단원 자주 출제되는 기출문제

★★★★★ 산업 99년 3회, 04년 4회, 05년 1회, 13년 2회(유사), 14년 2회, 16년 2·3회(유사)

01 보통 회전계자형으로 하는 전기기기는?

① 직류발전기
② 회전변류기
③ 동기발전기
④ 유도발전기

◤ 해설

㉠ 회전계자형 – 동기발전기(교류발전기)
㉡ 회전전기자형 – 직류발전기

★★★★★ 기사 14년 3회, 19년 2회 / 산업 91년 6회, 00년 3회, 03년 1회

02 동기발전기에 회전계자형을 쓰는 경우가 많다. 그 이유에 적합하지 않은 것은?

① 전기자보다 계자극을 회전자로 하는 것이 기계적으로 튼튼하다.
② 기전력의 파형을 개선한다.
③ 전기자권선은 고전압으로 결선이 복잡하다.
④ 계자회로는 직류 저전압으로 소요전력이 작다.

◤ 해설 동기발전기를 회전계자형으로 하는 이유

㉠ 기계적으로 튼튼하다.
㉡ 직류소요전력이 작고 절연이 용이하다.
㉢ 전기자권선은 Y결선으로 복잡하고 고압을 유기한다.
㉣ 대용량부하에 적합하다.

★★ 기사 05년 3회, 18년 3회

03 다음은 유도자형 동기발전기의 설명이다. 옳은 것은?

① 전기자만 고정되어 있다.
② 계자극만 고정되어 있다.
③ 계자극과 전기자가 고정되어 있다.
④ 회전자가 없는 특수발전기이다.

◤ 해설

유도자형 발전기는 계자 및 전기자 모두 고정된 상태로 발전되는데 실험실 전원 등으로 사용된다.

★★★★ 기사 00년 2회, 14년 2회(유사), 15년 3회

04 동기발전기에서 전기자와 계자의 권선이 모두 고정되고 유도자가 회전하는 것은?

① 수차발전기
② 고주파발전기
③ 터빈 발전기
④ 엔진 발전기

◤ 해설 동기발전기의 회전형태에 따른 구분

㉠ 회전계자형 : 계자를 회전자로 사용하는 경우로, 대부분의 동기발전기에 사용한다.
㉡ 회전전기자형 : 전기자를 회전자로 사용하는 경우로, 연구 및 소전력 발생 시에 따른 일부에서 사용한다.
㉢ 유도자형 : 계자·전기자 모두 고정되어 발전하는 방식으로, 고주파발전기 등에 사용한다.

★ 산업 12년 2회

05 다음 동기기 중 슬립링을 사용하지 않는 기기는?

① 동기발전기
② 동기전동기
③ 유도자형 고주파발전기
④ 고정자 회전기동형 동기전동기

◤ 해설

유도자형 고주파발전기는 계자·전기자 모두 고정된 상태로 발전하는 기기이므로 회전하는 부분과 회전하지 않는 부분을 전기적으로 연결하는 슬립링은 사용하지 않는다.

★★★ 기사 03년 1회

06 다음 중 동기발전기의 여자방식이 아닌 것은?

① 직류여자기방식
② 브러시레스 여자방식
③ 정류기여자방식
④ 회전계자방식

◤ 해설

㉠ 동기발전기는 회전계자방식을 주로 사용하는데 계자가 직류전원을 이용하여 여자시키며 회전하여 전기자에 기전력을 발생시킨다.
㉡ 계자의 여자방식 : 직류여자방식, 브러시레스 여자방식, 정류기여자방식

정답 01. ③ 02. ② 03. ③ 04. ② 05. ③ 06. ④

07 동기발전기에 사용되는 여자기의 용도는?

산업 07년 4회

① 발전기의 속도를 일정하게 하기 위한 것
② 부하변동을 방지하기 위한 것
③ 직류전압을 공급하기 위한 것
④ 주파수를 조정하기 위한 것

해설
㉠ 여자기 : 직류전원을 이용하여 자속을 발생한다.
㉡ 전기자 : 계자의 자속과 쇄교하여 기전력을 발생한다.

산업 90년 6회, 92년 1회, 98년 3회, 01년 1회, 13년 3회

08 3상 동기발전기의 전기자권선을 Y결선하는 이유로 적당하지 않은 것은?

① 출력을 더욱 증대할 수 있다.
② 권선의 코로나 현상이 작다.
③ 고조파순환전류가 흐르지 않는다.
④ 권선의 보호 및 이상전압의 방지대책이 용이하다.

해설 전기자권선을 Y결선하는 이유
㉠ 중성점을 접지하여 선로에 제3고조파가 나타나지 않는다.
㉡ 선간전압에 비해 상전압이 $\frac{1}{\sqrt{3}}$ 배가 되어 권선의 절연이 용이하다.
㉢ 지락고장 시 지락전류검출이 용이하여 보호계전기를 고속도로 동작시킬 수 있다.
㉣ 코로나 발생우려가 낮고 권선의 열화가 작아 수명이 길다.

기사 92년 5회, 97년 5회

09 교류기에서 집중권이란 매극 매상의 슬롯수가 몇 개임을 말하는가?

① $\frac{1}{2}$
② 1
③ 2
④ 5

해설
매극 매상 슬롯수 $q = 1$인 경우

분포권계수 $K_d = \dfrac{\sin \dfrac{\pi}{2m}}{q \sin \dfrac{\pi}{2mq}} = \dfrac{\sin \dfrac{\pi}{2m}}{1 \sin \dfrac{\pi}{2m1}} = 1$

이므로 집중권과 같다.

기사 18년 3회 / 산업 96년 5회, 05년 1회, 06년 4회, 07년 2회

10 동기기의 기전력의 파형개선책이 아닌 것은?

① 단절권
② 집중권
③ 공극조정
④ 자극모양

해설
현재 동기발전기는 분포권 및 단절권을 사용하여 고조파를 제거하여 파형을 개선한다. 현재 집중권, 전절권은 사용되지 않는다.

기사 13년 1회 / 산업 91년 3회, 98년 5회, 00년 5회

11 동기기의 전기자권선법 중 단절권, 분포권으로 하는 이유 중 가장 중요한 목적은?

① 높은 전압을 얻기 위해서
② 일정한 주파수를 얻기 위해서
③ 좋은 파형을 얻기 위해서
④ 효율을 좋게 하기 위해서

해설
분포권, 단절권을 사용하는 이유는 고조파를 제거하여 기전력의 파형을 개선하기 위해서이다.

기사 93년 5회, 00년 4회 / 산업 15년 1회

12 동기발전기에서 기전력의 파형을 좋게 하고 누설 리액턴스를 감소시키기 위하여 채택한 권선법은?

① 집중권
② 분포권
③ 단절권
④ 전절권

해설 분포권의 특징
㉠ 고조파를 제거하여 기전력의 파형을 개선한다.
㉡ 집중권에 비해 열방산효과가 양호하고 누설 리액턴스가 감소된다.
㉢ 유기기전력의 크기가 감소된다.

★★★★★ 기사 04년 3회, 05년 1회, 18년 2회 / 산업 96년 5회, 13년 1회, 19년 2회

13 동기발전기의 전기자권선을 분포권으로 하면 어떻게 되는가?

① 난조를 방지한다.
② 파형이 좋아진다.
③ 집중권에 비하여 합성 유도기전력이 높아진다.
④ 권선의 리액턴스가 커진다.

해설

전기자권선을 분포권으로 하면 집중권에 비해 유기기전력의 파형을 개선하고 권선의 누설 리액턴스가 감소하고 전기자동손에 의한 열이 골고루 분포되어 과열을 방지시키는 이점이 있다.

★★★ 기사 01년 1회, 16년 3회 / 산업 90년 2회, 95년 6회, 15년 2회

14 슬롯수 48의 고정자가 있다. 여기에 3상 4극의 2층권을 시행할 때 매극 매상의 슬롯수와 총코일수는?

① 4와 48
② 12와 48
③ 12와 24
④ 9와 24

해설

매극 매상 슬롯수 $q = \dfrac{\text{총슬롯수}}{\text{극수} \times \text{상수}} = \dfrac{48}{4 \times 3} = 4$

총코일수 $= \dfrac{\text{총도체수}}{2} = \dfrac{\text{슬롯수} \times \text{슬롯 내부도체수}}{2}$

$= \dfrac{48 \times 2}{2} = 48$

★★ 기사 04년 2회

15 동기발전기에서 코일피치와 극간격의 비를 β라 하고 상수를 m, 1극 1상당 슬롯수를 q라고 할 때 분포권계수를 나타내는 식은?

① $\sin\dfrac{\beta\pi}{2}$

② $\cos\dfrac{\beta\pi}{2}$

③ $\dfrac{q\sin\dfrac{\pi}{2m}}{\sin\dfrac{\pi}{2mq}}$

④ $\dfrac{\sin\dfrac{\pi}{2m}}{q\sin\dfrac{\pi}{2mq}}$

해설

㉠ 분포권계수 $K_d = \dfrac{\sin\dfrac{\pi}{2m}}{q\sin\dfrac{\pi}{2mq}}$

㉡ 단절권계수 $K_p = \sin\dfrac{\beta\pi}{2}$

집중공략

★★★★★ 기사 13년 2·3회 15년 2회, 19년 2회 / 산업 06년 2회, 11년 3회, 15년 1회

16 3상 동기발전기의 매극 매상의 슬롯수가 3이라고 하면 분포계수는?

① $\sin\dfrac{2\pi}{3}$

② $\sin\dfrac{3\pi}{2}$

③ $6\sin\dfrac{\pi}{18}$

④ $\dfrac{1}{6\sin\dfrac{\pi}{18}}$

해설

분포계수 $K_d = \dfrac{\sin\dfrac{\pi}{2m}}{q\sin\dfrac{\pi}{2mq}}$

$= \dfrac{\sin\dfrac{\pi}{6}}{3\sin\dfrac{\pi}{2 \times 9}} = \dfrac{\dfrac{1}{2}}{3\sin\dfrac{\pi}{18}} = \dfrac{1}{6\sin\dfrac{\pi}{18}}$

여기서, m : 상수
q : 매극 매상 슬롯수
$\pi = 180°$

★★★★ 기사 91년 5회, 16년 3회

17 상수 m, 매극 매상당 슬롯수 q인 동기발전기에서 제n차 고조파분에 대한 분포계수는?

① $\dfrac{\sin\dfrac{\pi}{2m}}{q\sin\dfrac{n\pi}{2mq}}$

② $\dfrac{q\sin\dfrac{n\pi}{m}}{\sin\dfrac{n\pi}{m}}$

③ $\dfrac{\sin\dfrac{n\pi}{m}}{q\sin\dfrac{n\pi}{mq}}$

④ $\dfrac{\sin\dfrac{n\pi}{2m}}{q\sin\dfrac{n\pi}{2mq}}$

정답 13. ② 14. ① 15. ④ 16. ④ 17. ④

해설

n차 고조파 분포계수 $K_d = \dfrac{\sin\dfrac{n\pi}{2m}}{q\sin\dfrac{n\pi}{2mq}}$

여기서, n : 고조파차수
m : 상수
q : 매극 매상 슬롯수

★★ 기사 15년 1회

18 동기기의 전기자권선이 매극 매상당 슬롯수가 4, 상수가 3인 권선의 분포계수는 얼마인가? (단, $\sin 7.5° = 0.1305$, $\sin 15° = 0.2588$, $\sin 22.5° = 0.3827$, $\sin 30° = 0.5$)

① 0.487
② 0.844
③ 0.866
④ 0.958

해설

상수 $m = 3$, 매극 매상당 슬롯수 $q = 3$이므로

분포계수 $K_d = \dfrac{\sin\dfrac{\pi}{2m}}{q\sin\dfrac{\pi}{2mq}} = \dfrac{\sin\dfrac{180°}{2\times 3}}{4\sin\dfrac{180°}{2\times 3\times 4}} = 0.958$

★★★★ 기사 98년 6회, 00년 4·6회, 02년 3회, 17년 1회

19 3상 4극 동기기가 24개의 슬롯을 가진다. 전기자권선 분포계수 K_d를 구하면 약 얼마인가?

① 0.966
② 0.801
③ 0.866
④ 0.912

해설

3상이므로 상수 $m = 3$

매극 매상당 슬롯수 $q = \dfrac{24}{3\times 4} = 2$

분포계수 $K_d = \dfrac{\sin\dfrac{n\pi}{2m}}{q\sin\dfrac{n\pi}{2mq}} = \dfrac{\sin\dfrac{\pi}{2\times 3}}{2\sin\dfrac{\pi}{2\times 3\times 2}}$

$= \dfrac{0.5}{2\times 0.2588} = 0.966$

★★★ 기사 05년 1회

20 동기발전기의 전기자권선을 단절권으로 감는 이유는?

① 유효자속이 증가한다.
② 역률이 좋아진다.
③ 절연이 잘 된다.
④ 고조파를 제거한다.

해설 단절권의 특징

㉠ 전절권에 비해 유기기전력은 감소된다.
㉡ 고조파를 제거하여 기전력의 파형을 좋게 한다.
㉢ 코일 끝부분의 길이가 단축되어 기계 전체의 크기가 축소된다.
㉣ 구리의 양이 적게 든다.

★★★ 기사 05년 1회, 12년 3회(유사), 16년 1회(유사)

21 동기기의 전기자권선법 중 단절권의 설명으로 맞지 않는 것은?

① 코일 간격이 극간격보다 작다.
② 고조파를 제거한다.
③ 기전력의 파형을 좋게 한다.
④ 동(Cu)의 양이 많이 든다.

해설

단절권은 전절권에 비해 동량이 절감되고 기기의 치수가 작아진다.

★ 산업 16년 2회

22 코일피치와 자극 피치의 비를 β라 하면 기본파의 기전력에 대한 단절계수는?

① $\sin\beta\pi$
② $\cos\beta\pi$
③ $\sin\dfrac{\beta\pi}{2}$
④ $\cos\dfrac{\beta\pi}{2}$

해설 단절권

㉠ 자극 피치보다 코일피치가 작은 권선법이다.
㉡ 단절계수 $K_p = \sin\dfrac{\beta\pi}{2}$

여기서, $\beta = \dfrac{\text{코일피치}}{\text{극 피치}} < 1$

정답 18. ④ 19. ① 20. ④ 21. ④ 22. ③

기사 99년 5회 / 산업 92년 7회, 93년 1·4회, 94년 6회, 04년 1회, 19년 1회(유사)

23 동기발전기에서 제5고조파를 제거하기 위해서는 $\beta = \dfrac{\text{코일피치}}{\text{극 피치}}$가 얼마되는 단절권으로 해야 하는가?

① 0.9　　　　　② 0.8

③ 0.7　　　　　④ 0.6

해설

n차 고조파의 단절권계수 $K_p = \sin\dfrac{n\beta\pi}{2}$

여기서, n : 고조파차수

　　　단절계수 $\beta = \dfrac{\text{코일피치}}{\text{극 피치}}$

　　　$\pi = 180°$

제5고조파를 제거하기 위해서 $K_{p5} = \sin\dfrac{5\beta\pi}{2} = 0$에서

$\dfrac{5\beta\pi}{2} = 360°$

$\beta = \dfrac{360 \times 2}{5 \times 180} = 0.8$

기사 96년 7회, 98년 7회, 00년 4회 / 산업 00년 2회, 02년 2회, 11년 2회

24 3상 동기발전기에서 권선 피치와 자극 피치의 비를 $\dfrac{13}{15}$의 단절권으로 하였을 때 단절계수를 나타내는 것은?

① $\sin\dfrac{13}{30}\pi$

② $\sin\dfrac{30}{13}\pi$

③ $\sin\dfrac{3}{2}\pi$

④ $\sin\dfrac{2}{3}\pi$

해설

단절계수 $K_p = \sin\dfrac{\beta\pi}{2}$

여기서, $\beta = \dfrac{\text{코일피치}}{\text{극 피치}} < 1$

$\beta = \dfrac{\text{코일피치}}{\text{극 피치}} = \dfrac{13}{15}$이므로

단절권계수 $K_p = \sin\dfrac{\beta\pi}{2} = \sin\dfrac{\frac{13}{15}\pi}{2} = \sin\dfrac{13\pi}{30}$

기사 92년 5회, 05년 1회 / 산업 98년 3회, 04년 4회, 08년 1회, 12년 1회

25 3상, 6극, 슬롯수 54의 동기발전기가 있다. 어떤 전기자 코일의 두 변이 제1슬롯과 제8슬롯에 들어있다면 기본파에 대한 단절권계수는 얼마인가?

① 0.9983　　　　② 0.9948

③ 0.9749　　　　④ 0.9397

해설

단절권계수 $K_p = \sin\dfrac{n\beta\pi}{2}$

여기서, n : 고조파차수

　　　단절계수 $\beta = \dfrac{\text{코일피치}}{\text{극 피치}}$

　　　$\pi = 180°$

　　　단절계수 $\beta = \dfrac{8-1}{\frac{54}{6}} = \dfrac{7}{9}$

단절권계수 $K_p = \sin\dfrac{\beta\pi}{2} = \sin\dfrac{\frac{7}{9}\pi}{2}$

　　　　　$= \sin70° = 0.9397$

산업 99년 4회, 02년 3회

26 6극, 슬롯수 54의 동기기가 있다. 전기자 코일은 제1슬롯과 제9슬롯에 연결된다고 한다. 기본파에 대한 단절권계수는 얼마인가?

① 약 0.342

② 약 0.981

③ 약 0.985

④ 약 1.0

해설

$\beta = \dfrac{\text{코일피치}}{\text{극 피치}} = \dfrac{9-1}{\frac{54}{6}} = \dfrac{8}{9}$

단절권계수 $K_p = \sin\dfrac{\beta\pi}{2}$

　　　　　$= \sin\dfrac{\frac{8}{9}\pi}{2} = \sin80° = 0.985$

★★ 산업 93년 1회

27 동기발전기의 기전력의 파형을 정현파로 하기 위해 채용되는 방법이 아닌 것은?

① 매극 매상의 슬롯수 q를 작게 한다.
② 반폐 슬롯을 사용한다.
③ 단절권 및 분포권으로 한다.
④ 공극의 길이를 크게 한다.

해설

매극 매상 슬롯수(q)를 1보다 크게 하여 고조파를 제거하고 파형을 개선한다.

★★★ 기사 18년 1회

28 교류발전기의 고조파발생을 방지하는 방법으로 틀린 것은?

① 전기자반작용을 크게 한다.
② 전기자권선을 단절권으로 감는다.
③ 전기자슬롯을 스큐슬롯으로 한다.
④ 전기자권선의 결선을 성형으로 한다.

해설

전기자반작용의 발생 시 전기자권선에서 발생하는 누설자속이 계자기자력에 영향을 주어 파형의 왜곡을 만들어 고조파가 증대되므로 공극의 증대, 분포권, 단절권, 슬롯의 사구(스큐) 등으로 전기자반작용을 억제한다.

★ 기사 92년 7회, 99년 7회

29 동기발전기의 기전력의 파형을 정현파로 하기 위해 채용되는 방법이 아닌 것은?

① 매극 매상의 슬롯수를 크게 한다.
② 단절권 및 분포권으로 한다.
③ 전기자철심을 사(斜)슬롯으로 한다.
④ 공극의 길이를 작게 한다.

해설

공극을 크게 하여 누설자속에 의한 파형의 왜곡을 방지한다.

★★★★ 기사 92년 2회, 94년 6회, 00년 5회

30 3상, 20000[kVA]인 동기발전기가 있다. 이 발전기는 60[Hz]일 때는 200[rpm], 50[Hz]일 때는 167[rpm]으로 회전한다. 이 동기발전기의 극수는?

① 18극 ② 36극
③ 54극 ④ 72극

해설

동기속도 $N_s = \dfrac{120f}{P}$[rpm]

여기서, f : 주파수, P : 극수

주파수가 60[Hz]일 때 극수 $P = \dfrac{120 \times 60}{200} = 36$[극]

주파수가 50[Hz]일 때 극수 $P = \dfrac{120 \times 50}{167} = 36$[극]

★★★ 기사 98년 6회, 02년 3회

31 자속밀도를 0.6[Wb/m²] 도체의 길이를 0.3[m], 속도를 10[m/sec]라 할 때 도체 양단에 유기되는 기전력은?

① 0.9[V] ② 1.8[V]
③ 9[V] ④ 18[V]

해설

플레밍의 발전기법칙 $E = BlV$[V]
여기서, B : 자속밀도
　　　　l : 도체길이
　　　　v : 회전속도
유기기전력 $E = BlV$
　　　　　 $= 0.6 \times 0.3 \times 10 = 1.8$[V]

★★★★★ 기사 90년 2회, 95년 5회 / 산업 04년 3회, 07년 1회, 08년 3회, 12년 2회

32 60[Hz], 12극, 회전자 외경 2[m]의 동기발전기에서 자극면의 주변속도[m/sec]는 대략 얼마인가?

① 30 ② 40
③ 50 ④ 60

해설

주변속도 $v = \pi D N_s \dfrac{1}{60} = \pi D \dfrac{2f}{P}$[m/sec]

　　　　 $= 3.14 \times 2 \times \dfrac{2 \times 60}{12}$

　　　　 $= 62.8$[m/sec]
여기서, D : 회전자 외경
　　　　P : 극수

★★★★ 산업 99년 6회, 08년 2회, 09년 1회, 13년 1회

33 4극, 60[Hz]의 3상 동기발전기가 있다. 회전자의 주변속도를 200[m/sec] 이하로 하려면 회전자의 최대 직경을 약 얼마로 하여야 하는가?

① 1.9[m]
② 2.0[m]
③ 2.1[m]
④ 2.8[m]

해설

주변속도 $v = \pi D N_s \dfrac{1}{60} = \pi D \dfrac{2f}{P}$ [m/sec]

여기서, D : 회전자 외경
  P : 극수

$200 = \pi \times D \times \dfrac{120 \times 60}{4} \dfrac{1}{60}$ 에서

회전자 직경 $D = 2.12$[m]

★★★★ 기사 93년 2회, 94년 6회, 95년 4회 / 산업 92년 6회, 06년 1회, 14년 1회

34 60[Hz], 12극의 동기전동기 회전자계의 주변속도[m/sec]는 얼마인가? (단, 회전자계의 극간격은 1[m]이다)

① 31.4
② 10
③ 377
④ 120

해설

회전자계의 극간격이 1[m]이면
원주는 $\pi D = 1 \times 12 = 12$[m]

회전자계 주변속도 $v = \pi Dn = \pi D \times \dfrac{2f}{P}$

$= 1 \times 12 \times \dfrac{2 \times 60}{12}$

$= 120$[m/sec]

★★ 산업 93년 3회

35 동기발전기의 유기기전력의 식은 $E = 4 \times$ ( )$K_p K_d f \phi N$으로 표시된다. 여기서, ( )는 무엇을 가리키는가? (단, K_p : 단절계수, K_d : 분포계수, ϕ : 극당 자속수, N : 권수)

① 실효값
② 최대값
③ 파고율
④ 파형률

해설

동기발전기의 유기기전력 $E = 4.44 K_w f N \phi$[V]

여기서, K_w : 권선계수
  f : 주파수
  N : 1상당 권수
  ϕ : 극당 자속

실효값(E)=파형률(1.11)×평균값($4f\phi$)×N×K_w

★★★ 산업 94년 7회, 00년 5회

36 동기발전기에서 극수 4, 1극의 자속수 0.062[Wb], 1분간의 회전속도를 1800, 코일의 권수를 100이라고 하고 이때 코일의 유기기전력의 실효값[V]은? (단, 권선계수는 1.0이라 한다)

① 526
② 1488
③ 1652
④ 2336

해설

동기발전기의 유기기전력 $E = 4.44 K_w f N \phi$[V]

여기서, K_w : 권선계수
  f : 주파수
  N : 1상당 권수
  ϕ : 극당 자속

동기속도 $N_s = \dfrac{120f}{P}$[rpm]에서

$f = \dfrac{N_s \times P}{120} = \dfrac{1800 \times 4}{120} = 60$[Hz]

유기기전력 $E = 4.44 K_w f N \phi$

$= 4.44 \times 1.0 \times 60 \times 100 \times 0.062$

$= 1652$[V]

★ 기사 92년 2회

37 3상 교류발전기에서 권선계수 K_w, 주파수 f, 1극당의 자속수 ϕ[Wb], 직렬로 접속된 1상의 코일 권수 N 을 △결선으로 하였을 때 선간전압은?

① $\sqrt{3} K_w f N \phi$
② $4.44 K_w f N \phi$
③ $\sqrt{3} \times 4.44 K_w f N \phi$
④ $\dfrac{4.44 K_w f N \phi}{\sqrt{3}}$

해설

△결선 시 상전압(V_p)=선간전압(V_l)이므로
선간전압 $V_l = E = 4.44 K_w f N \phi$[V]

★★★★★ 기사 93년 1회, 94년 3회, 97년 2회 / 산업 95년 2회, 05년 1회, 07년 3회

38 6극 성형 접속의 3상 교류발전기가 있다. 1극의 자속이 0.16[Wb], 회전수 1000[rpm], 1상의 권수 186, 권선계수 0.96이면 주파수와 단자전압은 얼마인가?

① 50[Hz], 6340[V]

② 60[Hz], 6340[V]

③ 50[Hz], 11000[V]

④ 80[Hz], 11000[V]

해설

동기속도 $N_s = \dfrac{120f}{P}$[rpm]에서

주파수 $f = \dfrac{N_s \times P}{120} = \dfrac{1000 \times 6}{120} = 50$[Hz]

1상의 유기기전력 $E = 4.44 K_w f N \phi$

$\qquad\qquad\qquad = 4.44 \times 0.96 \times 50 \times 186 \times 0.16$

$\qquad\qquad\qquad = 6342.4$[V]

단자전압 $V_n = \sqrt{3}\, E = 1.73 \times 6342.4 = 10985$[V]

★★★ 산업 93년 2회, 98년 7회, 00년 6회, 01년 1회, 04년 3회

39 20극, 360[rpm]의 3상 동기발전기가 있다. 전슬롯수 180, 2층권 각 코일의 권수 4, 전기자권선은 성형으로 단자전압 6600[V]인 경우 1극의 자속[Wb]은 얼마인가? (단, 권선계수는 0.9라 한다)

① 0.0597

② 0.0662

③ 0.0883

④ 0.1147

해설

동기속도 $N_s = \dfrac{120f}{P}$[rpm]에서

주파수 $f = \dfrac{N_s \times P}{120} = \dfrac{360 \times 20}{120} = 60$[Hz]

1상의 권수 $N = \dfrac{180 \times 2}{2} \times 4 \times \dfrac{1}{3} = 240$[회]

1상의 유기기전력 $E = 4.44 K_w f N \phi$[V]에서

1극의 자속수 $\phi = \dfrac{\dfrac{6600}{\sqrt{3}}}{4.44 \times 0.9 \times 60 \times 240}$

$\qquad\qquad\qquad = 0.0662$[Wb]

★ 산업 98년 4회

40 동기기의 전기자저항을 r, 반작용 리액턴스를 x_a, 누설 리액턴스를 x_l이라 하면 동기 임피던스는?

① $r + j(x_l + x_a)$

② $j(x_a + x_l)$

③ $r + j x_a$

④ $r + j(x_l - x_a)$

해설

동기 임피던스 $\dot{Z}_s = \dot{r} + j(x_a + x_l)$[Ω]

★★★★ 기사 98년 4회 / 산업 96년 7회, 99년 3회, 12년 3회

41 동기기의 전기자저항을 r, 반작용 리액턴스를 X_a, 누설 리액턴스를 X_l이라 하면 동기 임피던스는?

① $\sqrt{r^2 + \left(\dfrac{X_a}{X_l}\right)^2}$

② $\sqrt{r^2 + X_l{}^2}$

③ $\sqrt{r^2 + X_a{}^2}$

④ $\sqrt{r^2 + (X_a + X_l)^2}$

해설

동기 임피던스 $\dot{Z}_s = \dot{r}_a + j(X_a + X_l)$[Ω]에서

$|Z_s| = \sqrt{r_a{}^2 + (X_a + X_l)^2}$

★★★★★ 산업 99년 7회, 13년 3회

42 동기기에서 동기 임피던스 값과 실용상 같은 것은? (단, 전기자저항은 무시한다)

① 전기자 누설 리액턴스

② 동기 리액턴스

③ 유도 리액턴스

④ 등가 리액턴스

해설

동기 임피던스 $\dot{Z}_s = \dot{r}_a + j(x_a + x_l)$[Ω]에서

동기 리액턴스 $x_s = x_a + x_l$

$\dot{Z}_s = \dot{r}_a + j\dot{x}_s$에서

$|Z_s| = \sqrt{r_a{}^2 + x_s{}^2}$ 이고 $r_a \ll x_s$이므로

$|Z_s| \fallingdotseq |x_s|$

정답 38. ③ 39. ② 40. ① 41. ④ 42. ②

★★★★★ 산업 94년 4회, 02년 1회, 04년 1회

43 3상 교류발전기의 기전력에 대하여 90° 늦은 전류가 흐를 때 반작용 기자력은?

① 자극축보다 90° 늦은 감자작용
② 자극축보다 90° 빠른 증자작용
③ 자극축과 일치하는 감자작용
④ 자극축과 일치하는 증자작용

해설

㉠ 동기발전기의 전기자반작용 : 전기자전류에 의해 발생된 누설자속이 계자극에서 발생한 주자속에게 영향을 미치는 현상이다.

㉡ 교류발전기의 전기자반작용
 • 교차자화작용(횡축 반작용) : 유기기전력 E와 전기자전류 I_a가 동상
 • 감자작용(직축 반작용) : 유기기전력 E에 비해 전기자전류 I_a의 위상이 90° 늦은 경우
 • 증자작용(직축 반작용) : 유기기전력 E에 비해 전기자전류 I_a의 위상이 90° 앞선 경우

★★★★ 기사 97년 5회, 03년 3회 / 산업 11년 3회, 16년 1회(유사)

44 3상 동기발전기에 유기기전력보다 90° 뒤진 전기자전류가 흐를 때 전기자반작용은?

① 교차 자화작용한다.
② 증자작용을 한다.
③ 자기여자작용을 한다.
④ 감자작용을 한다.

해설

동기발전기에서 부하가 유도성일 경우 전기자전류가 90° 뒤진 전류가 흐르고 감자작용(직축 반작용)이 발생한다.

★★★ 산업 03년 1회, 15년 1회

45 3상 동기발전기에 3상 전류(평형)가 흐를 때 전기자반작용은 이 전류가 기전력에 대하여 A일 때 감자작용이 되고 B일 때 증자작용이 된다. A, B의 적당한 것은?

① A : 90° 뒤질 때, B : 90° 앞설 때
② A : 90° 앞설 때, B : 90° 뒤질 때
③ A : 90° 뒤질 때, B : 90° 동상일 때
④ A : 90° 동상일 때, B : 90° 앞설 때

해설 **전기자반작용**

3상 부하전류(전기자전류)에 의한 회전자속이 계자자속에 영향을 미치는 현상이다.

㉠ 교차자화작용(횡축 반작용) : R부하인 경우
 전기자전류 I_a와 기전력 E가 동상인 경우

㉡ 감자작용(직축 반작용) : L부하인 경우
 전기자전류 I_a가 기전력 E보다 위상이 90° 늦은 경우

㉢ 증자작용(직축 반작용) : C부하인 경우
 전기자전류 I_a가 기전력 E보다 위상이 90° 앞선 경우

★★★ 기사 05년 2회 / 산업 16년 3회(유사), 19년 1회

46 전기자전류가 I[A], 역률이 $\cos\theta$인 철극형 동기발전기에서 횡축 반작용을 하는 전류성분은?

① $\dfrac{I}{\cos\theta}$

② $\dfrac{I}{\sin\theta}$

③ $I\cos\theta$

④ $I\sin\theta$

해설 **전기자반작용**

㉠ 횡축 반작용 : 유기기전력과 전기자전류가 동상일 경우 발생($I_n\cos\theta$)

㉡ 직축 반작용 : 유기기전력과 ±90°의 위상차가 발생할 경우($I_n\sin\theta$)

★★ 산업 03년 1회

47 3상 동기발전기의 전기자반작용은 부하의 성질에 따라 다르다. 잘못 설명한 것은?

① $\cos\theta \fallingdotseq 1$일 때, 즉 전압·전류가 동상일 때는 실제적으로 교차자화작용을 한다.
② $\cos\theta \fallingdotseq 0$일 때, 즉 전류가 전압보다 90° 뒤질 때는 감자작용을 한다.
③ $\cos\theta \fallingdotseq 0$일 때, 즉 전류가 전압보다 90° 앞설 때 증자작용을 한다.
④ $\cos\theta \fallingdotseq 0$일 때, 즉 전류가 전압보다 θ만큼 뒤질 때 증자작용을 한다.

해설

부하전류가 유기기전력보다 지상전류가 흐를 경우 주자속 ϕ를 감소시키는 감자작용을 한다.

★★★★★ 기사 97년 2회 / 산업 93년 3회, 06년 1회

48 3상 동기발전기의 1상의 유도기전력 120[V], 반작용 리액턴스 0.2[Ω]이다. 90° 진상전류 20[A]일 때의 발전기 단자전압[V]은? (단, 기타는 무시한다)

① 116   ② 120

③ 124   ④ 140

해설 동기발전기의 전류위상에 따른 전압관계

㉠ 부하전류가 지상전류일 경우 : $E_a = V_n + I_n \cdot x_s$[V]
㉡ 부하전류가 진상전류일 경우 : $E_a = V_n - I_n \cdot x_s$[V]
90° 진상전류 20[A] 일 때 발전기 단자전압
$V_n = E + I_n \cdot x_s = 120 + 20 \times 0.2 = 124$[V]

★★★★ 기사 93년 6회, 00년 4회, 12년 1회, 18년 3회 / 산업 93년 3회, 05년 3회

49 돌극형 동기발전기에서 직축 동기 리액턴스 X_d와 횡축 동기 리액턴스 X_q는 그 크기 사이에 어떤 관계가 있는가?

① $X_d = X_q$ ② $X_d > X_q$

③ $X_d < X_q$ ④ $2X_d = X_q$

해설

돌극형 동기발전기의 경우 구조적 특징에 따라 직축이 횡축보다 공극이 작아 리액턴스가 크게 나타나므로 직축 동기 리액턴스가 횡축 동기 리액턴스보다 크게 나타난다.

★ 산업 91년 5회

50 정격전압 3300[V]의 3상 동기발전기가 있다. 역률 1.0에서의 전압변동률은 5[%]이다. 정격출력(역률 1.0)을 내면서 운전하고 있을 때 여자와 회전수를 그대로 두고 무부하로 하였을 때의 전압을 구한 값은?

① 3075[V]   ② 3300[V]

③ 3465[V]   ④ 3795[V]

해설

전압변동률 $\varepsilon = \dfrac{V_0 - V_n}{V_n} \times 100$[%]

여기서, V_0 : 무부하정격전압

V_n : 정격전압

전압변동률 $\varepsilon = \dfrac{V_0 - V_n}{V_n} \times 100$

$\quad\quad\quad = \dfrac{V_0 - 3300}{3300} \times 100 = 5$[%]

무부하정격전압 $V_0 = 3300 \times (1 + 0.05) = 3465$[V]

★★★ 기사 02년 2·4회

51 동기발전기 1상의 정격전압을 V, 정격출력에서의 무부하로 하였을 때 전압을 V_0라 하고 전압변동률을 ε이라면 각 상의 정격전압 V를 나타내는 식은?

① $V_0(\varepsilon - 1)$ ② $V_0(\varepsilon + 1)$

③ $\dfrac{V_0}{\varepsilon + 1}$ ④ $\dfrac{V_0}{\varepsilon - 1}$

해설

전압변동률 $\varepsilon = \dfrac{V_0 - V_n}{V_n} \times 100$

$\quad\quad\quad = \left(\dfrac{V_0}{V_n} - 1 \right) \times 100$[%]

위에서 정격전압을 구하면

정격전압 $V_n = \dfrac{V_0}{\varepsilon + 1}$

★★ 기사 91년 7회, 98년 5회, 00년 5회

52 정격전압 6500[V], 정격출력 10000[kVA], 정격역률 0.8인 3상 동기발전기가 있다. 동기 리액턴스 0.8[pu]인 경우의 전압변동률을 구하면?

① 34[%]   ② 71[%]

③ 54[%]   ④ 61[%]

해설

PU법에서 정격전압 $V_n = 1.0$

유기기전력 $E = \sqrt{\cos^2\theta + (\sin\theta + x_s[\text{pu}])^2}$

무부하정격전압 $E = V_0$

$\quad\quad\quad = \sqrt{0.8^2 + (0.6 + 0.8)^2} = 1.61$

전압변동률 $\varepsilon = \dfrac{V_0 - V_n}{V_n} \times 100$

$\quad\quad\quad = \dfrac{1.61 - 1}{1} \times 100 = 61$[%]

★★★ 기사 02년 2·4회, 16년 2회

53 정격출력 10000[kVA], 정격전압 6600[V], 정격역률 0.6인 3상 동기발전기가 있다. 동기 리액턴스 0.6[pu]인 경우의 전압변동률[%]을 구하면?

① 21
② 31
③ 40
④ 52

📘 **해설**

무부하정격전압 $E = V_0$
$$= \sqrt{0.6^2 + (0.8 + 0.6)^2}$$
$$= 1.523[\text{pu}]$$

전압변동률 $\varepsilon = \dfrac{V_0 - V_n}{V_n} \times 100$
$$= \dfrac{1.523 - 1}{1} \times 100 = 52.32[\%]$$

★★★★ 산업 91년 7회, 95년 5회

54 비돌극형 동기발전기의 단자전압(1상)을 V, 유도기전력(1상)을 E, 동기 리액턴스를 X_s, 부하각을 δ라 하면, 1상의 출력은 대략 얼마인가?

① $\dfrac{EV}{X_s} \cos\delta$
② $\dfrac{EV}{X_s} \sin\delta$
③ $\dfrac{E^2 V}{X_s} \sin\delta$
④ $\dfrac{EV^2}{X_s} \cos\delta$

📘 **해설** 동기발전기의 출력

㉠ 비돌극기의 출력 $P = \dfrac{E_a V_n}{x_s} \sin\delta[\text{W}]$

(최대 출력이 부하각 $\delta = 90°$에서 발생)

㉡ 돌극기의 출력
$$P = \dfrac{E_a V_n}{X_d} \sin\delta - \dfrac{V_n^2 (X_d - X_q)}{2 X_d X_q} \sin 2\delta[\text{W}]$$

(최대 출력이 부하각 $\delta = 60°$에서 발생)

★★★★★ 기사 98년 3회, 17년 1·3회

55 비돌극형 동기발전기의 1상의 단자전압을 V, 유기기전력을 E, 동기 리액턴스를 X_s, 부하각을 δ라고 하고 전기자저항을 무시할 때 1상의 최대 출력은?

① $\dfrac{E^2 V}{X_s} \sin\delta$
② $\dfrac{EV^2}{X_s} \sin\delta$
③ $\dfrac{EV}{X_s} \sin\delta$
④ $\dfrac{EV}{X_s}$

📘 **해설**

비돌극형(원통형)은 최대 출력이 부하각 δ가 90°에서 발생한다.

최대 출력 $P_m = \dfrac{EV}{X_s}[\text{W}]$

여기서, $\sin\delta = 1.0$

★★★ 산업 97년 6회, 00년 1회

56 여자전류 및 단자전압이 일정한 비철극형 동기발전기의 출력과 부하각 δ와의 관계를 나타낸 것은? (단, 전기자저항은 무시한다)

① δ에 비례
② δ에 반비례
③ $\cos\delta$에 비례
④ $\sin\delta$에 비례

📘 **해설**

비돌극기의 출력 $P = \dfrac{E_a V_n}{x_s} \sin\delta[\text{W}]$

★★★★ 기사 93년 6회, 13년 2회, 16년 3회(유사), 18년 1회(유사) / 산업 92년 6회

57 동기 리액턴스 $x_s = 10[\Omega]$, 전기자권선저항 $r_a = 0.1[\Omega]$, 유도기전력 $E = 6400[\text{V}]$, 단자전압 $V = 4000[\text{V}]$, 부하각 $\delta = 30°$이다. 3상 동기발전기의 출력[kW]은? (단, 1상 값이다)

① 1280
② 3840
③ 5560
④ 6650

📘 **해설**

동기 임피던스 $|Z_s| = \sqrt{r_a^2 + x_s^2} = \sqrt{0.1^2 + 10^2} = 10$

동기발전기의 1상 출력 $P_1 = \dfrac{E_a V_n}{|Z_s|} \sin\delta \times 10^{-3}[\text{kW}]$

3상 출력은 1상 출력의 3배이므로

$$P = 3P_1 = 3 \times \dfrac{E_a V_n}{|Z_s|} \sin\delta \times 10^{-3}$$
$$= 3 \times \dfrac{6400 \times 4000}{10} \times \sin 30 \times 10^{-3}$$
$$= 3840[\text{kW}]$$

★★ 산업 92년 2회, 00년 4회

58 3상 동기발전기의 정격출력이 10000[kVA], 정격전압은 6600[V], 정격역률은 0.8이다. 1상의 동기 리액턴스를 1.0[pu]이라 할 때 정태안정 극한전력은?

① 약 8000[kW]

② 약 14240[kW]

③ 약 17880[kW]

④ 약 22250[kW]

해설

PU법에서 정격전압 $V_n = 1.0$

유기기전력 $E = \sqrt{\cos^2\theta + (\sin\theta + x_s[\text{pu}])^2}$
$= \sqrt{0.8^2 + (0.6 + 1.0)^2} = 1.7888[\text{pu}]$

최대 출력 $P_m = \dfrac{EV}{X_s} = \dfrac{1.7888 \times 1}{1.0} = 1.7888[\text{pu}]$

정태안정 극한전력=최대 전력
$= 1.7888 \times 10000 = 17888[\text{kW}]$

★ 기사 96년 6회

59 돌극형 동기전동기에서 자기저항출력(reluctance power)은 어떻게 표시되는가? (단, 직축 리액턴스 X_d, 횡축 리액턴스 X_q, 부하각 δ이고 인가전압은 V이다)

① $\dfrac{V^2(X_d - X_q)}{2X_d X_q}\sin 2\delta$

② $\dfrac{V^2(X_d - X_q)}{3X_d X_q}\sin 2\delta$

③ $\dfrac{V^2(X_d - X_q)}{2(X_d X_q)}\cos 2\delta$

④ $\dfrac{V(X_d - X_q)}{X_d X_q}\cos 2\delta$

해설 동기발전기의 출력

㉠ 비돌극기의 출력 $P = \dfrac{E_a V_n}{x_s}\sin\delta[\text{W}]$

(최대 출력이 부하각 $\delta = 90°$에서 발생)

㉡ 돌극기의 출력

$P = \dfrac{E_a V_n}{X_d}\sin\delta - \dfrac{V_n^2(X_d - X_q)}{2X_d X_q}\sin 2\delta[\text{W}]$

(최대 출력이 부하각 $\delta = 60°$에서 발생)

★★★★★ 기사 90년 2회, 91년 7회, 98년 7회, 00년 6회, 01년 3회, 16년 1회(유사)

60 3상 69000[kVA], 13800[V], 2극 3600[rpm] 터빈 발전기 정격전류[A]는?

① 5421

② 3260

③ 2887

④ 1967

해설

정격용량 $P = \sqrt{3}\, V_n I_n[\text{kVA}]$

여기서, V_n : 정격전압

I_n : 정격전류

정격전류 $I_n = \dfrac{P}{\sqrt{3}\, V_n} = \dfrac{69000}{\sqrt{3} \times 13.8}$

$= 2886.83 \fallingdotseq 2887[\text{A}]$

★★ 기사 94년 4회, 06년 1회

61 단락비가 1.3인 3상 동기발전기의 정격전류가 50[A]이다. 정격전압 1000[V], 역률 90[%]에서의 정격출력[kW]을 구하면?

① 75.6

② 77.9

③ 85.7

④ 93.8

해설

정격출력 $P = \sqrt{3}\, V_n I_n \cos\theta$

$= \sqrt{3} \times 1000 \times 50 \times 0.9 \times 10^{-3}$

$= 77.94[\text{kW}]$

★★★★★ 기사 16년 2회 / 산업 04년 1회, 07년 2회, 08년 1회, 13년 2회, 16년 3회

62 발전기의 단락비나 동기 임피던스를 산출하는 데 필요한 시험은?

① 무부하포화시험과 3상 단락시험

② 정상, 영상, 리액턴스의 측정시험

③ 돌발단락시험과 부하시험

④ 단상 단락시험과 3상 단락시험

해설 동기발전기의 특성시험

무부하포화시험, 3상 단락시험

★★★★★ 기사 91년 6회, 98년 7회, 00년 1회, 01년 1·2회 / 산업 19년 2회

63 동기발전기의 단락시험, 무부하시험으로 구할 수 없는 것은?

① 철손
② 단락비
③ 전기자반작용
④ 동기 임피던스

🗝 해설

동기발전기의 무부하시험 및 단락시험을 통해 단락비, 철손, 동기 임피던스, 동손 등을 알 수 있다.

★★★ 기사 02년 4회 / 산업 94년 2회, 14년 1회

64 그림은 3상 동기발전기의 무부하포화곡선이다. 이 발전기의 포화율은 얼마인가?

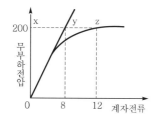

① 0.5
② 1.5
③ 0.8
④ 0.9

🗝 해설

$\overline{0y}$: 공극선, $\widehat{0z}$: 무부하포화곡선

$$포화율 = \frac{\overline{yz}}{\overline{xy}} = \frac{12-8}{8} = 0.5$$

★★ 기사 96년 5회

65 무부하포화곡선과 공극선으로 산출할 수 있는 것은?

① 동기 임피던스
② 단락비
③ 전기자반작용
④ 포화율

🗝 해설

무부하 포화곡선과 공극선을 통해 지속의 포화 정도를 나타내는 포화율을 산출할 수 있다.

★★★★★ 기사 03년 3회, 17년 1회 / 산업 95년 6회, 04년 2회, 06년 2회, 09년 1회

66 동기발전기의 단자 부근에서 단락이 일어났다고 하면 단락전류는 어떻게 되는가?

① 전류가 계속 증가한다.
② 발전기가 즉시 정지한다.
③ 일정한 큰 전류가 흐른다.
④ 처음은 큰 전류이나 점차로 감소한다.

🗝 해설

동기발전기의 단자 부근에서 단락이 일어나면 처음에는 큰 전류가 흐르나 전기자반작용의 누설 리액턴스에 의해 점점 작아져 지속단락전류가 흐른다.

★★★★ 기사 95년 6회, 96년 5회, 03년 1회, 04년 3회, 06년 1회

67 동기발전기가 운전 중 갑자기 3상 단락을 일으켰을 때 그 순간 단락전류를 제한하는 것은?

① 전기자 누설 리액턴스와 계자 누설 리액턴스
② 전기자반작용
③ 동기 리액턴스
④ 단락비

🗝 해설

동기발전기의 단자가 단락되면 정격전류의 수배에 해당하는 돌발단락전류가 흐르는데 수사이클 후 단락전류는 거의 90° 지상전류로 전기자반작용이 발생하여 감자작용(누설 리액턴스)을 하므로 전류가 감소하여 지속단락전류가 된다.

★★★ 기사 94년 5회, 03년 4회, 17년 2회 / 산업 91년 5회, 93년 1회, 99년 6회

68 3상 동기발전기의 단락곡선이 직선으로 되는 이유는?

① 누설 리액턴스가 크므로
② 자기포화가 있으므로
③ 무부하상태이므로
④ 전기자반작용으로

🗝 해설

동기발전기의 단락 시 돌발단락전류가 발생하고 전기자반작용에 의한 누설 리액턴스로 인해 수사이클 이후에 지속단락전류로 변화된다. 이를 계자전류와 단락전류의 곡선으로 표현할 경우 직선으로 나타난다.

★★ 산업 96년 6회

69 1상의 유기전압 E[V], 1상의 누설 리액턴스 X[Ω], 1상의 동기 리액턴스 X_s[Ω]의 동기발전기의 지속단락전류는?

① $\dfrac{E}{X}$ ② $\dfrac{E}{X_s}$

③ $\dfrac{E}{X+X_s}$ ④ $\dfrac{E}{X-X_s}$

🔎 해설

지속단락전류(I_s)는 1상의 유도기전력 E를 1상의 동기 임피던스 Z_s로 나눈 것이다.

지속단락전류 $I_s = \dfrac{E}{Z_s} = \dfrac{E}{X_s}$[A]

여기서, $Z_s \fallingdotseq X_s$

동기 임피던스와 동기 리액턴스는 실용상 크기가 같다.

★★★ 기사 94년 7회, 99년 4회, 00년 3회

70 그림과 같은 동기발전기의 동기 리액턴스는 3[Ω]이고, 무부하 시의 선간전압이 220[V]이다. 그림과 같이 3상 단락되었을 때 단락전류는 얼마인가?

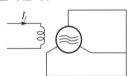

① 24[A] ② 42.3[A]
③ 73.3[A] ④ 127[A]

🔎 해설

단락전류는 상전압을 동기 임피던스(동기 리액턴스)로 나눈다.

단락전류 $I_s = \dfrac{E}{x_s}$

$= \dfrac{\dfrac{220}{\sqrt{3}}}{3} = 42.34$[A]

★★ 기사 98년 4회

71 동기기에 있어서 동기 임피던스와 단락비와의 관계는?

① 동기 임피던스[Ω] $= \dfrac{1}{(단락비)^2}$

② 단락비 $= \dfrac{동기\ 임피던스[Ω]}{동기각속도}$

③ 단락비 $= \dfrac{1}{동기\ 임피던스[pu]}$

④ 동기 임피던스[pu] = 단락비

🔎 해설

단락비 $K_s = \dfrac{I_s}{I_n} = \dfrac{100}{\%Z} = \dfrac{1}{Z[pu]} = \dfrac{10^3 V_n^2}{P Z_s}$

★★★★ 기사 03년 2회, 12년 3회, 17년 3회(유사)

72 동기발전기의 퍼센트 동기 임피던스가 83[%]일 때 단락비는 얼마인가?

① 1.0 ② 1.1
③ 1.2 ④ 1.3

🔎 해설

단락비 $K_s = \dfrac{100}{\%Z}$

$= \dfrac{100}{83} = 1.2$

★ 기사 96년 2회

73 동기발전기에서 무부하 정격전압 때의 여자전류를 I_{fo}, 정격부하 정격전압 때의 여자전류를 I_{f1}, 3상 단락정격전류에 의한 여자전류를 I_{fs}라 하면 정격속도에서의 단락비는?

① $\dfrac{I_{fs}}{I_{fo}}$

② $\dfrac{I_{fo}}{I_{fs}}$

③ $\dfrac{I_{fs}}{I_{f1}}$

④ $\dfrac{I_{f1}}{I_{fs}}$

🔎 해설 **단락비**

정격속도에서 무부하 정격전압 V_n[V]을 발생시키는 데 필요한 계자전류 $I_{f'}$[A]와 정격전류 I_n[A]과 같은 지속단락전류가 흐르도록 하는 데 필요한 계자전류 $I_{f''}$[A]의 비이다.

★★★ 기사 98년 6회, 02년 3회, 04년 1회

74 동기발전기에서 무부하정격전압 V_n을 유기하는 데 필요한 계자전류 I_1, 3상 단락정격전류를 흐르게 하는 데 필요한 계자전류를 I_2, 정격전류를 I_n이라고 하면 동기기의 단락비를 나타내는 식은?

① $\dfrac{I_1}{I_2}$ ② $\dfrac{I_2}{I_1}$

③ $\dfrac{I_1}{I_n}$ ④ $\dfrac{I_2}{I_n}$

해설

단락비 $K_s = \dfrac{I_1}{I_2}$

$= \dfrac{\text{정격속도에서 무부하정격전압을}}{\text{정격전류와 같은 지속단락전류가}}$
$\qquad \dfrac{\text{발생시키는 데 필요한 계자전류}}{\text{흐르도록 하는 데 필요한 계자전류}}$

★★★ 기사 90년 7회, 93년 3회, 96년 7회

75 어떤 3상 동기발전기의 여자전류 5[A]에 대한 1상의 유기기전력이 600[V]이고 같은 여자전류에 대한 3상 단락전류는 30[A]라 한다. 이 발전기의 동기 임피던스[Ω]는?

① 120   ② 11.1

③ 20   ④ 6

해설

단락전류 $I_s = \dfrac{E}{Z_s}$[A]에서

동기 임피던스 $Z_s = \dfrac{E}{I_s} = \dfrac{600}{30} = 20[\Omega]$

★★★ 산업 91년 6회, 12년 2회

76 정격출력 5000[kVA], 정격전압 6000[V]의 3상 교류발전에서 여자전류가 200[A]일 때 무부하전압 6000[V]를 발생하고 또 같은 여자전류일 때 지속단락전류는 600[A]이다. 이 발전기의 동기 임피던스는 약 몇 [Ω]인가?

① 3.3   ② 5.8

③ 10   ④ 17.3

해설

동기 임피던스 $Z_s = \dfrac{E}{I_s} = \dfrac{\dfrac{V_n}{\sqrt{3}}}{I_s} = \dfrac{\dfrac{6000}{\sqrt{3}}}{600} = 5.77[\Omega]$

여기서, E : 1상의 유기기전력
            V_n : 3상 정격전압

★★ 산업 93년 2회, 04년 3회

77 정격이 6000[V], 9000[kVA]인 3상 동기발전기의 %임피던스가 90[%]라면 동기 임피던스는 몇 [Ω]인가?

① 3.0   ② 3.2

③ 3.4   ④ 3.6

해설

단락비 $K_s = \dfrac{I_s}{I_n} = \dfrac{100}{\%Z} = \dfrac{1}{Z[pu]} = \dfrac{10^3 V_n^2}{P Z_s}$

동기 임피던스 $Z_s = \dfrac{10 V_n^2}{P} \times \%Z$

$\qquad\qquad\qquad = \dfrac{10 \times 6^2}{9000} \times 90 = 3.6[\Omega]$

여기서, V_n의 단위 : kV
            P의 단위 : kVA

집중공략

★★★★★ 기사 92년 2회, 95년 4회, 13년 2회 / 산업 94년 5회, 97년 7회

78 정격용량 10000[kVA], 정격전압 6000[V], 극수 24, 주파수 60[Hz], 단락비 1.2되는 3상 동기발전기 1상의 동기 임피던스는?

① 3.0[Ω]   ② 3.6[Ω]

③ 4.0[Ω]   ④ 5.2[Ω]

해설

단락비 $K_s = \dfrac{I_s}{I_n} = \dfrac{100}{\%Z} = \dfrac{1}{Z[pu]} = \dfrac{10^3 V_n^2}{P Z_s}$

정격전류 $I_n = \dfrac{P}{\sqrt{3}\,V_n} = \dfrac{10000}{\sqrt{3} \times 6} = 962.68[A]$

단락비 $K = \dfrac{I_s}{I_n}$에서

단락전류 $I_s = K_s \cdot I_n = 1.2 \times 962.68 = 1155.22[A]$

동기 임피던스 $Z_s = \dfrac{E}{I_s} = \dfrac{\dfrac{6000}{\sqrt{3}}}{1155.22} = 2.998 \fallingdotseq 3[\Omega]$

★★★★ 기사 17년 2회 / 산업 91년 2회, 07년 4회

79 정격출력 5000[kVA], 정격전압 3.3[kV], 동기 임피던스가 매상 1.8[Ω]인 3상 동기 발전기의 단락비는 약 얼마인가?

① 1.1
② 1.2
③ 1.3
④ 1.4

🖊 해설

정격전류 $I_n = \dfrac{P}{\sqrt{3}\,V_n} = \dfrac{5000}{\sqrt{3}\times 3.3} = 874.8$[A]

단락전류 $I_s = \dfrac{E}{Z_s} = \dfrac{\frac{3300}{\sqrt{3}}}{1.8} = 1058.5$[A]

단락비 $K_s = \dfrac{I_s}{I_n} = \dfrac{1058.5}{874.8} = 1.21$

★★★ 기사 91년 7회, 92년 7회, 96년 6회, 00년 3회

80 정격전압 6[kV], 정격용량 10000[kVA], 주파수 60[Hz]인 3상 동기발전기의 단락비는? (단, 1상의 동기 임피던스는 3[Ω]이다)

① 12
② 1.2
③ 1.0
④ 0.833

🖊 해설

단락비 $K_s = \dfrac{I_s}{I_n} = \dfrac{100}{\%Z} = \dfrac{1}{Z\text{[pu]}} = \dfrac{10^3 V_n^{\,2}}{P Z_s}$

$\qquad = \dfrac{10^3 \times 6^2}{10000 \times 3} = 1.2$

여기서, V_n의 단위 : kV

$\qquad\quad P$의 단위 : kVA

★★★★ 기사 93년 4회

81 정격용량 12000[kVA], 정격전압 6600[V] 의 3상 교류발전기가 있다. 무부하곡선에 서의 정격전압에 대한 계자전류는 280[A], 3상 단락곡선에서의 계자전류 280[A]에서 의 단락전류는 920[A]이다. 이 발전기의 단락비와 동기 임피던스[Ω]는 얼마인가?

① 단락비=1.14, 동기 임피더스=7.17
② 단락비=0.876, 동기 임피던스=7.17
③ 단락비=1.14, 동기 임피던스=4.14
④ 단락비=0.876, 동기 임피던스=4.14

🖊 해설

정격전류 $I_n = \dfrac{P}{\sqrt{3}\,V_n} = \dfrac{12000\times 10^3}{\sqrt{3}\times 6600} = 1049.758$[A]

단락비 $K_s = \dfrac{I_s}{I_n} = \dfrac{920}{1049.758} = 0.876$

동기 임피던스 $Z_s = \dfrac{E}{I_s} = \dfrac{\frac{V_n}{\sqrt{3}}}{I_s} = \dfrac{\frac{6600}{\sqrt{3}}}{920} = 4.141$[Ω]

★ 산업 93년 2회

82 동기발전기에서 단락비 K_s는?

① 수차발전기가 터빈 발전기보다 작다.
② 수차발전기가 터빈 발전기보다 크다.
③ 수차발전기나 터빈 발전기 어느 것이나 차이가 없다.
④ 엔진 발전기가 제일 작다.

🖊 해설

단락비의 값은 동기기의 구조에 따라서 다르지만 수차 발전기는 1.2 정도, 터빈 발전기는 0.6 ~ 1.0 정도 되는 것이 많다.

★★★★★ 기사 98년 5회, 99년 7회, 03년 1회, 15년 1회 / 산업 00년 6회, 09년 1회

83 전압변동률이 작은 동기발전기는?

① 동기 리액턴스가 크다.
② 전기자반작용이 크다.
③ 단락비가 크다.
④ 값이 싸진다.

🖊 해설 **전압변동률**

동기발전기의 여자전류와 정격속도를 일정하게 하고 정격부하에서 무부하로 하였을 때 단자전압의 변동으로서 전압변동률이 작은 기기는 단락비가 크다.

★★★ 기사 17년 1회 / 산업 97년 7회

84 단락비가 큰 동기기의 특징으로 옳은 것은?

① 안정도가 떨어진다.
② 전압변동률이 크다.
③ 선로충전용량이 크다.
④ 단자단락 시 단락전류가 작게 흐른다.

🖫 정답 79. ② 80. ② 81. ④ 82. ② 83. ③ 84. ③

해설 단락비가 큰 기기의 특징

철의 비율이 높아 철기계라 한다.
㉠ 동기 임피던스가 작다(단락전류가 크다).
㉡ 전기자반작용이 작다.
㉢ 전압변동률이 작다.
㉣ 공극이 크다.
㉤ 안정도가 높다.
㉥ 철손이 크다.
㉦ 효율이 낮다.
㉧ 가격이 높다.
㉨ 송전선의 충전용량이 크다.

★★ 기사 91년 6회, 99년 7회

85 단락비가 큰 동기발전기에 관한 다음 기술 중 옳지 않은 것은?

① 효율이 좋다.
② 전압변동률이 작다.
③ 자기여자작용이 작다.
④ 안정도가 증대한다.

해설

단락비가 큰 동기발전기는 철기계로서, 철손이 크기 때문에 효율이 낮다.

★★★★ 기사 05년 2회, 16년 3회 / 산업 14년 2회, 19년 2회(유사)

86 단락비가 큰 동기기는?

① 전기자반작용이 크다.
② 기계가 소형이다.
③ 전압변동률이 크다.
④ 안정도가 높다.

해설

단락비가 큰 동기기는 동기 임피던스가 작고 전기자반 자용이 작기 때문에 전압변동률이 작고 안정도가 높다.

★★ 기사 90년 7회, 96년 6회

87 동기발전기의 단락비는 기계의 특성을 단적으로 잘 나타내는 수치로서, 동일정격에 대하여 단락비가 큰 기계는 다음과 같은 특성을 갖는다. 틀린 것은?

① 동기 임피던스(impedance)가 작아져 전압변동률이 좋으며, 송전선 충전용량이 크다.
② 기계의 형태·중량이 커지며, 철손·기계손이 증가하고 가격도 비싸다.

③ 과부하내량이 크고 안정도가 좋다.
④ 극수가 적은 고속기가 된다.

해설

단락비가 큰 기계는 동기 임피던스가 작아 기기 내부의 전압강하가 작게 되어 전압변동률이 작고(좋다) 선로의 충전용량이 커져 안정도가 높으며 과부하 내량이 커지게 된다. 또한, 기계의 형태(크기) 및 중량이 커지게 되어 가격이 비싸지게 되고 철손 및 기계손이 증가하게 된다. 그리고 극수가 많은 저속도기에 적용된다.

★★★ 기사 98년 4회, 11년 3회, 13년 3회(유사) / 산업 94년 2회

88 동기발전기의 전부하포화곡선은 그림에서 I_f를 여자전류로 하면 어느 것인가? (단, V는 단자전압, I는 정격전류이다)

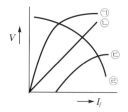

① ㉠ ② ㉡
③ ㉢ ④ ㉣

해설 동기발전기의 특성곡선

㉠ 무부하포화곡선
㉡ 단락곡선
㉢ 전부하포화곡선
㉣ 동기 임피던스 곡선

★ 기사 96년 2회

89 동기발전기의 부하포화곡선은 발전기를 정격속도로 돌려 이것에 일정 역률, 일정 전류의 부하를 걸었을 때 어느 것의 관계를 표시하는 것인가?

① 부하전류와 계자전류
② 단자전압과 계자전류
③ 단자전압과 부하전류
④ 출력과 부하전류

해설 동기발전기의 특성곡선

㉠ 무부하포화곡선 : 정격속도에서 유기기전력과 계자전류의 관계곡선
㉡ 부하포화곡선 : 정격상태에서 계자전류와 단자전압과의 관계곡선

ⓒ 외부특성곡선 : 정격속도에서 부하전류와 단자전압과의 관계곡선
ⓔ 위상특성곡선 : 정격속도에서 계자전류와 전기자전류와의 관계곡선

★ 기사 92년 3·5회, 93년 6회, 00년 2회

90 철심이 포화할 때 동기발전기의 동기 임피던스는?

① 증가
② 감소
③ 일정
④ 주기적인 변화

해설

동기 임피던스 $Z_s = \dfrac{E}{I_s}$[A]

동기발전기의 특성곡선에서 무부하포화곡선과 단락곡선의 특징으로 철심이 포화하면 유기기전력은 더 이상 증가하지 않게 되고 단락곡선의 증가 시 동기 임피던스는 감소한다.

★★★ 기사 96년 4회, 02년 2·4회

91 동기발전기의 자기여자작용은 부하전류의 위상이 다음 중 어느 때 일어나는가?

① 역률이 1인 때
② 느린 역률이 0인 때
③ 빠른 역률이 0인 때
④ 역률과 무관하다.

해설

무여자상태에서도 90° 진상전류인 선로의 충전전류에 의해서 전기자반작용 중의 증자작용이 발생하여 발전기 단자전압이 순식간에 이상상승할 수가 있는데 이를 발전기의 자기여자현상이라 한다.

★★★★★ 기사 91년 2·5회, 05년 4회 / 산업 13년 3회

92 동기발전기의 자기여자현상의 방지법이 아닌 것은?

① 수전단에 리액턴스를 병렬로 접속한다.

② 발전기 2대 또는 3대를 병렬로 모선에 접속한다.
③ 송전선로의 수전단에 변압기를 접속한다.
④ 단락비가 작은 발전기로 충전한다.

해설 자기여자현상의 방지대책

ⓐ 수전단에 병렬로 리액터를 설치한다.
ⓑ 수전단 부근에 변압기를 설치하여 지화전류를 흘린다.
ⓒ 수전단에 부족여자로 운전하는 동기조상기를 설치하여 지상전류를 흘린다.
ⓓ 발전기를 2대 이상 병렬로 설치한다.
ⓔ 단락비가 큰 기계를 사용한다.

★★★ 기사 96년 5회, 05년 3회

93 450[kVA], 역률 0.85, 효율 0.9되는 동기 발전기 운전용 원동기의 입력[kW]은? (단, 원동기의 효율은 0.85이다)

① 500
② 550
③ 450
④ 600

해설

원동기입력 $P = \dfrac{\text{용량} \times \text{역률}}{\text{발전기효율}} \times \dfrac{1}{\text{원동기효율}}$

$\quad = \dfrac{450 \times 0.85}{0.9} \times \dfrac{1}{0.85}$

$\quad = 500[\text{kW}]$

★★ 산업 97년 5회

94 3상, 4극, 60[MVA], 역률 0.8, 60[Hz], 22.9 [kV] 수차발전기의 전부하손실이 1600[kW] 이면 전부하효율[%]은?

① 92
② 94
③ 96
④ 98

해설

발전기효율 $\eta = \dfrac{\text{출력}}{\text{출력} + \text{손실}} \times 100$

$\quad = \dfrac{60 \times 10^3 \times 0.8}{60 \times 10^3 \times 0.8 + 1600} \times 100$

$\quad = 96.8[\%]$

★★★★★ 기사 11년 3회, 14년 3회 / 산업 02년 1회, 06년 2회, 12년 2회, 14년 2회

95 동기발전기의 병렬운전에 필요한 조건이 아닌 것은?

① 유도기전력이 같을 것
② 위상이 같을 것
③ 주파수가 같을 것
④ 용량이 같을 것

해설

3상 동기발전기를 병렬운전하고자 하는 경우에는 다음 조건을 만족해야 한다.
㉠ 유기기전력의 크기가 같을 것
㉡ 위상이 같을 것
㉢ 주파수가 같을 것
㉣ 파형 및 상회전방향이 같을 것

★★★★ 기사 90년 6회, 99년 3회, 04년 2회 / 산업 16년 2회(유사)

96 동기발전기 2대로 병렬운전할 때 일치하지 않아도 되는 것은?

① 기전력의 크기
② 기전력의 위상
③ 부하전류
④ 기전력의 주파수

해설 동기발전기의 병렬운전

㉠ 기전력의 크기가 같을 것
㉡ 기전력의 위상이 같을 것
㉢ 기전력의 주파수가 같을 것
㉣ 기전력의 파형이 같을 것
㉤ 기전력의 상회전방향이 같을 것
※ 병렬운전 시 달라도 되는 조건 : 용량, 출력, 부하전류, 임피던스

★★★★★ 기사 99년 6회, 01년 2회, 02년 1회, 15년 1회 / 산업 16년 3회(유사)

97 3상 동기발전기를 병렬운전시키는 경우 고려하지 않아도 되는 조건은?

① 기전력파형이 같을 것
② 기전력의 주파수가 같을 것
③ 회전수가 같을 것
④ 기전력의 크기가 같을 것

해설

병렬운전 시 정격주파수가 같을 때 극수에 따라 회전수는 달라진다.
6극, 8극 병렬운전 시 6극 발전기는 1200[rpm], 8극 발전기는 900[rpm]이다.

★★★ 산업 04년 3회, 07년 1회, 09년 1회

98 동기발전기의 병렬운전에 필요하지 않은 조건은?

① 기전력의 주파수가 같을 것
② 기전력의 위상이 같을 것
③ 임피던스 및 상회전방향과 각변위가 같을 것
④ 기전력의 크기가 같을 것

해설

동기발전기의 병렬운전 시 유기기전력의 크기, 위상, 주파수, 파형, 상회전방향이 같아야 하고 용량, 출력, 부하전류, 임피던스 등은 임의로 운전한다.

★★★ 기사 96년 5회 / 산업 15년 3회

99 동기발전기의 병렬운전 중 계자를 변화시키면 어떻게 되는가?

① 무효순환전류가 흐른다.
② 주파수위상이 변한다.
③ 유효순환전류가 흐른다.
④ 속도조정률이 변한다.

해설

병렬운전 중 계자전류가 달라 기전력의 크기가 다를 경우 두 발전기 사이에 무효순환전류가 흐른다.

★★★★ 기사 92년 6회, 95년 2회, 03년 2회, 04년 2회, 15년 1회

100 병렬운전을 하고 있는 2대의 3상 동기발전기 사이에 무효순환전류가 흐르는 경우는?

① 여자전류의 변화
② 원동기의 출력변화
③ 부하의 증가
④ 부하의 감소

해설

동기발전기의 병렬운전 시 유기기전력의 차에 의해 무효순환전류가 흐르게 된다. 기전력의 차가 생기는 이유는 각 발전기의 여자전류의 크기가 다르기 때문이다.

정답 95. ④ 96. ③ 97. ③ 98. ③ 99. ① 100. ①

기사 92년 2회, 12년 1·2회, 14년 2회(유사) / 산업 18년 2회

101 병렬운전 중의 A, B 두 발전기 중에서 A발전기의 여자를 B기보다 강하게 하면 A발전기는?

① 90° 진상전류가 흐른다.
② 90° 지상전류가 흐른다.
③ 동기화전류가 흐른다.
④ 부하전류가 증가한다.

🖎 해설 동기발전기의 병렬운전 중 여자전류를 다르게 할 경우
㉠ 여자전류 작은 발전기(기전력의 크기가 작은 발전기) : 90° 진상전류가 흐르고 역률이 높아진다.
㉡ 여자전류 큰 발전기(기전력의 크기가 큰 발전기) : 90° 지상전류가 흐르고 역률이 낮아진다.

★★ 기사 16년 1회

102 정전압계통에 접속된 동기발전기의 여자를 약하게 하면?

① 출력이 감소한다.
② 전압이 강하한다.
③ 앞선 무효전류가 증가한다.
④ 뒤진 무효전류가 증가한다.

🖎 해설 동기발전기의 병렬운전조건
㉠ 유기기전력의 크기, 위상, 주파수, 파형, 상회전방향이 같아야 한다.
㉡ 여자(전류)를 약하게 하면 자속이 감소하여 기전력의 차로 인해 무효순환전류가 흐르게 되고 기전력이 작은 발전기에는 앞선 무효전류가 된다.

기사 92년 6회, 00년 2회, 15년 2회, 19년 2회(유사) / 산업 13년 3회

103 2대의 동기발전기가 병렬운전하고 있을 때 동기화전류가 흐르는 경우는?

① 기전력의 크기에 차가 있을 때
② 기전력의 위상에 차가 있을 때
③ 기전력의 파형에 차가 있을 때
④ 부하분담에 차가 있을 때

🖎 해설
유도기전력의 위상이 다를 경우 유효순환전류(동기화전류)가 흐른다.

수수전력(주고 받는 전력) $P = \dfrac{E^2}{2Z_s}\sin\delta$[kW]

★★★ 산업 93년 6회, 02년 1회

104 병렬운전을 하고 있는 3상 동기발전기에 동기화전류가 흐르는 경우는 어느 때인가?

① 부하가 증가할 때
② 여자전류를 변화시킬 때
③ 부하가 감소할 때
④ 원동기의 출력이 변화할 때

🖎 해설
병렬운전 중인 동기발전기 A, B가 같은 부하로 분담하고 운전하고 있는 경우 어떤 원인으로 A기의 유기기전력의 위상이 B기보다 앞서는 경우 두 발전기 사이에 순환전류가 흘러 A기는 부하가 증가하여 속도가 감소하고, B기는 부하가 감소하여 속도가 올라가서 결국에는 두 발전기의 전압의 위상은 일치하게 된다. 이때, 순환전류를 동기화전류라 한다.

★★★★ 기사 90년 2회, 95년 4회, 97년 6회, 15년 1·3회 / 산업 14년 3회

105 극수 6, 회전수 1200[rpm]의 교류발전기와 병렬운전하는 극수 8의 교류발전기의 회전수[rpm]는?

① 400
② 500
③ 800
④ 900

🖎 해설
동기발전기의 병렬운전조건에 의해 주파수가 같아야 한다.

동기발전기의 회전속도 $N_s = \dfrac{120f}{P}$[rpm]

6극 발전기 $1200 = \dfrac{120f}{6}$ 이므로 주파수 $f = 60$[Hz]

8극 발전기도 $f = 60$[Hz]를 발생시켜야 하므로

$N_s = \dfrac{120f}{P} = \dfrac{120 \times 60}{8} = 900$[rpm]

정답 101. ② 102. ③ 103. ② 104. ④ 105. ④

★★ 산업 99년 4회, 02년 3회

106 병렬운전하는 두 동기발전기 사이에 그림과 같이 동기검정기가 접속되어 있을 때 상회전방향이 일치되어 있다면?

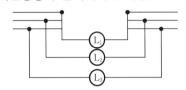

① L_1, L_2, L_3 모두 어둡다.
② L_1, L_2, L_3 모두 밝다.
③ L_1, L_2, L_3 순서대로 명멸한다.
④ L_1, L_2, L_3 모두 점등되지 않는다.

해설

병렬운전하는 두 동기발전기의 상회전방향 및 위상이 일치하는지 시험하기 위해 동기검정기를 사용한다. 그림에서 램프 3개 모두 소등 시 정상적인 운전으로 판단할 수 있다.

★★ 산업 04년 4회

107 동기발전기의 병렬운전 중 A기의 부하분담을 크게 하려면?

① B기의 속도 증대
② B기의 계자 증대
③ A기의 계자 증대
④ A기의 속도 증대

해설

병렬운전하는 두 동기발전기 중 한 발전기의 회전속도가 증가하면 부하분담이 증가된다.

★★★ 기사 05년 4회

108 2대의 발전기가 병렬운전되고 있을 때 B기의 원동기의 조속기를 조정하여 B기의 입력을 증가시키면 B기는 어떻게 되는가?

① 90° 진상전류가 흐른다.
② 90° 지상전류가 흐른다.
③ 부하전류가 증가한다.
④ 부하전류가 감소한다.

해설

병렬운전하는 A, B 발전기 중에 B발전기의 조속기를 조정해서 회전수를 증가시키면 부하전류가 증가하여 출력이 증가한다.

★★★★ 기사 95년 7회

109 1[MVA], 3300[V], 동기 임피던스 5[Ω]의 2대의 3상 교류발전기를 병렬운전 중 한 발전기의 계자를 강화해서 두 유도기전력(상전압) 사이에 200[V]의 전압차가 생기게 했을 때 두 발전기 사이에 흐르는 무효 횡류는 몇 [A]인가?

① 40   ② 30
③ 20   ④ 10

해설

무효횡류는 병렬운전 시 두 발전기의 기전력의 크기가 다를 경우 순환하는 전류이다.

무효횡류(무효순환전류) $I_o = \dfrac{E_A - E_B}{2Z_s} = \dfrac{200}{2 \times 5}$
$$= 20[A]$$

★ 기사 93년 3회

110 기전력(1상)이 E_o이고 동기 임피던스(1상)가 Z_s인 2대의 3상 동기발전기를 무부하로 병렬운전할 때 대응하는 기전력 사이에 δ_s의 상차가 있으면 한쪽 발전기에서 다른쪽 발전기에 공급되는 전력[kW]은?

① $\dfrac{E_o}{Z_s} \sin\delta_s$

② $\dfrac{E_o}{Z_s} \cos\delta_s$

③ $\dfrac{E_o^{\,2}}{2Z_s} \sin\delta_s$

④ $\dfrac{E_o^{\,2}}{2Z_s} \cos\delta_s$

해설 수수전력

동기발전기의 병렬운전 중에 위상차가 발생하면 두 발전기 사이에 주고 받는 전력이다.

수수전력(주고 받는 전력) $P = \dfrac{E_o^{\,2}}{2Z_s} \sin\delta[kW]$

★★★ 산업 92년 7회, 06년 3회

111 병렬운전 중인 2대의 기전력의 상차가 30°이고 기전력(선간)이 3300[V], 동기 리액턴스 5[Ω]일 때 각 발전기가 주고 받는 전력[kW]은?

① 181.5
② 225.4
③ 326.3
④ 425.5

해설

1상의 유기기전력 $E = \dfrac{V_n}{\sqrt{3}} = \dfrac{3300}{\sqrt{3}} = 1905[V]$

수수전력(주고 받는 전력)

$P = \dfrac{E^2}{2x_s}\sin\delta = \dfrac{1905^2}{2\times 5}\times\sin 30°\times 10^{-3}$
$= 181.45[kW]$

★★★★★ 산업 90년 6회, 97년 4회, 01년 1회, 05년 1회, 13년 1회

112 무부하로 병렬운전하는 동일정격의 두 3상 동기발전기에 대응하는 두 기전력 사이에 30°의 위상차가 있을 때 한쪽 발전기에서 다른 발전기에 공급되는 (1상의) 유효전력은 몇 [kW]인가? (단, 발전기의(1상의) 기전력은 1000[V], 동기 리액턴스는 4[Ω]이고, 전기자저항은 무시한다)

① 62.5
② 125.5
③ 152.5
④ 200

해설

수수전력(주고 받는 전력) $P = \dfrac{E^2}{2x_s}\sin\delta$

$= \dfrac{1000^2}{2\times 4}\times\sin 30°\times 10^{-3}$
$= 62.5[kW]$

★★★ 기사 98년 3회, 01년 1회

113 동기기에서 동기 리액턴스가 커지면 동작 특성이 어떻게 되는가?

① 전압변동률이 커지고 병렬운전 시 동기화력이 커진다.
② 전압변동률이 커지고 병렬운전 시 동기화력이 작아진다.

③ 전압변동률이 작아지고, 지속단락전류도 감소한다.
④ 전압변동률이 작아지고 지속단락전류는 증가한다.

해설 동기 리액턴스(x_s) 증가 시 현상

㉠ 전압변동률 $\varepsilon = \dfrac{V_o - V_n}{V_n}\times 100[\%]$이므로 x_s의 증가 시 전압강하가 증가하여 전압변동률이 증가한다.

㉡ 동기화력 $P = \dfrac{E^2}{2x_s}\cos\delta[kW]$에서 x_s의 증가 시 동기화력은 작아진다.

㉢ 지속단락전류 $I_s = \dfrac{E}{x_s}[A]$에서 x_s의 증가 시 지속단락전류는 작아진다.

★★ 산업 92년 6회, 15년 2회

114 동기발전기의 병행운전 시 동기화력은 부하각 δ와 어떠한 관계가 있는가?

① $\sin\delta$에 비례
② $\cos\delta$에 비례
③ $\sin\delta$에 반비례
④ $\cos\delta$에 반비례

해설 동기화력(P_s)

병렬운전 중인 두 동기발전기를 동기상태로 유지시키려는 힘이다.

$$P_s = \dfrac{E^2}{2Z_s}\cos\delta \fallingdotseq \dfrac{E^2}{2x_s}\cos\delta \propto \cos\delta$$

★★★★ 산업 91년 2회, 96년 7회, 12년 1회, 14년 1회

115 동기발전기의 안정도를 증진시키기 위하여 설계상 고려할 점으로 틀린 것은?

① 자동전압조정기의 속도를 크게 한다.
② 정상과도 리액턴스 및 단락비를 작게 한다.
③ 회전자의 관성력을 크게 한다.
④ 영상 및 역상 임피던스를 크게 한다.

해설

안정도를 증진시키려면 다음과 같이 한다.
㉠ 정상과도 리액턴스 또는 동기 리액턴스는 작게 하고 단락비를 크게 한다.
㉡ 자동전압조정기의 속응도를 크게 한다(속응여자방식을 채용).
㉢ 회전자의 관성력을 크게 한다.
㉣ 영상 및 역상 임피던스를 크게 한다.
㉤ 관성을 크게 하거나 플라이휠 효과를 크게 한다.

정답 111. ① 112. ① 113. ② 114. ② 115. ②

★★★★★ 기사 17년 3회 / 산업 01년 2회, 02년 4회, 08년 2회, 11년 3회, 14년 2회(유사)

116 동기기의 과도안정도를 증가시키는 방법이 아닌 것은?

① 속응여자방식을 채용한다.

② 동기탈조계전기를 사용한다.

③ 회전자의 플라이휠 효과를 작게 한다.

④ 동기화 리액턴스를 작게 한다.

해설 **과도안정도**

㉠ 부하의 급격한 변화 발생 시 동기탈조를 일으키지 않고 지속적으로 안정되게 운전할 수 있는 정도이다.

㉡ 과도안정도 증진대책

• 동기화 리액턴스를 작게 하고 단락비를 크게 한다.

• 회전자의 플라이휠 효과를 크게 한다.

• 속응여자방식을 채용하여 고장 시 빠르게 전압을 확립시키고 부하각의 변동폭을 줄인다.

• 발전기의 조속기동작을 신속하게 하여 입·출력의 불평형을 작게 한다.

• 동기탈조계전기를 사용한다.

③ 동기기의 과도안정도를 증가시키기 위해서는 플라이휠 효과를 크게 하여야 한다.

★★★★ 산업 90년 7회, 92년 2회, 93년 3회, 98년 3회

117 대용량 발전기권선의 층간 단락보호에 가장 적합한 계전방식은?

① 과부하계전기

② 접지계전기

③ 차동계전기

④ 온도계전기

해설 **차동계전기**

발전기, 변압기, 모선 등의 단락사고 시 검출용으로 사용된다.

★★★ 산업 92년 7회, 94년 6회, 01년 1회, 04년 3회

118 발전기의 부하가 불평형이 되어 발전기의 회전자가 과열소손되는 것을 방지하기 위하여 설치하는 계전기는?

① 과전압계전기

② 역상 과전류계전기

③ 계자상실계전기

④ 비율차동계전기

해설 **역상 과전류계전기**

부하의 불평형 시 고조파가 발생하므로 역상분을 검출할 수 있고 기기 과열의 큰 원인인 과전류의 검출이 가능하다.

★ 산업 95년 4회, 18년 2회

119 3상 동기발전기가 그림과 같이 1선 접지를 발생하였을 경우 영구지락전류 I_g를 구하는 식은? (단, E_a는 무부하 유기기전력의 상전압 $Z_0 \cdot Z_1 \cdot Z_2$는 영상·정상·역상 임피던스이다)

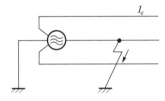

① $I_g = \dfrac{3E_a}{Z_0 \times Z_1 \times Z_2}$

② $I_g = \dfrac{E_a}{Z_0 \times Z_1 \times Z_2}$

③ $I_g = \dfrac{3E_a}{Z_0 + Z_1 + Z_2}$

④ $I_g = \dfrac{3E_a}{Z_0 + Z_1^2 \times Z_2^3}$

해설

a상에 지락사고가 발생하였을 경우 b와 c상이 개방되었다면 $I_b = I_c = 0$이므로

$I_0 + a^2 I_1 + aI_2 = I_0 + aI_1 + a^2 I_2 = 0$

따라서, $I_1 = I_2 = I_3$이 된다.

또한, a상이 지락되었으므로 $V_a = 0$이 된다.

대칭 3상 교류발전기의 기본식에서

$V_0 = -I_0 Z_0$, $V_1 = E_a - I_1 Z_1$, $V_2 = -I_2 Z_2$

또 $V_a = V_0 + V_1 + V_2 = 0$에서 이를 식에 대입하면

$I_0 = I_1 = I_2 = \dfrac{E_a}{Z_0 + Z_1 + Z_2}$

∴ a상의 지락전류 $I_g = I_a = 3I_0 = \dfrac{3E_a}{Z_0 + Z_1 + Z_2}$

★   산업 90년 2회

120 터빈 발전기의 특징이 잘못된 것은?

① 회전자는 지름을 작게 하고 축방향으로 길게 원심력을 작게 한다.

② 회전자는 원통형 회전자로 하여 풍손을 작게 한다.

③ 회전자는 평형이 되도록 하여 진동 발생을 방지한다.

④ 전기자철심은 철손을 매우 크게 한다.

해설

터빈 발전기는 증기 터빈에 직결된 횡축형의 원통 회전자(자극)를 갖는 고속도의 발전기로, 2극 또는 4극이 많다. 회전자는 보통 자극부와 축부를 1본으로 한 강관으로 만들어서 자극부에 들어간 슬롯에 계자권선을 삽입한다. 고속도로 회전하기 때문에 원심력에 의한 권선이 튀어 나옴을 방지하는 방법으로 양단의 특수강의 조임고리로 누른다.

★   산업 95년 2회, 12년 3회

121 터빈 발전기의 냉각을 수소냉각방식으로 하는 이유가 아닌 것은?

① 풍손이 공기냉각 시 약 $\frac{1}{10}$로 줄어든다.

② 동일기계일 때 공기냉각 시 보다 정격출력이 약 25[%] 증가한다.

③ 수분, 먼지 등이 없어 코로나에 의한 손상이 없다.

④ 비열이 공기의 약 15[%]이므로, 철심의 열전도가 약 15배로 된다.

해설 수소냉각방식의 특성

㉠ 장점

• 수소의 밀도는 공기의 약 $\frac{1}{15}$이므로 풍손이 $\frac{1}{10}$로 감소한다.

• 열전도율은 공기의 약 7배, 비열은 약 14배로 냉각효과가 크므로, 공기냉각방식에 비해 25[%]의 출력이 증대한다.

• 수소는 불활성이므로 절연물의 열화가 작아 수명이 증대된다.

• 소음이 감소한다.

㉡ 단점

• 수소는 공기와 혼합되면 폭발하는 위험이 있으므로 축수, 고정자 등은 기밀하고 방폭구조를 해야 한다.

• 수소 가스는 순도와 압력을 항상 일정하게 유지할 필요가 있고, 이 때문에 자동압력 제어장치가 필요하여 가격이 증가한다.

★★   산업 94년 3회, 08년 2회, 12년 1회

122 철극형(凸極型) 발전기의 특징은?

① 형이 커진다.

② 회전이 빨라진다.

③ 소음이 많다.

④ 전기자반작용 자속수가 역률의 영향을 받는다.

해설

철극형 발전기의 경우 계자의 구조적인 특징으로 인해 직축과 횡축에 나타나는 자속의 크기에 차이가 있으므로 전기자반작용에 의한 영향인 반작용 리액턴스가 다르게 나타난다.

★★   기사 90년 2회, 99년 3회, 12년 3회 / 산업 92년 3회

123 돌극형 동기발전기의 특성이 아닌 것은?

① 리액션 토크가 존재한다.

② 최대 출력의 출력각이 90°이다.

③ 내부유기기전력과 관계없는 토크가 존재한다.

④ 직축 리액턴스 및 횡축 리액턴스값이 다르다.

해설

돌극형은 최대 출력의 부하각 60°에서 발생하고, 비돌극형(원통형)은 부하각 90°에서 최대 출력이 발생한다.

★★★   기사 15년 3회 / 산업 95년 2회, 15년 3회

124 동기기에서 극수와 속도의 관계를 나타내는 곡선은?

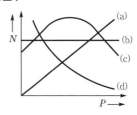

① (a)

② (b)

③ (c)

④ (d)

해설

동기속도 $N_s = \dfrac{120f}{P}$[rpm]에서 극수와 회전속도는 반비례이므로 극수가 증가할 경우 회전속도는 감소한다.

★★★★ 기사 97년 7회, 01년 3회, 04년 4회, 15년 2회

125 동기전동기에 관한 설명 중 옳지 않은 것은?

① 기동 토크가 작다.
② 유도전동기에 비해 효율이 양호하다.
③ 여자기가 필요하다.
④ 역률을 조정할 수 없고, 속도는 불변이다.

해설

동기전동기는 역률 1.0으로 운전이 가능하여 타기기에 비해 효율이 높고 필요 시 여자전류를 가감하여 역률을 조정할 수 있다.

★★ 기사 17년 3회 / 산업 97년 5회, 04년 1회

126 동기전동기에 관한 사항 중 틀린 것은?

① 회전수를 조정할 수 없다.
② 직류여자기가 필요하다.
③ 난조가 일어나기 쉽다.
④ 역률을 조정할 수 없다.

해설

동기전동기는 역률 1.0으로 운전이 가능하여 다른 기기에 비해 효율이 높고 필요 시 여자전류를 변화하여 역률을 조정할 수 있다.

★★★★★ 기사 94년 3회, 02년 1회, 04년 1회, 05년 1회, 14년 1회 / 산업 18년 2회

127 동기전동기의 제동권선의 효과는?

① 정지시간 단축　② 토크 증가
③ 기동 토크 발생　④ 과부하내량 증가

해설

제동권선은 기동 토크를 발생시킬 수 있고 난조를 방지하여 안정도를 높일 수 있다.

★★ 기사 92년 6회 / 산업 92년 3회, 16년 1회

128 동기전동기의 자기기동에서 계자권선을 단락하는 이유는?

① 고전압이 유도된다.
② 전기자반작용을 방지한다.
③ 기동권선으로 이용한다.
④ 기동이 쉽다.

해설

동기전동기의 자기기동 시에 고정자에서 발생하는 회전 자계가 계자권선과 쇄교하여 큰 기전력이 발생하고 그로인한 전류로 계자권선의 과열소손되는 것을 방지하기 위해 단락하여 기동한다.

★★★ 기사 97년 7회 / 산업 95년 6회

129 60[Hz], 600[rpm]의 동기전동기에 직결된 기동용 유도전동기의 극수는?

① 8　　　　② 10
③ 12　　　　④ 14

해설 동기전동기의 타전동기에 의한 기동

동기전동기와 같은 전원에 동기전동기보다 2극 적은 유도전동기를 설치하여 기동하는 방법이다.
60[Hz], 600[rpm]의 동기전동기의 극수는 다음과 같다.

$$P = \dfrac{120f}{N_s} = \dfrac{120 \times 60}{600} = 12\text{극}$$

기동용 유도전동기가 같은 극수 및 주파수에서 동기전동기보다 sN_s만큼 늦게 회전하므로 효과적인 기동을 위해 2극 적은 유도전동기를 사용한다.

★★★★★ 기사 13년 2회, 15년 2회, 19년 2회

130 유도전동기로 동기전동기를 기동하는 경우 유도전동기의 극수는 동기전동기의 극수보다 2극 적은 것을 사용한다. 그 이유는? (단, s : 슬립, N_s : 동기속도)

① 같은 극수일 경우 유도기는 동기속도보다 sN_s만큼 늦으므로
② 같은 극수일 경우 유도기는 동기속도보다 $(1-s)$만큼 늦으므로
③ 같은 극수일 경우 유도기는 동기속도보다 s만큼 빠르므로
④ 같은 극수일 경우 유도기는 동기속도보다 $(1-s)$만큼 빠르므로

해설

동기전동기 기동 시 유도전동기를 이용할 경우 유도전동기가 sN_s만큼 동기전동기보다 늦게 회전하므로 동기전동기보다 2극 적은 유도전동기를 사용하여 기동한다.

★★★★ 기사 91년 5회, 15년 1회 / 산업 12년 3회

131 동기전동기의 기동법으로 옳은 것은?

① 직류 초퍼법, 기동전동기법
② 자기동법, 기동전동기법
③ 자기동법, 직류 초퍼법
④ 계자제어법, 저항제어법

해설 동기전동기의 기동법

㉠ 자(기)기동법 : 제동권선을 이용한다.
㉡ 기동전동기법(타전동기법) : 동기전동기보다 2극 적은 유도전동기를 이용하여 기동한다.

★★★★★ 기사 91년 5회, 13년 1회, 15년 1회 / 산업 11년 2회

132 역률이 가장 좋은 전동기는?

① 농형 유도전동기
② 반발기동전동기
③ 동기전동기
④ 교류 정류자전동기

해설 동기전동기의 특성

㉠ 장점
 • 속도가 일정하다(동기속도 N_s로 운전).
 • 역률을 조정할 수 있다(역률 $\cos\theta = 1$로 운전 가능).
 • 효율이 좋고 공극이 크며 기계적으로 튼튼하다.
㉡ 단점
 • 기동 토크가 작고(기동 토크 $T_s = 0$) 속도제어가 어렵다.
 • 직류여자가 필요하고 난조가 일어나기 쉽다.

★★★★★ 기사 98년 5회, 00년 5회, 04년 1·2회, 12년 1회(유사) / 산업 15년 2회, 19년 1회

133 동기전동기의 진상전류는 어떤 작용을 하는가?

① 증자작용
② 감자작용
③ 교차자화작용
④ 아무 작용도 없다.

해설 동기전동기의 전기자반작용

㉠ 교차자화작용 : 전기자전류 I_a가 공급전압과 동상일 때(횡축 반작용)
㉡ 감자작용 : 전기자전류 I_a가 공급전압보다 위상이 90° 앞설 때(직축 반작용)
㉢ 증자작용 : 전기자전류 I_a가 공급전압보다 위상이 90° 늦을 때(직축 반작용)

★★ 기사 97년 4회, 05년 2회

134 동기전동기의 역률각이 90° 늦을 때의 전기자반작용은?

① 증자작용
② 편자작용
③ 감자작용
④ 교차작용

해설

동기전동기에서 기전력에 비해 90° 지상전류가 흐를 경우 증자작용이 발생한다.

★★ 기사 90년 6회, 99년 5회, 00년 6회 / 산업 94년 6회

135 동기전동기의 토크는 운전 중 공급전압의 변화에 대하여 어떻게 되는가?

① 무관계하다.
② 정비례한다.
③ 평방근에 비례한다.
④ 2승에 비례한다.

해설

동기전동기의 토크 $T = 0.975 \dfrac{P_2}{N_s}[\mathrm{kg \cdot m}]$

P_2는 공급전압에 비례하므로 동기전동기의 토크는 공급전압과 정비례로 나타난다.

★★★ 산업 92년 3회, 93년 4회, 01년 3회

136 동기 와트로 표시되는 것은?

① 토크　　　　② 동기속도
③ 출력　　　　④ 1차 입력

해설

동기 와트 $P_2 = 1.026 \cdot T \cdot N_s \times 10^{-3}[\mathrm{kW}]$
동기 와트(P_2)는 동기속도에서 토크의 크기를 나타낸다.

★★ 산업 99년 5회, 05년 1회

137 4극, 60[Hz]의 3상 동기전동기를 입력 100[kW], 효율 90[%]로 정격운전할 때 토크[kg·m]는? (단, 슬립은 2[%]이다)

① 46.7   ② 49.7

③ 97.5   ④ 146.25

🗲 해설

동기속도 $N_s = \dfrac{120f}{P} = \dfrac{120 \times 60}{4} = 1800$[rpm]

출력 $P_o = 0.9 \times 100 = 90$[kW]

2차 입력 $P_2 = \dfrac{P_o}{1-S} = \dfrac{90}{1-0.02} = 91.84$[kW]

토크 $T = 0.975 \times \dfrac{P_2}{N_s} = 0.975 \times \dfrac{91.84 \times 10^3}{1800}$

$\qquad = 49.7$[kg·m]

★★ 기사 97년 7회, 01년 2회

138 인가전압과 여자가 일정한 동기전동기에서 전기자저항과 동기 리액턴스가 같으면 최대 출력을 내는 부하각은 몇 도인가?

① 30°   ② 45°

③ 60°   ④ 90°

🗲 해설

전기자저항과 동기 리액턴스가 같을 경우 최대 출력이 발생할 때

부하각 $\delta = \tan^{-1}\left(\dfrac{x}{r}\right) = 45°$ $(r = x)$

★★★ 산업 99년 4회, 02년 3회

139 무부하운전 중의 동기전동기에 일정부하를 거는 경우에 발생하는 속도 N의 변화를 나타내는 곡선은?

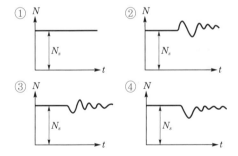

🗲 해설

무부하운전 중의 동기전동기에 부하를 증가하면 회전 시 진동이 나타나는 난조가 발생하여 속도가 짧은 시간에 변화되지만 일정시간 후에는 안정되어 동기속도로 운전된다.

★★★★★ 산업 91년 3회, 02년 1·3회, 05년 2회, 06년 4회, 09년 1회, 14년 1·3회

140 동기전동기의 난조방지에 가장 유효한 방법은?

① 자극수를 적게 한다.

② 회전자의 관성을 크게 한다.

③ 자극면에 제동권선을 설치한다.

④ 동기 리액턴스를 작게 하고 동기화력을 크게 한다.

🗲 해설 난조현상

㉠ 동기발전기의 회전자가 진동하는 현상이다.

㉡ 난조현상의 원인
 • 원동기의 조속기감도가 너무 예민한 경우
 • 원동기회전력에 고조파분이 포함된 경우
 • 전기자저항이 큰 경우

㉢ 난조의 방지법
 • 원동기의 조속기가 너무 예민하지 않도록 감도를 억제한다.
 • 부하의 급증을 피하기 위하여 송전계통을 연계한다.
 • 회전자에 플라이휠을 붙이는 등으로 고유 진동주파수를 조정한다.
 • 발전기에 제동권선을 설치한다.
 • 속응여자방식을 채용한다.
 • 단락비를 크게 한다.

★★★★★ 기사 93년 3회, 04년 2회, 12년 1회, 16년 1회(유사) / 산업 13년 1회

141 동기전동기에 설치한 제동권선의 역할에 해당되지 않는 것은?

① 난조방지

② 불평형부하 시의 전류와 전압파형 개선

③ 송전선의 불평형부하 시 이상전압 방지

④ 단상 혹은 3상의 불평형부하 시 역상분에 의한 역회전의 전기자반작용을 흡수하지 못한다.

🗲 해설

제동권선은 불평형 시 역상분에 의한 역회전으로 나타나는 전기자반작용을 흡수하지 못한다.

제동권선의 역할
㉠ 동기전동기의 운전 시 발생하는 난조방지
㉡ 부하의 급변이나 불평형 시 나타나는 전류와 전압파형 개선
㉢ 송전선로의 불평형부하 시 발생하는 이상전압 방지

★★★★ 기사 92년 6회, 95년 4회, 98년 6회, 03년 1·3회

142 동기전동기의 용도가 아닌 것은?

① 크레인　　　② 분쇄기
③ 압축기　　　④ 송풍기

해설

크레인에는 작은 전류로 큰 토크를 발생시키는 전동기가 유리하므로 직류직권전동기를 사용한다.

★★★ 산업 96년 2회, 12년 3회

143 다음에서 동기전동기와 구조가 동일한 것은?

① 직류전동기
② 유도전동기
③ 정류자전동기
④ 교류발전기

해설

동기전동기는 동기발전기(교류발전기)와 구조가 같고 일반적으로 회전계자형으로 계자에 직류, 전기자에 교류를 가하여 동기속도로 회전하는 기기이다.

★★ 기사 93년 2회

144 동기전동기가 유도전동기에 비하여 우수한 점은?

① 기동특성이 양호하다.
② 전부하효율이 양호하다.
③ 속도제어가 자유롭다.
④ 구조가 간단하다.

해설

동기전동기는 역률이 1.0으로 유도전동기에 비해 효율이 높다. 반면에 기동 토크가 거의 없고 동기속도로 회전하므로 속도조정이 어렵다. 또한, 직류·교류를 같이 사용하므로 구조가 유도전동기에 비해 복잡하다.

★ 산업 93년 2회

145 블론델(blondel)의 원선도에 대한 설명으로 잘못된 것은?

① 여자전류를 변화시키면 전기자전류의 벡터 궤적은 원으로 된다.
② 부하를 변화시킨 경우의 V곡선을 구할 수 있다.
③ 여자를 일정하게 하고 부하를 변화시켰을 경우 역률을 구할 수 있다.
④ 부하의 조정에 의하여 역률을 조정, 1로 할 수 있는 것이 큰 이점이다.

해설

블론델 원선도에서 V곡선은 부하의 크기를 일정하게 하여 구할 수 있다.

★★★ 산업 16년 3회

146 다음에서 동기전동기의 V곡선에 대한 설명 중 맞지 않은 것은?

① 횡축에 여자전류를 나타낸다.
② 종축에 전기자전류를 나타낸다.
③ 동일출력에 대해서 여자가 약한 경우가 뒤진 역률이다.
④ V곡선의 최저점에는 역률이 0[%]이다.

해설 V곡선(위상특성곡선)

㉠ 계자전류(I_f)와 전기자전류(I_a)의 관계곡선이다.
㉡ 횡축에 I_f, 종축에 I_a를 나타내고 부족여자 시 뒤진 역률, 과여자 시 앞선 역률이 된다.
㉢ V곡선의 최저점이 전기자전류의 최소 크기로 역률이 100[%]이다.

★★★★ 기사 95년 7회, 12년 1회

147 동기조상기의 회전수는 무엇에 의하여 결정되는가?

① 효율
② 역률
③ 토크 속도
④ $N_s = \dfrac{120f}{P}$ 의 속도

해설 동기조상기

무부하상태에서 동기속도$\left(N_s = \dfrac{120f}{P}\right)$로 회전하는 동기전동기이다.

★★ 기사 16년 2회

148 다음 중 동기조상기의 구조상 특이점이 아닌 것은?

① 고정자는 수차발전기와 같다.
② 계자 코일이나 자극이 대단히 크다.
③ 안정운전용 제동권선이 설치된다.
④ 전동기축은 동력을 전달하는 관계로 비교적 굵다.

해설

무부하상태로 회전하는 동기전동기가 동기조상기이므로, 회전 시 부하측에 큰 동력을 전달할 필요가 없으므로 전동기축을 굵게 할 필요가 없다.

★★★ 기사 95년 6회, 14년 2회

149 동기전동기의 위상특성곡선은 다음의 어느 것인가? (단, P : 출력, I_f : 계자전류, I : 전기자전류, $\cos\phi$: 역률)

① $I_f - I$ 곡선, P는 일정
② $P - I$ 곡선, I_f는 일정
③ $P - I_f$ 곡선, I는 일정
④ $I_f - I$ 곡선, $\cos\phi$는 일정

해설

위상특성곡선은 계자전류와 전기자전류와의 관계곡선으로, 부하의 크기가 일정한 상태에서 V곡선으로 나타난다.

★ 기사 98년 4회

150 동기전동기의 전기자전류가 최소일 때 역률은?

① 0
② 0.707
③ 0.866
④ 1

해설

동기전동기의 경우 계자전류의 변화를 통해 전기자전류의 크기와 역률을 변화시킬수 있다. 이때, 전기자전류의 크기가 최소일 때 역률은 1.0이 된다.

★★ 기사 94년 4회

151 동기전동기의 V곡선을 옳게 표시한 것은?

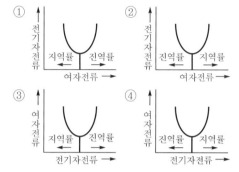

해설

동기전동기의 V곡선은 여자전류와 전기자전류의 관계곡선으로, 곡선에서 최저점이 역률을 1.0으로 운전된다. 역률을 1.0으로 하여 운전되는 여자전류를 기준으로 여자전류가 증가되면 진역률이 되고 여자전류가 감소하면 지역률이 된다.

★★★ 기사 90년 2회, 93년 4회, 11년 3회

152 운전 중인 동기전동기의 공급전압, 주파수 및 부하를 일정하게 유지하고 그 여자전류를 변화시키면?

① 속도가 변한다.
② 토크가 변한다.
③ 전기자전류가 변하고 역률이 변한다.
④ 별다른 변화가 없다.

해설

전기자전류의 유효전류는 일정하고, 여자전류 증·감에 따라 전기자전류의 무효전류(지상, 진상)가 변한다.

★★★★★ 기사 93년 3회, 97년 7회, 03년 4회, 15년 2회 / 산업 16년 2회(유사)

153 전압이 일정한 모선에 접속되어 역률 1로 운전하고 있는 동기전동기의 여자전류를 증가시키면 이 전동기는 어떻게 되는가?

① 역률은 앞서고 전기자전류는 증가한다.
② 역률은 앞서고 전기자전류는 감소한다.
③ 역률은 뒤지고 전기자전류는 증가한다.
④ 역률은 뒤지고 전기자전류는 감소한다.

정답 148. ④ 149. ① 150. ④ 151. ① 152. ③ 153. ①

해설

무부하 동기전동기를 역률 1.0으로 운전 중에 여자전류가 증가하면 전기자전류가 진상전류를 취하여 콘덴서 작용을 하므로 역률을 개선하고 전압강하를 감소시킨다.

★★★ 산업 03년 3회

154 동기전동기의 V곡선(위상특성곡선)의 설명 중 맞는 것은? (단, I는 전기자전류, I_f는 계자전류이다)

① 과여자 시 I_f를 증가하면 뒤진 역률이 되며 I는 증가한다.

② 과여자 시 I_f를 증가하면 앞선 역률이 되며 I는 증가한다.

③ 부족여자 시 I_f를 감소하면 앞선 역률이 되며 I는 감소한다.

④ 부족여자 시 I_f를 감소하면 앞선 역률이 되며 I는 증가한다.

해설

동기조상기는 무부하상태에서 회전하는 동기전동기로, 계자전류와 전기자전류의 관계는 V곡선으로 나타난다.
㉠ 계자전류를 증가하는 과여자 시에는 V곡선에서 전기자전류가 증가하게 되고 앞선 역률이 된다.
㉡ 계자전류를 감소하는 부족여자 시에는 V곡선에서 전기자전류가 증가하게 되고 뒤진 역률이 된다.

★★★★ 기사 03년 3회, 06년 1회, 18년 1회 / 산업 12년 1회(유사), 14년 2회

155 동기조상기의 여자전류를 줄이면 어떻게 되는가?

① 콘덴서로 작용한다.

② 리액터로 사용한다.

③ 진상전류로 된다.

④ 저항손을 보상한다.

해설

무부하 동기전동기를 역률 1.0으로 운전 중인 동기조상기를 여자전류가 증가하면 앞선 무효전류의 전기자전류가 증가하여 콘덴서로 동작하고 여자전류를 감소시키면 뒤진 무효전류의 전기자전류가 증가하여 리액터로 동작한다.

★★ 산업 05년 2회

156 동기발전기의 부하에 콘덴서를 설치하여 앞서는 전류가 흐르고 있다. 옳은 것은?

① 단자전압 강하   ② 단자전압 상승

③ 편자작용   ④ 속도 상승

해설

부하측에 콘덴서를 설치할 경우 진상전류가 흘러 선로의 전압강하가 보상이 되어 부하측의 단자전압이 상승한다.

★★★ 기사 14년 1회(유사) / 산업 16년 2회

157 화학공장에서 선로의 역률은 앞선 역률 0.7이었다. 이 선로에 동기조상기를 병렬로 결선해서 과여자로 하면 선로의 역률은 어떻게 되는가?

① 뒤진 역률이며 역률은 더욱 나빠진다.

② 뒤진 역률이며 역률은 더욱 좋아진다.

③ 앞선 역률이며 역률은 더욱 좋아진다.

④ 앞선 역률이며 역률은 더욱 나빠진다.

해설 동기조상기

㉠ 과여자운전 : 앞선 역률이 되며 전기자전류가 증가한다.
㉡ 부족여자운전 : 뒤진 역률이 되며 전기자전류가 증가한다.
④ 앞선 역률에서 동기조상기로 과여자로 운전하면 앞선 전류가 더욱 증가하여 피상전류가 증가해 선로의 역률은 나빠진다.

★★★ 산업 07년 3회, 15년 3회

158 송전선로에 접속된 동기조상기의 설명 중 가장 옳은 것은?

① 과여자로 해서 운전하면 앞선 전류가 흐르므로 리액터 역할을 한다.

② 과여자로 해서 운전하면 뒤진 전류가 흐르므로 콘덴서 역할을 한다.

③ 부족여자로 해서 운전하면 앞선 전류가 흐르므로 리액터 역할을 한다.

④ 부족여자로 해서 운전하면 송전선로의 자기여자작용에 의한 전압상승을 방지한다.

정답   154. ②   155. ②   156. ②   157. ④   158. ④

해설 동기조상기

㉠ 과여자로 해서 운전 : 선로에는 앞선 전류가 흐르고 일종의 콘덴서로 작용하며 부하의 뒤진 전류를 보상해서 송전선로의 역률을 좋게 하고 전압강하를 감소시킨다.

㉡ 부족여자로 운전 : 뒤진 전류가 흐르므로 일종의 리액터로서 작용하고 무부하의 장거리 송전선로에 발전기를 접속하는 경우 송전선로에 흐르는 앞선 전류에 의하여 자기여자작용으로 일어나는 단자전압의 이상상승을 방지한다.

★★ 산업 91년 3회

159 1500[kW], 6000[V], 60[Hz], 65[%](뒤짐)이다. 이때, 이 부하의 무효분[kVar]은?

① 1754   ② 2038

③ 0.76   ④ 0.6

해설

무효전력 $Q = P[\text{kW}] \dfrac{\sin\theta}{\cos\theta}$

$= 1500 \times \dfrac{\sqrt{1-0.65^2}}{0.65}$

$= 1753.69 \fallingdotseq 1754[\text{kVar}]$

★★★ 산업 98년 2회, 00년 2회, 02년 2회

160 3상 송전선의 수전단에서 전압 3300[V], 전류 800[A], 역률 0.8의 지상전력을 수전하는 경우 동기조상기를 사용해서 역률을 100[%]로 개선하고자 한다. 필요한 동기조상기의 용량[kVA]은?

① 1452   ② 1584

③ 2743   ④ 3200

해설

수전전력 $P = \sqrt{3}\, V_n I_n \cos\theta$

$\qquad = \sqrt{3} \times 3.3 \times 800 \times 0.8 = 3658.09[\text{kW}]$

동기조상기의 용량

$Q_c = P[\text{kW}](\tan\theta_1 - \tan\theta_2)[\text{kVA}]$

$= 3658.09 \times \left(\dfrac{\sqrt{1-0.8^2}}{0.8} - \dfrac{\sqrt{1-1.0^2}}{1.0} \right)$

$= 2743[\text{kVA}]$

★ 기사 95년 2회, 02년 1회, 17년 2회

161 역률 0.85의 부하 350[kW]에 50[kW]를 소비하는 동기전동기를 병렬로 접속하여 합성부하의 역률을 0.95로 개선하려면 전동기의 진상무효전력은 약 몇 [kVar]인가?

① 68   ② 72

④ 80   ④ 85

해설

무부하 동기전동기를 과여자시키면 콘덴서 작용을 한다.

㉠ 역률 0.8 부하의 지상무효전력

$P_r = \dfrac{350}{0.85}\sqrt{1-0.85^2}$

$= 216.91[\text{kVar}]$

㉡ 무부하 동기전동기의 접속 시 지상무효전력

$P_r' = \dfrac{350+50}{0.95}\sqrt{1-0.95^2}$

$= \dfrac{400}{0.95} \times 0.312$

$= 131.47[\text{kVar}]$

㉢ 동기전동기의 진상무효전력

$Q_c = 216.91 - 131.47 = 85.44 \fallingdotseq 85[\text{kVar}]$

★★★ 산업 96년 2회, 06년 4회, 08년 4회, 15년 2회, 19년 2회

162 동기 주파수변환기의 주파수 f_1 및 f_2 계통에 접속되는 양극을 P_1, P_2라 하면 다음 어떤 관계가 성립되는가?

① $\dfrac{f_1}{f_2} = \dfrac{P_1}{P_2}$ ② $\dfrac{f_1}{f_2} = P_2$

③ $\dfrac{f_1}{f_2} = \dfrac{P_2}{P_1}$ ④ $\dfrac{f_1}{f_2} = P_1 \cdot P_2$

해설

동기속도 $N_s = \dfrac{120f_1}{P_1} = \dfrac{120f_2}{P_2}$ 에서

$\dfrac{P_2}{P_1} = \dfrac{f_2}{f_1}$

 memo

CHAPTER

03

변압기

기사 22.00% 출제
산업 22.29% 출제

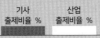

이렇게 공부하세요!!

출제경향분석

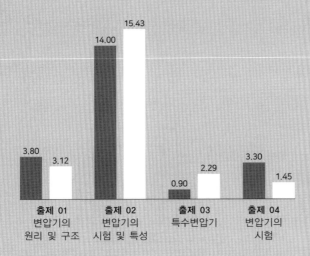

| 기사 출제비율 % | 산업 출제비율 % |

- 출제 01 변압기의 원리 및 구조: 3.80 / 3.12
- 출제 02 변압기의 시험 및 특성: 14.00 / 15.43
- 출제 03 특수변압기: 0.90 / 2.29
- 출제 04 변압기의 시험: 3.30 / 1.45

출제포인트

- ☑ 이상변압기를 통한 변압기의 기본구조와 패러데이 법칙을 통한 기전력 및 권수비와 관련된 문제 등이 출제된다.
- ☑ 변압기의 특성시험에 대한 방법과 알아낼 수 있는 항목, 등가회로 등에 대한 문제가 출제된다.
- ☑ 변압기의 전압변동률 및 효율에 관한 개념과 계산문제 등이 출제된다.
- ☑ 변압기의 병렬운전조건과 조건의 불일치 시 발생하는 문제점에 대해 출제된다.
- ☑ 변압기의 결선에 따른 상의 변화에 대한 문제가 출제된다.
- ☑ 특수변압기(단권 변압기, 3권선 변압기, 계기용 변성기 등)에 대한 내용 및 계산문제, 운전 시 주의사항에 대한 문제가 출제된다.

03 변압기

기사 22.00% 출제 | 산업 22.29% 출제

기사 3.80% 출제 | 산업 3.12% 출제

출제 01 변압기의 원리 및 구조

 Comment

변압기는 전류의 크기를 변성하기 위해 전압을 변성하는 설비로서, 구조와 동작원리에 대해 충분히 이해하는 것이 필요하다.

1 변압기의 원리

변압기권선의 유도기전력은 권선에 쇄교하는 자속에 비례한다는 전자유도작용을 이용하여 한 권선에 공급한 교류전력을 다른 권선에 동일한 주파수의 교류전력으로 변환하는 정지유도기기이다. 따라서, 변압기는 2개 이상의 전기회로와 1개 이상의 자기회로로 이루어진다.

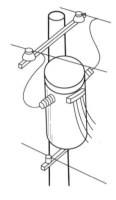

① 1차 권선의 권수를 n_1, 2차 권선의 권수를 n_2라 하면 다음과 같은 식이 성립한다.

$$\frac{1차\ 단자전압\ E_1}{2차\ 단자전압\ E_2}=\frac{1차\ 권수\ n_1}{2차\ 권수\ n_2},\ \frac{E_1}{E_2}=\frac{n_1}{n_2}$$

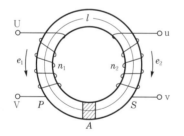
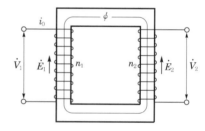

② 1차 및 2차 유기기전력은 권수비와 같게 된다. 여기서, 1차 및 2차 권선 중의 임피던스를 무시하면 $a=\dfrac{E_1}{E_2}=\dfrac{V_1}{V_2}=\dfrac{n_1}{n_2}$이 된다.

여기서, E : 1차 및 2차 유기기전력
V : 1차 및 2차 단자전압
n : 1차 및 2차 권수

★★★ 산업 06년 1회, 09년 1회

01 변압기의 원리는?

① 전자유도작용을 이용한다.　　　　② 정전유도작용을 이용한다.

③ 자기유도작용을 이용한다.　　　　④ 플레밍의 오른손법칙을 이용한다.

해설 **전자유도작용(패러데이 법칙)**
　　　서로 독립된 권선에 교번자속이 쇄교하면서 전압을 유도하는 원리이다.

답 ①

2 변압기의 기본개념

(1) 여자전류

① 변압기의 1차 권선에 정현파교류전압 V_1을 가하면 여자전류 I_o가 흐르고, 철심에서 정현파 자속 ϕ가 발생한다. 이때, 변압기철심에서 히스테리시스 현상에 의해 1차 권선에 흐르는 여자전류 I_o는 고조파가 포함된 비정현파전류가 된다.

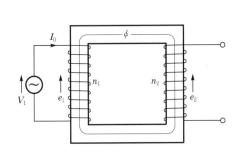
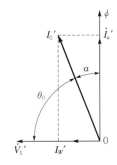
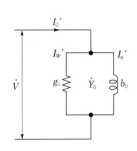

② 변압기에는 철심에서 철손이 발생하고 1차 권선에서는 자속이 발생한다. 그러므로 여자전 류는 인가전압과 동상인 철손전류 I_i와 철심의 자속과 동상인 자화전류 I_m으로 나누어진다.

★★★★★ 기사 14년 3회, 19년 2회 / 산업 94년 2회, 02년 4회

02 변압기여자전류에 많이 포함된 고조파는?

① 제2고조파　　　　　　　　　　② 제3고조파

③ 제4고조파　　　　　　　　　　④ 제5고조파

해설 변압기 1차측에 정현파교류전압을 가하면 여자전류가 흐르고 정현파자속이 발생하는데 실제 변압기철심에서 히스테리시스 현상으로 인해 자기포화현상으로 비정현파가 발생하는데 그 중 제3고조파가 다수 포함되어 있다.

답 ②

(2) 유도기전력

 Comment

변압기 권수비를 적용하는 기본적인 문제를 풀이하기 위해서는 반드시 유도기전력의 산출과정을 이해 및 적용할 수 있어야 한다.

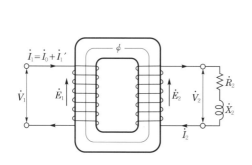

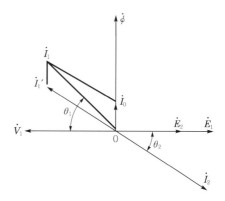

1차 전압 $V_1 = V_m \sin\omega t$[V]

1차 전류 $I_1 = I_m \sin\omega t$[V]

2차 권선과의 쇄교자속 $\phi = \phi_m \sin\omega t$[Wb]

전자유도법칙에 의한 2차 유도기전력의 최대 전압은 다음과 같다.

$$E_{\max 2} = n_2 \frac{d\phi}{dt} = n_2 \frac{d}{dt} \phi_m \sin\omega t dt = \omega n_2 \phi_m \,[V]$$

2차측 유도기전력의 실효값 $E_2 = \dfrac{2\pi}{\sqrt{2}} f n_2 \phi_m = 4.44 f n_2 \phi_m$ [V]

여기서, 1·2차 권선의 전압비는 다음과 같다.

$$\frac{E_1}{E_2} = \frac{4.44 f n_1 \phi_m}{4.44 f n_2 \phi_m} = \frac{n_1}{n_2} = a$$

그리고 1·2차 권선의 전류는 전압의 크기와 반비례이므로 권수비 a는 다음과 같다.

권수비 $a = \dfrac{E_1}{E_2} = \dfrac{n_1}{n_2} = \dfrac{I_2}{I_1}$

단원확인기출문제

★★★★★ 기사 92년 7회, 95년 4회, 99년 3회

03 1차 전압 3300[V], 2차 전압 100[V]의 변압기에서 1차측에 3500[V]의 전압을 가했을 때 2차측 전압[V]은? (단, 권선의 임피던스는 무시한다)

① 106.1   ② 2970

③ 2640   ④ 3500

해설 권수비 $a = \dfrac{E_1}{E_2} = \dfrac{N_1}{N_2} = \dfrac{I_2}{I_1}$

$a = \dfrac{E_1}{E_2} = \dfrac{3300}{100} = 33$이므로 1차측에 3500[V]를 가할 경우

2차측 전압 $V_2 = \dfrac{1}{a} V_1 = \dfrac{1}{33} \times 3500 = 106.1[V]$

답 ①

★★★ 기사 92년 6회

04 변압기의 자속에 대한 설명으로 옳은 것은?

① 주파수와 전압의 반비례한다.
② 전압에 반비례한다.
③ 권수에만 비례한다.
④ 전압에 비례, 주파수와 권수에 반비례한다.

해설 변압기 유도기전력 $E = 4.44 f N \phi_m$[V]

여기서, E : 1차 전압, f : 주파수, N : 권선수, ϕ_m : 최대 자속

자속 $\phi_m = \dfrac{E}{4.44 f N}$[Wb]이므로 전압에 비례, 주파수 및 권수에 반비례한다.

답 ④

3 변압기의 구조 및 냉각방식

(1) 변압기의 정격

① 정격 : 변압기의 정격이란 제조자가 정격상태의 조건하에 사용할 수 있도록 보장된 사용한 도로서, 피상전력으로 나타내고 정격용량이라 한다.
   정격상태는 정격용량에 대한 전압, 전류, 주파수와 역률을 변압기명판에 기재한다.

② 정격용량 : 변압기의 정격용량은 정격 2차 전압, 정격 2차 전류, 정격 주파수 및 역률에 대하여 2차 단자 사이에 얻어지는 피상전력으로 나타내고 이것을 [VA]로 표시한다. 역률은 변압기설계 시 정해진 역률을 나타낸다.

③ 정격전압 : 변압기의 정격 2차 전압이란 명판에 기록된 권선의 단자전압의 실효값이며, 이 전압에서 정격출력을 얻는 전압이다. 3상 변압기의 경우 정격전압은 선간의 전압으로 나타낸다.

④ 정격전류 : 변압기의 정격 1차 전류란 정격전류와 정격 1차 전압의 곱인 정격용량과 같은 피상전력이 되는 전류를 나타내고, 정격 2차 전류란 정격 2차 전류와 정격 2차 전압과의 관계에서 정격용량이 되는 전류를 말한다.

(2) 변압기의 구조

① 변압기는 자기회로인 철심과 전기회로인 권선이 쇄교하여 만들어지는 것으로, 철심과 권선의 조합하는 방법에 따라 다음 두 가지로 나누어진다.

ⓒ 내철형 변압기 : 철심이 안쪽에 배치되어 권선이 철심을 둘러싸는 형태
ⓒ 외철형 변압기 : 권선이 안쪽에 있고 철심이 그 주위를 감싸는 형태

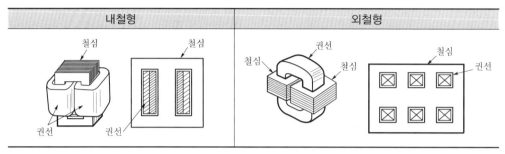

내철형	외철형

② 변압기의 재료
ⓒ 철심
ⓐ 냉각압연 규소강대 : 규소의 함유량이 약 4[%] 정도로, 방향성 규소강판이라고도 하며 두께는 0.35[mm]를 표준으로 한다.
ⓑ 권철심 : 폭이 일정한 방향성 규소강판을 직사각형 또는 원형으로 감은 것으로, 자속은 항상 압연강판방향으로 진행하기 때문에 자기특성이 우수하다.
ⓒ 권선
ⓐ 소형 변압기 : 철심을 절연하고 그 위에 직접 저압 권선과 고압 권선을 감는 직권방식을 채택한다.
ⓑ 대형 변압기 : 절연통의 위에 코일을 감고 절연처리를 한 후에 조립하는 형권방식을 채택한다.

‖직권 권선‖   원통 코일   원판 코일   평판 코일   ‖형권 권선‖

ⓒ 외함 : 용량이 커지면 냉각면적을 넓히기 위해서 판형의 철판을 사용하거나 방열관 또는 방열기를 설치한다.
ⓒ 부싱 : 권선의 인출선을 외함에서 끌어내는 절연단자를 부싱이라고 한다.

(3) 변압기의 건조법
변압기의 권선과 철심을 건조함으로써 습기를 없애고 절연을 향상시킬 수 있으며 **건조방법에는 열풍법, 단락법, 진공법이 있다.**

① **열풍법**

    ㉠ 열풍법은 송풍기와 전열기에 의하여 뜨거운 바람을 보내어 건조한다.

    ㉡ 건조의 정도는 권선과 철심 간, 권선 상호간의 절연저항을 측정하여 알 수 있다.

    ㉢ 처음 열 시간 정도는 절연저항이 내려가지만, 이후에는 올라간다.

    ㉣ 절연저항값이 일정한 값 이상으로 되면 건조를 정지한다.

② **단락법** : 단락법은 변압기의 1차 권선 또는 2차 권선을 단락하고, 다른 권선에 임피던스 전압의 약 20[%] 정도를 인가시켜 단락전류에 의한 동손을 이용하여 가열건조한다.

③ **진공법**

    ㉠ 진공법은 주로 제조공정에서 사용하는 방법으로, 건조가 빠르고 결과도 좋다.

    ㉡ 변압기를 탱크에 넣어 밀봉하고, 그 속에 증기가 통하는 관을 설치하여 보일러를 이용하여 가열하는 한편, 진공 펌프로 탱크 내의 공기를 빼내고 절연물 속의 습기를 증발건조시킨다. 탱크 내의 온도는 80 ~ 90[℃] 정도로 한다.

(4) 냉각방식

변압기의 사용 중 손실이 발생하면 변압기의 온도가 상승하여 운전 중에 문제가 발생할 우려가 높으므로 용량의 크기에 따라 냉각방식을 다르게 적용한다.

종류	소용량 변압기	중용량 변압기	대용량 변압기
방식	자냉식을 적용한다.	방열기를 이용한 자연순환식을 적용한다.	냉각 팬 및 펌프를 적용한다.
형태	방열 핀 방열의 표면적을 증가시킨다.	방열기 절연유의 자연순환	방열기 풍냉 팬 풍냉 팬으로 송풍하여 냉각한다. 송유 펌프 절연유를 강제 순환시킨다. 절연유의 강제 순환 루트

① **건식 자냉식(Air Cooled Type ; AN)** : 특별한 냉각방식을 취하지 않고 공기의 자연대류에 의하여 방열하는 방식이다.

② **건식 풍냉식(Air Blast Type ; AF)** : 변압기를 절연유 속에 넣는 대신에 철심이나 권선 각 층에 마련된 특수통풍기에 강제로 전동송풍기를 사용하여 송풍함으로써 열을 방산하는 방식이다.

③ **유입자냉식(Oil-immersed Self-cooled Type ; ONAN)** : 절연유가 채워진 외함 속에 변압기 본체를 넣고 기름의 대류작용으로 열이 외함에 전달되고 외함에서 방사·대류·전도에 의하여 외부에 방산되는 방식으로 가장 널리 채용된다.

④ 유입풍냉식(Oil-immersed Air Blast Type ; ONAF) : 유입자냉식의 방열기에 송풍기를 달고 강제냉각하는 방식으로, 유입자냉식에 비해 20 ~ 30[%]의 용량증가가 가능하다.

⑤ 유입수냉식(Oil-immersed Water-cooled Type ; ONWF) : 외함의 상부에 나선형의 냉각관을 두고 냉각수를 순환시켜서 기름을 냉각하는 방식이다.

⑥ 송유풍냉식(Forced-oil Blast Type ; OFAF) : 절연유를 기름 펌프를 사용하여 다른 냉각기로 가져가 송풍기로 강제냉각시키고 다시 외함 속에 송유·순환시키는 방식이다.

⑦ 송유수냉식(Forced-oil Water-cooled Type ; OFWF) : 송유수냉식은 송유풍냉식의 풍냉 대신에 수냉을 채용함으로써 냉각효과가 크게 나타나는 방식이다.

(5) 절연의 종류와 최고 허용온도

절연물의 종류와 최고 허용온도는 다음과 같다.

절연물의 종류	최고 허용온도	절연물의 종류
Y	90[℃]	목면, 견, 종이 등의 재료로 구성된 절연물
A	105[℃]	Y종에 상당하는 재료를 와니스 처리를 하든지 또는 절연유에 함침하여 사용하는 것
E	120[℃]	면섬유를 적층한 종이 등에 멜라민수지, 페놀수지계의 와니스로 처리한 것. 마이카, 에폭스 수지 등의 절연물을 주재로 한 것
B	130[℃]	마이카, 석면, 유리섬유 등을 써서 접착재료와 함께 구성된 절연
F	155[℃]	B종과 같은 재료를 쓰지만 실리콘, 아르키드 수지 등의 접착재료를 써서 구성된 절연
H	180[℃]	B종과 같은 재료를 쓰고 규소수지 또는 이와 동등 이상의 성질을 갖는 접착재료를 써서 접착마무리한 절연
C	180[℃] 초과	마이카, 석면, 자기 등을 단독으로 쓴 절연 또는 이들을 유리, 시멘트와 같은 무기질 접착재료를 써서 마무리한 절연

(6) 변압기유와 열화방지

 Comment

변압기유의 관련된 문제가 자주 출제되고 있으며 실기시험에서도 언급되므로 사용 시 필요조건과 유의사항에 대해 숙지해야 한다.

① **변압기유(절연유) 사용목적 : 변압기의 절연 및 냉각**

② 변압기유의 조건

  ㉠ 절연내력(30[kV]/2.5[mm])이 클 것

  ㉡ 점도가 낮아 냉각작용이 양호할 것

  ㉢ 인화점이 130[℃] 이상으로 높을 것

  ㉣ 응고점이 -30[℃] 이하로 낮을 것

  ㉤ 화학적으로 안정되고 변질되지 말 것

③ 밀봉방식 : 변압기 내부의 절연유가 공기와 접촉되지 않도록 질소 가스 및 절연유로 밀봉하여 변압기 내부 압력의 변화에 따른 질소 가스의 이동 및 절연유면의 높이가 조절되어 절연유의 열화를 방지한다.

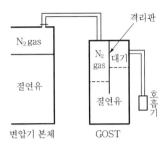

④ 콘서베이터 방식 : 콘서베이터 내부절연유의 팽창 및 수축에 따라 고무막 유동으로 절연유의 **열화를 방지**할 수 있고 변압기 내부에 항상 일정한 기압을 유지하며 냉각효과를 크게 할 수 있다.

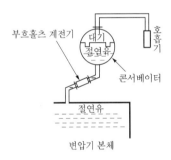

단원확인기출문제

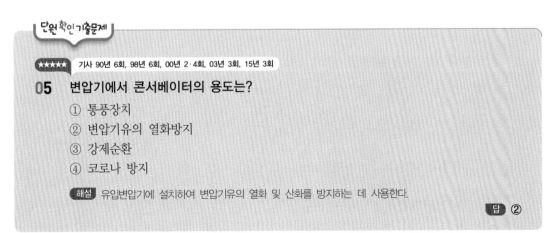

★★★★★ 기사 90년 6회, 98년 6회, 00년 2·4회, 03년 3회, 15년 3회

05 **변압기에서 콘서베이터의 용도는?**

① 통풍장치
② 변압기유의 열화방지
③ 강제순환
④ 코로나 방지

해설 유입변압기에 설치하여 변압기유의 열화 및 산화를 방지하는 데 사용한다.

답 ②

기사 14.00% 출제 | 산업 15.43% 출제

출제 02 **변압기의 시험 및 특성**

Comment

변압기의 특성시험에 관한 문제가 많이 출제되고 있고, 또한 동기기 및 유도기에서도 다루어지므로 시험목적 및 시험회로도를 파악할 필요가 있다.

1 변압기의 등가회로

(1) 정수측정시험

등가회로의 정수는 **무부하시험, 단락시험, 저항측정**을 통해 알 수 있고 정수를 측정하기 위해서 전압계, 전류계, 전력계를 결선하여 시험한다.

① 무부하시험 : 변압기 2차측을 개방하고 1차측에 정격전압 V_1을 인가할 경우 전력계에 나타나는 값은 철손이고, 전류계의 값은 무부하전류 I_0가 된다.

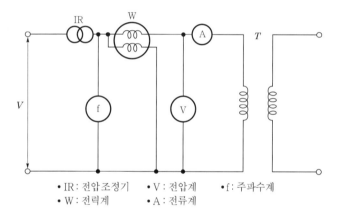

- IR : 전압조정기 • V : 전압계 • f : 주파수계
- W : 전력계 • A : 전류계

㉠ 무부하전류(여자전류) $I_0 = YV_1[\text{A}]$

㉡ 전력계의 지시값은 철손 P_i가 대부분이므로 $P_i = gV_1^2[\text{W}]$

㉢ 여자 어드미턴스 $Y = \sqrt{g^2 + b^2} = \dfrac{I_0}{V_1}[\Omega]$

ⓐ 여자 컨덕턴스 $g = \dfrac{P_i}{V_1^2}[\mho]$

ⓑ 여자 서셉턴스 $b = \sqrt{Y^2 - g^2}[\mho]$

단원 확인 기출문제

★★★★★ 기사 01년 3회 / 산업 91년 6회, 94년 3회, 96년 4회, 01년 1회

06 50[kVA], 3300/110[V]의 변압기가 있다. 무부하일 때 1차 전류 0.5[A], 입력 600[W]이다. 자화전류의 크기는?

① 0.125

② 0.326

③ 0.466

④ 0.577

해설 자화전류 $I_m = \sqrt{I_0^2 - I_i^2}$ [A]

여기서, I_m : 자화전류, I_0 : 무부하전류, I_i : 철손전류

철손전류 $I_i = \dfrac{P_i}{V_1} = \dfrac{600}{3300} = 0.182$ [A]

무부하전류가 $I_0 = 0.5$ [A]이므로

자화전류 $I_m = \sqrt{I_0^2 - I_i^2} = \sqrt{0.5^2 - 0.182^2} = 0.4657$ [A]

답 ③

★★★ 기사 16년 3회(유사) / 산업 91년 2회, 98년 5회, 00년 4회, 09년 1회

07 변압기의 개방회로시험으로 구할 수 없는 것은?

① 무부하전류

② 동손

③ 철손

④ 여자 어드미턴스

해설 개방회로시험(무부하시험)으로 무부하전류, 철손, 여자 어드미턴스를 구할 수 있고 동손은 단락시험으로 구할 수 있다.

답 ②

② 단락시험 : 변압기 2차측을 단락한 상태에서 1차측의 인가전압을 서서히 증가시켜 정격전류가 1·2차 권선에 흐르게 되는데, 이때 변압기의 전압·전류·전력을 측정하는 것을 단락시험이라 한다.

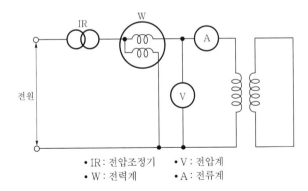

- IR : 전압조정기
- V : 전압계
- W : 전력계
- A : 전류계

㉠ 임피던스 전압(V_z) : 변압기 내에 정격전류가 흐를 때 내부전압 강하

$$V_z = ZI_1 \rightarrow \text{임피던스} \ Z = \frac{V_z}{I_1} [\Omega]$$

ⓐ 퍼센트 임피던스(%Z) : 권선의 정격전압에 대한 임피던스 전압의 비율

ⓑ $\%Z = \dfrac{I_n Z}{V_n} \times 100 = \dfrac{PZ}{10 V_n^{\,2}}$

ⓛ 임피던스 와트 : 임피던스 전압을 측정할 때 전력계의 지시값으로, 전부하 시 동손의 크기와 같다.

ⓒ 전압변동률

③ 저항측정 : 저항계를 가지고 1차 권선의 저항을 측정한다.

단원확인기출문제

★★★　산업 94년 5회, 12년 3회

08 변압기의 임피던스 전압이란 정격부하를 걸었을 때 변압기 내부에서 일어나는 임피던스에 의한 전압강하분이 정격전압의 몇 [%]가 강하되는가의 백분율[%]이다. 다음 어느 시험에서 구할 수 있는가?

① 무부하시험　　　　　　　　② 단락시험
③ 온도시험　　　　　　　　　④ 내전압시험

해설　**단락시험**
　　　 임피던스 전압, 임피던스 와트, 동손, 전압변동률 등을 구할 수 있다.

답　②

(2) 변압기의 등가회로

변압기의 실제회로는 1차 회로와 2차 회로가 서로 분리된 2개의 회로로 구성되어 있지만, 전자유도작용에 의하여 1차 전력이 2차측으로 전달되므로 2개의 서로 독립된 회로로 생각하는 것보다 하나의 전기회로로 변환시키면 회로가 간단해지며 특성계산을 쉽게 할 수 있다. 이와 같이, 2개의 독립된 회로를 하나의 전기회로로 변환시킨 것을 등가회로라고 한다.

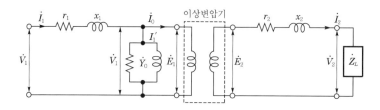

그림은 1차측으로 환산한 등가회로이다. 이 등가회로를 만들려면 2차측의 전압·전류·임피던스를 1차측으로 환산하여야 하고 다음과 같이 구한다.

$$I_1 = \frac{I_2}{a}, \quad I_2 = \frac{E_2}{Z_2 + Z_L}\,[\text{A}]$$

또한, $V_1 = E_1 = aE_2 = aI_2(Z_2 + Z_L)$이 되어 $\dfrac{V_1}{I_1} = a^2(Z_2 + Z_L)[\Omega]$

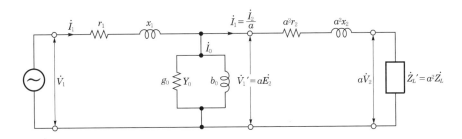

이 식에 의하여 2차쪽의 임피던스 Z_2와 Z_L을 a^2배하여 1차쪽에 접속하여도 무방하다고 생각할 수 있으며, a^2을 변압기의 환산계수라고 한다. 이 경우에 1차쪽의 전압·전류·임피던스·어드미턴스는 그대로 두고, 2차쪽의 전압을 $\dfrac{1}{a}$배, 전류를 a^2배, 임피던스는 a^2배로 한다.

2차 회로를 1차 회로로 환산한 값은 다음과 같이 된다.

① 저항의 등가변환 $r_1 = a^2 r_2$

② 리액턴스의 등가변환 $x_1 = a^2 x_2$

③ 임피던스의 등가변환 $Z_1 = a^2 Z_L$

단원확인기출문제

★ 기사 91년 5회, 15년 3회

09 단상 변압기의 1차 전압 E_1, 1차 저항 r_1, 2차 저항 r_2, 1차 누설 리액턴스 x_1, 2차 누설 리액턴스 x_2, 권수비 a라고 하면 2차 권선을 단락했을 때 1차 단락전류는 몇 [A]인가?

① $I_{1s} = \dfrac{E_1}{\sqrt{(r_1 + a^2 r_2)^2 + (x_1 + a^2 x_2)^2}}$

② $I_{1s} = \dfrac{E_1}{a\sqrt{(r_1 + a^2 r_2)^2 + (x_1 + a^2 x_2)^2}}$

③ $I_{1s} = \dfrac{E_1}{\sqrt{(r_1 + a^2 r_2)^2 + \left(\dfrac{x_1}{a^2} + x_2\right)^2}}$

④ $I_{1s} = \dfrac{aE_1}{\sqrt{\left(\dfrac{r_1}{a^2 r_2}\right)^2 + \left(\dfrac{x_1}{a^2} + x_2\right)^2}}$

해설 등가회로를 이용한 단락전류

$I_{1s} = \dfrac{E_1}{(Z_1 + a^2 Z_2)}$ 에서 1·2차 임피던스의 저항성분과 리액턴스 성분을 합하여 다음과 같은 1차 단락전류로 표현할 수 있다.

$I_{1s} = \dfrac{E_1}{\sqrt{(r_1 + a^2 r_2)^2 + (x_1 + a^2 x_2)^2}}$

답 ①

2 전압변동률

Comment

전압변동률은 1~3문제까지 출제되는 아주 중요한 부분으로, 설비의 특성까지 나타내기 때문에 관련된 문제의 풀이가 중요하다.

(1) 전압변동률의 정의

변압기에 부하를 걸면 단자전압이 변화하는데 이것은 일정 변압기에서 부하역률에 따라 다르며 일정 역률에서의 전압변동률은 다음과 같이 표시한다.

$$\text{전압변동률 } \varepsilon = \frac{\text{2차 무부하전압} - \text{2차 정격전압}}{\text{2차 정격전압}} = \frac{V_{20} - V_2}{V_2} \times 100 [\%]$$

(2) 전압변동률의 정리

보통 전력용 변압기의 부하역률은 1.0이 아니고 이때의 전압변동률은 변압기 임피던스에 의한 전압강하에 의해 결정되며 다음과 같이 나타낼 수 있다.

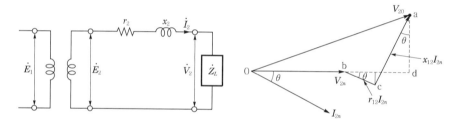

단, θ는 정격부하 시의 역률각이다.

$$ab = r_2 I_{2n} \cos\theta, \quad bc = x_2 I_{2n} \sin\theta$$

2차측 무부하전압은 다음과 같게 된다.

$$V_{20} = V_{2n} + I_n r_2 \cos\theta + I_n x_2 \sin\theta$$

위 식을 정리하여 전압변동률에 아래 식을 대입하면 다음과 같다.

$$V_{20} - V_{2n} = I_n r_2 \cos\theta + I_n x_2 \sin\theta$$

$$\varepsilon = \frac{V_{20} - V_{2n}}{V_{2n}} \times 100 = \frac{I_n r_2 \cos\theta - I_n x_2 \sin\theta}{V_{2n}} \times 100$$

$$= \left(\frac{I_n r_2}{V_{2n}} \cos\theta + \frac{I_n r_2}{V_{2n}} \sin\theta \right) \times 100$$

$$= p \cos\theta + q \sin\theta$$

① %저항강하 $p = \dfrac{I_n r_2}{V_{2n}} \times 100 \, [\%]$

② %리액턴스 강하 $q = \dfrac{I_n x_2}{V_{2n}} \times 100 \, [\%]$

③ %임피던스 강하 $Z = \dfrac{I_n Z_2}{V_{2n}} \times 100 = \sqrt{p^2 + q^2} \, [\%]$

④ 역률 $\cos\theta = \dfrac{r}{|Z|} = \dfrac{\%r}{\%Z} = \dfrac{p}{\sqrt{p^2 + q^2}}$

⑤ 최대 전압변동률 : 역률에 따른 전압변동률의 변화를 알아보기 위하여 $\varepsilon = p\cos\theta + q\sin\theta$ 의 역률각 θ에 대한 미분을 구하면 아래와 같다.

$$\frac{d\varepsilon}{d\theta} = -p\sin\theta + q\cos\theta = 0$$

$$\sin\theta = \frac{q}{p}\cos\theta$$

위 식을 전압변동률식에 대입하여 최대 전압변동률을 나타내면 다음과 같다.

$$\varepsilon_m = p\cos\theta + \frac{q^2}{p}\cos\theta = \frac{p^2 + q^2}{p}\cos\theta = \frac{p^2 + q^2}{p} \times \frac{p}{\sqrt{p^2 + q^2}} = \sqrt{p^2 + q^2} = \%Z$$

즉, 최대 전압변동률은 퍼센트 임피던스의 크기와 같다.

(3) 역률에 따른 전압변동률

① 전류가 전압보다 위상이 θ 늦은 경우 : $\varepsilon = p\cos\theta + q\sin\theta$

② 전류가 전압보다 위상이 θ 앞선 경우 : $\varepsilon = p\cos\theta - q\sin\theta$

③ 부하역률 $\cos\theta = 1$인 경우 : $\varepsilon \fallingdotseq p\,[\%]$

단원확인기출문제

★★★★★ 기사 96년 2·6회, 99년 4회, 01년 3회, 17년 1회

10 어떤 단상 변압기의 2차 무부하전압이 240[V]이고, 정격부하 시의 2차 단자전압이 230[V]이다. 전압변동률[%]은?

① 2.35   ② 3.35

③ 4.35   ④ 5.35

해설 전압변동률 $\varepsilon = \dfrac{V_{20} - V_{2n}}{V_{2n}} \times 100 = \dfrac{240 - 230}{230} \times 100 = 4.347 \, [\%]$

여기서, V_{20} : 무부하단자전압, V_{2n} : 전부하단자전압

답 ③

(4) 단락전류

변압기의 2차측에 단락사고가 발생하면 큰 단락전류가 흐르게 되는데 이 전류의 크기는 고장점의 %임피던스에 의해 결정된다.

① $I_s = \dfrac{E}{Z}$ 에서 $Z = \dfrac{E}{I_s}$

② %임피던스가 $\%Z = \dfrac{I_n Z}{E} \times 100 = \dfrac{I_n \cdot \dfrac{E}{I_s}}{E} \times 100 = \dfrac{I_n}{I_s} \times 100$ 이므로 각 상의 변압기의 단락전류는 다음과 같다.

㉠ 단상 변압기의 단락전류 $I_s = \dfrac{100}{\%Z} \times I_n = \dfrac{100}{\%Z} \times \dfrac{P}{E}$ [A]

㉡ 3상 변압기의 단락전류 $I_s = \dfrac{100}{\%Z} \times I_n = \dfrac{100}{\%Z} \times \dfrac{P}{\sqrt{3}\,V_n}$ [A]

단원확인기출문제

★★★ 산업 91년 5회, 99년 6회, 13년 3회

11 75[kVA], 6000/200[V]의 단상 변압기의 %임피던스 강하가 4[%]이다. 1차 단락전류[A]는?

① 512.5

② 412.5

③ 312.5

④ 212.5

해설 1차 정격전류 $I_n = \dfrac{P}{V_1} = \dfrac{75}{6} = 12.5$[A]

단락전류 $I_s = \dfrac{100}{\%Z} \times$ 정격전류 $= \dfrac{100}{4} \times 12.5 = 312.5$[A]

답 ③

3 변압기의 손실 및 효율

(1) 변압기의 손실

변압기에서 나타나는 손실은 회전기기인 발전기나 전동기에 비해 기계손이 없고 무부하손과 부하손만이 있으므로 회전기에 비해 효율이 좋다. 손실을 구분하면 다음과 같다.

손실	무부하손	철손=히스테리시스손 + 와류손
		유전체손
		여자전류저항손
	부하손	동손
		표유부하손

① **무부하손** : 무부하손은 2차 권선을 개방하고 1차에 정격전압을 인가 시 발생하는 손실로, 자속에 의하여 철심 중에 생기는 손실과 절연물질에 대한 손실이다. 이것은 철손과 유전체손으로 구분되는데 유전체손은 철손에 비해 매우 작아서 보통 무부하손을 철손이라고 한다.

ⓐ 철손 P_i

　ⓐ 철손은 변압기철심에서의 교번자계에 의한 히스테리시스손(P_h)과 와전류에 의한 와류손(P_e)으로 나타난다.

$$P_i = P_h + P_e$$

　ⓑ 히스테리시스손(Hysteresis loss) P_h : $P_h = k_h \cdot f \cdot B_m^{2.0}[\text{W}]$

　　여기서, k_h : 재료에 따른 상수, f : 전원주파수[Hz], B_m : 최대 자속밀도[Wb]

　　자속밀도 $B_m \propto \dfrac{1}{f}$ 이므로 $P_h \propto \dfrac{1}{f}$

　ⓒ 와류손 P_e : $P_e = k_h \cdot k_e(t \cdot f \cdot B_m)^2[\text{W}]$

　　여기서, $k_h \cdot k_e$: 재료에 따른 상수, t : 철심의 두께, B_m : 최대 자속밀도

　　자속밀도 $B_m \propto \dfrac{1}{f}$ 이므로 $P_e \propto V^2 \propto t^2$

　　와류손은 인가전압의 제곱에 비례, 두께의 제곱에 비례, 주파수와는 관계없다.

$$P_e = k_e f^2 B_m^2 \propto f^2\left(\frac{V}{f}\right)^2 \propto V^2$$

ⓛ **유전체손** : 절연체에서 발생하는 손실로서, 전압이 일정하면 일정한 크기가 되므로 고정손의 일종으로 본다. 철손에 비하여 아주 작으므로 일반적으로 무시한다.

단원 확인기출문제

★　산업 06년 1회, 08년 3회

12 다음 중 변압기의 무부하손에 해당되지 않는 것은?

① 히스테리시스손　　　　　　　② 와류손
③ 유전체손　　　　　　　　　　④ 표유부하손

해설 표유부하손
　고정손과 부하손 이외에 부하가 걸리면 측정하기가 곤란한 작은 손실이 도체와 철심에 나타난다.

답 ④

★★★★★　기사 90년 2회, 96년 2회

13 변압기에서 생기는 철손 중 와류손(eddy current loss)은 철심의 규소강판두께와 어떤 관계에 있는가?

① 두께에 비례　　　　　　　　② 두께의 2승에 비례
③ 두께의 $\dfrac{1}{2}$승에 비례　　　　④ 두께의 3승에 비례

> **해설** 와류손 $P_e = k_h k_e (t \cdot f \cdot B_m)^2 [\mathrm{W}]$이므로 철심의 규소강판의 두께($t$)의 2승에 비례한다.
>
> **답** ②

② 부하손 : 변압기에 부하전류가 흐르면 부하손이 발생하는데 부하손은 권선의 저항에 의한 저항손과 도체 내의 와전류에 의한 와류손 및 권선 이외 부분의 누설자속에 의한 표유부하손이 있다.

  ㉠ 동손 : 부하전류와 변압기의 권선저항에 의한 손실로서, 동손이라고도 하며 부하손의 대부분을 차지한다.

  $P_c = I_n^2 \cdot r [\mathrm{W}]$ → **동손은 부하전류 2승에 비례한다.**

  ㉡ 표유부하손 : 부하전류가 흐를 때 권선 이외의 철심, 외함 등에서 누설자속에 의한 와류손이 발생하는데 이를 표유부하손이라 한다. 표류부하손 역시 부하전류의 2승에 비례하는 부하손의 일종이지만 이를 정확하게 계산하는 것은 힘들며 크기는 전손실의 2 ~ 3[%] 정도 이하로 작다.

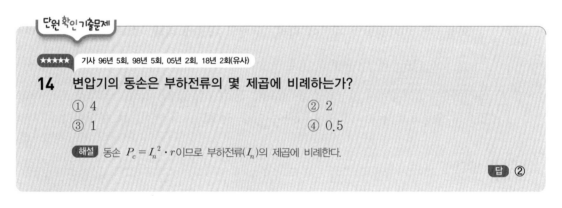

단원 확인기출문제

★★★★★ 기사 96년 5회, 98년 5회, 05년 2회, 18년 2회(유사)

14 변압기의 동손은 부하전류의 몇 제곱에 비례하는가?

① 4 ② 2

③ 1 ④ 0.5

> **해설** 동손 $P_c = I_n^2 \cdot r$이므로 부하전류(I_n)의 제곱에 비례한다.
>
> **답** ②

(2) 변압기의 효율

효율은 전압변동률과 함께 변압기의 특성을 나타내는 중요한 요소이다. 전동기와 같은 회전기에는 변압기의 여러 손실들 외에 회전마찰손실 등의 기계손이 있는데 비하여 정지기인 변압기에는 기계손이 없기 때문에 같은 유도기인 유도전동기보다 효율이 훨씬 더 높아서 전력용 변압기의 경우 적어도 97[%] 이상이 된다.

① 실측효율 : 기기에서 효율이란 입력과 출력의 비로서, 직접 측정하여 나타내는 것이 보통인데 이를 실측효율이라 한다.

$$\text{실측효율} = \frac{\text{출력}}{\text{입력}} \times 100 [\%]$$

② 규약효율

👨‍🏫 **Comment**

변압기의 최대 효율 시 부하율에 대한 출제가 많이 되고 중요성이 높다. 또한, 전부하와 부분부하의 특성을 구분할 수 있어야 한다.

㉠ 직접측정이 곤란한 경우에는 입력을 출력과 손실의 합으로 나타내는 방법을 채택하는 데 이를 규약효율이라 한다.

$$규약효율 = \frac{출력}{입력} \times 100 = \frac{출력}{출력 + 손실} \times 100[\%]$$

㉡ **전부하효율** $\eta = \dfrac{P_o}{P_o + P_i + P_c} \times 100[\%]$

㉢ 부하율이 $\dfrac{1}{m}$ 일 때의 효율 : 전부하전류를 I_n, 현재의 부하전류를 I 라 하면 부하율은

$\dfrac{1}{m} = \dfrac{I}{I_n} \times 100[\%]$ 이다.

$$\eta = \frac{\frac{1}{m} P_o}{\frac{1}{m} P_o + P_i + \left(\frac{1}{m}\right)^2 P_c} \times 100 = \frac{\frac{1}{m} V_2 I_2 \cos\theta}{\frac{1}{m} V_2 I_2 \cos\theta + P_i + \left(\frac{1}{m}\right)^2 I_2^{\,2} r} \times 100[\%]$$

단원확인기출문제

★★★ 기사 01년 3회 / 산업 16년 1회(유사)

15 100[kVA], 2200/110[V], 철손 2[kW], 전부하동손이 3[kW]인 단상 변압기가 있다. 이 변압기의 역률이 0.9일 때 전부하 시 효율[%]은?

① 94.7　　　　　　　　　② 95.8

③ 96.8　　　　　　　　　④ 97.7

해설 변압기효율 $\eta = \dfrac{V_n I_n \cos\theta}{V_n I_n \cos\theta + P_i + P_c} \times 100[\%]$

여기서, $P[kVA]$: 변압기용량, P_i : 철손, P_c : 동손

전부하 시 효율 $\eta = \dfrac{100 \times 0.9}{100 \times 0.9 + 2 + 3} \times 100 = 94.7[\%]$

답 ①

③ 전일효율 : 사용시간이 h 일 경우의 효율은 다음과 같다.

$$\eta = \frac{h \frac{1}{m} P_o}{h \frac{1}{m} P_o + 24 P_i + h \left(\frac{1}{m}\right)^2 P_c} \times 100[\%]$$

④ **최대 효율** : 변압기가 일정한 전압 및 역률에서 운전하고 있을 때 효율이 최대가 되는 조건은 무부하손(P_i)과 부하손($P_c = I_n{}^2 r$)의 합이 최소가 되는 경우로, **무부하손과 부하손이 같은 크기가 되는 경우이다.**

무부하손(P_i) = 부하손(P_c)

㉠ 전부하 시 최대 효율 : $P_i = P_c$

㉡ $\dfrac{1}{m}$ 부하 시 최대 효율 : $P_i = \left(\dfrac{1}{m}\right)^2 P_c$

㉢ 전일효율 시 최대 효율 : $24 P_i = h\left(\dfrac{1}{m}\right)^2 P_c$

㉣ 최대 효율 시 부하율 $\dfrac{1}{m} = \sqrt{\dfrac{P_i}{P_c}}$

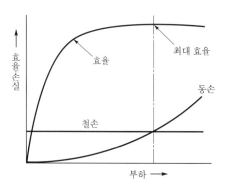

단원 확인기출문제

★★★★★ 기사 97년 7회, 16년 3회(유사)

16 변압기 운전에 있어 효율이 최고가 되는 부하는 전부하의 약 70[%]이었다고 하면 전부하에 있어 이 변압기의 철손과 동손의 비율은?

① 1 : 1   ② 1 : 2

③ 1 : 3   ④ 1 : 5

해설 최대 효율이 되는 조건 $P_i = \left(\dfrac{1}{m}\right)^2 P_c$

최대 효율 시 부하율 $\dfrac{1}{m} = \sqrt{\dfrac{P_i}{P_c}} = 0.7$ 에서 $\dfrac{P_i}{P_c} = 0.7^2 = 0.49 \fallingdotseq 0.5 = \dfrac{1}{2}$ 이므로

철손과 동손의 비율은 1 : 2이다.

 답 ②

4 변압기의 결선

(1) 변압기의 극성

변압기의 극성은 1차 단자와 2차 단자에 나타나는 유도기전력의 방향을 나타낸다. 극성은 3상 결선과 병렬운전을 할 경우에는 반드시 고려하여야 한다.

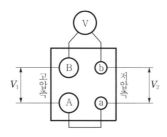

① 감극성 : 변압기단자 중 A와 a, B와 b는 동일방향으로 하여 같은 쪽에 있는 고·저압 단자가 동일한 극성이 되는 변압기로, 1차와 2차 권선 간의 전압은 경감되게 된다. **우리나라는 감극성을 표준으로 한다.**

② 가극성 : 변압기단자 중 A와 a, B와 b는 반대방향으로 하여 같은 쪽에 있는 고·저압 단자가 반대극성이 되는 변압기로, 1차와 2차 권선 간의 전압은 커지게 된다.

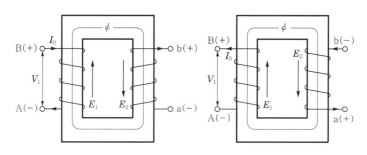

단원 확인 기출문제

★★★ 기사 93년 1회, 05년 1회, 13년 1회(유사)

17 210/105[V]의 변압기를 그림과 같이 결선하고 고압측에 200[V]의 전압을 가하면 전압계의 지시는 얼마인가?

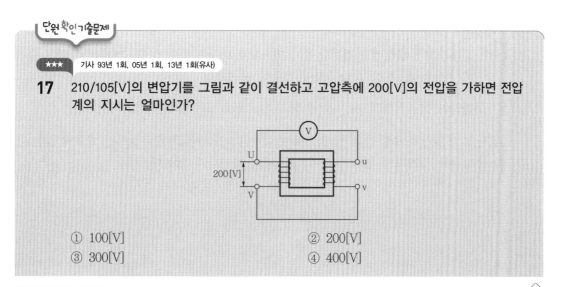

① 100[V]   ② 200[V]

③ 300[V]   ④ 400[V]

해설 변압기권수비 $a = \dfrac{E_1}{E_2} = \dfrac{210}{105} = 2$

고압측에 200[V] 인가 시 2차 전압 $V_2 = \dfrac{V_1}{a} = \dfrac{200}{2} = 100[V]$

전압계지시값은 감극성이므로 $\text{Ⓥ} = V_1 - V_2 = 200 - 100 = 100[V]$

답 ①

(2) 3상 결선방식

 **Comment**

단상 변압기 2대 또는 3대를 이용하여 3상 변압기로 하는 결선법의 각각의 특성을 파악해야 하고 주의사항에 대해 유의해야 한다.

① △–△결선 : 여자전류의 제3고조파성분이 △결선 내를 순환하므로 기전력이 정현파가 된다.

  ㉠ 각 상의 전류가 선전류의 $\dfrac{1}{\sqrt{3}}$이 되므로 대전류에 유리하다.

  ㉡ **운전 중 변압기 1대가 고장나면 V–V결선으로 3상 전력의 공급이 가능하다.**

  ㉢ 중성점접지가 불가능하므로 1선 지락 시 건전상 대지전위 상승이 커지고, 또한 지락사고의 검출이 어렵다.

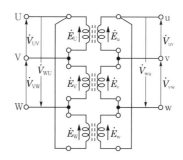

② Y–Y결선

  ㉠ **1·2차측 모두 중성점을 접지할 수가 있으므로 이상전압의 발생을 억제할 수 있고 단절연이 가능하며, 또한 지락사고의 검출이 용이하다.**

  ㉡ 상전압이 선간전압의 $\dfrac{1}{\sqrt{3}}$밖에 되지 않으므로 고전압 권선에 적합하다.

  ㉢ 단상 변압기의 조합인 경우 권수비나 임피던스가 달라도 순환전류가 흐르지 않는다.

  ㉣ **중성점을 접지하여 변압기에 제3고조파가 나타나지 않는다.**

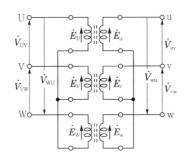

③ △-Y결선 및 Y-△결선

    ㉠ △결선이 있으므로 선로에 제3고조파가 나타나지 않는다.

    ㉡ Y결선의 중성점을 접지할 수 있으므로 이상전압의 발생을 억제할 수 있으며 지락사고 시 검출이 용이하다.

    ㉢ **1차와 2차 간에 30° 위상차가 생긴다.**

    ㉣ **단상 변압기의 조합인 경우 1대가 고장나면 송전이 불가능하다.**

    ㉤ △-Y결선이 승압용으로 적합하고 Y-△결선은 강압용으로 적합하다.

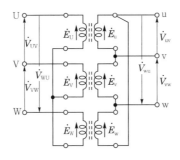

④ V-V결선

    ㉠ △-△결선방식으로 운전 중에 변압기 1대 고장 시 변압기 2대를 이용하여 3상 전력공급이 가능하다.

    ㉡ △-△결선방식에 비해 출력이 $\dfrac{1}{\sqrt{3}}$ 배로 감소하여 출력비가 57.7[%]가 된다.

    ㉢ 변압기의 이용률이 $\dfrac{\sqrt{3}}{2}$ 배로 86.6[%]가 된다.

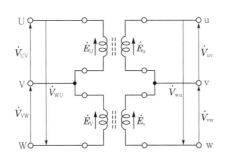

단원확인기출문제

★★★ 기사 03년 2회, 05년 3회

18 변압기에서 제3고조파의 영향으로 통신장해를 일으키는 3상 결선법은?

① △-△결선

② Y-Y결선

③ Y-△결선

④ △-Y결선

해설 Y-Y결선은 절연이 용이하나 중성점접지선으로 제3고조파가 대지로 흘러 통신선에 통신장해를 일으킬 우려가 있다.

답 ②

(3) V결선의 특성

① 단상 변압기 1대 용량 : $P = VI$ [kVA]

② △결선의 용량 : $P_{\triangle} = 3P = 3VI$ [kVA]

③ V결선의 용량 : $P_V = \sqrt{3} VI$ [kVA]

④ 이용률 : $\dfrac{\text{V결선출력}}{\text{변압기 2대 용량}} = \dfrac{\sqrt{3} VI}{2VI} = 0.866 = 86.6 [\%]$

⑤ 출력비 : $\dfrac{\text{V결선출력}}{\triangle \text{결선출력}} = \dfrac{P_V}{P_{\triangle}} = \dfrac{\sqrt{3} VI}{3VI} = \dfrac{1}{\sqrt{3}} = 0.577 = 57.7 [\%]$

단원확인기출문제

★★★ 기사 93년 2회, 06년 1회

19 3상 배전선에 접속된 V결선의 변압기가 있어 전부하 시 출력을 P[kVA]라 하면, 같은 변압기 한 대를 증설하여 △결선하였을 때 정격출력[kVA]은?

① $\dfrac{3}{2}P$

② $\dfrac{2}{\sqrt{3}}P$

③ $\sqrt{3}P$

④ $2P$

해설 ㉠ 변압기 V결선의 용량 : $P_V = \sqrt{3} P_1$[kVA]

ⓒ V결선에 변압기 1대 추가 시 △결선으로 운전 : $P_{\triangle} = \sqrt{3} \times P_V$

답 ③

(4) 상수의 변환

① **3상에서 2상 변환** : 단상 변압기 2대를 사용하여 3상 전력을 2상으로 변환시킬 수 있는 결선방법이다.

㉠ **스코트 결선(T결선)** : T좌 변압기는 주좌변압기와 용량은 같게 하고 **권수비만 주좌변압기의 1차측 탭의 86.6[%]로 선정한다.**

ⓛ 메이어 결선

ⓒ 우드브리지 결선

② 3상에서 6상 변환 : 3대의 단상 변압기를 사용하여 6상 또는 12상으로 변환시킬 수 있는 결선방법으로, 파형 개선 및 정류기 전원용 등으로 사용한다.

 ⓙ 2차 2중 Y결선

 ⓛ 2차 2중 △결선

 ⓒ 대각결선

 ⓔ 포크 결선

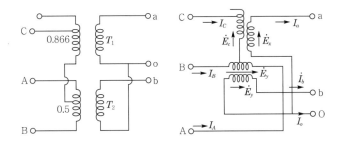

★   기사 04년 2회, 18년 2회

20   3상에서 2상을 얻기 위한 변압기의 결선방법은?

 ① T결선   ② Y결선

 ③ V결선   ④ △결선

해설   **스코트 결선(T결선)**

    T좌 변압기는 주좌변압기와 용량은 같게 하고 권수비만 주좌변압기의 1차측 탭의 86.6[%]로 선정한다.

답 ①

▮ 5 변압기의 병렬운전

변압기의 운전 시 부하의 증가로 과부하가 우려될 경우 변압기를 병렬로 추가접속하여 운전하는 것을 병렬운전이라 한다.

각 변압기가 정상적인 병렬운전을 하게 되면 변압기의 운전상태는 다음과 같이 유지된다.

첫째, 각 변압기가 그 용량에 비례하여 부하를 분담한다.

둘째, 각 변압기에 대한 전류의 대수합은 항상 전체의 부하전류와 같다.

셋째, 병렬로 연결되어 있는 각 변압기의 폐회로에 순환전류가 흐르지 않는다.

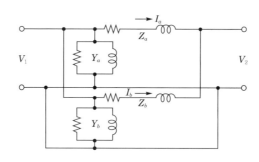

(1) 단상 변압기의 병렬운전

① 변압기의 극성이 일치할 것

② 권수비가 같고 1차 및 2차의 정격전압이 같을 것

③ 퍼센트 임피던스의 크기가 같을 것

④ 퍼센트 저항강하 및 퍼센트 리액턴스 강하의 비가 같을 것

　　㉠ 전압이 다를 경우($E_a > E_b$인 경우) : 전압차가 발생할 경우 두 변압기 사이에 순환전류

　　　　$I = \dfrac{E_{ab}}{Z_a + Z_b}$ 가 흐른다.

　　㉡ 위상이 다를 경우 : 위상이 다를 경우 전압차가 나타나서 순환전류가 흐른다.

(2) 병렬운전 시 변압기의 부하분담

병렬운전 시 변압기의 정격용량에 따라 부하분담은 비례하지만 %Z의 크기가 다르면 부하분담의 크기가 달라진다.

P[kVA]의 부하를 %Z_a인 A변압기와 %Z_b인 B변압기에 걸었을 때

용량비 $m = \dfrac{P_a}{P_b}$

A변압기 분담용량 $P_A = \dfrac{m\%Z_b}{\%Z_a + m\%Z_b} \times P$[kVA]

B변압기 분담용량 $P_B = \dfrac{\%Z_a}{\%Z_a + m\%Z_b} \times P$[kVA]

여기서, %Z_a : A변압기 퍼센트 임피던스, %Z_b : B변압기 퍼센트 임피던스

병렬운전 시 변압기의 합성용량(계산값 중 작은 값을 선정)은 다음과 같다.

A변압기 용량기준 $P_o = \dfrac{\%Z_a + m\%Z_b}{m\%Z_b} \times P_a$[kVA]

B변압기 용량기준 $P_o = \dfrac{\%Z_a + m\%Z_b}{\%Z_a} \times P_b$[kVA]

단원확인기출문제

★★★★★ 기사 19년 2회 / 산업 92년 6회, 00년 4회, 05년 3회, 07년 2회

21 변압기의 병렬운전 시 필요하지 않은 것은?

① 각 변압기의 극성이 같을 것
② 각 변압기의 권수비가 같고 1차 및 2차의 정격전압이 같을 것
③ 정격출력이 같을 것
④ 각 변압기의 임피던스가 정격용량에 반비례할 것

해설 변압기의 병렬운전 시 용량·출력·부하전류 및 임피던스는 같지 않아도 된다.

답 ③

(3) 3상 변압기의 병렬운전

단상 변압기의 병렬운전조건 외에 상회전방향 및 1·2차 권선 간 유도기전력의 위상차(각변위)가 같아야 한다. 이 조건이 다르면 양쪽의 결선이 서로 각각 다른 차이로 상차에 의한 순환전류가 흘러 병렬운전이 불가능하게 된다.

3상 변압기 병렬운전이 가능한 조합과 불가능한 조합은 다음과 같다.

병렬운전이 가능한 조합		병렬운전이 불가능한 조합	
A변압기	B변압기	A변압기	B변압기
△-△	△-△	△-△	△-Y
Y-Y	Y-Y	Y-Y	Y-△
△-△	Y-Y		
△-Y	△-Y		
△-Y	Y-△		
Y-△	Y-△		

기사 0.90% 출제 | 산업 2.29% 출제

출제 03 **특수변압기**

**Comment**

특수변압기는 전기기기 및 전력공학에서 언급되는 부분으로, 각각의 사용목적과 운전 시의 유의점을 반드시 파악해야 한다.

1 3권선 변압기

(1) 3권선 변압기의 구조

1개의 철심에 3개의 권선이 감긴 형태이다. 각 권선은 각각 1차(primary), 2차(secondly) 및 3차(tertiary) 권선이라 한다.

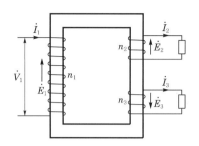

(2) 3권선 변압기의 용도

① 변압기의 3차 권선을 △결선으로 하여 변압기에서 발생하는 제3고조파를 제거한다.

② 3차 권선에 조상설비를 접속하여 무효전력을 조정한다.

③ 3차 권선을 통해 발전소나 변전소 내에 전력을 공급한다.

2 단권 변압기

Comment

단권 변압기는 이론 및 계산문제가 전기기기, 전력공학, 실기시험에서 언급되는 아주 중요한 부분이다. 여기에서 충분한 학습이 된다면 시험공부에 많은 도움이 될 것이다.

단권 변압기는 일반적으로 2개의 권선을 사용하는 2권선 변압기와 달리 하나의 권선을 두 단자에서 공유해서 사용한다. 일반변압기가 전기적으로 격리되어 있고 자기적으로만 결합되어 있는 반면, 단권 변압기는 전기·자기적으로 함께 연결되어 있다. 권선을 공유하므로 변압기가 소형으로 제작되고 자재를 절약할 뿐 아니라 특성도 좋아진다.

(1) 단권 변압기의 구조

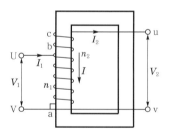

단권 변압기는 한 권선의 중간에서 탭을 만들어 사용하는 변압기로서, 1차 권선과 2차 권선이 절연되지 않고 권선의 일부를 공통회로로 사용한다. 공통회로는 분로권선, 공통되지 않은 권선은 직렬권선이다.

(2) 자기용량과 부하용량

단권 변압기는 분로권선을 1차 권선, 직렬권선을 2차 권선으로 하는 보통 승압기로 사용된다. 자기용량은 직렬권선의 출력 $(V_2 - V_1)I_2$으로 하고 변압기를 통하여 공급되는 부하 $V_2 I_2$를 부하용량으로 한다.

$$\frac{\text{자기용량}}{\text{부하용량}} = \frac{V_2 - V_1}{V_2}$$

① 승압 전압 : $e_2 = V_2 - V_1$

② 고압측 전압 : $V_2 = V_1 + e_2 = V_1\left(1 + \dfrac{1}{a}\right)$

단원확인기출문제

★★★ 기사 95년 7회, 16년 3회 / 산업 19년 2회(유사)

22 3000[V]의 단상 배전선전압을 3300[V]로 승압하는 단권 변압기의 자기용량[kVA]은?
(단, 부하용량 = 100[kVA])

① 약 2.1 ② 약 5.3
③ 약 7.4 ④ 약 9.1

해설 $\dfrac{\text{자기용량}}{\text{부하용량}} = \dfrac{V_h - V_l}{V_h}$

여기서, V_h : 고압측 전압, V_l : 저압측 전압

자기용량 $= \dfrac{V_h - V_l}{V_h} \times$ 부하용량 $= \dfrac{3300 - 3000}{3300} \times 100 = 9.09[kVA]$

답 ④

---

(3) 단권 변압기의 장점 및 단점

① 장점

㉠ 철심 및 권선을 적게 사용하여 변압기의 소형화·경량화가 가능하다.

㉡ 철손 및 동손이 작아 효율이 높다.

㉢ 자기용량에 비하여 부하용량이 커지므로 경제적이다.

㉣ 누설자속이 거의 없으므로 전압변동률이 작고 안정도가 높다.

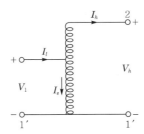

② 단점

㉠ 고압측과 저압측이 직접 접촉되어 있으므로 저압측의 절연강도를 고압측과 동일한 크기의 절연이 필요하다.

㉡ 누설자속이 거의 없어 %임피던스가 작기 때문에 사고 시 단락전류가 크다.

(4) 단권 변압기의 용도

① 가정용의 작은 승·강압용으로 사용한다.

② 배전선로의 승압기(booster)나 정전압 공급전원용 슬라이닥스 등으로 사용한다.

③ Y-Y-△결선의 계통연계용으로 사용한다.

④ 단상 3선식의 불평형 방지목적으로 밸런스로 사용한다.

⑤ 초고압용 승압기로 사용(초고압 계통연계용)한다.

(5) 3상용 단권 변압기

① V결선 : $\dfrac{\text{자기용량}}{\text{부하용량}} = \dfrac{1}{0.866}\left(\dfrac{V_1 - V_2}{V_1}\right)$

② Y결선 : $\dfrac{\text{자기용량}}{\text{부하용량}} = \dfrac{V_1 - V_2}{V_1}$

③ △결선 : $\dfrac{\text{자기용량}}{\text{부하용량}} = \dfrac{1}{\sqrt{3}} \cdot \dfrac{V_1^2 - V_2^2}{V_1 V_2}$

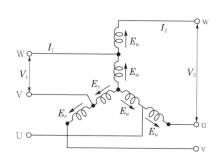
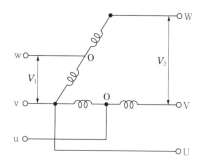

3 계기용 변성기

 **Comment**

계기용 변성기의 운전 시 주의사항을 파악해야 관리자의 안전을 도모할 수 있고 문제도 정확하게 풀 수 있다.

고전압의 교류회로 전압·전류를 측정하고자 할 때 직접 고압 이상의 회로에 계기를 연결할 수 없으므로 계기용 변성기를 이용하여 접속한다.

전압측정변성기는 계기용 변압기를 사용하고, 전류측정 시에는 변류기를 이용한다.

▎변류기(CT)▎　　　▎계기용 변압기(PT)▎

(1) 변류기

변류기는 1차 권선을 고압 회로와 직렬로 접속하는 계기용 변성기이다. 사용할 때에는 2차 권선이 계기를 통해 폐쇄회로가 된다.

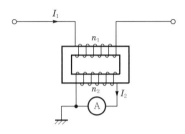

그림과 같이 결선하고 1차측에 전류를 얻게 되면 아래와 같다.

$$I_1 = \frac{n_2}{n_2} I_2 [\text{A}] \ (\text{단}, \ n_1 < n_2)$$

이때, $\dfrac{I_1}{I_2} = \dfrac{n_2}{n_1}$ 를 변류비라고 하며 2차측 전류계의 눈금으로 1차측 전류값을 계산할 수 있다.

변류기의 2차 전류는 표준이 5[A]이다.

변류기를 사용 중에 계기 점검 및 교체를 목적으로 2차 회로를 개방하면 절연이 파괴될 우려가 있으므로 2차측을 절대로 개방해서는 안 된다.

(2) 계기용 변압기

계기용 변압기(PT)는 보통의 전력용 변압기의 원리와 구조를 비교하여 큰 차이는 없다. 다만, 특성을 좋게 하고, 오차를 줄이기 위하여 철심을 비투자율이 크고 철손이 작은 규소강판을 사용한다.

그림은 계기용 변압기를 사용하여 2차측에 연결된 전압계의 눈금으로 1차측 전압을 쉽게 알 수 있는 결선이다.

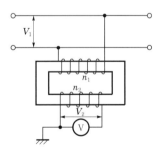

1차측 전압 V_1과 2차측 전압 V_2의 관계는 아래와 같다.

$$V_1 = \frac{n_1}{n_2} V_2 = a V_2 [\text{V}]$$

계기용 변압기의 2차 전압표준은 110[V]이고 허용 최고 전압은 150[V]이다.

계기용 변압기 1차 및 2차측에는 사고파급을 방지하기 위하여 퓨즈를 설치한다.

① 퓨즈의 1차측 설치 : 계기용 변압기의 고장이 선로측에 파급되는 것을 방지한다.

② 퓨즈의 2차측 설치 : 계기 및 장비의 고장이 계기용 변압기에 미치는 영향으로부터 보호한다.

4 탭 전환변압기와 부하 시 탭 전환

부하의 공급을 중단하지 않고 공급전압을 단계적으로 조정하기 위해 탭 권선과 부하 시 전압조정기가 설치된 변압기이다. 전압조정기의 종류와 결선에 따라서 송출전압의 조정뿐만 아니라 송출전압의 위상각도 조정할 수 있다.

송출전압의 크기와 위상각을 같이 조정할 수 있는 변압기를 부스터 변압기라고 하며, 송출전압의 위상만을 조정하는 변압기를 위상조정변압기라 한다.

5 누설변압기

전력용 변압기는 누설자속을 작게 함으로써 누설 리액턴스를 되도록 작게 하여 전압변동이 작게 하려 하지만, 네온램프용 변압기나 용접용 변압기는 일정 전류를 유지시키기 위해 부하전류의 증가에 따른 전압강하를 크게 하려고 리액턴스를 증가시키게 된다. 이런 특징을 갖도록 만들어진 변압기가 누설변압기이다.

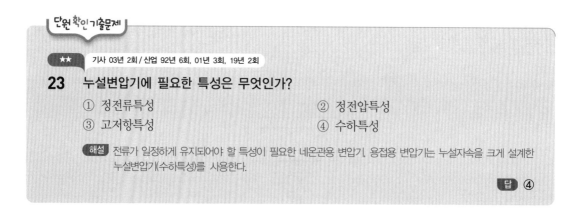

단원 확인 기출문제

★★ 기사 03년 2회 / 산업 92년 6회, 01년 3회, 19년 2회

23 누설변압기에 필요한 특성은 무엇인가?

① 정전류특성　　　　　　　　　② 정전압특성

③ 고저항특성　　　　　　　　　④ 수하특성

해설 전류가 일정하게 유지되어야 할 특성이 필요한 네온관용 변압기, 용접용 변압기는 누설자속을 크게 설계한 누설변압기(수하특성)를 사용한다.

답 ④

기사 3.30% 출제 Ⅰ 산업 1.45% 출제

출제 04 변압기의 시험

**Comment**

변압기의 시험에서 반환부하법과 절연내력시험은 출제빈도가 높으므로 관련된 문제풀이를 반드시 해야 한다.

1 극성시험

변압기의 극성을 확인하고 권선의 내부결선, 위상각 및 상회전 방향이 옳은 지를 확인하기 위한 시험으로, 우리나라에서는 감극성을 표준으로 한다. 극성 및 각변위를 시험하는 방법은 다음과 같다.

(1) 감극성

2개의 권선이 동일방향으로 권선된 경우 감극성이라 하며, 감극성에 대한 권선방향과 표시는 다음과 같다.

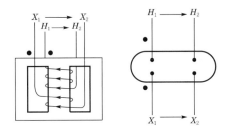

┃ 감극성의 권선방향 및 표기 ┃

(2) 가극성

2개의 권선이 반대방향으로 권선된 경우 가극성이라 하며, 가극성에 대한 권선방향과 표시는 다음과 같다.

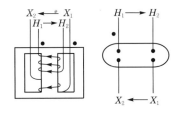

┃ 가극성의 권선방향 및 표기 ┃

(3) 교류전압에 의한 극성확인

전압측정에 의한 방법은 다음 그림과 같이 결선하고 고압 권선측에 전압을 인가하며 전압계로 전압을 측정한다. 이때, 전압계의 지시전압이 인가전압보다 높으면 가극성, 낮으면 감극성이다.

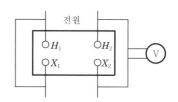

|| 교류전압에 의한 극성확인 ||

2 온도상승시험

유입변압기의 경우 변압기유와 권선의 온도상승이 규정값 이하인지를 확인해야 된다. 온도시험방법에는 부하법에 따라 3가지가 있다.

(1) 실부하법

소용량의 기기에 해당되는 것으로, 수저항, 금속저항기 등을 부하로 설정하는데 전력손실이 큰 것에는 별로 사용하지 않는다.

(2) 반환부하법

2대 이상의 변압기가 있는 경우에 사용하고 전원으로부터 변압기의 손실분을 공급받는 방법으로 실제의 부하를 걸지 않고도 부하시험이 가능하여 가장 널리 이용되고 있다.

(3) 등가부하법

임피던스 시험과 같은데 1차 권선에 정격전압을 가하여 2차측을 단락시킨 상태에서 전류를 흘려 부하의 손실분을 공급하는 방법이다.

3 절연내력시험

변압기의 회함과 대지 간 또는 대지와 권선 간 충전부분 상호간 등의 절연강도를 보안하기 위한 시험으로, **유도시험, 충격전압시험, 가압시험** 등이 있다.

단원 자주 출제되는 기출문제

★★ 기사 17년 3회 / 산업 00년 1회

01 3000/200[V] 변압기의 1차 임피던스가 225[Ω]이면 2차 환산 임피던스는 약 몇 [Ω]인가?

① 1.0 ② 1.5

③ 2.1 ④ 2.8

해설

권수비 $a = \dfrac{N_1}{N_2} = \dfrac{E_1}{E_2} = \dfrac{I_2}{I_1}$

임피던스 등가변환 $Z_1 = a^2 Z_2$

권수비 $a = \dfrac{E_1}{E_2} = \dfrac{3000}{200} = 15$

2차 임피던스 $Z_2 = \dfrac{Z_1}{a^2} = \dfrac{225}{15^2} = 1.0[\Omega]$

★★★★★ 기사 14년 1회 / 산업 15년 2회

02 어느 변압기의 1차 권수가 1500인 변압기의 2차측에 접속한 20[Ω]의 저항은 1차측으로 환산했을 때 8[kΩ]으로 되었다고 한다. 이 변압기의 2차 권수는?

① 400 ② 250

③ 150 ④ 75

해설

권수비 $a = \dfrac{N_1}{N_2} = \dfrac{E_1}{E_2} = \dfrac{I_2}{I_1}$

$r_1 = a^2 r_2$

$8000 = a^2 \times 20$에서

$a = \sqrt{\dfrac{8000}{20}} = 20$

2차 권수 $N_2 = \dfrac{N_1}{a} = \dfrac{1500}{20} = 75$

★★★★★ 기사 97년 4회, 99년 5회, 00년 3회, 05년 1·2회, 06년 1회

03 그림과 같은 정합변압기(matching transformer)가 있다. R_2에 주어지는 전력이 최대가 되는 권선비 a는?

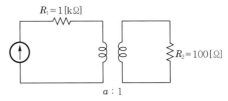

① 약 2 ② 약 1.16

③ 약 2.16 ④ 약 3.16

해설

권수비 $a = \dfrac{N_1}{N_2} = \dfrac{E_1}{E_2} = \dfrac{I_2}{I_1}$

$r_1 = a^2 r_2$

$a = \sqrt{\dfrac{r_1}{r_2}} = \sqrt{\dfrac{1000}{100}} = \sqrt{10} \fallingdotseq 3.16$

★★★ 기사 96년 5회, 03년 3회

04 다음 그림과 같은 변압기에서 1차 전류는 얼마인가?

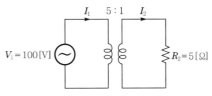

① 0.8[A] ② 8[A]

③ 10[A] ④ 20[A]

해설

1차 전류 $I_1 = \dfrac{V_1}{R_1} = \dfrac{V_1}{a^2 R_2} = \dfrac{100}{5^2 \times 5} = 0.8[A]$

여기서, $R_1 = a^2 R_2[\Omega]$

★★★★ 산업 95년 6회, 96년 6회, 01년 1회, 02년 4회, 05년 1회, 11년 2회

05 단상 변압기의 2차측(105[V]단자)에 1[Ω]의 저항을 접속하고 1차측에 1[A]의 전류가 흘렀을 때 1차 단자전압이 900[V]이었다. 1차측 탭전압과 2차 전류는 얼마인가? (단, 변압기는 이상변압기이고, V_r은 1차 탭전압, I_2는 2차 전류를 표시함)

① $V_r = 3150[V]$, $I_2 = 30[A]$

② $V_r = 900[V]$, $I_2 = 30[A]$

③ $V_r = 900[V]$, $I_2 = 1[A]$

④ $V_r = 3150[V]$, $I_2 = 1[A]$

해설

1차 전류 1[A]가 흐를 경우 1차측에서 900[V]의 전압이 발생하므로

1차 저항 $r_1 = \dfrac{900}{1} = 900[\Omega]$

$r_1 = a^2 r_2$에서

권수비 $a = \sqrt{\dfrac{r_1}{r_2}} = \sqrt{\dfrac{900}{1}} = 30$

1차 전압 $V_1 = a V_2 = 30 \times 105 = 3150[V]$

2차 전류 $I_2 = a I_1 = 30 \times 1 = 30[A]$

★★★★★ 기사 99년 4회, 12년 2회, 14년 2회(유사) / 산업 07년 1회, 12년 2회(유사)

06 1차 전압 3300[V], 권수비가 30인 단상 변압기로 전등부하에 20[A]를 공급할 때의 입력[kW]은?

① 1.2　　　　② 2.2

③ 3.2　　　　④ 4.2

해설

1차 전류 $I_1 = \dfrac{I_2}{a} = \dfrac{20}{30}[A]$

입력 $P = V_1 I_1 \cos\theta$

$= 3300 \times \dfrac{20}{30} \times 1.0$

$= 2200[W] \fallingdotseq 2.2[kW]$

여기서, 순저항이므로 $\cos\theta = 1.0$

★★ 산업 12년 2회(유사), 15년 1회

07 정격 6600/220[V]인 변압기의 1차측에 6600[V]를 가하고 2차측에 순저항부하를 접속하였더니 1차에 2[A]의 전류가 흘렀다. 이때, 2차 출력[kVA]은?

① 19.8　　　　② 15.4

③ 13.2　　　　④ 9.7

해설

변압기의 권수비 $a = \dfrac{E_1}{E_2} = \dfrac{N_1}{N_2} = \dfrac{I_2}{I_1}$를 이용하여

$a = \dfrac{6600}{220} = 30$

2차 전류 $I_2 = a I_1$

$= 30 \times 2 = 60[A]$

2차 출력 $P_2 = V_2 I_2$

$= 220 \times 60 \times 10^{-3} = 13.2[kVA]$

★★★ 산업 04년 4회

08 주파수 f, 권수 N, 최대 자속 ϕ_m인 변압기의 유기전압의 실효값은?

① $\dfrac{f N \phi_m}{\sqrt{2}}$

② $f N \phi_m$

③ $\dfrac{2\pi f N \phi_m}{\sqrt{2}}$

④ $2\pi f N \phi_m$

해설

변압기 유도기전력의 실효값

$E_2 = \dfrac{2\pi}{\sqrt{2}} f N \phi_m = 4.44 f N \phi_m [V]$

★★★★ 기사 96년 2회, 06년 1회

09 변압기에서 권수가 2배 되면 유도기전력은 몇 배가 되는가?

① 0.5　　　　② 1

③ 2　　　　④ 4

해설

유도기전력 $E = 4.44 f N \phi_m$ [V]에서 $E \propto N$이므로 권수가 2배가 되면 유도기전력이 2배가 된다.

★★★ 산업 06년 4회

10 60[Hz]의 변압기에 50[Hz]의 동일전압을 가했을 때 자속밀도는 60[Hz] 때의 몇 배인가?

① $\dfrac{6}{5}$

② $\dfrac{5}{6}$

③ $\left(\dfrac{5}{6}\right)^{1.6}$

④ $\left(\dfrac{6}{5}\right)^{2}$

해설

변압기 유도기전력 $E = 4.44fNB \cdot A[\text{V}]$

여기서, $\phi_m = B \cdot A$

자속밀도 $B \propto \dfrac{1}{f}$ 에서

$B_{60} : B_{50} = \dfrac{1}{60} : \dfrac{1}{50}$

50[Hz]의 자속밀도 $B_{50} = \dfrac{1}{50} \times B_{60} \times 60$

$= \dfrac{60}{50}B_{60} = 1.2B_{60}$

★★★★★ 기사 18년 3회 / 산업 93년 4회, 00년 5회, 01년 1회, 04년 2회, 15년 2회

11 1차 전압 6900[V], 1차 권선 3000회, 권수비 20의 변압기가 60[Hz]에 사용할 때 철심의 최대 자속[Wb]은?

① 0.86×10^{-4}

② 8.63×10^{-3}

③ 86.3×10^{-3}

④ 863×10^{-3}

해설

1차 전압 $E_1 = 4.44fN_1\phi_m[\text{V}]$

여기서, E_1 : 1차 전압

$\quad\quad f$: 주파수

$\quad\quad N_1$: 1차 권선수

$\quad\quad \phi_m$: 최대 자속

최대 자속 $\phi_m = \dfrac{E_1}{4.44fN_1}$

$= \dfrac{6900}{4.44 \times 60 \times 3000}$

$= 8.633 \times 10^{-3}[\text{Wb}]$

★★★★ 기사 95년 2회, 06년 1회

12 단상 50[kVA], 1차 3300[V], 2차 210[V], 60[Hz] 1차 권선회수 550, 철심의 유효단면적 150[cm²]의 변압기철심의 자속밀도 [Wb/m²]는?

① 약 2.0

② 약 1.5

③ 약 1.2

④ 약 1.0

해설

1차 전압 $E_1 = 4.44fN_1\phi_m[\text{V}]$

최대 자속 $\phi_m = \dfrac{3300}{4.44 \times 60 \times 550} = 0.0225[\text{Wb}]$

철심의 자속밀도 $B = \dfrac{\phi_m}{A}$

$= \dfrac{0.0225}{150 \times 10^{-4}}$

$= 1.5[\text{Wb/m}^2]$

★★★★ 기사 92년 7회, 98년 7회, 01년 1회, 18년 3회, 19년 2회

13 변압기의 권수를 N으로 할 때 누설 리액턴스는?

① N에 비례

② N에 역비례

③ N^2에 비례

④ N^2에 역비례

해설

인덕턴스 $L = \dfrac{\mu N^2 A}{l}[\text{H}]$

누설 리액턴스 $X_l = \omega L = 2\pi f \dfrac{\mu N^2 A}{l}$ 이므로 누설 리액턴스는 변압기권수의 제곱에 비례한다.

★★★★★ 기사 14년 3회, 17년 2회 / 산업 94년 3회, 04년 2회, 08년 1·4회, 16년 3회

14 부하에 관계없이 변압기에 흐르는 전류로서 자속만을 만드는 것은?

① 1차 전류

② 철손전류

③ 여자전류

④ 자화전류

해설

무부하시험 시 변압기 2차측을 개방하고 1차측에 정격 전압 V_1을 인가할 경우 전력계에 나타나는 값은 철손이고, 전류계의 값은 무부하전류 I_0가 된다. 여기서, 무부하전류(I_0)는 철손전류(I_i)와 자화전류(I_m)의 합으로, 자화전류는 자속만을 만드는 전류이다.

★★★★★ 기사 90년 6회, 95년 5회, 03년 2회, 12년 1·3회 / 산업 98년 5회, 05년 2회

15 전압 2200[V], 무부하전류 0.088[A]인 변압기의 철손이 110[W]이다. 이때, 자화전류[A]는 얼마인가?

① 0.0724
② 0.1012
③ 0.195
④ 0.3715

해설

자화전류 $I_m = \sqrt{I_0{}^2 - I_i{}^2}$ [A]

여기서, I_m : 자화전류
I_0 : 무부하전류
I_i : 철손전류

철손전류 $I_i = \dfrac{P_i}{V_1} = \dfrac{110}{2200} = 0.05$[A]

무부하전류가 $I_0 = 0.088$[A]이므로

자화전류 $I_m = \sqrt{I_0{}^2 - I_i{}^2}$

$\quad = \sqrt{0.088^2 - 0.05^2} = 0.0724$[A]

★★ 기사 93년 5회, 14년 3회 / 산업 99년 4회, 03년 2회

16 2[kVA], 3000/100[V]인 단상 변압기의 철손이 200[W]이면 1차에 환산한 여자 컨덕턴스[℧]는?

① 약 22.2×10^{-6}
② 약 0.067
③ 약 0.073
④ 약 0.090

해설

$P = \dfrac{V_1{}^2}{R}$ 에서

여자 컨덕턴스 $g = \dfrac{P_i}{V_1{}^2}$

$\quad = \dfrac{200}{3000^2} = 22.22 \times 10^{-6}$ [℧]

★ 기사 15년 1회

17 변압기 여자회로의 어드미턴스 Y_0[℧]를 구하면? (단, I_0는 여자전류, I_1는 철손전류, I_ϕ는 자화전류, g_0는 컨덕턴스, V_1은 인가전압이다)

① $\dfrac{I_0}{V_1}$
② $\dfrac{I_1}{V_1}$
③ $\dfrac{I_\phi}{V_1}$
④ $\dfrac{g_0}{V_1}$

해설

여자전류 $I_0 = YV_1$[A]
철손전류 $I_1 = gV_1$[A]
자화전류 $I_\phi = bV_1$[A]이므로

어드미턴스 $Y_0 = \dfrac{I_0}{V_1}$ [℧]

★★★ 산업 95년 2회, 01년 3회, 05년 1회

18 변압기에서 2차를 1차로 환산한 등가회로의 부하소비전력 $P_2{}'$[W]는 실제 부하의 소비전력 P_2[W]에 대하여 어떠한가? (단, a는 변압비이다)

① a배
② a^2배
③ $\dfrac{1}{a}$ 배
④ 변함없다.

해설

변압기에서 손실을 고려하지 않을 경우 1차측으로 환산한 입력값과 부하에서 발생하는 소비전력의 크기는 같다.
※ 이 문제의 경우 손실을 고려하지 않는 이상변압기로 풀이해야 한다.

★ 기사 90년 2회, 99년 3회, 16년 1회

19 변압비 3000/100[V]인 단상 변압기 2대의 고압측을 그림과 같이 직렬로 3300[V] 전원에 연결하고, 저압측에 각각 5[Ω], 7[Ω]의 저항을 접촉하였을 때 고압측의 단자전압 E_1은 대략 얼마인가?

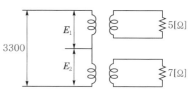

① 471[V]
② 660[V]
③ 1375[V]
④ 1925[V]

해설

2차측 저항을 1차로 환산할 때 저항 R_1, R_2는

$$R_1 = a^2 r_1 = \left(\frac{3000}{100}\right)^2 \times 5 = 4500[\Omega]$$

$$R_2 = a^2 r_2 = \left(\frac{3000}{100}\right)^2 \times 7 = 6300[\Omega]$$

$$\therefore \text{단자전압 } E_1 = \frac{3300}{R_1 + R_2} \times 4500$$

$$= \frac{3300}{4500 + 6300} \times 4500 = 1375[V]$$

집중공략

★★★★★ 산업 95년 5회, 98년 2회, 00년 7회, 06년 3회, 07년 3회, 13년 3회

20 변압기의 등가회로를 그리기 위하여 다음과 같은 시험을 하였다고 한다. 필요 없는 시험은?

① 무부하 시험

② 각 권선의 저항측정

③ 반환부하시험

④ 단락시험

해설 변압기의 등가회로작성 시 특성시험

㉠ 무부하시험 : 무부하전류(여자전류), 철손 여자 어드미턴스

㉡ 단락시험 : 임피던스 전압, 임피던스 와트, 동손, 전압변동률

㉢ 권선의 저항측정

★★★ 기사 03년 4회

21 변압기에서 발생하는 손실 중 1차측 전원에 접속되어 있으면 부하의 유무에 관계없이 발생하는 손실은?

① 동손

② 표유부하손

③ 철손

④ 부하손

해설

철손은 변압기의 2차측을 개방하고 1차에 정격전압 V_1을 인가할 경우 전력계에 나타나는 지시값으로, 상용전원에서 부하의 유무에 관계없이 일정하다.

★★ 산업 91년 3회, 94년 6회

22 변압기의 2차측을 개방했을 경우 1차측에 흐르는 전류는 무엇에 의하여 결정되는가?

① 여자 어드미턴스

② 누설 리액턴스

③ 저항

④ 임피던스

해설

무부하전류(여자전류) $I_0 = Y V_1[A]$

★★★★ 산업 92년 5회, 02년 1회, 18년 2회

23 단락시험과 관계없는 것은?

① 여자 어드미턴스

② 임피던스 와트

③ 전압변동률

④ 임피던스

해설

단락시험으로 임피던스 전압, 임피던스 와트, 동손, 전압변동률을 구할 수 있고 여자 어드미턴스는 무부하시험으로 구할 수 있다.

★★★★ 기사 90년 2회, 97년 6회, 05년 1회 / 산업 14년 1회

24 단상 변압기의 임피던스 와트(impedance watt)를 구하기 위해서는 다음 중 어느 시험이 필요한가?

① 무부하시험

② 단락시험

③ 유도시험

④ 반환부하법

해설

단락시험에서 정격전류와 같은 단락전류가 흐를 때의 입력이 임피던스 와트이고, 동손과 크기가 같다.

★★★ 기사 90년 6회, 97년 6회 / 산업 97년 6회

25 임피던스 전압을 걸 때의 입력은 무엇인가?

① 철손

② 정격용량

③ 임피던스 와트

④ 전부하 시의 전손실

해설

변압기 2차측을 단락한 상태에서 1차측의 인가전압을 서서히 증가시켜 정격전류가 1 · 2차 권선에 흐르게 되는데 이때 전압계의 지시값이 임피던스 전압이고 전력계의 지시값이 임피던스 와트(동손)이다.

정답 20. ③ 21. ③ 22. ① 23. ① 24. ② 25. ③

① 2346[V] ② 2326[V]

③ 2356[V] ④ 2336[V]

해설

전압변동률 $\varepsilon = \dfrac{V_{20} - V_{2n}}{V_{2n}} \times 100$

$= \dfrac{V_{20} - 115}{115} \times 100 = 2[\%]$

여기서, V_{20} : 무부하단자전압

V_{2n} : 전부하단자전압

$V_{20} = 115 \times \left(1 + \dfrac{2}{100}\right) = 117.3[V]$

1차 단자전압 $V_1 = a \times V_{20} = 20 \times V_{20}$

$= 20 \times 117.3 = 2346[V]$

★★★★★ 기사 04년 4회, 15년 3회 / 산업 00년 2회, 02년 2회, 08년 4회, 15년 2회(유사)

26 변압기의 임피던스 전압이란?

① 정격전류가 흐를 때 변압기 내의 전압강하

② 여자전류가 흐를 때 2차측의 단자전압

③ 정격전류가 흐를 때 2차측의 단자전압

④ 2차 단락전류가 흐를 때 변압기 내의 전압강하

해설 임피던스 전압

변압기 2차측을 단락한 상태에서 1차측의 인가전압을 서서히 증가시켜 정격전류가 1 · 2차 권선에 흐르게 되는데 이때 전압계의 지시값이다.

★★★ 산업 04년 1회, 06년 4회, 13년 2회(유사)

29 전압비가 무부하에서는 15 : 1, 정격부하에서는 15.5 : 1인 변압기의 전압변동률[%]은?

① 2.2 ② 2.6

③ 3.3 ④ 3.5

해설

무부하 시에는 전압강하가 없고 정격부하 시에는 전압강하를 고려하므로 15.5 - 15의 값이 전압강하임을 알 수 있다.

무부하전압 $V_{20} = 15.5$, 정격전압 $V_{2n} = 15$로 하여

전압변동률 $\varepsilon = \dfrac{V_{20} - V_{2n}}{V_{2n}} \times 100$

$= \dfrac{15.5 - 15}{15} \times 100 = 3.3[\%]$

★★ 기사 94년 7회, 01년 3회

27 변압기에서 등가회로를 이용하여 단락전류를 구하는 식은 다음 어느 것인가?

① $\dot{I}_{1s} = \dfrac{\dot{V}_1}{\dot{Z}_1 + a^2 \dot{Z}_2}$

② $\dot{I}_{1s} = \dfrac{\dot{V}_1}{\dot{Z}_1 \times a^2 \dot{Z}_2}$

③ $\dot{I}_{1s} = \dfrac{\dot{V}_1}{\dot{Z}_1^2 + a^2 \dot{Z}_2}$

④ $\dot{I}_{1s} = \dfrac{\dot{V}_1}{\dot{Z}_1^2 \times a^2 \dot{Z}_2}$

해설

1차 권선의 임피던스 $\dot{Z}_1$

2차 임피던스를 1차로 환산 $a^2 \dot{Z}_2$

단락전류에는 부하 임피던스가 적용되지 않으므로 변압기 내부 1 · 2차 권선의 임피던스만 고려한다.

1차 단락전류 $\dot{I}_{s1} = \dfrac{\dot{V}_1}{\dot{Z}_1 + a^2 \dot{Z}_2}[A]$

★★★★★ 기사 93년 4회, 99년 4회, 00년 6회, 03년 3회, 06년 1회, 18년 3회

30 역률 100[%]인 때의 전압변동률 ε은 어떻게 표시되는가?

① %저항강하

② %리액턴스 강하

③ %서셉턴스 강하

④ %임피던스 전압

해설

변압기를 정격상태에서 운전 중 무부하상태가 되면 변압기 2차 단자전압이 변화하는데 이를 전압변동률이라 한다.

★★★★★ 기사 12년 2회, 13년 1회, 15년 1회(유사) / 산업 02년 2회, 04년 2회, 07년 2회

28 단상 변압기가 있다. 전부하에서 2차 전압은 115[V]이고 전압변동률은 2[%]이다. 1차 단자전압은? (단, 1 · 2차 권선비는 20 : 1이다)

전압변동률 $\varepsilon = \dfrac{V_{20} - V_{2n}}{V_{2n}} \times 100$

$\qquad = p\cos\theta + q\sin\theta [\%]$

㉠ 뒤진 역률 : $\varepsilon = p\cos\theta + q\sin\theta$

㉡ 앞선 역률 : $\varepsilon = p\cos\theta - q\sin\theta$

㉢ 부하역률 $\cos\theta = 1$인 경우 : $\varepsilon = p[\%]$

★★★★★ 기사 91년 7회, 11년 3회 / 산업 03년 1회, 06년 3회, 11년 2회, 19년 1회

31 어떤 변압기의 백분율 저항강하가 2[%], 백분율 리액턴스 강하가 3[%]라 한다. 이 변압기로 역률이 80[%]인 부하에 전력을 공급하고 있다. 이 변압기의 전압변동률[%]은?

① 3.8 　　　　② 3.4

③ 2.4 　　　　④ 1.2

▨ 해설

전압변동률 $\varepsilon = p\cos\theta + q\sin\theta$
$\qquad = 2 \times 0.8 + 3 \times 0.6 = 3.4[\%]$

여기서, p : 백분율 저항강하

$\qquad q$: 백분율 리액턴스 강하

★★★ 산업 95년 4회, 14년 3회

32 어떤 변압기의 단락시험에서 %저항강하 1.5[%]와 %리액턴스 강하 3[%]를 얻었다. 부하역률 80[%] 앞선 경우의 전압변동률 [%]은?

① −0.6 　　　　② 0.6

③ −3.0 　　　　④ 3.0

▨ 해설

전압변동률 $\varepsilon = p\cos\theta + q\sin\theta$
$\qquad = 1.5 \times 0.8 + 3 \times (-0.6)$
$\qquad = -0.6[\%]$

여기서, p : 백분율 저항강하

$\qquad q$: 백분율 리액턴스 강하

★★★ 기사 93년 2회, 03년 1회

33 어떤 변압기의 전압변동률은 부하역률 100[%]에서 2[%], 부하역률 80[%]에서 3[%]이다. 이 변압기의 최대 전압변동률[%]은 약 얼마인가?

① 6.2 　　　　② 5.1

③ 4.2 　　　　④ 3.1

▨ 해설

최대 전압변동률 $\dfrac{d\varepsilon}{d\theta} = 0$일 경우로 $\varepsilon_m = \sqrt{p^2 + q^2}$ 으로 나타낼 수 있다.

역률 100[%]일 때 $\varepsilon = p = 2[\%]$

역률 80[%]일 때 $\varepsilon = p\cos\theta + q\sin\theta$
$\qquad = 2 \times 0.8 + q \times 0.6 = 3[\%]$

$q = 2.33[\%]$

최대 전압변동률 $\varepsilon = \sqrt{p^2 + q^2}$
$\qquad = \sqrt{2^2 + 2.33^2} = 3.07 = 3.1[\%]$

★★★ 기사 97년 2회, 14년 2회 / 산업 19년 2회

34 부하의 역률이 0.6일 때 전압변동률이 최대가 되는 변압기가 있다. 역률 1.0일 때의 전압변동률이 3[%]라고 하면 역률 0.8에서의 전압변동률은 몇 [%]인가?

① 4.4 　　　　② 4.6

③ 4.8 　　　　④ 5.0

▨ 해설

전압변동률 $\varepsilon = p\cos\theta + q\sin\theta[\%]$

역률이 100[%]일 때
$3 = p \times 1.0 + q \times 0$에서 $p = 3[\%]$

최대 전압변동률 시 역률 $\cos\theta = \dfrac{3}{\sqrt{3^2 + q^2}} = 0.6$

$q = \sqrt{\left(\dfrac{3}{0.6}\right)^2 - 3^2} = 4[\%]$

부하역률이 0.8일 때

전압변동률 $\varepsilon = p\cos\theta + q\sin\theta$
$\qquad = 3 \times 0.8 + 4 \times 0.6 = 4.8[\%]$

★★★★ 기사 96년 4회, 97년 7회 / 산업 93년 3회, 99년 3회, 15년 3회

35 5[kVA], 2000/200[V]의 단상 변압기가 있다. 2차에 환산한 등가저항과 등가 리액턴스는 각각 0.14[Ω], 0.16[Ω]이다. 이 변압기에 역률 0.8(뒤짐)의 정격부하를 걸었을 때 전압변동률[%]은 약 얼마인가?

① 0.026 　　　　② 0.26

③ 2.6 　　　　④ 26

▨ 해설

변압기용량 $P = V_1 I_1 = V_2 I_2 [\text{kVA}]$

변압기 2차 정격전류 $I_2 = \dfrac{5 \times 10^3}{200} = 25[\text{A}]$

$$\%저항강하 \quad p = \frac{I_n \cdot r_2}{V_n} \times 100$$
$$= \frac{25 \times 0.14}{200} \times 100 = 1.75[\%]$$

$$\%리액턴스 \; 강하 \quad q = \frac{I_n \cdot x_2}{V_n} \times 100$$
$$= \frac{25 \times 0.16}{200} \times 100 = 2[\%]$$

전압변동률 $\varepsilon = p\cos\theta + q\sin\theta$
$$= 1.75 \times 0.8 + 2 \times 0.6 = 2.6[\%]$$

★★ 산업 97년 7회, 02년 1회, 04년 2회

36 변압기의 리액턴스 강하가 저항강하의 3배이고, 정격전류에서 전압변동률이 0이 되는 앞선 역률의 크기[%]는?

① 95   ② 32

③ 100   ④ 87

해설

리액턴스 강하가 저항강하의 3배 → $q = 3p$
전압변동률 $\varepsilon = p\cos\theta + q\sin\theta$
$$= p\cos\theta - 3p\sin\theta = 0$$
$p\cos\theta = 3p\sqrt{1-\cos^2\theta}$ 에서 정리하면
$\cos^2\theta = 9(1-\cos^2\theta)$
앞선 역률 $\cos\theta = \sqrt{\dfrac{9}{10}} = 94.86 \fallingdotseq 95[\%]$

★ 산업 97년 7회, 06년 2회

37 변압기의 정격전류에 대한 백분율 저항강하 1.5[%], 백분율 리액턴스 강하가 4[%]이다. 이 변압기에 정격전류를 통하여 전압변동률이 최대로 되는 부하역률은?

① 0.154   ② 0.283

③ 0.351   ④ 0.683

해설

전압변동률 $\varepsilon = p\cos\theta + q\sin\theta$ 에서
전압변동률이 최대가 되기 위한 조건은
$$\frac{d\varepsilon}{d\theta} = -p\sin\theta + q\cos\theta = 0$$
$$\frac{q}{p} = \frac{\sin\theta}{\cos\theta} = \tan\theta$$
$$\theta = \tan^{-1}\frac{q}{p} = \tan^{-1}\frac{4}{1.5} = 69.44°$$
부하역률 $\cos\theta = \cos 69.44° = 0.3511$

★★★★ 기사 92년 2회, 96년 4회, 01년 1회, 15년 2회, 17년 1회

38 5[kVA], 3000/200[V]의 변압기의 단락시험에서 임피던스 전압=120[V], 동손=150[W]라 하면 %저항강하는 약 몇 [%]인가?

① 약 2   ② 약 3

③ 약 4   ④ 약 5

해설

$$\%저항강하 \quad p = \frac{I_n \cdot r_2}{V_{2n}} \times 100[\%]$$
$$p = \frac{I_n \cdot r_2}{V_{2n}} \times 100 \times \frac{I_n}{I_n} = \frac{I_n \cdot r_2 \cdot I_n}{V_{2n} \cdot I_n} \times 100$$
$$= \frac{P_c[\mathrm{W}]}{P[\mathrm{VA}]} \times 100[\%] 에서$$
$$p = \frac{P_c}{P} \times 100 = \frac{150}{5 \times 10^3} \times 100 = 3[\%]$$

★★★★★ 기사 13년 2회, 14년 3회, 15년 1회(유사) / 산업 00년 5회, 07년 1회, 14년 2회

39 10[kVA], 2000/100[V] 변압기의 1차 환산 등가 임피던스가 $6.2 + j7[\Omega]$이라면 %임피던스 강하는 약 몇 [%]인가?

① 1.8   ② 2.4

③ 6.7   ④ 9.4

해설

1차 임피던스 $|Z_1| = \sqrt{(6.2)^2 + 7^2} = 9.35[\Omega]$

1차 정격전류 $I_1 = \dfrac{P}{V_1} = \dfrac{10 \times 10^3}{2000} = 5[\mathrm{A}]$

$\%임피던스 \; \%Z = \dfrac{I_1 \cdot |Z|}{V_1} \times 100$
$$= \frac{5 \times 9.35}{2000} \times 100 = 2.337[\%]$$

★★★★ 산업 91년 3회, 03년 4회

40 3상 변압기의 임피던스가 $Z[\Omega]$이고, 선간전압이 $V[kV]$, 정격용량이 $P[kVA]$일 때 $\%Z$(%임피던스)는?

① $\dfrac{PZ}{V}$ ② $\dfrac{10PZ}{V}$

③ $\dfrac{PZ}{10V^2}$ ④ $\dfrac{PZ}{100V^2}$

해설

정격전류 $I_n = \dfrac{P}{\sqrt{3}\,V_n}$[A]

여기서, P : 정격용량[kVA]

V_n : 선간전압[kV]

%임피던스 $\%Z = \dfrac{IZ}{V} \times 100 = \dfrac{\dfrac{P}{\sqrt{3}\,V} \times Z}{1000\dfrac{V}{\sqrt{3}}} \times 100$

$= \dfrac{PZ}{10\,V^2}$[%]

★★★ 산업 93년 3회, 98년 6회, 00년 6회, 01년 2회, 03년 4회, 16년 2회(유사)

41 3300/210[V], 5[kVA]의 단상 변압기가 % 저항강하 2.4[%], %리액턴스 강하 1.8[%] 이다. 임피던스 전압[V]은?

① 99 　　　　　　② 66

③ 33 　　　　　　④ 21

해설

%임피던스 $\%Z = \sqrt{p^2 + q^2} = \sqrt{2.4^2 + 1.8^2} = 3$[%]

$\%Z = \dfrac{IZ}{E} \times 100$[%]에서

임피던스 전압 $V_Z = IZ = \dfrac{\%Z}{100} \times E$

$= \dfrac{3}{100} \times 3300$

$= 99$[V]

★★ 산업 96년 5회, 03년 2회, 15년 1회

42 2200/210[V], 5[kVA] 단상 변압기의 퍼센트 저항강하 2.4[%], 리액턴스 강하 1.8[%] 이다. 임피던스 와트[W]는?

① 320 　　　　　　② 240

③ 120 　　　　　　④ 90

해설

%저항강하 $p = \dfrac{I_n \cdot r_2}{V_{2n}} \times 100$[%]

$\%p = \dfrac{I_n \cdot r_2}{V_{2n}} \times 100 \times \dfrac{I_n}{I_n} = \dfrac{I_n \cdot r_2 \cdot I_n}{V_{2n} \cdot I_n} \times 100$

$= \dfrac{P_c[\text{W}]}{P_n[\text{VA}]} \times 100$

여기서, 임피던스 와트=동손

$\%p = \dfrac{P_c}{P_n} \times 100$[%]에서

임피던스 와트 $P_c = \dfrac{\%p}{100} \times P_n = \dfrac{2.4}{100} \times 5 \times 10^3$

$= 120$[W]

★★★★ 산업 90년 7회, 91년 3회, 96년 2회, 00년 3회

43 단상 100[kVA], 13200/200[V] 변압기의 저 압측 선전류의 유효분전류[A]는? (단, 역 률은 0.8, 지상이다)

① 300 　　　　　　② 400

③ 500 　　　　　　④ 700

해설

변압기 저압측 선전류 $I_2 = \dfrac{P}{E_2} = \dfrac{100}{0.2} = 500$[A]

$I_2 = |I_2|(\cos\theta + \sin\theta) = 500 \times (0.8 + j\,0.6)$

$= 400 + j\,300$[A]

따라서, 유효분전류는 400[A]가 흐른다.

★★ 산업 98년 5회, 16년 3회

44 역률 80[%](뒤짐)로, 전부하운전 중인 3상 100[kVA], 3000/200[V] 변압기의 저압측 선전류의 무효분은 약 몇 [A]인가?

① 100 　　　　　　② $80\sqrt{3}$

③ $100\sqrt{3}$ 　　　　④ $500\sqrt{3}$

해설

변압기 저압측 선전류 $I_2 = \dfrac{P}{\sqrt{3}\,E_2}$

$= \dfrac{100}{\sqrt{3} \times 0.2} = 288.68$[A]

$I_2 = |I_2|(\cos\theta + \sin\theta) = 288.68 \times (0.8 + j\,0.6)$

$= 230.94 + j\,173.2$[A]

저압측 선전류의 무효분전류는 $173.2(= 100\sqrt{3})$[A]가 흐른다.

★★★★★ 기사 92년 6회 / 산업 05년 1회, 06년 4회, 07년 1·2회, 08년 2회, 15년 2회(유사), 18년 2회

45 임피던스 강하가 5[%]인 변압기가 운전 중 단락되었을 때 단락전류는 정격전류의 몇 배가 되는가?

① 5 　　　　　　② 10

③ 15 　　　　　　④ 20

해설

단락전류 $I_s = \dfrac{100}{\%Z} \times$ 정격전류 $= \dfrac{100}{5}I_n = 20I_n$[A]

★★★★★ 기사 97년 7회, 01년 2회, 14년 3회 / 산업 12년 3회, 14년 3회, 16년 2회(유사)

46 $30[\text{kVA}]$, $\dfrac{3300}{200}[\text{V}]$, $60[\text{Hz}]$의 3상 변압기 2차측에 3상 단락이 생겼을 경우 단락전류는 약 몇 $[\text{A}]$인가? (단, %임피던스 전압은 $3[\%]$라 함)

① 2250　　② 2620
③ 2730　　④ 2886

해설

변압기 2차 정격전류 $I_n = \dfrac{P}{\sqrt{3}\,V_2}$

$= \dfrac{30}{\sqrt{3}\times 0.2} = 50\sqrt{3}$

$= 86.6[\text{A}]$

2차측 3상 단락전류 $I_s = \dfrac{100}{\%Z}\times I_n$

$= \dfrac{100}{3}\times 86.6 = 2886[\text{A}]$

★ 기사 16년 2회 / 산업 14년 3회

47 $\dfrac{3300}{200}[\text{V}]$, $10[\text{kVA}]$의 단상 변압기의 2차를 단락하여 1차측에 $300[\text{V}]$를 가하니 2차에 $120[\text{A}]$가 흘렀다. 이 변압기의 임피던스 전압 및 백분율 임피던스 강하는 어떻게 되는가?

① $125[\text{V}]$, $3.5[\%]$
② $125[\text{V}]$, $3.8[\%]$
③ $200[\text{V}]$, $45[\%]$
④ $1375[\text{V}]$, $425[\%]$

해설

임피던스 전압$(V_z = I_n \cdot |Z|)$: 정격전류가 흐를 때의 변압기 내부 전압강하

변압기의 권수비 $a = \dfrac{E_1}{E_2} = \dfrac{N_1}{N_2} = \dfrac{I_2}{I_1}$ 에서 $a = 16.5$

변압기 2차측 정격전류 $I_n = \dfrac{10\times 10^3}{200} = 50[\text{A}]$

1차측 전류 $I_1 = \dfrac{I_2}{a} = \dfrac{50}{16.5} = 3.03[\text{A}]$

변압기의 1차측에 $300[\text{V}]$의 전압을 가하였을 경우 2차측에 $120[\text{A}]$의 전류가 흐른다면

1차측 전류 $I_1 = \dfrac{I_2}{a} = \dfrac{120}{16.5} = 7.27[\text{A}]$

$300 : V_s = 7.27\times Z_1 : 3.03\times Z_1$

임피던스 전압 $V_s = 125[\text{V}]$

퍼센트 임피던스 $\%Z = \dfrac{\text{임피던스 전압}}{\text{1차 정격전압}}\times 100$

$= \dfrac{125}{3300}\times 100 = 3.8[\%]$

★★ 기사 03년 3회, 17년 1회

48 변압기의 규약효율산출에 필요한 기본요건이 아닌 것은?

① 파형은 정현파를 기준으로 한다.
② 별도의 지정이 없는 경우 역률은 $100[\%]$ 기준이다.
③ 손실은 각 권선의 부하손의 합과 무부하손의 합이다.
④ 부하손은 $40[\text{℃}]$를 기준으로 보정한 값을 사용한다.

해설

변압기의 규약효율은 $\eta = \dfrac{\text{출력}}{\text{출력}+\text{손실}}\times 100[\%]$로 부하손은 $75[\text{℃}]$를 기준으로 보정한 값을 사용한다.

★★★ 산업 06년 2회

49 변압기의 전부하효율을 나타낸 식으로 옳은 것은?

① $\dfrac{\text{출력}}{\text{입력}+\text{동손}+\text{철손}}$

② $\dfrac{\text{입력}}{\text{출력}+\text{동손}+\text{철손}}$

③ $\dfrac{\text{출력}}{\text{출력}+\text{동손}+\text{철손}}$

④ $\dfrac{\text{입력}}{\text{입력}+\text{동손}+\text{철손}}$

해설

변압기의 전부하효율 $\eta = \dfrac{P_o}{P_o + P_i + P_c}\times 100[\%]$

여기서, P_o : 출력
　　　　P_i : 철손
　　　　P_c : 동손

★★★ 산업 92년 5회, 98년 5회, 04년 1회

50 변압기의 철손이 P_i, 전부하동손이 P_c 일 때 정격출력의 $\dfrac{1}{m}$ 의 부하를 걸었을 때 전손실은 어떻게 되는가?

① $(P_i + P_c)\left(\dfrac{1}{m}\right)^2$

② $P_i + P_c\dfrac{1}{m}$

③ $P_i + \left(\dfrac{1}{m}\right)^2 P_c$

④ $P_i\dfrac{1}{m} + P_c$

해설

부하율이 $\dfrac{1}{m}$ 일 때의 효율

$$\eta = \frac{\dfrac{1}{m}P_o}{\dfrac{1}{m}P_o + P_i + \left(\dfrac{1}{m}\right)^2 P_c} \times 100[\%]$$

전체손실 $= P_i + \left(\dfrac{1}{m}\right)^2 P_c$

★ 기사 97년 5회

51 5[kVA] 단상 변압기의 무유도전부하에서의 동손은 120[W], 철손은 80[W]이다. 전부하의 $\dfrac{1}{2}$ 되는 무유도부하에서의 효율은?

① 98.3[%] ② 97[%]
③ 95[%] ④ 93.6[%]

해설

무유도부하는 역률을 1.0으로 한다.

$\dfrac{1}{m}$ 부하 시 효율

$$\eta = \frac{\dfrac{1}{m}V_n I_n \cos\theta}{\dfrac{1}{m}V_n I_n \cos\theta + P_i + \left(\dfrac{1}{m}\right)^2 P_c} \times 100[\%]$$

$\dfrac{1}{2}$ 부하 시 효율

$$\eta = \frac{\dfrac{1}{2} \times 5 \times 10^3}{\dfrac{1}{2} \times 5 \times 10^3 + 80 + \left(\dfrac{1}{2}\right)^2 \times 120} \times 100 = 95.8[\%]$$

여기서, $\cos\theta = 1.0$

★★ 기사 94년 4회

52 100[kVA]의 단상 변압기가 역률 80[%]에서 전부하효율이 90[%]라면 역률 0.5의 전부하에서의 효율[%]은?

① 85 ② 92
③ 98 ④ 105

해설

역률 80[%]에서 효율

$$\eta = \frac{100 \times 0.8}{100 \times 0.8 + P_l} \times 100 = 90[\%]$$

손실 $P_l = \dfrac{100 \times 0.8}{0.9} - 100 \times 0.8 = 8.9[\text{kW}]$

역률 0.5에서 전부하효율

$$\eta = \frac{100 \times 0.5}{100 \times 0.5 + 8.9} \times 100 = 84.9[\%]$$

★★★ 기사 98년 5회, 00년 2·5회, 03년 4회, 05년 4회

53 50[Hz], 6.3[kV]/210[V], 50[kVA], 정격역률 0.8(지상)의 단상 변압기에 있어서 무부하손은 0.65[%], %저항강하는 1.4[%]라 하면 이 변압기의 전부하효율은?

① 약 96.5[%]
② 약 97.7[%]
③ 약 98.6[%]
④ 약 99.4[%]

해설

변압기효율 $\eta = \dfrac{P_o}{P_o + P_i + P_c} \times 100[\%]$

여기서, P_o : 출력
　　　　P_i : 철손
　　　　P_c : 동손

전부하 시 출력 $P_o = P[\text{kVA}] \cdot \cos\theta$
　　　　　　　　$= 50 \times 0.8 = 40[\text{kW}]$

변압기의 무부하손은 출력에 0.65[%]이므로

철손 $P_i = 40 \times 0.0065 = 0.26[\text{kW}]$

동손 $P_c = P[\text{kVA}] \times \dfrac{\%p}{100}$

　　　　$= 50 \times \dfrac{1.4}{100} = 0.7[\text{kW}]$

전부하효율 $\eta = \dfrac{40}{40 + 0.26 + 0.7} \times 100 = 97.65[\%]$

정답 50. ③ 51. ③ 52. ① 53. ②

★★ 산업 92년 7회, 98년 7회, 00년 5회, 08년 2회

54 용량 10[kVA], 철손 120[W], 전부하동손 200[W]인 단상 변압기 2대를 V결선하여 부하를 걸었을 때 전부하효율은 몇 [%]인가? (단, 부하의 역률은 $\frac{\sqrt{3}}{2}$ 이라 한다)

① 99.2 ② 98.3
③ 97.9 ④ 95.9

해설

변기기 2대를 이용한 V결선 시 용량 $P_V = \sqrt{3}\,P_1$ 이므로
V결선 시 부하용량 $P_V = \sqrt{3}\,P_1 = \sqrt{3} \times 10$
$$= 17.32[kVA]$$
변압기 V결선 시 동손 및 철손은 2배로 하여
V결선 시 전부하효율
$$\eta = \frac{17.32 \times \frac{\sqrt{3}}{2}}{17.32 \times \frac{\sqrt{3}}{2} + (0.12 \times 2) + (0.2 \times 2)} \times 100$$
$$= 95.9[\%]$$

★★★★ 산업 94년 5회

55 변압기의 철손과 전부하동손을 같게 설계하면 최대 효율은?

① 전부하 시 ② $\frac{3}{2}$ 부하 시

③ $\frac{2}{3}$ 부하 시 ④ $\frac{1}{2}$ 부하 시

해설 변압기 운전 시 최대 효율조건

㉠ 전부하 시 최대 효율 : $P_i = P_c$

㉡ $\frac{1}{m}$ 부하 시 최대 효율 : $P_i = \left(\frac{1}{m}\right)^2 P_c$

★★★★★ 기사 16년 1회(유사) / 산업 02년 3회, 06년 1회, 08년 2회, 12년 3회, 16년 1회(유사)

56 전부하에서 동손 100[W], 철손 50[W]인 변압기에 최대 효율을 나타내는 부하는?

① 70 ② 114
③ 149 ④ 186

해설

철손(P_i)과 동손(P_c)이 다를 경우 최대 효율조건은

$$P_i = \left(\frac{1}{m}\right)^2 P_c$$

최대 효율이 될 때 부하율은 $\frac{1}{m} = \sqrt{\frac{P_i}{P_c}}$ 이므로

$$\frac{1}{m} = \sqrt{\frac{P_i}{P_c}} = \sqrt{\frac{50}{100}} = 0.707$$

★★★★ 기사 92년 3회 / 산업 97년 6회, 05년 2회, 11년 2회, 14년 2회, 19년 1회

57 정격 150[kVA], 철손 1[kW], 전부하동손이 4[kW]인 단상 변압기의 최대 효율[%]과 최대 효율 시의 부하[kVA]는 얼마인가?

① 96.8[%], 125[kVA]
② 97.4[%], 75[kVA]
③ 97[%], 50[kVA]
④ 97.2[%], 100[kVA]

해설

최대 효율 시 부하율 $\frac{1}{m} = \sqrt{\frac{P_i}{P_c}} = \sqrt{\frac{1}{4}} = 0.5$

최대 효율부하 $P = 150 \times 0.5 = 75[kVA]$

최대 효율 $\eta = \dfrac{\frac{1}{2} \times P_o}{\frac{1}{2} \times P_o + P_c + P_i} \times 100$

$$= \frac{\frac{1}{2} \times 150}{\frac{1}{2} \times 150 + 1 + 0.5^2 \times 4} \times 100$$
$$= 97.4[\%]$$
여기서, $\cos\theta = 1.0$

★★ 산업 93년 5회, 12년 1회

58 다음 ( ) 안에 들어갈 것으로 알맞은 것은?

> 주상변압기에서 보통 동손과 철손의 비는 (㉠)이고 최대 효율이 되기 위하여는 동손과 철손의 비는 (㉡)이다.

㉠	㉡		㉠	㉡
① 1 : 1,	1 : 1		② 2 : 1,	1 : 1
③ 1 : 1,	2 : 1		④ 3 : 1,	1 : 1

정답 54. ④ 55. ① 56. ① 57. ② 58. ②

해설

주상변압기의 경우 운전 중에 발생하는 손실인 동손과 철손이 보통 2:1로 나타나고, 최대 효율은 동손과 철손의 크기가 같은 1:1의 비율에서 나타난다.

★   산업 06년 3회, 09년 3회

59 어떤 주상변압기가 $\dfrac{4}{5}$ 부하일 때 최대 효율이 된다고 한다. 전부하에 있어서의 철손과 동손의 비 $\dfrac{P_c}{P_i}$ 는?

① 약 1.15
② 약 1.56
③ 약 1.64
④ 약 0.64

해설

최대 효율이 되는 부하율 $\dfrac{1}{m} = \sqrt{\dfrac{P_i}{P_c}}$

주상변압기의 부하가 $\dfrac{4}{5}$ 일 때 최대 효율이므로

$\dfrac{4}{5} = \sqrt{\dfrac{P_i}{P_c}}$ 에서

$\dfrac{P_c}{P_i} = \dfrac{1}{\left(\dfrac{4}{5}\right)^2} = 1.56$

★★★   산업 94년 3회, 01년 3회

60 출력 10[kVA], 정격전압에서 철손이 85[W], 뒤진 역률을 0.8, $\dfrac{3}{4}$ 부하에서 효율이 가장 큰 단상 변압기가 있다. 역률 1일 때의 최대 효율은?

① 96[%]
② 97.8[%]
③ 98.8[%]
④ 99[%]

해설

$P_i = \left(\dfrac{1}{m}\right)^2 P_c$ 의 조건에서 효율이 최대가 되므로

동손 $P_c = \dfrac{85}{0.75^2}$

$= 151.1[\text{W}]$

최대 효율

$\eta = \dfrac{0.75 \times 10 \times 1.0}{0.75 \times 10 \times 1.0 + 0.085 + (0.75)^2 \times 0.151} \times 100$

$= 97.78[\%]$

★★   산업 89년 6회

61 변압기의 철손이 전부하동손보다 크게 설계되었다면 이 변압기의 최대 효율은 어떤 부하에서 생기는가?

① $\dfrac{1}{2}$ 부하

② $\dfrac{3}{4}$ 부하

③ 전부하

④ 과부하

해설

최대 효율이 되기 위한 부하율 $\dfrac{1}{m} = \sqrt{\dfrac{P_i}{P_c}}$

철손 P_i 가 동손 P_c 보다 크게 설계되었다면 최대 효율은 $\dfrac{1}{m} > 1$ 인 과부하 때 생기게 된다.

★★★   산업 95년 5회, 99년 6회, 03년 3회, 13년 2회

62 변압기의 전일효율을 최대로 하기 위한 조건은?

① 전부하시간이 짧을수록 무부하손을 작게 한다.
② 전부하시간이 짧을수록 철손을 크게 한다.
③ 부하시간에 관계없이 전부하 동손과 철손을 같게 한다.
④ 전부하시간이 길수록 철손을 작게 한다.

해설

전일효율 시 최대 효율조건 : $24P_i = h\left(\dfrac{1}{m}\right)^2 P_c$

여기서, P_i : 철손
　　　　P_c : 전부하동손
　　　　h : 사용시간
　　　　$\dfrac{1}{m}$: 부하율

사용시간이 짧을 경우에도 철손은 24시간이 적용되므로 최대 효율이 되려면 철손이 동손보다 작아야 한다.

★★ 기사 16년 1회

63 변압기의 전일효율이 최대가 되는 조건은 무엇인가?

① 하루 중의 무부하손의 합=하루 중의 부하손의 합

② 하루 중의 무부하손의 합 < 하루 중의 부하손의 합

③ 하루 중의 무부하손의 합 > 하루 중의 부하손의 합

④ 하루 중의 무부하손의 합=2×하루 중의 부하손의 합

해설

변압기의 최대 효율조건 : 철손(P_i)=동손(P_c)

㉠ 전일효율의 최대 효율조건 : $24P_i = h\left(\dfrac{1}{m}\right)^2 P_c$

여기서, h : 사용시간

$\dfrac{1}{m}$: 부하율

㉡ 전부하시간이 짧을수록 철손이 작아야만 최대 효율로 운전이 가능하다.

★★★ 산업 93년 1회, 05년 1회

64 변압기의 효율이 회전기기의 효율보다 좋은 이유는?

① 철손이 작다.

② 동손이 작다.

③ 동손과 철손이 작다.

④ 기계손이 없고 여자전류가 작다.

해설

변압기는 정지기로 회전력이 발생하지 않아 자속을 만드는 여자전류가 작고 기계손이 작아 회전기기보다 효율이 작다.

★★★★★ 기사 92년 6회, 93년 3회, 13년 3회 / 산업 93년 2회, 94년 7회, 03년 1회

65 일정전압 및 일정파형에서 주파수가 상승하면 변압기철손은 어떻게 변하는가?

① 불변이다.

② 감소한다.

③ 증가한다.

④ 어떤 기간 동안 증가한다.

해설

변압기의 철손 $P_i = P_h + P_e \rightarrow P_i \propto \dfrac{V_1^2}{f}$ 이므로 주파수가 상승하면 철손은 감소한다.

히스테리시스손 $P_h = k_h \cdot f \cdot B_m^{2.0}$[W]

여기서, k_h : 재료에 따른 상수

f : 전원주파수[Hz]

B_m : 최대 자속밀도[Wb]

자속밀도 $B_m \propto \dfrac{1}{f}$ 이므로 $P_h \propto \dfrac{1}{f}$

와류손 $P_e = k_h k_e\,(t \cdot f \cdot B_m)^2$[W]

여기서, k_h, k_e : 재료에 따른 상수

t : 철심의 두께

B_m : 최대 자속밀도

자속밀도 $B_m \propto \dfrac{1}{f}$ 이므로 $P_e \propto V^2 \propto t^2$

와류손은 인가전압의 제곱에 비례, 두께의 제곱에 비례, 주파수와는 관계가 없다.

★★★ 기사 17년 3회

66 일반적인 변압기의 무부하손 중 효율에 가장 큰 영향을 미치는 것은?

① 와전류손

② 유전체손

③ 히스테리시스손

④ 여자전류저항손

해설

변압기에서 효율에 수치적으로 영향을 줄 수 있는 손실은 철손과 동손이다. 이때, 철손은 히스테리시스손과 와류손의 합으로 나타난다. 여기서, 히스테리시스손은 와류손에 비해 크게 발생한다.

★★★ 기사 15년 2회

67 히스테리시스손과 관계없는 것은?

① 최대 자속밀도

② 철심의 재료

③ 회전수

④ 철심용 규소강판의 두께

정답 63. ① 64. ④ 65. ② 66. ③ 67. ④

해설

와류손 $P_e \propto k_h k_e (f \cdot t \cdot B_m)^2$ 이므로 규소강판의 두께(t)는 와류손 크기의 제곱에 비례한다.

★★★★ 산업 16년 3회

68 전기기기에 있어 와전류손(eddy current loss)을 감소시키기 위한 방법은?

① 냉각압연
② 보상권선 설치
③ 교류전원을 사용
④ 규소강판을 성층하여 사용

해설

철손＝히스테리시스손 + 와류손

와전류손 $P_e \propto k_h k_e (f t B_m)^2$

여기서, f : 주파수
　　　 t : 두께
　　　 B_m : 자속밀도

와전류손은 두께의 2승에 비례하므로 감소시키기 위해 성층하여 사용한다.

★★ 기사 17년 2회

69 와전류 손실을 패러데이의 법칙으로 설명한 과정 중 틀린 것은?

① 와전류가 철심으로 흘러 발열한다.
② 유기전압 발생으로 철심에 와전류가 흐른다.
③ 시변자속으로 강자성체 철심에 유기전압이 발생한다.
④ 와전류 에너지 손실량은 전류경로 크기에 반비례한다.

해설

변압기의 철심에는 사인파 모양으로 변하는 교류자기장(시변자속)으로 유기전압이 발생하여 와전류가 철심에 흘러 와전류 손실이 발생한다.

와류손 $P_e = k_h k_e (t \cdot f \cdot B_m)^2$[W]

$\rightarrow P_e \propto V_1^2 \propto t^2$

여기서, k_h, k_e : 재료에 따른 상수
　　　 t : 철심의 두께
　　　 B_m : 최대 자속밀도

★★ 기사 18년 3회

70 일반적인 변압기의 손실 중에서 온도상승에 관계가 가장 작은 요소는?

① 철손　　　　② 동손
③ 와류손　　　④ 유전체손

해설

유전체손은 전압이 높을 때 절연물의 유전체로 인해서 발생하는 손실로, 케이블에서 주로 발생하고, 변압기에서는 발생량이 작아 온도상승과는 관계가 작다.

★★★★★ 산업 90년 2회, 95년 7회, 96년 2회, 99년 7회, 05년 2회

71 변압기의 부하전류 및 전압이 일정하고 주파수만 낮아지면?

① 철손이 증가한다.
② 철손이 감소한다.
③ 동손이 증가한다.
④ 동손이 감소한다.

해설

철손 $P_i \propto \dfrac{1}{f}$ 이므로 전압이 일정하고 주파수가 감소하면 철손은 증가한다.

동손 $P_c = I_n^2 \cdot r$ 이므로 전압이 일정하고 부하전류가 일정하면 동손은 일정하다.

★★★★ 산업 91년 2회, 96년 7회

72 인가전압이 일정할 때 변압기의 와류손은?

① 주파수에 무관계
② 주파수에 비례
③ 주파수에 역비례
④ 주파수의 제곱에 비례

해설

와류손 $P_e = k_h k_e (t \cdot f \cdot B_m)^2$[W]

여기서, k_h, k_e : 재료에 따른 상수
　　　 t : 철심의 두께
　　　 B_m : 최대 자속밀도

와류손 $P_e \propto V_1^2 \propto t^2$ 이므로 인가전압의 제곱에 비례, 두께의 제곱에 비례, 주파수와는 무관계이다.

정답 68. ④ 69. ④ 70. ④ 71. ① 72. ①

★★★★★ 기사 04년 4회, 15년 2회(유사), 17년 3회 / 산업 96년 7회, 01년 2회, 13년 2회(유사)

73 3300[V], 60[Hz]용 변압기의 와류손이 720[W]이다. 이 변압기를 2750[V], 50[Hz]의 주파수에서 사용할 때 와류손은 얼마인가?

① 250[W] ② 350[W]
③ 425[W] ④ 500[W]

해설

와류손 $P_e \propto V_1^{\,2} \propto t^2$ 이고 주파수와는 관계가 없으므로

$3300^2 : 2750^2 = 720 : P_e$

$P_e = \left(\dfrac{2750}{3300}\right)^2 \times 720 = 500[\text{W}]$

★ 기사 97년 4회, 04년 4회

74 변압기의 와전류손은 $P_e = \sigma_e(tfKB_m)^2$ [W/kg]으로 표시된다. 여기서, σ_e 는 재료에 의한 상수, t 는 철판의 두께[m], f 는 주파수[Hz]이다. 그러면 K는 무엇을 가리키는가?

① 파고율 ② 왜형률
③ 저항률 ④ 파형률

해설

와류손 $P_e = kf^2 B^2 t^2$

여기서, σ_e : 재료에 의한 상수
　　　　t : 철심의 두께[m]
　　　　f : 주파수[Hz]
　　　　K : 파형률
　　　　B_m : 최대 자속밀도

★★ 산업 93년 6회

75 정격주파수가 50[Hz]의 변압기를 일정기간 60[Hz]의 전원에 접속하여 사용했을 때 여자전류, 철손 및 리액턴스 강하는?

① 여자전류와 철손 $\dfrac{5}{6}$ 감소

　 리액턴스 강하 $\dfrac{6}{5}$ 증가

② 여자전류와 철손 $\dfrac{5}{6}$ 감소

　 리액턴스 강하 $\dfrac{5}{6}$ 감소

③ 여자전류와 철손 $\dfrac{6}{5}$ 증가

　 리액턴스 강하 $\dfrac{6}{5}$ 증가

④ 여자전류와 철손 $\dfrac{6}{5}$ 증가

　 리액턴스 강하 $\dfrac{5}{6}$ 감소

해설

여자전류 $I_o = \dfrac{V_1}{\omega L} = \dfrac{V_1}{2\pi f L}$[A]

철손 $P_i \propto \dfrac{V_1^{\,2}}{f}$

리액턴스 $X_L = \omega L = 2\pi f L$

$I_o \propto \dfrac{1}{f}$, $P_i \propto \dfrac{1}{f}$ 이므로 주파수가 50[Hz]에서 60[Hz]로 증가하면 $\dfrac{5}{6}$ 로 감소한다.

$X_L \propto f$ 이므로 주파수가 50[Hz]에서 60[Hz]로 증가하면 $\dfrac{6}{5}$ 으로 증가한다.

★★★ 산업 95년 6회, 05년 1회, 16년 2회(유사)

76 1차 공급전압이 일정할 때 변압기의 1차 코일의 권수를 2배로 하면 여자전류와 최대 자속은 어떻게 변하는가? (단, 자로는 포화상태가 되지 않는다)

① 여자전류 $\dfrac{1}{4}$ 감소, 최대 자속 $\dfrac{1}{2}$ 감소

② 여자전류 $\dfrac{1}{4}$ 감소, 최대 자속 $\dfrac{1}{2}$ 증가

③ 여자전류 $\dfrac{1}{4}$ 증가, 최대 자속 $\dfrac{1}{2}$ 감소

④ 여자전류 $\dfrac{1}{4}$ 증가, 최대 자속 $\dfrac{1}{2}$ 증가

해설

여자전류 $I_o = \dfrac{V_1}{\omega L_1}$[A]

여기서, $L_1 = \dfrac{\mu N_1^{\,2} A}{l}$

권수(N_1)를 2배로 하면 인덕턴스 L_1이 4배가 되어 여자전류는 $\frac{1}{4}$로 감소한다.

최대 자속 $\phi_m = \dfrac{E_1}{4.44\,f\,N_1}$[Wb]

권수(N_1)를 2배로 하면 최대 자속은 $\frac{1}{2}$로 감소한다.

★★★ 기사 90년 2회, 99년 3회

77 같은 정격전압에서 변압기의 주파수만 높이면 가장 많이 증가하는 것은?

① 여자전류 ② 온도상승
③ 철손 ④ %임피던스

☑ 해설

주파수 f가 증가할 경우

여자전류 $I_o = \dfrac{V_1}{\omega L} = \dfrac{V_1}{2\pi f L}$[A]이므로 주파수가 증가하면 여자전류는 감소한다.

철손이 감소하면 온도상승이 감소한다.

$P_i \propto \dfrac{V_1^{\,2}}{f}$에서 주파수가 상승하면 철손은 감소한다.

$\%Z = \dfrac{I_n Z}{V_n} \times 100$[%]에서 주파수가 증가하면 임피던스가 증가하여 %임피던스가 증가한다.

★★★ 기사 94년 5회, 05년 1회, 17년 2회

78 주파수가 정격보다 3[%] 감소하고 동시에 전압이 정격보다 3[%] 상승된 전원에서 운전되는 변압기가 있다. 철손이 $fB_m^{\,2}$에 비례한다면 이 변압기 철손을 정격상태에 비하여 어떻게 달라지는가? (단, f : 주파수, B_m : 자속밀도 최대값)

① 8.7[%] 증가
② 8.7[%] 감소
③ 9.4[%] 증가
④ 9.4[%] 감소

☑ 해설

주파수의 3[%] 감소 시 1 → 0.97
전압의 3[%] 증가 시 1 → 1.03

철손 $P_i \propto \dfrac{V^2}{f} = \dfrac{1.03^2}{0.97} = 1.094$

철손의 변화 $= (1.094 - 1) \times 100 = 9.4$[%]

★★★ 기사 01년 3회 / 산업 94년 3회

79 변압기의 부하가 증가할 때의 현상으로 옳지 않은 것은?

① 동손이 증가한다.
② 여자전류는 변함없다.
③ 온도가 상승한다.
④ 철손이 증가한다.

☑ 해설

부하가 증가하면 부하전류가 증가하여 동손($P_c = I_n^{\,2} \cdot r$)

이 증가하고 무부하손인 철손 $\left(P_i \propto \dfrac{V_1^{\,2}}{f}\right)$은 일정하다.

★★ 산업 07년 3회

80 변압기의 표유부하손이란?

① 동손, 철손
② 부하전류 중 누전에 의한 손실
③ 권선 이외 부분의 누설자속에 의한 손실
④ 무부하 시 여자전류에 의한 동손

☑ 해설 **변압기의 손실**

㉠ 히스테리시스손 : 철심의 히스테리시스 현상에 의해 생기는 손실
㉡ 와류손 : 와전류손은 자속의 변화 때문에 철심단면에 유도되는 맴돌이전류로 인하여 생기는 손실
㉢ 유전체손 : 전압이 높을 때 절연물의 유전체로 인해서 생기는 손실
㉣ 표유부하손 : 고정손과 부하손 이외에 부하가 걸리면 측정하기가 곤란한 작은 손실이 도체와 철심에 나타나는 손실

★ 산업 97년 2회, 12년 1회

81 변압기철심으로 갖추어야 할 성질로 맞지 않은 것은?

① 투자율이 클 것
② 전기저항이 작을 것
③ 히스테리시스 계수가 작을 것
④ 성층철심으로 할 것

☑ 해설

변압기철심으로는 투자율이 크고 히스테리시스손이 작은(히스테리시스 계수 작을 것) 방향성 규소강판을 사용하여야 한다. 또한, 와류손을 경감하기 위해 성층철심을 사용한다.

⇄ 정답 77. ④ 78. ③ 79. ④ 80. ③ 81. ②

★★ 기사 98년 5회, 12년 2회

82 변압기의 성층철심재료로서 규소함유량이 적당한 것은?

① 8[%] ② 7[%]
③ 6.5[%] ④ 3.5[%]

📝 **해설**

변압기에 사용하는 규소강판의 규소함유량은 3 ~ 4[%]이다.

★ 기사 95년 4회, 99년 5회

83 변압기에서 발생하는 소음을 작게 하려면 다음 중 어느 것이 가장 적당한가?

① 냉각을 한다.
② 철심을 단단히 조인다.
③ 절연을 잘 한다.
④ 부하를 많이 걸어준다.

📝 **해설**

변압기의 철심과 코일에서 소음이 발생하는데 이를 작게 하기 위해 철심을 절연 볼트로 관통해서 단단히 조여서 제작한다.

★★★ 기사 91년 2회, 99년 3회 / 산업 97년 2·7회, 00년 2회, 02년 2회, 06년 2회

84 변압기의 누설 리액턴스를 줄이는 가장 효과적인 방법은?

① 철심의 단면적을 크게 한다.
② 코일의 단면적을 크게 한다.
③ 권선을 분할하여 조립한다.
④ 권선을 동심배치한다.

📝 **해설**

변압기권선의 누설 리액턴스를 줄이는 가장 효과적인 방법은 권선을 분할조립하는 방법으로, 저압 권선을 내측에 감고 고압 권선을 외측에 감아서 절연이 용이해지고 경제적으로 제작할 수 있다.

★ 산업 90년 6회, 92년 3회, 98년 7회

85 변압기의 1·2차 권선 간의 절연에 사용되는 것은?

① 에나멜 ② 무명실
③ 종이 테이프 ④ 크래프트지

📝 **해설** 크래프트지

크래프트 펄프를 원료로 만들어진 종이로서, 시멘트 등의 포장지로 사용되는데 전기적으로는 절연특성이 우수하여 변압기의 절연지로 사용된다.

★★★ 산업 92년 2회, 99년 5회, 07년 4회

86 다음 중 변압기의 권선과 철심의 건조법이 아닌 것은?

① 열풍법 ② 단락법
③ 반환부하법 ④ 진공법

📝 **해설**

변압기의 권선과 철심을 건조함으로써 습기를 없애고 절연을 향상시킬 수 있는데 건조방법에는 열풍법, 단락법, 진공법이 있다.
③ 반환부하법은 온도시험이다.

★★★★★ 기사 90년 2회, 96년 2회

87 전기기기에 사용되는 절연물의 종류 중 H종 절연물에 해당되는 최고 허용온도는?

① 105[℃]
② 120[℃]
③ 155[℃]
④ 180[℃]

📝 **해설** 절연물의 절연에 따른 허용온도의 종별 구분

Y종 – 90[℃], A종 – 105[℃], E종 – 120[℃], B종 – 130[℃], F종 – 150[℃], H종 – 180[℃], C종 – 180[℃] 초과

★★★★★ 기사 05년 4회, 13년 1회, 19년 2회 / 산업 14년 3회, 15년 1회(유사), 16년 3회(유사)

88 변압기기름의 요구 특성이 아닌 것은?

① 인화점이 높을 것
② 응고점이 낮을 것
③ 점도가 클 것
④ 절연내력이 클 것

📝 **해설** 변압기유

㉠ 변압기유의 사용목적 : 절연유지, 냉각작용
㉡ 변압기유가 갖추어야 할 조건
• 절연내력이 높을 것
• 점도가 낮을 것

- 인화점이 높고 응고점이 낮을 것
- 화학작용이 일어나지 않을 것
- 변질하지 말 것
- 비열이 커서 냉각효과가 클 것

★★ 기사 89년 2회

89 변압기의 기름 중 아크 방전에 의하여 생기는 가스 중 가장 많이 발생하는 가스는?

① 수소
② 일산화탄소
③ 아세틸렌
④ 산소

해설

유입변압기에서 아크 방전 등이 발생할 경우 변압기유가 전기분해되어 수소, 메탄 등의 가연성 기체와 슬러지가 발생한다.

★★★ 기사 05년 2회

90 유입변압기에 기름을 사용하는 목적이 아닌 것은?

① 효율을 좋게 하기 위하여
② 절연을 좋게 하기 위하여
③ 냉각을 좋게 하기 위하여
④ 열방산을 좋게 하기 위하여

해설

유입변압기에서 변압기유를 사용하는 목적은 절연을 유지하고, 열방산효과를 높여 냉각작용의 향상을 위해서이다.

★★★ 산업 93년 6회, 99년 7회, 05년 1회, 07년 3회

91 변압기기름의 열화의 영향에 속하지 않는 것은?

① 냉각효과의 감소
② 침식작용
③ 공기 중 수분의 흡수
④ 절연내력의 저하

해설

공기 중 수분의 흡수는 변압기기름의 열화의 원인이다.

★★★★ 산업 91년 2회, 94년 7회, 01년 1회, 11년 3회, 16년 1회

92 변압기유의 열화방지방법 중 틀린 것은?

① 개방형 콘서베이터
② 수소봉입방식
③ 밀봉방식
④ 흡착제방식

해설 변압기유의 열화방지

㉠ 변압기유의 열화를 방지하기 위해 외부공기와의 접촉을 차단하여야 하므로 질소 가스를 봉입하여 사용한다.
㉡ 변압기용량에 따른 변압기유의 열화방지방법
- 1[MVA] 이하 : 호흡기(breather) 설치
- 1 ~ 3[MVA] 이하 : 개방형 콘서베이터 + 호흡기(breather) 설치
- 3[MVA] 이상 : 밀폐형 콘서베이터 설치

★★★★ 산업 06년 2회, 12년 3회

93 변압기의 냉각방식 중 유입자냉식의 표시기호는?

① ANAN
② ONAN
③ ONAF
④ OFAF

해설 유입자냉식(ONAN)

절연유가 채워진 외함 속에 변압기 본체를 넣고 기름의 대류작용으로 열이 외함에 전달되고 외함에서 방사, 대류, 전도에 의하여 외부에 방산되는 방식으로, 가장 널리 채용한다.

★★★★★ 산업 97년 2회, 98년 6회, 99년 3회, 00년 5회, 07년 3회, 13년 2회(유사)

94 부흐홀츠 계전기로 보호되는 기기는?

① 변압기
② 발전기
③ 유도전동기
④ 회전변류기

해설

부흐홀츠 계전기는 콘서베이터와 변압기 본체 사이를 연결하는 관 안에 설치한 계전기로, 수은접점으로 구성되어 변압기 내부에 고장이 발생하는 경우 내부고장 등을 검출하여 보호한다.

정답 89. ① 90. ① 91. ③ 92. ② 93. ② 94. ①

★★★ 기사 17년 2회

95 다음 중 부흐홀츠 계전기에 대한 설명으로 틀린 것은?

① 오동작의 가능성이 많다.

② 전기적 신호로 동작한다.

③ 변압기의 보호에 사용된다.

④ 변압기의 주탱크와 콘서베이터를 연결하는 관 중에 설치한다.

해설

부흐홀츠 계전기는 콘서베이터와 변압기 본체 사이를 연결하는 관에 설치하는 계전기로, 변압기 내부에서 발생되는 가스와 유속의 변화에 의해 작동되는 보호장치로서, 내부고장으로 인한 사고의 확대를 방지한다.

★★★★★ 기사 93년 3회, 98년 6회, 00년 6회, 02년 3회 / 산업 13년 2회

96 변압기의 내부고장에 대한 보호용으로 사용되는 계전기는 다음 중 어느 것이 적당한가?

① 차동계전기   ② 접지계전기

③ 과전류계전기   ④ 역상계전기

해설

차동계전기는 변압기, 발전기, 모선 등의 내부고장 및 단락사고의 보호용으로 사용된다.

② 접지계전기 : 지락사고 시 지락전류를 검출하여 동작하는 계전기

③ 과전류계전기 : 전류의 크기가 일정값 이상으로 되었을 때 동작하는 계전기

④ 역상계전기 : 전력설비의 불평형운전 또는 결상운전 방지를 위해 설치

★★★★ 산업 90년 2회, 95년 7회, 99년 5회, 14년 3회

97 발전기 또는 주변압기의 내부고장보호용으로 가장 널리 쓰이는 계전기는?

① 거리계전기   ② 비율차동계전기

③ 과전류계전기   ④ 방향단락계전기

해설

비율차동계전기는 입력전류와 출력전류의 크기를 비교하여 차이를 검출하여 발전기, 변압기, 모선 등을 보호하는 장치이다.

★★★★ 기사 03년 4회, 17년 3회 / 산업 93년 1회, 96년 6회

98 다음 중 비율차동계전기를 사용하는 경우는 무엇인가?

① 변압기의 고조파발생억제

② 변압기의 자기포화억제

③ 변압기의 상간단락보호

④ 변압기의 여자돌입전류보호

해설 비율차동계전기

변압기, 발전기, 모선 등의 내부고장 및 단락사고의 보호용으로 사용된다.

★★★★ 기사 05년 1·3회, 14년 3회 / 산업 01년 3회, 03년 3회, 13년 1회, 16년 3회

99 변압기온도시험을 하는 데 가장 좋은 방법은?

① 실부하법   ② 내전압법

③ 단락시험법   ④ 반환부하법

해설 반환부하법

2대 이상의 변압기가 있는 경우에 사용하고 전원으로부터 변압기의 손실분을 공급받는 방법으로, 실제의 부하를 걸지 않고도 부하시험이 가능하여 가장 널리 이용되고 있다.

★★ 기사 17년 1회(유사) / 산업 91년 7회

100 다음 시험 중 변압기의 절연내력시험을 하기 위한 것은? (단, A : 온도상승시험, B : 유도시험, C : 가압시험, D : 단락시험, E : 충격전압시험, F : 권선저항 측정시험)

① B, C, E   ② A, B, E

③ B, E, F   ④ D, E, F

해설

변압기의 회함과 대지 간 또는 대지와 권선 간, 충전부분 상호간 등의 절연강도를 보안하기 위한 시험으로 유도시험, 충격전압시험, 가압시험 등이 있다.

★★ 산업 97년 2회, 99년 6회, 06년 2회

101 보호하려는 회로의 전압이 정상값 이상으로 되었을 때 동작하는 것으로, 기기설비의 보호에 사용되는 계전기는?

① 과전압계전기

② 방향계전기

③ 지락 과전압계전기

④ 거리계전기

해설
㉠ 과전압계전기(OVR) : 회로에 일정값 이상의 전압이 검출되었을 때 동작하는 계전기
㉡ 지락 과전압계전기(OVGR) : 지락사고 시 발생되는 영상전압의 크기에 의해 동작하는 계전기

★★ 산업 93년 4회

102 무부하변압기를 회로에 투입했을 때 과전류계전기가 들어 있어서 투입되지 않는 이유는?

① 전압이 동요하기 때문에
② 선로충전전류 때문에
③ 이상전압 발생 때문에
④ 과도 돌입여자전류 때문에

해설
변압기의 회로투입 시 과도 돌입여자전류가 흘러 과전류계전기가 이상전류로 판단하여 차단기를 동작시키기 때문에 변압기가 투입되지 않는다. 그래서 감도저하법 및 고조파억제법 등을 이용하여 계전기의 동작특성을 완화시켜 변압기를 회로에 투입한다.

★ 산업 95년 1회

103 차단기의 트립 방식이 아닌 것은?

① 전압 트립 방식
② 과전류 트립 방식
③ 부족전압 트립 방식
④ 인덕터 트립 방식

해설 차단기 트립 방식
㉠ 직류전압 트립 방식 : 별도로 설치된 축전지 등이 제어용 직류전원의 에너지에 의하여 트립되는 방식
㉡ 과전류 트립 방식 : 차단기의 주회로에 접속된 변류기의 2차 전류에 의해 차단기가 트립되는 방식
㉢ 콘덴서 트립 방식 : 충전된 콘덴서의 에너지에 의해 트립되는 방식
㉣ 부족전압 트립 방식 : 부족전압 트립 장치에 인가되어 있는 전압의 저하에 의해 차단기가 트립되는 방식

집중공략

★★★★ 기사 92년 5회, 00년 2회, 03년 3회 / 산업 96년 7회, 03년 2회

104 주상변압기의 고압측에는 몇 개의 탭을 내놓았다. 그 이유는?

① 변압기의 여자전류를 조정하기 위하여
② 부하전류를 조정하기 위하여
③ 예비단자
④ 수전점의 전압을 조정하기 위하여

해설
주상변압기 탭 조정장치는 1차측에 약 5[%] 간격 정도의 5개의 탭을 설치한 것으로, 이를 변화시켜 배전선로에서 전압강하에 의해 낮아진 수전점의 전압을 조정하기 위해 사용한다.

★ 산업 04년 1회, 06년 4회

105 다음 중 변압기의 극성시험법이 아닌 것은?

① 직류전압계법
② 교류전압계법
③ 표준변압기법
④ 스코트법

해설
변압기의 극성시험법은 변압기의 가극성, 감극성 여부를 판단하는 직류전압계법, 교류전압계법, 표준변압기법이 있다.

★★★ 산업 04년 4회

106 다음 중 단상 변압기의 3상 Y-Y결선에서 잘못된 것은?

① 제3고조파 전류가 흐르며 유도장해를 일으킨다.
② 역V결선이 가능하다.
③ 권선전압이 선간전압의 3배이므로 절연이 용이하다.
④ 중성점접지가 된다.

해설 Y-Y결선의 특성
㉠ 중성점접지가 가능하여 단절연이 가능하다.
㉡ 이상전압의 발생을 억제할 수 있고 지락사고의 검출이 용이하다.
㉢ 상전압이 선간전압의 $\frac{1}{\sqrt{3}}$ 배이므로 고전압결선에 적합하다.
㉣ 중성점을 접지하여 변압기에 제3고조파가 나타나지 않는다.

정답 102. ④ 103. ④ 104. ④ 105. ④ 106. ③

각 변압기의 출력 $P_1 = \dfrac{P_v}{2} = \dfrac{173.2}{2} = 86.6[kVA]$

★★★★★ 기사 90년 7회, 95년 2회, 96년 6회, 12년 3회

107 2대의 변압기를 V결선하여 3상 변압하는 경우 변압기 이용률[%]은?

① 57.8 ② 86.6
③ 66.6 ④ 100

해설

$$이용률 = \frac{V결선\ 출력}{변압기\ 2대\ 용량}$$
$$= \frac{\sqrt{3}\,VI}{2VI} = 0.866 = 86.6[\%]$$

★★★★★ 기사 98년 6회, 02년 3회, 14년 1회 / 산업 03년 3회, 12년 3회, 13년 3회

108 △결선 변압기의 1대가 고장으로 제거되어 V결선으로 할 때 공급할 수 있는 전력과 고장 전 전력에 대한 비는 몇 [%]가 되는가?

① 81.6 ② 75
③ 66.7 ④ 57.7

해설

$$출력비 = \frac{V결선\ 출력}{△결선\ 출력} = \frac{P_V}{P_\triangle} = \frac{\sqrt{3}\,VI}{3VI}$$
$$= \frac{1}{\sqrt{3}} = 0.577 = 57.7[\%]$$

★★★ 기사 16년 2회

109 정격용량 100[kVA]인 단상 변압기 3대를 △-△결선하여 300[kVA]의 3상 출력을 얻고 있다. 한 상에 고장이 발생하여 결선을 V결선으로 하는 경우 ㉠ 뱅크 용량[kVA], ㉡ 각 변압기의 출력[kVA]은?

① ㉠ 253, ㉡ 126.5
② ㉠ 200, ㉡ 100
③ ㉠ 173, ㉡ 86.6
④ ㉠ 152, ㉡ 75.6

해설

변압기 V결선용량 $P_v = \sqrt{3}\,P_1$
$= \sqrt{3} \times 100 = 173.2[V]$

★★★★ 기사 94년 3회 / 산업 11년 3회

110 용량 100[kVA]인 동일정격의 단상 변압기 4대로 낼 수 있는 3상 최대 출력용량[kVA]은?

① $200\sqrt{3}$ ② $200\sqrt{2}$
③ $300\sqrt{2}$ ④ 400

해설

변압기 V결선 시 용량 $P_V = \sqrt{3}\,P_1[kVA]$
변압기 4대를 이용하여 2Bank 운전 시 3상 최대 출력 용량 $P = \sqrt{3}\,P_1 \times 2[kVA]$
$= \sqrt{3} \times 100 \times 2 = 200\sqrt{3}[kVA]$

★★ 산업 96년 4회

111 2[kVA]의 단상 변압기 3대를 써서 △결선하여 급전하고 있는 경우 1대가 소손되어 나머지 2대로 급전하게 되었다. 이 2대의 변압기는 과부하를 20[%]까지 견딜 수 있다고 하면 2대가 부담할 수 있는 최대 부하는 몇 [kVA]인가?

① 약 3.16 ② 약 4.15
③ 약 5.16 ④ 약 6.92

해설

변압기 V결선 시 용량 $P_V = \sqrt{3}\,P_1 \times k[kVA]$
여기서, P_1 : 변압기용량, k : 과부하율
변압기 V결선 시 최대 부하
$P_V = \sqrt{3} \times 2 \times 1.2 = 4.15[kVA]$

★ 산업 15년 2회

112 30[kW]의 3상 유도전동기에 전력을 공급할 때 2대의 단상 변압기를 사용하는 경우 변압기의 용량[kVA]은? (단, 전동기의 역률과 효율은 각각 84[%], 86[%]이고 전동기손실은 무시한다)

① 10 ② 20
③ 24 ④ 28

해설

3상 유도전동기용량 $P = \dfrac{30}{0.84 \times 0.86} = 41.52\,[\text{kVA}]$

V결선용량 $P_v = \sqrt{3}\,P_1$ 에서

변압기 1대 용량 $P_1 = \dfrac{P_v}{\sqrt{3}} = \dfrac{41.52}{\sqrt{3}}$

$\qquad\qquad\qquad = 23.97 \fallingdotseq 24\,[\text{kVA}]$

★★★ 산업 91년 5회, 92년 6회, 00년 3회, 09년 3회, 12년 2회

113 내철형 3상 변압기를 단상 변압기로 사용할 수 없는 이유는?

① 1·2차 간의 각 변위가 있기 때문에
② 각 권선마다의 독립된 자기회로가 있기 때문에
③ 각 권선마다의 독립된 자기회로가 없기 때문에
④ 각 권선이 만든 자속이 $\dfrac{3\pi}{2}$ 위상차가 있기 때문에

해설

㉠ 내철형 변압기 : 내철형 변압기는 철심이 안쪽에 배치되어 권선이 철심을 둘러싸는 형태로 독립된 자기회로가 없기 때문에 단상 변압기로는 사용할 수 없다.
㉡ 외철형 변압기 : 권선이 안쪽에 있고 철심이 권선 주위를 감싸는 형태이다.

★★★★ 기사 91년 2회, 98년 7회, 13년 3회, 18년 1·2회

114 변압기의 1차측을 Y결선, 2차측을 △결선으로 한 경우 1차와 2차 간의 전압의 위상변위는?

① 0°　　　　　② 30°
③ 45°　　　　　④ 60°

해설

Y-△결선은 1·2차 결선상의 차로 인해 30°의 위상차가 발생한다.

★★★ 기사 91년 6·7회, 99년 3회, 00년 6회, 15년 2회

115 권선비 a : 1인 3대의 단상 변압기를 △-Y로 결선하고 1차 단자전압 V_1, 1차 전류 I_1 이라 하면 2차의 단자전압 V_2 및 2차 전류 I_2 값은? (단, 저항과 리액턴스 및 여자전류는 무시한다)

① $V_2 = \dfrac{\sqrt{3}\,V_1}{a}$, $I_1 = I_2$

② $V_2 = V_1$, $I_2 = \dfrac{aI_1}{\sqrt{3}}$

③ $V_2 = \dfrac{\sqrt{3}\,V_1}{a}$, $I_2 = \dfrac{aI_1}{\sqrt{3}}$

④ $V_2 = \dfrac{\sqrt{3}\,V_1}{a}$, $I_2 = \sqrt{3}\,aI_1$

해설

변압기권수비 $a = \dfrac{E_1}{E_2} = \dfrac{N_1}{N_2} = \dfrac{I_2}{I_1}$

㉠ 1차측 △결선 시 선간전압과 상전압이 같으므로 상전압은 V_1 이며 2차 상전압은 권선비에 의해 $E_2 = \dfrac{V_1}{a}$ 이고 Y결선 시 단자전압은 $\sqrt{3}$ 배 증가하므로

$V_2 = \sqrt{3}\,E_2 = \dfrac{\sqrt{3}\,V_1}{a}$

㉡ 1차측 선전류가 I_1 일 때 △상전류가 $\dfrac{I_1}{\sqrt{3}}$ 이며 2차 상전류는 권선비에 의해 $I_2 = \dfrac{aI_1}{\sqrt{3}}$ 이고 Y결선 시 상전류는 선전류와 같다.

★★★ 기사 00년 3회, 02년 1회, 04년 3회 / 산업 93년 1회, 11년 3회

116 권수비 10 : 1인 동일정격의 3대의 단상 변압기를 Y-△로 결선하여 2차 단자에 200[V], 75[kVA]의 평형부하를 걸었을 때 각 변압기의 1차 권선의 전류 및 1차 선간전압은? (단, 여자전류와 임피던스는 무시한다)

① 21.6[A], 2000[V]
② 12.5[A], 2000[V]
③ 21.6[A], 3464[V]
④ 12.5[A], 3464[V]

해설

변압기권수비 $a = \dfrac{E_1}{E_2} = \dfrac{N_1}{N_2} = \dfrac{I_2}{I_1}$ 에서

$\dfrac{N_1}{N_2} = \dfrac{10}{1} = 10$

ⓐ Y-△결선 시 2차 선전류

$$I_2 = \frac{P}{\sqrt{3}\,V_n}$$

$$= \frac{75}{\sqrt{3}\times 0.2} = 216.5[A]$$

2차 상전류 $I_2 = \dfrac{I_l}{\sqrt{3}}$

$$= \frac{216.5}{\sqrt{3}} = 125[A]$$에서

1차 권선의 전류 $I_1 = \dfrac{I_2}{a}$

$$= \frac{125}{10} = 12.5[A]$$

ⓑ 단상 변압기 1차 상전압 $E_1 = aE_2$

$$= 10 \times 200 = 2000[V]$$

1차 선간전압 $V_n = \sqrt{3}\,E_1$

$$= \sqrt{3} \times 2000 = 3464[V]$$

★★ 기사 98년 3회, 01년 2회, 17년 3회

117 60[Hz], 1328/230[V]의 단상 변압기가 있다. 무부하전류 $i = 3\sin\omega t + 1.1\sin(3\omega t + \alpha)$이다. 지금 위와 똑같은 변압기 3대로 Y-△결선하여 1차에 2300[V]의 평형전압을 걸고 2차를 무부하로 하면 △회로를 순환하는 전류(실효값)는 약 얼마인가?

① 0.77[A] ② 1.10[A]
③ 4.48[A] ④ 6.35[A]

해설

변압기의 2차측 △회로를 순환하는 전류는 제3고조파이므로

제3고조파 전류 $I_3 = a \times \dfrac{I_{m3}}{\sqrt{2}}$

$$= \frac{1328}{230} \times \frac{1.1}{\sqrt{2}} = 4.49[A]$$

여기서, I_{m3} : 제3고조파 전류 최대값

★ 기사 13년 1회 / 산업 01년 2회, 03년 4회

118 6600/210[V]의 단상 변압기 3대를 △-Y로 결선하여 1상 18[kW] 전열기의 전원으로 사용하다가 이것을 △-△로 결선했을 때 이 전열기의 소비전력[kW]은?

① 31.2 ② 10.4
③ 2.0 ④ 6.0

해설

변압기의 △-Y결선을 △-△로 변경하는 경우 소비전력은 $P \propto V_1^2$이므로 2차 단자전압은 $\dfrac{1}{\sqrt{3}}$배 저하된다.

전열기 1상의 소비전력 $P = 18 \times \left(\dfrac{1}{\sqrt{3}}\right)^2 = 6[kW]$

★★★★★ 산업 97년 5회

119 변압기의 병렬운전에서 필요한 조건은? (단, A : 극성을 고려하여 접속할 것, B : 권수비가 상등하며 1·2차의 정격전압이 상등할 것, C : 용량이 꼭 상등할 것, D : 퍼센트 임피던스강하가 같을 것, E : 권선의 저항과 누설 리액턴스의 비가 상등할 것)

① A, B, C, D
② B, C, D, E
③ A, C, D, E
④ A, B, D, E

해설 변압기의 병렬운전조건

ⓐ 변압기의 극성이 일치할 것
ⓑ 권수비가 같고 1·2차의 정격전압이 같을 것
ⓒ 퍼센트 임피던스의 크기가 같을 것
ⓓ 퍼센트 저항강하 및 퍼센트 리액턴스 강하의 비가 같을 것
ⓔ 3상 변압기는 상회전방향 및 각 변위가 같을 것

★★★ 산업 90년 2회, 99년 4회, 03년 2회, 05년 1회

120 변압기의 병렬운전에 있어서 각 변압기가 그 용량에 비례해서 전류를 분담하고, 변압기 상호간에 순환전류가 흐르지 않도록 하기 위해서는 다음의 조건을 만족하여야 한다. 그 중에서 합당하지 않은 것은?

① 권수비가 같을 것
② 각 변압기의 1·2차의 정격전압 및 극성이 같을 것
③ %저항강하 및 %리액턴스 강하가 각 변압기의 용량에 반비례할 것
④ 3상식에서는 상회전방향 및 위상변위가 같을 것

해설 변압기의 병렬운전조건

㉠ 변압기의 극성이 일치할 것
㉡ 권수비가 같고 1 · 2차의 정격전압이 같을 것
㉢ 퍼센트 임피던스의 크기가 같을 것
㉣ 퍼센트 저항강하 및 퍼센트 리액턴스 강하의 비가 같을 것
㉤ 3상 변압기는 상회전방향 및 각 변위가 같을 것

★★★★ 기사 16년 3회 / 산업 92년 3회, 18년 2회(유사)

121 단상 변압기를 병렬운전하는 경우 부하전류의 분담은 어떻게 되는가?

① 용량에 비례하고 누설 임피던스에 비례한다.
② 용량에 비례하고 누설 임피던스에 역비례한다.
③ 용량에 역비례하고 누설 임피던스에 비례한다.
④ 용량에 역비례하고 누설 임피던스에 역비례한다.

해설

변압기의 병렬운전 시 부하전류의 분담은 정격용량에 비례하고 누설 임피던스의 크기에 반비례하여 운전된다.

★★ 기사 91년 5회, 15년 2회

122 2차로 환산한 임피던스가 각각 $0.03 + j0.02[\Omega]$, $0.02 + j0.03[\Omega]$인 단상 변압기 2대를 병렬로 운전시킬 때 분담전류는?

① 크기는 같으나 위상이 다르다.
② 크기와 위상이 같다.
③ 크기는 다르나 위상이 같다.
④ 크기와 위상이 다르다.

해설

변압기 2대의 임피던스 크기($\sqrt{0.03^2 + 0.02^2} = \sqrt{0.02^2 + 0.03^2}$)가 같으므로 분담전류의 크기가 같지만 저항 및 리액턴스의 비가 다르므로 분담전류의 위상이 다르다.

★★★★★ 기사 00년 5회, 05년 4회, 17년 2회 / 산업 94년 6회, 97년 2회, 05년 2·3회

123 3상 변압기를 병렬운전하는 경우 불가능한 조합은?

① △-△와 △-△
② Y-△와 Y-△
③ △-△와 △-Y
④ △-Y와 Y-△

해설

3상 변압기의 병렬운전 시 △-△와 △-Y, △-Y와 Y-Y의 결선은 위상차가 30° 발생하여 순환전류가 흐르기 때문에 병렬운전이 불가능하다.

★★ 산업 98년 7회, 00년 4회, 01년 1회, 15년 1회

124 Y-△결선의 3상 변압기군 A와 △-Y결선의 3상 변압기군 B를 병렬로 사용할 때 A군의 변압기권수비가 30이라면 B군의 변압기의 권수비는?

① 30
② 60
③ 90
④ 120

해설

예를 들어 변압기 2차 단자전압을 100[V]라 하면
A군 변압기 1차 상전압 $E_1 = aE_2$
$= 30 \times 100 = 3000[V]$
A군 변압기 Y-△결선 시 1차 단자전압
$V_1 = \sqrt{3} E_1 = 3000\sqrt{3}[V]$
A와 B 두 변압기를 병렬운전 시 1 · 2차 단자전압은 같아야 한다.
B변압기 1차 단자전압 $E_1 = 3000\sqrt{3}[V]$, 2차 상전압
이 $E_2 = \dfrac{100}{\sqrt{3}}[V]$가 되어야 하므로
B변압기의 권선비 $a = \dfrac{E_1}{E_2} = \dfrac{3000\sqrt{3}}{\dfrac{100}{\sqrt{3}}} = 90$

★★ 기사 93년 1회, 13년 2회

125 1 · 2차 정격전압이 같은 2대의 변압기가 있다. 그 용량 및 임피던스 강하가 A변압기는 5[kVA], 3[%], B변압기는 20[kVA], 2[%]일 때 이것을 병행운전하는 경우 부하를 분담하는 비는?

① 1 : 4
② 2 : 3
③ 3 : 2
④ 1 : 6

해설

변압기용량비 $m = \dfrac{\text{A변압기}\,P[\text{kVA}]}{\text{B변압기}\,P[\text{kVA}]} = \dfrac{5}{20} = 0.25$

변압기 A가 분담하는 용량

$$P_a = \frac{m\%Z_b}{\%Z_a + m\%Z_b} \times P_0$$

$$= \frac{0.25 \times 2}{3 + 0.25 \times 2} \times P_0$$

$$= \frac{0.5}{3.5} \times P_0$$

변압기 B가 분담하는 용량

$$P_b = \frac{\%Z_a}{\%Z_a + m\%Z_b} \times P_0$$

$$= \frac{3}{3 + 0.25 \times 2} \times P_0$$

$$= \frac{3}{3.5} \times P_0$$

두 변압기의 분담비 $P_a : P_b = \dfrac{0.5}{3.5} : \dfrac{3}{3.5} = 1 : 6$

★★★ 기사 99년 7회, 03년 2회, 12년 1회(유사)

126 2대의 정격이 같은 1000[kVA]의 단상 변압기의 임피던스 전압이 8[%]와 9[%]이다. 이것을 병렬로 하면 몇 [kVA]의 부하를 걸 수 있는가?

① 2100
② 1889
③ 2000
④ 2125

해설

변압기용량비 $m = \dfrac{\text{A변압기}\,P[\text{kVA}]}{\text{B변압기}\,P[\text{kVA}]} = \dfrac{1000}{1000} = 1$

변압기 A가 분담하는 용량 $P_a = \dfrac{m\%Z_b}{\%Z_a + m\%Z_b}$
$\hphantom{변압기 A가 분담하는 용량 P_a =} \times P_0[\text{kVA}]$

변압기 B가 분담하는 용량 $P_b = \dfrac{\%Z_a}{\%Z_a + m\%Z_b}$
$\hphantom{변압기 B가 분담하는 용량 P_b =} \times P_0[\text{kVA}]$

변압기에 걸 수 있는 합성용량

$$P_0 = \frac{\%Z_a + m\%Z_b}{m\%Z_b} \times P_a$$

$$= \frac{8 + 1 \times 9}{1 \times 9} \times 1000$$

$$= 1889[\text{kVA}]$$

$$P_0 = \frac{\%Z_a + m\%Z_b}{\%Z_a} \times P_b$$

$$= \frac{8 + 1 \times 9}{8} \times 1000$$

$$= 2125[\text{kVA}]$$

두 합성용량에서 변압기용량이 적은 쪽을 선택하여야 다른 변압기가 과부하되지 않는다.

★★★★★ 기사 98년 3회, 00년 2회, 15년 3회 / 산업 97년 5회, 01년 1회, 13년 1회(유사)

127 3상 전원에서 2상 전압을 얻고자 할 때 결선 중 틀린 것은?

① Meyer 결선
② Scott 결선
③ 우드브리지 결선
④ Fork 결선

해설

단상 변압기 2대를 사용하여 3상 전력을 2상으로 변환시킬 수 있는 결선방법으로 스코트 결선, 메이어 결선, 우드브리지 결선 등이 있다.

★★★ 기사 92년 3회, 99년 4회, 12년 3회

128 권수가 같은 2대의 단상 변압기로 3상 전압을 2상으로 변압하기 위하여 스코트 결선을 할 때 T좌변압기의 권수는 전권수의 어느 점에서 택하여야 하는가?

① $\dfrac{1}{\sqrt{2}}$ ② $\dfrac{1}{\sqrt{3}}$

③ $\dfrac{2}{\sqrt{3}}$ ④ $\dfrac{\sqrt{3}}{2}$

해설 T좌변압기의 권수비

$$a_T = \frac{\sqrt{3}}{2} \times \text{주좌변압기의 1차측 권수}$$

★★★ 기사 12년 1회(유사) / 산업 94년 4회, 03년 1회, 15년 3회, 19년 1회

129 Scott 결선에 의하여 3300[V]의 3상으로부터 200[V], 40[kVA]의 전력을 얻는 경우 T좌변압기의 권수비는?

① 약 16.5
② 약 14.3
③ 약 11.7
④ 약 10.2

해설

주좌변압기 권수비 $a = \dfrac{V_1}{V_2} = \dfrac{3300}{200} = 16.5$

T좌변압기 권수비 $a_T = 16.5 \times \dfrac{\sqrt{3}}{2} = 14.289 ≒ 14.3$

★ 산업 17년 3회

130 단상 변압기 2대를 사용하여 3150[V]의 평형 3상에서 210[V]의 평형 2상으로 변환하는 경우에 각 변압기의 1차 전압과 2차 전압은 얼마인가?

① 주좌변압기 : 1차 3150[V], 2차 210[V]
　 T좌변압기 : 1차 3150[V], 2차 210[V]

② 주좌변압기 : 1차 3150, 2차 210[V]

　 T좌변압기 : 1차 $3150 \times \dfrac{\sqrt{3}}{2}$[V]

　　　　　　　2차 210[V]

③ 주좌변압기 : 1차 $3150 \times \dfrac{\sqrt{3}}{2}$[V]

　　　　　　　2차 210[V]

　 T좌변압기 : 1차 $3150 \times \dfrac{\sqrt{3}}{2}$[V]

　　　　　　　2차 210[V]

④ 주좌변압기 : 1차 $3150 \times \dfrac{\sqrt{3}}{2}$[V]

　　　　　　　2차 210[V]

　 T좌변압기 : 1차 3150[V], 2차 210[V]

해설 스코트결선(T결선)

T좌변압기는 주좌변압기와 용량은 같게 하고 권수비만 주좌변압기의 1차측 탭의 86.6[%]$\left(\dfrac{\sqrt{3}}{2}\right)$로 선정한다.

㉠ 1차 전압 : $3150 \times \dfrac{\sqrt{3}}{2}$[V]

㉡ 2차 전압 : 210[V]

★ 산업 94년 2회, 02년 3회, 04년 2회

131 변압기의 결선 중에서 6상측의 부하가 수은정류기일 때 주로 사용되는 결선은?

① 포크 결선(fork connection)
② 환상결선(ring connection)
③ 2중 3각 결선(double star connection)
④ 대각결선(diagonar connection)

해설 3상에서 6상 변환

3대의 단상 변압기를 사용하여 6상 또는 12상으로 변환시킬 수 있는 결선방법으로, 파형개선 및 정류기 전원용 등으로 사용한다.
㉠ 2차 2중 Y결선
㉡ 2차 2중 △결선
㉢ 대각결선
㉣ 포크 결선

★★★ 기사 97년 5회, 12년 2회(유사), 18년 1회(유사)

132 3상 전원에서 6상 전압을 변압기의 결선으로 얻고자 한다. 불가능한 결선은?

① 포크 결선　　　② 2중 3각 결선
③ 스코트 결선　　④ 2중 성형결선

해설

스코트 결선은 단상 변압기 2대를 사용하여 3상 전력을 2상으로 변환시킬 수 있는 결선방법이다.
3상에서 6상으로 변환하는 변압기 결선방식은 다음과 같다.
㉠ 환상결선
㉡ 대각결선
㉢ 포크 결선
㉣ 2중 3각 결선
㉤ 2중 성형결선

★★ 기사 01년 1회

133 다음은 단권변압기를 설명한 것이다. 틀린 것은?

① 소형에 적합하다.
② 누설자속이 작다.
③ 손실이 작고 효율이 좋다.
④ 재료가 절약되어 경제적이다.

해설 단권변압기의 장점 및 단점

㉠ 장점
　• 철심 및 권선을 적게 사용하여 변압기의 소형화, 경량화가 가능하다.
　• 철손 및 동손이 작아 효율이 높다.
　• 자기용량에 비해 부하용량이 커지므로 경제적이다.
　• 누설자속이 거의 없으므로 전압변동률이 작고 안정도가 높다.
㉡ 단점
　• 고압측과 저압측이 직접 접촉되어 있으므로 저압측의 절연강도를 고압측과 동일한 크기의 절연이 필요하다.
　• 누설자속이 거의 없어 %임피던스가 작기 때문에 사고 시 단락전류가 크다.

★★★ 기사 03년 1회, 14년 1회

134 단권변압기(auto transformer)에 대한 말이다. 옳지 않은 것은?

① 1차 권선과 2차 권선의 일부가 공통으로 되어 있다.

② 동일출력에 대하여 사용재료 및 손실이 적고 효율이 높다.

③ 3상에는 사용할 수 없는 단점이 있다.

④ 단권 변압기는 권선비가 1에 가까울수록 보통 변압기에 비하여 유리하다.

해설

단권변압기를 Y결선, △결선, V결선 등의 방법으로 3상에 사용할 수 있다.

★★ 기사 97년 6회, 05년 1회

135 다음 그림은 단권변압기이다. W_2 권선에 흐르는 전류의 크기는?

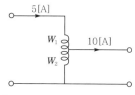

① 20[A]　　　② 15[A]

③ 10[A]　　　④ 5[A]

해설

단권변압기의 분로권선 W_2의 전류는 직렬권선의 전류 5[A]와 2차 전류 10[A]의 차가 흐른다.

분로권선의 전류 $I_{W_2} = 10 - 5 = 5$[A]

★★★★ 산업 93년 4회, 04년 4회

136 단권변압기에서 고압측을 V_h, 저압측을 V_e, 2차 출력을 P, 단권변압기의 용량을 P_{in}이라 하면 $\dfrac{P_{in}}{P}$는?

① $\dfrac{V_e + V_h}{V_h}$　　② $\dfrac{V_e - V_h}{V_h}$

③ $\dfrac{V_e + V_h}{V_e}$　　④ $\dfrac{V_h - V_e}{V_h}$

해설

단권변압기의 자기용량과 부하용량의 비

$$\frac{P_{in}}{P} = \frac{\text{자기용량}}{\text{부하용량}} = \frac{V_h - V_e}{V_h}$$

★★★★ 산업 99년 6회, 12년 3회, 13년 3회

137 $\dfrac{6000}{200}$[V], 5[kVA]의 단상 변압기를 승압기로 연결하여 1차측에 6000[V]를 가할 때 2차측에 걸을 수 있는 최대 부하용량[kVA]은 얼마인가?

① 165　　　② 160

③ 155　　　④ 150

해설

2차측(고압측) 전압 $V_h = V_l \left(1 + \dfrac{1}{a}\right)$

$$= 6000 \left(1 + \frac{1}{\frac{6000}{200}}\right)$$

$$= 6200\text{[V]}$$

단권변압기 2차측의 최대 부하용량

부하용량 $= \dfrac{V_h}{V_h - V_l} \times$ 자기용량

$$= \frac{6200}{6200 - 6000} \times 5 = 155\text{[kVA]}$$

★★★ 산업 05년 3회

138 용량 10[kVA]의 단권변압기를 그림과 같이 접속하고 역률 80[%]의 부하에 몇 [kW]의 전력을 공급할 수 있는가?

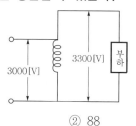

① 8.8　　　② 88

③ 110　　　④ 137.5

해설

자기용량과 부하용량의 비 $=\dfrac{\text{자기용량}}{\text{부하용량}}=\dfrac{V_h-V_l}{V_h}$

부하용량 $=\dfrac{V_h}{V_h-V_l}\times$자기용량

$=\dfrac{3300}{3300-3000}\times10=110[\text{kVA}]$

부하에 공급하는 전력 $P=110\times0.8=88[\text{kW}]$

★★ 기사 02년 2·4회

139 V결선의 단권변압기를 사용하여, 선로전압 V_1에서 V_2로 변압하여 전력 $P[\text{kVA}]$를 송전하는 경우 단권 변압기의 자기용량 P_s는 얼마인가?

① $\left(1-\dfrac{V_2}{V_1}\right)P$　　② $\dfrac{2}{\sqrt{3}}\left(1-\dfrac{V_2}{V_1}\right)P$

③ $\dfrac{\sqrt{3}}{2}\left(1-\dfrac{V_2}{V_1}\right)P$　④ $\dfrac{1}{2}\left(1-\dfrac{V_2}{V_1}\right)P$

해설

단권변압기의 V결선

$\dfrac{\text{자기용량}}{\text{부하용량}}=\dfrac{1}{0.866}\left(\dfrac{V_1-V_2}{V_1}\right)$

V결선 시 자기용량 $P_s=\dfrac{1}{0.866}\left(\dfrac{V_1-V_2}{V_1}\right)P$

$=\dfrac{2}{\sqrt{3}}\left(1-\dfrac{V_2}{V_1}\right)P$

★★★ 기사 90년 6회, 97년 4회, 16년 2회 / 산업 14년 1회

140 단권변압기 2대를 V결선하여 선로전압 3000[V]를 3300[V]로 승압하여 300[kVA]의 부하에 전력을 공급하려고 한다. 단권변압기의 자기용량[kVA]은?

① 약 27.27　　② 약 21.72

③ 약 15.75　　④ 약 9.09

해설

단권변압기 V결선 시 용량

$\dfrac{\text{자기용량}}{\text{부하용량}}=\dfrac{1}{0.866}\left(\dfrac{V_h-V_l}{V_h}\right)$

V결선 시 자기용량 $=\dfrac{1}{0.866}\left(\dfrac{3300-3000}{3300}\right)\times300$

$=31.492[\text{kVA}]$

단권변압기 1대 자기용량 $=31.492\div2=15.746[\text{kVA}]$

★★ 산업 98년 3회, 02년 3회

141 정격이 300[kVA], 6600/2200[V]의 단권변압기 2대를 V결선으로 해서 1차에 6600[V]를 가하고, 전부하를 걸었을 때의 2차측 출력[kVA]은? (단, 손실은 무시한다)

① 425　　　② 519

③ 390　　　④ 489

해설

$\dfrac{\text{자기용량}}{\text{부하용량}}=\dfrac{1}{0.866}\left(\dfrac{V_h-V_l}{V_h}\right)$

$\dfrac{300}{\text{부하용량}}=\dfrac{1}{0.866}\left(\dfrac{6600-2200}{6600}\right)$

부하용량 $=0.866\times\left(\dfrac{6600}{6600-2200}\right)\times300$

$=390[\text{kVA}]$

★ 산업 99년 4회, 02년 3회, 03년 1회

142 $\dfrac{3300}{210}[\text{V}]$, 5[kVA]의 단상 주상변압기를 승압용 변압기로 접속하고 1차에 3000[V]를 가할 때의 전력[kVA]은?

① 약 69　　　② 약 76

③ 약 82　　　④ 약 83

해설

2차 전압 $V_2=V_1\left(1+\dfrac{1}{a}\right)$

$=3000\left(1+\dfrac{1}{\dfrac{3300}{210}}\right)=3190[\text{V}]$

부하전력 $=\dfrac{V_2}{e}\times P=\dfrac{3190}{210}\times5=75.9[\text{kVA}]$

★ 기사 14년 2회 / 산업 00년 2회, 13년 1회

143 단권변압기의 3상 결선에서 △결선인 경우 1차측 선간전압 V_1, 2차측 선간전압 V_2일 때 단권 변압기용량/부하용량은? (단, $V_1>V_2$인 경우)

① $\dfrac{V_1-V_2}{V_1}$　　② $\dfrac{V_1^2-V_2^2}{\sqrt{3}\,V_1V_2}$

③ $\dfrac{\sqrt{3}\,(V_1^2-V_2^2)}{V_1V_2}$　④ $\dfrac{V_1-V_2}{\sqrt{3}\,V_1}$

정답　139. ②　140. ③　141. ③　142. ②　143. ②

해설

㉠ Y결선 : $\dfrac{자기용량}{부하용량} = \dfrac{V_1 - V_2}{V_1}$

㉡ △결선 : $\dfrac{자기용량}{부하용량} = \dfrac{1}{\sqrt{3}} \cdot \dfrac{V_1^2 - V_2^2}{V_1 V_2}$

★★★ 산업 92년 2회

144 다음 중 3권선 변압기의 3차 권선의 용도가 아닌 것은?

① 소내용 전원공급 ② 승압용

③ 조상설비 ④ 제3고조파 제거

해설 3권선 변압기의 용도

㉠ 변압기의 3차 권선을 △결선으로 하여 변압기에서 발생하는 제3고조파를 제거

㉡ 3차 권선에 조상설비를 접속하여 무효전력의 조정

㉢ 3차 권선을 통해 발전소나 변전소 내에 전력을 공급

★★ 산업 96년 6회, 99년 3회, 16년 3회

145 다음 중 변압기의 정격을 정의한 것으로 옳은 것은?

① 2차 단자 간에 얻을 수 있는 유효전력을 [kW]로 표시한 것이 정격출력이다.

② 정격 2차 전압은 명판에 기재되어 있는 2차 권선의 단자전압이다.

③ 정격 2차 전압을 2차 권선의 저항으로 나눈 것이 정격 2차 전류이다.

④ 전부하의 경우의 1차 단자전압을 정격 1차 전압이라 한다.

해설 정격전압

변압기의 정격 2차 전압이란 명판에 기록된 권선의 단자전압의 실효값이며, 이 전압에서 정격출력을 얻는 전압이다. 3상 변압기의 경우 정격전압은 선간의 전압으로 나타낸다.

★★★★ 산업 00년 3회

146 변압기를 설명하는 말 중 틀린 것은?

① 사용주파수가 증가하면 전압변동률은 감소한다.

---

② 전압변동률은 부하의 역률에 따라 변한다.

③ △−Y결선에서는 고조파전류가 흘러서 통신선에 대한 유도장애는 없다.

④ 효율은 부하의 역률에 따라 다르다.

해설

%리액턴스 강하 $q = \dfrac{I_n x_2}{V_{2n}} \times 100[\%]$에서 $x_2 = 2\pi f L$ 이므로 주파수가 증가하면 q가 증가하여 전압변동률 $\varepsilon = p\cos\theta + q\sin\theta$가 증가한다.

★ 산업 92년 5회

147 변압기에서 철심만을 서서히 빼면 권선에 흐르는 전류의 변화는?

① 불변 ② 감소

③ 증가 ④ 감소 후 증가

해설

자기회로에 흐르는 전류 $I = \dfrac{V_1}{\dfrac{\omega N_1^2}{R}}$

$\qquad = \dfrac{R \cdot V_1}{2\pi f N_1^2}[\mathrm{A}]$

권선에 흐르는 전류(I)가 철심의 자기저항(R)에 비례하기 때문에 철심을 서서히 빼면 권선에 흐르는 전류가 서서히 감소한다.

★ 기사 96년 5회

148 변압기철심의 포화와 자기 히스테리시스 현상을 무시할 경우 리액터 권선에 흐르는 전류에 대하여 옳은 것은?

① 자기회로의 자기저항값에 비례한다.

② 권선수에 반비례한다.

③ 전원주파수에 비례한다.

④ 전원전압크기의 제곱에 비례한다.

해설

자기회로에 흐르는 전류 $I = \dfrac{V_1}{\dfrac{\omega N_1^2}{R}}$

$\qquad = \dfrac{R \cdot V_1}{2\pi f N_1^2}[\mathrm{A}]$

정답 144. ② 145. ② 146. ① 147. ② 148. ①

★★★★★ 기사 98년 4회, 99년 7회, 02년 2·4회 / 산업 93년 3회, 05년 2회, 16년 2회

149 변류기개방 시 2차측을 단락하는 이유는?

① 2차측 절연보호

② 2차측 과전류보호

③ 측정오차방지

④ 1차측 과전류방지

해설

변류기 2차가 개방되면 2차 전류는 0이 되고 1차 부하 전류도 0이 된다. 그러나 1차측은 선로에 연결되어 있어서 2차측의 전류에 관계없이 선로전류가 흐르고 있고 이는 모두 여자전류로 되어 철손이 증가하여 많은 열을 발생시켜 과열·소손될 우려가 있다. 이때, 자속은 모두 2차측 기전력을 증가시켜 절연을 파괴할 우려가 있으므로 개방해서는 안 된다.

㉠ CT(변류기) → 2차측 절연보호(퓨즈 설치 안 됨)

㉡ PT(계기용 변압기) → 선간단락 사고방지(퓨즈 설치)

★★★ 기사 97년 6회, 02년 2·4회, 16년 2회

150 평형 3상 회로의 전류를 측정하기 위해서 변류비 200 : 5의 변류기를 그림과 같이 접속하였더니 전류계의 지시가 1.5[A]이었다. 1차 전류는 몇 [A]인가?

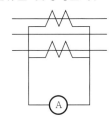

① 60

② $60\sqrt{3}$

③ 30

④ $\dfrac{60}{\sqrt{3}}$

해설

변류기의 1·2차 전류관계 $I_1 = \dfrac{n_2}{n_1}I_2[A]$

여기서, $n_1 < n_2$, $\dfrac{I_1}{I_2}$: 변류비

1차 전류 $I_1 = \dfrac{200}{5} \times 1.5 = 60[A]$

★★★★★ 기사 14년 1회 / 산업 90년 6회, 94년 7회, 97년 6회

151 평형 3상 전류를 측정하려고 변류비 $\dfrac{60}{5}$[A] 의 변류기 2대를 그림과 같이 접속했더니 전류계에 2.5[A]가 흘렀다. 1차 전류[A]는?

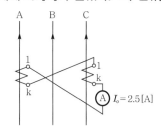

① 약 12.0

② 약 17.3

③ 약 30.0

④ 약 51.9

해설

변류기의 1·2차 전류관계 $I_1 = \dfrac{n_2}{n_1}I_2[A]$

여기서, $n_1 < n_2$, $\dfrac{I_1}{I_2}$: 변류비

변류기가 교차접속되므로 2차 전류가 $\sqrt{3}$ 배 크게 계측된다.

$I_1 \times \dfrac{5}{60} \times \sqrt{3} = 2.5[A]$

1차 전류 $I_1 = 2.5 \times \dfrac{1}{\sqrt{3}} \times \dfrac{60}{5} = 17.3[A]$

★★★★ 산업 98년 6회, 00년 5회, 01년 2회, 05년 1회

152 평형 3상 3선식 전로에 2개의 PT와 3개의 전압계 V_1, V_2, V_3를 그림과 같이 접속하고 선간전압을 측정하고 있을 때 퓨즈 F_2가 절단되었다고 하면 각 전압계지시는 몇 [V]가 되는가? (단, 3상 선간전압＝3000[V])

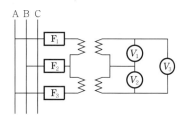

① $V_1 = V_2 = 3000[V]$, $V_3 = 6000[V]$

② $V_1 = V_2 = V_3 = 3000[V]$

③ $V_1 = V_2 = 1500[V]$, $V_3 = 3000[V]$

④ $V_1 = V_2 = V_3 = 1500[V]$

해설

퓨즈 F_2가 절단되면 $V_{CA} = 3000[\text{V}]$가 PT 2대가 접속되어 있으므로 전압계 V_1, V_2에 각각 1500[V]가 계측되고 전압계 V_3에는 3000[V]가 계측된다.

★ 산업 90년 2회, 08년 4회

153 계기용 변압기의 변압비 오차[%]는? (단, K_{np} : 공칭변압비, K_p : 측정한 참값의 변압비)

① $\dfrac{K_p - K_{np}}{K_{np}} \times 100$ ② $\dfrac{K_{np} - K_p}{K_{np}} \times 100$

③ $\dfrac{K_p - K_{np}}{K_p} \times 100$ ④ $\dfrac{K_{np} - K_p}{K_p} \times 100$

해설

변압비 오차는 공칭변압비와 측정한 참값의 변압비 사이에서 얻어진 백분율 오차로서, 다음과 같이 나타난다.

$$\text{변압비 오차} = \frac{\text{공칭변압비} - \text{측정한 변압비}}{\text{측정한 변압비}} \times 100$$

$$= \frac{K_{np} - K_p}{K_p} \times 100[\%]$$

★ 기사 95년 2회

154 아크 용접용 변압기가 전력용 일반변압기보다 다른 점은?

① 권선의 저항이 크다.

② 누설 리액턴스가 크다.

③ 효율이 높다.

④ 역률이 좋다.

해설

아크 용접용 변압기는 누설변압기의 원리를 응용한 기기로서, 누설자속의 크기를 조정하여 2차 전압의 크기를 조정하여 출력을 제어하므로 누설 리액턴스가 크고, 역률이 낮으며, 효율이 낮다.

 memo

유도기

기사 22.60% 출제
산업 23.12% 출제

이렇게 공부하세요!!

출제경향분석

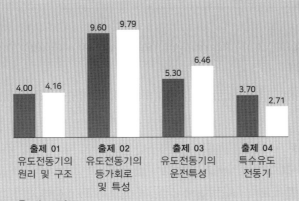

	기사 출제비율 %	산업 출제비율 %

- 출제 01 유도전동기의 원리 및 구조 — 4.00 / 4.16
- 출제 02 유도전동기의 등가회로 및 특성 — 9.60 / 9.79
- 출제 03 유도전동기의 운전특성 — 5.30 / 6.46
- 출제 04 특수유도 전동기 — 3.70 / 2.71

출제포인트

- ☑ 유도전동기의 회전원리와 슬립의 개념 및 계산문제가 출제된다.
- ☑ 회전 시 발생하는 기전력과 주파수, 등가부하저항에 관한 계산문제가 출제된다.
- ☑ 유도전동기의 운전 시 2차측의 전력의 변환과 토크에 대한 계산문제가 출제된다.
- ☑ 토크에 대한 기본공식, 토크의 조정 및 최대 토크 발생조건에 대한 개념 및 계산문제가 출제된다.
- ☑ 농형과 권선형 유도전동기의 차이점과 비례추이에 관한 문제가 출제된다.
- ☑ 유도전동기의 기동법 및 속도제어법, 제동법에 대한 문제가 출제된다.
- ☑ 특수농형 유도전동기 및 단상 유도전동기, 유도전압조정기에 관한 개념 및 계산문제가 출제된다.
- ☑ 유도전동기의 이상현상(고조파 영향, 크로우링 현상, 게르게스 현상)에 관한 문제가 출제된다.

CHAPTER 04 유도기

기사 22.60% 출제 | 산업 23.12% 출제

유도기는 거의 일반적으로 유도전동기로 가장 많이 쓰인다. 산업용 동력으로는 3상 유도전동기가, 가정용 소동력으로는 단상 유도전동기가 다른 부류의 전동기보다도 상용화되어 있다. 현재 산업현장 및 가정에서 널리 쓰이는 이유는 다음과 같다.

① 3상 및 단상 전원을 쉽게 얻을 수 있다.
② 기기구조가 간단하고 튼튼하다.
③ 타동력설비에 비해서 가격이 저렴하다.
④ 제어가 쉽고 유지·보수가 용이하다.
⑤ 전동기특성상 부하가 변해도 속도의 변동이 작다.

기사 4.00% 출제 | 산업 4.16% 출제

출제 01 유도전동기의 원리 및 구조

Comment
3상 유도전동기가 기동장치 없이 회전할 수 있는 회전자계의 특성을 이해하고 슬립에 대한 개념을 파악할 필요가 있다.

1 유도전동기의 원리

(1) 아라고 원판

① 아라고 원판의 원리 : 유도전동기의 기본원리는 아라고 원판으로 알 수 있는데 구리 또는 알루미늄으로 만든 원판을 수직으로 지지하고 자유로이 회전할 수 있게 하며, 그 둘레에서 자석을 회전시키면 원판은 자석보다 조금 늦게 같은 방향으로 회전한다.

② 원판의 회전 이유

㉠ 자석 사이에 원판이 자속을 절단하여 플레밍의 오른손법칙에 의해 기전력이 발생하고
일정방향으로 와전류가 흐른다.

㉡ 발생된 와전류가 자석의 자속과 플레밍의 왼손법칙에 의해 원판이 자석의 회전방향으로
힘이 형성되어 회전한다.

(2) 회전자계

3상 유도전동기의 고정자에 3상 교류전력을 인가하면 회전자계가 발생한다.

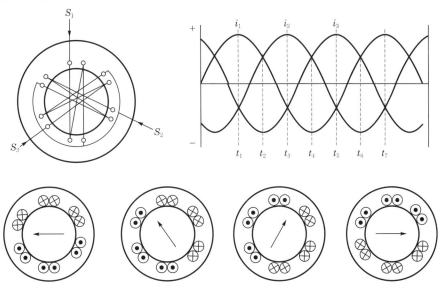

★★★ 기사 16년 1회

01 대칭 3상 권선에 평형 3상 교류가 흐르는 경우 회전자계의 설명으로 틀린 것은?

① 발생회전자계 방향 변경 가능
② 발생회전자계는 전류와 같은 주기
③ 발생회전자계 속도는 동기속도보다 늦음
④ 발생회전자계 세기는 각 코일 최대 자계의 1.5배

해설 3상 유도전동기에 3상 교류전력을 공급하면 고정자에서 회전자에 회전자계가 동기속도로 나타난다.
유도전동기의 회전자속도 $N = (1-s)N_s$[rpm]
여기서, N_s : 회전자계=2차 입력, N : 회전자속도=출력

답 ③

2 유도전동기의 구조

유도전동기는 회전자계를 형성하기 위해 3상 권선을 감은 고정자부분과 회전자계에 의해 회전하는 회전자부분으로 구성된다.

(1) 고정자

회전기의 주요 정지부분으로, 얇은 규소강판을 겹쳐 쌓아서 만든 고정자철심의 슬롯 속에 전류를 통하는 권선을 넣어 3상 교류를 통전함으로써 회전자계를 형성하는 역할을 한다.

┃규소강판┃ ┃성층┃ ┃고정자 홈┃

(2) 회전자

구조에 따라 농형과 권선형으로 나누어지고 이들 특성에는 차이가 있으며 특히 농형에서 2차 도체와 슬롯의 형상에 따라 속도 및 회전력의 특성은 달라진다.

① **농형 회전자 : 회전자권선이 여러 개의 도체와 이 도체를 단락시키는 단락환으로 구성**되어 있고 알루미늄 다이캐스팅으로 대량생산이 가능하며 취급과 구조가 간단하고 견고하기 때문에 가격이 싸고 효율과 역률 및 최대 회전력이 우수하다.

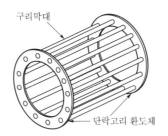

구리막대

단락고리 환도체

② **권선형 회전자** : 권선형 회전자는 회전자철심의 슬롯 속에 구리도체를 넣어서 3상 결선을 하는 것으로, 3상 권선의 3단자는 절연하여 설치된 슬립링 3개와 접속되고 **슬립링은 브러시와 접속하여 외부와 연결된다. 브러시는 가변저항기와 연결되어 있고 이 가변저항의 변화가 권선형 회전자의 회전력과 속도를 변화시킬 수 있다.**

단원확인기출문제

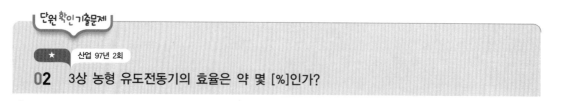

★ 산업 97년 2회

02 3상 농형 유도전동기의 효율은 약 몇 [%]인가?

① 60   ② 70

③ 85   ④ 100

해설 3상 농형 유도전동기는 전기적 손실(철손, 동손) 및 기계적 손실(기계손) 등의 영향으로 효율 85[%] 정도로 운전된다.

답 ③

3 3상 유도전동기

(1) 변압기와의 유사성

변압기와 유도전동기의 동작원리를 비교하면 변압기는 1차측의 전압이 2차측으로 유도되어 부하에 입력되는 반면에, 유도전동기는 1차측 전압에 의하여 2차측으로 유기된 회전자계에 의하여 회전자가 회전하는 것이다. 즉, 변압기에서는 1·2차에 유기되는 기전력은 교번자계에 의한 것이지만, 유도전동기에 있어서는 회전자계에 의해 기전력을 발생하는 점이 다르다.

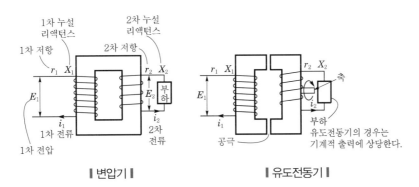

‖ 변압기 ‖   ‖ 유도전동기 ‖

(2) 슬립

Comment

3상 유도전동기의 운전 시 나타나는 슬립에 대한 정의와 계산문제를 다수 풀어야 한다. 기본문제로, 절대로 틀려서는 안 된다.

① 슬립의 의미 : 3상 유도전동기에서는 동기속도 N_s와 회전자속도 N 사이에 차이가 발생한다. 이 속도차와 동기속도와의 비를 슬립(slip)이라 한다.

$$\text{슬립} \quad s = \frac{N_s - N}{N_s} \times 100\,[\%]$$

여기서, N_s : 동기속도, N : 회전자속도

② 슬립의 범위

    ㉠ 유도전동기의 경우 : $0 < s < 1$

    ㉡ 유도발전기의 경우 : $-1 < s < 0$

③ 회전자속도 : $N = (1-s)N_s$ [rpm]

　　㉠ 회전자가 정지해 있을 경우 : $s = 1$

　　㉡ 동기속도로 회전하고 있을 경우 : $s = 0$

단원확인기출문제

★★★★★ 산업 90년 7회, 07년 4회

03 60[Hz], 8극인 3상 유도전동기의 전부하 시의 회전수가 855[rpm]이다. 이때의 슬립(slip)은?

① 4[%]

② 5[%]

③ 6[%]

④ 7[%]

[해설] 동기속도 $N_s = \dfrac{120f}{P} = \dfrac{120 \times 60}{8} = 900$[rpm]

　　슬립 $s = \dfrac{N_s - N}{N_s} = \dfrac{900 - 855}{900} = 0.05 = 5$[%]

답 ②

기사 9.60% 출제 ㅣ 산업 9.79% 출제

출제 02 유도전동기의 등가회로 및 특성

쌤 Comment

유도전동기의 입력과 손실, 출력의 관계에 따른 전력의 변환이 중요하며 회전력의 수식적 특성을 고려하여 실제로 운전할 수 있어야 한다.

1 유도기전력 및 전류

(1) 유도기전력

① 전동기가 정지하고 있는 경우 : 1차 권선에 여자전류가 흐르면 1차 권선과 2차 권선에 각각 기전력이 유도되는 관계는 변압기의 경우와 같으며, 1차 권선에서 1상의 직렬권선횟수를 N_1, 1극당 평균자속을 ϕ[Wb], 주파수를 f_1[Hz]이라고 하면 1차 권선의 1상에 유도되는 기전력의 실효값 E_1[V]은 다음과 같다.

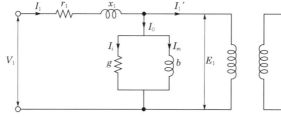
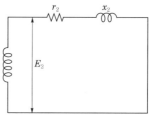

㉠ 1차 유도기전력 : $E_1 = 4.44k_{w_1}fN_1\phi_m$

㉡ 2차 유도기전력 : $E_2 = 4.44k_{w_2}fN_2\phi_m$

여기서, k_{w_1}, k_{w_2} : 1・2차 권선계수, N_1 : 1차 권선수, ϕ_m : 최대 자속

㉢ 정지 시 권수비 : $\alpha = \dfrac{E_1}{E_2} = \dfrac{4.44k_{w_1}fN_1\phi_m}{4.44k_{w_2}fN_2\phi_m} = \dfrac{k_{w_1}N_1}{k_{w_2}N_2}$

② 전동기가 회전하고 있는 경우 : 회전자가 슬립 s로 회전하고 있을 때의 특성은 다음과 같다.

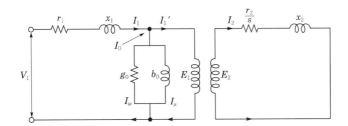

㉠ 유도전동기의 회전 시 회전자계속도와 회전자속도의 차는 다음과 같다.

$N_s - N = sN_s$

㉡ 속도의 차에 의해 2차 권선에 유도되는 주파수와 기전력은 다음과 같다.

ⓐ **회전 시 주파수 :** $f_2 = sf_1$

여기서, f_1 : 1차측 주파수

ⓑ **회전 시 기전력 :** $E_{2s} = sE_2$

여기서, E_2 : 2차측 정지 시 기전력

단원확인기출문제

★★★★★ 기사 01년 1회, 05년 3회, 14년 3회 / 산업 15년 1회

04 50[Hz], 6극, 200[V], 10[kW]의 3상 유도전동기가 960[rpm]으로 회전하고 있을 때 2차 주파수[Hz]는?

① 2 　　　　　　　　　　② 4

③ 6 　　　　　　　　　　④ 8

해설　동기속도 $N_s = \dfrac{120f}{P} = \dfrac{120 \times 50}{6} = 1000[\text{rpm}]$

960[rpm]으로 회전 시 슬립 $s = \dfrac{N_s - N}{N_s} = \dfrac{1000 - 960}{1000} = 0.04$

회전 시 2차 주파수 $f_2 = sf_1 = 0.04 \times 50 = 2[\text{Hz}]$

답 ①

ⓒ 회전 시 1·2차 유도기전력

    ⓐ 1차 유도기전력 : $E_1 = 4.44 k_{w_1} f N_1 \phi_m \,[\mathrm{V}]$

    ⓑ 2차 유도기전력 : $s E_2 = 4.44 k_{w_2} s f N_2 \phi_m \,[\mathrm{V}]$

    여기서, k_{w_1}, k_{w_2} : 1·2차 권선계수, N_1 : 1차 권선수, ϕ_m : 최대 자속

  ⓒ 회전 시 권수비 : $\alpha = \dfrac{E_1}{s E_2} = \dfrac{4.44 k_{w_1} f N_1 \phi_m}{4.44 k_{w_2} s f N_2 \phi_m} = \dfrac{k_{w_1} N_1}{s k_{w_2} N_2}$

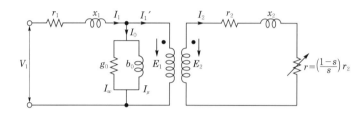

(2) 유도전동기의 전류

① 1차 전류 $I_1' = \dfrac{m_2 k_{w_2} N_2}{m_1 k_{w_1} N_1} \cdot I_2 = \dfrac{1}{\alpha \beta} \cdot I_2 \,[\mathrm{A}]$

  여기서, $\beta = \dfrac{m_1}{m_2}$: 상수비

② 2차 전류 $I_2 = \dfrac{s E_2}{\sqrt{r_2^2 + (s x_2)^2}} = \dfrac{E_2}{\sqrt{\left(\dfrac{r_2}{s}\right)^2 + x_2^2}} \,[\mathrm{A}]$

단원확인기출문제

★   기사 93년 3회, 95년 6회, 03년 3회

05 유도전동기에서 2차 전류가 I_2를 1차측으로 환산한 I_2는? (단, α : 권수비, β : 상수비)

  ① $\dfrac{I_2}{\alpha \beta}$ ② $\alpha \beta I_2$

  ③ $\dfrac{\beta}{\alpha} I_2$ ④ $\dfrac{\alpha}{\beta} I_2$

 1차 전류 $I_1' = \dfrac{m_2 k_{w_2} N_2}{m_1 k_{w_1} N_1} \cdot I_2 = \dfrac{1}{\alpha \beta} \cdot I_2 \,[\mathrm{A}]$

  여기서, 권수비 $\alpha = \dfrac{k_{w_1} N_1}{k_{w_2} N_2}$, 상수비 $\beta = \dfrac{m_1}{m_2}$

답 ①

(3) 유도전동기의 회로 및 등가회로

3상 유도전동기의 경우 등가회로로 표시하여 전류, 전력 및 효율 등을 쉽게 계산할 수 있다.

① 정지 중인 유도전동기의 회로 : 정지해 있는 유도전동기의 회로는 변압기의 등가회로와 같이 나타낼 수 있다. 정지 중에는 $s = 1$이 되고, 회전자도체에는 다음과 같은 2차 전류가 흐른다.

ㄱ 정지 시 2차 권선 임피던스 : $\dot{Z_2} = \dot{r_2} + j\dot{x_2}[\Omega]$

ㄴ 정지 시 2차 전류 : $I_2 = \dfrac{E_2}{\sqrt{r_2{}^2 + x_2{}^2}}[A]$

② 운전 중인 유도전동기의 회로 : 슬립 s로 회전 중인 유도전동기의 2차 유도기전력은 sE_2, 2차 리액턴스는 sx_2, 2차 저항은 r_2이기 때문에 2차 전류 I_2는 다음과 같이 된다.

ㄱ 회전 시 2차 권선 임피던스 : $\dot{Z_2} = \dot{r_2} + j s \dot{x_2}[\Omega]$

ㄴ 회전 시 2차 전류 : $I_2 = \dfrac{sE_2}{\sqrt{r_2{}^2 + (sx_2)^2}} = \dfrac{E_2}{\sqrt{\left(\dfrac{r_2}{s}\right)^2 + x_2{}^2}}[A]$

ㄷ 2차 저항의 분류 : $\dfrac{r_2}{s} = \left(\dfrac{r_2}{s} - r_2\right) + r_2 = \left(\dfrac{1}{s} - 1\right)r_2 + r_2 = R + r_2$

여기서, **등가부하저항** $R = \left(\dfrac{1}{s} - 1\right)r_2[\Omega]$, 2차 저항 : r_2

(4) 전력의 변환

Comment

유도전동기에서 출제비율이 아주 높은 부분으로, 다수의 문제풀이가 필요하다.

① 유도전동기에서 공급되는 1차 입력의 대부분은 2차 입력으로 되고 2차 입력의 일부는 주로 2차 저항손이 되어서 없어지며, 나머지의 대부분은 기계적인 출력으로 된다. 여기서, 1차측의 전력은 크게 다루지 않으므로 2차측 전력을 중심으로 알아본다.

② 2차 입력, 2차 손실, 기계적 출력과 슬립의 관계

ㄱ 2차 입력 : $P_2 = P_o + P_{c_2} = I_2{}^2 \dfrac{r_2}{s}[W]$

ㄴ 2차 동손 : $P_{c_2} = I_2{}^2 r_2[W]$

ㄷ 2차 출력 : $P_o = \left(\dfrac{1}{s} - 1\right)r_2 I_2{}^2 = I_2{}^2 \dfrac{r_2}{s} - I_2{}^2 r_2 = P_2 - P_{c_2}[W]$

∴ $P_2 : P_{c_2} : P_o = 1 : s : 1 - s$

★★★★★ 기사 15년 1회

06 3상 유도전동기의 회전자입력이 P_2, 슬립이 s이면 2차 동손은?

① $(1-s)P_2$

② $\dfrac{P_2}{s}$

③ $\dfrac{(1-s)P_2}{s}$

④ sP_2

해설 $P_2 : P_c : P_o = 1 : s : 1-s$

$P_2 : P_c = 1 : s$에서 2차 동손 $P_c = sP_2$

답 ④

★★★ 기사 13년 3회, 16년 3회

07 정격출력이 7.5[kW]의 3상 유도전동기가 전부하운전에서 2차 동손이 300[W]이다. 슬립은 약 몇 [%]인가?

① 3.85

② 4.61

③ 7.51

④ 9.42

해설 2차 입력, 2차 동손, 출력과 슬립의 관계

$P_2 : P_{c_2} : P_o = 1 : s : 1-s$

슬립 $s = \dfrac{P_{c_2}}{P_2} = \dfrac{P_{c_2}}{P_{c_2}+P_o} = \dfrac{300}{7500+300} = 0.0385$

답 ①

2 회전력(torque)

(1) 토크와 출력

유도전동기의 기계적 출력 P_o는 토크 T와 각속도 ω의 곱으로 나타낼 수 있다.

$$P_o = \omega T = 2\pi \frac{N}{60} \cdot T [\text{W}]$$

$$T = \frac{P_o}{\omega} = \frac{P_o}{2\pi\frac{N}{60}} = \frac{60}{2\pi}\frac{P_o}{N} = \frac{60}{2\pi}\frac{(1-s)P_2}{(1-s)N_s} = \frac{60}{2\pi}\frac{P_2}{N_s} [\text{N} \cdot \text{m}]$$

(2) 토크와 입력전압과의 관계

토크 T가 2차 입력 P_2에 비례하기 때문에 이 토크 T는 동기 와트 P_2로 나타나며 동기 와트 P_2는 다음 식으로 나타낼 수 있다.

$$P_2 = 1.026 \cdot T \cdot N_s = {I_2}^2 \cdot \frac{r_2}{s} = \frac{{V_1}^2 \cdot \dfrac{r_2}{s}}{\left(r_1 + \dfrac{r_2}{s}\right)^2 + (x_1 + x_2)^2} \, [\text{kW}]$$

여기서, 등가회로에서 2차 전류 $I_2 = \dfrac{V_1}{\sqrt{\left(r_1 + \dfrac{r_2}{s}\right)^2 + (x_1 + x_2)^2}} \, [\text{A}]$

(3) 토크와 주파수와의 관계

 **Comment**

유도전동기 토크에서 전압, 주파수, 극수, 슬립의 관계를 반드시 파악하여야 다수의 문제풀이가 가능해지고 실제 운전 시에도 적용할 수 있다.

동기속도 $N_s = \dfrac{120f}{P} \, [\text{rpm}]$에서

① 토크 $T = \dfrac{P_2}{\dfrac{2\pi}{60} \times \dfrac{120f}{P}} = \dfrac{P {V_1}^2}{4\pi f} \times \dfrac{\dfrac{r_2}{s}}{\left(r_1 + \dfrac{r_2}{s}\right)^2 + (x_1 + x_2)^2} \, [\text{N} \cdot \text{m}]$

유도전동기의 토크식을 정리하면 다음과 같다.

$$T = 0.975 \frac{P_o}{N} = 0.975 \frac{P_2}{N_s} \, [\text{kg} \cdot \text{m}]$$

② 동기 와트 : 2차 입력과 토크는 비례하게 되고 토크를 표현할 때 2차 입력의 값을 가지고도 나타낼 수 있다. 이 2차 입력을 동기 와트라 한다.

$$P_2 = 1.026 \cdot T \cdot N_s \times 10^{-3} \, [\text{kW}]$$

$$T = \frac{P}{4\pi f} \cdot {V_1}^2 \cdot \frac{\dfrac{r_2}{s}}{\left(r_1 + \dfrac{r_2}{s}\right)^2 + (x_1 + x_2)^2} \, [\text{N} \cdot \text{m}]$$

위 식에서 보는 바와 같이 토크는 극수에 비례하고 주파수에 반비례하며 1차측 정격전압의 제곱에 비례하고 $\dfrac{r_2}{s}$에 비례함을 알 수 있다.

$$T \propto P_{\text{극수}} \propto \frac{1}{f} \propto {V_1}^2 \propto \frac{r_2}{s}$$

★★★★★ 기사 00년 3회, 15년 2회 / 산업 96년 2회, 15년 3회

08 3상 유도전동기의 운전 중 전압이 80[%]로 떨어지면 부하회전력은 몇 [%] 정도로 되는가?

① 94 　　　　　　　　　　　② 80

③ 72 　　　　　　　　　　　④ 64

해설 토크(T)는 인가전압(V_1)의 제곱에 비례한다.

$$T : T' = 100^2 : 80^2 \text{에서 } T' = \frac{80^2}{100^2} T = 0.64 T$$

답 ④

(4) 슬립과 토크와의 관계

최대 토크 발생 시 슬립을 $\dfrac{dP_2}{ds} = 0$에서 정리하면 아래와 같다.

최대 토크 시 슬립 $s_t = \dfrac{r_2}{\sqrt{r_1{}^2 + (x_1 + x_2)^2}} \fallingdotseq \dfrac{r_2}{x_2}$

3 유도전동기의 손실 및 효율

(1) 유도전동기의 손실

① 고정손 : 철손, 베어링 마찰손, 브러시 마찰손, 풍손

② 동손(부하손) : 1차 코일의 동손, 2차 회로의 동손, 브러시 전기손

③ 표유부하손 : 고정손과 부하손 이외에 부하가 걸리면 측정하기가 곤란한 작은 손실이 도체와 철심에 나타나는데 이것을 표유부하손이라 하며 효율을 구하는 데 무시하는 것이 일반적이다. 브러시 전기손은 브러시 전류와 브러시 전압강하의 곱으로 산정한다.

(2) 유도전동기의 효율

① 효율은 다른 기기와 같이 다음 식으로 표시된다.

$$\eta = \frac{출력}{입력} \times 100 = \frac{입력 - 손실}{입력} \times 100 [\%]$$

효율에 실측효율과 규약효율이 있는 것도 다른 기기의 경우와 같다. 유도전동기의 효율은 원선도법으로 구하는 규약효율을 사용하는 것이 일반적이다.

② **2차 효율** : 2차 입력 P_2와 출력 P_o의 비를 2차 효율이라 하며 다음 식과 같이 나타낸다.

$$\eta = \frac{P_o}{P_2} \times 100 = (1 - s) \times 100 = \frac{N}{N_s} \times 100 [\%]$$

단원확인기출문제

★★★ 기사 90년 2회, 98년 7회, 00년 6회

09 200[V], 60[Hz], 4극, 20[kW]의 3상 유도전동기가 있다. 전부하일 때의 회전수가 1728[rpm]이라 하면 2차 효율[%]은?

① 45 ② 56
③ 96 ④ 100

해설 동기속도 $N_s = \dfrac{120f}{P} = \dfrac{120 \times 60}{4} = 1800[\text{rpm}]$

슬립 $s = \dfrac{1800 - 1728}{1800} = 0.04$

2차 효율 $\eta_2 = (1 - s) \times 100 = (1 - 0.04) \times 100 = 96[\%]$

답 ③

4 비례추이 및 원선도

 **Comment**

비례추이의 가능 여부에 따라 권선형과 농형으로 구분할 수 있고 기동전류를 현저하게 낮출 수 있는 중요성이 높은 부분이므로 많은 공부가 필요하다.

(1) 비례추이

유도전동기의 토크는 다음과 같다.

$$T = \frac{P_2}{4\pi f} \cdot \frac{V_1^2 \cdot \dfrac{r_2}{s}}{\left(r_1 + \dfrac{r_2}{s}\right)^2 + (x_1 + x_2)^2} [\text{N} \cdot \text{m}]$$

일정전압 V_1이 가해진 경우 저항 및 리액턴스는 정수이기 때문에, 슬립 s를 변화시켜 T를 종축, s를 횡축으로 하여 그 관계를 그린 것을 슬립-토크 특성곡선이라 한다.

토크 T의 값은 $\dfrac{r_2}{s}$가 일정하면 변하지 않는다. 또, 분자와 분모에 m배로 해도 그 값은 변하지 않기 때문에 다음 식이 성립한다.

$$T_m \propto \frac{r_2}{s_t} = \frac{2r_2}{2s} = \frac{mr_2}{ms}$$

이것을 토크의 비례추이라 한다.

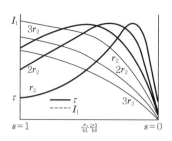

★ 기사 91년 5회, 17년 2회 / 산업 90년 7회

10 슬립 s_t에서 최대 토크를 발생하는 3상 유도전동기에서 2차 1상의 저항을 r_2라 하면 최대 토크로 기동하기 위한 2차 1상의 외부로부터 가해주어야 할 저항[Ω]은?

① $\dfrac{1-s_t}{s_t}r_2$

② $\dfrac{1+s_t}{s_t}r_2$

③ $\dfrac{r_2}{1-s+t}$

④ $\dfrac{r_2}{s_t}$

해설 최대 토크 $T_m \propto \dfrac{r_2}{s_t} = \dfrac{mr_2}{ms_t}$

기동 토크와 전부하 토크(최대 토크로 해석)가 같을 경우의 슬립 $s=1$이므로

$$\frac{r_2}{s_t} = \frac{r_2 + R}{1}$$

외부에서 가해야 할 저항 $R = \dfrac{1-s_t}{s_t}r_2[\Omega]$

답 ①

(2) 원선도

유도전동기의 특성을 알기 위해 원선도를 그린다. **원선도를 그리기 위해서는 무부하시험, 구속시험, 저항측정을 한다.**

① **무부하시험** : 유도전동기를 무부하로 정격전압 V_n, 정격주파수 f_1으로 운전하여 그때의 무부하전류 I_0와 무부하입력 P_0을 측정한다.

② **구속시험** : 유도전동기의 회전자를 적당한 방법으로 회전하지 못하도록 구속하고 권선형 회전자에서는 2차 권선을 슬립 링에서 단락하여 1차측에 정격주파수의 전압을 가하여 정격 1차 전류에 가까운 구속전류 I_s를 흘려서 그때의 전압과 1차 입력을 측정한다.

③ **저항측정** : 임의의 주위온도에서 1차 권선 각 단자간에 직류로 측정한 저항의 평균값을 R_1이라 하고 이 값에서 다음 식에 의해 75[℃]에서의 1차 권선의 1상분의 저항 r_1을 산출한다.

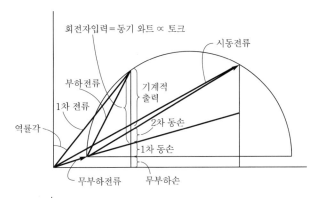

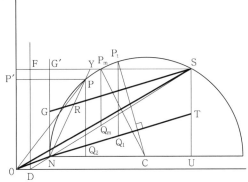

1차 전류 $I_1 = \overline{\text{OP}}$

역률 $\cos\phi = \dfrac{\overline{\text{OP}'}}{\overline{\text{OP}}} \times 100\,[\%]$

효율 $\eta = \left(1 - \dfrac{\overline{\text{FY}}}{\overline{\text{FS}}}\right) \times 100\,[\%]$

슬립 $s = \dfrac{\overline{\text{GR}}}{\overline{\text{GS}}} \times 100\,[\%]$

토크 $T = \dfrac{\sqrt{3}\,E_0\,\overline{\text{PQ}_2}}{1.025 N_s}\,[\text{kg} \cdot \text{m}]$

$\quad\quad = \dfrac{\sqrt{3}\,E_0\,\overline{\text{PQ}_2}}{0.1047 N_s}\,[\text{N} \cdot \text{m}]$

최대 출력 $P_m = \sqrt{3}\,E_0\,\overline{\text{P}_m\text{Q}_m}$

최대 토크 $T_m = \dfrac{\sqrt{3}\,E_0\,\overline{\text{P}_t\text{Q}_t}}{1.025 N_s}\,[\text{kg} \cdot \text{m}]$

$\quad\quad\quad = \dfrac{\sqrt{3}\,E_0\,\overline{\text{P}_t\text{Q}_t}}{0.1047 N_s}\,[\text{N} \cdot \text{m}]$

여기서, E_0 : 정격 1차 전압

기사 5.30% 출제 | 산업 6.46% 출제

출제 03 유도전동기의 운전특성

 Comment

유도전동기의 기동법은 필기시험 및 실기시험, 또한 실무에서도 중요하게 적용되므로 적용방법을 충분히 이해할 필요가 있다.

1 유도전동기의 기동특성

(1) 유도전동기의 토크와 전류

유도전동기에서는 동기전동기에서 발생하는 기동문제는 없다. 대부분의 경우에 유도전동기는 단순히 전원을 연결함으로써 기동할 수 있다. 그러나 몇가지 충분한 이유 때문에 별도의 기동법을 이용하여 기동하도록 한다.

유도전동기에서 토크식과 전류식은 다음과 같다.

유도전동기의 토크 $T = \dfrac{P}{4\pi f} \cdot V_1^{\,2} \cdot \dfrac{\dfrac{r_2}{s}}{\left(r_1 + \dfrac{r_2}{s}\right)^2 + (x_1 + x_2)^2}$

유도전동기 2차 전류 $I_2 = \dfrac{V_1}{\sqrt{\left(r_1 + \dfrac{r_2}{s}\right)^2 + (x_1 + x_2)^2}}$

기동 시 토크식과 전류식은 다음과 같이 간단히 된다.

$$T = k\frac{V_1^{\,2}}{(x_1 + x_2)^2}R, \quad |I_2'| = \frac{V_1}{x_1 + x_2}$$

위 식을 통해 알 수 있듯이 기동 시 기동 토크는 아주 작고 기동전류는 매우 크다. 기동 토크가 작기 때문에 정상상태로 동작하기까지 시간이 오래 걸리고, 그 긴 시간 동안 큰 기동전류가 흐른다면 기기가 과열되어 절연재료에 악영향을 미칠 수 있다. 그러므로 **기동법을 이용해서 기동전류를 제한하고 기동 토크를 증가시킬 필요가 있다.**

(2) 농형 유도전동기의 기동법

정지상태에 있는 유도전동기에 정격전압을 가하면 회전자계가 동기속도로 회전자권선을 끊게 되어 회전자권선에는 큰 기전력이 유기되므로 회전자전류는 정격전류의 5 ~ 7배 이상의 큰 전류가 흘러 코일을 가열시킬 뿐 아니라 전원전압을 강하시키고 전원계통에 나쁜 영향을 주게 된다. 따라서, 전동기용량에 따라 기동전류를 적당히 제한할 필요가 있다.

기동전류를 제한하면서 기동 토크를 크게 하고, 역률도 개선할 필요가 있으므로 이런 조건을 만족하는 방법이 기동법이다.

① **전전압기동** : 5[kW] 이하의 소용량 농형 유도전동기에 적용하는 기동법으로, 경제적인 면을 고려하고 기동장치를 따로 쓰지 않으며, **직접 전동기에 정격전압을 가하여 기동시키는 방법**이다. 기동 시 **기동전류는 정격전류의 약 4 ~ 6배 정도**가 흐르지만 전동기의 용량이 작기 때문에 직접 전전압을 가하여 큰 지장이 없다.

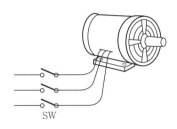

② **감전압기동** : 전류는 전압에 비례하므로 기동 시 전압을 감소시켜 기동전류를 억제하여 전압강하 및 전력손실 감소와 보호장치, 전원용량, 전선굵기도 감소시켜 경제적이다.

　㉠ **Y-△기동법** : 약 5 ~ 15[kW] 정도의 농형 유도전동기에 적용하는 방법으로, **기동 시에는 고정자의 전기자권선을 Y결선으로 해서 기동시키고 기동완료 후 운전 시에는 △결선으로 전환하여 운전하는 방법**이다. 기동전류 및 기동 토크가 전전압기동 시의 $\frac{1}{3}$이 **된다.** 이 방법은 Y에서 △결선으로 전환되는 순간 큰 과도전류가 흘러서 전동기에 악영향을 미칠 수 있다. 그리고 기동 시 별도의 기동장치가 투입되지 않고 내부결선의 변화를 이용하므로 다른 기동법에 비해 가격이 싼 방법이다.

기동 시 Y결선	운전 시 △결선
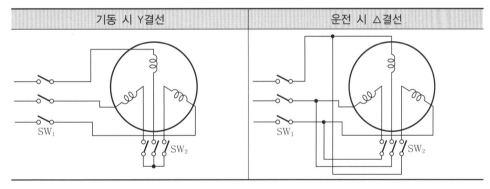	

전동기 각 상의 임피던스를 Z, 전원전압을 V_n으로 하면

Y결선 시 선전류 $I_Y = \dfrac{V_n}{\sqrt{3}\,Z}$, △접속 시 선전류 $I_\triangle = \dfrac{\sqrt{3}\,V_n}{Z}$

기동전류를 비교하면 $\dfrac{I_Y}{I_\triangle} = \dfrac{\dfrac{V_n}{\sqrt{3}\,Z}}{\dfrac{\sqrt{3}\,V_n}{Z}} = \dfrac{1}{3}$

또한, 토크는 전압의 2승에 비례한다.

Y접속 시 토크 $T_Y = \left(\dfrac{V_n}{\sqrt{3}}\right)^2$

△접속 시 토크 $T_\triangle = V_n{}^2$

기동 토크를 비교하면 $\dfrac{T_Y}{T_\triangle} = \dfrac{\left(\dfrac{V_n}{\sqrt{3}}\right)^2}{V_n{}^2} = \dfrac{1}{3}$

ⓒ **기동보상기법(단권변압기에 의한 기동)** : **15[kW] 이상의 대용량**의 농형 유도전동기에 적용하는 방법으로, **단권변압기를 이용하여 기동시키는 방법이다.** 기동장치로 단권변압기를 설치해야 하므로 가격이 전동기기동법 중 가장 비싸지만 Y-△기동법과는 다르게 결선전환이 없어 전동기에 큰 과도전류가 흐르지 않아 안정도가 높고 단권변압기의 탭 조정을 통해 전동기의 입력전압을 조정하여 기동전류를 안정적으로 감소시킬 수 있다.

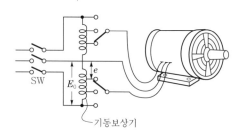

ⓒ **리액터 기동** : Y-△기동과 같이 유도전동기 기동 시 전동기에 투입되는 큰 기동전류를 감소시키기 위해 사용하는 방법으로, 펌프나 송풍기와 같이 부하 토크가 기동할 때에는 작고 가속하는 데 따라 증가하는 부하의 동력을 공급하는 전동기에 적합하다. 기동이 완료되면 개폐기의 동작으로 리액터는 단락된다. 이 기동법은 기동보상기를 쓰는 방법에 비해 기동 토크가 감소하는 단점이 있으나 기동장치가 간단하여 가격이 저렴하고 리액터 탭 조정을 통해 기동전류를 가감할 수 있는 특징이 있다.

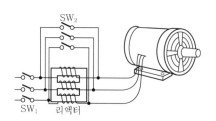

단원확인기출문제

★★★★★ 산업 04년 3회

11 3상 농형 유도전동기 기동법 중 옳은 것은?

① Y-△기동을 한다.

② 콘덴서를 이용하여 기동한다.

③ 2차 회로에 저항을 넣어 기동한다.

④ 기동저항기법을 사용한다.

해설 농형 유도전동기 기동법에는 전전압기동, Y-△기동, 기동보상기법(단권변압기 기동), 리액터 기동, 콘돌퍼 기동 등이 있다.

답 ①

★★★ 기사 05년 1회

12 3상 유도전동기의 Y-△기동법은 전전압기동(직입기동)에 비하여 기동전류(I_{st})와 기동 토크(T_{st})는?

① $\dfrac{1}{3}$, $\dfrac{1}{\sqrt{3}}$

② $\dfrac{1}{3}$, $\dfrac{1}{3}$

③ $\dfrac{1}{\sqrt{3}}$, $\dfrac{1}{\sqrt{3}}$

④ $\sqrt{3}$, $\sqrt{3}$

해설 감전압기동법 중에 Y-△기동법은 전전압기동에 비해 기동전류 및 기동 토크의 크기가 $\dfrac{1}{3}$로 감소한다.

답 ②

(2) 권선형 유도전동기의 기동법

① **2차 저항기동(기동저항기법)** : 비례추이특성을 이용하여 기동하는 방법으로, 회전자에 외부저항을 삽입하여 기동전류는 감소시키고 기동 토크는 증가하며 유효분성분의 변화로 인해 역률이 개선되는 특성이 나타난다.

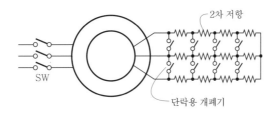

② **게르게스 기동** : 권선형 회전자에 적게 감은 코일 2개를 두고 이를 병렬로 접속하여 기동 시에는 전류를 제한하고 기동이 완료된 후에는 이를 단락하여 기동 토크를 발생하고 기동 전류를 감소시키는 기동방법이다.

단원확인기출문제

★★★★★ 기사 12년 3회, 13년 2회(유사) / 산업 90년 6회, 95년 5회, 99년 7회, 08년 2회, 11년 3회

13 유도전동기의 기동방식 중 권선형에만 사용할 수 있는 방식은?

① 리액터 기동   ② Y−△기동

③ 2차 회로의 저항삽입   ④ 기동보상기

해설   권선형 유도전동기의 기동법에는 2차 저항기동(기동저항기법) 및 게르게스 기동이 있다.

답 ③

2 이상기동현상

Comment

자격시험에서 가장 중요한 부분은 사용자의 안전과 설비의 정상적인 운전으로, 이상현상은 당연히 출제의 비중이 높을 수밖에 없다. 고조파에 따른 문제점과 함께 정리가 필요하다.

(1) 크로우링 현상 – 농형 회전자

농형 유도전동기에서 일어나는 현상으로, 농형 유도전동기 계자에 고조파가 유기되거나 공극이 일정하지 않을 때 **전동기회전자가 정격속도에 이르지 못하고 저속도로 운전되는 현상**으로 슬롯을 사구의 형태로 하여 방지한다.

(2) 게르게스 현상

권선형 유도전동기에서 전동기가 무부하 또는 경부하로 운전 중 회전자 한 상이 결상되어도 전동기가 소손되지 않고 **정격속도의 50[%]의 속도에서 운전되는 현상**으로, 슬립이 대략 0.5 정도 나타난다.

단원확인기출문제

★   기사 03년 3회, 14년 2회

14 유도전동기에 게르게스(Gorges) 현상이 생기는 슬립은 대략 얼마인가?

① 0.25   ② 0.50

③ 0.70   ④ 0.80

해설   게르게스 현상은 슬립이 0.5인 상태에서 더 이상 가속이 되지 않는 현상이다.

답 ②

3 유도전동기의 속도제어법

유도전동기의 속도제어는 속도식에서 $N = (1-s)N_s$와 $N_s = \dfrac{120f}{P}$ 이므로 슬립, 극수, 주파수 등을 변화시켜 속도제어를 한다.

(1) 농형 유도전동기

① **극수변환법** : 유도전동기의 고정자권선의 접속을 바꿔서 속도를 제어하는 방법으로, 회전자계의 속도를 나타내는 동기속도에서 극수는 속도에 반비례하므로 코일의 접속을 바꿔 극수를 변화시키는데 이를 이용하면 다른 속도제어에 비해 효율이 양호하므로 속도변화가 자주 있는 경우 또한 속도변경이 단계적으로 되는 부하 등에 사용된다.

② **1차 전압제어** : 사이리스터의 위상각을 조정하여 1차 전압을 변화시키면 토크가 변화하는 것을 이용해 슬립 크기를 변화시켜 속도를 제어하는 방법이다.

$$T = \frac{P_{극수}}{4\pi f} \cdot V_1^2 \cdot \frac{\dfrac{r_2}{s}}{(r_1 + r_2)^2 + (x_1 + x_2)^2} [\text{N} \cdot \text{m}]$$

③ **주파수변환법** : 유도전동기의 회전속도는 공급주파수에 비례하게 나타난다.

$$N = (1-s)N_s = (1-s)\frac{120f}{P} [\text{rpm}]$$

또한, 양호한 운전특성을 위해서는 공극에 자속을 일정하게 유지해야 하기 때문에 공급전압을 주파수에 비례해서 변화시켜야 한다.

$E = 4.44 k_w N f \phi_m [\text{V}]$

주파수를 변환시키기 위해서는 컨버터와 인버터를 조합시킨 것이나 사이클로 컨버터를 사용한다. 이 방법은 전력의 손실이 없고 연속적으로 속도제어가 가능하지만 전동기가 별도의 전원을 가져야 하고, 또한 주파수변환기를 구비하는 등 설비에 비용이 많이 소요된다. **전기추진선이나 인견공장의 포트 모터 운전인 경우에 사용**된다.

(2) 권선형 유도전동기

① **2차 저항제어**

　㉠ **권선형 유도전동기에서만 사용할 수 있는 방법으로, 회전자에 연결되어 있는 슬립링을 통해 외부의 저항을 가감하는 2차 회로의 저항변화에 의한 토크 속도특성의 비례추이를 이용한 방법이다.**

　㉡ 이 방법은 전류에 의한 동손이 증가하여 손실이 커져 효율이 떨어지는 단점이 있다.

　㉢ 조작이 간단하고 동기속도 이하의 속도제어를 원활하고 광범위하게 행할 수 있으므로 기중기, 권상기 등 널리 사용되고 있다.

② 2차 여자법

　　㉠ 2차 저항제어방식에서 저항값을 조정하는 대신 **슬립 주파수의 2차 여자전압을 제어하여 속도제어를 하는 방법**이다.

　　㉡ 이 방법에는 크레이머 방식과 셀비우스 방식이 있다.

③ **종속법** : 2대 이상의 유도전동기를 속도제어할 때 사용하는 방법으로, 한쪽 고정자를 다른쪽 회전자와 연결하고 기계적으로 축을 연결하여 속도를 제어하는 방법이다.

　　㉠ **직렬종속법** $N = \dfrac{120f}{P_1 + P_2}$ [rpm]

　　㉡ **차동종속법** $N = \dfrac{120f}{P_1 - P_2}$ [rpm]

　　㉢ **병렬종속법** $N = \dfrac{2 \times 120f}{P_1 + P_2}$ [rpm]

★★★★★ 　산업 92년 7회, 99년 4회, 02년 3회, 07년 1회, 12년 1회, 14년 1회

15 　유도전동기의 속도제어법이 아닌 것은?

　　① 2차 저항법　　　　　　　② 2차 여자법
　　③ 1차 여자법　　　　　　　④ 주파수제어법

　　해설　**유도전동기의 회전속도**
　　㉠ 회전속도 : $N = (1-s)N_s = (1-s)\dfrac{120f}{P}$[rpm]
　　㉡ 속도제어법
　　　• 농형 유도전동기 : 극수변환법, 주파수제어법, 1차 전압제어법
　　　• 권선형 유도전동기 : 2차 저항제어법, 2차 여자법, 종속법

답 ③

---

4 역률개선

전동기의 역률은 전압이나 주파수뿐만 아니고, 출력의 크기, 극수, 회전자구조에 따라서도 변한다.

(1) 동일극수, 출력이 다른 경우

무부하전류는 출력에 비례하지 않기 때문에 출력이 커지면 역률은 좋아진다. 개방형 농형, 4극인 정격출력 0.4[kW] 전동기의 역률은 66.5[%]이고, 3.7[kW]이면 80[%] 수준이다.

(2) 동일출력이고, 극수가 다른 경우

극수가 증가하면 무부하전류도 증가하므로 역률이 나빠진다. 개방형 농형, 0.75[kW]인 2극 전동기의 역률은 80.5[%]이고, 4극은 73[%]이다.

(3) 회전자 구조가 다른 경우

농형보다 권선형이, 보통농형보다 특수농형이 회전자의 리액턴스가 크기 때문에 무부하전류가 커서 역률이 나빠진다. 이 현상은 회전력을 크게 할수록 심해진다.

일반적으로 3상 유도전동기의 역률은 70 ~ 90[%], 단상 유도전동기는 60 ~ 80[%], 콘덴서 운전형 단상 유도전동기는 80 ~ 100[%]이고, 전동기의 역률은 다음과 같이 계산된다.

① 단상 전동기의 역률 $\cos\theta = \dfrac{P\,[\mathrm{kW}]}{EI\,[\mathrm{kVA}]}$

② 3상 전동기의 역률 $\cos\theta = \dfrac{P\,[\mathrm{kW}]}{\sqrt{3}\,VI\,[\mathrm{kVA}]}$

역률개선을 목적으로 정전 콘덴서를 전동기와 병렬로 접속하여 전원에 대해서 역률을 개선하는 방법이 사용되고 있다. 이 경우 콘덴서의 정전용량을 전동기의 여자 리액턴스보다 크게 하면 유도전동기가 발전기작용을 일으켜 이상전압을 발생시킬 수 있는 우려가 있으므로 주의해야 한다.

5 유도전동기의 제동

전기적 제동과 기계적 제동의 두 가지 방법이 이용되는데 이들에 대한 설명은 다음과 같다.

(1) 발전제동

전동기의 운전을 정지시키고자 할 때 사용되는 방법으로, **전동기를 발전기로 변환시켜 제동을 실시하는 방법**이다. 이는 운전 중인 유도전동기의 교류전원을 제거하고 직류전원을 투입시켜 고정자에서 회전자계가 발생되지 않고 고정된 극으로 만들게 되면 교류발전기가 된다. 즉, 회전자가 회전하고 있을 경우 회전자도체는 고정자에서 발생하는 자속을 절단하여 기전력을 발생시키게 된다. 이때, **발생한 교류전력은 권선형 유도전동기의 경우에는 회전자 외부 가변 저항이 소비**시키고 농형 유도전동기의 경우에는 농형 회전자권선이 소비시켜 제동한다.

(2) 역상제동

유도전동기의 운전을 급제동할 때 사용하는 방법으로, **운전 중인 유도전동기 1차 권선의 3선 중 2선의 접속을 바꾸어 회전자계의 회전방향을 반대로 하여 회전자에 가해지는 토크의 방향을 역으로 만들어 유도전동기가 제동**되서 회전속도가 급속히 감속하게 되고 정지하기 바로 전에 전원을 차단한다.

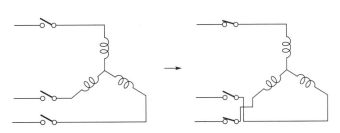

(3) 회생제동

유도전동기는 외력에 의해 동기속도 이상의 속도로 회전시키면 유도발전기가 되어 제동력이 발생한다. 이 경우 **발생한 전력을 전원에 반환하여 제동하는 방법을 회생제동**이라 한다. 회생 제동은 마찰력과 같은 마모나 발열이 없어 다른 제동법에 비해 상대적으로 유리하다.

■6 3상 유도전동기의 시험

 Comment

동기기, 변압기에서 다룬 특성시험과 유사한 내용으로, 중요성이 높다는 것을 꼭 기억해야 한다. 단, 구속시험이 단락시험과 같음을 확인해야 한다.

(1) 무부하시험

유도전동기를 무부하상태에서 정격전압, 정격주파수로 운전하고, 이때의 무부하전류와 무부하입력을 측정한다.

(2) 구속시험

유도전동기의 회전자를 회전하지 않도록 구속하여 권선형 회전자의 2차 권선을 슬립링에 단락하고, 1차측에 정격주파수의 전압을 가하여 정격 1차 전류와 구속전류를 보내, 이때의 임피던스 전압과 1차 입력 임피던스 전력을 측정한다.

(3) 부하시험

① 3상 유도전동기의 특성을 실부하법의 부하시험에 의하여 입력·전류·토크 및 회전수 등을 측정해서 전동기의 특성을 구한다.

② 실부하법으로는 전기동력계법, 프로니 브레이크법, 손실을 알고 있는 직류발전기를 사용하는 방법 등이 있다.

(4) 온도시험

① 전동기를 정격출력으로 운전하고 연속정격인 것은 온도상승이 일정하게 될 때까지, 단시간 정격의 것은 지정시간까지 운전한다.

② 온도는 운전 중인 온도 및 운전정지 후의 권선, 철심, 베어링 등의 최고 온도를 측정하고, 측정온도와 주위온도의 차이가 정해진 기준을 초과하는가에 대해서 조사한다.

③ 운전 중 온도를 측정할 수 없는 경우 권선의 온도는 전동기를 정지시킨 뒤에 신속하게 온도를 측정하여 온도상승을 산출한다.

(5) 저항측정시험

임의의 주위온도 t[℃]에서 1차 권선의 각 단자 사이를 직류로 측정한 저항의 평균값 R_1[Ω]을 기준으로 T[℃]에 대한 1차 권선의 1상분 저항 R_2[Ω]를 산출한다.

기사 3.70% 출제 | 산업 2.71% 출제

출제 04 특수유도전동기

 Comment

각각의 특수전동기 특성을 구분하고 내용을 정리하여 문제풀이를 할 수 있어야 한다.

1 특수농형 3상 유도전동기

(1) 2중 농형 유도전동기

① 회전자의 슬롯(slot)은 회전자도체를 2중으로 하여 도체저항이 큰 외측 슬롯과 도체저항이 작은 내측 슬롯을 병렬연결한 것이다.

② 2차측(회전자) 주파수는 운전 시 낮고, 기동 시는 높기 때문에 슬롯 내측은 누설자속에 의해 누설 리액턴스가 증가하여 기동 시 대부분의 회전자전류는 고저항인 외측으로 흐르고, 정격회전속도에 이르면 회전자전류는 저항이 작은 내측 도체로 흐르게 된다. 따라서, 기동 시는 권선형 회전자에 기동저항을 연결한 상태가 되고, 정격회전속도에는 농형 회전자의 상태가 되어 고효율, 고역률이다.

③ 특성은 보통농형과 권선형의 중간이고, 기동전류는 정격전류의 500 ~ 700[%], 기동 토크는 정격 토크의 150 ~ 350[%]이다.

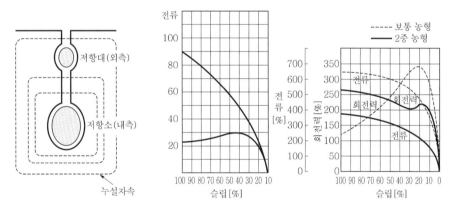

(2) 심구형(디프슬롯) 농형 유도전동기

① 심구형 농형 회전자는 회전자에 삽입하는 도체바가 보통농형 유도전동기에 비해 회전자의 안쪽 방향으로 길쭉한 모양을 가지고 있다.

② 심구형 회전자의 동작원리 : 회전자에 삽입되는 하나의 길쭉한 도체는 저항은 같지만 하층부로 갈수록 누설자속이 많아져서 리액턴스가 커지게 된다. 따라서, 회전자의 중심으로 갈수록 도체바의 임피던스는 커지게 된다.

기동 시 리액턴스 성분의 영향력이 커져서 하층부 임피던스는 아주 커진다. 그래서 전류는 상층부에만 집중해서 흐르게 된다. 정상운전 시에는 슬립이 작아져 리액턴스 성분이 무시되고 전류는 상층부에 고르게 흐르게 된다.

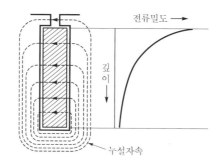

(3) 2중 농형과 디프슬롯 농형의 비교

심구형 회전자는 2중 농형 회전자에 비해서 다음과 같은 특징을 가진다.

① 단일도체이므로 냉각효과가 좋아서 기동·정지를 되풀이하는 용도에 적합하다.

② 도체가 가늘고 기계적으로 약하기 때문에 도체의 단면이 큰 중형이나 대형 저속기계에 사용된다.

③ 2차 저항을 설계하는 데 융통성이 별로 없으므로 기동 토크가 큰 것 보다는 작은 기동전류를 요구하는 기계에 적합하다.

 단원확인기출문제

★★★★★ 기사 95년 2회, 02년 1회, 06년 1회

16 보통농형에 비하여 2중 농형 전동기의 특징인 것은?

① 최대 토크가 크다.　　　　　② 손실이 적다.

③ 기동 토크가 크다.　　　　　④ 슬립이 크다.

해설 2중 농형 유도전동기는 보통농형 전동기의 기동전류가 크고 기동 토크가 작은 특성을 개선하기 위해 회전자에 2중으로 도체를 구성하여 기동전류를 감소시키고 기동 토크를 크게 발생한다.

답 ③

2 단상 유도전동기의 회전원리

 Comment

단상 유도전동기 중 분상 기동형의 문제가 가장 많이 출제되고 기동 시 발생 토크의 크기비교는 자주 출제되므로 꼭 숙지해서 시험에 임해야 한다.

(1) 단상 유도전동기의 기동원리

단상 권선에 교류전류가 흐르면 교번자계가 발생하는데 크기가 $\frac{1}{2}$ 이고 서로 반대방향으로 회전하는 2개의 회전자계로 분해할 수 있다.

두 회전자계는 실제 교번자계가 되고 이를 회전자계로 가정하는데 이 교번자계로 인해 회전자에 반대방향의 힘이 가해지는 것으로 해석하는데 이를 2회전자계설 또는 2전동기설이라 한다.

(2) 단상 유도전동기의 특성

① 3상 유도전동기가 운전하고 있을 때 3개의 퓨즈 중 1개가 끊어져도 전동기는 계속 회전하는 원리를 응용한 것이다.

② 기동 토크가 전혀 없다.

③ 외력에 의해 어느 속도로 돌리면 그 방향으로 가속한다.

(3) 단상 유도전동기의 기동방법에 의한 분류

① **반발기동형 전동기** : 반발기동형 단상 유도전동기는 고정자에는 단상의 주권선이 감겨져 있고 회전자는 직류전동기의 전기자와 거의 같은 권선과 정류자로 되어 있다. 브러시는 회전자권선을 단락시킨다. 고정자가 여자되면 단락된 회전자권선에 전압이 유기되고 이 전압에 의해 전류가 흐르며 이 전류에 의해 자계가 형성되어 고정자권선이 만드는 자계와 상호작용으로 반발력이 발생한다. 반발전동기의 기동 토크는 브러시의 위치를 적당히 하면 대단히 커지는데 보통 전부하 토크의 400 ~ 500[%] 정도이다.

② **분상 기동형 전동기**

㉠ 분상 기동형은 **주권선과 기동권선으로 구성되어 있는데 기동권선은 전동기의 기동 시에만 접속되고 기동완료가 되면 분리된다.**

㉡ 두 권선의 전기적 성분을 비교하면 주권선은 리액턴스가 크고 저항이 작으며 기동권선은 리액턴스가 작고 저항이 상대적으로 크다.

㉢ 전원이 투입됐을 때 발생하는 기자력은 주권선의 기자력은 기동권선의 기자력에 비해 위상이 뒤지게 되어 회전자에 가해지는 자계는 위상이 다르게 되므로 회전을 시작하게 된다. 회전자의 회전속도가 정격속도의 75[%] 이상에 도달하면 원심력개폐기가 개방되어 기동권선은 분리되고 주권선이 단상 유도전동기의 운전을 지속시킨다.

㉣ 분상 기동형 전동기는 팬이나 송풍기 등에 사용된다.

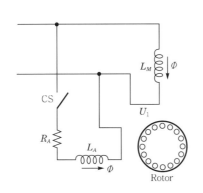
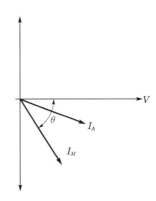

③ **콘덴서 기동형 전동기**

　㉠ 기동권선회로에 직렬로 콘덴서를 연결해서 주권선의 지상전류와 콘덴서의 진상전류로 인해 두 전류 사이의 상차각이 커져서 분상 기동형보다 더 큰 기동 토크를 얻을 수 있도록 한 것이다.

　㉡ 콘덴서 기동형 전동기는 다른 단상 유도전동기에 비해서 효율과 역률이 좋고 진동과 소음도 작기 때문에 운전상태가 양호하다. 정격은 일반으로 1마력 정도가 많이 쓰이나 크게는 10마력까지도 사용된다.

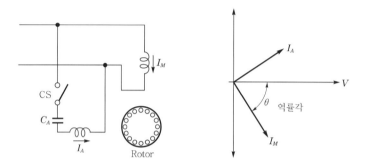

④ **영구 콘덴서형 전동기**

　㉠ 콘덴서 기동형 전동기에서 원심력 스위치를 제거한 것으로, 컨덴서를 기동 시 뿐만 아니라 정상운전 시에도 계속하여 사용한다.

　㉡ 용량이 적은 콘덴서를 사용하기 때문에 기동 토크는 콘덴서 기동형 전동기보다 작으나, 원심력 스위치가 없어서 구조가 간단하다.

　㉢ Oil-filled capacitor가 주로 사용되며, 큰 기동 토크가 필요하지 않은 선풍기나 세탁기 등에 많이 사용한다.

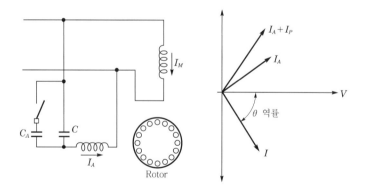

⑤ **셰이딩 코일형 전동기**

　㉠ 셰이딩 코일이 있는 쪽으로 회전하므로 회전방향을 바꿀 수 없다.

ⓛ 구조가 간단하나 기동 토크가 작고, 운전 중의 셰이딩 코일에는 계속 전류가 흘러 손실이 대단히 커서 효율이 나쁘며, 역률도 낮아서 **선풍기, 레코드 플레이어, 계량기 등의 소용량 전동기로 사용**된다.

단원확인기출문제

★★★★★ 산업 97년 4회, 12년 2회, 16년 2회(유사)

17 단상 유도전동기를 기동 토크가 큰 순서대로 배열한 것은?

① ㉠ 반발유도형   ㉡ 반발기동형   ㉢ 콘덴서 기동형   ㉣ 분상 기동형
② ㉠ 반발기동형   ㉡ 반발유도형   ㉢ 콘덴서 기동형   ㉣ 셰이딩 코일형
③ ㉠ 반발기동형   ㉡ 콘덴서 기동형   ㉢ 셰이딩 코일형   ㉣ 분상 기동형
④ ㉠ 반발유도형   ㉡ 모노사이클릭형   ㉢ 콘덴서 기동형   ㉣ 콘덴서 기동형

해설 단상 유도전동기의 기동 토크 크기에 따른 순서
반발기동형 > 반발유도형 > 콘덴서 기동형 > 분상 기동형 > 셰이딩 코일형 > 모노사이클릭형

답 ②

---

3 유도전압조정기

(1) 단상 유도전압조정기

유도전동기와 유사한 슬롯을 가진 성층철심의 고정자에는 2차 권선이 감겨 있고 회전자에는 1차 권선이 감겨 있다. 1차 권선에는 권선축이 90°인 단락권선이 되어 있다. 권선의 결선은 단권변압기와 같고, 회전자권선(1차 권선)이 분로권선되어 고정자의 권선(2차 권선)이 직렬권선된다.
단락권선은 직렬권선의 전압강하 방지를 위해 설치한다.

① 유도전압조정기의 용량 $P = E_2 I_2$ [VA]

② 부하용량 $P = V_2 I_2$ [VA]

③ $V_2 = V_1 + E_2\cos\theta$ [V]

(2) 3상 유도전압조정기

3상 유도전압조정기는 단권변압기 3대를 3상 성형결선한 것으로, 분로권선과 고정부에 붙인 직렬권선과의 권선축이 일치할 때 각 상마다 위상을 바꿈에 따라 출력전압의 조정을 할 수 있다.

$$\dot{V_2} = \dot{V_1} + \dot{E_2}\cos\theta \, [\text{V}]$$

(3) 단상·3상 유도전압조정기의 비교

 **Comment**

유도전압조정기의 특성을 구분한 내용을 반드시 숙지해야 한다. 단상과 3상을 구분하여 유도전동기의 특성과 비교해 접근하면 암기가 더욱 수월해진다.

단상 유도전압조정기	3상 유도전압조정기
㉠ 교번자계를 이용한다.	㉠ 회전자계를 이용한다.
㉡ 쇄교자속수가 변화한다.	㉡ 위상이 변화한다.
㉢ 단락권선이 있다.	㉢ 단락권선이 없다.
㉣ 1·2차 전압 사이 위상차가 없다.	㉣ 1·2차 전압 사이에 위상차가 있다.

단원확인기출문제

★★★ 산업 91년 3·7회, 96년 6회

18 단상 유도전압조정기에 단락권선을 1차 권선과 수직으로 놓는 이유는?

① 2차 권선의 누설 리액턴스 강하를 방지한다.
② 2차 권선의 주파수를 변환시키는 작용을 한다.
③ 2차 단자전압과 1차 전압과의 위상을 같게 한다.
④ 부하 시 전압조정을 용이하게 하기 위해서이다.

해설 제어각 $\alpha = 90°$ 위치에서 직렬권선의 리액턴스에 의한 전압강하를 방지한다.

답 ①

★★★★★ 산업 92년 5회, 97년 4회, 99년 7회, 09년 1회

19 단상 유도전압조정기와 3상 유도전압조정기의 비교 설명으로 잘못된 것은?

① 모두 회전자와 고정자가 있으며 한편에 1차 권선을, 다른 편에 2차 권선을 둔다.
② 모두 입력전압과 이에 대응한 출력전압 사이에 위상차가 있다.
③ 단상 유도전압조정기에는 단락 코일이 필요하나 3상에서는 필요없다.
④ 모두 회전자의 회전각에 따라 조정된다.

해설 단상 유도전압조정기는 입력전압과 출력전압 사이에 위상차가 없다.

 ②

단원 자주 출제되는 기출문제

★★★★ 산업 91년 5회, 92년 7회, 97년 5회, 98년 5회, 99년 3회, 02년 1회

01 유도전동기의 보호방식에 따른 종류가 아닌 것은?

① 방폭형　　　② 방진형
③ 방수형　　　④ 전개형

해설 유도전동기의 사용환경에 대한 보호방식

전동기의 보호형식은 기기를 사용환경에 대하여 잘못 적용하면 고장 및 수명단축의 원인이 되므로 사용장소에 적합하게 전폐형, 분진방폭형, 방진형, 방수형 등의 적용보호방식을 선정한다.

★★★★★ 기사 92년 3회, 04년 1회 / 산업 05년 1회, 08년 1회, 16년 1회, 18년 2회

02 유도전동기의 슬립(slip) s의 범위는?

① $1 > s > 0$　　　② $0 > s > -1$
③ $0 > s > 1$　　　④ $-1 < s < 1$

해설

㉠ 슬립 $s = \dfrac{N_s - N}{N_s} \times 100[\%]$

　여기서, N_s : 동기속도
　　　　　N : 회전자속도

㉡ 슬립의 범위
　• 유도전동기의 경우 : $0 < s < 1$
　• 유도발전기의 경우 : $-1 < s < 0$

★★★ 산업 16년 1회

03 3상 유도전동기의 동기속도는 주파수와 어떤 관계가 있는가?

① 비례한다.
② 반비례한다.
③ 자승에 비례한다.
④ 자승에 반비례한다.

해설

회전자속도 $N = (1-s)N_s = (1-s)\dfrac{120f}{P}[\text{rpm}]$

동기속도(N_s)는 주파수(f)에 비례한다.

★★ 산업 02년 2회, 06년 2회

04 유도발전기의 슬립(slip) 범위에 속하는 것은?

① $0 < s < 1$
② $s = 0$
③ $s = 1$
④ $-1 < s < 0$

해설 슬립의 범위

㉠ 유도전동기의 경우 : $0 < s < 1$
㉡ 유도발전기의 경우 : $-1 < s < 0$

★★★★★ 산업 90년 7회, 92년 7회, 98년 2·7회, 01년 3회, 15년 1회(유사)

05 유도전동기의 슬립(slip)을 측정하려고 한다. 다음 중 슬립의 측정법은?

① 직류 밀리볼트계법
② 동력계법
③ 보조발전기법
④ 프로니브레이크법

해설

㉠ 슬립 측정방법 : 회전계법, 직류 밀리볼트계법, 수화기법, 스트로보스코프법
㉡ 실부하법 : 부하시험에 의해 입력전류, 토크 및 회전수 등을 측정해서 전동기 등의 특성을 구하는 방법으로, 전기동력계법, 프로니브레이크법 등이 있다.

★★★★★ 기사 98년 4회 / 산업 16년 1회(유사)

06 50[Hz], 4극의 유도전동기의 슬립이 4[%]인 때의 매분 회전수[rpm]는?

① 1410　　　② 1440
③ 1470　　　④ 1500

해설

동기속도 $N_s = \dfrac{120f}{P} = \dfrac{120 \times 50}{4} = 1500[\text{rpm}]$

회전속도 $N = (1-s)N_s = (1-0.04) \times 1500$
　　　　　　$= 1440[\text{rpm}]$

정답　01. ④　02. ①　03. ①　04. ④　05. ①　06. ②

★★★ 기사 03년 1회

07 8극, 60[Hz], 500[kW]의 3상 유도전동기의 전부하 슬립이 2.5[%]라 한다. 이때의 회전수[rps]는?

① 877　　　　② 900
③ 14.6　　　　④ 15.0

해설

동기속도 $N_s = \dfrac{120f}{P}$

$\quad\quad = \dfrac{120 \times 60}{8} = 900 \text{[rpm]}$

회전속도 $N = (1-s)N_s$

$\quad\quad = (1-0.025) \times 900$

$\quad\quad = 877.5\text{[rpm]} = 14.6\text{[rps]}$

★★★★★ 기사 97년 4회, 11년 3회, 16년 3회(유사) / 산업 08년 3회, 13년 1회, 14년 3회

08 주파수 60[Hz]의 유도전동기가 있다. 전부하에서의 회전수가 매분 1164회이면 극수는? (단, $s = 3$[%])

① 4　　　　② 6
③ 8　　　　④ 10

해설

회전자속도 $N = (1-s)N_s = (1-s)\dfrac{120f}{P}$[rpm]

유도전동기 극수 $P = (1-s) \times \dfrac{120f}{N}$

$\quad\quad = (1-0.03) \times \dfrac{120 \times 60}{1164}$

$\quad\quad = 6$극

★★★★ 기사 92년 3회, 05년 2회, 16년 1회(유사) / 산업 92년 6회, 97년 5회, 19년 2회

09 3상 4극 유도전동기가 있다. 고정자의 슬롯수가 24라면 슬롯과 슬롯 사이의 전기각은 얼마인가?

① 20°　　　　② 30°
③ 40°　　　　④ 60°

해설

극수 P의 경우 전기각과 기하학적 각에 대한 관계는 다음과 같다.

전기적 각도 $\alpha = \dfrac{P}{2} \times$ 기하학적 각도

$\quad\quad = \dfrac{4}{2} \times \dfrac{2\pi}{24} = 30°$

★★★ 기사 94년 2회, 01년 1회, 04년 4회, 12년 3회

10 3상 유도전동기의 회전방향은 이 전동기에서 발생되는 회전자계의 회전방향과 어떤 관계가 있는가?

① 아무 관계도 없다.
② 회전자계의 회전방향으로 회전한다.
③ 회전자계의 반대방향으로 회전한다.
④ 부하조건에 따라 정해진다.

해설

3상 유도전동기에서 전동기의 회전자는 회전자계의 유도작용에 의해 약간 늦게 같은 방향으로 회전한다.

★★★ 기사 05년 2회, 13년 3회

11 유도전동기 회전자속도 n으로 회전할 때 회전자전류에 의해 생기는 회전자계는 고정자의 회전자계의 속도 n_s와 어떤 관계인가?

① n_s와 같다.
② n_s보다 작다.
③ n_s보다 크다.
④ n 속도이다.

해설

유도전동기의 운전 중 회전자의 회전속도는 회전자계에 비해 sN_s만큼 늦게, 회전자계속도 n_s와 같은 속도로 회전한다.

★★ 산업 93년 1회, 19년 2회

12 유도전동기에서 공간적으로 본 고정자에 의한 회전자계와 회전자에 의한 회전자계는?

① 슬립만큼의 위상각을 가지고 회전한다.
② 항상 동상으로 회전한다.
③ 역률각만큼의 위상각을 가지고 회전한다.
④ 항상 180°만큼의 위상각을 가지고 회전한다.

해설

3상 유도전동기의 회전 시 고정자에서 발생하는 회전자계와 회전자에서 발생하는 회전자계는 항상 동상으로 회전하여야 유도기의 특성을 유지할 수 있다. 즉, 회전 시 임의의 시간 동안 동기속도와 회전자속도의 회전수는 다르지만 회전자계의 회전속도와 회전자의 회전속도는 같다.

정답 07. ③　08. ②　09. ②　10. ②　11. ①　12. ②

★★★★★ 산업 92년 2회, 98년 5회, 00년 5회, 06년 3회

13 3상 유도전동기의 불평형 3상 전압을 가한 경우 다음 전동기특성 중 옳은 것은?

① 영상전압은 거의 고려할 필요가 없다.

② 영상전압은 고려하여야 한다.

③ 정상전압과 역상전압에 의한 회전자계의 방향은 같다.

④ 직렬운전상태에서 역상분은 제동작용을 하지 않는다.

🔽 **해설** 불평형 3상에서 고조파의 특성비교

㉠ 영상분 $3n$(3, 6, 9 ……) : 위상차가 발생하지 않는 것으로, 회전자계가 발생하지 못한다.

㉡ 정상분 $3n+1$(4, 7, 10, 13 ……) : +120°의 위상차가 발생하는 고조파로, 기본파와 같은 방향으로 작용하는 회전자계를 발생한다.

㉢ 역상분 $3n-1$(2, 5, 8, 11 ……) : −120°의 위상차가 발생하는 고조파로, 기본파와 역방향으로 작용하는 회전자계를 발생한다.

★★ 기사 91년 7회, 00년 3회

14 교류전동기에서 기본파 회전자계와 역방향으로 회전하는 공간고조파 회전자계의 고조파차수 h를 구하면? (단, m : 상수, n : 정의 정수)

① $h = nm$ ② $h = 2nm$

③ $h = 2nm - 1$ ④ $h = 2nm + 1$

🔽 **해설** 역상분 고조파 $h = 2nm - 1$(5, 11, 17 ……)

상회전방향이 기본파와 역방향으로 작용하는 회전자계가 발생한다.

★★★★ 기사 90년 2회, 98년 7회, 00년 6회, 01년 3회, 13년 1회

15 9차 고조파에 의한 기자력의 회전방향 및 기본파 회전자계와 비교할 때 다음 중 적당한 것은?

① 기본파 역방향이고 9배의 속도

② 기본파 역방향이고 $\frac{1}{9}$배의 속도

③ 기본파 동방향이고 9배의 속도

④ 회전자계를 발생하지 않는다.

🔽 **해설** 영상분 $3n$(3, 6, 9 ……)

위상차가 발생하지 않는 것으로, 회전자계가 발생하지 않는다.

★★★ 산업 91년 6회, 95년 5회, 14년 1회

16 제13차 고조파에 의한 기자력의 회전자계의 회전방향 및 속도와 기본파 회전자계의 관계는?

① 기본파와 반대방향이고, $\frac{1}{13}$배의 속도

② 기본파와 동방향이고, $\frac{1}{13}$배의 속도

③ 기본파와 동방향이고, 13배의 속도

④ 기본파와 반대방향이고, 13배의 속도

🔽 **해설** 정상분 $3n+1$(4, 7, 10, 13 ……)

+120°의 위상차가 발생하는 고조파로, 기본파와 같은 방향으로 작용하는 회전자계를 발생하고 회전속도는 $\frac{1}{13}$배의 속도로 된다.

★★★ 산업 94년 5회, 02년 3회, 12년 1회

17 1차 권선수 N_1, 2차 권선수 N_2, 1차 권선계수 K_{w_1}, 2차 권선계수 K_{w_2}인 유도전동기가 슬립 s로 운전하는 경우 전압비는 무엇인가?

① $\dfrac{K_{w_1} N_1}{K_{w_2} N_2}$ ② $\dfrac{K_{w_2} N_2}{K_{w_1} N_1}$

③ $\dfrac{K_{w_1} N_1}{s K_{w_2} N_2}$ ④ $\dfrac{s K_{w_2} N_2}{K_{w_1} N_1}$

🔽 **해설**

회전 시 권수비 $\alpha = \dfrac{E_1}{s E_2}$

$= \dfrac{4.44 k_{w_1} f N_1 \phi_m}{4.44 k_{w_2} s f N_2 \phi_m}$

$= \dfrac{k_{w_1} N_1}{s k_{w_2} N_2}$

여기서, k_{w_1}, k_{w_2} : 1·2차 권선계수
  N_1, N_2 : 1·2차 권선수
  ϕ_m : 최대 자속

18 ★★ 기사 03년 1회

그림과 같은 유도전동기가 있다. 고정자의 회전자계가 매초 100회전하고 회전자가 매초 95회전하고 있을 때 회전자의 도체에 유기되는 기전력의 주파수[Hz]는?

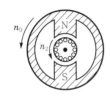

① 5 　　　　② 10
③ 15 　　　　④ 20

해설

슬립 $s = \dfrac{n_1 - n_2}{n_1} = \dfrac{100-95}{100} = 0.05$

회전 시 주파수 $f_2 = sf_1 = 0.05 \times 100 = 5[\text{Hz}]$

19 ★★★★★ 기사 11년 3회 / 산업 00년 2회, 02년 2·4회

4극, 60[Hz]인 3상 유도전동기가 있다. 1725[rpm]으로 회전하고 있을 때 2차 기전력의 주파수[Hz]는?

① 4 　　　　② 2.5
③ 6 　　　　④ 8

해설

동기속도 $N_s = \dfrac{120f}{P} = \dfrac{120 \times 60}{4} = 1800[\text{rpm}]$

1725[rpm]으로 회전 시

슬립 $s = \dfrac{N_s - N}{N_s} = \dfrac{1800-1725}{1800} = 0.0416$

2차 기전력의 주파수 $f_2 = sf_1 = 0.0416 \times 60$
$\qquad\qquad\qquad = 2.5[\text{Hz}]$

20 ★★★★ 기사 12년 3회, 18년 1회 / 산업 94년 2회

권선형 유도전동기의 전부하운전 시 슬립이 4[%]이고 2차 정격전압이 150[V]이면 2차 유도기전력은 몇 [V]인가?

① 9 　　　　② 8
③ 7 　　　　④ 6

해설

회전 시 2차 전압 $E_2' = sE_2[\text{V}]$
여기서, E_2' : 회전 시 기전력
$\qquad\quad E_2$: 정지 시 2차 전압
슬립이 4[%]일 때
2차 유도기전력 $sE_2 = 0.04 \times 150 = 6[\text{V}]$

21 ★★★★★ 산업 97년 6회, 00년 1회, 13년 2회

6극, 3상 유도전동기가 있다. 회전자도 3상이며 회전자 정지 시 1상의 전압은 200[V]이다. 전부하 시의 속도가 1152[rpm]이면 2차 1상의 전압은 몇 [V]인가? (단, 1차 주파수는 60[Hz]이다)

① 8.0 　　　　② 8.3
③ 11.5 　　　　④ 23.0

해설

동기속도 $N_s = \dfrac{120f}{P} = \dfrac{120 \times 60}{6} = 1200[\text{rpm}]$

1152[rpm]으로 회전 시

슬립 $s = \dfrac{N_s - N}{N_s} = \dfrac{1200-1152}{1200} = 0.04$

회전 시 2차 전압 $E_2' = sE_2 = 0.04 \times 200 = 8[\text{V}]$

22 ★★★ 기사 18년 3회

10극, 50[Hz], 3상 유도전동기가 있다. 회전자도 3상이고 회전자가 정지할 때 2차 1상 간의 전압이 150[V]이다. 이것을 회전자계와 같은 방향으로 400[rpm]으로 회전시킬 때 2차 전압은 얼마인가?

① 150[V] 　　　　② 100[V]
③ 75[V] 　　　　④ 50[V]

해설

동기속도 $N_s = \dfrac{120f}{P} = \dfrac{120 \times 50}{10} = 600[\text{rpm}]$

회전자계와 같은 방향으로 400[rpm] 회전 시

슬립 $s = \dfrac{N_s - N}{N_s} = \dfrac{600-400}{600} = 0.333$

회전 시 2차 전압 $E_2' = sE_2 = 0.333 \times 150$
$\qquad\qquad\qquad = 49.59 \fallingdotseq 50[\text{V}]$

정답 18. ① 19. ② 20. ④ 21. ① 22. ④

★★★★ 산업 93년 4회, 04년 4회, 06년 3회

23 10극, 3상 유도전동기가 있다. 회전자 3상이고, 정지 시의 2차 1상의 전압이 150[V]이다. 이 회전자를 회전자계와 반대방향으로 400[rpm] 회전 시키면 2차 전압[V]은? (단, 1차 전원주파수는 50[Hz]이다)

① 150

② 200

③ 250

④ 300

해설

동기속도 $N_s = \dfrac{120f}{P} = \dfrac{120 \times 50}{10} = 600[\text{rpm}]$

회전자계와 반대방향으로 400[rpm] 회전 시

슬립 $s = \dfrac{N_s - N}{N_s} = \dfrac{600 - (-400)}{600} = 1.667$

회전 시 2차 전압 $E_2' = sE_2 = 1.667 \times 150 = 250[\text{V}]$

★★ 기사 14년 2회 / 산업 93년 2회

24 유도전동기의 회전자 슬립이 s로, 회전할 때 2차 주파수를 $f_2[\text{Hz}]$, 2차측 유기전압을 E_2라 하면 이들과 슬립 s와의 관계는? (단, 1차 주파수를 f라고 함)

① $E_2 \propto s$, $f_2 \propto f(1-s)$

② $E_2 \propto s$, $f_2 \propto \dfrac{1}{s}$

③ $E_2 \propto s$, $f_2 \propto \dfrac{f}{s}$

④ $E_2 \propto s$, $f_2 \propto sf$

해설 유도전동기가 슬립 s로 회전하고 있는 경우

㉠ 회전 시 2차 유도기전력 $E_2 = sE_2 \propto s$

㉡ 회전 시 2차 주파수 $f_2' = sf \propto s$

★ 산업 97년 2회

25 다음 그림의 sE_2는 권선형 3상 유도전동기의 2차 유기전압이고, E_c는 2차 여자법에 의한 속도제어를 하기 위하여 외부에서 회전자 슬립에 가한 슬립 주파수의 전압이다. 여기서, E_c의 작용 중 옳은 것은?

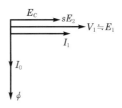

① 역률을 향상시킨다.

② 속도를 강하하게 한다.

③ 속도를 상승하게 한다.

④ 역률과 속도를 떨어뜨린다.

해설

유도전동기에서 2차 유기전압과 외부에서 가한 슬립주파수의 전압이 같은 방향이면 속도는 상승하게 된다.

★ 산업 98년 4회

26 그림과 같은 sE_2는 유도전동기의 2차 유기전압, E_c는 2차 여자를 위하여 외부에서 가한 슬립 주파수의 전압이다. 여기서, E_c를 옳게 설명한 것은?

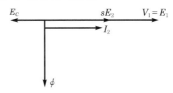

① 속도를 상승하게 한다.

② 속도를 강하하게 한다.

③ 속도에 관계없다.

④ 역률을 떨어지게 한다.

해설

유도전동기에서 2차 유기전압과 외부에서 가한 슬립주파수의 전압이 반대방향이면 속도는 강하된다.

★★ 산업 01년 1회

27 정지 시 회전자 상기전력에 100[V], 50[Hz], 6극, 3상 권선형 유도전동기가 있다. 회전자기전력과 동일주파수 및 동일위상의 20[V] 상전압을 회전자에 공급하면 무부하속도[rpm]는 얼마나 되는가?

① 240

② 800

③ 1200

④ 1440

📘 해설

동기속도 $N_s = \dfrac{120f}{P} = \dfrac{120 \times 50}{6} = 1000[\text{rpm}]$

회전자에 20[V]를 가할 때

슬립 $s_2 = \dfrac{E_2'}{E_2} = \dfrac{20}{100} = 0.2$

회전속도 $N = (1-s)N_s$
$\qquad\qquad = (1-0.2) \times 1000 = 800[\text{rpm}]$

★★★　기사 97년 6회, 00년 2·4회, 01년 1회

28 회전자가 슬립 s로 회전하고 있을 때 고정자 회전자의 실효 권수비를 α라 하면 고정자기 전력 E_1과 회전자기전력 E_2와의 비는?

① $\dfrac{\alpha}{s}$ 　　　　② αs

③ $(1-s)\alpha$ 　　　④ $\dfrac{\alpha}{1-s}$

📘 해설

㉠ 정지 시 : $\alpha = \dfrac{E_1}{E_2}$ → $E_2 = \dfrac{1}{\alpha}E_1$

㉡ 운전 시 : $E_2 = s \cdot \dfrac{1}{\alpha}E_1$ → $\dfrac{E_1}{E_2} = \dfrac{\alpha}{s}$

★★★★★　기사 01년 3회 / 산업 94년 4회, 97년 6회, 03년 1회

29 권선형 유도전동기의 슬립 s에 있어서 2차 전류[A]는? (단, E_2, X_2는 각각 전동기가 정지 때의 2차 유도전압 및 2차 리액턴스 라 하고 R_2는 2차 저항이라 한다)

① $\dfrac{sE_2}{\sqrt{(sR_2)^2 + (X_2)^2}}$

② $\dfrac{sE_2}{\sqrt{R_2{}^2 + \dfrac{X_2{}^2}{s}}}$

③ $\dfrac{E_2}{\sqrt{\left(\dfrac{R_2}{s}\right)^2 + X_2{}^2}}$

④ $\dfrac{E_2}{\sqrt{\left(\dfrac{R_2}{1-s}\right)^2 + X_2{}^2}}$

📘 해설

회전 시 2차 유도기전력 : sE_2

2차 임피던스 : $\dot{Z_2} = \dot{R_2} + j\dot{X_2}$

회전 시 2차 전류 $I_2 = \dfrac{sE_2}{|\dot{Z_2}|} = \dfrac{sE_2}{\sqrt{R_2{}^2 + (sX_2)^2}}$
$\qquad\qquad\qquad\qquad = \dfrac{E_2}{\sqrt{\left(\dfrac{R_2}{s}\right)^2 + X_2{}^2}}[\text{A}]$

★★★★　산업 95년 7회, 00년 6회, 14년 1회

30 220[V], 6극, 60[Hz], 10[kW]인 3상 유도 전동기의 회전자 1상의 저항은 0.1[Ω], 리 액턴스는 0.5[Ω]이다. 정격전압을 가했을 때 슬립이 4[%]이었다. 회전자전류는 얼마 인가? (단, 고정자와 회전자는 3각 결선으 로 각각 권수는 300회와 150회이며 각 권 선계수는 같다)

① 25[A] 　　　　② 36[A]
③ 43[A] 　　　　④ 52[A]

📘 해설

정지 시 2차 전압 $E_2 = \dfrac{E_1}{\alpha} = \dfrac{220}{\dfrac{300}{150}} = 110[\text{V}]$

회전 시 2차 전류 $I_2 = \dfrac{E_2}{\sqrt{\left(\dfrac{r_2}{s}\right)^2 + x_2{}^2}}$
$\qquad\qquad\qquad = \dfrac{110}{\sqrt{\left(\dfrac{0.1}{0.04}\right)^2 + 0.5^2}} = 43[\text{A}]$

★★★★★　기사 91년 5회, 99년 5회 / 산업 94년 2회, 99년 4회, 06년 4회

31 슬립 5[%]인 유도전동기의 등가부하저항 은 2차 저항의 몇 배인가?

① 19 　　　　② 20
③ 29 　　　　④ 40

📘 해설

등가부하저항 $R = \left(\dfrac{1}{s} - 1\right)r_2$
$\qquad\qquad\quad = \left(\dfrac{1}{0.05} - 1\right)r_2 = 19r_2$

★ 산업 00년 3회, 02년 3회

32 그림은 3상 유도전동기의 1차에 환산한 1상 당 등가회로이다. 2차 저항은 $r_2 = 0.02$[Ω], 2차 리액턴스 $x_2 = 0.06$[Ω]이다. 슬립 5[%] 일 때 등가부하저항 R의 값은? (단, 권수 비 $\alpha = 4$, 상수비 $\beta = 1$)

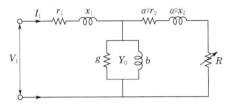

① 4.23[Ω] ② 6.08[Ω]
③ 7.25[Ω] ④ 8.22[Ω]

해설

등가부하저항 $R = \left(\dfrac{1}{s} - 1\right)r_2' = \left(\dfrac{1}{s} - 1\right)\alpha^2 \beta r_2$

$\qquad = \left(\dfrac{1}{0.05} - 1\right) \times 4^2 \times 1 \times 0.02$

$\qquad = 6.08$[Ω]

★★ 산업 96년 2회, 04년 2회

33 3300[V], 60[Hz]의 Y결선의 3상 유도전동 기가 있다. 철손을 1020[W]라 하면 1상의 여자 컨덕턴스는?

① 56.1×10^{-5}[℧]
② 18.7×10^{-5}[℧]
③ 9.37×10^{-5}[℧]
④ 6.12×10^{-5}[℧]

해설

여자 컨덕턴스 $g_o = \dfrac{P_i}{V_1^2} = \dfrac{1020}{3300^2} = 9.366 \times 10^{-5}$[℧]

★★★ 산업 00년 3회, 05년 2회

34 극수 P의 3상 유도전동기가 주파수 f[Hz], 슬립 s, 토크 T[N·m]로 회전하고 있을 때 기계적 출력[W]은?

① $\dfrac{4\pi f}{P} \times T \cdot (1-s)$

② $\dfrac{4Pf}{\pi} \times T \cdot (1-s)$

③ $\dfrac{4\pi f}{P} T \cdot s$

④ $\dfrac{\pi f}{2P} \times T \cdot (1-s)$

해설

토크 $T = \dfrac{P_o}{\omega}$[N·m]에서 $P_o = \omega T$[W]

회전자속도 $N = (1-s)N_s = (1-s)\dfrac{120f}{P}$[rpm]

기계적 출력 $P_o = 2\pi \dfrac{N}{60} T$

$\qquad = 2\pi \cdot (1-s)\dfrac{120f}{P} \cdot \dfrac{1}{60} \cdot T$

$\qquad = \dfrac{4\pi f}{P} \times T \cdot (1-s)$[W]

★★★ 산업 98년 6회, 00년 4회, 01년 2회, 02년 4회, 03년 4회

35 2차 1상의 저항 0.02[Ω], $s = 1$에서 2차 리액턴스 0.05[Ω]인 3상 유도전동기가 있다. 이 전동기의 슬립이 5[%]일 때 1차 부하전류가 12[A]라 하면 그 기계적 출력은 몇 [kW]인가? (단, 권수비 $\alpha = 10$, 상수비 $\beta = 1$)

① 5.28 ② 5.47
③ 5.65 ④ 5.96

해설

1차 부하전류를 2차 전류로 변환하면
$I_2 = I_1 \cdot \alpha \cdot \beta = 12 \times 10 = 120$[A]

기계적 출력 $P_o = \left(\dfrac{1}{s} - 1\right)I_2^2 r_2 \times 10^{-3}$[kW]

3상 기계적 출력
$P_o = 3 \times \left(\dfrac{1}{0.05} - 1\right) \times 120^2 \times 0.02 \times 10^{-3}$

$\quad = 16.416$[kW]

1상의 기계적 출력 $P_o = \dfrac{3상 출력}{3} = \dfrac{16.416}{3}$

$\qquad\qquad = 5.472$[kW]

★★★★★ 산업 91년 7회, 96년 6회, 97년 4회, 99년 3회, 12년 2회, 15년 2회

36 유도전동기의 2차 동손을 P_c, 2차 입력을 P_2, 슬립을 s라 할 때 이들 사이의 관계는?

① $s = \dfrac{P_c}{P_2}$ ② $s = \dfrac{P_2}{P_c}$

③ $s = P_2 P_c$ ④ $s = s \cdot P_2 P_c$

📝 **해설**

2차 입력, 2차 손실, 기계적 출력과 슬립의 관계

$P_2 : P_c : P_o = 1 : s : 1-s$

$P_2 : P_c = 1 : s$에서

슬립 $s = \dfrac{P_c}{P_2}$

2차 동손 $P_c = \dfrac{s}{1-s}P_o$

$\qquad = \dfrac{0.046}{1-0.046} \times 10 \times 10^3$

$\qquad = 482 \fallingdotseq 480[\text{W}]$

★★★★ 기사 04년 3회, 17년 3회

37 3상 유도기에서 출력의 변환식이 맞는 것은?

① $P_o = P_2 - P_{2c} = P_2 - sP_2 = \dfrac{N}{N_s}P_2$

$\qquad = (1-s)P_2$

② $P_o = P_2 + P_{2c} = P_2 + sP_2 = \dfrac{N_s}{N}P_2$

$\qquad = (1+s)P_2$

③ $P_o = P_2 + P_{2c} = \dfrac{N}{N_s}P_2 = (1-s)P_2$

④ $(1-s)P_2 = \dfrac{N}{N_s}P_2 = P_o - P_{2c} = P_o - sP_2$

📝 **해설**

출력 = 2차 입력 − 2차 동손 → $P_o = P_2 - P_{2c}$

$P_2 : P_{2c} = 1 : s$에서

$P_{2c} = sP_2 \rightarrow P_o = P_2 - sP_2$

$P_2 : P_o = 1 : 1-s \rightarrow P_o = (1-s)P_2$

$N = (1-s)N_s$에서

$\dfrac{N}{N_s} = (1-s) \rightarrow P_o = \dfrac{N}{N_s}P_2$

★★★★ 산업 92년 5회, 09년 3회

38 출력 10[kW], 슬립 4.6[%]일 때 운전 시 2차 동손은 얼마인가?

① 480[W]

② 504[W]

③ 605[W]

④ 714[W]

📝 **해설**

$P_2 : P_c : P_o = 1 : s : 1-s$

$P_c : P_o = s : 1-s$에서

★★★ 산업 93년 1회, 13년 2회

39 200[V], 50[Hz], 8극, 15[kW]의 3상 유도 전동기에서 전부하회전수가 720[rpm]이면 이 전동기의 2차 동손은 몇 [W]인가?

① 435

② 537

③ 625

④ 723

📝 **해설**

동기속도 $N_s = \dfrac{120f}{P} = \dfrac{120 \times 50}{8} = 750[\text{rpm}]$

720[rpm]으로 회전 시

슬립 $s = \dfrac{N_s - N}{N_s} = \dfrac{750 - 720}{750} = 0.04$

2차 동손 $P_c = \dfrac{s}{1-s} \times P_o$

$\qquad = \dfrac{0.04}{1-0.04} \times 15 \times 10^3$

$\qquad = 625[\text{W}]$

★★ 산업 94년 3회, 07년 2회

40 4극, 7.5[kW], 200[V], 60[Hz]의 3상 유도 전동기가 있다. 전부하에서의 2차 입력이 7950[W]이다. 이 경우의 슬립은 얼마인가? (단, 기계손은 130[W]이다)

① 0.04

② 0.05

③ 0.06

④ 0.07

📝 **해설**

동기속도 $N_s = \dfrac{120f}{P}$

$\qquad = \dfrac{120 \times 60}{4} = 1800[\text{rpm}]$

2차 입력 $P_2 = 7950[\text{W}]$

2차 출력 $P_o = $ 출력 + 기계손

$\qquad = 7500 + 130 = 7630[\text{W}]$

2차 동손 $P_c = P_2 - P_o$

$\qquad = 7950 - 7630 = 320[\text{W}]$

$P_2 : P_c : P_o = 1 : s : 1-s$에서

📖 **정답** 37. ① 38. ① 39. ③ 40. ①

$P_2 : P_c = 1 : s$

슬립 $s = \dfrac{P_c}{P_2} = \dfrac{320}{7950} = 0.04$

★★★★★ 기사 12년 2회 / 산업 98년 4회, 99년 7회, 03년 3회, 06년 3회, 08년 4회

41 15[kW] 3상 유도전동기의 기계손이 350[W], 전부하 슬립이 3[%]인 3상 유도전동기의 전부하 시 2차 동손은?

① 약 475[W]   ② 약 460.5[W]

③ 약 453[W]   ④ 약 439.5[W]

해설

2차 출력 $P_o = P + P_m = 15000 + 350 = 15350$[W]

여기서, P_m : 기계손

$P_o : P_c = 1-s : V$

2차 동손 $P_c = \dfrac{s}{1-s} P_o = \dfrac{0.03}{1-0.03} \times 15350$

$= 474.74$[W]

★★★★★ 기사 99년 6회, 01년 2회, 02년 3회 / 산업 03년 3회, 05년 1회, 07년 3회

42 3000[V], 60[Hz], 8극, 100[kW] 3상 유도전동기의 전부하 2차 구리손이 3[kW], 기계손이 2[kW]이라면 전부하회전수[rpm]는?

① 986   ② 967

③ 896   ④ 874

해설

2차 출력 $P_o = P + P_m = 100 + 2 = 102$[kW]

여기서, P_m : 기계손

2차 입력 $P_2 = P_c + P_o = 3 + 102 = 105$[kW]

$P_2 : P_c = 1 : s$에서

슬립 $s = \dfrac{P_c}{P_2} = \dfrac{3}{105} = 0.0286$

전부하회전수 $N = (1-s)N_s$

$= (1-0.0286) \times \dfrac{120 \times 60}{8}$

$= 874.3$[rpm]

★★★ 기사 91년 6회, 05년 3회, 18년 2회

43 정격출력 50[kW]의 정격전압 220[V], 주파수 60[Hz], 극수 4의 3상 유도전동기가 있다. 이 전동기가 전부하에서 슬립 $s = 0.04$, 효율 90[%]로 운전하고 있을 때 다음과 같은 값을 갖는다. 이중 틀린 것은?

① 1차 입력 = 55.56[kW]

② 2차 효율 = 96[%]

③ 회전자입력 = 47.9[kW]

④ 회전자동손 = 2.08[kW]

해설

$P_2 : P_c : P_o = 1 : s : 1-s$

① 1차 입력 $P_1 = \dfrac{출력}{효율}$

$= \dfrac{50}{0.9} = 55.56$[kW]

② 2차 효율 $\eta_2 = 1-s$

$= 1 - 0.04 = 0.96 = 96$[%]

③ 회전자입력 $P_2 = \dfrac{1}{1-s} P_o$

$= \dfrac{1}{1-0.04} \times 50 = 52.08$[kW]

④ 회전자동손 $P_c = \dfrac{s}{1-s} P_o$

$= \dfrac{0.04}{1-0.04} \times 50 = 2.08$[kW]

★★★★★ 기사 91년 5회 / 산업 92년 3회, 11년 2회

44 유도전동기의 특성에서 토크 T와 2차 입력 P_2, 동기속도 N_s의 관계는?

① 토크는 2차 입력에 비례하고, 동기속도에 반비례한다.

② 토크는 2차 입력과 동기속도의 곱에 비례한다.

③ 토크는 2차 입력에 반비례하고, 동기속도에 비례한다.

④ 토크는 2차 입력의 자승에 비례하고, 동기속도의 자승에 반비례한다.

해설 유도전동기의 토크(T)

$T = 0.975 \dfrac{P_o}{N} = 0.975 \dfrac{P_2}{N_s}$[kg·m]

여기서, P_o : 출력

P_2 : 2차 입력

N : 회전자속도

N_s : 동기속도

정답   41. ①   42. ④   43. ③   44. ①

★★★★ 산업 06년 2회, 18년 2회

45 유도전동기의 동기 와트를 설명한 것은?

① 동기속도하에서 2차 입력을 말한다.

② 동기속도하에서 1차 입력을 말한다.

③ 동기속도하에서 2차 출력을 말한다.

④ 동기속도하에서 2차 동손을 말한다.

해설

동기 와트(P_2)는 토크 $T = 0.975\dfrac{P_o}{N} = 0.975\dfrac{P_2}{N_s}[\text{kg} \cdot \text{m}]$

를 이용하여 $P_2 = 1.026 \cdot T \cdot N_s \times 10^{-3}[\text{kW}]$로 나타낼 수 있다. 따라서, 2차 입력과 토크가 비례하므로 동기속도하에서 토크를 2차 입력으로 표현할 수 있다.

★★ 기사 91년 6회, 92년 7회, 01년 3회

46 8극의 3상 유도전동기가 60[Hz]의 전원에 접속되어 운전할 때 864[rpm]의 속도로 494[N · m]의 토크를 낸다. 이때의 동기 와트[kW]값은?

① 약 48   ② 약 50

③ 약 62   ④ 약 74

해설

동기속도 $N_s = \dfrac{120f}{P} = \dfrac{120 \times 60}{8} = 900[\text{rpm}]$

슬립 $s = \dfrac{N_s - N}{N_s} = \dfrac{900 - 864}{900} = 0.04$

동기 와트 $P_2 = 1.026 N_s T = 1.026 N_s \times \dfrac{T}{1-s}$

$\qquad = 1.026 \times 900 \times \dfrac{494}{1-0.04} \times \dfrac{1}{9.8}$

$\qquad = 48.486[\text{kW}]$

★★★★★ 기사 05년 2회 / 산업 96년 2회, 99년 7회, 00년 2회, 06년 3 · 4회, 09년 1회

집중공략

47 3상 유도전동기를 불평형전압으로 운전하면 토크와 입력의 관계는?

① 토크는 증가하고 입력은 감소

② 토크도 증가하고 입력도 증가

③ 토크는 감소하고 입력은 증가

④ 토크도 감소하고 입력도 감소

해설

3상 유도전동기에 기본파와 고조파의 벡터합인 불평형 전압이 인가되면 평형전압에 비해 피상전력이 커지므로 입력이 증가되고 역상분 고조파에 의해 역방향 토크가 발생되어 토크는 감소된다.

★★★★ 기사 99년 5회, 05년 3회, 11년 3회, 13년 3회 / 산업 94년 3회

48 3상 유도전동기의 기계적 출력 $P[\text{kW}]$, 회전수 $N[\text{rpm}]$인 전동기의 토크[kg·m]는?

① $975\dfrac{P}{N}$ ② $856\dfrac{P}{N}$

③ $716\dfrac{P}{N}$ ④ $675\dfrac{P}{N}$

해설

토크 $T = \dfrac{60}{2\pi N} \cdot P[\text{N} \cdot \text{m}] = \dfrac{60}{2\pi \times 9.8}\dfrac{P}{N}$

$\qquad = 0.975\dfrac{P}{N}[\text{kg} \cdot \text{m}]$

여기서, $1[\text{kg} \cdot \text{m}] = 9.8[\text{N} \cdot \text{m}]$

기계적 출력이 $P[\text{kW}]$이므로 10^3을 고려하면

$T = 975\dfrac{P}{N}[\text{kg} \cdot \text{m}]$

★★★★ 기사 97년 2회, 04년 1회 / 산업 93년 3회

49 출력 4[kW], 1400[rpm]인 전동기의 토크는 얼마인가?

① 26.5[kg · m]   ② 2.65[kg · m]

③ 2.79[kg · m]   ④ 27.9[kg · m]

해설

전동기 토크 $T = 0.975 \times \dfrac{P_o}{N}$

$\qquad = 0.975 \times \dfrac{4000}{1400} = 2.79[\text{kg} \cdot \text{m}]$

★★★ 기사 98년 6회, 02년 3회, 12년 2회, 16년 1회(유사)

50 20극, 11.4[kW], 60[Hz], 3상 유도전동기의 슬립이 5[%]일 때 2차 동손이 0.6[kW]이다. 전부하 토크[N · m]는?

① 523   ② 318

③ 276   ④ 189

동기속도 $N_s = \dfrac{120f}{P} = \dfrac{120 \times 60}{20} = 360 [\text{rpm}]$

$P_2 : P_c = 1 : s$ 에서

2차 입력 $P_2 = \dfrac{1}{s} P_c = \dfrac{1}{0.05} \times 0.6 = 12 [\text{kW}]$

토크 $T = 0.975 \dfrac{P_2}{N_s} = 0.975 \times \dfrac{12 \times 10^3}{360}$

$\qquad = 32.5 [\text{kg} \cdot \text{m}]$

$\qquad = 32.5 \times 9.8 = 318.5 [\text{N} \cdot \text{m}]$

★★ 기사 04년 3회

51 50[Hz], 4극, 20[HP]의 3상 유도전동기가 있다. 전부하 시 회전수가 1450[rpm]일 때 회전력[kg · m]은 약 얼마인가? (단, 1[HP] = 736[W])

① 6.85 　　② 7.85

③ 9.85 　　④ 10.85

동기속도 $N_s = \dfrac{120f}{P}$

$\qquad = \dfrac{120 \times 50}{4} = 1500 [\text{rpm}]$

슬립 $s = \dfrac{N_s - N}{N_s}$

$\qquad = \dfrac{1500 - 1450}{1500} = 0.03$

$P_2 : P_o = 1 : 1 - s$ 에서

2차 입력 $P_2 = \dfrac{1}{1-s} \times P_o$

$\qquad\qquad = \dfrac{1}{1-0.03} \times (20 \times 736) = 15175 [\text{W}]$

토크 $T = 0.975 \dfrac{P_2}{N_s}$

$\qquad = 0.975 \times \dfrac{15175}{1500} = 9.86 [\text{kg} \cdot \text{m}]$

집중공략

★★★★★ 기사 04년 2회, 14년 1회 / 산업 92년 3회, 11년 3회

52 유도전동기의 토크(회전력)는?

① 단자전압에 무관하다.
② 단자전압에 비례한다.
③ 단자전압의 2승에 비례한다.
④ 단자전압의 3승에 비례한다.

토크 $T = \dfrac{P_{\exists수}}{4\pi f} V_1^2 \dfrac{\dfrac{r_2}{s}}{\left(r_1 + \dfrac{r_2}{s}\right)^2 + (x_1 + x_2)^2} [\text{N} \cdot \text{m}]$

$T \propto P_{\exists수} \propto \dfrac{1}{f} \propto V_1^2 \propto \dfrac{r_2}{s}$

★★★★ 산업 96년 4회, 05년 2회

53 유도전동기의 회전력을 T 라 하고 전동기에 가해지는 단자전압을 V_1[V]이라고 할 때 T와 V_1과의 관계는?

① $T \propto V_1$ 　　② $T \propto V_1^2$

③ $T \propto \dfrac{1}{2} V_1$ 　　④ $T \propto 2 V_1$

토크 T는 주파수 f에 반비례하고, 극수에 비례, 전압의 2승에 비례한다.

★★★ 기사 99년 5회

54 3상 유도전동기의 전압이 10[%] 낮아졌을 때 기동 토크는 몇 [%] 감소하는가?

① 약 5 　　② 약 10

③ 약 20 　　④ 약 30

$T \propto V_1^2$ 이므로 전압이 10[%] 낮아지면

$T : T' = V_1^2 : (0.9 V_1)^2$ 에서

$T' = 0.81 V_1^2 \times \dfrac{1}{V_1^2} \times T = 0.81 T$

$T = 1 - 0.81 = 0.19$

∴ 약 20[%] 정도 감소한다.

★★★ 산업 95년 2회, 97년 5회, 98년 6회, 06년 1회

55 200[V], 3상 유도전동기의 전부하 슬립이 4[%]이다. 공급전압이 10[%] 저하된 경우 전부하 슬립은 어떻게 되는가?

① 3[%] 　　② 4[%]

③ 5[%] 　　④ 6[%]

🔎 해설

슬립과 전압의 관계 $s \propto \dfrac{1}{V_1^{\,2}}$

공급전압이 200[V]에서 10[%] 감소 시 공급전압이 180[V]로 되므로

$$0.04 : s_2 = \frac{1}{200^2} : \frac{1}{180^2}$$

슬립 $s_2 = 0.04 \times \dfrac{1}{180^2} \times 200^2 = 0.05$

★ 기사 16년 1회

56 유도전동기를 정격상태로 사용 중 전압이 10[%] 상승하면 다음과 같은 특성의 변화가 있다. 틀린 것은? (단, 부하는 일정 토크라고 가정한다)

① 슬립이 작아진다.
② 효율이 떨어진다.
③ 속도가 감소한다.
④ 히스테리시스손과 와류손이 증가한다.

🔎 해설

유도전동기의 특성

$$T = \frac{P_{\exists 수}}{4\pi f} V_1^2 \frac{I_2^{\,2}\dfrac{r_2}{s}}{\left(r_1 + \dfrac{r_2}{s}\right)^2 + (x_1 + x_2)^2} [\text{N} \cdot \text{m}]$$

$T \propto P_{\exists 수} \propto \dfrac{1}{f} \propto V_1^{\,2} \propto \dfrac{r_2}{s}$ 에서

$V_1^{\,2} \propto \dfrac{1}{s}$ 에서 전압이 상승하면 슬립은 감소한다.

슬립이 감소하면 회전속도 $\left(N = (1-s)\dfrac{120f}{P}\right)$ 는 증가한다.

★★★★★ 산업 93년 6회, 13년 1회

57 3상 유도전동기의 최대 토크를 T_m, 최대 토크를 발생하는 슬립 s_t, 2차 저항 R_2와 관계는 무엇인가?

① $T_m \propto R_2,\ s_t = $ 일정
② $T_m \propto R_2,\ s_t \propto R_2$
③ $T_m = $ 일정, $s_t \propto R_2$
④ $T_m \propto \dfrac{1}{R},\ s_t \propto R_2$

🔎 해설

최대 토크를 발생하는 슬립이 $s_t \propto \dfrac{r_2}{x_2}$ 이므로 s_t는 2차 합성저항 R_2의 크기에 비례하므로 최대 토크는

$$T_m \propto \frac{r_2}{s_t} = \frac{mr_2}{ms_t} \text{로 일정하다.}$$

여기서, $R_2 = r_2 + R$
　　　R_2 : 2차 합성저항
　　　r_2 : 2차 내부저항
　　　R : 2차 외부저항

★★★★★ 기사 04년 3회, 12년 2·3회(유사), 13년 1회, 17년 3회

58 권선형 유도전동기에서 2차측 저항을 3배로 하면 최대 토크는 어떻게 되는가?

① 2배가 된다.
② 3배가 된다.
③ 13배가 된다.
④ 변하지 않는다.

🔎 해설

최대 토크 $T_m \propto \dfrac{r_2}{s_t} = \dfrac{mr_2}{ms_t}$ 에서 2차측 저항의 증감에 따라 최대 토크의 발생 슬립이 비례하여 변화되므로 최대 토크는 변하지 않는다.

★★★★ 산업 93년 4회, 97년 2회, 07년 4회

59 3상 권선형 유도전동기의 2차 회로에 저항을 삽입하는 목적이 아닌 것은?

① 속도를 줄이지만 최대 토크를 크게 하기 위해
② 속도제어를 하기 위하여
③ 기동 토크를 크게 하기 위하여
④ 기동전류를 줄이기 위하여

🔎 해설

권선형 유도전동기의 2차 저항의 크기변화를 통해 기동전류 감소와 기동 토크 증대 및 속도제어를 할 수 있는데 최대 토크는 변하지 않는다.

🔎 정답　56. ③　57. ③　58. ④　59. ①

★★★★★ 기사 05년 1회, 13년 3회 / 산업 16년 1회

60 비례추이를 하는 전동기는?

① 단상 유도전동기
② 권선형 유도전동기
③ 동기전동기
④ 정류자전동기

해설

비례추이가 가능한 전동기는 권선형 유도전동기로서, 2차 저항의 가감을 통하여 토크 및 속도 등을 변화시킬 수 있다.

★★★★ 기사 93년 4회, 12년 3회(유사) / 산업 05년 1회, 07년 1·3회, 14년 2회, 19년 2회

61 3상 유도전동기의 특성 중 비례추이할 수 없는 것은?

① 1차 전류
② 2차 전류
③ 출력
④ 토크

해설

㉠ 비례추이 가능 : 토크, 1차 전류, 2차 전류, 역률, 동기 와트
㉡ 비례추이 불가능 : 출력, 2차 동손, 효율

★★★★ 기사 16년 2회 / 산업 98년 6회, 00년 6회, 01년 2회

62 유도전동기의 토크 속도곡선이 비례추이 (proportional shifting) 한다는 것은 그 곡선이 무엇에 비례해서 이동하는 것을 말하는가?

① 슬립
② 회전수
③ 공급전압
④ 2차 합성저항

해설

최대 토크를 발생하는 슬립 $s_t \propto \dfrac{r_2}{x_2}$

최대 토크 $T_m \propto \dfrac{r_2}{s_t}$ 에서 $\dfrac{r_2}{s_1} = \dfrac{r_2 + R}{s_2}$ 이므로 2차 합성저항에 비례해서 토크 속도곡선이 변화된다.

★★★★ 산업 91년 5회, 96년 6회, 12년 2회

63 3상 유도전동기의 2차 저항을 2배로 하면 2배로 되는 것은?

① 토크
② 전류
③ 역률
④ 슬립

해설

최대 토크를 발생하는 슬립 $s_t \propto \dfrac{r_2}{x_2}$

여기서, x_t는 일정

최대 토크 $T_m \propto \dfrac{r_2}{s_t} = \dfrac{mr_2}{ms_t}$ 이므로 2차 저항이 2배로 되면 슬립이 2배로 된다.

★ 산업 99년 6회

64 유도전동기의 속도-토크 곡선에서 2차 저항이 최대인 것은?

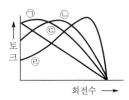

① ㉠
② ㉡
③ ㉢
④ ㉣

해설

최대 토크를 발생하는 슬립 $s_t \propto \dfrac{r_2}{x_2}$ 에서 2차 저항이 증가하면 슬립이 증가하여 회전수는 감소하게 되므로 최대 토크 크기는 변하지 않고 기동 토크는 증가하게 돼서 ㉢곡선으로 나타난다.

★★★★★ 기사 18년 1회(유사) / 산업 99년 4회, 02년 4회, 09년 1회, 11년 2회, 16년 1회

65 권선형 3상 유도전동기에서 2차 저항을 변화시켜 속도를 제어하는 경우 최대 토크는?

① 최대 토크가 생기는 점의 슬립에 비례한다.
② 최대 토크가 생기는 점의 슬립에 반비례한다.
③ 2차 저항에만 비례한다.
④ 항상 일정하다.

해설

최대 토크는 $T_m \propto \dfrac{r_2}{s_t} = \dfrac{mr_2}{ms_t}$ 으로 저항의 크기가 변화되어 슬립이 변화되어도 항상 일정하다.
반면에 슬립이 $s_t \to ms_t$ 로 증가 시
회전속도 $N = (1 - ms_t)N_s$ 는 감소한다.

★★ 산업 96년 5회

66 상수 $r_1 = 0.1[\Omega]$, $r_2 = 0.2[\Omega]$, $x_1 = x_2 = 0.2[\Omega]$ 인 유도전동기의 최대 토크를 내는 슬립[%]은?

① 60   ② 49
③ 40   ④ 39

해설

최대 토크 발생하는 슬립

$$s_t = \frac{r_2}{\sqrt{r_1^2 + (x_1 + x_2)^2}}$$
$$= \frac{0.2}{\sqrt{0.1^2 + (0.2 + 0.2)^2}}$$
$$= 0.485$$

★ 산업 89년 2회

67 4극, 60[Hz], 3상 유도전동기가 있다. 2차 1상의 저항이 0.01[Ω], $s = 1$일 때 2차 1상의 리액턴스가 0.04[Ω]이라면 이 전동기는 몇 [rpm]에서 최대 토크가 발생하는가?

① 1300   ② 1350
③ 1400   ④ 1450

해설

최대 토크 발생하는 슬립 $s_t \fallingdotseq \dfrac{r_2}{x_2} = \dfrac{0.01}{0.04} = 0.25$

슬립 s_t일 경우 회전수 $N = (1 - 0.25)\dfrac{120 \times 60}{4}$
$\qquad\qquad\qquad\qquad\qquad = 1350[\text{rpm}]$

★★ 산업 92년 3회

68 유도전동기의 1차 상수는 무시하고 2차 상수 $\dot{Z}_2 = 0.2 + j0.4[\Omega]$ 이라면 이 전동기가 최대 토크를 발생할 때의 슬립은?

① 0.05   ② 0.15
③ 0.35   ④ 0.5

해설

유도전동기의 토크를 동기 와트로 나타내면,

$$P_2 = \frac{\dfrac{r_2}{s} \cdot V_1^2}{\left(r_1 + \dfrac{r_2}{s}\right)^2 + (x_1 + x_2)^2}$$

$$= \frac{r_2 \cdot V_1^2}{sr_1^2 + \dfrac{r_2^2}{s} + 2r_1 r_2 + s(x_1 + x_2)^2}$$

P_2가 최대가 되기 위해서는 $\dfrac{dP_2}{dr_2} = 0$을 구하면

최대 토크일 때 슬립 $s = \dfrac{r_2}{\sqrt{r_1^2 + (x_1 + x_2)^2}}$ 이다.

이때, 1차 상수를 무시하면

슬립 $s_t = \dfrac{r_2}{\sqrt{r_1^2 + (x_1 + x_2)^2}} \fallingdotseq \dfrac{r_2}{x_2} = \dfrac{0.2}{0.4} = 0.5$

★★★ 산업 96년 5회, 04년 1회, 06년 1회

69 220[V], 3상 4극, 60[Hz]인 3상 유도전동기가 정격전압과 주파수에서 최대 회전력을 내는 슬립은 16[%]이다. 지금 200[V], 50[Hz]로 사용할 때 최대 회전력 발생 슬립은 몇 [%]가 되는가?

① 16   ② 18
③ 19.2   ④ 21.3

해설

최대 회전력일 때 슬립은 주파수에 반비례한다.

$s_t \propto \dfrac{1}{f}$

$s_t = \dfrac{60}{50} \times 16 = 19.2[\%]$

★★★★ 기사 92년 5회, 03년 4회, 04년 2회, 13년 2회, 18년 2회

70 3상 권선형 유도전동기의 전부하 슬립이 5[%], 2차 1상의 저항이 1[Ω]이다. 이 전동기의 기동 토크를 전부하 토크와 같도록 하려면 외부에서 2차에 삽입할 저항은 몇 [Ω]인가?

① 20   ② 19
③ 18   ④ 17

해설

비례추이특성을 이용하면

최대 토크를 발생하는 슬립 $s_t = \dfrac{r_2}{x_2}$

최대 토크 $T_m \propto \dfrac{r_2}{s_t}$

기동 토크와 전부하 토크(최대 토크로 해석)가 같을 경우의 슬립 $s = 1$이므로

최대 토크 $T_m \propto \dfrac{r_2}{s_t} = \dfrac{mr_2}{ms_t}$에서

$\dfrac{1}{0.05} = \dfrac{1+R}{1}$

외부에서 2차에 삽입하는 저항 $R = 19[\Omega]$

[참고] 2차 외부저항 $R = \left(\dfrac{1}{s} - 1\right)r_2$

$= \left(\dfrac{1}{0.05} - 1\right) \times 1 = 19[\Omega]$

★ **산업 97년 6회**

71 3상 권선형 유도전동기(60[Hz], 4극)의 전부하회전수가 1746[rpm]일 때 전부하 토크와 같은 크기로 기동시키려면 회전자회로의 각 상에 삽입할 저항[Ω]의 크기는? (단, 회전자 1상의 저항은 0.06[Ω]이다)

① 2.42 　　　② 1.94

③ 0.94 　　　④ 1.46

☑ 해설

동기속도 $N_s = \dfrac{120f}{P} = \dfrac{120 \times 60}{4} = 1800[\text{rpm}]$

회전수 1746[rpm]일 때 $s = \dfrac{N_s - N}{N_s}$

$= \dfrac{1800 - 1746}{1800} = 0.03$

전부하 토크=기동 토크 경우 슬립 $s = 1$이므로

$\dfrac{r_2}{s_1} = \dfrac{r_2 + R}{s_2}$에서 $\dfrac{0.06}{0.03} = \dfrac{0.06 + R}{1}$

회전자회로에 삽입할 외부저항

$R = \dfrac{0.06}{0.03} \times 1 - 0.06 = 1.94[\Omega]$

★★★ **기사 92년 2회, 93년 5회 / 산업 14년 1회**

72 60[Hz], 6극, 권선형 3상 유도전동기가 있다. 전부하 시 회전수는 1152[rpm]이다. 지금 회전수 900[rpm]에서 전부하를 발생시키면 회전자에 투입해야 할 외부저항은 얼마인가? (단, 회전자는 Y결선이고 각 상 저항 $R_2 = 0.03[\Omega]$이다)

① 0.1275[Ω] 　　② 0.1375[Ω]

③ 0.1475[Ω] 　　④ 0.1575[Ω]

☑ 해설

동기속도 $N_s = \dfrac{120f}{P}$

$= \dfrac{120 \times 60}{6} = 1200[\text{rpm}]$

회전수 1152[rpm]일 때 $s_1 = \dfrac{N_s - N}{N_s}$

$= \dfrac{1200 - 1152}{1200} = 0.04$

회전수 900[rpm]일 때 $s_2 = \dfrac{1200 - 900}{1200} = 0.25$

900[rpm]에서 전부하가 발생(최대 토크)하므로

$T_m \propto \dfrac{0.03}{0.04} = \dfrac{0.03 + R}{0.25}$

2차측 외부저항 $R = \dfrac{0.03}{0.04} \times 0.25 - 0.03 = 0.1575[\Omega]$

★★ **산업 16년 3회**

73 4극, 60[Hz], 3상 권선형 유도전동기가 1140[rpm]의 정격속도로 회전할 때 1차측 단자를 전환해서 상회전방향을 반대로 바꾸어 역전제동하는 경우 제동 토크를 전부하 토크와 같게 하기 위한 2차 삽입저항 $R[\Omega]$은? (단, 회전자 1상의 저항은 0.005[Ω]이다)

① 0.19

② 0.27

③ 0.38

④ 0.5

☑ 해설

동기속도 $N_s = \dfrac{120f}{P}[\text{rpm}]$

슬립 $s = \dfrac{N_s - N}{N_s}$

정격속도 1140[rpm]일 때

슬립 $s = \dfrac{1200 - 1140}{1200} = 0.05$

상회전방향을 반대로 바꾸었을 경우

슬립 $s = \dfrac{1200 - (-1140)}{1200} = 1.95$

$T_m \propto \dfrac{r_2}{s_1} = \dfrac{r_2 + R}{s_2}$

$\dfrac{0.005}{0.05} = \dfrac{0.005 + R}{1.95}$

2차 삽입저항 $R = \dfrac{0.005}{0.05} \times 1.95 - 0.005 = 0.19[\Omega]$

---

74 ★★★★ 산업 93년 3회, 98년 7회, 00년 4회, 01년 1회, 04년 1회

60[Hz], 4극, 정격속도 1720[rpm]의 권선형 3상 유도전동기가 있다. 전부하운전 중에 2차 회로의 저항을 4배로 하면 속도 [rpm]는?

① 약 962 ② 약 1215
③ 약 1483 ④ 약 1656

☑ 해설

동기속도 $N_s = \dfrac{120f}{P}$

$\qquad = \dfrac{120 \times 60}{4} = 1800[rpm]$

슬립 $s = \dfrac{N_s - N}{N_s}$

$\qquad = \dfrac{1800 - 1720}{1800} = 0.0444$

슬립이 $s_t = \dfrac{r_2}{x_2}$ 이므로 2차 회로저항을 4배로 하면
슬립이 4배가 되므로
회전속도 $N = (1-s)N_s$

$\qquad = (1 - 0.0444 \times 4) \times 1800 ≒ 1480[rpm]$

---

75 ★★ 산업 96년 2회, 15년 2회(유사)

회전수 1728[rpm]의 유도전동기의 2차에 2차 저항의 3배 저항을 넣을 때 회전수 [rpm]는? (단, 극수는 4극임)

① 1800 ② 1728
③ 1512 ④ 1616

☑ 해설

동기속도 $N_s = \dfrac{120f}{P}$

$\qquad = \dfrac{120 \times 60}{4} = 1800[rpm]$

슬립 $s = \dfrac{N_s - N}{N_s}$

$\qquad = \dfrac{1800 - 1728}{1800} = 0.04$

슬립 $s_t = \dfrac{r_2}{x_2}$ 이므로 2차 회로에 3배의 저항을 넣으면
저항이 4배로 되어 슬립도 4배가 되므로
회전속도 $N = (1-ms)N_s$

$\qquad = (1 - 4 \times 0.04) \times 1800 = 1512[rpm]$

---

76 ★★★★★ 기사 01년 2회, 05년 1회 / 산업 12년 2회, 13년 1·3회, 14년 1회, 15년 1·3회

3상 유도전동기의 원선도를 그리는 데 옳지 않은 시험은?

① 저항측정 ② 무부하 시험
③ 구속시험 ④ 슬립 측정

☑ 해설

유도전동기의 특성을 구하기 위하여 원선도를 작성한다. 원선도 작성 시 필요시험은 무부하시험, 구속시험, 저항측정이다.

---

77 ★ 산업 95년 6회

유도전동기의 원선도에서 구할 수 없는 것은?

① 1차 입력 ② 1차 동손
③ 동기 와트 ④ 기계적 출력

☑ 해설

원선도는 유도전동기의 특성을 해석하는 데 가장 편리하다.

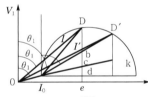

㉠ 전류표시 : 선전류 $I_1 = \overline{o'p}$, 여자전류 $I_0 = \overline{O'O}$,
부하전류 $I_1' = \overline{op}$

㉡ 전력표시 : 전입력 $P_1 = \overline{pe}$, 발생기계동력 $P_0 = \overline{pb}$,
2차 동손 $p_{c2} = \overline{bc}$, 1차 동손 $p_{c1} = \overline{cd}$, 철손 $\overline{de}$,
회전자입력 $P_2 = \overline{pc}$

㉢ 기타 : 역률 $\cos\theta_1$, 토크(동기 와트) $P_2 = \overline{pc}$, 슬립
$s = \dfrac{\overline{bc}}{\overline{pc}}$, 회전수 $1-s = \dfrac{\overline{pb}}{\overline{pc}}$, 효율 $\eta = \dfrac{\overline{pb}}{\overline{pe}}$

---

78 ★★ 산업 93년 1회, 01년 1회, 15년 2회

유도전동기 원선도에서 원의 지름은? (단, E를 1차 전압, r은 1차로 환산한 저항, X를 1차로 환산한 누설 리액턴스라 한다)

① rE에 비례 ② $r \times E$에 비례
③ $\dfrac{E}{r}$에 비례 ④ $\dfrac{E}{X}$에 비례

$$2차 효율 \; \eta_2 = \frac{전동기 출력}{2차\; 입력} \times 100$$
$$= \frac{7630}{7950} \times 100 = 96[\%]$$

★★ 기사 95년 5회, 16년 3회

79 다음은 3상 유도전동기 원선도이다. 역률 [%]은 얼마인가?

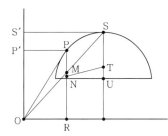

① $\dfrac{\mathrm{OS'}}{\mathrm{OS}} \times 100$ ② $\dfrac{\mathrm{S\,S'}}{\mathrm{OS}} \times 100$

③ $\dfrac{\mathrm{OP'}}{\mathrm{OP}} \times 100$ ④ $\dfrac{\mathrm{OS'}}{\mathrm{OP}} \times 100$

해설

역률 $\cos\theta = \dfrac{유효전류}{전체전류} = \dfrac{\mathrm{OP'}}{\mathrm{OP}} \times 100[\%]$

집중공략

★★★★★ 기사 04년 2회, 05년 4회, 12년 2회, 14년 3회(유사), 18년 1회 / 산업 11년 3회(유사)

80 3상 유도전동기가 있다. 슬립 s[%]일 때 2차 효율은?

① $1-s$ ② $2-s$

③ $3-s$ ④ $4-s$

해설

2차 효율 $\eta_2 = \dfrac{2차\;출력}{2차\;입력} = \dfrac{1-s}{1} = 1-s = \dfrac{N}{N_s}$

★★ 산업 16년 2회

81 4극, 7.5[kW], 200[V], 60[Hz]인 3상 유도전동기가 있다. 전부하에서의 2차 입력이 7950[W]이다. 이 경우의 2차 효율은 약 몇 [%]인가? (단, 기계손은 130[W]이다)

① 92 ② 94

③ 96 ④ 98

해설

유도전동기출력 $P_o = 부하출력 + 기계손$
$= 7500 + 130 = 7630[\mathrm{W}]$

★★★ 기사 93년 2회, 04년 4회, 12년 1회 / 산업 94년 6회

82 동기각속도 ω_o, 회전자각속도 ω인 유도전동기의 2차 효율은?

① $\dfrac{\omega_o - \omega}{\omega}$ ② $\dfrac{\omega_o - \omega}{\omega_o}$

③ $\dfrac{\omega_o}{\omega}$ ④ $\dfrac{\omega}{\omega_o}$

해설

2차 효율 $\eta = \dfrac{회전자각속도}{동기각속도} = \dfrac{\omega}{\omega_o}$

★★★ 기사 02년 2·4회, 15년 2회, 19년 2회(유사)

83 50[Hz]로 설계된 3상 유도전동기를 60[Hz]에 사용하는 경우 단자전압을 110[%]로 올려서 사용하면 모든 점에서 별 지장없이 사용할 수 있다. 다음 중 틀린 것은?

① 최대 토크 8[%] 증대

② 여자전류 감소

③ 역률은 거의 불변

④ 철손은 거의 불변

해설

3상 유도전동기의 주파수 및 단자전압이 상승해도 최대 토크 $\left(T \propto \dfrac{r_2}{s_t} \right)$의 크기는 변화되지 않는다.

★★★★ 기사 01년 1회

84 유도전동기의 슬립이 커지면 커지는 것은?

① 회전수 ② 권수비

③ 2차 효율 ④ 2차 주파수

해설

슬립 s가 커질 경우

① 회전수 $N = (1-s)N_s \; \rightarrow$ 감소

② 권수비 $\alpha = \dfrac{k_{w1}N_1}{s k_{w2}N_2} \; \rightarrow$ 감소

③ 2차 효율 $\eta_2 = (1-s) \times 100[\%] \; \rightarrow$ 감소

④ 2차 주파수 $f' = s f_1 \; \rightarrow$ 증가

정답 79. ③ 80. ① 81. ③ 82. ④ 83. ① 84. ④

★★★★★ 기사 91년 7회 / 산업 96년 4회, 97년 7회, 98년 7회, 13년 3회, 16년 2회

85 유도전동기에서 인가전압이 일정하고 주파수가 정격값에서 수[%] 감소함에 따른 현상 중에 해당되지 않는 것은?

① 동기속도가 감소한다.

② 누설 리액턴스가 증가한다.

③ 철손이 증가한다.

④ 효율이 나빠진다.

☑ 해설

유도전동기에서 전압은 일정하고 주파수가 감소할 경우

① 동기속도 $N_s = \dfrac{120f}{P}$[rpm] → 감소

② 누설 리액턴스 $X_l = 2\pi f L$[Ω] → 감소

③ 철손 $P_i \propto \dfrac{V_1^{\,2}}{f}$ → 증가

④ $\eta = \dfrac{P_o}{P_o + P_i + P_c} \times 100$[%] → 주파수 감소 시 철손이 증가하므로 효율은 감소

★★★ 기사 17년 3회

86 60[Hz]의 3상 유도전동기를 동일전압으로 50[Hz]에 사용할 때 ㉠ 무부하전류, ㉡ 온도상승, ㉢ 속도는 어떻게 변하겠는가?

① ㉠ $\dfrac{60}{50}$으로 증가, ㉡ $\dfrac{60}{50}$으로 증가

㉢ $\dfrac{50}{60}$으로 감소

② ㉠ $\dfrac{60}{50}$으로 증가, ㉡ $\dfrac{50}{60}$으로 감소

㉢ $\dfrac{50}{60}$으로 감소

③ ㉠ $\dfrac{50}{60}$으로 감소, ㉡ $\dfrac{60}{50}$으로 증가

㉢ $\dfrac{50}{60}$으로 감소

④ ㉠ $\dfrac{50}{60}$으로 감소, ㉡ $\dfrac{60}{50}$으로 증가

㉢ $\dfrac{60}{50}$으로 증가

☑ 해설 유도전동기의 주파수변환 시 특성

㉠ 무부하전류 $I_o = \dfrac{V_1}{\omega L} = \dfrac{V_1}{2\pi f L}$ 에서 $I_{o60} : I_{o50} = \dfrac{1}{60} : \dfrac{1}{50}$ 이므로 $I_{o50} = \dfrac{60}{50}I_{o60}$ 으로 증가된다.

㉡ 온도상승은 철손과 비례적으로 나타나므로 철손 $\left(P_i \propto \dfrac{V_1^{\,2}}{f}\right)$ 이 주파수에 반비례하므로 $\dfrac{60}{50}$ 으로 증가된다.

㉢ 회전속도 $N = (1-s)\dfrac{120f}{P}$ 에서 $N \propto f$ 이므로 주파수가 감소하면 속도는 $\dfrac{50}{60}$ 으로 감소한다.

★ 기사 93년 5회

87 유도전동기의 기동계급은?

① 16종   ② 19종

③ 23종   ④ 26종

☑ 해설 유도전동기의 기동계급

기동계급	1[kW]당 입력[kVA]	기동계급	1[kW]당 입력[kVA]
A	~ 4.2 미만	L	12.1 이상 13.4 미만
B	4.2 이상 4.8 미만	M	13.4 이상 15.0 미만
C	4.8 이상 5.4 미만	N	15.0 이상 16.8 미만
D	5.4 이상 6.0 미만	P	16.8 이상 18.8 미만
E	6.0 이상 6.7 미만	R	18.8 이상 21.5 미만
F	6.7 이상 7.5 미만	S	21.5 이상 24.1 미만
G	7.5 이상 8.4 미만	T	24.1 이상 26.8 미만
H	8.4 이상 9.5 미만	U	26.8 이상 30.0 미만
J	9.5 이상 10.7 미만	V	30.0 이상 ~
K	10.7 이상 12.1 미만	–	

★★★★★ 기사 93년 6회, 01년 1회, 02년 1회, 04년 4회, 15년 3회, 18년 3회

88 농형 유도전동기의 기동법이 아닌 것은?

① 2차 저항기동법   ② Y-△기동법

③ 전전압기동법   ④ 기동보상기법

☑ 해설

기동법은 기동전류 감소와 기동 토크 증대를 위한 방법이다.

㉠ 농형 유도전동기 기동법 : 전전압기동, Y-△기동, 기동보상기법(단권변압기 기동), 리액터 기동, 콘돌퍼 기동

㉡ 권선형 유도전동기 기동법 : 2차 저항기동(기동저항기법), 게르게스 기동

★★★★ 산업 05년 3회, 07년 3회

89 3상 유도전동기의 기동법 중 전전압기동에 대한 설명으로 옳지 않은 것은?

① 소용량 농형 전동기의 기동법이다.
② 소용량의 농형 전동기에서는 일반적으로 기동시간이 길다.
③ 기동 시에는 역률이 좋지 않다.
④ 전동기단자에 직접 정격전압을 가한다.

해설 농형 유도전동기의 전전압기동 특성
㉠ 5[kW] 이하의 소용량 유도전동기에 사용한다.
㉡ 농형 유도전동기에 직접 정격전압을 인가하여 기동한다.
㉢ 기동전류가 전부하전류의 4 ~ 6배 정도로 나타난다.
㉣ 기동횟수가 빈번한 전동기에는 부적당하다.

★★★ 기사 91년 7회, 00년 2회, 01년 2회

90 유도전동기의 기동에서 Y-△기동은 대략 몇 [kW] 범위의 전동기에서 이용되는가?

① 5[kW] 이하
② 5 ~ 15[kW] 정도
③ 15[kW] 이상
④ 용량에 관계없이 이용이 가능하다.

해설 Y-△기동의 특성
전전압기동에 비해 기동전류 및 기동 토크가 $\frac{1}{3}$로 운전되는 약 5 ~ 15[kW] 정도의 농형 유도전동기에 적용하는 방법이다.

★ 산업 96년 5회

91 다음 중 3상 유도전동기의 기동법으로 옳지 않은 것은?

① Y-△기동법
② 기동보상기법
③ 1차 저항조정에 의한 기동법
④ 전전압기동

해설
3상 유도전동기의 경우 1차 권선의 저항조정이 구조상 불가능하다. 단, 권선형 유도전동기의 경우 2차 저항기동법이 있다.

★★★★★ 기사 16년 3회 / 산업 01년 2회, 03년 4회, 07년 2회

92 권선형 유도전동기의 기동 시 2차측에 저항을 넣는 이유는?

① 기동전류 감소
② 회전수 감소
③ 기동 토크 감소
④ 기동전류 감소와 토크 증대

해설
권선형 유도전동기의 2차 저항기동은 회전자의 외부에 저항을 접속하여 기동전류 감소 및 기동 토크를 증가시킬 수 있다.

★★ 산업 97년 7회

93 3상 권선형 유도전동기의 기동법은?

① 변연장 △결선법
② 콘드로법
③ 게르게스법
④ 기동보상기법

해설
권선형 유도전동기의 기동법에는 2차 저항기동(기동저항기법) 및 게르게스 기동이 있다.
① 변연장 △결선법 : 3대의 단권변압기를 이용하여 3상 전압을 변성하는 결선법이다.
② 콘드로법 : V결선의 단권변압기를 사용하여 전동기의 인가전압을 저하시켜 기동한다.
③ 게르게스법 : 3상 권선형 유도전동기의 2차 회로가 1개 단선된 경우에는 2차 회로로 단상 전류가 흐르므로 부하가 슬립 50[%]인 지점에 걸리면 더 이상 전동기는 가속되지 않는 현상이다.
④ 기동보상기법 : 농형 유도전동기에 단권변압기를 직렬로 접속하여 전압강하를 일으켜 전동기 1차측에 전압을 감소시켜 기동전류를 감소시켜 기동하는 방법이다.

★★★ 산업 94년 4회

94 공급전원에 이상이 없는 3상 농형 유도전동기가 기동이 되지 않는 경우를 설명한 것 중 틀린 것은?

① 공극의 불평형
② 1선 단선에 의한 단상 기동
③ 기동기의 단선·단락
④ 3상 전원의 상회전방향이 반대로 된다.

정답 89. ② 90. ② 91. ③ 92. ④ 93. ③ 94. ④

해설 3상 농형 유도전동기가 기동되지 않는 경우

㉠ 1선 단선에 의한 단상 기동
㉡ 결선의 오접속결선(Y－△에서 각 상의 권선 시작과 끝단자의 오접속 및 Y－△ 및 스위치 결선의 오접속)
㉢ 기동기의 고장(접촉 불완전, 단선, 단락)
㉣ 기동 토크의 부족(기동전류에 의한 전압강하, 벨트의 지나친 장력, 겨울철의 회전자 및 부하의 축받이의 고착)
㉤ 공극의 불균등(기동 시 회전자와 고정자의 접촉)
㉥ 고정자 권선 내부의 오접속 코일의 소손, 단선
㉦ 회전자도체의 접속불량(단락환의 용접불량)

---

95 어느 3상 유도전동기의 전전압 기동 토크는 전부하 시의 1.8배이다. 전전압의 $\frac{2}{3}$로 기동할 때 기동 토크는 전부하 시의 몇 배인가?

① 0.8 ② 0.7
③ 0.6 ④ 0.4

해설

3상 유도전동기의 토크 $T \propto V_1^2$이므로
전부하 시 토크 T, 전전압 V_1이라 할 때
전전압(V_1) 기동 토크 $T'=1.8T$, $\frac{2}{3}V_1$의 전압으로 기동 시 토크 xT

$1.8T : xT = V_1^2 : \left(\frac{2}{3}V_1\right)^2$에서

$xT = 1.8T \times \frac{4}{9}V_1^2 \times \frac{1}{V_1^2} = 0.8T$

---

96 3상 유도전동기의 기동법 중 Y－△ 기동법으로 기동 시 1차 권선의 각 상에 가해지는 전압은 기동 시 및 운전 시 각각 정격전압의 몇 배가 가해지는가?

① 1, $\frac{1}{\sqrt{3}}$ ② $\frac{1}{\sqrt{3}}$, 1
③ $\sqrt{3}$, $\frac{1}{\sqrt{3}}$ ④ $\frac{1}{\sqrt{3}}$, $\sqrt{3}$

해설 Y－△기동법

㉠ 기동 시 : Y결선기동 시 △결선기동에 비해 전압이 $\frac{1}{\sqrt{3}}$배 되어 기동전류를 $\frac{1}{3}$로 억제한다.
㉡ 운전 시 : 기동완료 이후에는 △결선으로 전환되어 전압이 1배로 운전한다.

---

97 유도전동기 기동보상의 탭 전압으로 보통 사용되지 않는 전압은 정격전압의 몇 [%] 정도인가?

① 35 ② 50
③ 65 ④ 80

해설 기동보상기법

전원측에 3상 단권변압기를 사용하여 기동시에 1차 권선에 인가되는 전압을 전전압의 50·65·80[%]로 낮게 감압하여 기동하고 가속이 된 후에 전원전압을 인가해주는 방식이다.

---

98 10[HP], 4극 60[Hz], 농형 3상 유도전동기의 전전압 기동 토크가 전부하 토크의 $\frac{1}{3}$일 때 탭 전압이 $\frac{1}{\sqrt{3}}$인 기동보상기로 기동하면 그 기동 토크는 전부하 토크의 몇 배가 되겠는가?

① $\sqrt{3}$ 배 ② $\frac{1}{3}$ 배
③ $\frac{1}{9}$ 배 ④ $\frac{1}{\sqrt{3}}$ 배

해설

3상 유도전동기의 토크 $T \propto V_1^2$이므로
전부하 시 토크 T, 전전압 V_1이라 할 때
전전압(V_1) 기동 토크 $T'=\frac{1}{3}T$
$\frac{1}{\sqrt{3}}V_1$의 전압으로 기동 시 토크 xT

$\frac{1}{3}T : xT = V_1^2 : \left(\frac{1}{\sqrt{3}}V_1\right)^2$

$xT = \frac{1}{3}T \times \frac{1}{3}V_1^2 \times \frac{1}{V_1^2} = \frac{1}{9}T$

---

99 전압 220[V]에서의 기동 토크가 전부하 토크의 210[%]인 3상 유도전동기가 있다. 기동 토크가 100[%]되는 부하에 대하여는 기동보상기로 전압을 얼마 공급하면 되는가?

① 약 105[V] ② 약 152[V]
③ 약 319[V] ④ 약 462[V]

해설

3상 유도전동기의 토크 $T \propto V_1^2$이므로

전부하 시 토크를 T라 할 때

$210\,T : 100\,T = 220^2 : V_1^2$

기동보상기의 전압 $V_1 = \sqrt{220^2 \times 100\,T \times \dfrac{1}{210\,T}}$

$= 151.81[V]$

★ **기사 93년 1회**

100 어떤 3상 농형 유도전동기를 전전압기동할 때의 토크 및 기동전류는 각각 전부하 때의 1.8배 및 4.5배이다. 이 전동기에 기동 보상기를 써서 전압을 $\dfrac{2}{3}$로 낮추어 기동하 면 토크 및 기동전류는 전부하 때 값의 몇 배가 되겠는가? (단, T : 전부하 토크, I_n : 정격전류)

① $3\,T,\ 0.8I_n$ ② $0.8\,T,\ 3I_n$

③ $0.6\,T,\ 0.8I_n$ ④ $0.6\,T,\ 3I_n$

해설

3상 유도전동기의 토크 $T \propto V_1^2$이고 전부하 시 토크 를 T라 할 때

$1.8\,T : x\,T = V_1^2 : \left(\dfrac{2}{3}\,V_1\right)^2$

토크 $x\,T = 1.8\,T \times \dfrac{4}{9}\,V_1^2 \times \dfrac{1}{V_1^2} = 0.8\,T$이므로 전부

하 때의 $0.8\,T$가 된다.

기동전류 $I_s \propto V_1$이고 전부하 시 전류를 I_n이라 할 때

$4.5I_n : x I_n = V_1 : \dfrac{2}{3}\,V_1$

기동전류 $x I_n = 4.5I_n \times \dfrac{2}{3}\,V_1 \times \dfrac{1}{V_1} = 3I_n$이므로 전

부하 때의 $3I_n$이 된다.

★★★★ **기사 15년 1회**

101 유도전동기의 속도제어법 중 저항제어와 관계없는 것은?

① 농형 유도전동기

② 비례추이

③ 속도제어가 간단하고 원활하다.

④ 속도조정범위가 작다.

해설 2차 저항제어법(슬립 제어)

㉠ 비례추이의 원리를 이용한 것으로, 2차 회로에 저항 을 넣어 같은 토크에 대한 슬립 s를 변화시켜 속도 를 제어하는 방식이다.

㉡ 장점

 • 구조가 간단하고, 제어조작이 용이하다.

 • 속도제어용 저항기를 기동용으로 사용할 수 있다.

㉢ 단점

 • 저항을 이용하므로 속도변화량에 비례하여 효율 이 저하된다.

 • 부하변동에 대한 속도변동이 크다.

★★★★★ **기사 96년 5회, 01년 2회, 05년 4회, 13년 1회, 17년 3회 / 산업 15년 1회**

102 다음 중 농형 유도전동기에 주로 사용되는 속도제어법은?

① 저항제어법

② 2차 여자법

③ 종속접속법(concatation)

④ 극수변환법

해설 속도제어법

㉠ 농형 유도전동기 : 극수변환법(극수제어법), 주파수 제어법, 1차 전압제어법

㉡ 권선형 유도전동기 : 2차 저항제어법, 2차 여자법, 종속법

★★★★ **기사 95년 6회, 99년 4회, 16년 3회 / 산업 93년 1회, 00년 5회, 08년 2회**

103 유도전동기의 1차 전압변화에 의한 속도제 어에서 SCR 변환장치를 사용하는 경우 변 화시키는 것은?

① 주파수

② 위상각

③ 전압의 최대값

④ 역상분

해설

농형 유도전동기의 속도제어방법 중 1차 전압제어법으 로 SCR은 게이트 단자를 이용하여 위상각변화를 통해 출력전압을 제어할 수 있다.

★★★★ 산업 90년 2회, 94년 7회, 97년 5회, 99년 3회, 12년 3회

104 선박의 전기추진용 전동기의 속도제어에 가장 알맞은 것은?

① 주파수변화에 의한 제어
② 극수변환에 의한 제어
③ 1차 회전에 의한 제어
④ 2차 저항에 의한 제어

☞ 해설

주파수제어법은 1차 주파수를 변환시켜 선박의 전기추진용 모터, 인견공장의 포트모터 등의 속도를 제어하는 방법으로, 전력손실이 작고 연속적으로 속도제어가 가능하다.

★★★★★ 기사 92년 6회, 94년 3회, 98년 6회, 00년 4회, 02년 3회

105 인견공장에서 사용되는 포트모터의 속도제어는 다음 가운데 어떤 것에 따르는가?

① 극수변환에 의한 제어
② 주파수변환에 의한 제어
③ 저항에 의한 제어
④ 2차 여자에 의한 제어

☞ 해설

인견공장에서 사용되는 포트모터의 속도제어는 상용주파수를 130 ~ 150[Hz]로 변환시켜 사용하는 주파수제어방법이다.

★★★ 기사 18년 1회(유사) / 산업 95년 4회, 00년 1회, 19년 2회

106 권선형 유도전동기의 저항제어법의 장점은 다음 중 어느 것인가?

① 부하에 대한 속도변동이 크다.
② 구조가 간단하며, 제어조작이 용이하다.
③ 역률이 좋고, 운전효율이 양호하다.
④ 전부하로 장시간운전해도 온도상승이 작다.

☞ 해설 권선형 유도전동기의 속도제어(저항제어) 특성

㉠ 회전자저항의 변화를 통해 연속적인 속도제어가 가능하다.
㉡ 조작이 간단하고 동기속도 이하에서 광범위하게 제어가 가능하다.
㉢ 저항에 의한 손실발생으로 효율이 낮다.
㉣ 저속에서 속도제어 시 토크 변화에 대해 속도변화가 크게 나타나므로 안정도가 감소한다.

★★ 산업 03년 4회, 09년 3회

107 3상 권선형 유도전동기의 회전자에 슬립주파수의 전압을 공급하여 속도를 변화시키는 방법은?

① 2차 여자제어법
② 교류여자제어법
③ 주파수변환법
④ 2차 저항법

☞ 해설

유도전동기의 2차 회로에 2차 주파수와 같은 주파수로 적당한 크기와 위상의 전압을 외부에서 가하는 것을 2차 여자법이라 한다.

★★★ 산업 91년 3회, 98년 3회, 09년 1회

108 3상 권선형 유도전동기의 속도제어를 위해서 2차 여자법을 사용하고자 할 때 그 방법은?

① 1차 권선에 가해주는 전압과 동일한 전압을 회전자에 가한다.
② 직류전압을 3상 일괄해서 회전자에 가한다.
③ 회전자기전력과 같은 주파수의 전압을 회전자에 가한다.
④ 회전자에 저항을 넣어 그 값을 변화시킨다.

☞ 해설

2차 여자법은 권선형 유도전동기의 2차 회로에 2차 주파수와 같은 주파수로 적당한 크기와 위상의 전압을 외부에서 가하여 속도를 제어하는 방법으로, 회전자기전력과 동상 또는 반대의 위상을 갖는 외부전압을 2차 회로에 가해 주면 유도전동기의 속도를 동기속도보다 높게 또는 낮게 조정할 수 있고 역률개선의 효과도 있다.

★★★ 산업 93년 1회, 98년 6회, 01년 2회, 02년 4회

109 8극과 4극 2대의 유도전동기를 종속법에 의한 직렬종속법으로 속도제어를 할 때 전원주파수가 60[Hz]인 경우 무부하속도[rpm]는?

① 600
② 900
③ 1200
④ 1800

☞ 해설

권선형 유도전동기의 속도제어법의 종속법은 2대 이상의 유도전동기를 속도제어할 때 사용하는 방법으로, 한쪽 고정자를 다른 쪽 회전자와 연결하고 기계적으로 축을 연결하여 속도를 제어하는 방법이다.

직렬종속법 $N = \dfrac{120f_1}{P_1 + P_2} = \dfrac{120 \times 60}{8+4} = 600[\text{rpm}]$

★★★★ 기사 15년 3회 / 산업 11년 3회

110 권선형 유도전동기 2대를 직렬종속으로 운전하는 경우 그 동기속도는 어떤 전동기의 속도와 같은가?

① 두 전동기 중 적은 극수를 갖는 전동기
② 두 전동기 중 많은 극수를 갖는 전동기
③ 두 전동기의 극수의 합과 같은 극수를 갖는 전동기
④ 두 전동기의 극수의 차와 같은 극수를 갖는 전동기

해설

직렬종속법 $N = \dfrac{120f_1}{P_1 + P_2}$[rpm]

★★★ 기사 92년 6회, 02년 1회

111 16극과 8극의 유도전동기를 병렬종속법으로 속도제어할 때 전원주파수가 60[Hz]인 경우 무부하속도 N은?

① 600[rpm]　② 900[rpm]
③ 300[rpm]　④ 450[rpm]

해설

병렬종속법 $N = \dfrac{2 \times 120f_1}{P_1 + P_2} = \dfrac{2 \times 120 \times 60}{16 + 8}$
$= 600$[rpm]

★★★★★ 기사 90년 2·7회, 98년 6회, 99년 6회, 00년 4·6회, 02년 3회, 17년 1회

112 60[Hz]인 3상 유도전동기가 8극, 2극 2대가 있다. 차동종속으로 접속하여 운전할 때 무부하속도[rpm]는?

① 720　② 900
③ 1000　④ 1200

해설

차동종속 시 무부하속도 $N = \dfrac{120f_1}{P_1 - P_2}$
$= \dfrac{120 \times 60}{8 - 2}$
$= 1200$[rpm]

★ 기사 12년 1회, 16년 2회

113 VVVF(Variable Voltage Variable Frequency)는 어떤 전동기의 속도제어에 사용되는가?

① 동기전동기
② 유도전동기
③ 직류 복권전동기
④ 직류 타여자전동기

해설 유도전동기의 속도제어

㉠ 극수변환법
㉡ 주파수제어법 : 가변주파수를 공급하기 위해 주파수 변환장치(VVVF)를 이용하는 방식
㉢ 1차 전압제어 : SCR을 이용하여 위상각제어를 통해 속도를 변화하는 방법
㉣ 2차 저항제어법 : 비례추이원리 이용
㉤ 2차 여자법 : 슬립 제어
㉥ 종속법

★★ 산업 00년 6회

114 다음 중 유도전동기의 속도제어방식으로 잘못된 것은?

① 1차 주파수제어방식
② 정지 셀비우스 방식
③ 정지 레오나드 방식
④ 2차 저항제어방식

해설

1차 주파수제어, 2차 저항제어방식, 정지 셀비우스 방식(2차 여자법)은 유도전동기의 속도제어방법이고 정지 레오나드 방식은 직류전동기의 속도제어방법이다.

★★★ 산업 03년 4회, 12년 2회

115 다음 중 유도전동기의 속도제어방식으로 틀린 것은?

① 세르비우스 방식
② 2차 저항제어방식
③ 1차 저항방식
④ 1차 주파수제어방식

해설

유도전동기의 1차 저항의 변화를 통해 속도를 제어할 수 없다.

기사 00년 2회, 05년 3회, 15년 3회 / 산업 96년 7회, 01년 1회, 11년 3회

116 권선형 유도전동기와 직류 분권전동기와의 유사한 점 2가지는?

① 정류자가 있다. 저항으로 속도조정을 할 수 있다.

② 속도변동률이 작다. 토크가 전류에 비례한다.

③ 속도가 가변이다. 기동 토크가 기동전류에 비례한다.

④ 속도변동률이 작다. 저항으로 속도조정을 할 수 있다.

해설

권선형 유도전동기와 직류 분권전동기는 가변저항의 변화를 통해 속도조정이 가능하고 저항의 가감을 통해 속도를 조정하는 다른 전동기에 비해 속도변동률이 작다.

산업 97년 4회, 00년 1회, 12년 3회

117 속도변화에 편리한 교류전동기는?

① 농형 전동기

② 2중 농형 전동기

③ 동기전동기

④ 시라게 전동기

해설 시라게 전동기(슈라게 전동기)

㉠ 권선형 유도전동기의 회전자에 접속된 브러시의 간격을 변화시켜 속도를 제어하는 기기로, 속도변화가 편리하다.

㉡ 일반 권선형 유도전동기와 반대로 1차 권선을 회전자로 하고 2차를 고정자로 하여 사용한다.

산업 91년 2회, 98년 3회, 02년 1회, 04년 1회, 09년 1회

118 3상 유도전동기의 전원주파수를 변화하여 속도를 제어하는 경우 전동기의 출력 P와 주파수 f와의 관계는?

① $P \propto f$

② $P \propto \dfrac{1}{f}$

③ $P \propto f^2$

④ P는 f에 무관

해설

3상 유도전동기의 출력이 $P_o = \omega T = \dfrac{4\pi f}{P_{극수}}(1-s) \cdot T$

이므로 출력과 주파수는 비례한다.

산업 91년 2회, 94년 7회, 99년 6회, 05년 3회

119 일정 토크 부하에 알맞은 유도전동기의 주파수제어에 의한 속도제어방법을 사용할 때 공급전압과 주파수는 어떤 관계를 유지하여야 하는가?

① 공급전압이 항상 일정하여야 한다.

② 공급전압과 주파수는 반비례되어야 한다.

③ 공급전압과 주파수는 비례되어야 한다.

④ 공급전압과 자승에 반비례하는 주파수를 공급하여야 한다.

해설

유도전동기의 회전속도($N \propto f_1$)는 공급주파수에 비례하게 나타나는데 양호한 운전특성을 위해서는 공극자속을 일정하게 유지해야 하기 때문에 공급전압을 주파수에 비례해서 변화시켜야 한다.

산업 06년 3회, 15년 3회

120 다음에서 설명하는 것을 무엇이라 하는가?

> 3상 권선형 유도전동기의 2차 회로가 단선이 된 경우에 부하가 약간 무거운 정도에서는 슬립이 50[%]인 곳에서 운전된다.

① 차동기운전　　② 자기여자

③ 게르게스 현상　④ 난조

해설 게르게스 현상

3상 권선형 유도전동기의 2차 회로에 단상 전류가 흐를 때 발생하는 현상으로, 동기속도의 $\dfrac{1}{2}$인 슬립 50[%]인 상태에서 더 이상 전동기는 가속되지 않는 현상이다.

산업 93년 4회, 03년 1회, 04년 4회, 16년 3회

121 10[kW], 3상, 200[V] 유도전동기의 전부하전류[A]는? (단, 효율 및 역률은 85[%])

① 60

② 80

③ 40

④ 20

■ 해설

3상 유도전동기의 출력 $P_o = \sqrt{3}\, V_n I_n \cos\theta \times \eta$[W]

여기서, V_n : 정격전압

I_n : 전부하전류

η : 효율

$\cos\theta$: 역률

전부하전류 $I_n = \dfrac{P_o}{\sqrt{3}\, V_n \cos\theta \times \eta}$

$= \dfrac{10 \times 10^3}{\sqrt{3} \times 200 \times 0.85 \times 0.85} = 40$[A]

★★ 기사 16년 1회

122 4극 3상 유도전동기가 있다. 전원전압 200[V]로 전부하를 걸었을 때 전류는 21.5[A]이다. 이 전동기의 출력은 약 몇 [W]인가? (단, 전부하역률=86[%], 효율=85[%])

① 5029

② 5444

③ 5820

④ 6103

■ 해설

유도전동기의 출력

$P_o = \sqrt{3}\, V_n I_n \cos\theta\,\eta$[W]

여기서, V_n : 정격전압

I_n : 정격전류

η : 전동기효율

$P_o = \sqrt{3}\, V_n I_n \cos\theta\,\eta$

$= \sqrt{3} \times 200 \times 21.5 \times 0.86 \times 0.85 = 5444$[W]

★★★ 산업 90년 2회, 91년 3회, 95년 5회, 11년 3회

123 3상 유도전동기에 직결된 펌프가 있다. 펌프 출력은 100[HP], 효율 74.6[%], 전동기의 효율과 역률은 94[%]와 90[%]라고 하면 전동기의 입력[kVA]은 얼마인가?

① 95.74

② 104.4

③ 111.1

④ 118.2

■ 해설

1[HP]=746[W]이므로

3상 유도전동기의 입력

$P = \dfrac{P_o}{\cos\theta \times \eta_M \times \eta_P}$

$= \dfrac{100 \times 0.746}{0.94 \times 0.9 \times 0.746} = 118.2$[kVA]

여기서, P : 입력

P_o : 펌프 출력

η_M : 전동기효율

η_P : 펌프 효율

★★ 기사 05년 1회

124 15[kW], 380[V], 60[Hz]의 3상 유도전동기가 있다. 이 전동기의 전부하 때 2차 입력은 15.5[kW]라 한다. 이 경우의 2차 효율 [%]은?

① 94.5

② 95.2

③ 96.8

④ 97.3

■ 해설

2차 효율 $= \dfrac{출력}{2차\ 입력}$

$\rightarrow \eta_2 = \dfrac{15}{15.5} \times 100 = 96.8$[%]

★★ 산업 94년 6회

125 30[kW]의 3상 유도전동기에 전력을 공급할 때 2대의 단상 변압기를 사용하는 경우의 변압기의 표준용량은? (단, 전동기의 역률과 효율은 각각 84[%]와 86[%]라 한다)

① 21[kVA]

② 24[kVA]

③ 25[kVA]

④ 30[kVA]

■ 해설

단상 변압기 2대로 3상 유도전동기에 전원을 가하려면 V결선하여야 한다.

3상 유도전동기의 입력 $P = \dfrac{P_o}{\cos\theta \times \eta}$

$= \dfrac{30}{0.84 \times 0.86}$

$= 41.528$[kVA]

V결선 시 용량 $P_V = \sqrt{3}\, P_1 = 41.528$[kVA]

변압기 1대 용량 $P_1 = \dfrac{P_V}{\sqrt{3}} = \dfrac{41.528}{\sqrt{3}} = 23.97$[kVA]

★★★ 산업 95년 7회, 09년 1회

126 다음과 같은 전동력 응용기기에서 GD^2의 값이 작은 것이 바람직한 장치는 어느 것인가?

① 압연기

② 엘리베이터

③ 송풍기

④ 냉동기

정답 122. ② 123. ④ 124. ③ 125. ② 126. ②

해설

가역동작을 하므로 관성이 작아야 한다.

★★★★ 기사 91년 5회, 94년 4회 / 산업 94년 3회, 98년 7회, 00년 4회, 08년 3회

127 무부하전동기는 역률이 낮지만 부하가 늘면 역률이 커지는 이유는?

① 전류 증가 　　② 효율 증가
③ 전압 감소 　　④ 2차 저항 증가

해설

유도전동기의 경우 무부하 및 경부하 운전을 할 경우 부하전류에 비해 무부하전류가 상대적으로 커서 역률이 너무 낮으므로 중부하 및 전부하 운전을 하여 전류가 증대되면 역률이 증가하게 된다.

★★★★ 기사 90년 2회, 96년 4회

128 농형 전동기의 결점인 것은?

① 기동 [kVA]가 크고 기동 토크가 크다.
② 기동 [kVA]가 작고 기동 토크가 작다.
③ 기동 [kVA]가 작고 기동 토크가 크다.
④ 기동 [kVA]가 크고, 기동 토크가 작다.

해설 농형 유도전동기의 특성

㉠ 구조는 대단히 견고하고 취급방법이 간단하다.
㉡ 가격이 저렴하고 역률, 효율이 높다.
㉢ 기동전류(기동용량[kVA])가 크고 기동 토크가 작다.
㉣ 소형 및 중형에서 많이 사용된다.

집중공략

★★★★★ 기사 17년 1회 / 산업 91년 5회, 00년 3회

129 2중 농형 전동기가 보통 농형 전동기에 비해서 다른 점은 무엇인가?

① 기동전류가 크고, 기동 토크도 크다.
② 기동전류가 작고, 기동 토크도 작다.
③ 기동전류는 작고, 기동 토크는 크다.
④ 기동전류는 크고, 기동 토크는 작다.

해설

2중 농형 전동기는 보통 농형 전동기의 기동특성을 개선하기 위해 회전자도체를 2중으로 하여 기동전류를 작게 하고 기동 토크를 크게 발생한다.

★★★ 산업 95년 4회, 00년 5회

130 2중 농형 유도전동기에서 외측(회전자표면에 가까운 쪽) 슬롯에 사용되는 전선으로 적당한 것은?

① 누설 리액턴스가 작고 저항이 커야 한다.
② 누설 리액턴스가 크고 저항이 작아야 한다.
③ 누설 리액턴스가 작고 저항이 작아야 한다.
④ 누설 리액턴스가 크고 저항이 커야 한다.

해설

2중 농형 유도전동기는 회전자도체를 2중으로 하여 도체저항이 큰 외측 슬롯과 도체저항이 작은 내측 슬롯을 병렬연결한 것으로, 2차측 주파수는 운전 시 낮고 기동 시는 높기 때문에 슬롯 내측은 누설자속에 의해 누설리액턴스가 증가하여 기동 시 대부분의 회전자의 전류는 외측(고저항)에 흐르고 정격속도에 가까워지면 회전자전류는 저항이 작은 내측(저저항)으로 흐르게 된다.

★ 기사 98년 5회, 00년 5회

131 2중 농형 전동기의 슬립 s에 대한 부하전류 I, 토크 T의 곡선은 다음 중 어느 것인가?

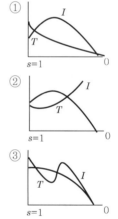

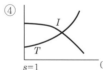

해설

2중 농형 전동기의 경우 기동 시에는 권선형 유도전동기의 특성을 나타내고 정격상태에 이르면 농형 유도전동기의 특성이 되므로 보통 농형에 비해 기동전류가 억제되고 기동 토크의 크기는 개선된다.

★★ 기사 95년 2회

132 2중 농형 유도전동기와 디프슬롯 농형 유도전동기를 비교한 것으로 잘못된 것은?

① 효율은 디프 슬롯 농형이 약간 좋다.
② 역률은 2중 농형쪽이 양호하다.
③ 기동특성도 2중 농형이 양호하다.
④ 온도상승은 2중 농형이 심하다고 할 수 있다.

🔎 해설

디프슬롯 농형 유도전동기는 2중 농형 유도전동기에 비해 다음과 같은 특징이 있다.
㉠ 단일도체이므로 냉각효과가 좋아서 기동, 정지를 되풀이하는 용도에 적합하다.
㉡ 도체가 가늘고 기계적으로 약하기 때문에 도체의 단면이 큰 중형이나 대형 저속기계에 사용된다.
㉢ 2차 저항을 설계하는 데 융통성이 별로 없으므로 기동 토크가 큰 것 보다는 작은 기동전류를 요구하는 기계에 적합하다.
㉣ 2중 농형이 누설 리액턴스가 상대적으로 커서 역률이 낮다.

★ 산업 04년 2회

133 다음은 유도발전기의 원리를 설명한 것이다. 틀린 것은?

① 회전자권선은 유도전동기의 반대로 회전자속을 자른다.
② 유도기전력 및 전류의 방향은 유도전동기와 반대로 된다.
③ 회전자전류와 회전자속의 토크의 방향은 회전자의 회전방향과 같게 된다.
④ 고정자의 부하전류의 방향은 전동기의 경우와 반대이다.

🔎 해설

유도발전기는 유도전동기를 회전자계의 동기속도 이상의 속도로 회전시키면 슬립은 음(−)이 되어 회전자전류와 회전자속에 의한 토크의 방향은 회전자의 회전방향과 반대가 되고 고정자 부하전류의 방향도 전동기의 경우와 반대로 되기 때문에 발전기가 된다.

★★ 산업 99년 6회, 01년 1회, 16년 3회

134 다음 유도발전기의 장점을 열거한 것 중 틀린 것은?

① 농형 회전자를 사용할 수 있으므로 구조가 간단하고 가격이 싸다.
② 선로에 단락이 생기면 여자가 없어지므로 동기발전기에 비해 단락전류가 작다.
③ 공극이 크고 역률이 동기기에 비해 좋다.
④ 유도발전기는 여자기로서 동기발전기가 필요하다.

🔎 해설 **유도발전기의 특성**

㉠ 장점
• 동기발전기에 비해 가격이 싸다.
• 기동특성이 양호하고 제어가 용이하며 고장횟수가 적다.
• 동기발전기에 비해 난조 등의 이상현상도 생기지 않는다.
• 사고 시 단락전류는 동기기에 비해 작으며 지속시간도 짧다.
㉡ 단점
• 병렬로 지속되는 동기기에서 여자전류를 취해야 한다.
• 공극이 작기 때문에 운전 시 주의해야 한다.
• 동기발전기에 비해 효율과 역률이 낮다.

★★★★ 기사 97년 5회 / 산업 95년 7회, 99년 5회, 15년 2회(유사)

135 유도전동기의 제동방법 중 슬립의 범위를 1∼2 사이로 하여 3선 중 2선의 접속을 바꾸어 제동하는 방법은?

① 역상제동
② 직류제동
③ 단상제동
④ 회생제동

🔎 해설 **유도전동기의 제동방법**

㉠ 직류제동 : 유도전동기를 전원에서 분리한 후 2개의 단자 사이에 직류전압을 가하면 고정자에는 고정자계가 생긴다. 이때, 고정자계 안에서 회전자가 회전하기 때문에 회전속도에 대한 주파수의 유도기전력이 발생하여 제동력이 생긴다.
㉡ 역상제동 : 운전 중의 유도전동기에 회전방향과 반대의 회전자계를 부여함에 따라 정지시키는 방법이다. 교류전원의 3선 중 2선을 바꾸면 회전방향과 반대가 되기 때문에 회전자는 강한 제동력을 받아 급속하게 정지한다.

ⓒ 단상 제동 : 단상 유도전동기의 2차 저항이 큰 경우는 토크가 제동력이 되는 성질을 나타내므로 이것을 제동 토크로 이용하는 방법이다.
ⓔ 회생제동 : 유도전동기는 외력에 의해 동기속도 이상의 속도로 회전시키면 유도발전기가 되어 제동력을 발생하는데 이때 발생한 전력을 전원에 반환하는 방법이다.

산업 17년 3회

136 유도전동기의 역상제동상태를 크레인이나 권상기의 강하 시에 이용하고 속도제한의 목적에 사용되는 경우의 제동방법은?

① 발전제동　② 유도제동
③ 회생제동　④ 단상제동

해설 유도제동

유도전동기의 역상제동의 상태를 권상기나 크레인의 운전 중 강하 시에 이용하여 속도제한의 목적에 사용되는 경우의 제동방법이다.

기사 02년 2·4회 / 산업 01년 3회

137 크로우링 현상은 다음의 어느 것에서 일어나는가?

① 유도전동기
② 직류직권전동기
③ 회전변류기
④ 3상 변압기

해설

크로우링 현상은 농형 유도전동기에서 일어나는 이상현상으로, 기동 시 고조파자속이 형성되거나 공극이 일정하지 않을 경우 회전자의 회전속도가 정격속도에 이르지 못하고 저속도로 운전되는 현상인데 회전자 슬롯을 사구로 만들어 방지한다.

산업 06년 2회

138 소형 유도전동기의 슬롯이나 권선의 잘못된 제작으로 전동기를 기동할 때 발생되는 현상은?

① 토크 증가현상
② 게르게스 현상
③ 크로우링 현상
④ 제동 토크의 증가현상

해설

유도전동기의 회전속도가 정격속도에 이르지 못하고 저속도로 운전되는 현상을 크로우링 현상이라 하고 회전자의 슬롯을 사구로 만들어 이를 방지한다.

산업 90년 6회, 96년 6회, 99년 3회

139 소형 유도전동기의 슬롯을 사구(skew slot)로 하는 이유는?

① 토크 증가
② 게르게스 증가
③ 크로우링 현상의 방지
④ 제동 토크의 증가

해설

크로우링 현상을 방지하기 위해 회전자의 슬롯을 사구로 제작한다.

기사 15년 2회

140 유도전동기에서 크로우링(crawling) 현상으로 맞는 것은?

① 기동 시 회전자의 슬롯수 및 권선법이 적당하지 않은 경우 정격속도보다 낮은 속도에서 안정운전이 되는 현상
② 기동 시 회전자의 슬롯수 및 권선법이 적당하지 않은 경우 정격속도보다 높은 속도에서 안정운전이 되는 현상
③ 회전자 3상 중 1상이 단선된 경우 정격속도의 50[%] 속도에서 안정운전이 되는 현상
④ 회전자 3상 중 1상이 단락된 경우 정격속도보다 높은 속도에서 안정운전이 되는 현상

해설 크로우링 현상

㉠ 유도전동기에서 회전자의 슬롯수, 권선법이 적당하지 않을 경우에 발생하는 현상으로서, 유도전동기가 정격속도에 이르지 못하고 정격속도 이전의 낮은 속도에서 안정되어 버리는 현상(소음발생)
㉡ 방지대책 : 사구(skewed slot) 채용

★★★★ 산업 91년 6회, 98년 2회, 07년 1회

141 유도전동기의 소음 중 전기적인 소음이 아닌 것은?

① 고조파자속에 의한 진동률
② 슬립 비트음
③ 기본파 자속에 의한 진동음
④ 팬음

해설

유도전동기의 소음 중 팬음은 유도전동기의 회전 시 발생하는 열을 냉각시키기 위한 팬이 공기 · 회전축 등에서 발생하는 마찰소음이다.

★ 산업 93년 5회

142 3상 유도전동기의 설명 중 틀린 것은?

① 전부하전류에 대한 무부하전류의 비는 용량이 작을수록, 극수가 많을수록 크다.
② 회전자속도가 증가할수록 회전자축에 유기되는 기전력은 감소한다.
③ 회전자속도가 증가할수록 회전자권선의 임피던스는 증가한다.
④ 전동기부하가 증가하면 슬립은 증가한다.

해설

3상 유도전동기의 경우 회전수($N=(1-s)N_s$)가 증가하면 슬립이 작아지므로 회전자권선의 임피던스($Z_s = r_2 + sx_2$)는 감소하게 된다.

★★★★★ 기사 92년 7회, 12년 2회 / 산업 93년 3회, 97년 6회, 13년 3회

143 3상 유도전동기가 경부하로 운전 중 1선의 퓨즈가 끊어지면 어떻게 되는가?

① 속도가 증가하여 다른 퓨즈도 녹아 떨어진다.
② 속도가 낮아지고 다른 퓨즈도 녹아 떨어진다.
③ 전류가 감소한 상태에서 회전이 계속된다.
④ 전류가 증가한 상태에서 회전이 계속된다.

해설

3상 유도전동기가 경부하(75[%] 이하) 운전 중에 3선 중 1선이 단선되어도 다른 2선에 전류가 증가된 상태로 회전이 계속된다. 그로인해 유도전동기에 과열이 발생하여 전원 및 전서, 전동기 등에 과열소손의 우려가 나타난다.

★★ 산업 99년 7회

144 다음 중 단상 유도전동기의 특징이 아닌 것은?

① 기동 토크가 없으므로 기동장치가 필요하다.
② 기계손이 없어도 무부하속도는 동기속도보다 작다.
③ 슬립이 2보다 작고 0이 되기 전에 토크가 0이 된다.
④ 권선형은 비례추이를 하며 최대 토크는 변화한다.

해설

권선형도 단상 유도전동기는 비례추이가 안 된다.

★★ 기사 98년 3회, 99년 4회

145 단상 유도전동기의 특성은 다음과 같다. 이 중에서 틀린 것은?

① 무부하에서 완전히 동기속도로 되지 않고 조금 슬립이 있다.
② 동기속도에서 토크가 부(−)로 된다.
③ 슬립이 1일 때 토크가 영, 즉 기동 토크가 없다.
④ 2차 저항을 바꾸어도 최대 토크에는 변화가 없다.

해설

2차 저항의 크기를 변화시키면 최대 토크 발생 시 슬립이나 최대 토크의 크기도 변화한다.

★ 산업 01년 1회

146 4줄의 출구선이 나와 있는 분상 기동형 단상 유도전동기가 있다. 이 전동기를 그림(도면)과 같이 결선했을 때 시계방향으로 회전한다면 반시계방향으로 회전시키고자 할 경우 어느 결선이 옳은가?

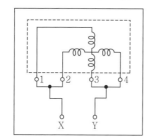

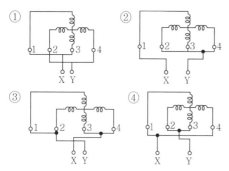

🔁 **해설**

분상 기동형 단상 유도전동기의 회전방향을 반대로 하기 위해서는 운전권선과 기동권선 중 하나의 극성을 바꾸어서 결선하면 된다.

★★★★★ 기사 03년 4회, 04년 4회, 14년 3회, 17년 3회 / 산업 14년 2회, 16년 3회

147 단상 유도전동기 중 기동 토크가 가장 큰 것은?

① 콘덴서 기동형
② 반발기동형
③ 콘덴서 전동기
④ 셰이딩 코일형

🔁 **해설**

반발기동형의 기동 토크가 400 ~ 500[%] 정도로 단상 유도전동기의 다른 기동방법에 비해 가장 크다.

단상 유도전동기의 기동 토크 크기에 따른 비교순서는 다음과 같다.
반발기동형 > 반발유도형 > 콘덴서 기동형 > 분상 기동형 > 셰이딩 코일형 > 모노사이클릭형

★★★★ 산업 91년 7회, 97년 5회, 98년 2회, 03년 2회, 05년 1회, 07년 4회

148 단상 유도전동기의 기동법 중에서 기동 토크가 가장 작은 것은?

① 분상 기동형
② 반발기동형
③ 콘덴서 분상형
④ 반발유도형

🔁 **해설** 단상 유도전동기의 기동 토크 크기에 따른 순서

반발기동형 > 반발유도형 > 콘덴서 기동형 > 분상 기동형 > 셰이딩 코일형 > 모노사이클릭형

★★ 산업 15년 1회

149 단상 유도전동기의 기동 토크에 대한 사항으로 틀린 것은?

① 분상 기동형의 기동 토크는 125[%] 이상이다.
② 콘덴서 기동형의 기동 토크는 350[%] 이상이다.
③ 반발기동형의 기동 토크는 300[%] 이상이다.
④ 셰이딩 코일형의 기동 토크는 40 ~ 80[%] 이상이다.

🔁 **해설**

콘덴서 기동형의 기동 토크는 300[%] 이상이고, 기동 전류는 400 ~ 500[%]이다.

★★ 산업 98년 4회

150 저압 분상 기동형 단상 유도전동기의 기동권선의 저항 R 및 리액턴스 X의 주권선에 대한 대소관계는?

① R : 대, X : 대
② R : 대, X : 소
③ R : 소, X : 대
④ R : 소, X : 소

🔁 **해설**

분상 기동형 단상 유도전동기의 경우 기동특성의 개선을 위해 운전권선과 기동권선의 저항 및 리액턴스의 크기를 다르게 하여 각 권선 간에 위상차를 만들어 기동한다.

🔍 **정답** 146. ④ 147. ② 148. ① 149. ② 150. ②

151 반발전동기(reaction motor)의 특성으로 가장 옳은 것은?

① 기동 토크가 특히 큰 전동기
② 전부하 토크가 큰 전동기
③ 여자권선 없이 동기속도가 회전하는 전동기
④ 속도제어가 용이한 전동기

해설 반발전동기
㉠ 기동 토크는 브러시의 위치이동을 통해 대단히 크게 얻을 수 있다(전부하 토크의 400 ∼ 500[%]).
㉡ 기동전류는 전부하전류의 200 ∼ 300[%] 정도로 나타난다.
㉢ 직권특성이 나타나고 무부하 시 고속으로 운전하므로 벨트 운전은 하지 않는다.

152 단상 유도전동기의 기동에 브러시를 필요로 하는 것은 다음 중 어느 것인가?

① 분상기동형
② 반발기동형
③ 콘덴서 기동형
④ 세이딩 코일 기동형

해설
반발기동형은 기동 시에는 반발전동기로 기동하고 기동 후에는 원심력 개폐기로 정류자를 단락시켜 농형 회전자로 기동하는데 브러시는 고정자권선과 회전자권선을 단락시킨다.

153 브러시를 이동하여 회전속도를 제어하는 전동기는?

① 직류직권전동기
② 단상 직권전동기
③ 반발전동기
④ 반발기동형 단상 유도전동기

해설
반발전동기는 브러시의 위치를 변경하여 토크 및 회전속도를 제어할 수 있다.

154 콘덴서 전동기의 특징이 아닌 것은?

① 소음 증가
② 역률양호
③ 효율양호
④ 진동 감소

해설
콘덴서 전동기는 다른 단상 유도전동기에 비해 효율과 역률이 좋고 진동과 소음도 작다.

155 2 회전자계설에 의하여 단상 유도전동기의 가상적 2개의 회전자 중 정방향에 회전하는 회전자 슬립이 s이면 역방향에 회전하는 가상적 회전자의 슬립은 어떻게 표시되는가?

① $1+s$
② $1-s$
③ $2-s$
④ $3-s$

해설
단상 유도전동기의 경우 정방향에 회전하는 회전자 슬립이 s이면 역방향으로 회전 시의 회전자 슬립은 $2-s$로 나타낸다.

156 유도전압조정기의 설명을 옳게 한 것은?

① 단락권선은 단상 및 3상 유도전압조정기 모두 필요하다.
② 3상 유도전압조정기에는 단락권선이 필요없다.
③ 3상 유도전압조정기의 1차와 2차 전압은 동상이다.
④ 단상 유도전압조정기의 기전력은 회전자계에 의해서 유도된다.

해설 단상 · 3상 유도전압조정기의 비교

단상 유도전압조정기	3상 유도전압조정기
㉠ 교번자계를 이용한다.	㉠ 회전자계를 이용한다.
㉡ 단락권선 있다.	㉡ 단락권선 없다.
㉢ 1·2차 전압 사이 위상차 없다.	㉢ 1·2차 전압 사이에 위상차 있다.

★★★ 산업 93년 3회, 00년 4회, 03년 4회, 09년 1회

157 단상 유도전압조정기에 대한 설명 중 틀린 것은?

① 교번자계의 전자유도작용을 이용한다.
② 회전자계에 의한 유도작용을 이용한다.
③ 무단으로 스무스(smooth)하게 전압의 조정이 된다.
④ 전압·위상의 변화가 없다.

★★★★ 기사 92년 3회, 94년 4·6회, 97년 7회, 98년 3회, 04년 2회

158 다음 중 단상 유도전압조정기의 단락권선의 역할은?

① 철손 경감
② 전압강하 경감
③ 절연보호
④ 전압조정 용이

⚡ 해설

제어각 $\alpha = 90°$ 위치에서 직렬권선의 리액턴스에 의한 전압강하를 방지한다.

★★★ 기사 90년 7회, 96년 7회, 98년 5회, 00년 2·5회, 03년 1회

159 3상 전압조정기의 원리는 어느 것을 응용한 것인가?

① 3상 동기발전기
② 3상 변압기
③ 3상 유도전동기
④ 3상 교류자전동기

⚡ 해설

3상 유도전압조정기는 3상 유도전동기의 원리를 응용한 것으로, 유도전동기를 정지시킨 상태에서 1차 권선과 2차 권선에서 발생하는 유도전압을 변압기처럼 사용하는 전압조정장치이다.

★★★★★ 기사 03년 3회, 16년 2회 / 산업 93년 4회, 98년 6회, 00년 4회, 01년 2회

160 3상 유도전압조정기의 동작원리는?

① 회전자계에 의한 유도작용을 이용하여 2차 전압의 위상전압의 조정에 따라 변화한다.

② 교번자계의 전자유도작용을 이용한다.
③ 충전된 두 물체 사이에 적용하는 힘이다.
④ 두 전류 사이에 적용하는 힘이다.

⚡ 해설 3상 유도전압조정기

㉠ 3상 유도전압조정기의 용량
$$P_2 = \sqrt{3} E_2 I_2 \times 10^{-3} [\text{kVA}]$$
㉡ 단상·3상 유도전압조정기의 비교

단상 유도전압조정기	3상 유도전압조정기
㉠ 교번자계를 이용한다.	㉠ 회전자계를 이용한다.
㉡ 단락권선 있다.	㉡ 단락권선 없다.
㉢ 1·2차 전압 사이 위상차 없다.	㉢ 1·2차 전압 사이에 위상차 있다.

★★ 산업 90년 2회, 94년 6회

161 다음 중 3상 유도전압조정기의 사항으로 틀린 것은?

① 1차에 3상을 가하면 여자전류가 흐른다.
② 자장이 생겨 1·2차에 각각 E_1, E_2의 전압이 유도된다.
③ 회전자의 위치에 관계없이 크기가 일정하고 다만 회전자의 위치(θ)에 따라 위상이 다를 뿐이다.
④ $P = 3 E_2 I_2 \times 10^{-3} [\text{kVA}]$

⚡ 해설 3상 유도전압조정기의 용량
$$P = \sqrt{3} E_2 I_2 \times 10^{-3} [\text{kVA}]$$

★★ 기사 91년 6회, 93년 2회, 95년 6회, 98년 7회, 00년 4회, 04년 4회

162 다음 중 유도전압조정기와 관련이 없는 것은? (단, 유도전압조정기의 단상, 3상 모두를 말한다)

① 위상의 연속변화
② 분로권선
③ 회전유도전압 $V_s = V_s m \sin\theta$
④ 직렬권선

⚡ 해설

3상만 위상변화가 된다. 단상은 자속쇄교수의 변화가 가감되므로 위상변화가 없다.
직렬권선(E_2), 분로권선(E_1)은 단상, 3상 모두 있다.

★★★ 기사 90년 2회, 96년 2회, 02년 1회, 13년 2회

163 단상 유도전압조정기에서 1차 전원전압을 V_1이라 하고 2차의 유도전압을 E_2라고 할 때 부하단자전압을 연속적으로 가변할 수 있는 조정범위는?

① $0 \sim V_1$까지

② $V_1 + E_2$까지

③ $V_1 - E_2$까지

④ $V_1 + E_2$에서 $V_1 - E_2$까지

해설

유도전압조정기의 2차 유도전압의 조정범위는 $V_2 = V_1 \pm E_2$이다.

★★★ 기사 90년 6회, 96년 6회, 00년 2회 / 산업 16년 2회

164 유도전동기의 여자전류(exciting current)는 극수가 많아지면 정격전류에 대한 비율이 어떻게 되는가?

① 작아진다.

② 원칙적으로 변화하지 않는다.

③ 거의 변화하지 않는다.

④ 커진다.

해설

유도전동기의 경우 극수가 많아지면 자속의 발생량이 증가하므로 여자전류는 상대적으로 증가한다.

★ 산업 96년 4회

165 △결선으로된 220[V], 50[Hz], 3상 유도전동기의 1차 권선을 Y결선으로 하여 같은 주파수, 같은 전압으로 운전하면 공극의 자속은 대략 △결선의 몇 배나 되겠는가? (단, 자기포화현상은 없는 것으로 한다)

① 1.73배

② 1.414배

③ 0.866배

④ 0.577배

해설

자속 $\phi \propto E$이고, Y결선 시 상전압은 $E' = \dfrac{1}{\sqrt{3}}E$

이므로 공극의 자속 $\phi' = \dfrac{1}{\sqrt{3}}\phi = 0.577\phi$

★★★★ 산업 90년 2회, 97년 7회, 00년 2회, 02년 2회

166 유도전동기의 실부하법에서 부하로 쓰이지 않는 것은?

① 전기동력계

② 프로니브레이크

③ 전동발전기

④ 와전류제동기

해설

실부하법으로는 전기동력계법, 프로니브레이크법, 손실을 알고 있는 직류발전기를 사용하는 방법 등이 있다.

★ 기사 03년 4회, 17년 1회

167 다음 중 유도전동기의 안정운전의 조건은? (단, T_m : 전동기 토크, T_L : 부하 토크, n : 회전수)

① $\dfrac{dT_m}{dn} < \dfrac{dT_L}{dn}$

② $\dfrac{dT_m}{dn} = \dfrac{dT_L^2}{dn}$

③ $\dfrac{dT_m}{dn} > \dfrac{dT_L}{dn}$

④ $\dfrac{dT_m}{dn} \neq \dfrac{dT_L^2}{dn}$

해설

㉠ 유도전동기의 안정운전조건 : $\dfrac{dT_m}{dn} < \dfrac{dT_L}{dn}$

㉡ 유도전동기의 불안정조건 : $\dfrac{dT_m}{dn} > \dfrac{dT_L}{dn}$

★★★ 기사 02년 4회, 05년 3회, 13년 3회

168 전력변환기기가 아닌 것은?

① 유도전동기

② 변압기

③ 정류기

④ 인버터

해설

유도전동기는 전력변환기기가 아닌 전기 에너지를 운동 에너지로 변환하는 기기이다.

★ 기사 03년 2회

169 유도전동기와 직결된 전기동력계(다이나모미터)의 부하전류를 증가하면 유도전동기의 속도는?

① 증가한다.

② 감소한다.

③ 변함이 없다.

④ 동기속도로 회전한다.

해설

전기동력계는 전동기의 특성을 파악하기 위한 설비로, 토크를 측정할 수 있다. 실부하법의 종류로 부하증가 시 부하전류가 증가해 토크가 증가하므로 회전속도는 감소한다.

정류기

이렇게 공부하세요!!

출제경향분석

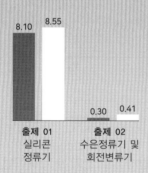

8.10   8.55

0.30   0.41

출제 01
실리콘
정류기

출제 02
수은정류기 및
회전변류기

출제포인트

☑ 다이오드의 구조 및 동작특성에 대한 문제가 출제된다.

☑ 다이오드를 이용한 단상 반파, 단상 전파의 계산문제가 출제된다(상반파와 3상 전파의 경우
   출제비율이 낮음).

☑ 사이리스터의 구조 및 동작특성에 대한 문제가 출제된다.

☑ 사이리스터를 이용한 단상 반파, 단상 전파의 계산문제가 출제된다(3상 반파와 3상 전파의 경우
   출제비율이 낮음).

☑ 수은정류기 및 회전변류기의 문제가 출제된다.

기사 8.10% 출제 | 산업 8.55% 출제

출제 01 실리콘 정류기

Comment

다이오드와 사이리스터의 특성을 비교하여 각각의 정류특성을 적용할 수 있어야 한다. 또한, 반파정류와 전파정류, 1상과 3상의 비교가 반드시 숙지되어야 한다.

1 다이오드의 특성 및 종류

(1) P-N 접합 Diode

다이오드는 단일방향으로 전류를 도통시키기 위해 사용하는 소자로, 순방향으로 전압을 인가하면 턴 온(turn on)되어 전류가 흐르고, 역방향으로 인가하면 턴 오프(turn off)되어 전류가 차단된다. 즉, 다이오드는 제어가 불가능한 소자이다.

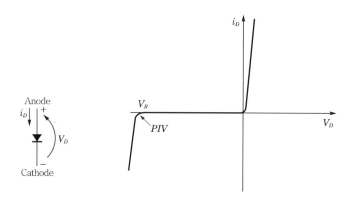

다이오드의 전압-전류 특성곡선은 위의 그림과 같다. 순방향으로 전압이 가해지면 전류가 흐르고 역방향으로 전압이 가해질 경우 전류는 거의 흐르지 않는다. 만약 역방향으로 큰 전압이 가해질 경우 역방향으로 전류가 흐르고 다이오드는 파괴된다. 이때, 다이오드가 파괴되지 않도록 역전압을 제한하는데 이를 최대 역전압(PIV)이라 한다.

(2) 다이오드 종류 및 특성

① **제너 다이오드** : 정전압특성을 이용하여 전압의 안정화에 사용한다.
② **발광 다이오드(LED)** : 전기 에너지를 빛 에너지로 바꾸는 발광특성을 이용하여 표시용 램프 등으로 사용한다.
③ **터널 다이오드(에사키 다이오드)** : 음저항특성을 이용하여 마이크로파 발진 등에 사용한다.
④ **환류 다이오드** : 연속된 온-오프 동작에 따라 부하에 일시적으로 저장된 에너지로부터 전원쪽으로 방전전류가 역류하지 못하도록 환류시키는 역할을 한다.

단원확인기출문제

★★★★★ 기사 95년 4회, 98년 6회, 01년 1회, 02년 3회, 14년 1회

01 다이오드를 사용한 정류회로에서 다이오드를 여러 개 직렬로 연결하여 사용할 경우 얻는 효과는?

① 다이오드를 과전류로부터 보호   ② 다이오드를 과전압으로부터 보호

③ 부하출력의 맥동률 감소   ④ 전력공급의 증대

해설 **다이오드 보호방식**
  ㉠ 과전류로부터 다이오드 보호 : 다이오드를 병렬로 추가접속
  ㉡ 과전압으로부터 다이오드 보호 : 다이오드를 직렬로 추가접속

답 ②

2 다이오드 정류회로

(1) 단상 반파정류회로

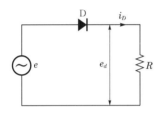
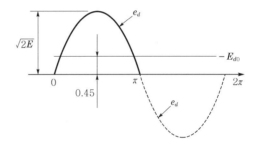

전원에 교류전압 $e = E_m \sin\omega t = \sqrt{2}\,E\sin\omega t$[V]를 인가하면 부하측에 다음과 같은 전압과 전류가 나타난다.

① **직류전압** $E_d = \dfrac{1}{2\pi}\displaystyle\int_0^\pi E_m \sin\omega t\, d\omega t = \dfrac{E_m}{\pi} = \dfrac{\sqrt{2}}{\pi}E = 0.45E$[V]

② 직류전압에서 전압강하 고려 시 $E_d = \dfrac{\sqrt{2}}{\pi}E - e \;\rightarrow\; E = \dfrac{\pi}{\sqrt{2}}(E_d + e)$[V]

③ 직류전류 $I_d = \dfrac{E_d}{R} = \dfrac{E_m}{\pi R} = \dfrac{I_m}{\pi} = \dfrac{\sqrt{2}}{\pi}I = 0.45\,I$[A]

④ **최대 역전압**(PIV : Peak Inverse Voltage) $PIV = E_m = \sqrt{2}\,E$[V]

⑤ **정류효율** $\eta = \dfrac{P_{DC}}{P_{AC}} \times 100 = \dfrac{I_d^{\,2}R}{I^2R} \times 100 = \dfrac{\left(\dfrac{I_m}{\pi}\right)^2 R}{\left(\dfrac{I_m}{2}\right)^2 R} \times 100 = 40.6\,[\%]$

⑥ **맥동률** $= \dfrac{\text{출력전압의 교류분}}{\text{출력전압의 직류분}} \times 100\,[\%]$

단원확인기출문제

★★★★★ 기사 95년 6회, 99년 7회, 16년 1회, 18년 2회 / 산업 95년 4회, 08년 1·3회

02 어떤 정류기의 부하전압이 2000[V]이고 맥동률이 3[%]이면 교류분은 몇 [V] 포함되어 있는가?

① 20

② 30

③ 60

④ 70

해설 맥동률 = $\dfrac{출력전압에 포함된 교류분}{출력전압의 직류분}$

교류분전압 V = 맥동률 × 출력전압의 직류분 = $0.03 \times 2000 = 60$[V]

답 ③

(2) 단상 전파정류회로

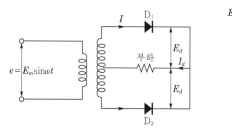
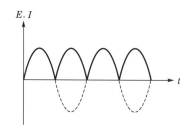

전원에 교류전압 $e = E_m \sin\omega t = \sqrt{2}\,E\sin\omega t$[V]를 인가하면 부하측에 다음과 같은 전압과 전류가 나타난다.

① **직류전압** $E_d = \dfrac{1}{\pi}\displaystyle\int_0^\pi E_m\sin\omega t\, d\omega t = \dfrac{E_m}{\pi} = \dfrac{2\sqrt{2}}{\pi}E = 0.9E$[V]

② 직류전압에서 전압강하 고려 시 $E_d = \dfrac{2\sqrt{2}}{\pi}E - e \;\rightarrow\; E = \dfrac{\pi}{2\sqrt{2}}(E_d + e)$[V]

③ 직류전류 $I_d = \dfrac{2\sqrt{2}}{\pi}I = 0.9I$[A]

④ **최대 역전압** $PIV = 2\sqrt{2}\,E$[V]

⑤ **정류효율** $\eta = \dfrac{P_{DC}}{P_{AC}} \times 100 = \dfrac{I_d{}^2 R}{I^2 R} \times 100 = \dfrac{\left(\dfrac{2}{\pi}I_m\right)^2 R}{\left(\dfrac{I_m}{\sqrt{2}}\right)^2 R} \times 100 = 81.2$[%]

⑥ **맥동률** = $\dfrac{출력전압의 \ 교류분}{출력전압의 \ 직류분} \times 100$[%]

(3) 단상 브리지 전파정류회로

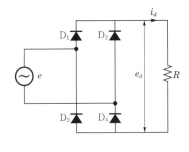 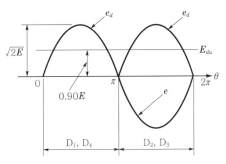

① 직류전압 $E_d = \dfrac{1}{\pi} \displaystyle\int_0^{\pi} E_m \sin\omega t d\omega t = \dfrac{E_m}{\pi} = \dfrac{2\sqrt{2}}{\pi}E = 0.9E[\text{V}]$

② 직류전압에서 전압강하 고려 시 $E_d = \dfrac{2\sqrt{2}}{\pi}E - e \rightarrow E = \dfrac{\pi}{2\sqrt{2}}(E_d + e)[\text{V}]$

③ 직류전류 $I_d = \dfrac{2\sqrt{2}}{\pi}I = 0.9 I[\text{A}]$

④ **최대 역전압** $PIV = E_m = \sqrt{2}\,E[\text{V}]$

단원확인기출문제

★★★ 산업 95년 5회

03 단상 정류로 직류전압 100[V]를 얻으려면 반파 및 전파정류인 경우 각각 권선 상전압 E_s는 약 얼마로 하여야 하는가?

① 222[V], 314[V]
② 314[V], 222[V]
③ 111[V], 222[V]
④ 222[V], 111[V]

해설 반파정류 $E_d = \dfrac{\sqrt{2}}{\pi}E = 0.45E[\text{V}]$, 전파정류 $E_d = \dfrac{2\sqrt{2}}{\pi}E = 0.9E[\text{V}]$

반파정류 시 권선 상전압 $E_s = \dfrac{1}{0.45}E_d = \dfrac{1}{0.45} \times 100 = 222.22 \fallingdotseq 222[\text{V}]$

전파정류 시 권선 상전압 $E_s = \dfrac{1}{0.9}E_d = \dfrac{1}{0.9} \times 100 = 111.11 \fallingdotseq 111[\text{V}]$

답 ④

(4) 3상 반파정류회로

3상 반파정류회로의 정류파형은 단상 전파파형보다 더 평활하다. 이것은 180[Hz]와 그 고조파의 교류전압성분을 포함하고 있으며 정류기의 맥동률은 18[%]이다.

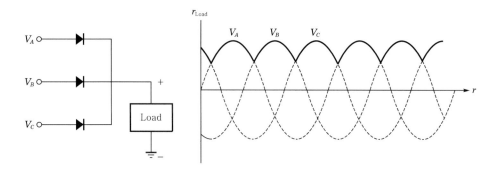

① **직류전압** $E_d = \dfrac{3}{2\pi}\displaystyle\int_{\frac{\pi}{6}}^{\frac{5}{6}\pi}\sqrt{2}\,E\sin\omega t\,d\omega t = \dfrac{3\sqrt{3}}{\sqrt{2}\,\pi}E = 1.17E[\mathrm{V}]$

② 직류전류 $I_d = \dfrac{E_d}{R} = \dfrac{3\sqrt{3}\,E}{\sqrt{2}\,\pi R} = 1.17\dfrac{E}{R} = 1.17I[\mathrm{A}]$

(5) 3상 전파정류회로

3상 전파정류회로의 정류파형은 3상 반파정류파형보다 더 평활하며, 가장 낮은 교류주파수 성분은 360[Hz]이고 맥동률은 4.2[%] 정도 나타난다.

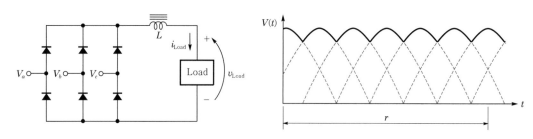

① 직류전압 $E_d = \dfrac{1}{\frac{\pi}{3}}\displaystyle\int_{\frac{\pi}{6}}^{\frac{\pi}{6}}\sqrt{2}\,E\sin\omega t\,d\omega t = \dfrac{3\sqrt{3}\,E_m}{\pi} = \dfrac{3\sqrt{3}\,\sqrt{2}}{\pi}E = 2.34E[\mathrm{V}]$

② 직류전류 $I_d = \dfrac{E_d}{R} = 2.34\dfrac{E}{R}[\mathrm{A}]$

③ 직류전력 $P_d = E_d I_d = 2.34^2\dfrac{E^2}{R}[\mathrm{W}]$

3 사이리스터

(1) 사이리스터의 동작특성

사이리스터는 애노드에 (+), 캐소드에 (−)의 전압을 인가해 주고 게이트에 펄스 전류를 충분히 흘려 주면 ON 상태로 된다. 이때, 사이리스터가 ON 상태가 되면 게이트 전류를 제거하여도

부하전류가 유지전류 이하로 감소하기 전까지는 ON 상태를 유지한다. 사이리스터를 OFF 상태로 하려면 부하전류를 0으로 하거나 역전압을 인가하면 된다.

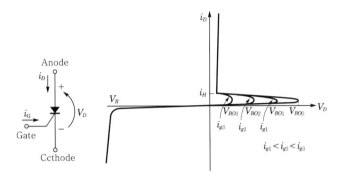

① 유지전류(holding current) : 사이리스터를 ON 상태로 유지에 필요한 최소한의 애노드-캐소드 간의 전류이다.

② 래칭 전류 : SCR을 Turn on시키기 위하여 흘러야 할 최소 전류이다.

(2) 사이리스터의 종류

① SCR(Silicon Controlled Rectifier) : 단방향 3단자 사이리스터로서, 게이트 단자를 통해 전류를 흘려 제어하는 소자이다.

② 트라이액(TRIAC : Triode AC)

    ㉠ 트라이액은 하나의 게이트에 2개의 사이리스터를 반대로 연결해 놓은 구조로, 교류전력제어에 주로 사용된다.

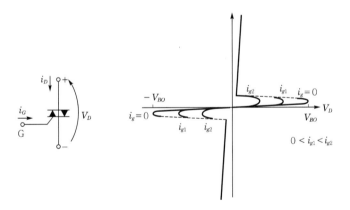

    ㉡ 트라이액은 양(+) 또는 음(−)의 전력 중 어떤 것이 들어와도 SCR과 같은 방식의 동작을 하는 것으로, 한번 도통이 되면 부하전류가 유지전류 이하로 감소하기 전까지는 ON 상태를 유지한다.

③ GTO(Gate Turn Off thyristor) : 게이트에 '+' 전류를 흘리면 ON 되고, '−' 전류를 흘리면 OFF되는 사이리스터이며 SCR 사이리스터와 달리 '−'의 게이트 전류 펄스에 의하여 턴 오프가 가능하다.

④ IGBT(Insulated Gate Bipolar Transistor) : 고속 스위칭, 전압구동특성과 바이폴러 트랜지스터의 낮은 ON 전압특성을 한 칩 내로 복합한 파워 소자이다. 스위칭 주파수가 높고 대전류, 고전압 사용에 적합하며, 인버터, AC 서보 드라이버나 무정전 전원장치(UPS), 스위칭 전원 등의 분야에 적용한다.

명칭		단자	기호	신호	응용 예
역저지 사이리스터	SCR	3단자		게이트 신호	정류기 인버터
	LASCR			빛 또는 게이트 신호	정지 스위치 및 빛
	GTO			게이트 신호 ON, OFF	초퍼 직류 스위치
	SCS	4단자		–	–
쌍방향 사이리스터	SSS	2단자		과전압 또는 전압 상승률	조광장치, 교류 스위치
	TRIAC	3단자		게이트 신호	조광장치, 교류 스위치
	역도통 사이리스터	2단자		게이트 신호	직류 초퍼

단원확인기출문제

★★★ 기사 90년 2회, 95년 7회, 98년 3회, 05년 1회, 16년 1회(유사)

04 SCR에 관한 설명이다. 적당하지 않은 것은?

① 3단자 소자이다.
② 적은 게이트 신호로 대전력을 제어한다.
③ 직류전압만을 제어한다.
④ 도통상태에서 전류가 유지전류 이하로 되면 비도통상태로 된다.

[해설] SCR 2개를 단상 역병렬로 접속하면 TRIAC과 같은 특성이므로 교류전압을 제어한다.

답 ③

4 SCR의 위상 제어 및 정류

다이오드 대신 SCR을 설치하여 SCR이 도통되는 순간을 임의로 결정할 수 있을 때 회로는 제어정류동작이 가능하다. 제어정류장치는 교류를 직류로 바꾸면서 동시에 직류의 크기를 조절할 수 있는 정류기이다. SCR을 도통시키는 위상을 α로 표현을 하며 이를 점호각이라고 한다.

(1) 단상 반파정류회로

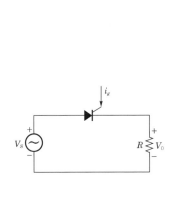
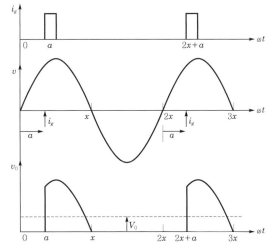

① 직류전압 $E_d = \dfrac{1}{2\pi}\displaystyle\int_{\alpha}^{\pi} E_m \sin\omega t \cdot d\omega t = \dfrac{E_m}{\pi} \cdot \dfrac{1+2\cos\alpha}{2} = 0.45E\left(\dfrac{1+\cos\alpha}{2}\right)[\mathrm{V}]$

② 직류전류 $I_d = \dfrac{E_d}{R} = \dfrac{E}{\sqrt{2}\,\pi R}(1+\cos\alpha) = 0.225 \cdot \dfrac{E}{R}(1+\cos\alpha)[\mathrm{A}]$

참고 부하가 인덕턴스를 포함한 경우

$L(\infty)$이 크면 클수록 완전한 직류가 된다.

(2) 단상 전파정류회로

① 저항만의 부하

$$E_d = \frac{1}{\pi}\int_{\alpha}^{\pi} \sqrt{2}\,E\sin\omega t d\omega t$$

$$= \frac{\sqrt{2}\,E}{\pi}(1+\cos\alpha) = 0.45E\,(1+\cos\alpha)$$

② 유도성 부하

$$E_d = \frac{1}{\pi}\int_{\alpha}^{\pi+\alpha} \sqrt{2}\,E\sin\omega t d\omega t$$

$$= \frac{2\sqrt{2}\,E}{\pi}\cos\alpha = 0.9\,E\cos\alpha$$

③ SCR은 항상 부하역률각보다 큰 범위에서만 제어가 가능하다(제어각 > 역률각).

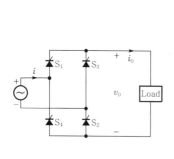
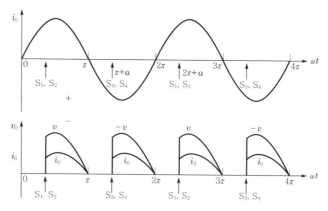

단원확인기출문제

★★★★★ 산업 93년 5회, 98년 7회, 00년 6회, 01년 1회, 04년 2회

05 사이리스터 2개를 사용한 단상 전파정류회로에서 직류전압 100[V]를 얻으려면 몇 [V]의 교류전압이 필요한가? (단, 정류기 내의 전압강하는 무시한다)

① 약 111　　　　　　　　　　　② 약 141

③ 약 152　　　　　　　　　　　④ 약 166

해설 단상 전파직류전압 $E_d = \dfrac{2\sqrt{2}}{\pi} E = 0.9E$[V]

교류전압 $E = \dfrac{\pi}{2\sqrt{2}} E_d = \dfrac{1}{0.9} \times 100 = 111$[V]

답 ①

기사 0.30% 출제 | 산업 0.41% 출제

출제 02 수은정류기 및 회전변류기

 **Comment**

최근에 거의 사용되지 않는 정류기로서, 출제비율도 낮다. 시간이 부족할 경우 과감하게 빼고 공부해도 된다.

1 수은정류기

(1) 수은정류기의 이상현상

① 역호

ㄱ 통전 중에 있는 양극에 역전류가 흘러 이상전압을 일으켜 변압기나 정류기를 손상시키는 경우가 있다. 이와 같이 정류기의 밸브 작용이 상실되는 현상이다.

ㄴ 역호의 발생원인

ⓐ 내부 잔존 가스 압력의 상승

ⓑ 화성 불충분

ⓒ 양극에 수은방울 부착

ⓓ 양극표면의 불순물 부착

ⓔ 양극재료의 불량

ⓕ 전압·전류의 과대

ⓖ 증기밀도의 과대

ⓒ 역호의 방지방법

　ⓐ **정류기를 과부하로 되지 않도록 한다.**

　ⓑ **냉각장치에 주의하여 과열·과냉각을 피한다.**

　ⓒ **진공도를 충분히 높게 유지시킨다.**

　ⓓ 양극재료의 선택에 주의한다.

　ⓔ 양극에 직접 수은증기가 접촉되지 않도록 양극부의 유리를 구부린다.

　ⓕ 철제 수은정류기에서는 그리드를 설치하고 이것을 부전위하여 역호를 저지시킨다.

② 통호 : 수은정류기는 양극전압보다 격자전압이 낮은 경우 아크를 정지시켜야 하는데 이 기능이 상실되어 아크가 방전되는 현상이다.

③ 실호 : 격자전압이 임계전압보다 정(正)의 값이 되어 아크를 점호하여야 할 때 양극의 점호가 실패하는 현상이다.

단원확인기출문제

★★★ 산업 97년 6회, 01년 1회

06 수은정류기의 역호의 발생원인이 아닌 것은?

① 양극의 수은 부착　　　　② 내부 잔존 가스 압력의 상승

③ 전압의 과대　　　　　　④ 주파수 상승

해설 역호의 발생원인
　㉠ 양극의 수은방울의 부착
　㉡ 내부 잔존 가스 압력의 상승
　㉢ 전류·전압의 과대
　이외에 화성 불충분, 양극표면의 불순물 부착, 양극재료의 불량 등이 있다.

답 ④

2 회전변류기

(1) 회전변류기의 원리

회전변류기란 일종의 정류기로서, 교류전력을 직류전력으로 변성하는 회전기계이다. 슬립링 사이에 공급한 교류전압의 실효값을 E라고 하면

$$\frac{E}{E_a} = \frac{1}{\sqrt{2}} \sin \frac{\pi}{m} [V]$$

① 3상일 경우 : $\dfrac{E}{E_d} = \dfrac{1}{\sqrt{2}} \sin \dfrac{\pi}{3} = 0.612$

② 6상일 경우 : $\dfrac{E}{E_d} = \dfrac{1}{\sqrt{2}} \sin \dfrac{\pi}{6} = 0.3535$

여기서, E : 교류전압의 실효값, E_d : 직류측 전압

③ 전기자권선의 전류를 I'라 하면 $\dfrac{I'}{I_d} = \dfrac{E_d}{mE} = \dfrac{\sqrt{2}}{m \sin \dfrac{\pi}{m}}$ [A]

(2) 전기자반작용

회전변류기의 전기자반작용은 동기전동기와 마찬가지로 늦은 전류에서는 증자작용이, 앞선 전류에는 감자작용이 일어난다.

(3) 난조

회전변류기가 운전 중 갑자기 직류측에서 단락현상이 생기게 되면 매우 큰 전류가 전기자에 흐르는 동시에 난조현상이 생기게 된다. 그 이유는 직류측에 전기자권선에 왜형파가 발생하여 정류자 편간전압이 대단히 높아져서 정류자편 사이에 불꽃이 생기며 심한 경우에는 섬락이 생기게 된다.

(4) 회전변류기의 운전

① 기동

  ㉠ 직류측 기동에 의한 방법 : 동기전동기의 교류전원의 개폐기를 열고 직류출력의 양단에 직류전원을 공급시켜 직류전동기로 기동하는 방법이다.

  ㉡ 교류측 기동에 의한 방법 : 동기전동기를 기동할 때와 같이 기동권선(제동권선)을 이용하여 기동시키는 방법이다.

  ㉢ 기동용 전동기에 의한 방법 : 기동용 전동기로 직류전동기를 같은 축에 접속시켜 기동시킨 다음 동기상태가 되면 회전변류기를 교류전원을 접속시킨 다음 기동용 전동기를 떼어 내어 운전한다.

② **직류전압제어** : 회전변류기에서 직류전압을 제어하려면 다른 외부장치를 사용해야 한다. 그래서 교류전압을 조절하여 얻는데 다음과 같은 방법들이 있다.

  ㉠ 동기승압기에 의한 방법

  ㉡ 유도전압조정기에 의한 방법

  ㉢ 전력공급변압기의 단자변화

  ㉣ 직렬 리액터에 의한 방법

  ㉤ 파형의 변화에 의한 방법

단원 자주 출제되는 기출문제

★★★ 산업 95년 2회, 98년 6회, 00년 4회

01 실리콘 다이오드의 특성으로 잘못된 것은?

① 전압강하가 크다. ② 정류비가 크다.

③ 허용온도가 높다. ④ 역내 전압이 크다.

🔎 **해설** 실리콘 다이오드

㉠ 허용온도(150[℃])가 높고 전류밀도가 크다.

㉡ 소자가 견딜 수 있는 역방향 전압(역내 전압)이 높다.

㉢ 효율이 높고 전압강하가 작다.

집중공략

★★★★ 기사 03년 4회, 06년 1회, 16년 1회 / 산업 97년 7회, 99년 6회, 18년 1회(유사)

02 다이오드를 사용한 정류회로에서 과대한 부하전류에 의해 다이오드를 파손할 우려가 있을 때 보호방식으로 적당한 조치는?

① 다이오드를 병렬로 추가한다.

② 다이오드를 직렬로 추가한다.

③ 다이오드 양단에 적당한 값의 저항을 추가한다.

④ 다이오드 양단에 적당한 값의 콘덴서를 추가한다.

🔎 **해설** 다이오드 보호방식

㉠ 과전류로부터 다이오드 보호 : 다이오드를 병렬로 추가접속한다.

㉡ 과전압으로부터 다이오드 보호 : 다이오드를 직렬로 추가접속한다.

★★★★ 기사 98년 4회

03 그림의 단상 반파정류회로에서 $v = \sqrt{2} V\sin\theta$ 라 할 때 직류전압 e_d의 평균값은?

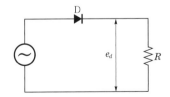

① $\sqrt{2} V$

② V

③ $\dfrac{2\sqrt{2}}{\pi} V$

④ $\dfrac{\sqrt{2}}{\pi} V$

🔎 **해설**

단상 반파직류전압 $E_d = \dfrac{1}{2\pi} \displaystyle\int_0^\pi \sqrt{2} V\sin\theta d\theta$

$$= \dfrac{\sqrt{2}}{\pi} V[\mathrm{V}]$$

집중공략

★★★★★ 기사 96년 2회, 98년 5회, 00년 4회, 13년 2회 / 산업 17년 1회

04 위상제어를 하지 않은 단상 반파정류회로에서 소자의 전압강하를 무시할 때 직류평균값 E_d 는? (단, E : 직류권선의 상전압(실효값))

① $E_d = 1.46E$

② $E_d = 1.17E$

③ $E_d = 0.90E$

④ $E_d = 0.45E$

🔎 **해설** 단상 반파직류평균전압

$$E_d = \dfrac{1}{2\pi} \displaystyle\int_o^\pi \sqrt{2} E\sin\theta d\theta$$

$$= \dfrac{\sqrt{2}}{\pi} E = 0.45E[\mathrm{V}]$$

㉠ 1상 반파 $E_d = 0.45E[\mathrm{V}]$

㉡ 1상 전파 $E_d = 0.9E[\mathrm{V}]$

㉢ 3상 반파 $E_d = 1.17E[\mathrm{V}]$

㉣ 3상 전파 $E_d = 1.35E[\mathrm{V}]$

★★★ 산업 90년 2회, 94년 7회, 99년 7회, 07년 3회

05 단상 반파정류로 직류전압 150[V]를 얻으려면 변압기 2차 권선의 상전압 V_s를 얼마로 결정하면 되는가? (단, 정류회로 및 변압기 내의 전압강하는 무시한다)

① 약 150[V]

② 약 200[V]

③ 약 333[V]

④ 약 472[V]

해설

단상 반파직류전압

$$E_d = \frac{1}{2\pi}\int_o^\pi \sqrt{2}\,E\sin\omega t\,d\omega t = \frac{\sqrt{2}}{\pi}E \text{에서}$$

변압기 2차 상전압

$$E = \frac{\pi}{\sqrt{2}}\times E_d = \frac{\pi}{\sqrt{2}}\times 150 = 333[\text{V}]$$

★★★★ 산업 95년 2·6회, 96년 5회, 97년 5회, 99년 7회, 11년 2회, 18년 2회

06 반파정류회로에서 직류전압 200[V]을 얻는 데 필요한 변압기 2차 상전압은 얼마인가? (단, 부하는 순저항, 변압기 내 전압강하를 무시하면 정류기 내의 전압강하는 50[V]로 한다)

① 68[V] ② 113[V]
③ 333[V] ④ 555[V]

해설

반파정류회로에서 전압강하 e를 고려하여

변압기 2차 상전압 $E = \dfrac{\pi}{\sqrt{2}}(E_d + e)$

$$= \frac{\pi}{\sqrt{2}}(200 + 50) = 555.16[\text{V}]$$

집중공략

★★★★★ 기사 13년 3회(유사) / 산업 97년 4회, 01년 3회, 03년 3회, 13년 3회(유사), 16년 1회

07 단상 반파정류 직류전압 150[V]를 얻으려고 한다. 최대 역전압(Peak Inverse Voltage ; PIV) 몇 볼트 이상의 다이오드를 사용하여야 하는가? (단, 정류회로 및 변압기의 전압강하는 무시한다)

① 약 150[V] ② 약 166[V]
③ 약 333[V] ④ 약 470[V]

해설

단상 반파정류 $E_d = \dfrac{\sqrt{2}}{\pi}E_a = 0.45E_a$

최대 역전압 $PIV = \sqrt{2}\,E_a$

여기서, E_a : 교류전압 실효값

$\qquad\quad\ E_d$: 직류전압

교류전압 실효값 $E_a = \dfrac{E_d}{0.45} = \dfrac{150}{0.45} = 333.33[\text{V}]$

최대 역전압 $PIV = \sqrt{2}\,E_a = \sqrt{2}\times 333.33$
$\qquad\qquad\qquad\qquad = 471.39[\text{V}]$

★★★★ 기사 94년 4·6회 / 산업 91년 7회, 96년 4회, 99년 5회

08 반파정류회로에서 직류전압 100[V]를 얻는 데 필요한 변압기의 역전압 첨두값은 얼마인가? (단, 부하는 순저항으로 하고 변압기 내의 전압강하는 무시하며, 정류기 내의 전압강하를 15[V]로 한다)

① 약 181[V] ② 약 361[V]
③ 약 512[V] ④ 약 722[V]

해설

변압기 2차 상전압 $E = \dfrac{\pi}{\sqrt{2}}(E_d + e)$

$$= \frac{\pi}{\sqrt{2}}(100 + 15)$$
$$= 255.37[\text{V}]$$

역전압 첨두값 $PIV = \sqrt{2}\,E$
$$= \sqrt{2}\times 255.37 = 361[\text{V}]$$

★★ 기사 93년 5회

09 그림은 일반적인 반파정류회로이다. 변압기 2차 전압의 실효값을 E[V]라 할 때 직류전류의 평균값은? (단, 정류기의 전압강하는 무시한다)

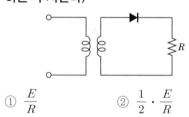

① $\dfrac{E}{R}$ ② $\dfrac{1}{2}\cdot\dfrac{E}{R}$

③ $\dfrac{2\sqrt{2}}{\pi}\cdot\dfrac{E}{R}$ ④ $\dfrac{\sqrt{2}}{\pi}\cdot\dfrac{E}{R}$

해설

단상 반파 $E_d = \dfrac{\sqrt{2}}{\pi}E = 0.45E[\text{V}]$

직류전류의 평균값 $I_d = \dfrac{E_d}{R}[\text{A}]$

부하 R에 흐르는 직류전류 $I_d = \dfrac{E_d}{R} = \dfrac{\sqrt{2}\,E}{\pi R}[\text{A}]$

10 그림의 단상 반파정류회로에서 R에 흐르는 직류전류[A]는? (단, $V = 100[\text{V}]$, $R = 10\sqrt{2}\,[\Omega]$)

★★★ 산업 93년 5회, 06년 1회

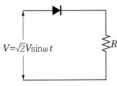

$$V = \sqrt{2}\,V\sin\omega t$$

① 약 7.07
② 약 6.4
③ 약 4.5
④ 약 3.2

해설

저항 R 양단에 걸리는 직류전압

$$E_d = \frac{\sqrt{2}}{\pi} V = 0.45\,V[\text{V}]$$

직류전류 $I_d = \dfrac{E_d}{R}$

$$= \frac{0.45 \times 100}{10\sqrt{2}} \fallingdotseq 3.2[\text{A}]$$

★★★★ 산업 90년 6회, 95년 6회, 00년 2회, 02년 2회, 14년 1회

11 단상 반파정류회로에서 변압기 2차 전압의 실효값을 $E[\text{V}]$라 할 때 직류전류 평균값[A]은 얼마인가? (단, 정류기의 전압강하는 $e[\text{V}]$이다)

① $\dfrac{\dfrac{\sqrt{2}}{\pi}E - e}{R}$
② $\dfrac{1}{2} \cdot \dfrac{E - e}{R}$

③ $\dfrac{2\sqrt{2}}{\pi} \cdot \dfrac{E}{R}$
④ $\dfrac{\sqrt{2}}{\pi} \cdot \dfrac{E - e}{R}$

해설

정류기의 전압강하 e를 고려한 직류전압

$$E_d = \frac{\sqrt{2}}{\pi}E - e[\text{V}]$$

직류전류 평균값 $I_d = \dfrac{E_d}{R} = \dfrac{\dfrac{\sqrt{2}}{\pi}E - e}{R}[\text{A}]$

★★ 산업 98년 5회, 01년 1회

12 권수비가 1 : 2인 변압기(이상변압기로 한다)를 사용하여 교류 100[V]의 입력을 가했을 때 전파정류하면 출력전압의 평균값[V]은?

① $\dfrac{400\sqrt{2}}{\pi}$
② $\dfrac{300\sqrt{2}}{\pi}$

③ $\dfrac{600\sqrt{2}}{\pi}$
④ $\dfrac{200\sqrt{2}}{\pi}$

해설

변압기의 권수비가 1 : 2이면 변압기의 2차 전압이 1차 전압의 2배이다.

단상 전파정류 $E_d = \dfrac{2\sqrt{2}}{\pi}E = \dfrac{2\sqrt{2}}{\pi} \times 100 \times 2$

$$= \frac{400\sqrt{2}}{\pi}[\text{V}]$$

★★★ 기사 93년 6회, 17년 3회

13 다이오드 2개를 이용하여 전파정류를 하고, 순저항부하에 전력을 공급하는 회로가 있다. 저항에 걸리는 직류분전압이 90[V]라면 다이오드에 걸리는 최대 역전압[V]의 크기는?

① 90
② 242.8
③ 254.5
④ 282.8

해설

전파정류 $E_d = \dfrac{2\sqrt{2}}{\pi}E = 0.9E[\text{V}]$이므로

교류전압 $E = \dfrac{1}{0.9}E_d = \dfrac{1}{0.9} \times 90 = 100[\text{V}]$

최대 역전압 $PIV = 2\sqrt{2}\,E = 2\sqrt{2} \times 100 = 282.8[\text{V}]$

여기서, 정류소자 2개 → $PIV = 2\sqrt{2}\,E[\text{V}]$

정류소자 1·4개 → $PIV = \sqrt{2}\,E[\text{V}]$

★★★★ 기사 92년 5회, 94년 3회, 97년 2·5회, 98년 6회, 02년 1·3회 / 산업 12년 2회

14 단상 브리지 전파정류회로의 저항부하의 전압이 100[V]이면 전원전압[V]은?

① 111
② 141
③ 100
④ 90

해설

단상 전파직류전압 $E_d = \dfrac{2\sqrt{2}}{\pi}E = 0.9E[\text{V}]$이므로

교류전원전압 $E = \dfrac{1}{0.9}E_d = \dfrac{1}{0.9} \times 100 = 111[\text{V}]$

★★★★ 기사 94년 2회, 96년 6회, 99년 6회, 02년 2·4회, 16년 2회(유사)

15 단상 전파정류회로에서 교류전압 $v = \sqrt{2}$ $V\sin\theta$[V]인 정현파전압에 대하여 직류전압 E_d의 평균값 E_{do}는 몇 [V]인가?

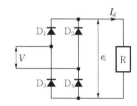

① $E_{do} = 0.45\,V$
② $E_{do} = 0.90\,V$
③ $E_{do} = 1.17\,V$
④ $E_{do} = 1.35\,V$

☑ 해설

단상 전파의 직류전압 $E_d = \dfrac{2\sqrt{2}}{\pi}\,V = 0.9\,V$[V]

★★★ 기사 90년 2회, 96년 4회 / 산업 94년 5회, 98년 6회, 00년 5회, 01년 2회

16 정류기의 단상 전파정류에 있어서 직류전압 100[V]를 얻는 데 필요한 2차 상전압을 얼마인가? (단, 부하는 순저항으로 하고 변압기 내의 전압강하는 무시하며 리액턴스 전압강하를 15[V]로 한다)

① 약 94.4[V]
② 약 128[V]
③ 약 181[V]
④ 약 225[V]

☑ 해설

단상 전파직류전압 $E_d = \dfrac{2\sqrt{2}}{\pi}E - e = 0.9E - e$[V]

직류전압 100[V]를 얻는 데 필요한 2차 상전압은

$E = \dfrac{\pi}{2\sqrt{2}}(E_d + e) = \dfrac{\pi}{2\sqrt{2}}(100 + 15)$
$= 127.68 \fallingdotseq 128$[V]

★★★★ 기사 93년 4회, 95년 6회, 96년 4회, 99년 5회, 04년 4회 / 산업 11년 2회

17 그림과 같은 정류회로에서 전류계의 지시 값은 얼마인가? (단, 전류계는 가동 코일형이고 정류기의 저항은 무시한다)

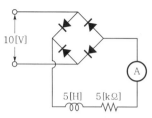

① 1.8[mA] ② 4.5[mA]
③ 6.4[mA] ④ 9.0[mA]

☑ 해설

단상 브리지 전파정류회로 $E_d = 0.9E$
$= 0.9 \times 10 = 9$[V]

브리지 회로 2차측에는 직류전류가 흐르므로 인덕턴스 5[H]는 무시한다.

전류계의 지시값 $I_d = \dfrac{E_d}{R} = \dfrac{9}{5 \times 10^3} = 1.8 \times 10^{-3}$[A]

★★★ 기사 96년 2회, 97년 4회, 99년 5회

18 그림과 같은 정류회로에 정현파 교류전원을 가할 때 가동 코일형 전류계의 지시(평균값)는? (단, 전원전류의 최대값은 I_m 이다)

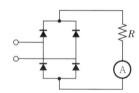

① $\dfrac{I_m}{\sqrt{2}}$ ② $\dfrac{2}{\pi}I_m$
③ $\dfrac{I_m}{\pi}$ ④ $\dfrac{I_m}{2\sqrt{2}}$

☑ 해설

전파정류의 직류전류
$I_d = \dfrac{1}{\pi}\int_0^\pi I_m\sin\omega t\,d\omega t$
$= \dfrac{2}{\pi}I_m = \dfrac{2\sqrt{2}}{\pi}I = 0.9I$[A]

★★★★ 산업 93년 2회, 97년 5회, 99년 5회, 02년 1·4회, 07년 2회

19 1000[V]의 단상 교류를 전파정류하여 150[A]의 직류를 얻는 정류기의 교류측 전류는 몇 [A]인가?

① 125 ② 116
③ 166 ④ 106

정답 15. ② 16. ② 17. ① 18. ② 19. ③

☑ 해설

단상 전파직류전류 $I_d = \dfrac{2\sqrt{2}}{\pi} I = 0.9I$[A]

정류기 교류측 전류 $I = \dfrac{1}{0.9} I_d$

$$= \dfrac{1}{0.9} \times 150$$

$$= 166.54 \fallingdotseq 166[\text{A}]$$

★★★ 산업 91년 5회, 95년 7회, 98년 3회, 08년 1회, 11년 1회

20 그림의 단상 전파정류회로에서 교류측 공급전압 $628\sin 314t$[V], 직류측 부하저항 $20[\Omega]$일 때의 직류측 부하전류의 평균값 I_d [A] 및 직류측 부하전압의 평균값 E_d[V]는?

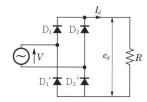

① $I_d = 20$[A], $E_d = 400$[V]

② $I_d = 10$[A], $E_d = 200$[V]

③ $I_d = 14.1$[A], $E_d = 282$[V]

④ $I_d = 28.2$[A], $E_d = 565$[V]

☑ 해설

단상 전파직류전압 $E_d = \dfrac{2\sqrt{2}}{\pi} E = 0.9E$[V]

교류전압 $628\sin 314t$ [V]에서

실효값 전압 $E = \dfrac{E_m}{\sqrt{2}} = \dfrac{628}{\sqrt{2}}$ 이므로

직류부하전압 $E_d = 0.9E = 0.9 \times \dfrac{628}{\sqrt{2}} = 400$[V]

직류부하전류 $I_d = \dfrac{E_d}{R} = \dfrac{400}{20} = 20$[A]

★★ 산업 94년 7회

21 단상 반파정류회로인 경우 정류효율은 몇 [%]인가?

① 12.6 ② 40.6

③ 60.6 ④ 81.2

☑ 해설

단상 반파정류의 정류효율 $= \dfrac{4}{\pi^2} \times 100 = 40.6$[%]

★★ 기사 05년 4회

22 단상 반파의 정류효율은?

① $\dfrac{4}{\pi^2} \times 100$ ② $\dfrac{\pi^2}{4} \times 100$

③ $\dfrac{8}{\pi^2} \times 100$ ④ $\dfrac{\pi^2}{8} \times 100$

☑ 해설 정류효율

㉠ 단상 반파정류 $= \dfrac{4}{\pi^2} \times 100 = 40.6$[%]

㉡ 단상 전파정류 $= \dfrac{8}{\pi^2} \times 100 = 81.2$[%]

★★★ 산업 06년 2회

23 다음의 정류회로 중 가장 큰 출력값을 갖는 회로는?

① 단상 반파정류회로

② 3상 반파정류회로

③ 단상 전파정류회로

④ 3상 전파정류회로

☑ 해설

3상 전파정류회로의 경우 입력값의 1.35배에 해당하는 출력이 나타나므로 단상 반파(0.45배), 3상 반파(1.17배), 단상 전파(0.9배)에 비해 가장 큰 출력값이 나타난다.

★★★★★ 기사 11년 1회 / 산업 98년 4회, 08년 1회, 19년 2회

24 다음 정류방식 중에서 맥동률이 가장 작은 회로는?

① 단상 반파정류회로

② 단상 전파정류회로

③ 3상 반파정류회로

④ 3상 전파정류회로

☑ 해설

각 정류방식에 따른 맥동률을 구하면 다음과 같다.

㉠ 단상 반파정류 : 1.21

㉡ 단상 전파정류 : 0.48

㉢ 3상 반파정류 : 0.19

㉣ 3상 전파정류 : 0.042

👎정답 20. ① 21. ② 22. ① 23. ④ 24. ④

★★★★ 기사 91년 5회 / 산업 95년 4회, 98년 4회, 12년 1회, 15년 3회

25 사이리스터(thyristor) 단상 전파정류파형에서 저항부하 시 맥동률은 몇 [%]인가?

① 83　　　　　　② 52
③ 48　　　　　　④ 17

해설

$$맥동률 = \frac{출력전압에\ 포함된\ 교류분}{출력전압의\ 직류분}$$

$$= \sqrt{\left(\frac{I}{I_d}\right)^2 - 1} = \sqrt{\left(\frac{\frac{I_m}{\sqrt{2}}}{\frac{2I_m}{\pi}}\right)^2 - 1}$$

$$= \sqrt{\frac{\pi}{(2\sqrt{2})^2} - 1} = 0.482 = 48.2[\%]$$

★★★ 기사 13년 1회 / 산업 94년 2회

26 정류회로의 상수를 크게 했을 경우 옳은 것은?

① 맥동주파수와 맥동률이 증가한다.
② 맥동률과 맥동주파수가 감소한다.
③ 맥동주파수는 증가하고 맥동률은 감소한다.
④ 맥동률과 주파수는 감소하나 출력이 증가한다.

해설

1상에서 3상 또는 6상 등으로 상수를 크게 하면 양질의 직류전력이 발생하여 맥동주파수는 증가하고 교류분이 감소하여 맥동률은 감소한다.

★★★ 산업 18년 3회

27 3상 반파정류회로에서 직류전압의 파형은 전원전압 주파수의 몇 배의 교류분을 포함하는가?

① 1　　　　　　② 2
③ 3　　　　　　④ 6

해설

정류회로에서 직류분전력에 포함된 교류분주파수를 맥동주파수라 한다.
맥동주파수＝전원전압 주파수×상수×K
여기서, K : 반파정류＝1, 전파정류＝2
따라서, 3상 반파정류회로에서 맥동주파수는 전원전압 주파수에 3배의 교류분을 포함한다.

★★ 기사 14년 1회

28 다음 중 정류회로에서 평활회로를 사용하는 이유는?

① 출력전압의 맥류분을 감소시키기 위해
② 출력전압의 크기를 증가시키기 위해
③ 정류전압의 직류분을 감소시키기 위해
④ 정류전압을 2배로 하기 위해

해설

교류에서 직류로 정류할 때 맥류(리플)가 발생하는데 평활회로를 사용하면 맥류(리플)가 감소되어 균일한 직류전압을 얻을 수 있다.

★★ 기사 11년 1회

29 정류기에 있어서 출력측 전압의 리플(맥동)을 줄이기 위한 방법은?

① 적당한 저항을 직렬로 접속한다.
② 적당한 리액터를 직렬로 접속한다.
③ 커패시터를 직렬로 접속한다.
④ 커패시터를 병렬로 접속한다.

해설

정류된 파형은 맥동이 있어 양질의 직류전력이 되지 않아서 병렬로 커패시터를 접속하여 맥동분이 증가할 때는 커패시터에 충전하고 맥동이 감소하는 부분에서는 방전하여 양질의 직류전력을 만든다.

★★★ 기사 91년 6회, 97년 5회

30 사이리스터가 기계적인 스위치보다 특성이 될 수 없는 것은?

① 내충격성
② 소형 경량
③ 무소음
④ 고온에 강하다.

해설 사이리스터의 특성

㉠ 고전압, 대전류 제어가 가능하고 신뢰성이 높다.
㉡ 소형 경량이고 설치가 용이하며 서지전압 및 전류에 강하다.
㉢ 온도 및 습도에 큰 영향을 받는다.
㉣ 무접점이므로 투입, 차단 시 섬락 및 소음이 없다.

★★★★ 기사 90년 2회, 94년 6회, 05년 4회

31 SCR의 기호가 맞는 것은? (단, A는 anode의 약자, K는 cathode의 약자이며 G는 gate의 약자이다)

①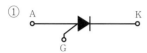

②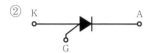

③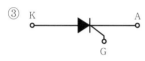

④

📏 **해설**

SCR은 게이트(G)에 일정한 신호를 인가하면 애노드(A)에서 캐소드(K)로 전류가 흐르게 되고, 동작을 정지시키기 위해서는 유지전류 이하로 감소시키면 된다.

★★★★ 기사 90년 2회, 94년 6회, 98년 4회, 12년 2회, 17년 3회

32 다음 (　) 안에 알맞는 말의 순서는?

> 사이리스터(thyristor)에서는 게이트 전류가 흐르면 순방향의 저지상태에서 (　) 상태로 된다. 게이트 전류를 가하여 도통 완료까지의 시간을 (　)시간이라고 하나 이 시간이 길면 (　)시의 (　)이 많고 다이리스트 소자가 파괴되는 수가 있다.

① 온(on), 턴온(turn on), 스위칭, 전력손실
② 온(on), 턴온(turn on), 전력손실, 스위칭
③ 스위칭, 온(on), 턴온(turn on), 전력손실
④ 턴온(turn on), 스위칭, 온(on), 전력손실

📏 **해설**

SCR(사이리스터)을 동작시킬 경우에 애노드에 (+), 캐소드에 (−)의 전압을 인가하고(순방향) 게이트 전류를 흘려주면 OFF 상태에서 ON 상태로 되는데 이 시간을

턴온(turn on) 시간이라 한다. 이때, 게이트 전류를 제거하여도 ON 상태는 그대로 유지된다. 그리고 턴온(turn on) 시간이 길어지면 스위칭 시 전력손실(열)이 커져 소자가 파괴될 수도 있다.

★★★ 기사 17년 1회

33 사이리스터에서 게이트 전류가 증가하면?

① 순방향 저지전압이 증가한다.
② 순방향 저지전압이 감소한다.
③ 역방향 저지전압이 증가한다.
④ 역방향 저지전압이 감소한다.

📏 **해설**

사이리스터가 순방향 저지상태(off 상태)에서 게이트에 전류를 인가하면 순방향의 저지전압이 감소하여 애노드에서 캐소드 방향으로 전류가 흐르게 된다.

★★★★ 산업 93년 3회, 01년 1회, 05년 3회, 15년 2회

34 SCR의 특징이 아닌 것은?

① 아크가 생기지 않으므로 열의 발생이 적다.
② 과전압에 약하다.
③ 게이트에 신호를 인가할 때부터 도통할 때까지의 시간이 짧다.
④ 전류가 흐르고 있을 때의 양극 전압강하가 크다.

📏 **해설** SCR의 특징

㉠ 과전압에 약하다.
㉡ 아크가 생기지 않으므로 열의 발생이 적다.
㉢ 게이트에 신호를 인가할 때부터 도통할 때까지의 시간이 짧다.
㉣ 전류가 흐르고 있을 때의 양극 전압강하가 작다.

★★★★ 기사 18년 1회

35 실리콘 제어정류기(SCR)의 설명 중 틀린 것은?

① P−N−P−N 구조로 되어 있다.
② 인버터 회로에 이용될 수 있다.
③ 고속도의 스위치 작용을 할 수 있다.
④ 게이트에 (+)와 (−)의 특성을 갖는 펄스를 인가하여 제어한다.

해설 실리콘 제어정류기의 특성

㉠ P형 반도체와 N형 반도체를 PNPN 4중 구조로 한다.
㉡ 단방향성 3단자 소자이다.
㉢ 게이트 신호인가 시 도통완료까지 시간이 짧아 인버터회로에 적용한다.
㉣ 열발생이 적고 과전압에 약하다.

★★★★★ 기사 99년 3회, 01년 2회, 14년 3회 / 산업 91년 2회, 95년 6회

36 다음 중 SCR의 설명으로 적당하지 않은 것은?

① 게이트 전류로 통전전압을 가변시킨다.
② 주전류를 차단하려면 게이트 전압을 (0) 또는 (−)로 해야 한다.
③ 게이트 전류의 위상각으로 통전전류의 평균값을 제어시킬 수 있다.
④ 대전류 제어정류용으로 이용된다.

해설

SCR의 경우 부하전류가 흐르고 있을 경우 게이트 전압으로 차단을 할 수 없고 애노드 전류가 0이 되어야 차단된다. GTO(Gate Turn off Thyristor)는 주전류를 차단할 수 있는 소자로, 게이트를 이용하여 소자를 턴-오프시킬 수 있다.

★★★★ 기사 92년 5회, 97년 5회 / 산업 03년 4회, 12년 1회

37 SCR을 이용한 인버터 회로에서 SCR이 도통상태에 있을 때 부하전류가 20[A] 흘렀다. 게이트 동작범위 내에서 전류를 $\frac{1}{2}$로 감소시키면 부하전류는 몇 [A]가 흐르는가?

① 0
② 10
③ 20
④ 40

해설

게이트 전류가 흘러 SCR이 ON 상태가 되면 애노드 전류가 유지전류 이상으로 유지되고 있을 경우 게이트 전류의 크기에 관계없이 항상 일정하게 흐른다.

★★★ 기사 12년 2회 / 산업 05년 3회, 11년 2회

38 사이리스터에서의 래칭(latching) 전류에 관한 설명으로 옳은 것은?

① 게이트를 개방한 상태에서 사이리스터 도통상태를 유지하기 위한 최소의 순전류
② 게이트 전압을 인가한 후에 급히 제거한 상태에서 도통상태가 유지되는 최소의 순전류
③ 사이리스터의 게이트를 개방한 상태에서 전압을 상승하면 급히 증가하게 되는 순전류
④ 사이리스터가 턴온하기 시작하는 순전류

해설 사이리스터 전류의 정의

㉠ 래칭 전류 : 사이리스터의 Turn on 하는 데 필요한 최소의 Anode 전류
㉡ 유지전류 : 게이트를 개방한 상태에서도 사이리스터가 ON 상태를 유지하는 데 필요한 최소의 Anode 전류

★★★★★ 기사 93년 2회, 96년 2회, 98년 5회, 00년 5회, 05년 3회, 18년 1회

39 사이리스터 2개를 사용한 단상 전파정류회로에서 직류전압 100[V]를 얻으려면 1차에 몇 [V]의 교류전압이 필요하며, PIV가 몇 [V]인 다이오드를 사용하면 되는가?

① 111[V], $PIV=222$[V]
② 111[V], $PIV=314$[V]
③ 166[V], $PIV=222$[V]
④ 166[V], $PIV=314$[V]

해설

단상 전파직류전압 $E_d = \frac{2\sqrt{2}}{\pi}E = 0.9E$[V]

1차측 교류전압 $E = \frac{1}{0.9}E_d$

$= \frac{1}{0.9} \times 100 = 111$[V]

최대 역전압 $PIV = 2\sqrt{2}\,E$

$= 2\sqrt{2} \times 111 = 314$[V]

여기서, 정류소자 2개 → $PIV = 2\sqrt{2}\,E$[V]
정류소자 1 · 4개 → $PIV = \sqrt{2}\,E$[V]

★★ 산업 93년 5회, 99년 3회

40 6상 반파정류회로에서 450[V]의 직류전압을 얻는 데 필요한 변압기의 직류권선전압은 몇 [V]인가?

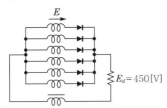

$E_d = 450[V]$

① 333
② 348
③ 356
④ 375

해설

6상 반파직류전압 $E_d = \dfrac{\sqrt{2}\,E\sin\dfrac{\pi}{m}}{\dfrac{\pi}{m}}$

$= \dfrac{\sqrt{2}\,\sin 30°}{\dfrac{\pi}{6}}E = 1.35E$

변압기 직류권선전압 $E = \dfrac{E_d}{1.35}$

$= \dfrac{450}{1.35} = 333[V]$

★★ 기사 93년 6회, 97년 6회, 99년 7회

41 그림과 같이 6상 반파정류회로에서 750[V]의 직류전압을 얻는 데 필요한 변압기 직류권선의 전압은?

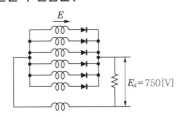

$E_d = 750[V]$

① 약 525
② 약 543
③ 약 556
④ 약 567

해설

변압기 직류권선전압 $E_a = \dfrac{\dfrac{\pi}{m}}{\sqrt{2}\times\sin\dfrac{\pi}{m}}E_d$

$= \dfrac{\dfrac{\pi}{6}}{\sqrt{2}\,\sin\dfrac{\pi}{6}}\times 750$

$= 556[V]$

★★★ 기사 91년 6회, 99년 3회, 02년 2·4회

42 단상 200[V]의 교류전압을 점호각 60°로 반파정류하여 저항부하에 공급할 때 직류전압[V]은?

① 97.5
② 86.4
③ 75.5
④ 67.5

해설

$E_d = 0.45E\left(\dfrac{1+\cos a}{2}\right)$

$= 0.45\times 200\left(\dfrac{1+\cos 60°}{2}\right)$

$= 67.5[V]$

★★ 기사 15년 1회

43 저항부하인 사이리스터 단상 반파정류기로 위상제어할 경우 점호각을 0°에서 60°로 하면 다른 조건이 동일한 경우 출력 평균전압은 몇 배가 되는가?

① $\dfrac{3}{4}$
② $\dfrac{4}{3}$
③ $\dfrac{3}{2}$
④ $\dfrac{2}{3}$

해설

점호각 0°에서

평균전압 $E_d = 0.45E\left(\dfrac{1+\cos\alpha}{2}\right)$

$= 0.45E\left(\dfrac{1+\cos 0°}{2}\right)$

$= 0.45E\left(\dfrac{1+1}{2}\right)[V]$

점호각 60°에서

평균전압 $E_d = 0.45E\left(\dfrac{1+\cos\alpha}{2}\right)$

$= 0.45E\left(\dfrac{1+\cos 60°}{2}\right)$

$= 0.45E\left(\dfrac{1+\dfrac{1}{2}}{2}\right)[V]$

정답 40. ① 41. ③ 42. ④ 43. ①

★★ 산업 12년 1회, 14년 2회, 16년 3회

44 저항부하를 갖는 단상 전파제어정류기의 평균출력전압은? (단, α는 사이리스터의 점호각, V_m은 교류입력 전압의 최대값이다)

① $V_{dc} = \dfrac{V_m}{2\pi}(1+\cos\alpha)$

② $V_{dc} = \dfrac{V_m}{\pi}(1+\cos\alpha)$

③ $V_{dc} = \dfrac{V_m}{2\pi}(1-\cos\alpha)$

④ $V_{dc} = \dfrac{V_m}{\pi}(1-\cos\alpha)$

해설 단상 전파제어 시 출력전압

㉠ 단상 전파 $V_{dc} = \dfrac{V_m}{\pi}(1+\cos\alpha)[\text{V}]$

㉡ 단상 반파 $V_{dc} = \dfrac{V_m}{2\pi}(1+\cos\alpha)[\text{V}]$

★★★ 기사 17년 1회 / 산업 00년 7회, 03년 1회, 12년 3회(유사), 17년 3회(유사)

45 전원전압 100[V]인 단상 전파제어정류에서 점호각이 30°일 때 직류평균전압[V]은?

① 84 ② 87

③ 92 ④ 98

해설
단상 전파제어 시 출력전압

$E_d = \dfrac{\sqrt{2}}{\pi} E \times (1+\cos\alpha)[\text{V}]$

$= \dfrac{\sqrt{2}}{\pi} \times 100 \times (1+\cos 30°) = 83.97[\text{V}]$

★★★ 기사 93년 1회, 94년 2회, 99년 3회, 19년 2회

46 상전압 200[V]의 3상 반파정류회로의 각 상에 사이리스터를 사용하여 제어정류할 때 위상각을 $\dfrac{\pi}{6}$로 하면 순저항부하에서 얻을 수 있는 직류전압의 크기[V]는?

① 90 ② 180

③ 203 ④ 234

해설
직류전압 $E_d = E_d \cos\alpha = 1.17E \times \cos\alpha$

$= 1.17 \times 200 \times \cos\dfrac{\pi}{6} = 203[\text{V}]$

★★ 산업 15년 2회

47 입력전압이 220[V]일 때 3상 전파제어 정류회로에서 얻을 수 있는 직류전압은 몇 [V]인가? (단, 최대 전압은 점호각 $\alpha = 0$일 때이고, 3상에서 선간전압으로 본다)

① 152 ② 198

③ 297 ④ 317

해설

3상 전파 $E_d = \dfrac{3\sqrt{6}}{\pi} \times V_l \times \dfrac{1}{\sqrt{3}} \times \cos\alpha[\text{V}]$

직류전압 $E_d = \dfrac{3\sqrt{6}}{\pi} \times 220 \times \dfrac{1}{\sqrt{3}} \times \cos 0°$

$= 297.1[\text{V}]$

★★★ 기사 97년 6회, 03년 1회

48 피크 역전압 5000[V]에 견딜 수 있는 정류회로소자를 이용하여 얻어지는 무부하 직류전압(평균값)은 3상 브리지 정류인 때 약 몇 [V]인가?

① 2388 ② 3183

③ 4775 ④ 1591

해설
최대 역전압 $PIV = \sqrt{2}\,V$

$= 5000[\text{V}]$

3상 브리지 직류전압
$E_d = 1.35\,V$

$= 1.35 \times \dfrac{5000}{\sqrt{2}} = 4773.69[\text{V}]$

★★★★ 기사 94년 4회, 98년 7회, 12년 1회

49 반도체 사이리스터로 속도제어를 할 수 없는 제어는?

① 정지형 레오나드 제어

② 일그너 제어

③ 초퍼 제어

④ 인버터 제어

해설
일그너 제어는 플라이휠을 이용하는 방법으로, 전동기 운전 중에 부하변동이 심할 때 안정된 운전을 위해 사용한다.

★★ 기사 04년 1회

50 다음은 IGBT에 관한 설명이다. 잘못된 것은?

① Insulate Gate Bipolar Thyistor의 약자이다.

② 트랜지스터와 MOSFET를 조합한 것이다.

③ 고속 스위칭이 가능하다.

④ 전력용 반도체소자이다.

🔑 해설 IGBT(Insulated Gate Bipolar Transistor)

㉠ 게이트에 인가되는 전압에 의해 제어된다.

㉡ MOSFET과 전력용 트랜지스터의 조합이다.

㉢ 전력용 트랜지스터의 경우보다 훨씬 빠른 스위칭이 가능하다.

㉣ 대전력, 고주파수 응용장치에 활용한다.

★★★ 산업 92년 5회, 03년 3회

51 반도체 사이리스터(thyristor)를 사용하여 전압위상제어도 그 평균값을 제어하는 속도제어용으로 간단하여 널리 사용되는 것은?

① 전압제어   ② 2차 저항법

③ 역상제동   ④ 1차 저항법

🔑 해설

농형 유도전동기의 속도제어방법 중 1차 전압제어방식에서 사이리스터를 이용하여 위상각조정을 통해 속도조정을 할 수 있다.

★★ 기사 04년 2회, 15년 3회

52 사이리스터를 이용한 교류전압제어방식은?

① 위상제어방식

② 레오나드 방식

③ 초퍼 방식

④ TRC(Time Ratio Control) 방식

🔑 해설

전동기의 속도제어 시에 사이리스터의 게이트 회로를 OFF 상태에서 ON 상태로 스위칭하여 위상제어를 할 수 있다.

★★★★ 산업 00년 1회, 05년 1회, 12년 2회, 18년 1회

53 전압이나 전류의 제어가 불가능한 소자는?

① IGBT   ② SCR

③ GTO   ④ Diode

🔑 해설

다이오드(diode)는 일정전압 이상을 가하면 전류가 흐르는 소자로, ON-OFF만 가능한 스위칭 소자이다.

★★★★★ 기사 05년 2회, 12년 2회, 18년 3회 / 산업 06년 1회, 07년 4회, 17년 2회

54 다음 중 2방향성 3단자 사이리스터는 어느 것인가?

① SCR   ② SSS

③ SCS   ④ TRIAC

🔑 해설 트라이액(TRIAC)

교류회로의 위상제어에 사용할 수 있는 2방향성 3단자 사이리스터이다.

각종 반도체소자의 비교

구분	역저지 사이리스터				쌍방향 사이리스터		
명칭	SCR	LASCR	GTO	SCS	SSS	TRIAC	역도통 사이리스터
단자	3단자			4단자	2단자	3단자	2단자
기호	▶ǁ	▶ǁ	▶ǁ	▶ǁ	▷◁	▷◁	▶ǁ

★★★★ 기사 01년 1회, 05년 1회, 15년 2회, 16년 3회 / 산업 15년 2·3회(유사), 16년 1회

55 반도체소자 중 3단자 사이리스터가 아닌 것은?

① SCR   ② GTO

③ TRIAC   ④ SCS

🔑 해설

㉠ SCS(Silicon Controlled Switch) : Gate가 2개인 4단자 1방향성 사이리스터

㉡ SCR(사이리스터) : 단방향 3단자

㉢ GTO(Gate Turn Off 사이리스터) : 단방향 3단자

㉣ SCS : 단방향 4단자

㉤ TRIAC(트라이액) : 양방향 3단자

★★★ 기사 93년 2회, 00년 3회

56 사이리스터 명칭에 관한 설명 중 틀린 것은?

① SCR은 역저지 3극 사이리스터이다.

② SSS은 2극 쌍방향 사이리스터이다.

③ TRIAC은 2극 쌍방향 사이리스터이다.

④ SCS는 역저지 4극 사이리스터이다.

🔍 정답   50. ①   51. ①   52. ①   53. ④   54. ④   55. ④   56. ③

해설 트라이액(TRIAC)

교류회로의 위상제어에 사용할 수 있는 2방향성 3단자 사이리스터이다.

★★ 산업 17년 3회

57 트라이액(TRIAC)에 대한 설명으로 틀린 것은?

① 쌍방향성 3단자 사이리스터이다.

② 턴오프 시간이 SCR보다 짧으며 급격한 전압변동에 강하다.

③ SCR 2개를 서로 반대방향으로 병렬연결하여 양방향 전류제어가 가능하다.

④ 게이트에 전류를 흘리면 어느 방향이든 전압이 높은 쪽에서 낮은 쪽으로 도통한다.

해설 트라이액의 특성

㉠ 2방향성 3단자 사이리스터로, 2방향의 전류제어가 가능하다.

㉡ 사이리스터를 2개 역병렬로 접속한 것과 같은 작용을 한다.

㉢ 게이트 단자를 통해 ON을 할 수 있고 OFF는 불가능하다.

★★★★ 기사 93년 6회, 15년 1회

58 게이트 조작에 의해 부하전류 이상으로 유지전류를 높일 수 있어 게이트의 턴온, 턴오프가 가능한 사이리스터는?

① SCR   ② GTO

③ LASCR   ④ TRIAC

해설 사이리스터의 특성

㉠ SCR : 다이오드에 래치 기능이 있는 스위치(게이트)를 내장한 3단자 단일 방향성소자

㉡ GTO : 게이트 신호로 턴온, 턴오프할 수 있는 3단자 단일 방향성 사이리스터

㉢ LASCR : 광신호를 이용하여 트리거시킬 수 있는 사이리스터

㉣ TRIAC : 교류에서도 사용할 수 있는 사이리스터로, 3단자 쌍방향성 사이리스터

★★ 기사 11년 2회

59 다음 전력용 반도체 중 가장 높은 전압용으로 개발되어 사용되고 있는 반도체소자는?

① LASCR   ② IGBT

③ GTO   ④ BJT

해설 GTO(Gate Turn-Off thyristor)

㉠ SCR의 일종으로서, 게이트에 역방향의 전류를 흐르게 하는 것으로 턴-오프할 수 있다.

㉡ 자기소호능력을 갖는 고내압용 소자로서, 초기에 2.5[kV], 최근 6[kV] 등 고전압에 사용되고 있다.

★★★ 기사 03년 2회

60 전압을 일정하게 유지하기 위해서 이용되는 다이오드는?

① 정류용 다이오드

② 버랙터 다이오드

③ 배리스터 다이오드

④ 제너 다이오드

해설

제너 다이오드는 정전압 다이오드라고도 하는데 넓은 전류범위에서 안정된 전압특성을 나타내므로 정전압을 만들거나 과전압으로부터 소자를 보호하는 용도로 사용된다.

★★★ 기사 95년 5회, 98년 7회, 17년 2회

61 단상 반파정류회로에 환류 다이오드를 사용할 경우에 대한 설명 중 해당되지 않는 것은?

① 유도성 부하에 잘 이용된다.

② 부하전류의 평활화를 꾀할 수 있다.

③ PN 다이오드의 역바이어스 전압이 부하에 따라 변한다.

④ 저항 R에 소비되는 전력이 약간 증가한다.

해설 환류 다이오드

환류 다이오드는 유도성 부하와 병렬로 접속된 다이오드로 인덕터의 충전전류로 인한 기기의 손상 및 스파크나 노이즈의 발생을 방지할 수 있다.

㉠ 기기의 손상을 방지하기 위해 부하와 병렬로 연결된 다이오드이다.

㉡ 연속된 온-오프 동작에 따라 부하에 일시적으로 저장된 에너지로부터 전원쪽으로 방전전류가 역류하지 못하도록 환류시키는 역할이다.

㉢ PN 다이오드의 역바이어스 전압이 부하에 관계없이 일정하고, R 중의 소비전력은 역률개선으로 약간 증가한다.

정답 57. ②   58. ②   59. ③   60. ④   61. ③

★★ 산업 94년 3회, 98년 7회, 01년 1회

62 반도체 정류기에서 필요하지 않은 것은?

① 정류용 변압기
② 냉각장치
③ 전압조정요소
④ 여호전원

★★★★ 기사 11년 3회 / 산업 02년 2회, 05년 3회, 06년 2회, 11년 3회, 15년 1회

63 반도체 사이리스터에 의한 제어는 어느 것을 변화시키는가?

① 주파수
② 위상각
③ 최대값
④ 토크

해설

사이리스터의 게이트 회로를 이용하여 위상각을 변화시켜 속도제어가 가능하다.

★★★★★ 산업 00년 2회, 01년 1회, 02년 4회, 07년 3회, 08년 3회, 13년 2회

64 인버터(inverter)의 전력변환은?

① 교류–직류로 변환
② 직류–직류로 변환
③ 교류–교류로 변환
④ 직류–교류로 변환

해설 정류기에 따른 전력변환

㉠ 인버터 : 직류 – 교류로 변환
㉡ 컨버터 : 교류 – 직류로 변환
㉢ 초퍼 : 직류 – 직류로 변환
㉣ 사이클로컨버터 : 교류 – 교류로 변환

★★ 기사 01년 2회

65 교류전력을 교류로 변환하는 것은?

① 정류기
② 초퍼
③ 인버터
④ 사이클로컨버터

해설

교류를 교류로 변환시키는 것은 사이클로컨버터이다.

★★★★ 기사 17년 2회 / 산업 94년 5회, 99년 7회, 03년 4회

66 직류전압을 직접 제어하는 것은?

① 단상 인버터
② 브리지형 인버터
③ 초퍼형 인버터
④ 3상 인버터

해설

직류를 직류로 변환시키는 것은 초퍼형 인버터이다.

★★★★ 기사 94년 4회, 98년 4회, 13년 2회

67 사이클로컨버터(cyclocomverter)란?

① 실리콘 양방향성 소자이다.
② 제어정류기를 사용한 주파수변환기이다.
③ 직류제어소자이다.
④ 전류제어장치이다.

해설

어떠한 주파수의 교류를 다른 주파수의 교류로 변환시키는 것을 주파수변환기라 하는데, 이 변환방법에는 직접식과 간접식이 있다. 간접식은 그림과 같이 순변환(converter)과 역변환(inverter)으로 구성되어 있으나, 직접식은 직류회로를 개재함이 없이 다른 주파수의 교류로 변환시키는 방법이다. 이와 같이 직접변환방식을 사이클로컨버터라 한다.

★★★ 기사 91년 2회, 92년 6회, 97년 5회, 00년 2회

68 반도체 사이리스터에 의한 속도제어에서 제어되지 않는 것은?

① 토크
② 주파수
③ 위상
④ 전압

해설

사이리스터를 이용하여 주파수, 위상, 전압을 변화시켜 속도제어를 할 수 있다.

★★★★ 기사 94년 7회, 95년 6회

69 반도체 사이리스터에 의한 속도제어 중 주파수제어는?

① 초퍼
② 계자제어
③ 인버터 이용
④ 컨버터 이용

정답 62. ④ 63. ② 64. ④ 65. ④ 66. ③ 67. ② 68. ① 69. ③

📝 해설

인버터를 이용하여 주파수를 변화시켜 교류전동기의 속도제어 및 토크 제어를 할 수 있다.

★★★★ 기사 92년 7회, 97년 4회, 03년 4회, 11년 3회, 12년 1회, 18년 1회

70 반도체정류기에 적용된 소자 중 첨두역방향 내전압이 가장 큰 것은?

① 셀렌 정류기
② 게르마늄 정류기
③ 실리콘 정류기
④ 아산화동 정류기

📝 해설 실리콘 다이오드

㉠ 허용온도(150[℃])가 높고 전류밀도가 크다.
㉡ 소자가 견딜 수 있는 역방향전압(역내 전압 – 500 ~ 1000[V])이 높다.
㉢ 효율이 높고 전압강하가 작다.

★★ 기사 01년 3회

71 자여식 인버터의 출력전압의 제어법에 주로 사용되는 방식은?

① 펄스폭 방식
② 펄스 주파수 변조방식
③ 펄스폭 변조방식
④ 혼합변조방식

★★ 산업 96년 7회

72 인버터 주파수가 10000[Hz]가 되려면 온·오프 주기는 몇 [ms]인가?

① 0.5
② 0.1
③ 5
④ 1

📝 해설

온·오프 주기 $T = \dfrac{1}{f}$

$= \dfrac{1}{10000} = 10^{-4}[s] = 0.1[ms]$

★★ 기사 03년 2회, 06년 1회

73 그림과 같은 단상 전파제어회로의 전원전압의 최대값이 2300[V]이다. 저항 2.3[Ω], 유도 리액턴스가 2.3[Ω]인 부하에 전력을 공급하고자 한다. 제어범위는?

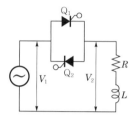

① $0 \leq \alpha \leq \dfrac{\pi}{2}$

② $\dfrac{\pi}{2} \leq \alpha \leq \pi$

③ $0 \leq \alpha \leq \pi$

④ $\dfrac{\pi}{4} \leq \alpha \leq \pi$

📝 해설

$\alpha = \pi$에서 출력 $P = 0$이고

$\alpha = \phi = \tan^{-1}\dfrac{X}{R} = \tan^{-1}\dfrac{2.3}{2.3} = \dfrac{\pi}{4}$에서

출력 $P = P_m$이므로 제어범위는 $\dfrac{\pi}{4} \leq \alpha \leq \pi$이다.

★★★ 기사 93년 3회, 94년 7회, 98년 6회, 99년 4회, 00년 5·6회

74 그림과 같은 단상 전파제어회로에서 부하의 역률각 ϕ가 60°의 유도부하일 때 제어각 α를 0°에서 180°까지 제어하는 경우에 전압제어가 불가능한 범위는?

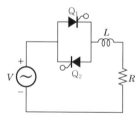

① $\alpha \leq 30°$ ② $\alpha \leq 60°$

③ $\alpha \leq 90°$ ④ $\alpha \leq 120°$

📝 해설

제어가능범위는 부하역률각 60°보다 큰 범위이다.

75 그림과 같은 단상 전파제어회로에서 전원 전압의 최대값이 2300[V]이다. 저항 2.3[Ω], 리액턴스 2.3[Ω]인 부하에 전력을 공급하고자 한다. 최대 전력[kW]은?

★ 기사 05년 3회

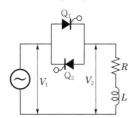

① 약 1.15 ② 약 1.62
③ 약 1150 ④ 약 1626

해설

정류기 2차 전압 $V_1 = V_2 = 2300[V]$
임피던스 $Z = \sqrt{R^2 + X^2}$
$= \sqrt{2.3^2 + 2.3^2}$
$= 3.2522[\Omega]$
최대 전류 $I_m = \dfrac{2300}{3.2522} = 707.2[A]$
∴ 최대 출력 $P_{\max} = I_m^2 R$
$= 707.2^2 \times 2.3$
$= 1150347 ≒ 1150[kW]$

★★★ 기사 98년 6회, 02년 3회, 05년 1회

76 그림과 같은 2상 반파정류회로에서 전류 I_s(실효값)의 값은?

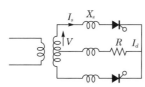

① $1.11 I_d$ ② $0.707 I_d$
③ I_d ④ $0.577 I_d$

해설

중간 탭 정류회로이므로 단상 반파정류평균값의 2배가 된다.
$I_d = 2 \times \dfrac{E_d}{R} = 2 \times \dfrac{2\sqrt{2}\,V}{\pi R} = \dfrac{2\sqrt{2}}{\pi} I_s[V]$
$I_s = \dfrac{\pi}{2\sqrt{2}} I_d = 1.11 I_d[A]$

★ 기사 04년 1회

77 제어정류기의 역률제어방법 중 대칭각 제어기법의 내용이 아닌 것은?

① 출력측이나 입력측에 고조파성분이 작다.
② 스위치에 대한 제어신호는 삼각파와 기준전압을 비교한다.
③ 삼각파의 위상은 입력전압의 위상과 동일하도록 제어한다.
④ 입력전압과 입력전류는 동일위상이 되어 역률이 높다.

★ 기사 95년 4회, 98년 3회

78 6상 수은정류기의 점호극의 수는?

① 1 ② 3
③ 6 ④ 12

★★★ 산업 96년 5회

79 유리제 수은정류기의 장점이 아닌 것은?

① 효율이 높다.
② 용기를 대지와 절연할 필요가 없다.
③ 진공장치가 필요없다.
④ 기계적·열적으로 강하다.

해설

수은정류기는 유리구 안에서 수은 가스를 이용하여 정류하는 것이므로 기계적·열적으로 약하게 된다.

★★★★★ 산업 91년 6회, 00년 2회, 02년 2회

80 수은정류기에 있어서 정류기의 밸브 작용이 상실되는 현상을 무엇이라고 하는가?

① 통호 ② 실호
③ 역호 ④ 점호

해설

수은정류기에 나타나는 이상현상은 다음과 같다.
㉠ 통호 : 수은정류기는 양극전압보다 격자전압이 낮은 경우 아크를 정지시켜야 하는데 이 기능이 상실되어 아크가 방전되는 현상이다.
㉡ 실호 : 격자전압이 임계전압보다 정(正)의 값이 되어 아크를 점호하여야 할 때 양극의 점호가 실패하는 현상이다.

© 역호 : 통전 중에 있는 양극에 역전류가 흘러 이상전
압을 일으켜 변압기나 정류기를 손상시키는 경우가
있다. 이와 같이 정류기의 밸브 작용이 상실되는 현
상이다.

★★★★★ 기사 96년 7회, 98년 5회, 00년 5회, 05년 1회 / 산업 94년 7회, 98년 4회

81 수은정류기 이상현상 또는 전기적 고장이 아닌 것은?

① 역호　　　　② 이상전압
③ 점호　　　　④ 통호

해설

수은정류기에 나타나는 이상현상은 다음과 같다.
역호, 통호, 실호, 이상전압

★★ 산업 93년 6회, 00년 3회

82 수은정류기의 역호를 방지하기 위해 운전상 주의할 사항으로 맞지 않는 것은?

① 과도한 부하전류를 피한다.
② 진공도를 항상 양호하게 유지한다.
③ 철제 수은정류기는 양극 바로 앞에 그리드를 설치한다.
④ 냉각장치에 유의하고 과열되면 급히 냉각시킨다.

해설　역호의 방지방법

㉠ 과도한 전압 및 전류를 피한다.
㉡ 진공도를 충분히 높게 유지시킨다.
㉢ 철제 수은정류기 양극 바로 앞에 그리드를 설치한다.
㉣ 냉각장치에 주의하여 과열·과냉각을 피한다.

★★ 산업 91년 3회, 96년 2·4회, 07년 4회

83 수은정류기의 전압과 효율과의 관계는?

① 전압과 효율은 전혀 관계없다.
② 전압이 높아짐에 따라 효율이 감소한다.
③ 전압이 높아짐에 따라 효율이 좋아진다.
④ 어느 전압 이하에서는 전압에 관계없이 일정하다.

★ 산업 99년 4회, 02년 3회

84 단상 50[Hz], 전파정류회로에서 변압기의 2차 상전압 100[V], 수은정류기의 전압강하 15[V]에서 회로 중의 인덕턴스를 무시한다. 외부부하로서 기전력 60[V], 내부저항 0.2[Ω]의 축전지를 연결할 때 평균출력[W]은 얼마인가?

① 5625　　　　② 7425
③ 8485　　　　④ 9205

해설

직류평균전압 $E_d = 0.9E - e$
$$= 0.9 \times 100 - 15 = 75[V]$$

평균부하전류 $I_d = \dfrac{E}{R}$
$$= \frac{75 - 60}{0.2} = 75[A]$$

$P = E_d I_d = 75 \times 75 = 5625[W]$

★ 산업 94년 6회, 98년 5회, 99년 5회

85 회전변류기의 교류측 전압조정방법에 속하지 않는 것은?

① 변압기의 탭 변환법
② 유도전압조정기의 사용
③ 저항조정
④ 부하 시 전압조정변압기 사용

★ 기사 90년 7회, 91년 5회, 97년 6회, 01년 2회, 03년 1회

86 회전변류기의 직류측 전압을 조정하려는 방법이 아닌 것은?

① 동기승압기에 의한 방법
② 유도전압조정 변압기를 사용하는 방법
③ 직렬 리액턴스에 의한 방법
④ 여자전류를 조정하는 방법

★ 기사 94년 6회, 97년 2회, 99년 3회

87 회전변류기의 난조의 원인이 아닌 것은?

① 직류측 부하의 급격한 변화
② 브러시 위치가 전기적 중성축보다 앞설 때
③ 역률이 매우 나쁠 때
④ 교류측 전원의 주파수의 주기적 변화

정답　81. ③　82. ④　83. ③　84. ①　85. ③　86. ④　87. ②

산업 93년 3회, 02년 4회

88 회전변류기의 교류측 선전류를 I_s, 직류측 선전류를 I_d라 하면 $\dfrac{I_s}{I_d}$의 전류비는? (단, 손실은 없고, 역률은 1이며, m은 상수이다)

① $\dfrac{2\sqrt{2}}{m}$ ② $2\sqrt{2}$

③ $\dfrac{2\sqrt{2}}{3m}$ ④ $\dfrac{m}{2\sqrt{2}}$

해설

m상의 직류전압 E_d와 교류전압 E_a의 비는

$\dfrac{E_a}{E_d} = \dfrac{1}{\sqrt{2}} \sin\dfrac{\pi}{m}$ 이고

$\dfrac{I_p}{I_d} = \dfrac{E_d}{mE_a} = \dfrac{\sqrt{2}}{m\sin\dfrac{\pi}{m}}$ 이므로

전기자권선의 전류 $I_p = \dfrac{\sqrt{2}}{m\sin\dfrac{\pi}{m}} I_d [\mathrm{A}]$

교류측 선전류 $I = 2I_p \sin\dfrac{\pi}{m}$

$= 2 \times \dfrac{\sqrt{2}}{m\sin\dfrac{\pi}{m}} I_d \times \sin\dfrac{\pi}{m}$

$= \dfrac{2\sqrt{2}}{m} I_d [\mathrm{A}]$

특수기기

기사 6.50% 출제
산업 6.80% 출제

이렇게 공부하세요!!

 출제경향분석

6.50   6.80

제6장
특수기기

 출제포인트

☑ 리니어 모터 및 스테핑 모터의 특성 및 적용방법에 대한 문제가 출제된다.

☑ 단상 및 3상 직권, 3상 분권 정류자전동기에 대한 문제가 출제된다.

☑ 단상 반발전동기 및 정류자형 주파수변환기에 대한 문제가 출제된다.

쌤 Comment

특수기기는 20문제 중에 1문제 정도 출제되고 있다. 그러므로 이론을 공부하여 풀기에는 시간이 너무 많이 소요되므로 학습에 있어 선택과 집중이 필요한 부분이다.

1 리니어모터 특성

보통의 전동기와 비교하면 리니어 모터의 장단점은 아래와 같다.

(1) 장점

① 구조가 간단하여 신뢰성이 높고 보수가 용이하다.

② **기어, 벨트 등 동력변환기구가 필요없고 직접 직선운동이 얻어진다.**

③ 마찰을 거치지 않고 추진력이 얻어진다.

④ 원심력에 의한 가속제한이 없고 고속을 쉽게 얻을 수 있다.

⑤ 같은 1차측을 여러 가지의 2차측과 조합할 수 있다.

(2) 단점

① 리니어 유도전동기의 경우 회전형에 비해 **역률 · 효율이 낮다.**

② 저속도를 얻기 어렵다.

③ 1 · 2차의 틈새, 갭을 일정하게 유지하는 기술이 필요하며 구조적으로 비교적 까다롭다.

④ 부하관성의 영향이 크다.

⑤ 1차측이 고정되어 있고 긴 경우에는 코일 이용률이 나쁘다.

(3) 용도

① **수송밀도가 높은 콘베이어, 화차와 같은 하역설비, 큰 공장의 공작기계, 밸브 장치 등에 사용된다.**

② 감속기계나 연결기구를 사용하지 않고 직접 동력을 전달하는 턴테이블, 릴 등에 사용된다.

③ 반송하고자 하는 물체 자체를 2차 도체로 하여 그것을 이동시키는 것으로서, 1차 철심을 도중에 배치한 롤러 컨베이어에 의한 강판이나 강관의 이동에 쓰인다.

2 스테핑모터의 특성

① 총회전각도는 입력 펄스 신호의 수에 비례하고 회전속도는 펄스 주파수에 비례한다.

② 모터의 제어가 간단하고 디지털 제어회로와 조합이 용이하다.

③ **기동 · 정지, 정회전 · 역회전이 용이하고 신호에 대한 응답성이 좋다.**

④ 브러시 등의 접촉부분이 없어 수명이 길고 신뢰성이 높다.

⑤ 제어가 간단하고 정밀한 동기운전이 가능하며, 고속 시에 발생하기 쉬운 미스스텝도 누적되지는 않는다.

⑥ 브러시 등의 특별한 유지·보수를 필요로 하지 않는다.

단원확인기출문제

★★★ 산업 13년 2회

01 스테핑모터의 특징을 설명한 것으로 옳지 않은 것은?

① 위치제어를 할 때 각도오차가 작고 누적되지 않는다.

② 속도제어범위가 좁으며 초저속에서 토크가 크다.

③ 정지하고 있을 때 그 위치를 유지해주는 토크가 크다.

④ 가·감속이 용이하며 정·역전 및 변속이 쉽다.

해설 스테핑모터의 특징

㉠ 기동·정지, 정회전·역회전이 용이하고 신호에 대한 응답성이 좋다.

㉡ 제어가 간단하고 정밀한 동기운전이 가능하며, 오차도 누적되지는 않는다.

㉢ 피드백루프가 필요없어 오픈루프로 손쉽게 속도 및 위치제어가 가능하다.

㉣ 가·감속 운전과 정·역전 및 변속이 용이하다.

㉤ 모터의 제어가 간단하고 디지털 제어회로와 조합이 용이하다.

㉥ 브러시 등의 접촉부분이 없어 수명이 길고 신뢰성이 높다.

답 ②

3 단상 직권 정류자전동기

직류전동기와 같은 특성을 갖고, 구조는 직류전동기 회전자와 유도전동기 고정자를 합한 것과 같으며 교류로 운전하는 전동기를 교류 정류자전동기라 한다.

(1) 원리 및 구조

직류 직권전동기와 같이 계자권선과 전기자권선이 직렬로 접속되어 있고 두 단자에 단상 교류전압을 가하면 전기자전류와 계자전류의 방향은 교류이므로 순시에 바뀌지만 토크와 회전방향은 동일한 방향으로 토크가 생겨서 운전을 계속할 수 있기 때문에 전동기로 사용할 수 있다.

(2) 종류

단상 직권전동기에는 **직권형, 보상직권형, 유도보상직권형** 3가지가 있다. 이 전동기는 **리액턴스 전압을 중화시키고 정류에 도움을 주기 위하여 전기자에 직렬로 연결한 보상권선이 설치**되어 있다.

(3) 특성과 용도

교류·직류 양용으로 사용되므로 교직양용 전동기(universal motor)라고도 한다. **믹서기, 재봉틀, 진공소제기, 휴대용 드릴, 영사기 등에 사용**된다.

(4) 속도제어

회전속도는 전압을 변화하는 방법, 가버너에 의한 정속도운전, 계자권선의 탭 절환법이 있다.

단원확인기출문제

★★★★★ 기사 12년 1회 / 산업 14년 2회(유사)

02 75[W] 정도 이하의 소출력 단상 직권 정류자전동기의 용도로 적합하지 않은 것은?

① 소형 공구   ② 치과의료용

③ 믹서   ④ 공작기계

해설 단상 직권 정류자전동기의 특성

㉠ 소형 공구 및 가전제품에 일반적으로 널리 이용되는 전동기이다.
㉡ 교류·직류 양용으로 사용되어 교직양용 전동기(universal motor)이다.
㉢ 믹서기, 재봉틀, 진공소제기, 휴대용 드릴, 영사기 등에 사용된다.

답 ④

---

4 3상 직권 정류자전동기

(1) 원리와 구조

3상 직권 정류자전동기 고정자는 3상 유도전동기의 고정자와 같고, 회전자는 직류기의 전기자와 같으나, 1극에 대하여 3개의 브러시가 $\dfrac{2\pi}{3}$씩 떨어져 있고, 이동할 수 있도록 되어 있다.

고정자와 회전자의 양권선은 직렬로 연결되므로 두 권선의 기자력은 같은 위상에 있어 합성기 $\omega = 2\pi f$[rad]의 각속도로 회전한다.

이 전동기는 중간변압기를 고정자권선과 회전자권선이 직렬로 접속되어 있다. 중간변압기를 사용하는 주된 이유는 다음과 같다.

① 전원전압의 크기에 관계없이 회전자전압을 정류작용에 맞는 값으로 선정할 수가 있다.
② **중간변압기의 권수비를 바꾸어서 전동기의 특성을 조정할 수 있다.**
③ 경부하에서는 속도가 현저하게 상승하나 중간변압기를 사용하여 철심을 포화시켜 두면 속도상승을 억제할 수 있다.

(2) 특성 및 용도

① 최대 기동 토크는 전부하 토크의 250 ~ 300[%], 기동전류는 350 ~ 400[%] 정도이다.
② 구조는 방적보호형이 보통이다.
③ 출력특성은 정토크 특성이며 효율은 60 ~ 80[%]이다.
④ 정류가 나쁘기 때문에 불꽃으로 인한 잡음이 나므로 대책이 필요하다.

⑤ 3상 직권 정류자전동기는 송풍기, 펌프, 공작기계 등 기동 토크가 크고 속도제어범위가 크게 요구되는 곳에 사용된다.

⑥ 용량은 보통 5 ~ 10[kW] 정도이지만 300[kW] 정도의 것도 있다.

단원확인기출문제

★★★★★ 산업 14년 1회, 17년 2회

03 3상 직권 정류자전동기의 중간변압기의 사용목적은?

① 역회전의 방지

② 역회전을 위하여

③ 전동기의 특성을 조정

④ 직권특성을 얻기 위하여

해설 중간변압기의 사용이유

㉠ 전원전압의 크기에 관계없이 회전자전압을 정류작용에 맞는 값으로 선정한다.

㉡ 중간변압기의 권수비를 바꾸어서 전동기 특성의 조정이 가능하다.

㉢ 경부하에서는 속도가 현저하게 상승하나 중간변압기를 사용하여 철심을 포화시켜 속도상승을 억제한다.

답 ③

5 3상 분권 정류자전동기

3상 분권 정류자전동기는 여러 가지 종류가 있으나, 그 중에서 가장 많이 사용되고 특성이 좋은 것은 슈라게 전동기(schrage motor)이다.

(1) 구조

이 전동기는 1차 권선은 3상 분포권으로 된 회전자권선, 2차 권선은 고정자권선, 그리고 1차 권선과 같은 홈의 윗부분에 조정권선이 있다. 1차 권선은 슬립링을 통하여 3상 전원에 접속되어 있고 조정권선은 정류자와 브러시를 거쳐 2차 권선에 접속되어 있다.

또한, 브러시는 정류자상에 서로 전기각 $\frac{2\pi}{3}$ 의 위치에 3조의 브러시가 설치되어 있다.

(2) 특성 및 용도

① 분권특성을 갖고 있으므로 회전속도의 변화가 작아 정속도 전동기인 동시에 속도를 가감시킬 수 있는 장점이 있다.

② **저역률과 효율이 나쁜 것이 결점이다.**

③ 속도제어를 필요로 하는 초지기(paper machine), 회전가마, 선박 등의 송풍기, 압연기, 공작기계에 사용된다. 또한, 전기동력계로도 사용되고 있다.

6 단상 반발전동기

단상 반발전동기는 분포권의 권선을 갖는 고정자와 정류자를 갖는 회전자 그리고 브러시로 구성되어 있다. 정류자에 접촉된 브러시는 고정자축으로부터 ψ각만큼 위치하여 있고 단락회로로 구성되어 있다. 고정자가 여자되면 전기자에 유도작용이 생겨 자신의 기자력이 유기되어 토크가 발생하여 전동기는 회전한다.

이 전동기의 기동 토크는 전부하 토크의 400 ~ 500[%] 정도 되고 기동전류는 전부하전류의 200 ~ 300[%] 정도이다. 그러나 낮은 역률과 브러시에서 불꽃이 발생하는 것이 단점이다.

7 정류자형 주파수변환기

정류자형 주파수변환기는 유도전동기의 2차 여자를 위한 교류여자기로서 사용된다. 회전변류기의 전기자와 거의 같은 구조로 되어 있고 정류자와 3개의 슬립링을 갖추고 있다. 정류자상에는 한 쌍의 자극마다 전기각 $\dfrac{2\pi}{3}$의 간격으로 3조의 브러시가 있다.

고정자에는 구조상 몇 가지 종류가 있다. 소용량의 것으로 가장 간단한 것은 회전자만 있고 용량이 큰 것에서는 정류작용을 좋게 하기 위하여 보상권선, 보극 그리고 보극권선 등을 설치한 고정자도 있다.

회전자는 ϕ와 같은 방향의 속도 n으로 회전시키면 주파수 f_c는 다음과 같다.

$$f_c = \frac{(n_s + n)P}{2} = \frac{n_s P + nP}{2} = f_1 + f \,[\text{Hz}]$$

단원 자주 출제되는 기출문제

★ 기사 17년 2회

01 일반적인 전동기에 비하여 리니어 전동기(linear motor)의 장점이 아닌 것은?

① 구조가 간단하여 신뢰성이 높다.
② 마찰을 거치지 않고 추진력이 얻어진다.
③ 원심력에 의한 가속제한이 없고 고속을 쉽게 얻을 수 있다.
④ 기어, 벨트 등 동력변환기구가 필요없고 직접원운동이 얻어진다.

해설 리니어 전동기의 장단점

장점	단점
㉠ 보수가 용이하고 구조가 간단하여 신뢰성이 높다.	㉠ 리니어 유도전동기의 경우 회전형에 비해 역률·효율이 낮다.
㉡ 기어, 벨트 등 동력변환기구가 필요없고 직접직선운동이 얻어진다.	㉡ 저속도로 운전하기 어렵다.
㉢ 마찰없이 추진력이 얻어진다.	㉢ 1·2차의 틈새, 갭을 일정하게 유지하는 기술이 필요하며 구조적으로 비교적 까다롭다.
㉣ 운전 시 원심력에 의한 가속의 제한이 없고 고속운전이 가능하다.	㉣ 부하의 관성의 영향이 크게 나타난다.
㉤ 같은 1차측을 여러 가지의 2차측과 조합할 수 있다.	㉤ 1차측이 고정되어 있고 긴 경우에는 코일 이용률이 나쁘다.

★ 기사 97년 1회

02 회전형 전동기와 선형 전동기(linear motor)를 비교한 설명 중 틀린 것은?

① 선형의 경우 회전형에 비해 공극의 크기가 작다.
② 선형의 경우 직접적으로 직선운동을 얻을 수 있다.
③ 선형의 경우 회전형에 비해 부하관성의 영향이 크다.
④ 선형의 경우 전원의 상순서를 바꾸어 이동방향을 변경한다.

해설

선형 전동기의 경우 원심력에 의한 영향을 작게 받고 빠른 속도를 쉽게 얻을 수 있다.

★ 기사 01년 3회, 15년 3회

03 스테핑모터에 대한 설명으로 틀린 것은?

① 회전속도는 스테핑 주파수에 반비례한다.
② 총회전각도는 스텝각과 스텝수의 곱이다.
③ 분해능은 스텝각에 반비례한다.
④ 펄스 구동방식의 전동기이다.

해설

회전속도는 주파수에 비례한다.

★★ 기사 05년 3회, 13년 1회

04 스테핑모터의 속도-토크 특성에 관한 설명 중 틀린 것은?

① 무부하상태에서 이 값보다 빠른 입력 펄스 주파수에서는 기동시킬 수 없게 되는 주파수를 최대 자기동주파수라 한다.
② 탈출(풀아웃) 토크와 인입(풀인) 토크에 의해 둘러쌓인 영역을 슬루(slew) 영역이라 한다.
③ 슬루 영역에서는 펄스레이트를 변화시켜도 오동작이나 공진을 일으키지 않는 안정한 영역이다.
④ 무부하 시 이 주파수 이상의 펄스를 인가하여도 모터가 응답할 수 없는 것을 최대응답주파수라 한다.

해설

스테핑모터가 운전하는 과정에서 슬루 영역은 스스로 기동하기 어려운 불안정한 상태이다.

★★★ 기사 16년 1회

05 스테핑모터의 일반적인 특징으로 틀린 것은?

① 기동·정지 특성은 나쁘다.
② 회전각은 입력 펄스 수에 비례한다.
③ 회전속도는 입력 펄스 주파수에 비례한다.
④ 고속응답이 좋고, 고출력의 운전이 가능하다.

정답 01. ④ 02. ③ 03. ① 04. ③ 05. ①

해설 스테핑모터의 특징

㉠ 회전각도는 입력 펄스 신호의 수에 비례하고 회전속도는 펄스 주파수에 비례한다.

㉡ 모터의 제어가 간단하고 디지털 제어회로와 조합이 용이하다.

㉢ 기동·정지, 정회전·역회전이 용이하고 신호에 대한 응답성이 좋다.

㉣ 브러시 등의 접촉부분이 없어 수명이 길고 신뢰성이 높다.

★ 산업 11년 3회

06 스테핑모터의 설명 중 틀린 것은?

① 가·감속이 용이하며 정·역전 변속이 쉽다.

② 위치제어를 할 때 각도오차가 작고 누적되지 않는다.

③ 정지하고 있을 때 그 위치를 유지해주는 토크가 작다.

④ 브러시, 슬립링 등이 없고 부품수가 적다.

해설 스테핑모터의 특징

㉠ 기동·정지, 정회전·역회전이 용이하고 신호에 대한 응답성이 좋다.

㉡ 제어가 간단하고 정밀한 동기운전이 가능하며, 오차도 누적되지는 않는다.

㉢ 피드백루프가 필요없어 오픈루프로 손쉽게 속도 및 위치제어가 가능하다.

㉣ 가·감속 운전과 정·역전 및 변속이 용이하다.

㉤ 모터의 제어가 간단하고 디지털 제어회로와 조합이 용이하다.

㉥ 브러시 등의 접촉부분이 없어 수명이 길고 신뢰성이 높다.

★ 산업 15년 1회

07 스테핑모터의 여자방식이 아닌 것은?

① 2～4상 여자

② 1～2상 여자

③ 2상 여자

④ 1상 여자

해설

스테핑모터는 디지털 신호에 비례하여 일정각도만큼 회전하는 모터로서, 여자방식은 1상·2상 여자방식이 있다.

★ 산업 17년 3회

08 스테핑 전동기의 스텝각이 3°이고, 스테핑 주파수(pulse rate)가 1200[pps]이다. 이 스테핑 전동기의 회전속도[rps]는?

① 10

② 12

③ 14

④ 16

해설

스테핑모터의 속도는 $n_m = \dfrac{1}{NP}n_{\text{pulse}}$ 에서 1번의 펄스에 $\dfrac{1}{NP}$ 바퀴만큼 회전한다.

1펄스에 스텝각이 3°이므로 1초당 1200펄스이므로 1초당 스텝각 = 3° × 1200 = 3600°

스테핑모터의 회전속도 $n = \dfrac{3600°}{360°} = 10[\text{rps}]$

★★ 산업 04년 4회

09 다음 중 스테핑모터의 구조형이 아닌 것은?

① 하이브리드형(hybrid type)

② 영구자석형(permanent-magnet type)

③ 가변 릴럭턴스형(variable-reluctance type)

④ 회전전기자형(revolving armature type)

★★★ 기사 05년 1회, 06년 1회 / 산업 91년 6회, 93년 2회, 97년 7회

10 교류, 직류 양용으로 사용되는 만능전동기와 관계 있는 것은?

① 3상 유도전동기

② 차동 복권전동기

③ 단상 직권 정류자전동기

④ 전기동력계(electric dynamometer)

★★★★ 산업 96년 2회, 00년 1회, 04년 4회, 16년 1회

11 교류 정류자전동기의 설명 중 틀린 것은?

① 높은 효율과 연속적인 속도제어가 가능하다.

② 회전자는 정류자를 갖고 고정자는 집중 또는 분포권선이다.

③ 정류작용은 직류기와 같이 간단히 해결된다.

④ 기동 시 브러시 이동만으로 큰 기동 토크를 얻는다.

정답 06. ④ 07. ① 08. ① 09. ④ 10. ③ 11. ③

📋 해설 **교류 정류자전동기의 특성**

㉠ 전동기로서 정류자를 가지고 있고 고정자와 회전자에 따라 직권과 분권으로 구분한다.
㉡ 구조가 복잡하여 고장이 발생할 우려가 높다.
㉢ 기동 토크가 크고 속도제어범위가 넓으며 역률이 높다.

★★★★ 산업 94년 6회, 99년 6회, 01년 1회, 15년 3회

12 단상 정류자전동기에 보상권선을 사용하는 가장 큰 이유는?

① 정류개선
② 속도제어
③ 기동 토크 조절
④ 역률개선

📋 해설

직류용 직권전동기를 교류용으로 사용하면 역률과 효율이 나쁘고 토크가 약해서 정류가 불량이 된다. 이를 개선하기 위하여 전기자에 직렬로 연결한 보상권선을 설치한다.

★★ 기사 01년 1회, 18년 1회

13 단상 정류자전동기의 종류가 아닌 것은?

① 직권형
② 아트킨손형
③ 보상직권형
④ 유도보상직권형

📋 해설

단상 직권전동기의 종류에는 직권형, 보상직권형, 유도보상직권형이 있다. 아트킨손형은 단상 반발전동기의 종류이다.

★★★ 산업 14년 1회

14 단상 직권 정류자전동기의 설명으로 틀린 것은?

① 계자권선의 리액턴스 강하 때문에 계자권선수를 적게 한다.
② 토크를 증가하기 위해 전기자권선수를 많게 한다.
③ 전기자반작용을 감소하기 위해 보상권선을 설치한다.
④ 변압기기전력을 크게 하기 위해 브러시 접촉저항을 작게 한다.

📋 해설 **단상 직권 정류자전동기**

㉠ 단상 직권 정류자전동기는 직류 직권전동기를 교류용에 사용하므로 역률과 효율이 낮고 토크가 작아 정류가 불량하다.
㉡ 대책
 • 전기자, 계자 모두 성층철심을 사용한다.
 • 역률 및 토크 감소를 해결하기 위해 전기자권수를 증가한다.
 • 보상권선을 설치하여 전기자반작용을 감소한다.

집중공략

★★★★★ 기사 97년 2회, 04년 3회, 17년 1회, 18년 3회 / 산업 08년 1회

15 다음은 단상 정류자전동기에서 보상권선과 저항도선의 작용을 설명한 것이다. 틀린 것은?

① 저항도선은 변압기기전력에 의한 단락전류를 작게 한다.
② 보상권선은 변압기기전력을 크게 한다.
③ 보상권선은 역률을 좋게 한다.
④ 보상권선은 전기자반작용을 제거해 준다.

📋 해설

㉠ 보상권선 : 전기자반작용을 제거해 역률을 개선하고 기전력을 작게 한다.
㉡ 저항도선 : 변압기기전력에 의한 단락전류를 감소시킨다.

★★★ 기사 05년 4회, 16년 2회

16 그림은 단상 직권전동기의 개념도이다. C를 무엇이라고 하는가?

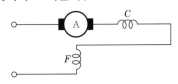

① 제어권선
② 보상권선
③ 보극권선
④ 단층권선

📋 해설

단상 직권 정류자전동기의 보상직권형으로, C는 보상권선, F는 계자권선이다.

★★★ 산업 98년 4회, 15년 3회

17 단상 직권 정류자전동기는 그 전기자권선의 권선수를 계자권수에 비해서 특히 많게 하고 있다. 다음은 그 이유를 설명한 것이다. 틀린 것은?

① 주자속을 작게 하기 위하여
② 속도기전력을 크게 하기 위하여
③ 변압기기전력을 크게 하기 위하여
④ 역률저하를 방지하기 위하여

해설

단상 직권 정류자전동기는 전기자나 계자권선의 리액턴스 때문에 속도기전력 및 역률이 크게 감소하므로 이를 방지하기 위해 계자권선의 권수를 감소시켜 계자에서 발생하는 주자속을 작게 한다. 이에 따른 토크의 감소를 보충하기 위해 전기자권선수를 크게 하고 변압기의 기전력을 작게 한다.

★★★★ 산업 05년 2회

18 소형 공구 및 가전제품에 일반적으로 널리 이용되는 전동기는?

① 교류 서보 전동기
② 히스테리시스 전동기
③ 영구자석 스텝 전동기
④ 단상 직권 정류자전동기

★★★ 산업 03년 4회

19 단상 직권 정류자전동기의 원리와 같은 전동기는?

① 직류 직권전동기
② 직류 가동복권전동기
③ 직류 분권전동기
④ 직류 차동복권전동기

★★★★★ 산업 91년 6회, 97년 7회, 00년 3회, 04년 2회, 07년 1회

20 단상 직권 정류자전동기의 회전속도를 높이는 이유는?

① 리액턴스 강하를 크게 한다.
② 전기자에 유도되는 역기전력을 작게 한다.
③ 역률을 개선한다.
④ 토크를 증가시킨다.

★★★ 기사 95년 6회, 98년 7회, 18년 1회

21 다음은 단상 직권 정류자전동기의 전기자권선과 계자권선에 대한 설명이다. 틀린 것은?

① 계자권선의 권수를 적게 한다.
② 전기자권선의 권수를 크게 한다.
③ 변압기기전력을 작게 하여 역률저하를 방지한다.
④ 브러시로 단락되는 코일 중의 단락전류를 많게 한다.

해설 단상 직권 정류자전동기의 특성

㉠ 전기자, 계자 모두 성층철심을 사용한다.
㉡ 역률 및 토크 감소를 해결하기 위해 계자권선의 권수를 감소하고 전기자권선수를 증가한다.
㉢ 보상권선을 설치하여 전기자반작용을 감소시킨다.
㉣ 브러시와 정류자 사이에서 단락전류가 커져 정류작용이 어려워지므로 고저항의 도선을 전기자 코일과 정류자편 사이에 접속하여 단락전류를 억제한다.

★★★★ 기사 02년 1회, 14년 2회 / 산업 91년 7회, 95년 7회

22 단상 직권 정류자전동기에서 주자속의 최대값을 ϕ_0, 자극수를 P, 전기자 병렬회로수를 a, 전기자 전도체수를 Z, 전기자의 속도를 N[rpm]이라 하면 속도기전력의 실효값 E_r[V]은? (단, 주자속은 정현파이다)

① $E_r = \sqrt{2}\,\dfrac{P}{a} Z \dfrac{N}{60} \phi_0$

② $E_r = \dfrac{1}{\sqrt{2}}\,\dfrac{P}{a} ZN\phi_0$

③ $E_r = \dfrac{P}{a} Z \dfrac{N}{60} \phi_0$

④ $E_r = \dfrac{1}{\sqrt{2}}\,\dfrac{P}{a} Z \dfrac{N}{60} \phi_0$

해설

단상 직권 정류자전동기는 교류·직류 양용으로 사용되므로 교직양용 전동기(universal motor)라고도 하고 믹서기, 재봉틀, 진공소제기, 휴대용 드릴, 영사기 등에 사용된다.

정답 17. ③ 18. ④ 19. ① 20. ③ 21. ④ 22. ④

속도기전력의 실효값은 다음과 같다.

$$E_r = \frac{1}{\sqrt{2}} \times \text{직류전동기 역기전력}$$
$$= \frac{1}{\sqrt{2}} \frac{P}{a} Z \frac{N}{60} \phi_0 [\text{V}]$$

★★★★ 산업 12년 1회, 13년 1회, 18년 1회

23 75[W] 정도 이하의 소형 공구, 영사기, 치과의료용 등에 사용되고 만능전동기라고도 하는 정류자전동기는?

① 단상 직권 정류자전동기
② 단상 반발 정류자전동기
③ 3상 직권 정류자전동기
④ 단상 분권 정류자전동기

해설 단상 직권 정류자전동기의 특성

㉠ 소형 공구 및 가전제품에 일반적으로 널리 이용되는 전동기이다.
㉡ 교류·직류 양용으로 사용되어 교직양용 전동기 (universal motor)이다.
㉢ 믹서기, 재봉틀, 진공소제기, 휴대용 드릴, 영사기 등에 사용한다.

★★★★★ 기사 11년 2회, 14년 1회(유사), 17년 2회 / 산업 05년 2회, 06년 3·4회, 08년 4회

24 3상 직권 정류자전동기에 중간(직렬)변압기가 쓰이고 있는 이유가 아닌 것은?

① 정류자전압의 조정
② 회전자상수의 감소
③ 경부하 때 속도의 이상 상승방지
④ 실효권수비 산정 조정

해설 중간변압기의 사용이유

㉠ 전원전압의 크기에 관계없이 회전자전압을 정류작용에 맞는 값으로 선정할 수 있다.
㉡ 중간변압기의 권수비를 바꾸어서 전동기의 특성을 조정할 수 있다.
㉢ 경부하 시 속도상승을 중간변압기의 철심포화를 이용하여 억제할 수 있다.

★★★ 기사 13년 3회, 18년 3회

25 3상 직권 정류자전동기에 중간변압기를 사용하는 이유로 적당하지 않은 것은?

① 중간변압기를 이용하여 속도상승을 억제할 수 있다.
② 회전자전압을 정류작용에 맞는 값으로 선정할 수 있다.
③ 중간변압기를 사용하여 누설 리액턴스를 감소할 수 있다.
④ 중간변압기의 권수비를 바꾸어 전동기 특성을 조정할 수 있다.

해설 중간변압기의 사용이유

㉠ 전원전압의 크기에 관계없이 회전자전압을 정류작용에 맞는 값으로 선정한다.
㉡ 중간변압기의 권수비를 바꾸어서 전동기특성을 조정할 수 있다.
㉢ 경부하에서는 속도가 현저하게 상승하나 중간변압기를 사용하여 철심을 포화시켜 속도상승을 억제한다.

★ 기사 12년 2회

26 3상 분권 정류자전동기인 시라게 전동기의 특성은?

① 1차 권선을 회전자에 둔 3상 권선형 유도전동기
② 1차 권선을 고정자에 둔 3상 권선형 유도전동기
③ 1차 권선을 고정자에 둔 3상 농형 유도전동기
④ 1차 권선을 회전자에 둔 3상 농형 유도전동기

해설 시라게 전동기

㉠ 권선형 유도전동기의 브러시 간격을 조정하여 속도제어를 원활하게 한 전동기이다.
㉡ 일반 권선형 유도전동기와 반대로 1차 권선을 회전자로 하고 2차를 고정자로 하여 사용한다.

정답 23. ① 24. ② 25. ③ 26. ①

★★★ 산업 14년 3회

27 시라게 전동기의 특성과 가장 가까운 전동기는?

① 3상 평복권 정류자전동기
② 3상 복권 정류자전동기
③ 3상 직권 정류자전동기
④ 3상 분권 정류자전동기

📝 해설

시라게 전동기(schrage motor)는 분권특성을 갖고 있으므로 회전속도의 변화가 작아 정속도전동기인 동시에 속도를 가감시킬 수 있는 장점이 있다. 저역률과 효율이 나쁜 것이 결점이다. 속도제어를 필요로 하는 초지기(paper machine), 회전가마, 선박 등의 송풍기, 압연기, 공작기계, 전기동력계로도 사용되고 있다.

★ 기사 01년 3회

28 다음 정류자형 주파수변환기의 설명 중 틀린 것은?

① 정류자 위에는 1개의 자극마다 전기각 $\frac{2\pi}{3}$ 간격으로 3조의 브러시가 있다.
② 3차 권선을 설치하여 1차 권선과 조정권선을 회전자에, 2차 권선을 고정자에 설치하였다.
③ 3개의 슬립링을 회전자권선을 3등분한 점에 각각 접속되어 있다.
④ 용량이 큰 것은 정류작용을 좋게 하기 위해 보상권선과 보극권선을 고정자에 설치한다.

★★★★ 기사 96년 7회 / 산업 18년 2회

29 4극, 60[Hz]의 정류자 주파수변환기가 1440 [rpm]으로 회전할 때 주파수는 몇 [Hz]인가?

① 15　　　　② 12
③ 10　　　　④ 8

📝 해설

동기속도 $N_s = \dfrac{120f}{P}$

$$= \frac{120 \times 60}{4} = 1800[\text{rpm}]$$

슬립 $s = \dfrac{N_s - N}{N_s}$

$$= \frac{1800 - 1440}{1800} = 0.2$$

회전 시 주파수 $f_2 = s f_1$

$$= 0.2 \times 60 = 12[\text{Hz}]$$

★★ 산업 03년 2회, 06년 4회, 15년 1회

30 브러시의 위치를 바꾸어서 회전방향을 바꿀 수 있는 전기기계가 아닌 것은?

① 톰슨형 반발전동기
② 3상 직권 정류자전동기
③ 시라게 전동기
④ 정류자형 주파수변환기

★★★ 기사 15년 1회

31 자동제어장치에 쓰이는 서보모터(servo motor)의 특성을 나타낸 것 중 틀린 것은?

① 빈번한 시동, 정지, 역전 등의 가혹한 상태에 견디도록 견고하고 큰 돌입전류에 견딜 것
② 시동 토크는 크나 회전부의 관성 모멘트가 작고 전기적 시정수가 짧을 것
③ 발생 토크는 입력신호(入力信號)에 비례하고 그 비가 클 것
④ 직류 서보모터에 비하여 교류 서보모터의 시동 토크가 매우 클 것

📝 해설 **서보모터의 특성**

㉠ 시동정지가 빈번한 상황에서도 견딜 수 있어야 한다.
㉡ 큰 회전력을 갖아야 한다.
㉢ 회전자(rotor)의 관성 모멘트가 작아야 한다.
㉣ 급제동 및 급가속(시동 토크가 크다)에 대응할 수 있어야 한다(시정수가 짧을 것).
㉤ 토크의 크기는 직류 서보모터가 교류 서보모터보다 크다.

🔎 정답　27. ④　28. ②　29. ②　30. ④　31. ④

★ 기사 15년 2회

32 특수전동기에 대한 설명 중 틀린 것은?

① 릴럭턴스 동기전동기는 릴럭턴스 토크에 의해 동기속도로 회전한다.

② 히스테리시스 전동기의 고정자는 유도전동기고정자와 동일하다.

③ 스테퍼 전동기 또는 스텝모터는 피드백 없이 정밀위치제어가 가능하다.

④ 선형 유도전동기의 동기속도는 극수에 비례한다.

해설

선형 유도전동기의 경우 직선운동을 하므로 운전 시의 속도는 극수와 무관하다.

★ 산업 17년 3회

33 3상 반작용 전동기(reaction motor)의 특성으로 가장 옳은 것은?

① 역률이 좋은 전동기

② 토크가 비교적 큰 전동기

③ 기동용 전동기가 필요한 전동기

④ 여자권선 없이 동기속도로 회전하는 전동기

해설 반작용 전동기(릴럭턴스 전동기)

㉠ 역률 및 효율이 나쁘고 토크가 작다.

㉡ 직류여자기가 필요 없어 구조가 간단하다.

㉢ 자극의 돌극성으로 토크를 발생하여 동기속도로 회전한다.

★ 기사 15년 3회

34 그림과 같이 180° 도통형 인버터의 상태일 때 u상과 v상의 상전압 및 u−v 선간전압은?

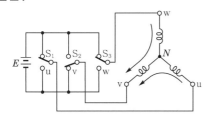

① $\frac{1}{3}E$, $-\frac{2}{3}E$, E

② $\frac{2}{3}E$, $\frac{1}{3}E$, $\frac{1}{3}E$

③ $\frac{1}{2}E$, $\frac{1}{2}E$, E

④ $\frac{1}{3}E$, $\frac{2}{3}E$, $\frac{1}{3}E$

해설

u, v, w 각 상의 임피던스를 Z로 설정하고 전류의 방향과 전압분배법칙을 고려하여 구한다.

u상의 전압 = $\frac{Z}{Z+2Z} \times E = \frac{1}{3}E$

v상의 전압크기 = $\frac{2Z}{2Z+Z} \times E = \frac{2}{3}E$ 되고 Y결선의

극성을 고려했을 경우 반대방향이므로 $-\frac{2}{3}E$로 된다.

u−v 선간전압 = $\frac{1}{3}E + \frac{2}{3}E = E$

★★ 산업 15년 2회

35 2상 서보모터의 제어방식이 아닌 것은?

① 온도제어

② 전압제어

③ 위상제어

④ 전압·위상 혼합제어

해설 2상 서보모터의 제어방식

㉠ 전압제어 : 주권선에 위상을 90° 진상으로 콘덴서를 직렬로 접속하여 일정전압을 가하고 제어권선에는 입력전압의 크기만이 변화하는 신호를 걸어 속도를 제어하는 방식이다.

㉡ 위상제어 : 주권선에 위상을 90° 진상으로 콘덴서를 통하여 일정전압을 가하고 제어권선에도 정격전압을 가하여 그 위상을 ±90° 변화시켜 제어하는 방식이다.

㉢ 전압·위상 제어 : 가장 일반적으로 사용하는 방식으로, 전압제어와 위상제어의 각각의 장점을 취한 방식이다.

★ 산업 15년 3회

36 중부하에서도 기동되도록 하고 회전계자형의 동기전동기에 고정자인 전기자부분이 회전자의 주위를 회전할 수 있도록 2중 베어링의 구조를 가지고 있는 전동기는?

① 유도자형 전동기
② 유도동기전동기
③ 초동기전동기
④ 반작용 전동기

해설

기동 토크가 작은 것이 단점인 동기전동기는 경부하에서 기동이 거의 불가능하므로 이것을 보완하여 중부하에서도 기동이 되도록 한 것으로, 회전계자형의 동기전동기에 고정자인 전기자부분도 회전자 주위를 회전할 수 있도록 2중 베어링 구조로 되어 있는 고정자 회전기동형을 초동기전동기라 한다.

★★ 산업 16년 1회

37 다음 교류 정류자전동기의 설명 중 틀린 것은?

① 정류작용은 직류기와 같이 간단히 해결된다.
② 구조가 일반적으로 복잡하여 고장이 생기기 쉽다.
③ 기동 토크가 크고 기동장치가 필요 없는 경우가 많다.
④ 역률이 높은 편이며 연속적인 속도제어가 가능하다.

해설 교류 정류자전동기의 특성

㉠ 전동기로서 정류자를 가지고 있고 고정자와 회전자에 따라 직권과 분권으로 구분한다.
㉡ 구조가 복잡하여 고장이 발생할 우려가 높다.
㉢ 기동 토크가 크고 속도제어범위가 넓으며 역률이 높다.

★★★ 산업 98년 2회

38 다음 중 스텝모터(step motor)의 장점이 아닌 것은?

① 가·감속이 용이하며 정·역전 및 변속이 쉽다.
② 위치제어를 할 때 각도오차가 있고 누적된다.
③ 피드백 루프가 필요 없이 오픈 루프로 손쉽게 속도 및 위치제어를 할 수 있다.
④ 디지털 신호를 직접 제어할 수 있으므로 컴퓨터 등 다른 디지털 기기와 인터페이스가 쉽다.

해설 스텝모터의 장점

㉠ 기동·정지, 정회전, 역회전이 용이하고 신호에 대한 응답성이 좋다.
㉡ 제어가 간단하고 정밀한 동기운전이 가능하며, 오차도 누적되지는 않는다.
㉢ 피드백 루프가 필요 없어 오픈 루프로 손쉽게 속도 및 위치제어가 가능하다.
㉣ 가·감속 운전과 정·역전 및 변속이 용이하다.
㉤ 모터의 제어가 간단하고 디지털 제어회로와 조합이 용이하다.

★ 산업 16년 3회

39 브러시리스 모터(BLDC)의 회전자 위치검출을 위해 사용하는 것은?

① 홀(hall) 소자
② 리니어 스케일
③ 회전형 엔코더
④ 회전형 디코더

해설

홀 소자는 회전자의 자극의 위치와 자극을 검출하여 순차적으로 권선에 전류를 흐르게 하고, 회전자를 회전시켜 준다.

부록

과년도 출제문제

전 기 기 사 /
전기산업기사

하 제5장 정류기

01 SCR을 이용한 단상 전파 위상제어 정류회로에서 전원전압은 실효값이 220[V], 60[Hz]인 정현파이며, 부하는 순저항으로 10[Ω]이다. SCR의 점호각 α를 60°라 할 때 출력전류의 평균값 [A]은?

① 7.54 ② 9.73
③ 11.43 ④ 14.86

해설

직류전압 $E_d = 0.9E\left(\dfrac{1+\cos\alpha}{2}\right)$

$\qquad = 0.9 \times 220\left(\dfrac{1+\cos 60°}{2}\right) = 148.6[V]$

출력전류(=직류전류) $I_d = \dfrac{E_d}{R} = \dfrac{148.6}{10} = 14.86[A]$

중 제1장 직류기

02 직류발전기가 90[%] 부하에서 최대효율이 된다면 이 발전기의 전부하에 있어서 고정손과 부하손의 비는?

① 0.81 ② 0.9
③ 1.0 ④ 1.1

해설

최대효율이 되는 부하율 $\dfrac{1}{m} = \sqrt{\dfrac{고정손}{부하손}} = \sqrt{\dfrac{P_i}{P_c}}$

$P_i = \left(\dfrac{1}{m}\right)^2 P_c$, $P_i = (0.9)^2 P_c = 0.81 P_c$

고정손과 부하손의 비 $\alpha = \dfrac{P_i}{P_c} = 0.81$

상 제5장 정류기

03 정류기의 직류측 평균전압이 2000[V]이고 리플률이 3[%]일 경우, 리플전압의 실효값[V]은?

① 20 ② 30
③ 50 ④ 60

해설

리플률(=맥동률)$= \dfrac{리플전압의 \ 실효값}{직류측 \ 평균전압}$

리플전압의 실효값(=교류분 전압)

$V =$리플률×직류측 평균전압$= 0.03 \times 2000 = 60[V]$

하 제6장 특수기기

04 단상 직권 정류자전동기에서 보상권선과 저항도선의 작용에 대한 설명으로 틀린 것은?

① 보상권선은 역률을 좋게 한다.
② 보상권선은 변압기의 기전력을 크게 한다.
③ 보상권선은 전기자반작용을 제거해 준다.
④ 저항도선은 변압기 기전력에 의한 단락전류를 작게 한다.

해설

㉠ 보상권선 : 전기자반작용을 제거해 역률을 개선하고 기전력을 작게 한다.
㉡ 저항도선 : 변압기 기전력에 의한 단락전류를 감소시킨다.

하 제2장 동기기

05 비돌극형 동기발전기 한 상의 단자전압을 V, 유도기전력을 E, 동기리액턴스를 X_s, 부하각이 δ이고, 전기자저항을 무시할 때 한 상의 최대출력[W]은?

① $\dfrac{EV}{X_s}$ ② $\dfrac{3EV}{X_s}$
③ $\dfrac{E^2 V}{X_s}$ ④ $\dfrac{EV^2}{X_s}$

해설 동기발전기의 출력

㉠ 비돌극기의 출력
$P = \dfrac{E_a V_n}{X_s} \sin\delta[W]$
(최대출력이 부하각 $\delta = 90°$에서 발생)

㉡ 돌극기의 출력
$P = \dfrac{E_a V_n}{X_d} \sin\delta - \dfrac{V_n^{\ 2}(X_d - X_q)}{2X_d X_q} \sin 2\delta[W]$
(최대출력이 부하각 $\delta = 60°$에서 발생)

정답 01. ④ 02. ① 03. ④ 04. ② 05. ①

상 제2장 동기기

06 3상 동기발전기에서 그림과 같이 1상의 권선을 서로 똑같은 2조로 나누어 그 1조의 권선전압을 E[V], 각 권선의 전류를 I[A]라 하고 지그재그 Y형(zigzag star)으로 결선하는 경우 선간전압[V], 선전류[A] 및 피상전력[VA]은?

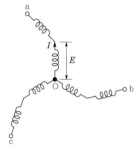

① $3E$, I, $\sqrt{3} \times 3E \times I = 5.2EI$
② $\sqrt{3}\,E$, $2I$, $\sqrt{3} \times \sqrt{3}\,E \times 2I = 6EI$
③ E, $2\sqrt{3}\,I$, $\sqrt{3} \times E \times 2\sqrt{3}\,I = 6EI$
④ $\sqrt{3}\,E$, $\sqrt{3}\,I$,
$\sqrt{3} \times \sqrt{3}\,E \times \sqrt{3}\,I = 5.2EI$

해설

㉠ 선간전압 $V_l = 3E$
㉡ 선전류 $I_l = I$
㉢ 피상전력 $= \sqrt{3} \times V_l \times I_l = \sqrt{3} \times 3E \times I$
　　　　　$= 5.196 \fallingdotseq 5.2EI$

상 제4장 유도기

07 다음 중 비례추이를 하는 전동기는?

① 동기전동기　　② 정류자전동기
③ 단상 유도전동기　④ 권선형 유도전동기

해설

비례추이가 가능한 전동기는 권선형 유도전동기로서 2차 저항의 가감을 통하여 토크 및 속도 등을 변화시킬 수 있다.

중 제1장 직류기

08 단자전압 200[V], 계자저항 50[Ω], 부하전류 50[A], 전기자저항 0.15[Ω], 전기자반작용에 의한 전압강하 3[V]인 직류분권발전기가 정격속도로 회전하고 있다. 이때 발전기의 유도기전력은 약 몇 [V]인가?

① 211.1　　　　② 215.1
③ 225.1　　　　④ 230.1

해설

계자전류 $I_f = \dfrac{V_n}{r_f} = \dfrac{200}{50} = 4$[A]

전기자전류 $I_a = I_n + I_f = 50 + 4 = 54$[A]

유도기전력 $E_a = V_n + I_a \cdot r_a + e$
　　　　　　$= 200 + 54 \times 0.15 + 3$
　　　　　　$= 211.1$[V]

상 제2장 동기기

09 동기기의 권선법 중 기전력의 파형을 좋게 하는 권선법은?

① 전절권, 2층권　② 단절권, 집중권
③ 단절권, 분포권　④ 전절권, 집중권

해설

동기기에서 고조파를 제거하여 기전력의 파형을 개선하기 위해 분포권 및 단절권을 사용한다.

중 제3장 변압기

10 변압기에 임피던스 전압을 인가할 때의 입력은?

① 철손　　　　　② 와류손
③ 정격용량　　　④ 임피던스 와트

해설

변압기 2차측을 단락한 상태에서 1차측의 인가전압을 서서히 증가시키면 정격전류가 1차, 2차 권선에 흐르게 되는데, 이때 전압계의 지시값이 임피던스 전압이고 전력계의 지시값이 임피던스 와트(동손)이다.

중 제1장 직류기

11 불꽃 없는 정류를 하기 위해 평균 리액턴스 전압(A)과 브러시 접촉면 전압강하(B) 사이에 필요한 조건은?

① A > B　　　　② A < B
③ A = B　　　　④ A, B에 관계없다.

해설

불꽃 없는 정류를 위해 접촉저항이 큰 탄소브러시를 사용하므로 접촉면에 전압강하가 크게 된다.

하 제4장 유도기

12 유도전동기 1극의 자속 ϕ, 2차 유효전류 $I_2\cos\theta_2$, 토크 T의 관계로 옳은 것은?

① $T\propto \phi \times I_2\cos\theta_2$

② $T\propto \phi \times (I_2\cos\theta_2)^2$

③ $T\propto \dfrac{1}{\phi \times I_2\cos\theta_2}$

④ $T\propto \dfrac{1}{\phi \times (I_2\cos\theta_2)^2}$

해설

$T=F\cdot r\,[\text{N}\cdot\text{m}]$에서 힘 $T=BiLr=\dfrac{\phi}{A}iLr\,[\text{m}]$,

토크 $T\propto k\cdot\phi\cdot i$

따라서, 토크(T)는 자속(ϕ)과 2차 전류 유효분($I_2\cos\theta_2$)의 곱에 비례한다.

하 제4장 유도기

13 회전자가 슬립 s로 회전하고 있을 때 고정자와 회전자의 실효권수비를 α라 하면 고정자 기전력 E_1과 회전자 기전력 E_{2s}의 비는?

① $s\alpha$　　　　② $(1-s)\alpha$

③ $\dfrac{\alpha}{s}$　　　　④ $\dfrac{\alpha}{1-s}$

해설

㉠ 정지 시 : $\alpha=\dfrac{E_1}{E_2} \rightarrow E_2=\dfrac{1}{\alpha}E_1$

㉡ 운전 시 : $E_{2s}=sE_2=s\cdot\dfrac{1}{\alpha}E_1 \rightarrow \dfrac{E_1}{E_{2s}}=\dfrac{\alpha}{s}$

상 제1장 직류기

14 직류직권전동기의 발생토크는 전기자전류를 변화시킬 때 어떻게 변하는가? (단, 자기포화는 무시한다.)

① 전류에 비례한다.

② 전류에 반비례한다.

③ 전류의 제곱에 비례한다.

④ 전류의 제곱에 반비례한다.

해설

직권전동기의 특성 $T\propto I_a^{\,2}\propto\dfrac{1}{N^2}$

여기서, T : 토크

　　　I_a : 전기자전류

　　　N : 회전수

상 제2장 동기기

15 동기발전기의 병렬운전 중 유도기전력의 위상차로 인하여 발생하는 현상으로 옳은 것은?

① 무효전력이 생긴다.

② 동기화전류가 흐른다.

③ 고조파 무효순환전류가 흐른다.

④ 출력이 요동하고 권선이 가열된다.

해설

동기발전기의 병렬운전 중에 유도기전력의 위상이 다를 경우 동기화전류(=유효순환전류)가 흐른다.

상 제4장 유도기

16 3상 유도기의 기계적 출력(P_o)에 대한 변환식으로 옳은 것은? (단, 2차 입력은 P_2, 2차 동손은 P_{2c}, 동기속도는 N_s, 회전자속도는 N, 슬립은 s이다.)

① $P_o=P_2+P_{2c}=\dfrac{N}{N_s}P_2=(2-s)P_2$

② $(1-s)P_2=\dfrac{N}{N_s}P_2=P_o-P_{2c}=P_o-sP_2$

③ $P_o=P_2-P_{2c}=P_2-sP_2=\dfrac{N}{N_s}P_2$
　　$=(1-s)P_2$

④ $P_o=P_2+P_{2c}=P_2+sP_2=\dfrac{N}{N_s}P_2$
　　$=(1+s)P_2$

해설

출력=2차 입력－2차 동손 $\rightarrow P_o=P_2-P_{2c}$

$P_2:P_{2c}=1:s$에서 $P_{2c}=sP_2 \rightarrow P_o=P_2-sP_2$

$P_2:P_o=1:1-s \rightarrow P_o=(1-s)P_2$

$N=(1-s)N_s$에서 $\dfrac{N}{N_s}=(1-s) \rightarrow P_o=\dfrac{N}{N_s}P_2$

정답 12. ① 13. ③ 14. ③ 15. ② 16. ③

상 제3장 변압기

17 변압기의 등가회로 구성에 필요한 시험이 아닌 것은?

① 단락시험
② 부하시험
③ 무부하시험
④ 권선저항 측정

해설 변압기의 등가회로 작성 시 특성시험

㉠ 무부하시험 : 무부하전류(여자전류), 철손, 여자어드미턴스
㉡ 단락시험 : 임피던스 전압, 임피던스 와트, 동손, 전압변동률
㉢ 권선의 저항측정

중 제3장 변압기

18 단권변압기 두 대를 V결선하여 전압을 2000 [V]에서 2200[V]로 승압한 후 200[kVA]의 3상 부하에 전력을 공급하려고 한다. 이때 단권변압기 1대의 용량은 약 몇 [kVA]인가?

① 4.2
② 10.5
③ 18.2
④ 21

해설

단권변압기 V결선
$$\frac{자기용량}{부하용량} = \frac{1}{0.866}\left(\frac{V_h - V_l}{V_h}\right)$$

V결선 시 자기용량 $= \frac{1}{0.866}\left(\frac{2200 - 2000}{2200}\right) \times 200$
$$= 20.995[kVA]$$
단권변압기 1대 자기용량 $= 20.995 \div 2 = 10.49$
$$\fallingdotseq 10.5[kVA]$$

상 제3장 변압기

19 권수비 $a = \dfrac{6600}{220}$, 주파수 60[Hz], 변압기의 철심 단면적 0.02[m²], 최대자속밀도 1.2 [Wb/m²]일 때 변압기의 1차측 유도기전력은 약 몇 [V]인가?

① 1407
② 3521
③ 42198
④ 49814

해설

변압기 유도기전력 $E = 4.44 f N \phi_m[V]$
여기서, $\phi_m = B \cdot A$
$E = 4.44 \times 60 \times 6600 \times 1.2 \times 0.02$
$\quad = 42197.76 \fallingdotseq 42198[V]$

하 제4장 유도기

20 회전형 전동기와 선형 전동기(linear motor)를 비교한 설명으로 틀린 것은?

① 선형의 경우 회전형에 비해 공극의 크기가 작다.
② 선형의 경우 직접적으로 직선운동을 얻을 수 있다.
③ 선형의 경우 회전형에 비해 부하관성의 영향이 크다.
④ 선형의 경우 전원의 상 순서를 바꾸어 이동 방향을 변경한다.

해설 선형 전동기(Linear Motor)의 특징

㉠ 직선형 구동력을 직접 발생시키기 때문에 기계적인 변환장치가 불필요하므로 효율이 높다.
㉡ 회전형에 비해 공극이 커서 역률 및 효율이 낮다.
㉢ 회전형의 경우와 같이 전원의 상순을 바꾸어서 이동방향에 변화를 준다.
㉣ 부하관성에 영향을 크게 받는다.

중 제3장 변압기

01 변압기 온도시험을 하는 데 가장 좋은 방법은?

① 실부하법
② 내전압법
③ 단락시험법
④ 반환부하법

해설 반환부하법

2대 이상의 변압기가 있는 경우에 사용하고 전원으로부터 변압기의 손실분을 공급받는 방법으로 실제의 부하를 걸지 않고도 부하시험이 가능하여 가장 널리 이용되고 있다.

중 제4장 유도기

02 20극, 11.4[kW], 60[Hz], 3상 유도전동기의 슬립이 5[%]일 때 2차 동손이 0.6[kW]이다. 전부하토크[N·m]는?

① 523
② 318
③ 276
④ 189

해설

동기속도 $N_s = \dfrac{120f}{P} = \dfrac{120 \times 60}{20} = 360$[rpm]

$P_2 : P_c = 1 : s$ 에서

2차 입력 $P_2 = \dfrac{1}{s} P_c = \dfrac{1}{0.05} \times 0.6 = 12$[kW]

토크 $T = 0.975 \dfrac{P_2}{N_s} = 0.975 \times \dfrac{12 \times 10^3}{360} = 32.5$

[kg·m]에서 $T = 32.5 \times 9.8 = 318.5$[N·m]

하 제4장 유도기

03 유도전동기의 기동계급은?

① 16종
② 19종
③ 23종
④ 26종

해설

유도전동기의 기동계급은 다음과 같다

기동계급	1[kW]당 입력[kVA]	기동계급	1[kW]당 입력[kVA]
A	-4.2 미만	L	12.1 이상 13.4 미만
B	4.2 이상 4.8 미만	M	13.4 이상 15.0 미만
C	4.8 이상 5.4 미만	N	15.0 이상 16.8 미만
D	5.4 이상 6.0 미만	P	16.8 이상 18.8 미만
E	6.0 이상 6.7 미만	R	18.8 이상 21.5 미만
F	6.7 이상 7.5 미만	S	21.5 이상 24.1 미만
G	7.5 이상 8.4 미만	T	24.1 이상 26.8 미만
H	8.4 이상 9.5 미만	U	26.8 이상 30.0 미만
J	9.5 이상 10.7 미만	V	30.0 이상
K	10.7 이상 12.1 미만		

중 제1장 직류기

04 전기기계에 있어서 히스테리시스손을 감소시키기 위한 조치로 옳은 것은?

① 성층철심 사용
② 규소강판 사용
③ 보극 설치
④ 보상권선 설치

해설

발전기, 전동기와 같은 회전기계는 2~2.5[%], 변압기와 같은 정지기계는 4~4.5[%]의 규소가 함유된 강판을 사용하여 히스테리시스손을 경감시킨다.

중 제3장 변압기

05 6000/200[V], 5[kVA]의 단상 변압기를 승압기로 연결하여 1차측에 6000[V]를 가할 때 2차측에 걸을 수 있는 최대부하용량[kVA]은?

① 165
② 160
③ 155
④ 150

해설

2차측(고압측) 전압 $V_h = V_l \left(1 + \dfrac{1}{a}\right)$

$= 6000 \left(1 + \dfrac{1}{\dfrac{6000}{200}}\right)$

$= 6200$[V]

단상 변압기 2차측에 최대부하용량은

$$부하용량 = \frac{V_h}{V_h - V_l} \times 자기용량$$

$$= \frac{6200}{6200 - 6000} \times 5 = 155[kVA]$$

상 제3장 변압기

06 인가전압이 일정할 때 변압기의 와류손은 어떻게 되는가?

① 주파수에 무관
② 주파수에 비례
③ 주파수에 역비례
④ 주파수의 제곱에 비례

해설

와류손 $P_e = k_h k_e (t \cdot f \cdot B_m)^2 [W]$
여기서, k_h, k_e : 재료에 따른 상수
　　　　 t : 철심의 두께
　　　　 B_m : 최대자속밀도
와류손 $P_e \propto {V_1}^2 \propto t^2$ 이므로 인가전압의 제곱에 비례, 두께의 제곱에 비례, 주파수와는 무관하다.

상 제5장 정류기

07 사이리스터 명칭에 관한 설명 중 틀린 것은?

① SCR은 역저지 3극 사이리스터이다.
② SSS은 2극 쌍방향 사이리스터이다.
③ TRIAC은 2극 쌍방향 사이리스터이다.
④ SCS는 역저지 4극 사이리스터이다.

해설 트라이액(TRIAC)

교류회로의 위상제어에 사용할 수 있는 2방향성 3단자 사이리스터

중 제1장 직류기

08 전기자반작용이 직류발전기에 영향을 주는 것을 설명한 것 중 틀린 것은?

① 전기자 중성축을 이동시킨다.
② 자속을 감소시켜 부하 시 전압강하의 원인이 된다.
③ 정류자 편간전압이 불균일하게 되어 섬락의 원인이 된다.
④ 전류의 파형은 찌그러지나 출력에는 변화가 없다.

해설 전기자반작용으로 인한 문제점

㉠ 주자속 감소(감자작용)
㉡ 편자작용에 의한 중성축 이동
㉢ 정류자와 브러시 부근에서 불꽃 발생(정류불량의 원인)

중 제1장 직류기

09 직류전동기의 발전제동 시 사용하는 저항의 주된 용도는?

① 전압강하
② 전류의 감소
③ 전력의 소비
④ 전류의 방향 전환

해설 발전제동

운전 중인 전동기를 전원에서 분리하여 발전기로 작용시키고, 회전체의 운동에너지를 전기적인 에너지로 변환하여 이것을 저항에서 열에너지로 소비시켜서 제동하는 방법이다.

상 제4장 유도기

10 농형 전동기의 결점인 것은?

① 기동 [kVA]가 크고 기동토크가 크다.
② 기동 [kVA]가 작고 기동토크가 작다.
③ 기동 [kVA]가 작고 기동토크가 크다.
④ 기동 [kVA]가 크고, 기동토크가 작다.

해설 농형 유도전동기의 특성

㉠ 구조는 대단히 견고하고 취급방법이 간단하다.
㉡ 가격이 저렴하고 역률, 효율이 높다.
㉢ 기동전류(=기동용량[kVA])가 크고 기동토크가 작다.
㉣ 소형 및 중형에서 많이 사용된다.

중 제2장 동기기

11 동기전동기에 관한 다음 기술사항 중 틀린 것은?

① 회전수를 조정할 수 없다.
② 직류여자기가 필요하다.
③ 난조가 일어나기 쉽다.
④ 역률을 조정할 수 없다.

해설

동기전동기는 역률 1.0으로 운전이 가능하여 다른 기기에 비해 효율이 높고 필요 시 여자전류를 변화하여 역률을 조정할 수 있다.

정답 06. ① 07. ③ 08. ④ 09. ③ 10. ④ 11. ④

하 제4장 유도기

12 유도전압조정기의 설명을 옳게 한 것은?

① 단락권선은 단상 및 3상 유도전압조정기 모두 필요하다.
② 3상 유도전압조정기에는 단락권선이 필요 없다.
③ 3상 유도전압조정기의 1차와 2차 전압은 동상이다.
④ 단상 유도전압조정기의 기전력은 회전자계에 의해서 유도된다.

해설 단상, 3상 유도전압조정기 비교

단상 유도전압조정기	3상 유도전압조정기
㉠ 교번자계 이용	㉠ 회전자계 이용
㉡ 단락권선 있음	㉡ 단락권선 없음
㉢ 1·2차 전압 사이 위상차 없음	㉢ 1·2차 전압 사이 위상차 있음

중 제3장 변압기

13 권수비 10 : 1인 동일 정격의 3대의 단상 변압기를 Y－△로 결선하여 2차 단자에 200[V], 75[kVA]의 평형부하를 걸었을 때 각 변압기의 1차 권선의 전류 및 1차 선간전압을 구하면? (단, 여자전류와 임피던스는 무시한다.)

① 21.6[A], 2000[V] ② 12.5[A], 2000[V]
③ 21.6[A], 3464[V] ④ 12.5[A], 3464[V]

해설

변압기 권수비 $a = \dfrac{E_1}{E_2} = \dfrac{N_1}{N_2} = \dfrac{I_2}{I_1}$ 에서

$\dfrac{N_1}{N_2} = \dfrac{10}{1} = 10$

㉠ Y－△ 결선 시 2차 선전류

$I_2 = \dfrac{P}{\sqrt{3}\,V_n} = \dfrac{75}{\sqrt{3}\times 0.2} = 216.5[A]$

2차 상전류 $I_2 = \dfrac{I_l}{\sqrt{3}} = \dfrac{216.5}{\sqrt{3}} = 125[A]$에서

1차 권선의 전류 $I_1 = \dfrac{I_2}{a} = \dfrac{125}{10} = 12.5[A]$

㉡ 단상변압기 1차 상전압
$E_1 = aE_2 = 10 \times 200 = 2000[V]$
1차 선간전압
$V_n = \sqrt{3}\,E_1 = \sqrt{3} \times 2000 = 3464[V]$

중 제5장 정류기

14 단상 반파의 정류효율은?

① $\dfrac{4}{\pi^2} \times 100[\%]$ ② $\dfrac{\pi^2}{4} \times 100[\%]$

③ $\dfrac{8}{\pi^2} \times 100[\%]$ ④ $\dfrac{\pi^2}{8} \times 100[\%]$

해설 정류효율

㉠ 단상 반파정류 $= \dfrac{4}{\pi^2} \times 100 = 40.6[\%]$

㉡ 단상 전파정류 $= \dfrac{8}{\pi^2} \times 100 = 81.2[\%]$

상 제1장 직류기

15 직류발전기의 계자철심에 잔류자기가 없어도 발전을 할 수 있는 발전기는?

① 타여자발전기   ② 분권발전기
③ 직권발전기   ④ 복권발전기

해설

타여자발전기는 계자권선이 별도의 회로이므로 잔류자기가 없어도 전압 확립이 가능하다.

하 제2장 동기기

16 동기발전기의 병렬운전 시 동기화력은 부하각 δ와 어떠한 관계가 있는가?

① $\sin\delta$에 비례   ② $\cos\delta$에 비례
③ $\sin\delta$에 반비례   ④ $\cos\delta$에 반비례

해설

동기화력(P_s) : 병렬운전 중인 두 동기발전기를 동기상태로 유지시키려는 힘

$P_s = \dfrac{E^2}{2Z_s}\cos\delta \fallingdotseq \dfrac{E^2}{2x_s}\cos\delta \propto \cos\delta$

중 제6장 특수기기

17 속도변화에 편리한 교류 전동기는?

① 농형 전동기
② 2중 농형 전동기
③ 동기전동기
④ 시라게전동기

정답 12. ② 13. ④ 14. ① 15. ① 16. ② 17. ④

해설 시라게전동기(＝슈라게전동기)

㉠ 권선형 유도전동기의 회전자에 접속된 브러시의 간격을 변화시켜 속도를 제어하는 기기로 속도변화가 편리하다.
㉡ 일반 권선형 유도전동기와 반대로 1차 권선을 회전자로 하고 2차를 고정자로 하여 사용한다.

상 제2장 동기기

18 코일피치와 자극피치의 비를 β라 하면 기본파의 기전력에 대한 단절계수는?

① $\sin\beta\pi$

② $\cos\beta\pi$

③ $\sin\dfrac{\beta\pi}{2}$

④ $\cos\dfrac{\beta\pi}{2}$

해설 단절권

자극피치보다 코일피치가 작은 권선법이다.

단절계수 $K_p = \sin\dfrac{\beta\pi}{2}$

여기서, $\beta = \dfrac{\text{코일 피치}}{\text{극 피치}} < 1$

상 제1장 직류기

19 직권전동기에서 위험속도가 되는 경우는?

① 정격전압, 무부하
② 저전압, 과여자
③ 전기자에 저저항 접속
④ 정격전압, 과부하

해설

직류전동기의 회전속도 $n \propto k\dfrac{E_c}{\phi}$

㉠ 직권전동기 위험속도 : 정격전압, 무부하
㉡ 분권전동기 위험속도 : 정격전압, 무여자

상 제3장 변압기

20 30[kVA], 3300/200[V], 60[Hz]의 3상 변압기 2차측에 3상 단락이 생겼을 경우 단락전류는 약 몇 [A]인가? (단, %임피던스전압은 3[%]라 함)

① 2250

② 2620

③ 2730

④ 2886

해설

변압기 2차 정격전류

$$I_n = \dfrac{P}{\sqrt{3}\,V_2} = \dfrac{30}{\sqrt{3}\times0.2} = 50\sqrt{3} = 86.6[\text{A}]$$

2차측 3상 단락전류

$$I_s = \dfrac{100}{\%Z}\times I_n = \dfrac{100}{3}\times86.6 = 2886[\text{A}]$$

중 제3장 변압기

01 단상 변압기의 무부하상태에서 $V_1 = 200 \sin(\omega t + 30°)$[V]의 전압이 인가되었을 때 $I_o = 3\sin(\omega t + 60°) + 0.7\sin(3\omega t + 180°)$ [A]의 전류가 흘렀다. 이때 무부하손은 약 몇 [W]인가?

① 150
② 259.8
③ 415.2
④ 512

해설

주파수가 같은 전압과 전류의 실효값으로 전력계산을 한다.
$$P = E_1 I_1 \cos\theta = \frac{200}{\sqrt{2}} \times \frac{3}{\sqrt{2}} \times \cos(60-30)$$
$$= 259.8[\text{W}]$$

하 제6장 특수기기

02 단상 직권 정류자전동기의 전기자권선과 계자권선에 대한 설명으로 틀린 것은?

① 계자권선의 권수를 적게 한다.
② 전기자권선의 권수를 크게 한다.
③ 변압기 기전력을 적게 하여 역률 저하를 방지한다.
④ 브러시로 단락되는 코일 중의 단락전류를 크게 한다.

해설 단상 직권 정류자전동기의 특성

㉠ 전기자, 계자 모두 성층철심을 사용한다.
㉡ 역률 및 토크 감소를 해결하기 위해 계자권선의 권수를 감소하고 전기자권선수를 증가한다.
㉢ 보상권선을 설치하여 전기자반작용을 감소시킨다.
㉣ 브러시와 정류자 사이에서 단락전류가 커져 정류작용이 어려워지므로 고저항의 도선을 전기자코일과 정류자편 사이에 접속하여 단락전류를 억제한다.

중 제1장 직류기

03 전부하 시의 단자전압이 무부하 시의 단자전압보다 높은 직류발전기는?

① 분권발전기
② 평복권발전기
③ 과복권발전기
④ 차동복권발전기

해설

과복권발전기의 경우 단자전압(V_n)이 무부하 시 전압(V_0)보다 높아서 전압변동률이 '-'로 나타난다.
$$\varepsilon = \frac{V_0 - V_n}{V_n} \times 100[\%]$$
여기서, V_0 : 무부하전압
V_n : 단자전압
㉠ $\varepsilon(+)$: 타여자, 분권, 부족복권, 차동복권
㉡ $\varepsilon(0)$: 평복권
㉢ $\varepsilon(-)$: 과복권, 직권

상 제1장 직류기

04 직류기의 다중 중권 권선법에서 전기자 병렬회로 수 a와 극수 P 사이의 관계로 옳은 것은? (단, m은 다중도이다.)

① $a = 2$
② $a = 2m$
③ $a = P$
④ $a = mP$

해설 중권 권선법

㉠ 단중의 경우 : $a = P$
㉡ 다중도 m의 경우 : $a = mP$
여기서, a : 병렬회로수
P : 극수

중 제4장 유도기

05 슬립 s_t에서 최대 토크를 발생하는 3상 유도전동기에 2차측 한 상의 저항을 r_2라 하면 최대 토크로 기동하기 위한 2차측 한 상에 외부로부터 가해주어야 할 저항[Ω]은?

① $\dfrac{1-s_t}{s_t} r_2$
② $\dfrac{1+s_t}{s_t} r_2$
③ $\dfrac{r_2}{1-s_t}$
④ $\dfrac{r_2}{s_t}$

해설

최대 토크 $T_m \propto \dfrac{r_2}{s_t} = \dfrac{mr_2}{ms_t}$

기동토크와 전부하토크(최대 토크로 해석)가 같을 경우의 슬립 $s = 1$이므로 $\dfrac{r_2}{s_t} = \dfrac{r_2 + R}{1}$

외부에서 가해야 할 저항 $R = \dfrac{1-s_t}{s_t} r_2[Ω]$

정답 01. ② 02. ④ 03. ③ 04. ④ 05. ①

상 제3장 변압기

06 단상 변압기를 병렬운전할 경우 부하전류의 분담은?

① 용량에 비례하고 누설임피던스에 비례
② 용량에 비례하고 누설임피던스에 반비례
③ 용량에 반비례하고 누설리액턴스에 비례
④ 용량에 반비례하고 누설리액턴스의 제곱에 비례

해설

변압기의 병렬운전 시 부하전류의 분담은 정격용량에 비례하고 누설임피던스의 크기에 반비례하여 운전된다.

하 제6장 특수기기

07 스텝모터(step motor)의 장점으로 틀린 것은?

① 회전각과 속도는 펄스수에 비례한다.
② 위치제어를 할 때 각도 오차가 적고 누적된다.
③ 가속, 감속이 용이하며 정·역전 및 변속이 쉽다.
④ 피드백 없이 오픈루프로 손쉽게 속도 및 위치제어를 할 수 있다.

해설 스텝모터(step motor)의 특징

㉠ 기동, 정지, 정회전, 역회전이 용이하고 신호에 대한 응답성이 좋다.
㉡ 제어가 간단하고 정밀한 동기운전이 가능하며, 오차도 누적되지는 않는다.
㉢ 피드백루프가 필요없어 오픈루프로 손쉽게 속도 및 위치제어가 가능하다.
㉣ 가·감속 운전과 정·역전 및 변속이 용이하다.
㉤ 모터의 제어가 간단하고 디지털 제어회로와 조합이 용이하다.
㉥ 브러시 등의 접촉부분이 없어 수명이 길고 신뢰성이 높다.
㉦ 회전각도는 입력펄스신호의 수에 비례하고 회전속도는 펄스주파수에 비례한다.

중 제4장 유도기

08 380[V], 60[Hz], 4극, 10[kW]인 3상 유도전동기의 전부하슬립이 4[%]이다. 전원전압을 10[%] 낮추는 경우 전부하슬립은 약 몇 [%]인가?

① 3.3
② 3.6
③ 4.4
④ 4.9

해설

슬립과 전압의 관계 $s \propto \dfrac{1}{V_1^{\,2}}$

공급전압이 380[V]에서 10[%] 감소 시 공급전압이 342[V]로 되므로

$$0.04 : s_2 = \frac{1}{380^2} : \frac{1}{342^2}$$

슬립 $s_2 = 0.04 \times \dfrac{1}{342^2} \times 380^2 = 0.0493$

따라서 슬립은 약 4.9[%]이다.

상 제4장 유도기

09 3상 권선형 유도전동기의 기동 시 2차측 저항을 2배로 하면 최대 토크값은 어떻게 되는가?

① 3배로 된다.
② 2배로 된다.
③ 1/2로 된다.
④ 변하지 않는다.

해설

최대 토크 $T_m \propto \dfrac{r_2}{s_t} = \dfrac{mr_2}{ms_t}$ 에서 2차측 저항의 증감에 따라 최대 토크의 발생 슬립이 비례하여 변화되므로 최대 토크는 변하지 않는다.

상 제1장 직류기

10 직류 분권전동기에서 정출력 가변속도의 용도에 적합한 속도제어법은?

① 계자제어
② 저항제어
③ 전압제어
④ 극수제어

해설

전동기 출력 $P_o = \omega T = 2\pi \dfrac{N}{60} \cdot k\phi I_a$ [W]

회전수와 자속 관계는 $N \propto \dfrac{1}{\phi}$ 이므로 계자제어(ϕ)는 출력 P_o 가 거의 일정하다.

중 제1장 직류기

11 직류 분권전동기의 전기자전류가 10[A]일 때 5[N·m]의 토크가 발생하였다. 이 전동기의 계자의 자속이 80[%]로 감소되고, 전기자전류가 12[A]로 되면 토크는 약 몇 [N·m]인가?

① 3.9
② 4.3
③ 4.8
④ 5.2

☑ 해설

토크 $T=\dfrac{PZ\phi I_a}{2\pi a}[\mathrm{N\cdot m}]$

$T \propto k\phi I_a$

여기서, $k=\dfrac{PZ}{2\pi a}$

전기자전류와 자속이 10[A], 100[%]에서 12[A], 80[%]로 변화되었으므로 $5:10\times100=T:12\times80$이다.

토크 $T=5\times12\times80\times\dfrac{1}{10\times100}=4.8[\mathrm{N\cdot m}]$

중 제3장 변압기

12 권수비가 a인 단상변압기 3대가 있다. 이것을 1차에 △, 2차에 Y로 결선하여 3상 교류평형회로에 접속할 때 2차측의 단자전압을 V[V], 전류를 I[A]라고 하면 1차측의 단자전압 및 선전류는 얼마인가? (단, 변압기의 저항, 누설리액턴스, 여자전류는 무시한다.)

① $\dfrac{aV}{\sqrt{3}}$ [V], $\dfrac{\sqrt{3}\,I}{a}$ [A]

② $\sqrt{3}\,aV$[V], $\dfrac{I}{\sqrt{3}\,a}$ [A]

③ $\dfrac{\sqrt{3}\,V}{a}$ [V], $\dfrac{aI}{\sqrt{3}}$ [A]

④ $\dfrac{V}{\sqrt{3}\,a}$ [V], $\sqrt{3}\,aI$[A]

☑ 해설

변압기 권수비 $a=\dfrac{E_1}{E_2}=\dfrac{N_1}{N_2}=\dfrac{I_2}{I_1}$

㉠ 2차측이 Y결선으로 단자전압(=선간전압)이 V이므로 상전압은 $E_2=\dfrac{V}{\sqrt{3}}$이고 1차측으로 상전압으로 변환하면 $E_1=aE_2=\dfrac{aV}{\sqrt{3}}$으로 된다. 이때 1차측이 △결선으로 상전압과 선간전압이 같으므로 1차 단자전압은 $V_1=\dfrac{aV}{\sqrt{3}}$으로 된다.

㉡ 2차측이 Y결선으로 선전류와 상전류가 같으므로 상전류는 I가 되고 1차측 상전류로 변환하면 $I_1=\dfrac{I_2}{a}=\dfrac{I}{a}$로 된다. 이때 △결선 선전류로 변환하면 $\sqrt{3}$배 상승하므로 1차 선전류는 $I_1=\dfrac{\sqrt{3}\,I}{a}$으로 된다.

하 제5장 정류기

13 3상 전원전압 220[V]를 3상 반파정류회로의 각 상에 SCR을 사용하여 정류제어할 때 위상각을 60°로 하면 순저항부하에서 얻을 수 있는 출력전압 평균값은 약 몇 [V]인가?

① 128.65　　② 148.55

③ 257.3　　④ 297.1

상 제2장 동기기

14 유도자형 동기발전기의 설명으로 옳은 것은?

① 전기자만 고정되어 있다.
② 계자극만 고정되어 있다.
③ 회전자가 없는 특수 발전기이다.
④ 계자극과 전기자가 고정되어 있다.

☑ 해설

유도자형 발전기는 계자 및 전기자 모두 고정된 상태로 발전이 되는데 실험실 전원 등으로 사용된다.

중 제2장 동기기

15 3상 동기발전기의 여자전류 10[A]에 대한 단자전압이 $1000\sqrt{3}$ [V], 3상 단락전류가 50[A]인 경우 동기임피던스는 몇 [Ω]인가?

① 5　　② 11

③ 20　　④ 34

☑ 해설

동기임피던스 $Z_s=\dfrac{E}{I_s}=\dfrac{\frac{V_n}{\sqrt{3}}}{I_s}=\dfrac{\frac{1000\sqrt{3}}{\sqrt{3}}}{50}=20[\Omega]$

여기서, E : 1상의 유기기전력
V_n : 3상 단자전압

하 제2장 동기기

16 동기발전기에서 무부하 정격전압일 때의 여자전류를 I_{f0}, 정격부하 정격전압일 때의 여자전류를 I_{f1}, 3상 단락 정격전류에 대한 여자전류를 I_{fs}라 하면 정격속도에서의 단락비 K는?

① $K=\dfrac{I_{fs}}{I_{f0}}$　　② $K=\dfrac{I_{f0}}{I_{fs}}$

③ $K=\dfrac{I_{fs}}{I_{f1}}$　　④ $K=\dfrac{I_{f1}}{I_{fs}}$

해설 단락비(K)

정격속도에서 무부하 정격전압 V_n[V]를 발생시키는데 필요한 계자전류 I_{f0}[A]와, 정격전류 I_n[A]와 같은 지속단락전류가 흐르도록 하는데 필요한 계자전류 I_{fs}[A]의 비

중 제3장 변압기

17 변압기의 습기를 제거하여 절연을 향상시키는 건조법이 아닌 것은?

① 열풍법 ② 단락법
③ 진공법 ④ 건식법

해설

변압기의 권선과 철심을 건조함으로써 습기를 없애고 절연을 향상시킬 수 있는데 건조법에는 열풍법, 단락법, 진공법이 있다.

하 제2장 동기기

18 극수 20, 주파수 60[Hz]인 3상 동기발전기의 전기자권선이 2층 중권, 전기자 전 슬롯수 180, 각 슬롯 내의 도체수 10, 코일피치 7 슬롯인 2중 성형결선으로 되어 있다. 선간전압 3300[V]를 유도하는데 필요한 기본파 유효자속은 약 몇 [Wb]인가? (단, 코일피치와 자극피치의 비 $\beta = \dfrac{7}{9}$ 이다.)

① 0.004 ② 0.062
③ 0.053 ④ 0.07

해설

1상의 권수 $N = \dfrac{180 \times 10}{2} \times \dfrac{1}{3} \times \dfrac{1}{2} = 150$회

분포계수 3상이므로,
상수 $m = 3$

매극매상당 슬롯수 $q = \dfrac{180}{3 \times 20} = 3$

분포계수 $K_d = \dfrac{\sin\dfrac{n\pi}{2m}}{q\sin\dfrac{n\pi}{2mq}} = \dfrac{\sin\dfrac{\pi}{2\times3}}{3\sin\dfrac{\pi}{2\times3\times3}} = 0.96$

단절권계수 $K_P = \sin\dfrac{\beta\pi}{2} = \sin\dfrac{\frac{7}{9}\pi}{2} = 0.94$

권선계수 $k_w = k_d \cdot k_p = 0.96 \times 0.94 = 0.9$

1상의 유기기전력 $E = 4.44K_w f N\phi$[V]에서

기본파 유효자속 $\phi = \dfrac{\frac{3300}{\sqrt{3}}}{4.44 \times 0.9 \times 60 \times 150}$
늑 0.053[Wb]

상 제5장 정류기

19 2방향성 3단자 사이리스터는 어느 것인가?

① SCR ② SSS
③ SCS ④ TRIAC

해설

㉠ TRIAC(트라이액) : 2방향 3단자
㉡ SCR : 단방향 3단자
㉢ SSS : 2방향 2단자
㉣ SCS : 단방향 4단자

중 제4장 유도기

20 일반적인 3상 유도전동기에 대한 설명으로 틀린 것은?

① 불평형 전압으로 운전하는 경우 전류는 증가하나 토크는 감소한다.
② 원선도 작성을 위해서는 무부하시험, 구속시험, 1차 권선저항 측정을 하여야 한다.
③ 농형은 권선형에 비해 구조가 견고하며 권선형에 비해 대형전동기로 널리 사용된다.
④ 권선형 회전자의 3선 중 1선이 단선되면 동기속도의 50[%]에서 더 이상 가속되지 못하는 현상을 게르게스현상이라 한다.

해설

농형 유도전동기의 기동 시 기동전류가 크고 기동토크가 작기 때문에 비례추이를 이용하여 기동전류가 작고 기동토크가 큰 권선형 유도전동기를 대형전동기로 사용할 수 있다.

하 | 제6장 특수기기

01 브러시의 위치를 바꾸어서 회전방향을 바꿀 수 있는 전기기계가 아닌 것은?

① 톰슨형 반발전동기
② 3상 직권 정류자전동기
③ 시라게전동기
④ 정류자형 주파수변환기

해설

정류자형 주파수변환기는 3상 회전변류기의 전기자권선과 거의 같은 구조로서, 자극면마다 전기각 $\dfrac{2\pi}{3}$ 의 간격으로 3조의 브러시를 갖고 있는 구조로서 전원주파수 f_1에 임의의 주파수 f_2를 변환하여 $f = f_1 + f_2$ 주파수를 얻을 수 있는 기계이다.

상 | 제2장 동기기

02 화학공장에서 선로의 역률은 앞선 역률 0.7이었다. 이 선로에 동기조상기를 병렬로 결선해서 과여자로 하면 선로의 역률은 어떻게 되는가?

① 뒤진 역률이며 역률은 더욱 나빠진다.
② 뒤진 역률이며 역률은 더욱 좋아진다.
③ 앞선 역률이며 역률은 더욱 좋아진다.
④ 앞선 역률이며 역률은 더욱 나빠진다.

해설 동기조상기

㉠ 과여자운전 : 앞선 역률이 되며 전기자전류가 증가한다.
㉡ 부족여자운전 : 뒤진 역률이 되며 전기자전류가 증가한다.
∴ 앞선 역률에서 동기조상기로 과여자로 운전하면 앞선 전류가 더욱 증가하여 피상전류가 증가해 선로의 역률은 나빠진다.

상 | 제3장 변압기

03 부하에 관계없이 변압기에 흐르는 전류로서 자속만을 만드는 것은?

① 1차 전류
② 철손전류
③ 여자전류
④ 자화전류

해설

무부하시험 시 변압기 2차측을 개방하고 1차측에 정격전압 V_1을 인가할 경우 전력계에 나타나는 값은 철손이고, 전류계의 값은 무부하전류 I_o가 된다. 여기서 무부하전류(I_o)는 철손전류(I_i)와 자화전류(I_m)의 합으로 자화전류는 자속만을 만드는 전류이다.

상 | 제3장 변압기

04 전기기기에 사용되는 절연물의 종류 중 H종 절연물에 해당되는 최고 허용온도는?

① 105℃
② 120℃
③ 155℃
④ 180℃

해설 절연물의 절연에 따른 허용온도의 종별 구분

Y종(90℃), A종(105℃), E종(120℃), B종(130℃), F종(150℃), H종(180℃), C종(180℃ 초과)

중 | 제3장 변압기

05 3상 전원에서 2상 전원을 얻기 위한 변압기의 결선방법은?

① △
② T
③ Y
④ V

해설 스코트결선(T결선)

T좌 변압기는 주좌 변압기와 용량은 같게 하고 권수비만 주좌 변압기의 1차측 탭의 86.6[%]로 선정한다.

하 | 제1장 직류기

06 직류분권발전기의 무부하포화곡선이 $V = \dfrac{940i_f}{33 + i_f}$, i_f는 계자전류[A], V는 무부하 전압[V]으로 주어질 때 계자저항이 20[Ω]이면 몇 [V]의 전압이 유기되는가?

① 140[V]
② 160[V]
③ 280[V]
④ 300[V]

해설

단자전압 $V_n = I_f \times r_f = I_f \times 20 = \dfrac{940I_f}{33+I_f}$ 에서

$I_f \times 20 \times (33+I_f) = 940I_f$ 이고, $33+I_f = \dfrac{940}{20} = 47$

이 되므로 여자전류는 $I_f = 47-33 = 14[\text{A}]$이 된다.

따라서 무부하 단자전압 $V = I_f \cdot r_f = 14 \times 20 = 280[\text{V}]$

중 | **제1장 직류기**

07 종축에 단자전압, 횡축에 정격전류의 [%]로 눈금을 적은 외부특성곡선이 겹쳐지는 두 대의 분권발전기가 있다. 용량이 각각 100[kW], 200[kW]이고 정격전압은 100[V]이다. 부하전류가 150[A]일 때 각 발전기의 분담전류는 몇 [A]인가?

① $I_1 = 50[\text{A}]$, $I_2 = 100[\text{A}]$

② $I_1 = 75[\text{A}]$, $I_2 = 75[\text{A}]$

③ $I_1 = 100[\text{A}]$, $I_2 = 50[\text{A}]$

④ $I_1 = 70[\text{A}]$, $I_2 = 80[\text{A}]$

해설

부하전류 분담은 발전기 용량에 비례하므로

$I_1 : I_2 = 100 : 200$

$100I_2 = 200I_1$ 에서 $I_2 = 2I_1$

두 발전기의 부하전류의 합 $I_1 + I_2 = 150[\text{A}]$

$I_1 + 2I_1 = 150[\text{A}]$

$I_1 = \dfrac{150}{3} = 50[\text{A}]$

I_1이 50[A]이면 $I_2 = 2I_1 = 2 \times 50 = 100[\text{A}]$

중 | **제2장 동기기**

08 동기발전기에서 전기자권선과 계자권선이 모두 고정되고 유도자가 회전하는 것은?

① 수차발전기   ② 고주파발전기

③ 터빈발전기   ④ 엔진발전기

해설 회전형태에 따른 구분

㉠ 회전계자형 : 계자를 회전자로 사용하는 경우로 대부분의 동기발전기에 사용

㉡ 회전전기자형 : 전기자를 회전자로 사용하는 경우로 연구 및 소전력 발생 시에 따른 일부에서 사용

㉢ 유도자형 : 계자, 전기자 모두 고정되서 발전하는 방식으로 고주파발전기 등에 사용

상 | **제1장 직류기**

09 직류분권전동기가 있다. 전 도체수 100, 단중 파권으로 자극수는 4, 자속수 3.14[Wb]이다. 여기에 부하를 걸어 전기자에 5[A]의 전류가 흐르고 있다면 이 전동기의 토크[N·m]는 약 얼마인가?

① 400   ② 450

③ 500   ④ 550

해설

토크 $T = \dfrac{PZ\phi I_a}{2\pi a} = \dfrac{4 \times 100 \times 3.14 \times 5}{2 \times 3.14 \times 2} = 500[\text{N}\cdot\text{m}]$

(병렬회로수는 파권이므로 $a = 2$)

중 | **제1장 직류기**

10 자극수 4, 슬롯수 40, 슬롯 내부코일변수 4인 단중 중권 직류기의 정류자편수는?

① 80   ② 40

③ 20   ④ 1

해설

정류자편수는 코일수와 같고

총 코일수 $= \dfrac{\text{총 도체수}}{2}$ 이므로

정류자편수 $K = \dfrac{\text{슬롯수} \times \text{슬롯내 코일변수}}{2}$

$= \dfrac{40 \times 4}{2} = 80$개

상 | **제1장 직류기**

11 직권전동기에서 위험속도가 되는 경우는?

① 정격전압, 무부하

② 저전압, 과여자

③ 전기자에 저저항 접속

④ 정격전압, 과부하

해설

직류전동기의 회전속도 $n \propto k\dfrac{E_c}{\phi}$

• 직권전동기 위험속도 : 정격전압, 무부하

• 분권전동기 위험속도 : 정격전압, 무여자

상 제2장 동기기

12 슬롯수 48의 고정자가 있다. 여기에 3상 4극의 2층권을 시행할 때 매극 매상의 슬롯수와 총 코일수는?

① 4과 48

② 12와 48

③ 12과 24

④ 9와 24

해설

매극 매상당 슬롯수 $q = \dfrac{\text{총 슬롯수}}{\text{극수} \times \text{상수}} = \dfrac{48}{4 \times 3} = 4$

$\text{총 코일수} = \dfrac{\text{총 도체수}}{2}$

$= \dfrac{\text{슬롯수} \times \text{슬롯 내부도체수}}{2}$

$= \dfrac{48 \times 2}{2} = 48$

상 제2장 동기기

13 3상 동기발전기에 3상 전류(평형)가 흐를 때 전기자반작용은 이 전류가 기전력에 대하여 A일 때 감자작용이 되고 B일 때 증자작용이 된다. A, B에 적당한 것은?

① A : 90° 뒤질 때, B : 90° 앞설 때

② A : 90° 앞설 때, B : 90° 뒤질 때

③ A : 90° 뒤질 때, B : 90° 동상일 때

④ A : 90° 동상일 때, B : 90° 앞설 때

해설 전기자반작용

3상 부하전류(전기자전류)에 의한 회전자속이 계자자속에 영향을 미치는 현상

㉠ 교차자화작용(횡축반작용) : 전기자전류 I_a와 기전력 E 가 동상인 경우(R부하인 경우)

㉡ 감자작용(직축반작용) : 전기자전류 I_a가 기전력 E보 다 위상이 90° 늦은 경우(L부하인 경우)

㉢ 증자작용(직축반작용) : 전기자전류 I_a가 기전력 E보 다 위상이 90° 앞선 경우(C부하인 경우)

상 제2장 동기기

14 동기발전기 2대로 병렬운전할 때 일치하지 않아도 되는 것은?

① 기전력의 크기

② 기전력의 위상

③ 부하전류

④ 기전력의 주파수

해설 동기발전기의 병렬운전

㉠ 기전력의 크기가 같을 것

㉡ 기전력의 위상이 같을 것

㉢ 기전력의 주파수가 같을 것

㉣ 기전력의 파형이 같을 것

㉤ 기전력의 상회전 방향이 같을 것

• 병렬운전 시 달라도 되는 조건 : 용량, 출력, 부하전류, 임피던스

상 제2장 동기기

15 교류기에서 유기기전력의 특정 고조파분을 제거하고 또 권선을 절약하기 위하여 자주 사용되는 권선법은?

① 전절권

② 분포권

③ 집중권

④ 단절권

해설 단절권의 특징

㉠ 전절권에 비해 유기기전력은 감소된다.

㉡ 고조파를 제거하여 기전력의 파형을 좋게 한다.

㉢ 코일 끝부분의 길이가 단축되어 기계 전체의 크기가 축소된다.

㉣ 구리의 양이 적게 든다.

㉤ 특정 차수의 고조파 제거 $K_p = \sin \dfrac{n\beta\pi}{2}$

상 제3장 변압기

16 대용량 발전기 권선의 층간 단락보호에 가장 적합한 계전방식은?

① 과부하계전기

② 접지계전기

③ 차동계전기

④ 온도계전기

해설 차동계전기

발전기, 변압기, 모선 등의 단락사고 시 검출용으로 사용된다.

하 제3장 변압기

17 변압기유의 열화방지방법 중 틀린 것은?

① 개방형 콘서베이터

② 수소봉입방식

③ 밀봉방식

④ 흡착제방식

해설

변압기유의 열화를 방지하기 위해 외부 공기와의 접촉을 차단하여야 하므로 질소가스를 봉입하여 사용한다.

※ 변압기 용량에 따른 변압기유 열화방지방법
ㄱ 1[MVA] 이하 : 호흡기(Breather) 설치
ㄴ 1[MVA] ~ 3[MVA] 이하 : 개방형 콘서베이터 + 호흡기(Breather) 설치
ㄷ 3[MVA] 이상 : 밀폐형 콘서베이터 설치

하 제2장 동기기

18 터빈발전기 출력 1350[kVA], 3600[rpm], 2극, 11[kV]일 때 역률 80[%]에서 전부하 효율이 96[%]라 하면 손실전력[kW]은?

① 36.6
② 45
③ 56.6
④ 65

해설

입력 $P_1 = \dfrac{1350 \times 0.8}{0.96} = 1125[\text{kW}]$

출력 $P_2 = 1350 \times 0.8 = 1080[\text{kW}]$

손실전력 $P_c = P_1 - P_2 = 1125 - 1080 = 45[\text{kW}]$

상 제5장 정류기

19 사이리스터에서의 래칭(latching)전류에 관한 설명으로 옳은 것은?

① 게이트를 개방한 상태에서 사이리스터 도통 상태를 유지하기 위한 최소의 순전류
② 게이트 전압을 인가한 후에 급히 제거한 상태에서 도통 상태가 유지되는 최소의 순전류
③ 사이리스터의 게이트를 개방한 상태에서 전압이 상승하면 급히 증가하게 되는 순전류
④ 사이리스터가 턴온하기 시작하는 순전류

해설 사이리스터 전류의 정의
ㄱ 래칭전류 : 사이리스터를 Turn on 하는 데 필요한 최소의 Anode 전류
ㄴ 유지전류 : 게이트를 개방한 상태에서도 사이리스터가 on 상태를 유지하는 데 필요한 최소의 Anode 전류

하 제5장 정류기

20 트랜지스터에 비해 스위칭속도가 매우 빠른 이점이 있는 반면에 용량이 적어서 비교적 저전력용에 주로 사용되는 전력용 반도체소자는?

① SCR
② GTO
③ IGBT
④ MOSFET

해설 MOSFETC(Metal Oxide Semiconductor Field Effect transistor, 산화막 반도체 전기 장효과 트랜지스터)

ㄱ 스위칭주파수가 높아 고속스위칭이 가능
ㄴ 저전압 대전류용으로 저전력에서 사용

상 제1장 직류기

01 직류발전기에서 회전속도가 빨라지면 정류가 힘든 이유는?

① 리액턴스 전압이 커진다.
② 정류자속이 감소한다.
③ 브러시 접촉저항이 커진다.
④ 정류주기가 길어진다.

해설

리액턴스 전압 $e_L = L \dfrac{2I_c}{T_c}$[V]에서

$T_c \propto \dfrac{1}{v}$ (여기서, T_c : 정류주기, v : 회전속도)

직류기에서 정류 시 회전속도가 증가되면 정류주기가 감소하여 리액턴스 전압이 커지므로 정류가 불량해진다.

하 제1장 직류기

02 직류분권발전기의 전기자저항이 0.05[Ω]이다. 단자전압이 200[V], 회전수 1500[rpm]일 때 전기자전류가 100[A]이다. 이것을 전동기로 사용하여 전기자전류와 단자전압이 같을 때 회전속도[rpm]는? (단, 전기자반작용은 무시한다.)

① 1427
② 1577
③ 1620
④ 1800

해설

유기기전력
$E_a = V_n + I_a \cdot r_a = 200 + 100 \times 0.05 = 205$[V]
역기전력
$E_c = V_n - I_a \cdot r_a = 200 - 100 \times 0.05 = 195$[V]
전동기로 운전 시 회전수

$N_{전동기} = N_{발전기} \times \dfrac{E_c}{E_a} = 1500 \times \dfrac{195}{205}$

$= 1426.82 ≒ 1427$[rpm]

중 제2장 동기기

03 정격출력 10000[kVA], 정격전압 6600[V], 정격 역률 0.6인 3상 동기발전기가 있다. 동기리액턴스 0.6[p.u]인 경우의 전압변동률[%]을 구하면?

① 21[%]
② 31[%]
③ 40[%]
④ 52[%]

해설 단위법(p.u법)

㉠ 무부하전압 $E = V_0 = \sqrt{0.6^2 + (0.6 + 0.8)^2}$
$= 1.523$[pu]
㉡ 정격전압 $V = 1$
㉢ 전압변동율 $\%\varepsilon = \dfrac{(V_0 - V)}{V} \times 100$

$= \dfrac{(1.523 - 1)}{1} \times 100$

$= 52.32$[%]

하 제6장 특수기기

04 자동제어장치에 쓰이는 서보모터(servo motor)의 특성을 나타내는 것 중 틀린 것은?

① 빈번한 시동, 정지, 역전 등의 가혹한 상태에 견디도록 견고하고 큰 돌입전류에 견딜 것
② 시동토크는 크나, 회전부의 관성모멘트가 작고 전기적 시정수가 짧을 것
③ 발생토크는 입력신호(入力信號)에 비례하고 그 비가 클 것
④ 직류서보모터에 비하여 교류서보모터의 시동토크가 매우 클 것

해설 서보모터의 특성

㉠ 시동 정지가 빈번한 상황에서도 견딜 수 있을 것
㉡ 큰 회전력을 가질 것
㉢ 회전자(Rotor)의 관성모멘트가 작을 것
㉣ 급제동 및 급가속(시동토크가 크다)에 대응할 수 있을 것(시정수가 짧을 것)
㉤ 토크의 크기는 직류서보모터가 교류서보모터보다 크다.

정답 01. ① 02. ① 03. ④ 04. ④

중 제3장 변압기

05 어떤 주상변압기가 $\frac{4}{5}$ 부하일 때 최대효율이 된다고 한다. 전부하에 있어서의 철손과 동손의 비 P_c/P_i는?

① 약 1.15   ② 약 1.56
③ 약 1.64   ④ 약 0.64

해설

최대효율이 되는 부하율 $\frac{1}{m} = \sqrt{\dfrac{P_i}{P_c}}$

주상변압기의 부하가 $\frac{4}{5}$ 일 때 최대효율이므로

$\frac{4}{5} = \sqrt{\dfrac{P_i}{P_c}}$ 에서 $\dfrac{P_c}{P_i} = \dfrac{5^2}{4^2} = 1.56$

중 제3장 변압기

06 변압비 10 : 1의 단상변압기 3대를 Y-△로 접속하여 2차측에 200[V], 75[kVA]의 3상 평형부하를 걸었을 때 1차측에 흐르는 전류는 몇 [A]인가?

① 10.5   ② 11.0
③ 12.5   ④ 13.5

해설

2차측 △결선의 상전류에 흐르는 전류
$I_2 = \dfrac{P}{\sqrt{3}\,V_n} \times \dfrac{1}{\sqrt{3}} = \dfrac{75}{\sqrt{3} \times 0.2} \times \dfrac{1}{\sqrt{3}}$
$= 125[A]$
따라서 1차측에 흐르는 전류
$I_1 = \dfrac{1}{a} I_2 = \dfrac{1}{10} \times 125 = 12.5[A]$

상 제3장 변압기

07 3000/200[V] 변압기의 1차 임피던스가 225[Ω]이면 2차 환산임피던스는 몇 [Ω]인가?

① 1.0   ② 1.5
③ 2.1   ④ 2.8

해설

권수비 $a = \dfrac{V_1}{V_2} = \dfrac{3000}{200} = 15$

2차 환산 임피던스 $Z_2 = \dfrac{Z_1}{a^2} = \dfrac{225}{15^2} = 1[\Omega]$

상 제4장 유도기

08 단상 유도전압조정기에서 단락권선의 역할은?

① 철손 경감   ② 전압강하 경감
③ 절연보호   ④ 전압조정 용이

해설

단락권선은 단상 유도전압조정기에서 나타나는 리액턴스에 의한 전압강하를 감소시킨다.

중 제4장 유도기

09 15[kW] 3상 유도전동기의 기계손이 350[W], 전부하 시의 슬립이 3[%]이다. 전부하 시의 2차 동손[W]은?

① 약 475[W]   ② 약 460.5[W]
③ 약 453[W]   ④ 약 439.5[W]

해설

2차 출력 $P_o = P + P_m = 15000 + 350 = 15350[W]$
(여기서, P_m : 기계손)
$P_o : P_c = 1-s : s$
2차 동손
$P_c = \dfrac{s}{1-s} P_o = \dfrac{0.03}{1-0.03} \times 15350 = 474.74[W]$

상 제2장 동기기

10 교류기에서 집중권이란 매극 매상의 슬롯수가 몇 개임을 말하는가?

① 1/2   ② 1
③ 2   ④ 5

해설

매극 매상당 슬롯수 $q = 1$인 경우

분포권계수가 $K_d = \dfrac{\sin \dfrac{\pi}{2m}}{q\sin \dfrac{\pi}{2mq}} = \dfrac{\sin \dfrac{\pi}{2m}}{1\sin \dfrac{\pi}{2m1}} = 1$

이므로 집중권과 같다.

중 제4장 유도기

11 단상 유도전동기의 기동 시 브러시를 필요로 하는 것은 다음 중 어느 것인가?

① 분상기동형   ② 반발기동형
③ 콘덴서기동형   ④ 셰이딩코일기동형

해설

반발기동형은 기동 시에는 반발전동기로 기동하고 기동 후에는 원심력 개폐기로 정류자를 단락시켜 농형 회전자로 기동하는데 브러시는 고정자권선과 회전자권선을 단락시킨다.

중 제1장 직류기

12 단자전압 110[V], 전기자전류 15[A], 전기자 회로의 저항 2[Ω], 정격속도 1800[rpm]으로 전부하에서 운전하고 있는 직류분권 전동기의 토크[N · m]는?

① 6.0   ② 6.4
③ 10.08   ④ 11.14

해설

역기전력 $E_c = V_n - I_a \cdot r_a = 110 - 15 \times 2 = 80[V]$
발생동력 $P_o = E_c \cdot I_a = 80 \times 15 = 1200[V]$
$1[kg \cdot m] = 9.8[N \cdot m]$에서
토크 $T = 0.975 \dfrac{P_o}{N} \times 9.8 = 0.975 \times \dfrac{1200}{1800} \times 9.8$
$\qquad = 6.37 \fallingdotseq 6.4[N \cdot m]$

상 제1장 직류기

13 직류발전기의 무부하포화곡선과 관계되는 것은?

① 부하전류와 계자전류
② 단자전압과 계자전류
③ 단자전압과 부하전류
④ 출력과 부하전류

해설

무부하곡선이란 직류발전기가 정격속도로 회전하는 무부하상태에서 계자전류와 유기기전력(단자전압)과의 관계곡선을 나타낸다.

상 제2장 동기기

14 동기발전기에서 앞선 전류가 흐를 때 어떤 작용을 하는가?

① 감자작용
② 증자작용
③ 교차자화작용
④ 아무 작용도 하지 않음

해설 동기발전기의 전기자반작용

㉠ 전류와 전압이 동위상 : 교차자화작용(횡축 반작용)
㉡ 전류가 전압보다 90° 뒤질 때(지상전류) : 감자작용(직축 반작용)
㉢ 전류가 전압보다 90° 앞설 때(진상전류) : 증자(자화)작용

상 제3장 변압기

15 단상변압기의 임피던스 와트(impedance watt)를 구하기 위해서는 다음 중 어느 시험이 필요한가?

① 무부하시험   ② 단락시험
③ 유도시험   ④ 반환부하법

해설

단락시험에서 정격전류와 같은 단락전류가 흐를 때의 입력이 임피던스 와트이고, 동손과 크기가 같다.

중 제3장 변압기

16 주파수가 정격보다 3[%] 감소하고 동시에 전압이 정격보다 3[%] 상승된 전원에서 운전되는 변압기가 있다. 철손이 $f B_m{}^2$에 비례한다면 이 변압기 철손은 정격상태에 비하여 어떻게 달라지는가? (단, f : 주파수, B_m : 자속밀도 최대치)

① 8.7[%] 증가   ② 8.7[%] 감소
③ 9.4[%] 증가   ④ 9.4[%] 감소

해설

주파수의 3[%] 감소 시 1 → 0.97
전압의 3[%] 증가 시 1 → 1.03
철손 $P_i \propto \dfrac{V^2}{f} = \dfrac{1.03^2}{0.97} \fallingdotseq 1.094$
철손의 변화 $= (1.094 - 1) \times 100 = 9.4[\%]$

상 제5장 정류기

17 단상 반파의 정류효율은?

① $\dfrac{4}{\pi^2} \times 100[\%]$ ② $\dfrac{\pi^2}{4} \times 100$

③ $\dfrac{8}{\pi^2} \times 100$ ④ $\dfrac{\pi^2}{8} \times 100$

정답 12. ②   13. ②   14. ②   15. ②   16. ③   17. ①

해설 정류효율

㉠ 단상 반파정류 $= \dfrac{4}{\pi^2} \times 100 = 40.6[\%]$

㉡ 단상 전파정류 $= \dfrac{8}{\pi^2} \times 100 = 81.2[\%]$

중 제3장 변압기

18 같은 정격전압에서 변압기의 주파수만 높이면 가장 많이 증가하는 것은?

① 여자전류　　② 온도상승

③ 철손　　　　④ %임피던스

해설

정격전압에서 주파수만 증가하면 철손, 여자전류, 온도상승은 주파수에 반비례하여 감소하지만, %임피던스는 주파수에 비례하여 증가한다.

중 제2장 동기기

19 정격전압 6[kV], 정격용량 10000[kVA], 주파수 60[Hz]인 3상 동기발전기의 단락비는? (단, 1상의 동기임피던스는 3[Ω]이다.)

① 12　　　　② 1.2

③ 1.0　　　　④ 0.833

해설

단락비 $K_s = \dfrac{I_s}{I_n} = \dfrac{100}{\%Z} = \dfrac{1}{Z[\mathrm{p.u}]} = \dfrac{10^3 \, V_n^{\,2}}{P \, Z_s}$

$\qquad = \dfrac{10^3 \times 6^2}{10000 \times 3} = 1.2$

상 제2장 동기기

20 동기발전기 2대를 병렬운전시키는 경우 일치하지 않아도 되는 것은?

① 기전력의 크기　　② 기전력의 위상

③ 부하전류　　　　④ 기전력의 주파수

해설

동기발전기의 병렬운전 시 유기기전력의 크기, 위상, 주파수, 파형, 상회전방향은 같아야 하고, 용량, 출력, 부하전류, 임피던스 등은 임의로 운전한다.

상 **제2장 동기기**

01 전압변동률이 작은 동기발전기는?

① 동기리액턴스가 크다.
② 전기자반작용이 크다.
③ 단락비가 크다.
④ 값이 싸진다.

해설 전압변동률

동기발전기의 여자전류와 정격속도를 일정하게 하고 정격 부하에서 무부하로 하였을 때에 단자전압의 변동으로서 전압변동률이 작은 기기는 단락비가 크다.

상 **제1장 직류기**

02 직류기에 탄소브러시를 사용하는 이유는 주로 무엇 때문인가?

① 고유저항이 작기 때문에
② 접촉저항이 작기 때문에
③ 접촉저항이 크기 때문에
④ 고유저항이 크기 때문에

해설

탄소브러시는 접촉저항이 커서 정류 중 개방과 단락 시 브러시의 마모 및 파손을 방지하기 위해 사용한다.

상 **제1장 직류기**

03 직류 복권발전기의 병렬운전에 있어 균압선을 붙이는 목적은 무엇인가?

① 운전을 안전하게 한다.
② 손실을 경감한다.
③ 전압의 이상상승을 방지한다.
④ 고조파의 발생을 방지한다.

해설

직권발전기 또는 복권발전기의 경우 부하전류가 증가하면 단자전압이 상승하기 때문에 한쪽 전류가 증가하면 전압도 상승하여 점차 전류가 증가하게 되어 분권발전기와 같이 안정한 병렬운전을 할 수 없게 된다. 그러므로 직권발전기의 병렬운전을 안정하게 하려면 두 발전기의 직권계자권선을 서로 연결하고 연결한 선을 균압(모선)이라 한다.

중 **제3장 변압기**

04 정격 150[kVA], 철손 1[kW], 전부하동손이 4[kW]인 단상 변압기의 최대효율[%]과 최대효율 시의 부하[kVA]는? (단, 부하역률은 1이다.)

① 96.8[%], 125[kVA]
② 97.4[%], 75[kVA]
③ 97[%], 50[kVA]
④ 97.2[%], 100[kVA]

해설

최대효율 시 부하율 $\dfrac{1}{m} = \sqrt{\dfrac{P_i}{P_c}} = \sqrt{\dfrac{1}{4}} = 0.5$

최대효율 부하 $P = 150 \times 0.5 = 75[kVA]$

최대효율 $\eta = \dfrac{\dfrac{1}{2} \times P_o}{\dfrac{1}{2} \times P_o + P_c + P_i} \times 100$

$= \dfrac{\dfrac{1}{2} \times 150}{\dfrac{1}{2} \times 150 + 1 + 0.5^2 \times 4} \times 100$

$= 97.4[\%]$

(여기서, $\cos\theta = 1.0$으로 한다.)

중 **제4장 유도기**

05 콘덴서 전동기의 특징이 아닌 것은?

① 소음 증가   ② 역율 양호
③ 효율 양호   ④ 진동 감소

해설

콘덴서 전동기는 다른 단상 유도전동기에 비해 효율과 역률이 좋고 진동과 소음도 적다.

상 **제4장 유도기**

06 반도체 사이리스터(Thyristor)를 사용하여 전압위상제어 시 그 평균값을 제어하는 속도제어용으로 간단하여 널리 사용되는 것은?

① 전압제어   ② 2차 저항법
③ 역상제동   ④ 1차 저항법

해설

농형 유도전동기의 속도제어방법 중 1차 전압제어방식에서 사이리스터를 이용하여 위상각 조정을 통해 속도의 조정을 할 수 있다.

중 제3장 변압기

07 어떤 변압기의 단락시험에서 %저항강하 1.5[%]와 %리액턴스강하 3[%]를 얻었다. 부하역률 80[%] 앞선 경우의 전압변동률[%]은?

① −0.6
② 0.6
③ −3.0
④ 3.0

해설

전압변동률 $\varepsilon = p\cos\theta + q\sin\theta$
$= 1.5 \times 0.8 + 3 \times (-0.6) = -0.6[\%]$
(여기서, p : 백분율 저항강하, q : 백분율 리액턴스강하)

상 제2장 동기기

08 동기발전기의 병렬운전 중 계자를 변화시키면 어떻게 되는가?

① 무효순환전류가 흐른다.
② 주파수 위상이 변한다.
③ 유효순환전류가 흐른다.
④ 속도조정률이 변한다.

해설

병렬운전 중 계자전류가 달라 기전력의 크기가 다를 경우 두 발전기 사이에 무효순환전류가 흐른다.

중 제1장 직류기

09 직류 분권전동기의 기동 시 계자전류는?

① 큰 것이 좋다.
② 정격출력 때와 같은 것이 좋다.
③ 작은 것이 좋다.
④ 0에 가까운 것이 좋다.

해설

기동 시에 기동토크($T \propto k\phi I_a$)가 커야 하므로 큰 계자전류가 흘러 자속이 크게 발생하여야 한다.

상 제1장 직류기

10 직류 분권전동기에서 부하의 변동이 심할 때 광범위하게 또한 안정되게 속도를 제어하는 가장 적당한 방식은?

① 계자제어방식
② 워드레오너드방식
③ 직렬저항제어방식
④ 일그너방식

해설 일그너방식

부하변동이 심할 경우 안정도를 높이기 위해 플라이휠을 설치한다.

하 제2장 동기기

11 450[kVA], 역률 0.85. 효율 0.9인 동기발전기 운전용 원동기의 입력[kW]은? (단, 원동기의 효율은 0.85이다.)

① 500
② 550
③ 450
④ 600

해설

원동기 입력 $P = \dfrac{\text{용량} \times \text{역률}}{\text{발전기 효율}} \times \dfrac{1}{\text{원동기 효율}}$
$= \dfrac{450 \times 0.85}{0.9} \times \dfrac{1}{0.85} = 500[\text{kW}]$

중 제5장 정류기

12 실리콘 다이오드의 특성으로 잘못된 것은?

① 전압강하가 크다.
② 정류비가 크다.
③ 허용온도가 높다.
④ 역내전압이 크다.

해설 실리콘 다이오드

㉠ 허용온도(150[℃])가 높고 전류밀도가 크다.
㉡ 소자가 견딜 수 있는 역방향 전압(역내 전압)이 높다.
㉢ 효율이 높고 전압강하가 작다.

중 제1장 직류기

13 직류발전기에서 브러시 간에 유기되는 기전력 파형의 맥동을 방지하는 대책이 될 수 없는 것은?

① 사구(skewed slot)를 채용할 것
② 갭의 길이를 균일하게 할 것
③ 슬롯폭에 대하여 갭을 크게 할 것
④ 정류자편수를 적게 할 것

해설

직류발전기는 교류전력을 직류전력으로 변환시키는 정류과정이 필요하다. 정류 시 리플(맥동)을 감소시켜야 양질의 직류전력이 되는데 이를 위해 정류자편수를 많이 설치해야 한다.

하 제3장 변압기

14 2200/210[V], 5[kVA] 단상 변압기의 퍼센트 저항강하 2.4[%], 리액턴스강하 1.8[%]일 때 임피던스와트[W]는?

① 320
② 240
③ 120
④ 90

해설

%저항강하 $p = \dfrac{I_n \cdot r_2}{V_{2n}} \times 100[\%]$

$\%p = \dfrac{I_n \cdot r_2}{V_{2n}} \times 100 \times \dfrac{I_n}{I_n} = \dfrac{P_c[\text{W}]}{P[\text{VA}]} \times 100$

(여기서, 임피던스와트=동손)

$\%p = \dfrac{P_c}{P_n} \times 100[\%]$에서

임피던스와트 $P_c = \dfrac{\%p}{100} \times P_n$

$= \dfrac{2.4}{100} \times 5 \times 10^3 = 120[\text{W}]$

상 제5장 정류기

15 게이트 조작에 의해 부하전류 이상으로 유지전류를 높일 수 있어 게이트의 턴온, 턴오프가 가능한 사이리스터는?

① SCR
② GTO
③ LASCR
④ TRIAC

해설 사이리스터 종류

㉠ SCR : 다이오드에 래치 기능이 있는 스위치(게이트)를 내장한 3단자 단일방향성 소자
㉡ GTO : 게이트신호로 턴온, 턴오프 할 수 있는 3단자 단일방향성 사이리스터
㉢ LASCR : 광신호를 이용하여 트리거시킬 수 있는 사이리스터
㉣ TRIAC : 교류에서도 사용할 수 있는 사이리스터 3단자 쌍방향성 사이리스터

하 제6장 특수기기

16 스테핑모터의 여자방식이 아닌 것은?

① 2~4상 여자
② 1~2상 여자
③ 2상 여자
④ 1상 여자

해설

스테핑모터는 디지털신호에 비례하여 일정 각도만큼 회전하는 모터로서, 여자방식은 1상·2상 여자방식이 있다.

중 제3장 변압기

17 단상 변압기의 3상 Y–Y결선에 대한 설명으로 잘못된 것은?

① 제3고조파 전류가 흐르며 유도장해를 일으킨다.
② 역 V결선이 가능하다.
③ 권선전압이 선간전압의 3배이므로 절연이 용이하다.
④ 중성점 접지가 된다.

해설 Y–Y결선의 특성

㉠ 중성점 접지가 가능하여 단절연이 가능하다.
㉡ 이상전압의 발생을 억제할 수 있고 지락사고의 검출이 용이하다.
㉢ 상전압이 선간전압의 $\dfrac{1}{\sqrt{3}}$ 배이므로 고전압 결선에 적합하다.
㉣ 중성점을 접지하여 변압기에 제3고조파가 나타나지 않는다.

상 제4장 유도기

18 유도전동기의 토크–속도곡선이 비례추이(proportional shifting)한다는 것은 그 곡선이 무엇에 비례해서 이동하는 것을 말하는가?

① 슬립
② 회전수
③ 공급전압
④ 2차 합성저항

해설

최대토크를 발생하는 슬립 $s_t \propto \dfrac{r_2}{x_2}$

최대토크 $T_m \propto \dfrac{r_2}{s_t}$에서 $\dfrac{r_2}{s_1} = \dfrac{r_2 + R}{s_2}$이므로 2차 합성저항에 비례해서 토크–속도곡선이 변화된다.

중 제4장 유도기

19 유도전동기의 동기와트를 설명한 것은?

① 동기속도하에서의 2차 입력을 말함
② 동기속도하에서의 1차 입력을 말함
③ 동기속도하에서의 2차 출력을 말함
④ 동기속도하에서의 2차 동손을 말함

해설

동기와트 $P_2 = 1.026 \times T \times N_s \times 10^{-3}$[kW]

중 제3장 변압기

20 변압기의 결선 중에서 6상측의 부하가 수은정류기일 때 주로 사용되는 결선은?

① 포크결선(fork connection)
② 환상결선(ring connection)
③ 2중 3각결선(double star connection)
④ 대각결선(diagonar connection)

해설 3상에서 6상 변환

3대의 단상 변압기를 사용하여 6상 또는 12상으로 변환시킬 수 있는 결선방법으로 파형 개선 및 정류기 전원용 등으로 사용
㉠ 2차 2중 Y결선
㉡ 2차 2중 △결선
㉢ 대각결선
㉣ 포크결선

상 제4장 유도기

01 4[극], 60[Hz]의 3상 유도전동기가 있다. 1725 [rpm]으로 회전하고 있을 때 2차 기전력의 주파수는?

① 10[Hz] ② 7.5[Hz]
③ 5[Hz] ④ 2.5[Hz]

해설

동기속도 $N_s = \dfrac{120f}{P} = \dfrac{120 \times 60}{4} = 1800$[rpm]

1725[rpm]으로 회전 시

슬립 $s = \dfrac{N_s - N}{N_s} = \dfrac{1800 - 1725}{1800} = 0.0416$

2차 기전력의 주파수 $f_2 = sf_1$
$\qquad\qquad\qquad\quad = 0.0416 \times 60 = 2.5$[Hz]

중 제1장 직류기

02 대형 직류기의 토크 측정법은?

① 전기동력계 ② 프로니브레이크
③ 와전류제동기 ④ 반환부하법

해설

전기동력계는 전동기의 특성을 파악하기 위한 설비로 토크를 측정할 수 있다.

중 제3장 변압기

03 단상변압기에 있어서 부하역률 80[%]의 지역률에서 전압변동률 4[%], 부하역률 100[%]에서 전압변동률 3[%]라고 한다. 이 변압기의 퍼센트 리액턴스 강하는 몇 [%]인가?

① 2.7 ② 3.0
③ 3.3 ④ 3.6

해설

역률 100[%]일 때 $\varepsilon = p = 3$[%]

지역률 80[%]일 때 $\varepsilon = p\cos\theta + q\sin\theta$ 에서

$\varepsilon = 3 \times 0.8 + q \times 0.6 = 4$

$\therefore q = \dfrac{4 - 3 \times 0.8}{0.6} = 2.7$[%]

상 제5장 정류기

04 입력 100[V]의 단상교류를 SCR 4개를 사용하여 브리지 제어 정류한다. 이때 사용할 1개 SCR의 최대 역전압(내압)은 약 몇 [V] 이상이어야 하는가?

① 25 ② 100
③ 142 ④ 200

해설

최대 역전압 $PIV = \sqrt{2}\,E$[V]

여기서, 정류소자 2개 → $PIV = 2\sqrt{2}\,E$[V],
　　　　정류소자 1개, 4개 → $PIV = \sqrt{2}\,E$[V]

$PIV = \sqrt{2} \times 100 = 141.4 ≒ 142$[V]

하 제3장 변압기

05 V결선의 단권변압기를 사용하여, 선로전압 V_1에서 V_2로 변압하여 전력 P[kVA]를 송전하는 경우, 단권변압기의 자기용량 P_s는 얼마인가?

① $\left(1 - \dfrac{V_2}{V_1}\right) P$

② $\dfrac{2}{\sqrt{3}} \left(1 - \dfrac{V_2}{V_1}\right) P$

③ $\dfrac{\sqrt{3}}{2} \left(1 - \dfrac{V_2}{V_1}\right) P$

④ $\dfrac{1}{2} \left(1 - \dfrac{V_2}{V_1}\right) P$

해설 단권변압기의 V결선

$\dfrac{\text{자기용량}}{\text{부하용량}} = \dfrac{1}{0.866} \left(\dfrac{V_1 - V_2}{V_1}\right)$

V결선 시 자기용량

$P_s = \dfrac{1}{0.866} \left(\dfrac{V_1 - V_2}{V_1}\right) P$

$\quad = \dfrac{2}{\sqrt{3}} \left(1 - \dfrac{V_2}{V_1}\right) P$

상 제2장 동기기

06 다음은 유도자형 동기발전기의 설명이다. 옳은 것은?

① 전기자만 고정되어 있다.
② 계자극만 고정되어 있다.
③ 계자극과 전기자가 고정되어 있다.
④ 회전자가 없는 특수 발전기이다.

해설

유도자형 발전기는 계자 및 전기자 모두 고정된 상태로 발전이 되는데 실험실 전원 등으로 사용된다.

상 제1장 직류기

07 직류기의 전기자반작용의 결과가 아닌 것은 어느 것인가?

① 전기적 중성축이 이동한다.
② 주자속이 감소한다.
③ 정류자편 사이의 전압이 불균일하게 된다.
④ 자기여자현상이 생긴다.

해설 전기자반작용에 의한 문제점 및 대책

㉠ 전기자반작용으로 인한 문제점
  • 편자작용에 의한 중성축 이동
  • 주자속 감소(감자작용)
  • 정류자와 브러시 부근에서 불꽃 발생(정류불량의 원인)
㉡ 전기자반작용 대책
  • 보극 설치(소극적 대책)
  • 보상권선 설치(적극적 대책)

중 제4장 유도기

08 100[kW] 4극, 3300[V], 주파수 60[Hz]의 3상 유도전동기의 효율이 92[%], 역률 90[%]일 때 부하전류가 정격 출력일 때 입력[kVA]은 얼마인가?

① 420.9
② 220.8
③ 120.8
④ 326.5

해설 3상 유도전동기의 입력

$$P = \frac{P_o}{\cos\theta \times \eta_M}[kVA]$$

여기서, P : 입력
P_o : 정격출력
η_M : 전동기효율

입력 $P = \dfrac{P_o}{\cos\theta \times \eta_M} = \dfrac{100}{0.9 \times 0.92}$
$= 120.77 \fallingdotseq 120.8[kVA]$

상 제2장 동기기

09 동기발전기 1상의 정격전압을 V, 정격출력에서의 무부하로 하였을 때 전압을 V_0라 하고 전압변동률이 ε이라면 각 상의 정격전압 V를 나타내는 식은?

① $V_0(\varepsilon - 1)$
② $V_0(\varepsilon + 1)$
③ $\dfrac{V_0}{(\varepsilon + 1)}$
④ $\dfrac{V_0}{(\varepsilon - 1)}$

해설

전압변동률 $\varepsilon = \dfrac{V_0 - V_n}{V_n} \times 100 = \left(\dfrac{V_0}{V_n} - 1\right) \times 100[\%]$

에서 정격전압을 구하면

정격전압 $V_n = \dfrac{V_0}{\varepsilon + 1}$

상 제2장 동기기

10 단락비가 큰 동기기는?

① 전기자반작용이 크다.
② 기계가 소형이다.
③ 전압변동률이 크다.
④ 안정도가 높다.

해설 단락비가 큰 기기의 특징

철의 비율이 높아 철기계라 한다.
㉠ 동기임피던스가 작다. (단락전류가 크다.)
㉡ 전기자반작용이 작다.
㉢ 전압변동률이 작다.
㉣ 공극이 크다.
㉤ 안정도가 높다.
㉥ 철손이 크다.
㉦ 효율이 낮다.
㉧ 가격이 높다.
㉨ 송전선의 충전용량이 크다.

정답 06. ③ 07. ④ 08. ③ 09. ③ 10. ④

상 제2장 동기기

11 6극 Y결선에서 3상 동기발전기의 극당 자속이 0.16[Wb], 회전수 1200[rpm], 1상의 감긴수 186, 권선계수 0.96이면 단자전압[V]은?

① 13183
② 12254
③ 26366
④ 27456

해설

동기속도 $N_s = \dfrac{120f}{P}$[rpm]에서

주파수 $f = \dfrac{N_s \times P}{120} = \dfrac{1200 \times 6}{120} = 60$[Hz]

1상의 유기기전력 $E = 4.44 K_w f N \phi$
$= 4.44 \times 0.96 \times 60 \times 186 \times 0.16$
$= 7610.94$[V]

Y결선 시 단자전압은 1상의 유기기전력의 $\sqrt{3}$ 배이므로
단자전압 $V_n = \sqrt{3}\,E = \sqrt{3} \times 7610.94$
$= 13182.53 ≒ 13183$[V]

하 제6장 특수기기

12 다음 중 서보모터가 갖추어야 할 조건이 아닌 것은?

① 기동토크가 클 것
② 토크속도의 수하특성을 가질 것
③ 회전자를 굵고 짧게 할 것
④ 전압이 0이 되었을 때 신속하게 정지할 것

해설

직류 서보모터는 속응성을 높이기 위해 일반 전동기에 비하여 회전자 축이 가늘고 길며 공극의 자속밀도를 크게 한 것으로 자동제어기기에 사용한다.

상 제5장 정류기

13 정류방식 중에서 맥동률이 가장 작은 회로는?

① 단상 반파정류회로
② 단상 전파정류회로
③ 3상 반파정류회로
④ 3상 전파정류회로

해설

각 정류방식에 따른 맥동률을 구하면 다음과 같다.
㉠ 단상 반파정류 : 1.21
㉡ 단상 전파정류 : 0.48
㉢ 3상 반파정류 : 0.19
㉣ 3상 전파정류 : 0.042

중 제1장 직류기

14 전기자저항 0.3[Ω], 직권계자권선의 저항 0.7[Ω]의 직권전동기에 110[V]를 가하였더니 부하전류가 10[A]이었다. 이때 전동기의 속도[rpm]는? (단, 기계정수는 2이다.)

① 1200
② 1500
③ 1800
④ 3600

해설

직권전동기($I_a = I_f = I_n$)이므로
자속 $\phi \propto I_a$이기 때문에 회전속도를 구하면
$$n = k \times \dfrac{V_n - I_a(r_a + r_f)}{\phi}$$
$$= 2.0 \times \dfrac{110 - 10 \times (0.3 + 0.7)}{10} = 20[\text{rps}]$$
직권전동기의 회전속도
$N = 60n = 60 \times 20 = 1200$[rpm]

중 제2장 동기기

15 3상 동기발전기의 1상의 유도기전력 120[V], 반작용 리액턴스 0.2[Ω]이다. 90° 진상전류 20[A]일 때의 발전기 단자전압[V]은? (단, 기타는 무시한다.)

① 116
② 120
③ 124
④ 140

해설 동기발전기의 전류 위상에 따른 전압관계

㉠ 부하전류가 지상전류일 경우 : $E_a = V_n + I_n \cdot x_s$[V]
㉡ 부하전류가 진상전류일 경우 : $E_a = V_n - I_n \cdot x_s$[V]
90° 진상전류가 20[A]일 때 발전기 단자전압
$V_n = E_a + I_n \cdot x_s = 120 + 20 \times 0.2 = 124$[V]

중 제2장 동기기

16 동기발전기의 병렬운전 중 계자를 변화시키면 어떻게 되는가?

① 무효순환전류가 흐른다.
② 주파수위상이 변한다.
③ 유효순환전류가 흐른다.
④ 속도조정률이 변한다.

해설

병렬운전 중 계자전류가 달라 기전력의 크기가 다를 경우 두 발전기 사이에 무효순환전류가 흐른다.

정답 11. ① 12. ③ 13. ④ 14. ① 15. ③ 16. ①

상 제5장 정류기

17 사이리스터에서의 래칭전류에 관한 설명으로 옳은 것은?

① 게이트를 개방한 상태에서 사이리스터 도통 상태를 유지하기 위한 최소의 순전류

② 게이트 전압을 인가한 후에 급히 제거한 상태에서 도통 상태가 유지되는 최소의 순전류

③ 사이리스터의 게이트를 개방한 상태에서 전압을 상승하면 급히 증가하게 되는 순전류

④ 사이리스터가 턴온하기 시작하는 순전류

해설 **사이리스터 전류의 정의**

㉠ 래칭전류 : 사이리스터를 Turn on 하는 데 필요한 최소의 Anode 전류

㉡ 유지전류 : 게이트를 개방한 상태에서도 사이리스터가 on 상태를 유지하는 데 필요한 최소의 Anode 전류

중 제4장 유도기

18 유도전동기의 회전속도를 N[rpm], 동기속도를 N_s[rpm]이라 하고 순방향 회전자계의 슬립을 s 라고 하면, 역방향 회전자계에 대한 회전자 슬립은?

① $s-1$ ② $1-s$
③ $s-2$ ④ $2-s$

해설

정방향 회전 시 슬립

$s = \dfrac{N_s - N}{N_s} = 1 - \dfrac{N}{N_s}$ 에서

$\dfrac{N}{N_s} = 1 - s$

역방향 회전 시 슬립

$s = \dfrac{N_s - (-N)}{N_s} = 1 + \dfrac{N}{N_s}$

역방향 회전자계에 대한 회전자 슬립

$s = 1 + \dfrac{N}{N_s} = 1 + (1-s) = 2 - s$

상 제2장 동기기

19 2대의 3상 동기발전기가 무부하로 운전하고 있을 때, 대응하는 기전력 사이의 상차각이 30°이면 한 쪽 발전기에서 다른 쪽 발전기로 공급하는 1상당 전력은 몇 [kW]인가? (단, 여기서 각 발전기의 1상의 기전력은 2000[V], 동기리액턴스 5[Ω]이고, 전기자저항은 무시한다.)

① 400[kW]
② 300[kW]
③ 200[kW]
④ 100[kW]

해설

수수전력(= 주고 받는 전력) $P = \dfrac{E^2}{2X_s}\sin\delta$[kW]

$P = \dfrac{E_1^2}{2X_s}\sin\delta = \dfrac{(2000)^2}{2 \times 5} \times \sin30° \times 10^{-3}$

$= 200000[W] = 200[kW]$

중 제1장 직류기

20 직류발전기의 병렬운전에서는 계자전류를 변화시키면 부하분담은?

① 계자전류를 감소시키면 부하분담이 적어진다.

② 계자전류를 증가시키면 부하분담이 적어진다.

③ 계자전류를 감소시키면 부하분담이 커진다.

④ 계자전류와는 무관하다.

해설 **직류발전기의 병렬운전 중에 계자전류의 변화 시**

㉠ 계자전류 증가하면 기전력이 증가 – 부하분담 증가

㉡ 계자전류 감소하면 기전력이 감소 – 부하분담 감소

01 직류기의 양호한 정류를 얻는 조건이 아닌 것은?

① 정류주기를 크게 할 것
② 정류 코일의 인덕턴스를 작게 할 것
③ 리액턴스 전압을 작게 할 것
④ 브러시 접촉저항을 작게 할 것

해설 저항정류 : 탄소브러시 이용

탄소브러시는 접촉저항이 커서 정류 중 개방과 단락 시 브러시의 마모 및 파손을 방지하기 위해 사용한다.

02 직류기의 전기자권선을 중권(重券)으로 하였을 때 해당되지 않는 조건은?

① 전기자권선의 병렬회로수는 극수와 같다.
② 브러시수는 2개이다.
③ 전압이 낮고 비교적 전류가 큰 기기에 적합하다.
④ 균압선접속을 할 필요가 있다.

해설 전기자권선법의 중권과 파권 비교

비교항목	중권	파권
병렬회로수(a)	$P_{극수}$	2
브러시수(b)	$P_{극수}$	2
용도	저전압, 대전류	고전압, 소전류
균압환	사용함	사용 안 함

03 200[V], 60[Hz], 4극, 20[kW]의 3상 유도전동기가 있다. 전부하일 때의 회전수가 1728[rpm]이라 하면 2차 효율[%]은?

① 45
② 56
③ 96
④ 100

동기속도 $N_s = \dfrac{120f}{p} = \dfrac{120 \times 60}{4} = 1800[\text{rpm}]$

슬립 $s = \dfrac{1800 - 1728}{1800} = 0.04$

2차 효율 $\eta_2 = (1 - s) \times 100 = (1 - 0.04) \times 100$
$= 96[\%]$

04 1차 전압 6900[V], 1차 권선 3000회, 권수비 20의 변압기를 60[Hz]에 사용할 때 철심의 최대자속[Wb]은?

① 0.86×10^{-4}
② 8.63×10^{-3}
③ 86.3×10^{-3}
④ 863×10^{-3}

해설

1차 전압 $E_1 = 4.44 f N_1 \phi_m [\text{V}]$
여기서, E_1 : 1차 전압
f : 주파수
N_1 : 1차 권선수
ϕ_m : 최대자속

최대자속 $\phi_m = \dfrac{E_1}{4.44 f N_1} = \dfrac{6900}{4.44 \times 60 \times 3000}$
$= 8.633 \times 10^{-3} [\text{Wb}]$

05 유도전동기의 회전력을 T라 하고 전동기에 가해지는 단자전압을 $V_1[\text{V}]$라고 할 때 T와 V_1과의 관계는?

① $T \propto V_1$
② $T \propto V_1^2$
③ $T \propto \dfrac{1}{2} V_1$
④ $T \propto 2 V_1$

정답 01. ④ 02. ② 03. ③ 04. ② 05. ②

해설 토크

$$T = \frac{PV_1^2}{4\pi f} \times \frac{\dfrac{r_2}{s}}{\left(r_1 + \dfrac{r_2}{s}\right)^2 + (x_1 + x_2)^2} \propto V_1^2$$

따라서 토크 T는 주파수 f에 반비례하고, 극수에 비례, 전압의 2승에 비례한다.

상 | **제2장 동기기**

06 2대의 동기발전기를 병렬운전할 때 무효횡류(= 무효순환전류)가 흐르는 경우는?

① 부하분담의 차가 있을 때
② 기전력의 파형에 차가 있을 때
③ 기전력의 위상에 차가 있을 때
④ 기전력의 크기에 차가 있을 때

해설

병렬운전 중 계자전류가 달라 기전력의 크기가 다를 경우 두 발전기 사이에 무효순환전류가 흐르게 된다.

중 | **제1장 직류기**

07 자극수 4, 슬롯수 40, 슬롯 내부코일변수 4인 단중 중권 직류기의 정류자편수는?

① 80   ② 40
③ 20   ④ 1

해설

정류자편수는 코일수와 같고

총 코일수 $= \dfrac{총 도체수}{2}$ 이므로

정류자편수 $K = \dfrac{슬롯수 \times 슬롯 \ 내 \ 코일변수}{2}$

$\qquad = \dfrac{40 \times 4}{2} = 80$개

상 | **제5장 정류기**

08 사이리스터(Thyristor)에서는 게이트 전류가 흐르면 순방향의 저지 상태에서 (㉠) 상태로 된다. 게이트 전류를 가하여 도통 완료까지의 시간을 (㉡)시간이라고 하나 이 시간이 길면 (㉢) 시의 (㉣)이 많고 사이리스터소자가 파괴되는 수가 있다. 다음 ( ) 안에 알맞는 말의 순서는?

① ㉠ 온(On), ㉡ 턴온(Turn On),
  ㉢ 스위칭, ㉣ 전력손실
② ㉠ 온(On), ㉡ 턴온(Turn On),
  ㉢ 전력손실, ㉣ 스위칭
③ ㉠ 스위칭, ㉡ 온(On),
  ㉢ 턴온(Turn On), ㉣ 전력손실
④ ㉠ 턴온(Turn On), ㉡ 스위칭,
  ㉢ 온(On), ㉣ 전력손실

해설

SCR(사이리스터)을 동작시킬 경우에 애노드에 (+), 캐소드에 (−)의 전압을 인가하고(순방향) 게이트 전류를 흘려주면 OFF 상태에서 ON 상태로 되는 데 이 시간을 턴온(turn on)시간이라 한다. 이때 게이트 전류를 제거하여도 ON 상태는 그대로 유지된다. 그리고 턴온(turn on)시간이 길어지면 스위칭 시 전력손실(열)이 커져 소자가 파괴될 수도 있다.

상 | **제3장 변압기**

09 단상 변압기를 병렬운전하는 경우 부하전류의 분담에 관한 설명 중 옳은 것은?

① 누설리액턴스에 비례한다.
② 누설임피던스에 비례한다.
③ 누설임피던스에 반비례한다.
④ 누설리액턴스의 제곱에 반비례한다.

해설

변압기의 병렬운전 시 부하전류의 분담은 정격용량에 비례하고 누설임피던스의 크기에 반비례하여 운전된다.

중 | **제4장 유도기**

10 3상 유도전동기의 특성 중 비례추이할 수 없는 것은?

① 1차 전류
② 2차 전류
③ 출력
④ 토크

해설

㉠ 비례추이 가능 : 토크, 1차 전류, 2차 전류, 역률, 동기 와트
㉡ 비례추이 불가능 : 출력, 2차 동손, 효율

중 제4장 유도기

11 "3상 권선형 유도전동기의 2차 회로가 단선이 된 경우에 부하가 약간 무거운 정도에서는 슬립이 50[%]인 곳에서 운전이 된다." 이것을 무엇이라 하는가?

① 차동기운전
② 자기여자
③ 게르게스현상
④ 난조

해설 게르게스현상

3상 권선형 유도전동기의 2차 회로에 단상 전류가 흐를 때 발생하는 현상으로, 동기속도의 1/2인 슬립 50[%]의 상태에서 더 이상 전동기는 가속되지 않는 현상이다.

중 제1장 직류기

12 120[V] 직류전동기의 전기자저항은 2[Ω]이며, 전부하로 운전 시의 전기자전류는 5[A]이다. 전기자에 의한 발생전력[W]은?

① 500
② 550
③ 600
④ 650

해설

- 역기전력 $E_c = V_n - I_a \cdot r_a = 120 - 5 \times 2 = 110[V]$
- 발생전력 $P = E_c \cdot I_a = 110 \times 5 = 550[W]$

상 제5장 정류기

13 제어가 불가능한 소자는?

① IGBT
② SCR
③ GTO
④ DIODE

해설

다이오드(diode)는 일정전압 이상을 가하면 전류가 흐르는 소자로 ON-OFF만 가능한 스위칭 소자이다.

상 제1장 직류기

14 출력 4[kW], 1400[rpm]인 전동기의 토크[kg·m]는?

① 2.79
② 27.9
③ 2.6
④ 26.5

해설

토크 $T = 0.975 \dfrac{P_o}{N} = 0.975 \times \dfrac{4000}{1400} = 2.785[kg \cdot m]$

중 제3장 변압기

15 단상 변압기의 3상 Y-Y결선에서 잘못된 것은?

① 제3고조파 전류가 흐르며 유도장해를 일으킨다.
② 역V결선이 가능하다.
③ 권선전압이 선간전압의 3배이므로 절연이 용이하다.
④ 중성점 접지가 된다.

해설 Y-Y 결선의 특성

㉠ 중성점 접지가 가능하여 단절연이 가능하다.
㉡ 이상전압의 발생을 억제할 수 있고 지락사고의 검출이 용이하다.
㉢ 상전압이 선간전압의 $\dfrac{1}{\sqrt{3}}$ 배이므로 고전압결선에 적합하다.
㉣ 중성점을 접지하여 변압기에 제3고조파가 나타나지 않는다.

중 제2장 동기기

16 6극, 슬롯수 54의 동기기가 있다. 전기자코일은 제1슬롯과 제9슬롯에 연결된다고 한다. 기본파에 대한 단절계수를 구하면?

① 약 0.342
② 약 0.981
③ 약 0.985
④ 약 1.0

해설

단절권계수 $K_P = \sin \dfrac{n\beta\pi}{2}$

여기서, n : 고조파차수
β : 단절계수
$\pi = 180°$

단절계수 $\beta = \dfrac{코일피치}{극피치} = \dfrac{9-1}{54/6} = \dfrac{8}{9}$

단절권계수 $K_P = \sin \dfrac{\beta\pi}{2}$

$= \sin \dfrac{\dfrac{8}{9}\pi}{2} = 0.985$

상 제2장 동기기

17 전압변동률이 작은 동기발전기는?

① 동기리액턴스가 크다.
② 전기자반작용이 크다.
③ 단락비가 크다.
④ 값이 싸진다.

해설 전압변동률

동기발전기의 여자전류와 정격속도를 일정하게 하고 정격부하에서 무부하로 하였을 때에 단자전압의 변동으로서 전압변동률이 작은 기기는 단락비가 크다.

하 제6장 특수기기

18 단상 정류자전동기에 보상권선을 사용하는 이유는?

① 정류 개선
② 기동토크 조절
③ 속도제어
④ 난조방지

해설

직류용 직권전동기를 교류용으로 사용하면 역률과 효율이 나쁘고 토크가 약해서 정류가 불량이 된다. 이를 개선하기 위하여 전기자에 직렬로 연결한 보상권선을 설치한다.

하 제1장 직류기

19 일정 전압으로 운전하는 직류전동기의 손실이 $x + yI^2$으로 될 때 어떤 전류에서 효율이 최대가 되는가? (단, x, y는 정수이다.)

① $I = \sqrt{\dfrac{x}{y}}$
② $I = \sqrt{\dfrac{y}{x}}$
③ $I = \dfrac{x}{y}$
④ $I = \dfrac{y}{x}$

해설

㉠ 최대 효율조건 : $x = yI^2$
㉡ 효율이 최대가 되는 전류 $I = \sqrt{\dfrac{x}{y}}$ [A]

상 제2장 동기기

20 동기발전기의 돌발 단락전류를 주로 제한하는 것은?

① 동기리액턴스
② 누설리액턴스
③ 권선저항
④ 동기임피던스

해설

동기발전기의 단자가 단락되면 정격전류의 수배에 해당하는 돌발 단락전류가 흐르는 데 수사이클 후 단락전류는 거의 90° 지상전류로 전기자반작용이 발생하여 감자작용 (누설리액턴스)을 하므로 전류가 감소하여 지속 단락전류가 된다.

상 제2장 동기기

01 동기기의 전기자권선이 매극 매상당 슬롯수가 4, 상수가 3인 권선의 분포계수는 얼마인가?

① 0.487
② 0.844
③ 0.866
④ 0.958

해설

상수 $m=3$, 매극 매상당 슬롯수 $q=4$이므로

분포계수 $K_d = \dfrac{\sin\dfrac{\pi}{2m}}{q\sin\dfrac{\pi}{2mq}} = \dfrac{\sin\dfrac{180°}{2\times3}}{4\sin\dfrac{180°}{2\times3\times4}} = 0.958$

중 제4장 유도기

02 보통 농형에 비하여 2중 농형 전동기의 특징인 것은?

① 최대토크가 크다.
② 손실이 적다.
③ 기동토크가 크다.
④ 슬립이 크다.

해설

2중 농형 전동기는 보통 농형 전동기의 기동특성을 개선하기 위해 회전자도체를 2중으로 하여 기동전류를 적게 하고 기동토크를 크게 발생한다.

상 제4장 유도기

03 8극과 4극 2대의 유도전동기를 종속법에 의한 직렬종속법으로 속도제어를 할 때, 전원 주파수가 60[Hz]인 경우 무부하속도[rpm]는?

① 600
② 900
③ 1200
④ 1800

해설

권선형 유도전동기의 속도제어법의 종속법은 2대 이상의 유도전동기를 속도제어 할 때 사용하는 방법으로 한쪽 고정자를 다른 쪽 회전자와 연결하고 기계적으로 축을 연결하여 속도를 제어하는 방법이다.

직렬종속법 $N = \dfrac{120f_1}{P_1+P_2} = \dfrac{120\times60}{8+4} = 600$[rpm]

중 제4장 유도기

04 3상 유도전동기의 회전방향은 이 전동기에서 발생되는 회전자계의 회전방향과 어떤 관계가 있는가?

① 아무 관계도 없다.
② 회전자계의 회전방향으로 회전한다.
③ 회전자계의 반대방향으로 회전한다.
④ 부하조건에 따라 정해진다.

해설

3상 유도전동기에서 전동기의 회전자는 회전자계의 유도작용에 의해 약간 늦게 같은 방향으로 회전한다.

중 제4장 유도기

05 3상 유도전동기의 2차 저항을 2배로 하면 2배로 되는 것은?

① 토크
② 전류
③ 역률
④ 슬립

해설

최대 토크를 발생하는 슬립 $s_t \propto \dfrac{r_2}{x_2}$ (여기서, x_t는 일정)

최대 토크 $T_m \propto \dfrac{r_2}{s_t} = \dfrac{mr_2}{ms_t}$ 이므로 2차 저항이 2배로 되면 슬립이 2배로 된다.

상 제3장 변압기

06 2차로 환산한 임피던스가 각각 $0.03 + j0.02$ [Ω], $0.02 + j0.03$[Ω]인 단상 변압기 2대를 병렬로 운전시킬 때, 분담전류는?

① 크기는 같으나 위상이 다르다.
② 크기와 위상이 같다.
③ 크기는 다르나 위상이 같다.
④ 크기와 위상이 다르다.

정답 01. ④ 02. ③ 03. ① 04. ② 05. ④ 06. ①

🔑 해설

$\sqrt{0.03^2 + 0.02^2} = \sqrt{0.02^2 + 0.03^2}$ 으로 변압기 2대의 임피던스 크기가 같으므로 분담전류의 크기가 같지만 저항 및 리액턴스의 비가 다르므로 분담전류의 위상이 다르다.

하 | 제6장 특수기기

07 75[W] 정도 이하의 소형 공구, 영사기, 치과 의료용 등에 사용되고 만능전동기라고도 하는 정류자전동기는?

① 단상 직권 정류자전동기
② 단상 반발 정류자전동기
③ 3상 직권 정류자전동기
④ 단상 분권 정류자전동기

🔑 해설 단상 직권 정류자전동기의 특성

㉠ 소형 공구 및 가전제품에 일반적으로 널리 이용되는 전동기
㉡ 교류·직류 양용으로 사용되어 교직양용 전동기 (universal motor)
㉢ 믹서기, 재봉틀, 진공소제기, 휴대용 드릴, 영사기 등에 사용

상 | 제2장 동기기

08 여자전류 및 단자전압이 일정한 비철극형 동기발전기의 출력과 부하각 δ 와의 관계를 나타낸 것은? (단, 전기자저항은 무시한다.)

① δ에 비례
② δ에 반비례
③ $\cos\delta$에 비례
④ $\sin\delta$에 비례

🔑 해설

비철극형 동기발전기의 출력 $P = \dfrac{E_a V_n}{x_s} \sin\delta$[W]

중 | 제2장 동기기

09 동기전동기의 위상특성곡선은 다음의 어느 것인가? (단, P를 출력, I_f를 계자전류, I를 전기자전류, $\cos\phi$를 역률로 한다.)

① $I_f - I$ 곡선, P는 일정
② $P - I$ 곡선, I_f는 일정
③ $P - I_f$ 곡선, I는 일정
④ $I_f - I$ 곡선, $\cos\phi$는 일정

🔑 해설

위상특성곡선은 계자전류와 전기자전류와의 관계곡선으로 부하의 크기가 일정한 상태에서 V곡선으로 나타난다.

중 | 제4장 유도기

10 220[V], 50[Hz], 8극, 15[kW]의 3상 유도전동기가 있다. 전부하 회전수가 720[rpm]이면 이 전동기의 2차 동손과 2차 효율은 약 얼마인가?

① 425[W], 85[%]
② 537[W], 92[%]
③ 625[W], 96[%]
④ 723[W], 98[%]

🔑 해설

동기속도 $N_s = \dfrac{120f}{P} = \dfrac{120 \times 50}{8} = 750$[rpm]

슬립 $s = \dfrac{N_s - N}{N_s} = \dfrac{750 - 720}{750} = 0.04$

∴ 2차 동손 $P_{C2} = \dfrac{s}{1-s}P$

$\qquad = \dfrac{0.04}{1-0.04} \times 15 \times 10^3$

$\qquad = 625$[W]

∴ 2차 효율 $\eta_2 = \dfrac{P}{P_2}$

$\qquad = \dfrac{15000}{15625}$

$\qquad = 0.96 \times 100$

$\qquad = 96$[%]

상 | 제2장 동기기

11 3상 동기발전기를 병렬운전시키는 경우 고려하지 않아도 되는 조건은?

① 기전력파형이 같을 것
② 기전력의 주파수가 같을 것
③ 회전수가 같을 것
④ 기전력의 크기가 같을 것

🔑 해설

병렬운전 시 정격주파수가 같을 때 극수에 따라 회전수는 달라진다.
(예) 6극, 8극 병렬 운전시 6극 발전기는 1200[rpm], 8극 발전기는 900[rpm])

중 제4장 유도기

12 극수 P의 3상 유도전동기가 주파수 f[Hz], 슬립 s, 토크 T[N·m]로 회전하고 있을 때 기계적 출력[W]은?

① $\dfrac{4\pi f}{P} \times T \cdot (1-s)$

② $\dfrac{4Pf}{\pi} \times T \cdot (1-s)$

③ $\dfrac{4\pi f}{P} T \cdot s$

④ $\dfrac{\pi f}{2P} \times T \cdot (1-s)$

해설

토크 $T = \dfrac{P_o}{\omega}$[N·m]에서 $P_o = \omega T$[W]

회전자 속도 $N = (1-s)N_s$

$\qquad\qquad = (1-s)\dfrac{120f}{P}$ [rpm]

기계적 출력 $P_o = 2\pi \dfrac{N}{60} T$

$\qquad\qquad = 2\pi \cdot (1-s)\dfrac{120f}{P} \cdot \dfrac{1}{60} \cdot T$

$\qquad\qquad = \dfrac{4\pi f}{P} \times T \cdot (1-s)$[W]

상 제2장 동기기

13 동기기에 있어서 동기임피던스와 단락비와의 관계는?

① 동기임피던스[Ω]$= \dfrac{1}{(단락비)^2}$

② 단락비$= \dfrac{동기임피던스[ohm]}{동기각속도}$

③ 단락비$= \dfrac{1}{동기임피던스[PU]}$

④ 동기임피던스[PU]$=$단락비

해설

단락비 $K_S = \dfrac{I_s}{I_n} = \dfrac{100}{\%Z} = \dfrac{1}{Z[PU]} = \dfrac{10^3 V_n^2}{P Z_s}$

중 제3장 변압기

14 변압기의 기름 중 아크 방전에 의하여 생기는 가스 중 가장 많이 발생하는 가스는?

① 수소 ② 일산화탄소

③ 아세틸렌 ④ 산소

해설

유입변압기에서 아크 방전 등이 발생할 경우 변압기유가 전기분해되어 수소, 메탄 등의 가연성 기체와 슬러지가 발생한다.

중 제5장 정류기

15 정류기의 단상 전파정류에 있어서 직류전압 100[V]를 얻는 데 필요한 2차 상전압은 얼마인가? (단, 부하는 순저항으로 하고 변압기 내의 전압강하는 무시하며 전압강하를 15[V]로 한다.)

① 약 94.4[V] ② 약 128[V]

③ 약 181[V] ④ 약 255[V]

해설

단상 전파직류전압 $E_d = \dfrac{2\sqrt{2}}{\pi} E - e = 0.9E - e$[V]

직류전압 100[V]를 얻는 데 필요한 2차 상전압은

$E = \dfrac{\pi}{2\sqrt{2}}(E_d + e) = \dfrac{\pi}{2\sqrt{2}}(100 + 15)$

$\quad = 127.68 \fallingdotseq 128$[V]

하 제1장 직류기

16 직류분권전동기의 기동 시에 정격전압을 공급하면 전기자전류가 많이 흐르다가 회전속도가 점점 증가함에 따라 전기자전류가 감소한다. 그 중요한 이유는?

① 전동기의 역기전력 상승

② 전기자권선의 저항 증가

③ 전기자반작용의 증가

④ 브러시의 접촉저항 증가

해설

전동기의 기동 시에 큰 기동전류가 점차 작아져서 정격전류가 되는 이유는 전기자에서 발생하는 역기전력이 기동전류와 반대 방향으로 증가하기 때문이다.

상 제3장 변압기

17 3000[V]의 단상 배전선전압을 3300[V]로 승압하는 단권 변압기의 자기용량[kVA]은? (단, 여기서 부하용량은 100[kVA]이다.)

① 약 2.1
② 약 5.3
③ 약 7.4
④ 약 9.1

해설 자기용량과 부하용량의 비

$$\frac{자기용량}{부하용량} = \frac{V_h - V_l}{V_h}$$

$$자기용량 = \frac{3300 - 3000}{3300} \times 100 = 9.09 ≒ 9.1[kVA]$$

중 제5장 정류기

18 도통(on)상태에 있는 SCR을 차단(off)상태로 만들기 위해서는 어떻게 하여야 하는가?

① 게이트 펄스전압을 가한다.
② 게이트 전류를 증가시킨다.
③ 게이트 전압이 부(−)가 되도록 한다.
④ 전원전압의 극성이 반대가 되도록 한다.

해설

SCR의 경우 부하전류가 흐르고 있을 경우 게이트 전압으로 차단을 할 수 없고 애노드 전류가 0 또는 전원의 극성이 반대가 되어야 차단(off)된다.

상 제4장 유도기

19 3상 권선형 유도전동기의 2차 회로에 저항을 삽입하는 목적이 아닌 것은?

① 속도를 줄이지만 최대 토크를 크게 하기 위해
② 속도제어를 하기 위하여
③ 기동토크를 크게 하기 위하여
④ 기동전류를 줄이기 위하여

해설

권선형 유도전동기의 2차 저항의 크기변화를 통해 기동전류 감소와 기동토크 증대 및 속도제어를 할 수 있지만 최대 토크는 변하지 않는다.

중 제1장 직류기

20 정격전압 400[V], 정격출력 40[kW]의 직류 분권발전기의 전기자저항 0.15[Ω], 분권계자 저항 100[Ω]이다. 이 발전기의 전압변동률은 몇 [%]인가?

① 4.7
② 3.9
③ 5.2
④ 3.0

해설

전기자전류 $I_a = I_n + I_f = \frac{40000}{400} + \frac{400}{100} = 104[A]$

유기기전력 $E_a = V_n + I_a \cdot r_a = 400 + 104 \times 0.15$
$= 415.6[V]$

전압변동률 $\varepsilon = \frac{V_0 - V_n}{V_n} \times 100 = \frac{415.6 - 400}{400} \times 100$
$= 3.9[\%]$

상 | 제1장 직류기

01 직류전동기의 속도제어방법 중 광범위한 속도제어가 가능하며, 운전효율이 좋은 방법은?

① 계자제어
② 직렬저항제어
③ 병렬저항제어
④ 전압제어

해설 전압제어법

직류전동기 전원의 정격전압을 변화시켜 속도를 조정하는 방법으로 다른 속도제어방법에 비해 광범위한 속도제어가 용이하고 효율이 높다.

중 | 제6장 특수기기

02 반발전동기(reaction motor)의 특성으로 가장 옳은 것은?

① 기동 토크가 특히 큰 전동기
② 전부하 토크가 큰 전동기
③ 여자권선 없이 동기속도로 회전하는 전동기
④ 속도제어가 용이한 전동기

해설 반발전동기

㉠ 기동 토크는 브러쉬의 위치이동을 통해 대단히 크게 얻을 수 있음(전부하 토크의 400~500[%])
㉡ 기동전류는 전부하전류의 200~300[%] 정도로 나타남
㉢ 직권특성이 나타나고 무부하 시 고속으로 운전하므로 벨트 운전은 하지 않음

상 | 제2장 동기기

03 60[Hz], 600[rpm]인 동기전동기를 기동하기 위한 직렬 유도전동기의 극수로서 적당한 것은?

① 8
② 10
③ 12
④ 14

해설 동기전동기의 타 전동기에 의한 기동

동기전동기와 같은 전원에 동기전동기보다 2극 적은 유도전동기를 설치하여 기동하는 방법

60[Hz], 600[rpm]의 동기전동기 극수

$$P = \frac{120f}{N_s} = \frac{120 \times 60}{600} = 12\text{극}$$

기동용 유도전동기가 같은 극수 및 주파수에서 동기전동기 보다 sN_s 만큼 늦게 회전하므로 효과적인 기동을 위해 2극 적은 유도전동기를 사용한다.

중 | 제2장 동기기

04 발전기의 단락비나 동기 임피던스를 산출하는 데 필요한 시험은?

① 무부하포화시험과 3상 단락시험
② 정상, 영상, 리액턴스의 측정시험
③ 돌발단락시험과 부하시험
④ 단상 단락시험과 3상 단락시험

해설 동기발전기의 특성시험

무부하포화시험, 3상 단락시험

하 | 제4장 유도기

05 전부하로 운전하고 있는 60[Hz], 4극 권선형 유도전동기의 전부하속도 1728[rpm], 2차 1상 저항 0.02[Ω]이다. 2차 회로의 저항을 3배로 할 때 회전수[rpm]는?

① 1264
② 1356
③ 1584
④ 1765

해설

동기속도 $N_s = \frac{120f}{P} = 120 \times \frac{60}{4} = 1800[\text{rpm}]$

슬립 $s = \frac{N_s - N}{N_s} = \frac{1800 - 1728}{1800} = 0.04$

슬립 $s_t = \frac{r_2}{x_2}$ 이므로 2차 회로저항을 3배로 하면 슬립이 3배가 되므로

회전수 $N = (1-s)N_s = (1 - 0.04 \times 3) \times 1800$
$\qquad\quad ≒ 1584[\text{rpm}]$

06 직류전동기의 회전수는 자속이 감소하면 어떻게 되는가?

① 불변이다.   ② 정지한다.
③ 저하한다.   ④ 상승한다.

해설

직류전동기의 회전속도는 $n = k\dfrac{V_n - I_a \cdot r_a}{\phi}$ 이므로 자속이 감소하면 회전속도가 상승한다.

07 직류발전기의 무부하포화곡선과 관계되는 것은?

① 부하전류와 계자전류
② 단자전압과 계자전류
③ 단자전압과 부하전류
④ 출력과 부하전류

해설 직류발전기의 특성곡선

㉠ 무부하포화곡선 : 계자전류와 유기기전력(단자전압)과의 관계곡선
㉡ 부하포화곡선 : 계자전류와 단자전압과의 관계곡선
㉢ 외부특성곡선 : 부하전류와 단자전압과의 관계곡선
㉣ 위상특성곡선(=V곡선) : 계자전류와 부하전류와의 관계곡선

08 전기자전류가 I[A], 역률이 $\cos\theta$인 철극형 동기발전기에서 횡축 반작용을 하는 전류 성분은?

① $\dfrac{I}{\cos\theta}$
② $\dfrac{I}{\sin\theta}$
③ $I\cos\theta$
④ $I\sin\theta$

해설 전기자반작용

㉠ 횡축 반작용 : 유기기전력과 전기자전류가 동상일 경우 발생($I_n\cos\theta$)
㉡ 직축 반작용 : 유기기전력과 ±90°의 위상차가 발생할 경우($I_n\sin\theta$)

09 동기전동기의 전기자전류가 최소일 때 역률은?

① 0   ② 0.707
③ 0.866   ④ 1

해설

동기전동기의 경우 계자전류의 변화를 통해 전기자전류의 크기와 역률을 변화시킬 수 있다. 이때 전기자전류의 크기가 최소일 때 역률은 1.0이 된다.

10 어떤 주상변압기가 $\dfrac{4}{5}$ 부하일 때 최대 효율이 된다고 한다. 전부하에 있어서의 철손과 동손의 비 $\dfrac{P_c}{P_i}$는?

① 약 1.15
② 약 1.56
③ 약 1.64
④ 약 0.64

해설

최대 효율이 되는 부하율 $\dfrac{1}{m} = \sqrt{\dfrac{P_i}{P_c}}$

주상변압기의 부하가 $\dfrac{4}{5}$일 때 최대 효율이므로

$\dfrac{4}{5} = \sqrt{\dfrac{P_i}{P_c}}$ 에서 $\dfrac{P_c}{P_i} = \dfrac{1}{\left(\dfrac{4}{5}\right)^2} = 1.56$

11 동기전동기의 기동법으로 옳은 것은?

① 직류 초퍼법, 기동전동기법
② 자기동법, 기동전동기법
③ 자기동법, 직류 초퍼법
④ 계자제어법, 저항제어법

해설 동기전동기의 기동법

㉠ 자(기)기동법 : 제동권선을 이용
㉡ 기동전동기법(=타 전동기법) : 동기전동기보다 2극 적은 유도전동기를 이용하여 기동

상 제5장 정류기

12 전압을 일정하게 유지하기 위해서 이용되는 다이오드는?

① 정류용 다이오드
② 버랙터 다이오드
③ 배리스터 다이오드
④ 제너 다이오드

해설

제너 다이오드는 정전압 다이오드라고도 하는데 넓은 전류범위에서 안정된 전압특성을 나타내므로 정전압을 만들거나 과전압으로부터 소자를 보호하는 용도로 사용된다.

상 제3장 변압기

13 변압기의 철손이 P_i, 전부하동손이 P_c일 때 정격출력의 $\dfrac{1}{m}$의 부하를 걸었을 때 전 손실은 어떻게 되는가?

① $(P_i + P_c)\left(\dfrac{1}{m}\right)^2$

② $P_i + P_c\dfrac{1}{m}$

③ $P_i + \left(\dfrac{1}{m}\right)^2 P_c$

④ $P_i\dfrac{1}{m} + P_c$

해설

부하율이 $\dfrac{1}{m}$일 때의 효율

$\eta = \dfrac{\dfrac{1}{m}P_o}{\dfrac{1}{m}P_o + P_i + \left(\dfrac{1}{m}\right)^2 P_c} \times 100[\%]$

전체 손실$= P_i + \left(\dfrac{1}{m}\right)^2 P_c$

상 제2장 동기기

14 극수 6, 회전수 1200[rpm]의 교류발전기와 병행운전하는 극수 8의 교류발전기의 회전수는 몇 [rpm]이어야 하는가?

① 800
② 900
③ 1050
④ 1100

해설

동기발전기의 병렬운전 조건에 의해 주파수가 같아야 한다.

동기발전기의 회전속도 $N_s = \dfrac{120f}{P}[\text{rpm}]$

6극 발전기 $1200 = \dfrac{120f}{6}$ 이므로 주파수 $f = 60[\text{Hz}]$

8극 발전기도 $f = 60[\text{Hz}]$를 발생시켜야 하므로

$N_s = \dfrac{120f}{P} = \dfrac{120 \times 60}{8} = 900[\text{rpm}]$

상 제5장 정류기

15 사이리스터에서의 래칭전류에 관한 설명으로 옳은 것은?

① 게이트를 개방한 상태에서 사이리스터 도통 상태를 유지하기 위한 최소의 순전류
② 게이트 전압을 인가한 후에 급히 제거한 상태에서 도통 상태가 유지되는 최소의 순전류
③ 사이리스터의 게이트를 개방한 상태에서 전압이 상승하면 급히 증가하게 되는 순전류
④ 사이리스터가 턴온하기 시작하는 순전류

해설 사이리스터 전류의 정의

㉠ 래칭전류 : 사이리스터를 Turn on 하는 데 필요한 최소의 Anode 전류
㉡ 유지전류 : 게이트를 개방한 상태에서도 사이리스터가 on 상태를 유지하는 데 필요한 최소의 Anode 전류

하 제6장 특수기기

16 3상 직권 정류자전동기에 중간(직렬)변압기가 쓰이고 있는 이유가 아닌 것은?

① 정류자전압의 조정
② 회전자상수의 감소
③ 경부하 시 속도의 이상상승 방지
④ 실효권수비 산정 조정

해설 중간변압기의 사용이유

㉠ 전원전압의 크기에 관계없이 회전자전압을 정류작용에 맞는 값으로 선정할 수 있다.
㉡ 중간변압기의 권수비를 바꾸어서 전동기의 특성을 조정할 수 있다.
㉢ 경부하 시 속도상승을 중간변압기의 철심포화를 이용하여 억제할 수 있다.

정답 12. ④ 13. ③ 14. ② 15. ④ 16. ②

상 제1장 직류기

17 어느 분권전동기의 정격회전수가 1500[rpm] 이다. 속도변동률이 5[%]이면 공급전압과 계 자저항의 값을 변화시키지 않고 이것을 무부 하로 하였을 때의 회전수[rpm]은?

① 3527 ② 2360
③ 1575 ④ 1165

해설

속도변동률 $\varepsilon = \dfrac{N_o - N_n}{N_n} \times 100[\%]$

여기서, N_o : 무부하속도
  N : 정격속도

무부하속도 $N_o = \left(1 + \dfrac{\varepsilon}{100}\right) \times N_n$
  $= \left(1 + \dfrac{5}{100}\right) \times 1500 = 1575[\text{rpm}]$

상 제1장 직류기

18 직류분권전동기가 있다. 전 도체수 100, 단중 파권으로 자극수는 4, 자속수 3.14[Wb]이다. 여기에 부하를 걸어 전기자에 5[A]의 전류가 흐르고 있다면 이 전동기의 토크[N·m]는 약 얼마인가?

① 400 ② 450
③ 500 ④ 550

해설

토크 $T = \dfrac{PZ\phi I_a}{2\pi a} = \dfrac{4 \times 100 \times 3.14 \times 5}{2 \times 3.14 \times 2} = 500[\text{N·m}]$
(병렬회로수는 파권이므로 $a = 2$)

상 제2장 동기기

19 2대의 동기발전기가 병렬운전하고 있을 때 동기화전류가 흐르는 경우는?

① 기전력의 크기에 차가 있을 때
② 기전력의 위상에 차가 있을 때
③ 기전력의 파형에 차가 있을 때
④ 부하분담에 차가 있을 때

해설

유도기전력의 위상이 다를 경우 → 유효순환전류(동기화 전류)가 흐름

수수전력(= 주고 받는 전력) $P = \dfrac{E^2}{2Z_s} \sin\delta[\text{kW}]$

중 제3장 변압기

20 변압기유의 열화방지방법 중 틀린 것은?

① 개방형 콘서베이터
② 수소봉입방식
③ 밀봉방식
④ 흡착제방식

해설 변압기유의 열화방지

㉠ 변압기유의 열화를 방지하기 위해 외부 공기와의 접촉 을 차단하여야 하므로 질소가스를 봉입하여 사용한다.
㉡ 변압기용량에 따른 변압기유의 열화방지방법
  • 1[MVA] 이하 : 호흡기(Breather) 설치
  • 1~3[MVA] 이하 : 개방형 콘서베이터 + 호흡기(Breather) 설치
  • 3[MVA] 이상 : 밀폐형 콘서베이터 설치

중 제2장 동기기

01 병렬운전하는 두 동기발전기 사이에 그림과 같이 동기검정기가 접속되어 있을 때 상회전 방향이 일치되어 있다면?

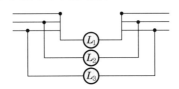

① L_1, L_2, L_3 모두 어둡다.
② L_1, L_2, L_3 모두 밝다.
③ L_1, L_2, L_3 순서대로 명멸한다.
④ L_1, L_2, L_3 모두 점등되지 않는다.

해설

병렬운전하는 두 동기발전기의 상회전방향 및 위상이 일치하는지 시험하기 위해 동기검정기를 사용한다. 그림에서 램프 3개 모두 소등 시 정상적인 운전으로 판단할 수 있다.

상 제3장 변압기

02 권수비 60인 단상 변압기의 전부하 2차 전압 200[V], 전압변동률 3[%]일 때 1차 전압[V]은?

① 1200
② 12180
③ 12360
④ 12720

해설 무부하 단자전압

$$V_{20} = \left(1 + \frac{\%\delta}{100}\right) \times V_{2n} = \left(1 + \frac{3}{100}\right) \times 200 = 206[V]$$

∴ 1차 전압 $V_{10} = 206 \times 60 = 12360[V]$

상 제2장 동기기

03 동기발전기에서 극수 4, 1극의 자속수 0.062[Wb], 1분 간의 회전속도를 1800, 코일의 권수를 100이라고 하고 이때 코일의 유기기전력의 실효치[V]를 구하면? (단, 권선계수는 1.0이라 한다.)

① 526[V]
② 1488[V]
③ 1652[V]
④ 2336[V]

해설

동기발전기의 유기기전력 $E = 4.44K_w f N\phi$[V]

여기서, K_w : 권선계수
　　　　f : 주파수
　　　　N : 1상당 권수
　　　　ϕ : 극당 자속

동기속도 $N_s = \frac{120f}{P}$[rpm]에서

$$f = \frac{N_S \times P}{120} = \frac{1800 \times 4}{120} = 60[Hz]$$

유기기전력 $E = 4.44K_w f N\phi$
　　　　　　$= 4.44 \times 1.0 \times 60 \times 100 \times 0.062$
　　　　　　$= 1652[V]$

상 제3장 변압기

04 변압기 여자전류, 철손을 알 수 있는 시험은?

① 유도시험
② 단락시험
③ 부하시험
④ 무부하시험

해설 변압기의 등가회로 작성 시 특성시험

㉠ 무부하시험 : 무부하전류(여자전류), 철손, 여자어드미턴스
㉡ 단락시험 : 임피던스전압, 임피던스와트, 동손, 전압변동률
㉢ 권선의 저항측정

중 제2장 동기기

05 동기전동기의 진상전류는 어떤 작용을 하는가?

① 증자작용
② 감자작용
③ 교차자화작용
④ 아무 작용도 없다.

해설 동기전동기의 전기자 반작용

㉠ 교차자화작용 : 전기자전류 I_a가 공급전압과 동상일 때(횡축 반작용)
㉡ 감자작용 : 전기자전류 I_a가 공급전압보다 위상이 90° 앞설 때(직축 반작용)
㉢ 증자작용 : 전기자전류 I_a가 공급전압보다 위상이 90° 늦을 때(직축 반작용)

중 제4장 유도기

06 단상 유도전압조정기의 단락권선의 역할은?

① 철손 경감
② 전압강하 경감
③ 절연보호
④ 전압조정 용이

해설

단락권선은 제어각 $\alpha = 90°$ 위치에서 직렬권선의 리액턴스에 의한 전압강하를 방지한다.

상 제3장 변압기

07 3상 변압기를 병렬운전할 경우 조합 불가능한 것은?

① △-△와 △-△
② Y-△와 Y-△
③ △-△와 △-Y
④ △-Y와 Y-△

해설

3상 변압기의 병렬운전 시 △-△와 △-Y, △-Y와 Y-Y의 결선은 위상차가 30° 발생하여 순환전류가 흐르기 때문에 병렬운전이 불가능하다.

상 제1장 직류기

08 직류분권전동기를 무부하로 운전 중 계자회로에 단선이 생겼다. 다음 중 옳은 것은?

① 즉시 정지한다.
② 과속도로 되어 위험하다.
③ 역전한다.
④ 무부하이므로 서서히 정지한다.

해설

분권전동기의 운전 중 계자회로가 단선이 되면 계자전류가 0이 되고, 무여자($\phi = 0$) 상태가 되어 회전수 N이 위험속도가 된다.

상 제4장 유도기

09 유도전동기의 제동방법 중 슬립의 범위를 1∼2 사이로 하여 3선 중 2선의 접속을 바꾸어 제동하는 방법은?

① 역상제동
② 직류제동
③ 단상제동
④ 회생제동

해설 역상제동

운전 중의 유도전동기에 회전방향과 반대의 회전자계를 부여함에 따라 정지시키는 방법이다. 교류전원의 3선 중 2선을 바꾸면 회전방향과 반대가 되기 때문에 회전자는 강한 제동력을 받아 급속하게 정지한다.

하 제6장 특수기기

10 스테핑모터의 일반적인 특징으로 틀린 것은?

① 기동·정지 특성은 나쁘다.
② 회전각은 입력 펄스 수에 비례한다.
③ 회전속도는 입력 펄스 주파수에 비례한다.
④ 고속응답이 좋고, 고출력의 운전이 가능하다.

해설 스테핑모터의 특징

㉠ 회전각도는 입력 펄스 신호의 수에 비례하고 회전속도는 펄스 주파수에 비례
㉡ 모터의 제어가 간단하고 디지털 제어회로와 조합이 용이
㉢ 기동, 정지, 정회전, 역회전이 용이하고 신호에 대한 응답성이 좋음
㉣ 브러시 등의 접촉부분이 없어 수명이 길고 신뢰성이 높음

상 제5장 정류기

11 반도체 소자 중 3단자 사이리스터가 아닌 것은?

① SCR
② GTO
③ TRIAC
④ SCS

해설 SCS(Silicon Controlled Switch)

Gate가 2개인 4단자 1방향성 사이리스터
① SCR(사이리스터) : 단방향 3단자
② GTO(Gate Turn Off 사이리스터) : 단방향 3단자
③ TRIAC(트라이액) : 양방향 3단자

하 제3장 변압기

12 2[kVA], 3000/100[V]의 단상 변압기의 철손이 200[W]이면 1차에 환산한 여자 컨덕턴스[℧]는?

① 약 $66.6 \times 10^{-3}[℧]$
② 약 $22.2 \times 10^{-6}[℧]$
③ 약 $2 \times 10^{-2}[℧]$
④ 약 $2 \times 10^{-6}[℧]$

해설

$$P = \frac{V_1^{\,2}}{R} \text{에서} \quad g = \frac{1}{R} = \frac{P_i}{V_1^{\,2}}$$

여자 컨덕턴스 $g = \dfrac{P_i}{V_1^{\,2}} = \dfrac{200}{3000^2} = 22.22 \times 10^{-6}\,[\text{℧}]$

상 제1장 직류기

13 직류 직권전동기에 있어서 회전수 N과 토크 T와의 관계는? (단, 자기포화는 무시한다.)

① $T \propto \dfrac{1}{N}$

② $T \propto \dfrac{1}{N^2}$

③ $T \propto N$

④ $T \propto N^{\frac{3}{2}}$

해설

직권전동기의 특성 $T \propto I_a^{\,2} \propto \dfrac{1}{N^2}$

여기서, T : 토크
$\qquad\quad I_a$: 전기자전류
$\qquad\quad N$: 회전수

중 제2장 동기기

14 송전선로에 접속된 동기조상기의 설명 중 가장 옳은 것은?

① 과여자로 해서 운전하면 앞선 전류가 흐르므로 리액터 역할을 한다.

② 과여자로 해서 운전하면 뒤진 전류가 흐르므로 콘덴서 역할을 한다.

③ 부족여자로 해서 운전하면 앞선 전류가 흐르므로 리액터 역할을 한다.

④ 부족여자로 해서 운전하면 송전선로의 자기여자작용에 의한 전압상승을 방지한다.

해설 동기조상기

㉠ 과여자로 해서 운전 : 선로에는 앞선 전류가 흐르고 일종의 콘덴서로 작용하며 부하의 뒤진 전류를 보상해서 송전선로의 역률을 좋게 하고 전압강하를 감소시킴

㉡ 부족여자로 운전 : 뒤진 전류가 흐르므로 일종의 리액터로서 작용하고 무부하의 장거리 송전선로에 발전기를 접속하는 경우 송전선로에 흐르는 앞선 전류에 의하

여 자기여자작용으로 일어나는 단자전압의 이상상승을 방지

상 제1장 직류기

15 직류기의 권선을 단중 파권으로 감으면?

① 내부 병렬회로수가 극수만큼 생긴다.

② 균압환을 연결해야 한다.

③ 저압 대전류용 권선이다.

④ 내부 병렬회로수가 극수와 관계없이 언제나 2이다.

해설

파권은 어떤 (+)브러시에서 출발하면 전부의 코일변을 차례차례 이어가서 브러시에 이르기 때문에 병렬회로수는 항상 2이고 코일이 모두 직렬로 이어져서 고전압·저전류 기기에 적합하다.

하 제6장 특수기기

16 단상 정류자전동기의 종류가 아닌 것은?

① 직권형

② 아트킨손형

③ 보상직권형

④ 유도보상직권형

해설

단상 직권전동기의 종류에는 직권형, 보상직권형, 유도보상직권형이 있다. 아트킨손형은 단상 반발전동기의 종류이다.

중 제2장 동기기

17 발전기의 부하가 불평형이 되어 발전기의 회전자가 과열 소손되는 것을 방지하기 위하여 설치하는 계전기는?

① 과전압계전기

② 역상 과전류계전기

③ 계자상실계전기

④ 비율차동계전기

해설 역상 과전류계전기

부하의 불평형 시 고조파가 발생하므로 역상분을 검출할 수 있고 기기 과열의 큰 원인인 과전류의 검출이 가능하다.

하 제1장 직류기

18 전기자권선의 저항 0.06[Ω], 직권계자권선 및 분권계자회로의 저항이 각각 0.05[Ω]와 100[Ω]인 외분권 가동 복권발전기의 부하전류가 18[A]일 때, 그 단자전압이 $V = 100$[V]라면 유기기전력은 몇 [V]인가? (단, 전기자 반작용과 브러시 접촉저항은 무시한다.)

① 약 102
② 약 105
③ 약 107
④ 약 109

📝 **해설**

가동 복권발전기의 경우

전기자전류 $I_a = I + I_f = I + \dfrac{V_t}{r_f} = 18 + \dfrac{100}{100} = 19$[A]

유기기전력 $E_a = V_t + (r_a + r_s)I_a$
$$= 100 + (0.06 + 0.05) \times 19$$
$$= 102.09[\text{V}]$$

중 제4장 유도기

19 단상 유도전동기의 기동에 브러시를 필요로 하는 것은 다음 중 어느 것인가?

① 분상기동형
② 반발기동형
③ 콘덴서 기동형
④ 셰이딩 코일 기동형

📝 **해설**

반발기동형은 기동 시에는 반발전동기로 기동하고 기동 후에는 원심력 개폐기로 정류자를 단락시켜 농형 회전자로 기동하는 데 브러시는 고정자권선과 회전자권선을 단락시킨다.

중 제3장 변압기

20 다음은 단권변압기를 설명한 것이다. 틀린 것은?

① 소형에 적합하다.
② 누설자속이 적다.
③ 손실이 적고 효율이 좋다.
④ 재료가 절약되어 경제적이다.

📝 **해설** 단권변압기의 장점 및 단점

㉠ 장점
• 철심 및 권선을 적게 사용하여 변압기의 소형화, 경량화가 가능하다.
• 철손 및 동손이 적어 효율이 높다.
• 자기용량에 비하여 부하용량이 커지므로 경제적이다.
• 누설자속이 거의 없으므로 전압변동률이 작고 안정도가 높다.
㉡ 단점
• 고압측과 저압측이 직접 접촉되어 있으므로 저압측의 절연강도는 고압측과 동일한 크기의 절연이 필요하다.
• 누설자속이 거의 없어 %임피던스가 작기 때문에 사고 시 단락전류가 크다.

중 | 제3장 변압기

01 정격이 300[kVA], 6600/2200[V]의 단권변압기 2대를 V결선으로 해서 1차에 6600[V]를 가하고, 전부하를 걸었을 때의 2차측 출력[kVA]은? (단, 손실은 무시한다.)

① 425   ② 519
③ 390   ④ 489

해설

$$\frac{\text{자기용량}}{\text{부하용량}} = \frac{1}{0.866}\left(\frac{V_h - V_l}{V_h}\right)$$

$$\frac{300}{\text{부하용량}} = \frac{1}{0.866}\left(\frac{6600 - 2200}{6600}\right)$$

$$\text{부하용량} = 0.866 \times \left(\frac{6600}{6600 - 2200}\right) \times 300$$
$$= 390[kVA]$$

하 | 제6장 특수기기

02 중부하에서도 기동되도록 하고 회전계자형의 동기전동기에 고정자인 전기자부분이 회전자의 주위를 회전할 수 있도록 2중 베어링의 구조를 가지고 있는 전동기는?

① 유도자형 전동기
② 유도동기전동기
③ 초동기전동기
④ 반작용 전동기

해설

기동 토크가 작은 것이 단점인 동기전동기는 경부하에서 기동이 거의 불가능하므로 이것을 보완하여 중부하에서도 기동이 되도록 한 것으로, 회전계자형의 동기전동기에 고정자인 전기자부분도 회전자 주위를 회전할 수 있도록 2중 베어링 구조로 되어 있는 고정자 회전기동형을 초동기전동기라 한다.

상 | 제4장 유도기

03 제5차 고조파에 의한 기자력의 회전방향 및 속도와 기본파 회전자계의 관계는?

① 기본파와 같은 방향이고 3배의 속도
② 기본파와 같은 방향이고 $\frac{1}{5}$배의 속도
③ 기본파와 역방향으로 5배의 속도
④ 기본파와 역방향으로 $\frac{1}{5}$배 속도

해설

역상분 $3n - 1(2, 5, 8, 11 \cdots)$: $-120°$의 위상차가 발생하는 고조파로 기본파와 역방향으로 작용하는 회전자계를 발생하고 회전속도는 $\frac{1}{5}$배의 속도로 된다.

상 | 제2장 동기기

04 동기발전기의 전기자권선을 단절권으로 하는 가장 큰 이유는?

① 과열을 방지
② 기전력 증가
③ 기본파를 제거
④ 고조파를 제거해서 기전력 파형 개선

해설 단절권의 특징

㉠ 전절권에 비해 유기기전력은 감소된다.
㉡ 고조파를 제거하여 기전력의 파형을 좋게 한다.
㉢ 코일 끝부분의 길이가 단축되어 기계 전체의 크기가 축소된다.
㉣ 구리의 양이 적게 든다.

상 | 제1장 직류기

05 다음 중 직류발전기의 무부하포화곡선과 관계되는 것은?

① 부하전류와 계자전류
② 단자전압과 계자전류
③ 단자전압과 부하전류
④ 출력과 부하전류

해설 직류발전기의 특성곡선

㉠ 무부하포화곡선 : 계자전류와 유기기전력(단자전압)과의 관계곡선

ⓛ 부하포화곡선 : 계자전류와 단자전압과의 관계곡선
ⓒ 외부특성곡선 : 부하전류와 단자전압과의 관계곡선

상 제1장 직류기

06 직류전동기의 제동법 중 발전제동을 옳게 설명한 것은?

① 전동기가 정지할 때까지 제동 토크가 감소하지 않는 특징을 지닌다.
② 전동기를 발전기로 동작시켜 발생하는 전력을 전원으로 반환함으로써 제동한다.
③ 전기자를 전원과 분리한 후 이를 외부저항에 접속하여 전동기의 운동 에너지를 열 에너지로 소비시켜 제동한다.
④ 운전 중인 전동기의 전기자접속을 반대로 접속하여 제동한다.

해설 직류전동기의 제동법

㉠ 발전제동 : 운전 중인 전동기를 전원에서 분리하여 발전기로 작용시키고, 회전체의 운동 에너지를 전기적인 에너지로 변환하여 이것을 저항에서 열 에너지로 소비시켜서 제동하는 방법
ⓛ 회생제동 : 전동기가 갖는 운동 에너지를 전기 에너지로 변환하고, 이것을 전원으로 반환하여 제동하는 방법
ⓒ 역전제동 : 전동기를 전원에 접속된 상태에서 전기자의 접속을 반대로 하고, 회전방향과 반대방향으로 토크를 발생시켜서 급속히 정지시키거나 역전시키는 방법

상 제2장 동기기

07 병렬운전 중인 A, B 두 동기발전기 중 A발전기의 여자를 B발전기보다 증가시키면 A발전기는?

① 동기화전류가 흐른다.
② 부하전류가 증가한다.
③ 90° 진상전류가 흐른다.
④ 90° 지상전류가 흐른다.

해설 동기발전기의 병렬운전 중에 여자전류를 다르게 할 경우

㉠ 여자전류가 작은 발전기(기전력의 크기가 작은 발전기) : 90° 진상전류가 흐르고 역률이 높아진다.
ⓛ 여자전류가 큰 발전기(기전력의 크기가 큰 발전기) : 90° 지상전류가 흐르고 역률이 낮아진다.

하 제6장 특수기기

08 다음 교류 정류자전동기의 설명 중 옳지 않은 것은?

① 정류작용은 직류기와 같이 간단히 해결된다.
② 구조가 일반적으로 복잡하여 고장이 생기기 쉽다.
③ 기동 토크가 크고 기동장치가 필요 없는 경우가 많다.
④ 역률이 높은 편이며 연속적인 속도제어가 가능하다.

해설 교류 정류자전동기의 특성

㉠ 전동기로서 정류자를 가지고 있고 고정자와 회전자에 따라 직권과 분권으로 구분한다.
ⓛ 구조가 복잡하여 고장이 발생할 우려가 높다.
ⓒ 기동 토크가 크고 속도제어범위가 넓고 역률이 높다.

상 제4장 유도기

09 유도전동기의 동기와트에 대한 설명으로 옳은 것은?

① 동기속도에서 1차 입력
② 동기속도에서 2차 입력
③ 동기속도에서 2차 출력
④ 동기속도에서 2차 동손

해설

동기와트 $P_2 = 1.026 \times T \times N_s \times 10^{-3}$[kW]
동기와트(P_2)는 동기속도에서 토크의 크기를 나타낸다.

중 제2장 동기기

10 동기기의 전기자권선법으로 적합하지 않은 것은?

① 중권
② 2층권
③ 분포권
④ 환상권

해설 동기기의 전기자권선법

중권, 2층권, 분포권, 단절권, 고상권, 폐로권을 사용한다.

하 제4장 유도기

11 유도발전기의 슬립(slip) 범위에 속하는 것은?

① $0 < s < 1$ ② $s = 0$
③ $s = 1$ ④ $-1 < s < 0$

해설 슬립의 범위

㉠ 유도전동기의 경우 : $0 < s < 1$
㉡ 유도발전기의 경우 : $-1 < s < 0$

상 제4장 유도기

12 3상 유도전동기의 동기속도는 주파수와 어떤 관계가 있는가?

① 비례한다.
② 반비례한다.
③ 자승에 비례한다.
④ 자승에 반비례한다.

해설

회전자속도 $N = (1-s)N_s = (1-s)\dfrac{120f}{P}$[rpm]
∴ 동기속도(N_s)는 주파수(f)에 비례한다.

중 제5장 정류기

13 단상 전파정류의 맥동률은?

① 0.17 ② 0.34
③ 0.48 ④ 0.86

해설

㉠ 맥동률 = $\dfrac{\text{출력전압에 포함된 교류분}}{\text{출력전압의 직류분}}$
㉡ 각 정류방식에 따른 맥동률을 구하면 다음과 같다.
 • 단상 반파정류 : 1.21
 • 단상 전파정류 : 0.48
 • 3상 반파정류 : 0.19
 • 3상 전파정류 : 0.042

상 제5장 정류기

14 3단지 사이리스터가 아닌 것은?

① SCR ② GTO
③ SCS ④ TRIAC

해설

① SCR(사이리스터) : 단방향 3단자
② GTO(Gate Turn Off 사이리스터) : 단방향 3단자
③ SCS : 단방향 4단자
④ TRIAC(트라이액) : 양방향 3단자

상 제3장 변압기

15 3상 변압기를 병렬운전하는 경우 불가능한 조합은?

① △-△와 △-△
② Y-△와 Y-△
③ △-△와 △-Y
④ △-Y와 Y-△

해설

3상 변압기의 병렬운전 시 △-△와 △-Y, △-Y 와 Y-Y 의 결선은 위상차가 30° 발생하여 순환전류가 흐르기 때문에 병렬운전이 불가능하다.

상 제3장 변압기

16 변압기의 등가회로를 작성하기 위하여 필요한 시험은?

① 권선저항 측정, 무부하시험, 단락시험
② 상회전시험, 절연내력시험, 권선저항 측정
③ 온도상승시험, 절연내력시험, 무부하시험
④ 온도상승시험, 절연내력시험, 권선저항 측정

해설 변압기의 등가회로 작성 시 특성시험

㉠ 무부하시험 : 무부하전류(여자전류), 철손, 여자어드미턴스
㉡ 단락시험 : 임피던스전압, 임피던스와트, 동손, 전압변동률
㉢ 권선저항 측정

상 제1장 직류기

17 전기자도체의 굵기, 권수, 극수가 모두 같을 때 단중 파권이 단중 중권과 비교하여 다른 것은?

① 대전류, 고전압
② 소전류, 고전압
③ 대전류, 저전압
④ 소전류, 저전압

해설 전기자권선법의 중권과 파권 비교

비교항목	중권	파권
병렬회로수(a)	$P_{극수}$	2
브러시수(b)	$P_{극수}$	2
용도	저전압, 대전류	고전압, 소전류
균압환	사용함	사용 안 함

중권의 경우 다중도(m)일 경우 ($a = mP_{극수}$)

중 제3장 변압기

18 100[kVA]의 단상변압기가 역률 80[%]에서 전부하효율이 95[%]라면 역률 50[%]의 전부하에서는 효율은 몇 [%]로 되겠는가?

① 약 98
② 약 96
③ 약 94
④ 약 92

해설

역률 80[%]에서

효율 $\eta = \dfrac{100 \times 0.8}{100 \times 0.8 + P_l} \times 100 = 95[\%]$

손실 $P_l = \dfrac{100 \times 0.8}{0.95} - 100 \times 0.8 = 4.21[kW]$

역률 0.5에서

전부하효율 $\eta = \dfrac{100 \times 0.5}{100 \times 0.5 + 4.21} \times 100$
$= 92.23 ≒ 92[\%]$

중 제3장 변압기

19 변압기의 냉각방식 중 유입자냉식의 표시기호는?

① ANAN
② ONAN
③ ONAF
④ OFAF

해설 유입자냉식(ONAN)

절연유가 채워진 외함 속에 변압기 본체를 넣고 기름의 대류작용으로 열이 외함에 전달되고 외함에서 방사, 대류, 전도에 의하여 외부에 방산되는 방식으로 가장 널리 채용

상 제2장 동기기

20 송전선로에 접속된 동기조상기의 설명으로 옳은 것은?

① 과여자로 해서 운전하면 앞선 전류가 흐르므로 리액터 역할을 한다.
② 과여자로 해서 운전하면 뒤진 전류가 흐르므로 콘덴서 역할을 한다.
③ 부족여자로 해서 운전하면 앞선 전류가 흐르므로 리액터 역할을 한다.
④ 부족여자로 해서 운전하면 송전선로의 자기여자작용에 의한 전압상승을 방지한다.

해설 동기조상기

㉠ 과여자로 해서 운전 : 선로에는 앞선 전류가 흐르고 일종의 콘덴서로 작용하며 부하의 뒤진 전류를 보상해서 송전선로의 역률을 좋게 하고 전압강하를 감소시킴
㉡ 부족여자로 운전 : 뒤진 전류가 흐르므로 일종의 리액터로서 작용하고 무부하의 장거리 송전선로에 발전기를 접속하는 경우 송전선로에 흐르는 앞선 전류에 의하여 자기여자작용으로 일어나는 단자전압의 이상상승을 방지

중 제1장 직류기

01 자극수 4, 슬롯수 40, 슬롯 내부 코일 변수 4인 단중 중권직류기의 정류자편수는?

① 80
② 40
③ 20
④ 1

☑ 해설

정류자편수는 코일수와 같고

총코일수 $= \dfrac{총도체수}{2}$ 이므로

정류자편수 $K = \dfrac{슬롯수 \times 슬롯\ 내\ 코일\ 변수}{2}$

$= \dfrac{40 \times 4}{2} = 80$개

상 제4장 유도기

02 4극 3상 유도전동기가 있다. 전원전압 200[V]로 전부하를 걸었을 때 전류는 21.5[A]이다. 이 전동기의 출력은 약 몇 [W]인가? (단, 전부하 역률 86[%], 효율 85[%]이다.)

① 5029
② 5444
③ 5820
④ 6103

☑ 해설 유도전동기의 출력

$P_o = \sqrt{3}\, V_n I_n \cos\theta\, \eta$[W]

(여기서, V_n : 정격전압, I_n : 정격전류, η : 전동기효율)

$P_o = \sqrt{3}\, V_n I_n \cos\theta\, \eta$

$= \sqrt{3} \times 200 \times 21.5 \times 0.86 \times 0.85$

$= 5444$[W]

중 제6장 특수기기

03 직류 및 교류 양용에 사용되는 만능전동기는?

① 복권전동기
② 유도전동기
③ 동기전동기
④ 직권 정류자전동기

☑ 해설

직권 정류자전동기는 교류·직류 양용으로 사용되므로 교직양용 전동기(universal motor)라고도 하고 믹서기, 재봉틀, 진공소제기, 휴대용 드릴, 영사기 등에 사용된다.

중 제2장 동기기

04 동기발전기의 병렬운전 중 계자를 변화시키면 어떻게 되는가?

① 무효순환전류가 흐른다.
② 주파수 위상이 변한다.
③ 유효순환전류가 흐른다.
④ 속도조정률이 변한다.

☑ 해설

병렬운전 중 계자전류가 달라 기전력의 크기가 다를 경우 두 발전기 사이에 무효순환전류가 흐른다.

상 제3장 변압기

05 변압기의 %Z가 커지면 단락전류는 어떻게 변화하는가?

① 커진다.
② 변동 없다.
③ 작아진다.
④ 무한대로 커진다.

☑ 해설

변압기 단락전류 $I_s = \dfrac{100}{\%Z} \times I_n$[A]

(여기서, I_n : 정격전류)

%Z는 단락전류(I_s)와 반비례이므로 %Z가 증가할 경우 단락전류는 작아진다.

상 제6장 특수기기

06 자동제어장치에 쓰이는 서보모터(servo motor)의 특성을 나타내는 것 중 틀린 것은?

① 빈번한 시동, 정지, 역전 등의 가혹한 상태에 견디도록 견고하고 큰 돌입전류에 견딜 것
② 시동 토크는 크나, 회전부의 관성 모멘트가 작고 전기적 시정수가 짧을 것
③ 발생 토크는 입력신호(入力信號)에 비례하고 그 비가 클 것
④ 직류 서보모터에 비하여 교류 서보모터의 시동 토크가 매우 클 것

⤷정답 01. ① 02. ② 03. ④ 04. ① 05. ③ 06. ④

해설 서보모터의 특성

㉠ 시동정지가 빈번한 상황에서도 견딜 수 있을 것
㉡ 큰 회전력을 갖을 것
㉢ 회전자(Rotor)의 관성 모멘트가 작을 것
㉣ 급제동 및 급가속(시동 토크가 크다)에 대응할 수 있을 것(시정수가 짧을 것)
㉤ 토크의 크기는 직류 서보모터가 교류 서보모터보다 크다.

상 | 제4장 유도기

07 동기 와트로 표시되는 것은?

① 토크
② 동기속도
③ 출력
④ 1차 입력

해설

동기 와트 $P_2 = 1.026 \cdot T \cdot N_s \times 10^{-3}$[kW]
동기 와트(P_2)는 동기속도에서 토크의 크기를 나타낸다.

상 | 제3장 변압기

08 변압기에서 권수가 2배가 되면 유도기전력은 몇 배가 되는가?

① 0.5
② 1
③ 2
④ 4

해설

유도기전력 $E = 4.44 f N \phi_m$ [V]에서 $E \propto N$이므로 권수가 2배가 되면 유도기전력이 2배가 된다.

상 | 제4장 유도기

09 유도전동기의 속도제어법 중 저항제어와 관계가 없는 것은?

① 농형 유도전동기
② 비례추이
③ 속도제어가 간단하고 원활함
④ 속도조정범위가 작음

해설 2차 저항제어법(슬립 제어)

㉠ 비례추이의 원리를 이용한 것으로 2차 회로에 저항을 넣어 같은 토크에 대한 슬립 s를 변화시켜 속도를 제어하는 방식
㉡ 장점
• 구조가 간단하고, 제어조작이 용이하다.
• 속도제어용 저항기를 기동용으로 사용할 수 있다.
㉢ 단점
• 저항을 이용하므로 속도변화량에 비례하여 효율이 저하된다.
• 부하변동에 대한 속도변동이 크다.

상 | 제5장 정류기

10 사이리스터에서의 래칭(latching)전류에 관한 설명으로 옳은 것은?

① 게이트를 개방한 상태에서 사이리스터 도통상태를 유지하기 위한 최소의 순전류
② 게이트 전압을 인가한 후에 급히 제거한 상태에서 도통상태가 유지되는 최소의 순전류
③ 사이리스터의 게이트를 개방한 상태에서 전압이 상승하면 급히 증가하게 되는 순전류
④ 사이리스터가 턴온하기 시작하는 순전류

해설 사이리스터 전류의 정의

㉠ 래칭전류 : 사이리스터의 Turn on 하는데 필요한 최소의 Anode 전류
㉡ 유지전류 : 게이트를 개방한 상태에서도 사이리스터가 on 상태를 유지하는데 필요한 최소의 Anode 전류

중 | 제2장 동기기

11 다음은 유도자형 동기발전기에 대한 설명이다. 옳은 것은?

① 전기자만 고정되어 있다.
② 계자극만 고정되어 있다.
③ 계자극과 전기자가 고정되어 있다.
④ 회전자가 없는 특수 발전기이다.

해설

유도자형 발전기는 계자 및 전기자 모두 고정된 상태로 발전이 되며, 실험실 전원 등으로 사용된다.

중 | 제2장 동기기

12 동기발전기의 부하포화곡선은 발전기를 정격속도로 돌려 이것에 일정 역률, 일정 전류의 부하를 걸었을 때 어느 것의 관계를 표시하는 것인가?

① 부하전류와 계자전류
② 단자전압과 계자전류
③ 단자전압과 부하전류
④ 출력과 부하전류

정답 07. ① 08. ③ 09. ① 10. ④ 11. ③ 12. ②

해설 동기발전기의 특성곡선

㉠ 무부하 포화곡선 : 정격속도에서 유기기전력과 계자전류의 관계곡선
㉡ 부하 포화곡선 : 정격상태에서 계자전류와 단자전압과의 관계곡선
㉢ 외부 특성 곡선 : 정격속도에서 부하전류와 단자전압과의 관계곡선
㉣ 위상특성곡선 : 정격속도에서 계자전류와 전기자전류와의 관계곡선

상 **제3장 변압기**

13 임피던스 전압을 걸 때의 입력은?

① 철손
② 정격용량
③ 임피던스 와트
④ 전부하 시의 전손실

해설

변압기 2차측을 단락한 상태에서 1차측의 인가전압을 서서히 증가시켜 정격전류가 1차, 2차 권선에 흐르게 되는데 이때 전압계의 지시값이 임피던스 전압이고 전력계의 지시값이 임피던스 와트(동손)이다.

중 **제3장 변압기**

14 변압기의 기름에서 아크 방전에 의하여 생기는 가스 중 가장 많이 발생하는 가스는?

① 수소   ② 일산화탄소
③ 아세틸렌   ④ 산소

해설

유입변압기에서 아크 방전 등이 발생할 경우 변압기유가 전기분해되어 수소, 메탄 등의 가연성 기체와 슬러지가 발생한다.

상 **제2장 동기기**

15 전기자전류가 I[A], 역률이 $\cos\theta$인 철극형 동기발전기에서 횡축 반작용을 하는 전류 성분은?

① $\dfrac{I}{\cos\theta}$ ② $\dfrac{I}{\sin\theta}$

③ $I\cos\theta$ ④ $I\sin\theta$

해설 전기자반작용

㉠ 횡축 반작용 : 유기기전력과 전기자전류가 동상일 경우 발생($I_n\cos\theta$)
㉡ 직축 반작용 : 유기기전력과 ±90°의 위상차가 발생할 경우($I_n\sin\theta$)

중 **제4장 유도기**

16 3상 유도전동기에 직결된 펌프가 있다. 펌프 출력은 100[HP], 효율 74.6[%], 전동기의 효율과 역률은 각각 94[%]와 90[%]라고 하면 전동기의 입력[kVA]는 얼마인가?

① 95.74[kVA]   ② 104.4[kVA]
③ 111.1[kVA]   ④ 118.2[kVA]

해설

$1[\mathrm{HP}] = 746[\mathrm{W}]$이므로
3상 유도전동기의 입력

$$P = \frac{P_o}{\cos\theta \times \eta_M \times \eta_P} = \frac{100 \times 0.746}{0.94 \times 0.9 \times 0.746}$$
$$= 118.2[\mathrm{kVA}]$$

여기서, P : 입력, P_o : 펌프 출력
η_M : 전동기 효율, η_P : 펌프 효율

상 **제2장 동기기**

17 동기전동기의 기동법으로 옳은 것은?

① 직류 초퍼법, 기동전동기법
② 자기동법, 기동전동기법
③ 자기동법, 직류 초퍼법
④ 계자제어법, 저항제어법

해설 동기전동기의 기동법

㉠ 자(기)기동법 : 제동권선을 이용
㉡ 기동전동기법(=타 전동기법) : 동기전동기보다 2극 적은 유도전동기를 이용하여 기동

중 **제3장 변압기**

18 6000/200[V], 5[kVA]의 단상변압기를 승압기로 연결하여 1차측에 6000[V]를 가할 때 2차측에 걸을 수 있는 최대 부하용량[kVA]은?

① 165   ② 160
③ 155   ④ 150

해설

2차측(고압측) 전압

$$V_h = V_l\left(1 + \frac{1}{a}\right) = 6000\left(1 + \frac{1}{\frac{6000}{200}}\right) = 6200[\text{V}]$$

단권변압기 2차측의 최대 부하용량

$$부하용량 = \frac{V_h}{V_h - V_l} \times 자기용량$$

$$= \frac{6200}{6200 - 6000} \times 5 = 155[\text{kVA}]$$

중 **제4장 유도기**

19 유도전동기에서 크로우링(crawling)현상으로 맞는 것은?

① 기동 시 회전자의 슬롯수 및 권선법이 적당하지 않은 경우 정격속도보다 낮은 속도에서 안정운전이 되는 현상

② 기동 시 회전자의 슬롯수 및 권선법이 적당하지 않은 경우 정격속도보다 높은 속도에서 안정운전이 되는 현상

③ 회전자 3상 중 1상이 단선된 경우 정격속도의 50[%] 속도에서 안정운전이 되는 현상

④ 회전자 3상 중 1상이 단락된 경우 정격속도보다 높은 속도에서 안정운전이 되는 현상

해설 **크로우링 현상**

㉠ 유도전동기에서 회전자의 슬롯수, 권선법이 적당하지 않을 경우에 발생하는 현상으로서, 유도전동기가 정격속도에 이르지 못하고 정격속도 이전의 낮은 속도에서 안정되어 버리는 현상(소음발생)

㉡ 방지대책 : 사구(Skewed Slot) 채용

하 **제1장 직류기**

20 100[V], 2[kW]의 직류분권전동기의 단자유입전류가 7.5[A]일 때 4[N·m]의 토크가 발생하였다. 부하가 증가해서 단자유입전류가 22.5[A]로 되었을 때의 토크는? (단, 전기자저항과 계자저항은 각각 0.2[Ω]와 40[Ω]이다.)

① 12[N·m]

② 13[N·m]

③ 15[N·m]

④ 16[N·m]

해설

분권전동기의 토크 $T \propto I_a \propto \frac{1}{N}$

전기자전류 $I_a = I_n - I_f$

계자전류 $I_f = \frac{V_n}{r_f} = \frac{100}{40} = 2.5[\text{A}]$

단자유입전류 7.5[A]일 때 $I_a = 7.5 - 2.5 = 5[\text{A}]$

단자유입전류 22.5[A]일 때 $I_a = 22.5 - 2.5 = 20[\text{A}]$

$4 : T = 5 : 20$

유입전류 22.5[A]의 토크 $T = 20 \times 4 \times \frac{1}{5} = 16[\text{N·m}]$

상 제1장 직류기

01 전기기기에 있어 와전류손(eddy current loss)을 감소시키기 위한 방법은?

① 냉각압연
② 보상권선 설치
③ 교류전원을 사용
④ 규소강판을 성층하여 사용

해설

철손＝히스테리시스손＋와류손
와전류손 $P_e \propto k_h k_e (f t B_m)^2$
(여기서, f : 주파수, t : 두께, B_m : 자속밀도)
와전류손은 두께의 2승에 비례하므로 감소시키기 위해 성층하여 사용한다.

상 제3장 변압기

02 10[kVA], 2000/100[V] 변압기의 1차 환산 등가 임피던스가 $6.2+j7$[Ω]이라면 %임피던스 강하는 약 몇 [%]인가?

① 1.8
② 2.4
③ 6.7
④ 9.4

해설

1차 임피던스 $|Z_1| = \sqrt{(6.2)^2 + 7^2} = 9.35$[Ω]

1차 정격전류 $I_1 = \dfrac{P}{V_1} = \dfrac{10 \times 10^3}{2000} = 5$[A]

%임피던스 $\%Z = \dfrac{I_1 \cdot |Z|}{V_1} \times 100 = \dfrac{5 \times 9.35}{2000} \times 100$
$\qquad\qquad = 2.337 \fallingdotseq 2.4$[%]

중 제1장 직류기

03 직류발전기의 외부특성곡선에서 나타내는 관계로 옳은 것은?

① 계자전류와 단자전압
② 계자전류와 부하전류
③ 부하전류와 단자전압
④ 부하전류와 유기기전력

해설 기기의 특성곡선

기기의 특성을 표시할 때 기전력, 단자전압, 전류 등의 관계를 표시하는 곡선
㉠ 외부특성곡선 : 일정한 회전속도에서 부하전류와 단자전압
㉡ 위상특성곡선(V곡선) : 계자전류와 부하전류
㉢ 무부하특성곡선 : 정격속도 및 무부하운전상태에서 계자전류와 무부하전압(유기기전력)
㉣ 부하특성곡선 : 정격속도에서 계자전류와 단자전압

상 제2장 동기기

04 동기전동기의 제동권선의 효과는?

① 정지시간의 단축
② 토크의 증가
③ 기동 토크의 발생
④ 과부하내량의 증가

해설

제동권선은 기동 토크를 발생시킬 수 있고 난조를 방지하여 안정도를 높일 수 있다.

중 제1장 직류기

05 유도기전력 110[V], 전기자저항 및 계자저항이 각각 0.05[Ω]인 직권발전기가 있다. 부하전류가 100[A]라 하면 단자전압[V]은?

① 95
② 100
③ 105
④ 110

해설
단자전압(＝정격전압)
$V_n = E_a - I_a (r_a + r_f)$
$\quad = 110 - 100 \times (0.05 + 0.05)$
$\quad = 100$[V]

상 제5장 정류기

06 단상 반파의 정류효율[%]은?

① $\dfrac{4}{\pi^2} \times 100$
② $\dfrac{\pi^2}{4} \times 100$
③ $\dfrac{8}{\pi^2} \times 100$
④ $\dfrac{\pi^2}{8} \times 100$

해설 정류효율

㉠ 단상 반파정류 $= \dfrac{4}{\pi^2} \times 100 = 40.6[\%]$

㉡ 단상 전파정류 $= \dfrac{8}{\pi^2} \times 100 = 81.2[\%]$

상 제4장 유도기

07 10[kW], 3상, 380[V] 유도전동기의 전부하 전류는 약 몇 [A]인가? (단, 전동기의 효율은 85[%], 역률은 85[%]이다.)

① 15 　　　　② 21
③ 26 　　　　④ 36

해설

3상 유도전동기의 출력 $P_o = \sqrt{3}\, V_n I_n \cos\theta \times \eta [W]$

여기서, V_n : 정격전압, I_n : 전부하전류, η : 효율, $\cos\theta$: 역률

전부하전류 $I_n = \dfrac{P_o}{\sqrt{3}\, V_n \cos\theta \times \eta}$

$\quad = \dfrac{10 \times 10^3}{\sqrt{3} \times 380 \times 0.85 \times 0.85}$

$\quad = 21.02 \fallingdotseq 21[A]$

상 제1장 직류기

08 직류전동기에서 극수를 P, 전기자의 전도체 수를 Z, 전기자 병렬회로수를 a, 1극당의 자속수를 $\phi[Wb]$, 전기자전류를 $I_a[A]$라고 할 때 토크[N·m]를 나타내는 식은 어느 것인가?

① $\dfrac{PZ}{2\pi a} \cdot \phi I_a$ 　　② $\dfrac{PZ}{a} \cdot \phi I_a$

③ $\dfrac{PZ}{2\pi a} \cdot \dfrac{\phi}{I_a}$ 　　④ $\dfrac{2\pi a}{PZ} \phi I_a z$

해설

직류전동기 토크 $T = \dfrac{P_o}{\omega} = \dfrac{PZ\phi I_a}{2\pi a}[N \cdot m]$

하 제3장 변압기

09 히스테리시스손과 관계가 없는 것은?

① 최대 자속밀도
② 철심의 재료
③ 회전수
④ 철심용 규소강판의 두께

해설

외류손 $P_e \propto k_h k_e (f \cdot t \cdot B_m)^2$이므로 규소강판의 두께$(t)$는 외류손 크기의 제곱에 비례한다.

상 제4장 유도기

10 권선형 유도전동기 2대를 직렬종속으로 운전하는 경우 그 동기속도는 어떤 전동기의 속도와 같은가?

① 두 전동기 중 적은 극수를 갖는 전동기
② 두 전동기 중 많은 극수를 갖는 전동기
③ 두 전동기의 극수의 합과 같은 극수를 갖는 전동기
④ 두 전동기의 극수의 차와 같은 극수를 갖는 전동기

해설

직렬종속법 $N = \dfrac{120 f_1}{P_1 + P_2}[rpm]$

상 제4장 유도기

11 3상 유도전동기의 원선도를 그리는 데 옳지 않은 시험은?

① 저항측정
② 무부하시험
③ 구속시험
④ 슬립측정

해설

㉠ 유도전동기의 특성을 구하기 위하여 원선도를 작성한다.
㉡ 원선도 작성 시 필요시험 : 무부하시험, 구속시험, 저항측정

상 제5장 정류기

12 반도체 소자 중 3단자 사이리스터가 아닌 것은?

① SCR 　　　　② GTO
③ TRIAC 　　　④ SCS

해설 SCS(Silicon Controlled Switch)

gate가 2개인 4단자 1방향성 사이리스터
① SCR(사이리스터) : 단방향 3단자
② GTO(Gate Turn Off 사이리스터) : 단방향 3단자
③ TRIAC(트라이액) : 양방향 3단자

중 **제2장 동기기**

13 교류발전기의 고조파발생을 방지하는 방법으로 틀린 것은?

① 전기자반작용을 크게 한다.
② 전기자권선을 단절권으로 감는다.
③ 전기자슬롯을 스큐슬롯으로 한다.
④ 전기자권선의 결선을 성형으로 한다.

⚙ 해설

전기자반작용의 발생 시 전기자권선에서 발생하는 누설자속이 계자기자력에 영향을 주어 파형의 왜곡을 만들어 고조파가 증대되므로 공극의 증대, 분포권, 단절권, 슬롯의 사구(스큐) 등으로 전기자반작용을 억제한다.

상 **제3장 변압기**

14 정격이 300[kVA], 6600/2200[V]의 단권변압기 2대를 V결선으로 해서 1차에 6600[V]를 가하고, 전부하를 걸었을 때의 2차측 출력[kVA]은? (단, 손실은 무시한다.)

① 425
② 519
③ 390
④ 489

⚙ 해설

$$\frac{\text{자기용량}}{\text{부하용량}} = \frac{1}{0.866}\left(\frac{V_h - V_l}{V_h}\right)$$

$$\frac{300}{\text{부하용량}} = \frac{1}{0.866}\left(\frac{6600 - 2200}{6600}\right)$$

$$\text{부하용량} = 0.866 \times \left(\frac{6600}{6600 - 2200}\right) \times 300 = 390[\text{kVA}]$$

중 **제1장 직류기**

15 전기자저항 0.3[Ω], 직권계자권선의 저항 0.7[Ω]의 직권전동기에 110[V]를 가하였더니 부하전류가 10[A]이었다. 이때 전동기의 속도[rpm]는? (단, 기계정수는 2이다.)

① 1200
② 1500
③ 1800
④ 3600

⚙ 해설

직권전동기($I_a = I_f = I_n$)이므로 자속 $\phi \propto I_a$이기 때문에 회전속도를 구하면

$$n = k \times \frac{V_n - I_a(r_a + r_f)}{\phi}$$

$$= 2.0 \times \frac{110 - 10 \times (0.3 + 0.7)}{10}$$

$$= 20[\text{rps}]$$

직권전동기의 회전속도 $N = 60n = 60 \times 20 = 1200[\text{rpm}]$

하 **제4장 유도기**

16 유도기전력의 크기가 서로 같은 A, B 2대의 동기발전기를 병렬운전할 때, A발전기의 유기기전력 위상이 B발전기보다 앞설 때 발생하는 현상이 아닌 것은?

① 동기화력이 발생한다.
② 고조파 무효순환전류가 발생된다.
③ 유효전류인 동기화전류가 발생된다.
④ 전기자동손을 증가시키며 과열의 원인이 된다.

⚙ 해설

고조파 무효순환전류는 두 발전기의 병렬운전 중 기전력의 파형이 다를 경우 발생한다.

상 **제3장 변압기**

17 전류계를 교체하기 위해 우선 변류기 2차측을 단락시켜야 하는 이유는?

① 측정오차 방지
② 2차측 절연보호
③ 2차측 과전류보호
④ 1차측 과전류방지

⚙ 해설

변류기 2차가 개방되면 2차 전류는 0이 되고 1차 부하전류도 0이 된다. 그러나 1차측은 선로에 연결되어 있어서 2차측의 전류에 관계없이 선로전류가 흐르고 있고 이는 모두 여자전류로 되어 철손이 증가하여 많은 열을 발생시켜 과열, 소손될 우려가 있다. 이때 자속은 모두 2차측 기전력을 증가시켜 절연을 파괴할 우려가 있으므로 개방하여서는 안 된다.
㉠ CT(변류기) → 2차측 절연보호(퓨즈 설치 안 됨)
㉡ PT(계기용 변압기) → 선간 단락 사고방지(퓨즈 설치)

상 제4장 유도기

18 주파수 60[Hz]의 유도전동기가 있다. 전부하에서의 회전수가 매분 1164회이면 극수는? (단, $s=3$[%]이다.)

① 4   ② 6

③ 8   ④ 10

해설

회전자속도 $N=(1-s)N_s=(1-s)\dfrac{120f}{P}$[rpm]

유도전동기 극수 $P=(1-s)\times\dfrac{120f}{N}$

$\qquad = (1-0.03)\times\dfrac{120\times 60}{1164}$

$\qquad = 6$극

상 제4장 유도기

19 1차 권선수 N_1, 2차 권선수 N_2, 1차 권선계수 k_{w1}, 2차 권선계수 k_{w2}인 유도전동기가 슬립 s로 운전하는 경우 전압비는?

① $\dfrac{k_{w1}N_1}{k_{w2}N_2}$ ② $\dfrac{k_{w2}N_2}{k_{w1}N_1}$

③ $\dfrac{k_{w1}N_1}{sk_{w2}N_2}$ ④ $\dfrac{sk_{w2}N_2}{k_{w1}N_1}$

해설

회전 시 권수비

$\alpha = \dfrac{E_1}{sE_2} = \dfrac{4.44k_{w1}fN_1\phi_m}{4.44k_{w2}sfN_2\phi_m} = \dfrac{k_{w1}N_1}{sk_{w2}N_2}$

여기서, k_{w1}, k_{w2} : 1차, 2차 권선계수

$\qquad\quad N_1$, N_2 : 1차, 2차 권선수

$\qquad\quad \phi_m$: 최대자속

상 제3장 변압기

20 부흐홀츠 계전기로 보호되는 기기는?

① 변압기

② 발전기

③ 유도전동기

④ 회전변류기

해설

부흐홀츠 계전기는 콘서베이터와 변압기 본체 사이를 연결하는 관 안에 설치한 계전기로, 수은접점으로 구성되어 변압기 내부에 고장이 발생하는 경우 내부고장 등을 검출하여 보호한다.

상 제2장 동기기

01 여자전류 및 단자전압이 일정한 비철극형 동기발전기의 출력과 부하각 δ와의 관계를 나타낸 것은? (단, 전기자저항은 무시한다.)

① δ에 비례
② δ에 반비례
③ $\cos\delta$에 비례
④ $\sin\delta$에 비례

해설 동기발전기의 출력

• 비돌극기의 출력

$$P = \frac{E_a V_n}{X_s} \sin\delta [\text{W}]$$

(최대출력이 부하각 $\delta = 90°$에서 발생)

• 돌극기의 출력

$$P = \frac{E_a V_n}{X_d} \sin\delta - \frac{V_n^2 (X_d - X_q)}{2 X_d X_q} \sin 2\delta [\text{W}]$$

(최대출력이 부하각 $\delta = 60°$에서 발생)

상 제5장 정류기

02 단상 전파정류회로에서 교류전압 $v = \sqrt{2} V\sin\theta$[V]인 정현파전압에 대하여 직류전압 E_d의 평균값 E_{do}는 몇 [V]인가?

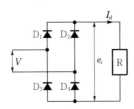

① $E_{do} = 0.45 V$
② $E_{do} = 0.90 V$
③ $E_{do} = 1.17 V$
④ $E_{do} = 1.35 V$

해설

단상 전파의 직류전압 $E_d = \frac{2\sqrt{2}}{\pi} V = 0.9 V$[V]

하 제1장 직류기

03 직류분권발전기에 대하여 적은 것이다. 바른 것은?

① 단자전압이 강하하면 계자전류가 증가한다.
② 타여자발전기의 경우보다 외부특성곡선이 상향으로 된다
③ 분권권선의 접속방법에 관계없이 자기여자로 전압을 올릴 수가 있다.
④ 부하에 의한 전압의 변동이 타여자발전기에 비하여 크다.

해설

부하전력 $P = V_n I_n$[kW], 계자권선전압 $V_f = I_f \cdot r_f$[V]
㉠ 분권발전기 전류 및 전압
• $I_a = I_f + I_n$
• $E_a = V_n + I_a \cdot r_a$[V]
㉡ 분권발전기의 경우 부하변화 시 계자권선의 전압 및 전류도 변화되므로 전기자전류가 타여자발전기에 비해 크게 변화되므로 전압변동도 크다.

상 제3장 변압기

04 1차 전압 6900[V], 1차 권선 3000회, 권수비 20의 변압기를 60[Hz]에 사용할 때 철심의 최대자속[Wb]은?

① 0.86×10^{-4}
② 8.63×10^{-3}
③ 86.3×10^{-3}
④ 863×10^{-3}

해설

1차 전압 $E_1 = 4.44 f N_1 \phi_m$[V]에서
철심의 최대자속 ϕ_m을 구하면

$$\phi_m = \frac{E_1}{4.44 f N_1}$$

$$= \frac{6900}{4.44 \times 60 \times 3000}$$

$$= 8.633 \times 10^{-3}[\text{Wb}]$$

상 제2장 동기기

05 6극, 슬롯수 54의 동기기가 있다. 전기자코일은 제1슬롯과 제9슬롯에 연결된다고 할 때 기본파에 대한 단절권계수는?

① 약 0.342
② 약 0.981
③ 약 0.985
④ 약 1.0

해설

$$\beta = \frac{코일간격}{자극간격} = \frac{9-1}{54/6} = \frac{8}{9}$$

단절권계수 $K_P = \sin\frac{\beta\pi}{2} = \sin\frac{\frac{8}{9}\pi}{2} = \sin80° ≒ 0.985$

상 제3장 변압기

06 단상 100[kVA], 13200/200[V] 변압기의 저압측 선전류의 유효분전류[A]는? (단, 역률은 0.8, 지상이다.)

① 300
② 400
③ 500
④ 700

해설

$$I_2 = \frac{P}{V_2} = \frac{100}{0.2} \times (0.8 - j0.6) = 400 - j300[A]$$

따라서 유효분 400[A], 무효분 300[A]가 흐른다.

중 제1장 직류기

07 직류직권전동기의 회전수를 반으로 줄이면 토크는 약 몇 배가 되는가?

① $\frac{1}{4}$
② $\frac{1}{2}$
③ 4
④ 2

해설

직권전동기의 토크와 회전수
$$T \propto \frac{1}{N^2} = \frac{1}{\left(\frac{1}{2}\right)^2} = 4배$$

상 제4장 유도기

08 동기 와트로 표시되는 것은?

① 토크
② 동기속도
③ 출력
④ 1차 입력

해설

동기 와트 $P_2 = 1.026 \cdot T \cdot N_s \times 10^{-3}[kW]$
동기 와트(P_2)는 동기속도에서 토크의 크기를 나타낸다.

상 제1장 직류기

09 직류기의 양호한 정류를 얻는 조건이 아닌 것은?

① 정류주기를 크게 할 것
② 정류 코일의 인덕턴스를 작게 할 것
③ 리액턴스 전압을 작게 할 것
④ 브러시 접촉저항을 작게 할 것

해설 저항정류 : 탄소브러시 이용

탄소브러시는 접촉저항이 커서 정류 중 개방과 단락 시 브러시의 마모 및 파손을 방지하기 위해 사용한다.

상 제2장 동기기

10 무부하포화곡선과 공극선으로 산출할 수 있는 것은?

① 동기 임피던스
② 단락비
③ 전기자반작용
④ 포화율

해설

무부하포화곡선과 공극선을 통해 자속의 포화 정도를 나타내는 포화율을 산출할 수 있다.

상 제4장 유도기

11 3상 유도기에서 출력의 변환식이 맞는 것은?

① $P_o = P_2 - P_{2c} = P_2 - sP_2$
$= \frac{N}{N_s}P_2 = (1-s)P_2$

② $P_o = P_2 + P_{2c} = P_2 + sP_2$
$= \frac{N_s}{N}P_2 = (1+s)P_2$

③ $P_o = P_2 + P_{2c} = \frac{N}{N_s}P_2 = (1-s)P_2$

④ $(1-s)P_2 = \frac{N}{N_s}P_2 = P_o - P_{2c} = P_o - sP_2$

해설

출력＝2차 입력－2차 동손 → $P_o = P_2 - P_{2c}$

$P_2 : P_{2c} = 1 : s$에서

$P_{2c} = sP_2$ → $P_o = P_2 - sP_2$

$P_2 : P_o = 1 : 1-s$ → $P_o = (1-s)P_2$

$N = (1-s)N_s$에서

$\dfrac{N}{N_s} = (1-s)$ → $P_o = \dfrac{N}{N_s}P_2$

상　제4장 유도기

12 권선형 3상 유도전동기에서 2차 저항을 변화시켜 속도를 제어하는 경우 최대 토크는?

① 최대 토크가 생기는 점의 슬립에 비례한다.
② 최대 토크가 생기는 점의 슬립에 반비례한다.
③ 2차 저항에만 비례한다.
④ 항상 일정하다.

해설

최대 토크는 $T_m \propto \dfrac{r_2}{S_t} = \dfrac{mr_2}{mS_t}$으로 저항의 크기가 변화되어 슬립이 변화되어도 항상 일정하다. 반면에 슬립이 $s_t \to ms_t$로 증가시 회전속도 $N = (1-ms_t)N_s$는 감소

중　제2장 동기기

13 동기기에 있어서 동기 임피던스와 단락비와의 관계는?

① 동기 임피던스$[\Omega] = \dfrac{1}{(\text{단락비})^2}$

② 단락비 $= \dfrac{\text{동기 임피던스}[\Omega]}{\text{동기각속도}}$

③ 단락비 $= \dfrac{1}{\text{동기 임피던스}[\text{pu}]}$

④ 동기 임피던스$[\text{pu}] = $단락비

해설

단락비 $K_s = \dfrac{I_s}{I_n} = \dfrac{100}{\%Z} = \dfrac{1}{Z[\text{pu}]} = \dfrac{10^3 V_n{}^2}{P Z_s}$

중　제6장 특수기기

14 단상 정류자전동기의 종류가 아닌 것은?

① 직권형
② 아트킨손형
③ 보상직권형
④ 유도보상직권형

해설

단상 직권전동기의 종류에는 직권형, 보상직권형, 유도보상직권형이 있다. 아트킨손형은 단상 반발전동기의 종류이다.

중　제1장 직류기

15 200[kW], 200[V]의 직류분권발전기가 있다. 전기자권선의 저항이 0.025[Ω]일 때 전압변동률은 몇 [%]인가?

① 6.0
② 12.5
③ 20.5
④ 25.0

해설

부하전류 $I_n = \dfrac{P}{V_n} = \dfrac{200000}{200} = 1000[\text{A}]$

$E_a = V_o$이므로

$E_a = V_n + I_a r_a = 200 + 1000 \times 0.025 = 225[\text{V}]$

전압변동률 $\varepsilon = \dfrac{V_0 - V_n}{V_n} \times 100[\%]$

$= \dfrac{225 - 200}{200} \times 100$

$= 12.5[\%]$

하　제6장 특수기기

16 3상 직권 정류자전동기에 중간변압기를 사용하는 이유로 적당하지 않은 것은?

① 중간변압기를 이용하여 속도상승을 억제할 수 있다.
② 회전자전압을 정류작용에 맞는 값으로 선정할 수 있다.
③ 중간변압기를 사용하여 누설 리액턴스를 감소할 수 있다.
④ 중간변압기의 권수비를 바꾸어 전동기 특성을 조정할 수 있다.

해설　중간변압기 사용이유

㉠ 전원전압의 크기에 관계없이 회전자전압을 정류작용에 맞는 값으로 선정
㉡ 중간변압기의 권수비를 바꾸어 전동기의 특성 조정가능
㉢ 경부하에서는 속도가 현저하게 상승하나 중간변압기를 사용하여 철심을 포화시켜 속도상승을 억제

하 제1장 직류기

17 A, B 두 대의 직류발전기를 병렬운전하여 부하에 100[A]를 공급하고 있다. A발전기의 유기기전력과 내부저항은 110[V]와 0.04[Ω], B발전기의 유기기전력과 내부저항은 112[V]와 0.06[Ω]일 때 A발전기에 흐르는 전류[A]는?

① 4 ② 6
③ 40 ④ 60

해설

부하전류의 합 $I = I_A + I_B = 100\,[\text{A}]$ ········· ①
단자전압 $V_n = E - I_a r_a$ ··················· ②
병렬운전 시 단자전압은 같으므로 ①과 ②식에서
$110 - 0.04 I_A = 112 - 0.06 I_B$
$110 - 0.04(100 - I_B) = 112 - 0.06 I_B$
위의 식을 정리하면 $I_B = 60[\text{A}]$
$\therefore I_A = 100 - 60 = 40[\text{A}]$

상 제3장 변압기

18 단상 변압기의 2차측(105[V]단자)에 1[Ω]의 저항을 접속하고 1차측에 1[A]의 전류를 흘렸을 때 1차 단자전압이 900[V]이었다. 1차측 탭전압과 2차 전류는 얼마인가? (단, 변압기는 이상변압기이고, V_r는 1차 탭전압, I_2는 2차 전류를 표시함)

① $V_r = 3150[\text{V}]$, $I_2 = 30[\text{A}]$
② $V_r = 900[\text{V}]$, $I_2 = 30[\text{A}]$
③ $V_r = 900[\text{V}]$, $I_2 = 1[\text{A}]$
④ $V_r = 3150[\text{V}]$, $I_2 = 1[\text{A}]$

해설

1차 전류와 2차 저항을 이용하여 권수비를 산출하면
$1 = \dfrac{900}{R_1} = \dfrac{900}{a^2 \times 1}$를 정리하면 권수비 $a = 30$이 된다.
$V_1 = a V_2 = 30 \times 105 = 3150[\text{V}]$
$I_2 = a I_1 = 30 \times 1 = 30[\text{A}]$

상 제4장 유도기

19 슬립 6[%]인 유도전동기의 2차측 효율[%]은?

① 94 ② 84
③ 90 ④ 88

해설

2차 효율 $\eta_2 = (1 - s) \times 100 = (1 - 0.06) \times 100$
$= 0.94 \times 100$
$= 94[\%]$

중 제5장 정류기

20 사이리스터 2개를 사용한 단상 전파정류회로에서 직류전압 100[V]를 얻으려면 몇 [V]의 교류전압이 필요한가? (단, 정류기 내의 전압강하는 무시한다.)

① 약 111 ② 약 141
③ 약 152 ④ 약 166

해설

직류평균전압 $E_d = \dfrac{2\sqrt{2}E}{\pi} - e_a[\text{V}]$에서
상전압 E를 구하면
$E = \dfrac{\pi}{2\sqrt{2}}(E_d + e_a)$
$= \dfrac{\pi}{2\sqrt{2}} \times 100 = 111[\text{V}]$

상 제1장 직류기

01 직류기의 권선을 단중 파권으로 감으면 어떻게 되는가?

① 내부 병렬회로수가 극수만큼 생긴다.
② 균압환을 연결해야 한다.
③ 저압 대전류용 권선이다.
④ 내부 병렬회로수가 극수와 관계없이 언제나 2이다.

해설 전기자권선법의 중권과 파권 비교

비교항목	중권	파권
병렬회로수(a)	$P_{극수}$	2
브러시수(b)	$P_{극수}$	2
용도	저전압, 대전류	고전압, 소전류
균압환	사용함	사용 안 함

상 제4장 유도기

02 3상 유도전동기의 최대 토크 T_m, 최대 토크를 발생하는 슬립 s_t, 2차 저항 R_2와의 관계로 옳은 것은?

① $T_m \propto R_2$, $s_t =$ 일정
② $T_m \propto R_2$, $s_t \propto R_2$
③ $T_m =$ 일정, $s_t \propto R_2$
④ $T_m \propto \dfrac{1}{R}$, $s_t \propto R_2$

해설

최대 토크를 발생하는 슬립 $s_t \propto \dfrac{r_2}{x_2}$이므로 s_t는 2차 합성저항 R_2의 크기에 비례하므로 최대 토크는

$T_m \propto \dfrac{r_2}{s_t} = \dfrac{mr_2}{ms_t}$으로 일정하다.

여기서, $R_2 = r_2 + R$
　　　　R_2 : 2차 합성저항
　　　　r_2 : 2차 내부저항
　　　　R : 2차 외부저항

중 제2장 동기기

03 3상 전원의 수전단에서 전압 3300[V], 전류 1000[A], 뒤진 역률 0.8의 전력을 받고 있을 때 동기조상기로 역률을 개선하여 1로 하고자 한다. 필요한 동기조상기의 용량은 약 몇 [kVA]인가?

① 1525
② 1950
③ 3150
④ 3429

해설

수전전력 $P = \sqrt{3}\, V_n I_n \cos\theta = \sqrt{3} \times 3.3 \times 1000 \times 0.8$
　　　　$= 4572.61[\text{kW}]$
동기조상기의 용량 $Q_c = P[\text{kW}](\tan\theta_1 - \tan\theta_2)[\text{kVA}]$

$Q_c = 4572.61 \times \left(\dfrac{\sqrt{1-0.8^2}}{0.8} - \dfrac{\sqrt{1-1.0^2}}{1.0} \right)$
　　$= 3429.46[\text{kVA}]$

상 제2장 동기기

04 동기기의 전기자저항을 r, 반작용 리액턴스를 X_a, 누설 리액턴스를 X_l이라 하면 동기 임피던스[Ω]는?

① $\sqrt{r^2 + (X_a/X_l)^2}$
② $\sqrt{r^2 + X_l^2}$
③ $\sqrt{r^2 + X_a^2}$
④ $\sqrt{r^2 + (X_a + X_\ell)^2}$

해설

동기 임피던스 $\dot{Z_s} = \dot{r_a} + j(X_a + X_l)[\Omega]$에서
$|Z_s| = \sqrt{r_a^2 + (X_a + X_l)^2}\,[\Omega]$

상 제1장 직류기

05 직류 분권전동기의 기동 시 계자전류는?

① 큰 것이 좋다.
② 정격출력 때와 같은 것이 좋다.
③ 작은 것이 좋다.
④ 0에 가까운 것이 좋다.

해설

기동 시에 기동토크($T \propto k\phi I_a$)가 커야 하므로 큰 계자전류가 흘러 자속이 크게 발생하여야 한다.

정답 01. ④ 02. ③ 03. ④ 04. ④ 05. ①

중 제2장 동기기

06 1[MVA], 3300[V], 동기 임피던스 5[Ω]의 2대의 3상 교류발전기를 병렬운전 중 한 발전기의 계자를 강화해서 두 유도기전력(상전압) 사이에 200[V]의 전압차가 생기게 했을 때 두 발전기 사이에 흐르는 무효횡류는 몇 [A]인가?

① 40
② 30
③ 20
④ 10

해설

무효횡류는 병렬운전 시 두 발전기의 기전력의 크기가 다를 경우 순환하는 전류이다.

무효횡류(무효순환전류) $I_o = \dfrac{E_A - E_B}{2Z_s} = \dfrac{200}{2 \times 5} = 20[A]$

상 제5장 정류기

07 정류방식 중에서 맥동률이 가장 작은 회로는?

① 단상 반파정류회로
② 단상 전파정류회로
③ 3상 반파정류회로
④ 3상 전파정류회로

해설

각 정류방식에 따른 맥동률을 구하면 다음과 같다.
㉠ 단상 반파정류 : 1.21
㉡ 단상 전파정류 : 0.48
㉢ 3상 반파정류 : 0.19
㉣ 3상 전파정류 : 0.042

상 제3장 변압기

08 변압기의 철손과 전부하동손이 같게 설계되었다면 이 변압기의 최대 효율은 어떤 부하에서 생기는가?

① 전부하 시
② $\dfrac{3}{2}$ 부하 시
③ $\dfrac{2}{3}$ 부하 시
④ $\dfrac{1}{2}$ 부하 시

해설 변압기 운전 시 최대 효율조건

㉠ 전부하 시 최대 효율 : $P_i = P_c$
㉡ $\dfrac{1}{m}$ 부하 시 최대 효율 : $P_i = \left(\dfrac{1}{m}\right)^2 P_c$

중 제1장 직류기

09 단자전압 205[V], 전기자전류 50[A], 전기자 전저항 0.1[Ω], 1분 간의 회전수가 1500[rpm]인 직류분권전동기가 있다. 발생 토크[N·m]는 얼마인가?

① 61.5
② 63.7
③ 65.3
④ 66.8

해설

역기전력 $E_c = V_n - I_a \cdot r_a = 205 - 50 \times 0.1 = 200[V]$

토크 $T = 0.975 \dfrac{P_o}{N} = 0.975 \dfrac{E_c \cdot I_a}{N}$

$\qquad = 0.975 \times \dfrac{200 \times 50}{1500}$

$\qquad = 6.5[kg \cdot m]$

1[kg·m]=9.8[N·m]에서
발생 토크 $T = 6.5 \times 9.8 = 63.7[N \cdot m]$

상 제3장 변압기

10 임피던스 강하가 5[%]인 변압기가 운전 중 단락되었을 때 단락전류는 정격전류의 몇 배가 되는가?

① 5
② 10
③ 15
④ 20

해설

단락전류 $I_s = \dfrac{100}{\%Z} \times$ 정격전류 $= \dfrac{100}{5} I_n = 20 I_n[A]$

상 제2장 동기기

11 단락비가 큰 동기기의 특징으로 옳은 것은?

① 안정도가 떨어진다.
② 전압변동률이 크다.
③ 선로충전용량이 크다.
④ 단자단락 시 단락전류가 적게 흐른다.

해설 단락비가 큰 기기의 특징

㉠ 철의 비율이 높아 철기계라 한다.
㉡ 동기 임피던스가 작다. (단락전류가 크다.)
㉢ 전기자반작용이 작다.
㉣ 전압변동률이 작다.
㉤ 공극이 크다.
㉥ 안정도가 높다.
㉦ 철손이 크다.
㉧ 효율이 낮다.
㉨ 가격이 높다.
㉩ 송전선의 충전용량이 크다.

12 포화하고 있지 않은 직류발전기의 회전수가 $\frac{1}{2}$로 되었을 때 기전력을 전과 같은 값으로 하려면 여자전류를 얼마로 해야 하는가?

① $\frac{1}{2}$배   ② 1배

③ 2배   ④ 4배

해설

유기기전력 $E = \frac{PZ\phi}{a} \frac{N}{60}$에서 $E \propto k\phi n$이다.

㉠ 기전력과 자속 및 회전수와 비례 → $E \propto \phi,\ E \propto n$

㉡ 기전력이 일정할 경우 자속과 회전수는 반비례

  → E=일정, $\phi \propto \frac{1}{n}$

㉢ 회전수가 $\frac{1}{2}$일 경우 자속은 $\phi \propto \frac{1}{n} = \frac{1}{\frac{1}{2}} = 2$배이므

  로 여자전류는 자속과 비례하므로 2배 증가한다.

13 발전기 또는 주변압기의 내부고장보호용으로 가장 널리 쓰이는 계전기는?

① 거리계전기   ② 비율차동계전기

③ 과전류계전기   ④ 방향단락계전기

해설

비율차동계전기는 입력전류와 출력전류의 크기를 비교하여 차이를 검출하며, 발전기, 변압기, 모선 등을 보호하는 장치이다.

14 GTO 사이리스터의 특징으로 틀린 것은?

① 각 단자의 명칭은 SCR 사이리스터와 같다.
② 온(on)상태에서는 양방향 전류특성을 보인다.
③ 온(on)드롭(drop)은 약 2~4[V]가 되어 SCR 사이리스터보다 약간 크다.
④ 오프(off)상태에서는 SCR 사이리스터처럼 양방향 전압저지능력을 갖고 있다.

해설

GTO(Gate Turn Off) 사이리스터는 단방향 3단자 소자로 온(On)상태일 때 전류는 한쪽 방향으로만 흐른다.

15 크로우링 현상은 다음의 어느 것에서 일어나는가?

① 유도전동기
② 직류직권전동기
③ 회전변류기
④ 3상 변압기

해설

크로우링 현상은 농형 유도전동기에서 일어나는 이상현상으로 기동 시 고조파자속이 형성되거나 공극이 일정하지 않을 경우 회전자의 회전속도가 정격속도에 이르지 못하고 저속도로 운전되는 현상으로 회전자 슬롯을 사구로 만들어 방지한다.

16 동기전동기의 기동법으로 옳은 것은?

① 직류 초퍼법, 기동전동기법
② 자기동법, 기동전동기법
③ 자기동법, 직류 초퍼법
④ 계자제어법, 저항제어법

해설 동기전동기의 기동법

㉠ 자(기)기동법 : 제동권선을 이용
㉡ 기동전동기법(=타 전동기법) : 동기전동기보다 2극 적은 유도전동기를 이용하여 기동

17 75[W] 정도 이하의 소형 공구, 영사기, 치과 의료용 등에 사용되고 만능전동기라고도 하는 정류자전동기는?

① 단상 직권 정류자전동기
② 단상 반발 정류자전동기
③ 3상 직권 정류자전동기
④ 단상 분권 정류자전동기

해설 단상 직권 정류자전동기의 특성

㉠ 소형 공구 및 가전제품에 일반적으로 널리 이용되는 전동기
㉡ 교류ㆍ직류 양용으로 사용되는 교직양용 전동기 (universal motor)
㉢ 믹서기, 재봉틀, 진공소제기, 휴대용 드릴, 영사기 등에 사용

정답 12. ③ 13. ② 14. ② 15. ① 16. ② 17. ①

상 제2장 동기기

18 3상 동기발전기의 매극 매상의 슬롯수가 3이라고 하면 분포계수는?

① $\sin\dfrac{2\pi}{3}$ 　② $\sin\dfrac{3\pi}{2}$

③ $6\sin\dfrac{\pi}{18}$ 　④ $\dfrac{1}{6\sin\dfrac{\pi}{18}}$

해설

분포계수 $K_d = \dfrac{\sin\dfrac{\pi}{2m}}{q\sin\dfrac{\pi}{2mq}}$

$= \dfrac{\sin\dfrac{\pi}{2m}}{9\sin\dfrac{\pi}{2mq}} = \dfrac{\sin\dfrac{\pi}{6}}{3\sin\dfrac{\pi}{2\times9}}$

$= \dfrac{\dfrac{1}{2}}{3\sin\dfrac{\pi}{18}} = \dfrac{1}{6\sin\dfrac{\pi}{18}}$

여기서, m : 상수
　　　q : 매극 매상당 슬롯수
　　　$\pi = 180°$

하 제3장 변압기

19 3권선 변압기의 3차 권선의 용도가 아닌 것은?

① 소내용 전원공급　② 승압용
③ 조상설비　④ 제3고조파 제거

해설 3권선 변압기의 용도

㉠ 변압기의 3차 권선을 △결선으로 하여 변압기에서 발생하는 제3고조파를 제거
㉡ 3차 권선에 조상설비를 접속하여 무효전력의 조정
㉢ 3차 권선을 통해 발전소나 변전소 내에 전력을 공급

상 제2장 동기기

20 송전선로에 접속된 동기조상기의 설명 중 가장 옳은 것은?

① 과여자로 해서 운전하면 앞선 전류가 흐르므로 리액터 역할을 한다.
② 과여자로 해서 운전하면 뒤진 전류가 흐르므로 콘덴서 역할을 한다.
③ 부족여자로 해서 운전하면 앞선 전류가 흐르므로 리액터 역할을 한다.
④ 부족여자로 해서 운전하면 송전선로의 자기여자작용에 의한 전압상승을 방지한다.

해설 동기조상기

㉠ 과여자로 해서 운전 : 선로에는 앞선 전류가 흐르고 일종의 콘덴서로 작용하며 부하의 뒤진 전류를 보상해서 송전선로의 역률을 좋게 하고 전압강하를 감소시킴
㉡ 부족여자로 운전 : 뒤진 전류가 흐르므로 일종의 리액터로서 작용하고 무부하의 장거리 송전선로에 발전기를 접속하는 경우 송전선로에 흐르는 앞선 전류에 의하여 자기여자작용으로 일어나는 단자전압의 이상상승을 방지

상 제3장 변압기

01 주상변압기의 고압측에는 몇 개의 탭을 내놓는 데 그 이유로 옳은 것은?

① 변압기의 여자전류를 조정하기 위하여
② 부하전류를 조정하기 위하여
③ 예비단자를 확보하기 위하여
④ 수전점의 전압을 조정하기 위하여

⊠ 해설

주상변압기 탭 조정장치는 1차측에 약 5[%] 간격 정도의 5개의 탭을 설치한 것으로, 이를 변화시켜 배전선로에서 전압 강하에 의해 낮아진 수전점의 전압을 조정하기 위해 사용한다.

중 제4장 유도기

02 60[Hz]의 3상 유도전동기를 동일전압으로 50[Hz]에 사용할 때 ㉠ 무부하전류, ㉡ 온도상승, ㉢ 속도는 어떻게 변하겠는가?

① ㉠ $\frac{60}{50}$으로 증가, ㉡ $\frac{60}{50}$으로 증가,

  ㉢ $\frac{50}{60}$으로 감소

② ㉠ $\frac{60}{50}$으로 증가, ㉡ $\frac{50}{60}$으로 감소,

  ㉢ $\frac{50}{60}$으로 감소

③ ㉠ $\frac{50}{60}$으로 감소, ㉡ $\frac{60}{50}$으로 증가,

  ㉢ $\frac{50}{60}$으로 감소

④ ㉠ $\frac{50}{60}$으로 감소, ㉡ $\frac{60}{50}$으로 증가,

  ㉢ $\frac{60}{50}$으로 증가

⊠ 해설 유도전동기의 주파수변환 시 특성

㉠ 무부하전류 $I_o = \frac{V_1}{\omega L} = \frac{V_1}{2\pi f L}$에서 $I_{o60} : I_{o50}$

$= \frac{1}{60} : \frac{1}{50}$이므로 $I_{o50} = \frac{60}{50} I_{o60}$으로 증가된다.

㉡ 온도상승은 철손과 비례적으로 나타나므로 철손

$\left(P_i \propto \frac{V_1^2}{f}\right)$이 주파수에 반비례하므로 $\frac{60}{50}$으로 증가된다.

㉢ 회전속도 $N = (1-s)\frac{120f}{P}$에서 $N \propto f$이므로 주파수가 감소하면 속도는 $\frac{50}{60}$으로 감소한다.

중 제1장 직류기

03 직류발전기가 90[%] 부하에서 최대 효율이 된다면 이 발전기의 전부하에 있어서 고정손과 부하손의 비는 얼마인가?

① 1.1
② 1.0
③ 0.9
④ 0.81

⊠ 해설

최대 효율이 되는 부하율 $\frac{1}{m} = \sqrt{\frac{고정손}{부하손}} = \sqrt{\frac{P_i}{P_c}}$

$P_i = \left(\frac{1}{m}\right)^2 P_c$, $P_i = (0.9)^2 P_c = 0.81 P_c$

고정손과 부하손의 비는 $\alpha = \frac{P_i}{P_c} = 0.81$

상 제4장 유도기

04 유도전동기를 정격상태로 사용 중 전압이 10[%] 상승하면 특성의 변화가 나타나는 데 그 내용으로 틀린 것은? (단, 부하는 일정 토크라고 가정한다.)

① 슬립이 작아진다.
② 효율이 떨어진다.
③ 속도가 감소한다.
④ 히스테리시스손과 와류손이 증가한다.

⊠ 해설 유도전동기의 특성

$$T = \frac{P_{극수}}{4\pi f} V_1^2 \frac{I_2^2 \frac{r_2}{s}}{\left(r_1 + \frac{r_2}{s}\right)^2 + (x_1 + x_2)^2} [\text{N} \cdot \text{m}]$$

$T \propto P_\text{극수} \propto \dfrac{1}{f} \propto V_1{}^2 \propto \dfrac{r_2}{s}$ 에서 $V_1{}^2 \propto \dfrac{1}{s}$ 에서 전압이 상승하면 슬립은 감소한다.

슬립이 감소하면 회전속도$\left(N = (1-s)\dfrac{120f}{P}\right)$는 증가한다.

중 | **제2장 동기기**

05 동기발전기의 안정도를 증진시키기 위하여 설계상 고려할 점으로 틀린 것은?

① 자동전압조정기의 속도를 크게 한다.
② 정상 과도 리액턴스 및 단락비를 작게 한다.
③ 회전자의 관성력을 크게 한다.
④ 영상 및 역상 임피던스를 크게 한다.

해설

안정도를 증진시키기 위해 고려할 사항은 다음과 같다.
㉠ 정상 과도 리액턴스 또는 동기 리액턴스는 작게 하고 단락비를 크게 한다.
㉡ 자동전압조정기의 속응도를 크게 한다(속응여자방식 채용).
㉢ 회전자의 관성력을 크게 한다.
㉣ 영상 및 역상 임피던스를 크게 한다.
㉤ 관성을 크게 하거나 플라이휠 효과를 크게 한다.

상 | **제3장 변압기**

06 비율차동계전기를 사용하는 이유로 옳은 것은?

① 변압기의 고조파 발생 억제
② 변압기의 자기 포하 억제
③ 변압기의 상간 단락 보호
④ 변압기의 여자돌입전류 보호

해설 비율차동계전기

변압기, 발전기, 모선 등의 내부고장 및 단락사고의 보호용으로 사용된다.

상 | **제5장 정류기**

07 단상 반파정류회로인 경우 정류효율은 몇 [%]인가?

① 12.6 　　② 40.6
③ 60.6 　　④ 81.2

해설 정류효율

㉠ 단상 반파정류 $= \dfrac{4}{\pi^2} \times 100 = 40.6[\%]$

㉡ 단상 전파정류 $= \dfrac{8}{\pi^2} \times 100 = 81.2[\%]$

하 | **제5장 정류기**

08 단상 200[V]의 교류전압을 점호각 60°로 반파정류를 하여 저항부하에 공급할 때의 직류전압[V]은?

① 97.5
② 86.4
③ 75.5
④ 67.5

해설

직류전압 $E_d = 0.45E\left(\dfrac{1+\cos a}{2}\right)$
$= 0.45 \times 200\left(\dfrac{1 + \cos 60°}{2}\right)$
$= 67.5[\text{V}]$

여기서, E_d : 단상 반파정류 시 직류전압

상 | **제1장 직류기**

09 직류기에서 전기자반작용을 방지하는 방법 중 적합하지 않은 것은?

① 보상권선 설치
② 보극 설치
③ 보상권선과 보극 설치
④ 부하에 따라 브러시 이동

해설

전기자반작용을 방지하기 위해 보극, 보상권선, 브러시 이동 등의 방법이 있는데 이중 보극 설치를 통한 반작용 방지 효과가 가장 적다.

하 | **제6장 특수기기**

10 브러시를 이동하여 회전속도를 제어하는 전동기는?

① 직류직권전동기
② 단상 직권전동기
③ 반발전동기
④ 반발기동형 단상 유도전동기

해설

반발전동기는 브러시의 위치를 변경하여 토크 및 회전속도를 제어할 수 있다.

정답 05. ② 06. ③ 07. ② 08. ④ 09. ② 10. ③

하 제6장 특수기기

11 스테핑 전동기의 스텝각이 3°이고, 스테핑 주파수(pulse rate)가 1200[pps]이다. 이 스테핑 전동기의 회전속도[rps]는?

① 10　　　　　② 12
③ 14　　　　　④ 16

해설

스테핑모터의 속도는 $\eta_m = \dfrac{1}{NP}\eta_{\text{pulse}}$ 에서 1번의 펄스에

$\dfrac{1}{NP}$ 바퀴만큼 회전한다.

1펄스에 스텝각이 3°이므로 1초당 1200펄스이므로
1초당 스텝각=3°×1200=3600°

스테핑모터의 회전속도 $n = \dfrac{3600°}{360°} = 10[\text{rps}]$

중 제2장 동기기

12 동기전동기에 관한 다음 기술사항 중 틀린 것은?

① 회전수를 조정할 수 없다.
② 직류여자기가 필요하다.
③ 난조가 일어나기 쉽다.
④ 역률을 조정할 수 없다.

해설

여자전류를 가감하여 역률을 조정할 수 있는 것이 동기기의 가장 큰 장점이다.

상 제1장 직류기

13 자극수 4, 슬롯수 40, 슬롯 내부코일변수 4인 단중 중권 직류기의 정류자편수는?

① 80　　　　　② 40
③ 20　　　　　④ 1

해설

정류자편수는 코일수와 같고
총코일수 $= \dfrac{\text{총도체수}}{2}$ 이므로

정류자편수 $K = \dfrac{\text{슬롯수} \times \text{슬롯내 코일변수}}{2}$

$= \dfrac{40 \times 4}{2}$

$= 80$개

상 제5장 정류기

14 정류회로에서 상의 수를 크게 했을 경우에 대한 내용으로 옳은 것은?

① 맥동주파수와 맥동률이 증가한다.
② 맥동률과 맥동주파수가 감소한다.
③ 맥동주파수는 증가하고 맥동률은 감소한다.
④ 맥동률과 주파수는 감소하나 출력이 증가한다.

해설

1상에서 3상 또는 6상 등으로 상수를 크게 하면 양질의 직류전력이 발생하여 맥동주파수는 증가하고 교류분이 감소하여 맥동률은 감소한다.

중 제5장 정류기

15 SCR의 특징으로 틀린 것은?

① 과전압에 약하다.
② 열용량이 적어 고온에 약하다.
③ 전류가 흐르고 있을 때의 양극 전압강하가 크다.
④ 게이트에 신호를 인가할 때부터 도통할 때까지의 시간이 짧다.

해설 SCR의 특징

㉠ 과전압에 약하다.
㉡ 아크가 생기지 않으므로 열의 발생이 적다.
㉢ 게이트에 신호를 인가할 때부터 도통할 때까지의 시간이 짧다.
㉣ 전류가 흐르고 있을 때의 양극 전압강하가 작다.

상 제2장 동기기

16 동기발전기의 자기여자현상의 방지법이 아닌 것은?

① 수전단에 리액턴스를 병렬로 접속한다.
② 발전기 2대 또는 3대를 병렬로 모선에 접속한다.
③ 송전선로의 수전단에 변압기를 접속한다.
④ 단락비가 작은 발전기로 충전한다.

해설 자기여자현상의 방지대책

㉠ 수전단에 병렬로 리액터를 설치
㉡ 수전단 부근에 변압기를 설치하여 자화전류를 흘림

정답 11. ①　12. ④　13. ①　14. ③　15. ③　16. ④

ⓒ 수전단에 부족여자로 운전하는 동기조상기를 설치하여 지상전류를 흘림
ⓔ 발전기를 2대 이상 병렬로 설치
ⓜ 단락비가 큰 기계를 사용

상 제2장 동기기

17 2대의 동기발전기가 병렬운전하고 있을 때 동기화전류가 흐르는 경우는?

① 기전력의 크기에 차가 있을 때
② 기전력의 위상에 차가 있을 때
③ 기전력의 파형에 차가 있을 때
④ 부하 분담에 차가 있을 때

해설

유도기전력의 위상이 다를 경우 → 유효순환전류(동기화전류)가 흐름

수수전력(=주고 받는 전력) $P = \dfrac{E^2}{2Z_s}\sin\delta$ [kW]

상 제3장 변압기

18 단상 변압기의 임피던스 와트(impedance watt)를 구하기 위해서는 다음 중 어느 시험이 필요한가?

① 무부하시험　② 단락시험
③ 유도시험　④ 반환부하법

해설

단락시험에서 정격전류와 같은 단락전류가 흐를 때의 입력이 임피던스 와트이고, 동손과 크기가 같다.

하 제2장 동기기

19 유도발전기의 동작특성에 관한 설명 중 틀린 것은?

① 병렬로 접속된 동기발전기에서 여자를 취해야 한다.
② 효율과 역률이 낮으며 소출력의 자동수력발전기와 같은 용도에 사용된다.
③ 유도발전기의 주파수를 증가시키려면 회전속도를 동기속도 이상으로 회전시켜야 한다.
④ 선로에 단락이 생긴 경우에는 여자가 상실되므로 단락전류는 동기발전기에 비해 적고 지속시간도 짧다.

해설

유도발전기는 유도전동기의 회전자가 고정자에서 발생하는 회전자계의 동기속도보다 빠르게 회전하여 전력을 발생시키므로 주파수를 증가시키는 것과는 무관하다.

하 제6장 특수기기

20 단상 정류자전동기의 일종인 단상 반발전동기에 해당되는 것은?

① 시라게전동기
② 반발유도전동기
③ 아트킨손형 전동기
④ 단상 직권 정류자전동기

해설

단상 반발전동기의 종류에는 아트킨손형 전동기, 톰슨형 전동기, 데리형 전동기가 있다.

정답 17. ②　18. ②　19. ③　20. ③

중 **제1장 직류기**

01 정격전압에서 전부하로 운전할 때 50[A]의 부하전류가 흐르는 직류직권전동기가 있다. 지금 이 전동기의 부하 토크만을 $\frac{1}{2}$로 감소하면 그 부하전류는? (단, 자기포화는 무시)

① 25[A] ② 35[A]
③ 45[A] ④ 50[A]

해설 **직권전동기의 특성**

㉠ 전류관계 : $I_a = I_f = I_n$
㉡ 전압관계 : $E_a = V_n + I_a(r_a + r_f)$[V]
토크 $T = \dfrac{PZ\phi I_a}{2\pi a} \propto k\phi I_a \propto kI_a^2$
(직권전동기의 경우 $\phi \propto I_f$)

부하전류 $I_a = \sqrt{\dfrac{1}{2}} \times 50 = 35.35$[A]

상 **제5장 정류기**

02 인버터(inverter)의 전력변환은?

① 교류 – 직류로 변환
② 직류 – 직류로 변환
③ 교류 – 교류로 변환
④ 직류 – 교류로 변환

해설 **정류기에 따른 전력변환**

㉠ 인버터 : 직류 – 교류로 변환
㉡ 컨버터 : 교류 – 직류로 변환
㉢ 쵸퍼 : 직류 – 직류로 변환
㉣ 사이클로컨버터 : 교류 – 교류로 변환

상 **제3장 변압기**

03 단상 변압기를 병렬운전하는 경우 부하전류의 분담은 어떻게 되는가?

① 용량에 비례하고 누설 임피던스에 비례한다.
② 용량에 비례하고 누설 임피던스에 역비례한다.
③ 용량에 역비례하고 누설 임피던스에 비례한다.
④ 용량에 역비례하고 누설 임피던스에 역비례한다.

해설

변압기의 병렬운전 시 부하전류의 분담은 정격용량에 비례하고 누설 임피던스의 크기에 반비례하여 운전된다.

상 **제4장 유도기**

04 3상 유도전동기의 기계적 출력 P[kW], 회전수 N[rpm]인 전동기의 토크[kg · m]는?

① $975\dfrac{P}{N}$ ② $856\dfrac{P}{N}$
③ $716\dfrac{P}{N}$ ④ $675\dfrac{P}{N}$

해설

토크 $T = \dfrac{60}{2\pi N} \cdot P[\text{N} \cdot \text{m}] = \dfrac{60}{2\pi \times 9.8}\dfrac{P}{N}$
$= 0.975\dfrac{P}{N}[\text{kg} \cdot \text{m}]$

(여기서, 1[kg · m]=9.8[N · m])
기계적 출력이 P[kW]이므로 10^3을 고려하면
$T = 975\dfrac{P}{N}[\text{kg} \cdot \text{m}]$

상 **제4장 유도기**

05 단상 유도전동기를 기동토크가 큰 것부터 낮은 순서로 배열한 것은?

① 모노사이클릭형 → 반발유도형 → 반발기동형 → 콘덴서기동형 → 분상기동형
② 반발기동형 → 반발유도형 → 모노사이클릭형 → 콘덴서기동형 → 분상기동형
③ 반발기동형 → 반발유도형 → 콘덴서기동형 → 분상기동형 → 모노사이클릭형
④ 반발기동형 → 분상기동형 → 콘덴서기동형 → 반발유도형 → 모노사이클릭형

🔎 해설 **단상 유도전동기의 기동토크 크기에 따른 순서**

반발기동형 > 반발유도형 > 콘덴서기동형 > 분상기동형 > 셰이딩코일형 > 모노사이클릭형

상 제2장 동기기

06 동기발전기의 단자 부근에서 단락이 일어났다고 하면 단락전류는 어떻게 되는가?

① 전류가 계속 증가한다.
② 발전기가 즉시 정지한다.
③ 일정한 큰 전류가 흐른다.
④ 처음은 큰 전류이나 점차로 감소한다.

🔎 해설

동기발전기의 단자부근에서 단락이 일어나면 처음에는 큰 전류가 흐르나 전기자반작용의 누설 리액턴스에 의해 점점 작아져 지속단락전류가 흐른다.

상 제5장 정류기

07 PN 접합구조로 되어 있고 제어는 불가능하나 교류를 직류로 변환하는 반도체 정류소자는?

① IGBT
② 다이오드
③ MOSFET
④ 사이리스터

🔎 해설

다이오드(diode)는 일정전압 이상을 가하면 전류가 흐르는 소자로, ON-OFF만 가능한 스위칭소자이다.

상 제4장 유도기

08 2중 농형 전동기가 보통 농형 전동기에 비해서 다른 점은 무엇인가?

① 기동전류가 크고, 기동토크도 크다.
② 기동전류가 적고, 기동토크도 적다.
③ 기동전류는 적고, 기동토크는 크다.
④ 기동전류는 크고, 기동토크는 적다.

🔎 해설

2중 농형 전동기는 보통 농형 전동기의 기동특성을 개선하기 위해 회전자 도체를 2중으로 하여 기동전류를 적게 하고 기동토크를 크게 발생한다.

상 제4장 유도기

09 3상 유도전동기의 원선도 작성에 필요한 기본량이 아닌 것은?

① 저항측정
② 슬립측정
③ 구속시험
④ 무부하시험

🔎 해설 **원선도**

㉠ 유도전동기의 특성을 구하기 위하여 원선도를 작성한다.
㉡ 원선도 작성 시 필요한 시험 : 무부하시험, 구속시험, 저항측정

하 제6장 특수기기

10 단상 반발전동기에 해당되지 않는 것은?

① 아트킨손전동기
② 시라게전동기
③ 데리전동기
④ 톰슨전동기

🔎 해설 **단상 반발전동기**

㉠ 분포권의 권선을 갖는 고정자와 정류자를 갖는 회전자 그리고 브러시로 구성되어 있다. 정류자에 접촉된 브러시는 고정자축으로부터 ϕ각만큼 위치해 있고 단락회로로 구성되어 있다. 고정자가 여자되면 전기자에 유도작용이 생겨 자신의 기자력이 유기되어 토크가 발생하여 전동기는 회전한다.
㉡ 단상 반발전동기의 종류에는 아트킨손전동기, 톰슨전동기, 데리전동기가 있다.

중 제3장 변압기

11 단권변압기에서 변압기용량(자기용량)과 부하용량(2차 출력)은 다른 값이다. 1차 전압 100[V], 2차 전압 110[V]인 단상 단권변압기의 용량과 부하용량의 비는?

① $\dfrac{1}{10}$
② $\dfrac{1}{11}$
③ 10
④ 11

🔎 해설 **자기용량과 부하용량의 비**

$$\frac{\text{자기용량}}{\text{부하용량}} = \frac{V_h - V_l}{V_h}$$
$$= \frac{110 - 100}{110}$$
$$= \frac{10}{110} = \frac{1}{11}$$

---

12 여자전류 및 단자전압이 일정한 비철극형 동기발전기의 출력과 부하각 δ와의 관계를 나타낸 것은? (단, 전기자저항은 무시한다.)

상 제2장 동기기

① δ에 비례 ② δ에 반비례
③ $\cos\delta$에 비례 ④ $\sin\delta$에 비례

해설

비돌극기의 출력 $P = \dfrac{E_a V_n}{x_s}\sin\delta\,[\mathrm{W}]$

상 제3장 변압기

13 단상 변압기가 있다. 1차 전압은 3300[V]이고, 1차측 무부하전류는 0.09[A], 철손은 115[W]이다. 자화전류는?

① 0.072[A] ② 0.083[A]
③ 0.83[A] ④ 0.93[A]

해설

자화전류 $I_m = \sqrt{I_0^2 - I_i^2}\,[\mathrm{A}]$
(여기서, I_m : 자화전류, I_0 : 무부하전류, I_i : 철손전류)

철손전류 $I_i = \dfrac{P_i}{V} = \dfrac{115}{3300} = 0.0348[\mathrm{A}]$
무부하전류가 $I_0 = 0.09[\mathrm{A}]$이므로
자화전류 $I_m = \sqrt{I_0^2 - I_i^2}$
$= \sqrt{0.09^2 - 0.0348^2}$
$= 0.083[\mathrm{A}]$

중 제1장 직류기

14 자극수 4, 슬롯수 40, 슬롯 내부코일변수 4인 단중 중권 직류기의 정류자편수는?

① 80 ② 40
③ 20 ④ 1

해설

정류자편수는 코일수와 같고
총코일수 $= \dfrac{\text{총도체수}}{2}$이므로
정류자편수 $K = \dfrac{\text{슬롯수} \times \text{슬롯내 코일변수}}{2}$
$= \dfrac{40 \times 4}{2} = 80$개

상 제1장 직류기

15 직류기에서 전압변동률이 (+)값으로 표시되는 발전기는?

① 과복권발전기 ② 직권발전기
③ 분권발전기 ④ 평복권발전기

해설

전압변동률은 발전기를 정격속도로 회전시켜 정격전압 및 정격전류가 흐르도록 한 후 갑자기 무부하로 하였을 경우의 단자전압의 변화 정도이다.

$\varepsilon = \dfrac{V_0 - V_n}{V_n} \times 100\,[\%]$

(여기서, V_0 : 무부하전압, V_n : 정격전압)
㉠ $\varepsilon(+)$: 타여자, 분권, 부족 복권
㉡ $\varepsilon(0)$: 평복권
㉢ $\varepsilon(-)$: 과복권

상 제4장 유도기

16 3상 유도전동기의 기동법 중 전전압기동에 대한 설명으로 틀린 것은?

① 기동 시에 역률이 좋지 않다.
② 소용량으로 기동시간이 길다.
③ 소용량 농형 전동기의 기동법이다.
④ 전동기단자에 직접 정격전압을 가한다.

해설 농형 유도전동기의 전전압기동 특성

㉠ 5[kW] 이하의 소용량 유도전동기에 사용한다.
㉡ 농형 유도전동기에 직접 정격전압을 인가하여 기동한다.
㉢ 기동전류가 전부하전류의 4~6배 정도로 나타난다.
㉣ 기동시간이 길거나 기동횟수가 빈번한 전동기에는 부적당하다.

상 제2장 동기기

17 동기조상기의 회전수는 무엇에 의하여 결정되는가?

① 효율 ② 역률
③ 토크 속도 ④ $N_s = \dfrac{120f}{P}$ 의 속도

해설 동기조상기

무부하상태에서 동기속도$\left(N_s = \dfrac{120f}{P}\right)$로 회전하는 동기전동기

정답 12. ④ 13. ② 14. ① 15. ③ 16. ② 17. ④

하 제1장 직류기

18 직류직권전동기의 속도제어에 사용되는 기기는?

① 초퍼
② 인버터
③ 듀얼컨버터
④ 사이클로컨버터

해설

초퍼는 직류전력을 직류전력으로 변환하는 설비로 직류 직권전동기의 속도제어에 사용할 수 있다.

상 제2장 동기기

19 병렬운전을 하고 있는 두 대의 3상 동기발전기 사이에 무효순환전류가 흐르는 이유는 무엇 때문인가?

① 여자전류의 변화
② 원동기의 출력변화
③ 부하의 증가
④ 부하의 감소

해설

동기발전기의 병렬운전 시 유기기전력의 차에 의해 무효 순환전류가 흐르게 된다. 기전력의 차가 생기는 이유는 각 발전기의 여자전류의 크기가 다르기 때문이다.

중 제4장 유도기

20 선박의 전기추진용 전동기의 속도제어에 가장 알맞은 것은?

① 주파수 변화에 의한 제어
② 극수변환에 의한 제어
③ 1차 회전에 의한 제어
④ 2차 저항에 의한 제어

해설

주파수제어법은 1차 주파수를 변환시켜 선박의 전기추진 용 모터, 인견공장의 포트모터 등의 속도를 제어하는 방법 으로, 전력손실이 작고 연속적으로 속도제어가 가능하다.

memo

전기기기

먼저보고 이해하는

기초미술해부학

I

기초이론해설

테마01 직류기의 기전력

$$E = \frac{pZ}{60a}\,\phi N \propto K\phi N\,[V]$$

여기서, E : 발전기의 유도 기전력, 전동기의 역기전력 [V]

a : 병렬 회로수(중권은 $a=p$, 파권은 $a=2$)

p : 자극수, Z : 전기자의 도체수, ϕ : 1극당 자속 [Wb]

N : 회전 속도 [rpm]

학습 POINT

① 직류기의 구조 : 전기자, 계자, 정류자, 브러시로 구성된다.

② 도체 하나의 유도 기전력 e : 자속 밀도 $B\,[Wb/m^2]$의 자계에 놓인 길이 $l\,[m]$의 도체가 자계와 직각으로 $v\,[m/sec]$ 속도로 이동하면 기전력이 발생한다.

유도 기전력 $e = Blv\,[V]$

③ 모든 도체의 유도 기전력 E : 직류 발전기의 유도 기전력은 정류자와 브러시 사이에서 발생하므로 직류이다. 전기자의 지름을 $D\,[m]$, 전기자의 모든 도체수 Z, 자극수를 $p\,[N$극, S극 1쌍으로 2), 극 하나하나의 유효 자속수를 $\phi\,[Wb]$라고 하면, 자속 밀도는 $B = \frac{p\phi}{\pi Dl}$가 된다. 회전 속도를 $N\,[rpm]$이라고 하면, 속도 v는 $v = \pi\frac{DN}{60}\,[m/sec]$가 된다. 병렬 회로수가 a라면, 1극당 회로의 전기자 도체수는 $\frac{Z}{a}$가 되므로, 이 회로에서의 유도 기전력 E는 다음과 같이 구할 수 있다.

$$E = \frac{Z}{a}\cdot e = \frac{Z}{a}\,Blv = \frac{pZ}{60a}\,\phi N = K\phi N\,[V]$$

④ 전동기의 토크와 출력 : 각속도를 $\omega\,[rad/sec]$, 토크를 $T\,[N\cdot m]$, 회전 속도를 $N\,[rpm]$, 전기자 전류를 $I_a\,[A]$라고 하면 출력은 다음과 같이 나타낼 수 있다.

출력 $P = \omega T = 2\pi\frac{N}{60}\,T = EI_a\,[W]$

$E \propto \phi N$이므로, $P \propto \phi I_a N$, $T \propto \phi I_a N$이 된다.

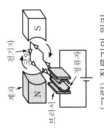

[그림] 직류기의 원리

테마02 직류기의 전압과 전류

(1) 직류 발전기

타여자식	분권식	직권식
$V = E - r_a I_a$	$V = E - r_a I_a$	$V = E - (r_a + r_f)\,I_a$
$I_f = \dfrac{V_f}{r_f}$	$I_f = \dfrac{V}{r_f}$	$I_f = I_a$
$I_a = I$	$I_a = I + I_f$	$I_a = I$

여기서, V : 단자 전압 [V], E : 유도 기전력 [V]

r_a : 전기자 저항 [Ω], I_a : 전기자 전류 [A]

r_f : 계자 저항 [Ω], I_f : 계자 전류 [A]

V_f : 계자 권선 전압 [V], I : 부하 전류 [A]

(2) 직류 전동기

타여자식	분권식	직권식
$E_c = V - r_a I_a$	$E_c = V - r_a I_a$	$E_c = V - (r_a + r_f)\,I_a$
$I_f = \dfrac{V_f}{r_f}$	$I_f = \dfrac{V}{r_f}$	$I_f = I_a$
$I_a = I$	$I_a = I - I_f$	$I_a = I$

여기서, E_c : 역기전력 [V], V : 단자 전압 [V], r_a : 전기자 저항 [Ω]

I_a : 전기자 전류 [A], r_f : 계자 저항 [Ω], I_f : 계자 전류 [A]

V_f : 계자 권선 전압 [V], I : 부하 전류 [A]

학습 POINT

① 발전기 단자 전압은 (유도 기전력−전압 강하)이다.

② 전동기의 역기전력은 (단자 전압−전압 강하)이다.

테마 03 ▶ 동기 발전기의 동기 속도와 유도 기전력

(1) 동기 속도 $N_s = \dfrac{120f}{P}$ [rpm]

(2) 주변 속도 $v = \pi D n_s = \pi D \dfrac{N_s}{60} = \pi D \dfrac{2f}{P}$ [m/sec]

(3) 유도 기전력 $E = 4.44 \cdot k_w \cdot f \cdot N \cdot \phi$ [V]

여기서, P : 자극수, f : 주파수[Hz]

D : 회전자의 지름[m], n_s : 매초 회전 속도[m/sec]

k_w : 권선 계수, N : 1상당 권회수

ϕ : 매극 자속의 최대값[Wb]

학습 POINT

① 동기 발전기는 직류 전류가 흐르는 자계 권선을 원동기를 이용해 동기 속도 N_s로 회전시켜, 고정자축의 전기자 권선에 유도 기전력을 발생시킨다.

② 권선 계수는 분포권 계수와 단절권 계수의 곱으로 나타낸다.

③ 동기 임피던스

$Z_s = R_a + jX_s \fallingdotseq jX_s$ [Ω]

여기서, R_a : 전기자 권선 저항·

X_s : 동기 리액턴스(전기자 반작용 리액턴스+누설 리액턴스)

④ 전압 변동률 : 정격 전압 V_n, 정격 부하 운전에서 무부하가 된 경우 전압 V_0의 상승 정도를 전압 변동률이라고 한다.

$\varepsilon = \dfrac{V_0 - V_n}{V_n} \times 100 [\%]$

[그림] 동기 발전기의 구조와 기전력

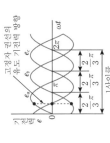

4

테마 04 ▶ 동기 발전기의 단락비

(1) 단락비 $K_s = \dfrac{I_s}{I_n}$

(2) 자기 여자를 일으키지 않고 충전선을 충전하는 조건

$K_s \geqq \dfrac{Q}{P_n} \left(\dfrac{V_n}{V_C}\right)^2 (1+\sigma)$

여기서, I_n : 정격 전류[A], I_s : 3상 단락 전류[A]

P_n : 발전기의 정격 용량[VA], Q : 충전선의 충전 용량[VA]

V_C : 충전 전압[V], V_n : 발전기 정격 전압[V], σ : 포화율

학습 POINT

① 무부하 포화 곡선과 3상 단락 곡선

[그림 1]

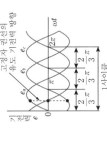

[그림]

ㄱ 무부하 포화 곡선 : 발전기를 무부하로 정격 회전 속도로 운전했을 때 계자 전류와 단자 전압의 관계를 나타낸다.

ㄴ 3상 단락 곡선 : 발전기를 3상 단락하고, 정격 회전 속도로 운전했을 때 계자 전류와 단락 전류의 관계를 나타낸다.

② 단락비 : 단락비는 일반적으로 다음과 같이 K_s로 나타낸다.

$K_s = \dfrac{\text{무부하로 정격 전압을 발생시키는 데 필요한 계자 전류}}{\text{3상 단락 시 정격 전류를 흐르게 하는 데 필요한 계자 전류}}$

$= \dfrac{I_{f1}}{I_{f2}} = \dfrac{\text{3상 단락 전류 } I_s}{\text{정격 전류 } I_n}$

③ 단락비와 백분율 동기 임피던스의 관계 : 정격 전압을 V_n[V], 동기 임피던스를 $Z[\Omega]$, 정격 전류를 I_n[A], 백분율 동기 임피던스를 $\%Z_s$[%]라고 하면 다음과 같이 나타낼 수 있다.

$\%Z_s = \dfrac{Z_s I_n}{\dfrac{V_n}{\sqrt{3}}} \times 100 = \dfrac{I_n}{\dfrac{V_n}{\sqrt{3} Z_s}} \times 100 = \dfrac{I_n}{I_s} \times 100 [\%]$

$\therefore K_s = \dfrac{I_s}{I_n} = \dfrac{100}{\%Z_s}$ (단, $\%Z_s$는 단락비의 역수에 비례)

5

테마 06 동기 발전기와 동기 전동기의 출력

3상 출력 $P = \dfrac{VE}{x_s}\sin\delta$ [W]

여기서, x_s : 동기 리액턴스[Ω], V : 단자 전압[V]
E : (발전기) 유도 기전력, (전동기) 역기전력[V]
δ : V와 E의 상차각[°](내부 상차각)

⚡ **학습 POINT**

① 동기 발전기의 출력 : 큰 부하 변화나 사고가 발생하면, 상차각 δ가 커지고, 어떤 한도를 넘어서면 동기가 어긋나 탈조를 일으킨다. 동기 발전기가 동기를 유지하므로 안정적으로 운전할 수 있는 정도를 안정도 라고 한다.

(1상분)

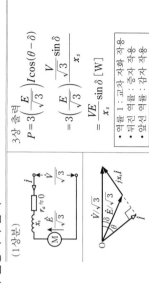

3상 출력
$$P = 3\left(\frac{V}{\sqrt3}\right)I\cos\theta$$
$$= 3\left(\frac{V}{\sqrt3}\right)\frac{\frac{E}{\sqrt3}\sin\delta}{x_s}$$
$$= \frac{VE}{x_s}\sin\delta \ [\mathrm{W}]$$

- 역률 1 : 교차 자화 작용
- 뒤진 역률 : 감자 작용
- 앞선 역률 : 증자 작용

② 동기 전동기의 출력

(1상분)

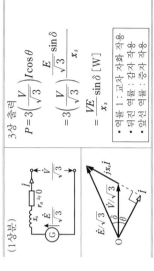

3상 출력
$$P = 3\left(\frac{E}{\sqrt3}\right)I\cos(\theta-\delta)$$
$$= 3\left(\frac{E}{\sqrt3}\right)\frac{\frac{V}{\sqrt3}\sin\delta}{x_s}$$
$$= \frac{VE}{x_s}\sin\delta \ [\mathrm{W}]$$

- 역률 1 : 교차 자화 작용
- 뒤진 역률 : 증자 작용
- 앞선 역률 : 감자 작용

테마 05 동기 발전기의 병렬 운전

무효 순환 전류 $I = \dfrac{E_1 - E_2}{2X_S}$ [A]

여기서, X_1, X_2 : 각 발전기의 동기 리액턴스[Ω]
E_1, E_2 : 각 발전기의 기전력[V]

⚡ **학습 POINT**

① 병렬 운전 조건 : 2대 이상의 발전기를 병렬해 운전하는 것을 병렬 운전 이라고 한다. [표 1]은 병렬 운전할 수 있는 조건이다.

[표 1] 병렬 운전 조건

병렬 운전 조건
• 유기 기전력의 크기와 파형이 같다. • 유기 기전력의 위상이 같다. • 주파수가 같다. • 상회전 방향이 같다.

② 순환 전류 : 2대의 동기 발전기가 병렬 운전 조건을 만족하지 않는 경우 에는 [표 2]와 같은 순환 전류가 흐른다.

[표 2] 순환 전류

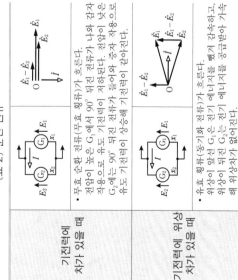

기전력에 차가 있을 때	• 무효 순환 전류(무효 횡류)가 흐른다. 전압이 높은 G_1에서 90° 뒤진 전류가 나와 감자 작용으로 유도 기전력이 저하되고, 전압이 낮은 G_2에는 90° 뒤진 전류가 들어와 증자 작용으로 유도 기전력이 상승해 기전력이 같아진다.
기전력에 위상 차가 있을 때	• 유효 횡류(동기화 전류)가 흐른다. 위상이 앞선 G_1은 전기 에너지를 감소하고, 위상이 뒤진 G_2는 전기 에너지를 공급받아 가속 해 위상차가 없어진다.

테마 08 유도 전동기의 2차 회로

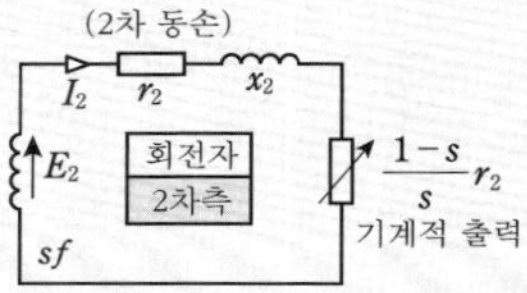

(1) 2차 입력(동기 와트)
$$P_2 = \frac{r_2}{s}I_2^2 \text{ [W]}$$

(2) 2차 동손
$$P_{2c}=r_2I_2^2 \text{ [W]}$$

(3) 기계적 출력
$$P_0 = \frac{1-s}{s}r_2I_2^2 \text{ [W]}$$

(4) 전력과 손실의 비
$$P_2:P_{2c}:P_0=1:s:(1-s)$$

(5) 유도 전동기의 토크
$$T=\frac{P_0}{\omega}=\frac{P_2(1-s)}{\omega_s(1-s)}=\frac{P_2}{\omega_s} \text{ [N·m]}$$

여기서, s : 슬립, r_2 : 2차 저항 [Ω]
I_2 : 2차 전류 [A], ω : 각속도 [rad/sec]
ω_s : 동기 각속도 [rad/sec]

학습 POINT

등가 회로의 변환 단계는 다음과 같다.
2차 전류식을 수정하면, 회로도 여기에 대응해 수정할 수 있다.

① 단계 1 : $I_2=\dfrac{sE_2}{\sqrt{r_2^2+(sx_2)^2}}$ [A]

② 단계 2 : $I_2=\dfrac{E_2}{\sqrt{\left(\frac{r_2}{s}\right)^2+x_2^2}}$ [A]

③ 단계 3 : $\dfrac{r_2}{s}=r_2+\dfrac{(1-s)r_2}{s}$ [A]

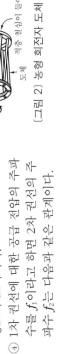

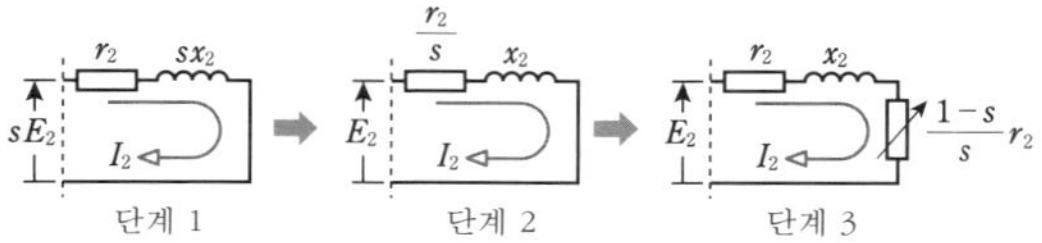

테마 07 유도 전동기의 회전 속도와 슬립

(1) 동기 속도 $N_s = \dfrac{120f}{p}$ [rpm] ← 회전 자계

(2) 회전 속도 $N = \dfrac{120f}{p}(1-s)$ [rpm] ← 회전자

(3) 슬립 $s = \dfrac{N_s-N}{N_s}$ ← 회전 자계와 회전자의 상대 회전 속도 ÷ 회전 자계의 회전 속도

여기서, p : 자극수 [극]
f : 전원의 주파수 [Hz]

학습 POINT

① 유도 전동기의 고정자인 일차 권선에 3상 교류를 흘리면 회전 자계가 발생한다. 이 회전 자계의 회전 속도는 동기 속도 N_s이다.

② 회전자의 회전 속도 N은 $N≦N_s$이고, 슬립 s를 이용하면 둘의 관계는 $N=N_s(1-s)$ [rpm]이 된다.

③ 슬립 s는 정지 시에는 1, 무부하 시에는 0, 운전 시에는 0.03~0.05 정도의 크기이다.

④ 1차 권선에 대한 공급 전압의 주파수를 f_1이라고 하면 2차 권선의 주파수 f_2는 다음과 같은 관계이다.
$f_2=sf_1$ [Hz]

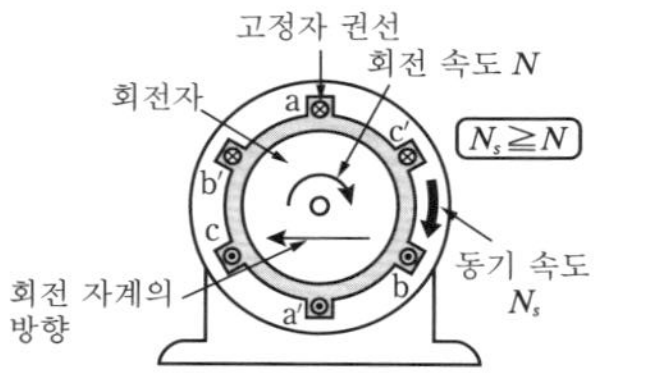

⑤ 회전자가 정지했을 때 2차 권선의 유도 기전력을 E_2라고 하면, 회전 시 2차 권선의 유도 기전력은 sE_2 [V]이다.

이 관계를 이용하면 회전자의 회전 속도 N은 다음과 같이 표현할 수도 있다.
$$N = \frac{120}{p}(f_1 - f_2) \text{ [rpm]}$$

[그림 1] 유도 전동기의 구조

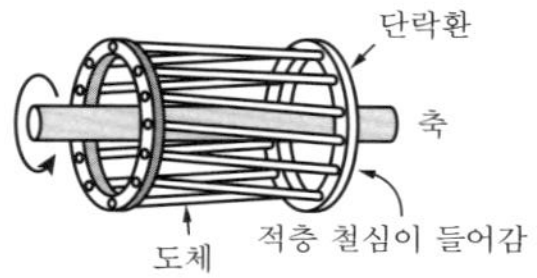

[그림 2] 농형 회전자 도체

테마10 변압기의 권수비와 변류비

(1) 권수비 $a = \dfrac{E_1}{E_2}$ (2) 변류비 $\dfrac{1}{a} = \dfrac{I_1}{I_2}$

여기서, E_1 : 1차 유도 기전력[V]
E_2 : 2차 유도 기전력[V]
I_1 : 1차 전류[A], I_2 : 2차 전류[A]

학습 POINT

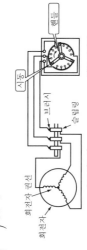

[그림 1] 변압기

① [그림 1]의 변압기 1차 권선과 2차 권선의 권수를 각각 n_1, n_2라 하면, 유도 기전력 E는 주파수 f, 권수 n, 자속의 최대값 ϕ_m에 비례한다.

$\dfrac{E_1}{E_2} = \dfrac{4.44fn_1\phi_m}{4.44fn_2\phi_m} = \dfrac{n_1}{n_2} = a$

여기서, a : 권수비

② 2차 권선에 부하 Z를 접속하면, 2차 권선에 n_2I_2의 기자력이 생기고, 1차 권선에는 이 기자력과 반대 방향의 기자력 n_1I_1이 발생한다.

$n_1I_1 = n_2I_2$ 암페어턴은 같다.

$\therefore$ 변류비 $\dfrac{I_1}{I_2} = \dfrac{n_2}{n_1} = \dfrac{1}{a}$

③ 권수비 a의 변압기의 등가 회로 : 2차에서 1차쪽으로의 환산은 각각 아래 표처럼 된다.

구분	환산 전	환산 후
2차 권선 저항	r_2	a^2r_2
2차 권선 리액턴스	x_2	a^2x_2
부하 임피던스	Z_2	a^2Z_2
2차 전압	V_2	aV_2
2차 전류	I_2	$\dfrac{I_2}{a}$

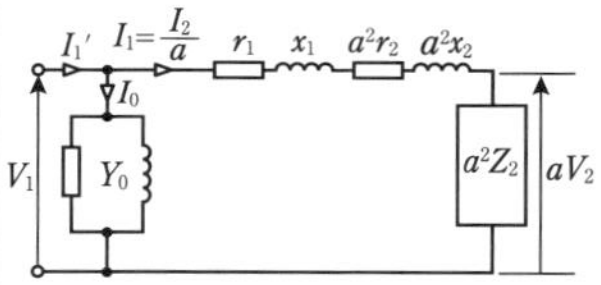

[그림 2] 1차측 환산 등가 회로

테마09 유도 전동기 토크의 비례 추이

$\dfrac{r_2}{s_1} = \dfrac{r_2 + R}{s_2}$
　변화 전　　변화 후

여기서, s_1 : 변화 전 슬립, r_2 : 2차 회로의 저항[Ω]
s_2 : 변화 후 슬립, R : 외부 저항[Ω]

학습 POINT

① 토크의 비례 추이 : 3상 권선형 유도 전동기에서 2차 회로의 저항을 m배로 하면, 슬립이 m배인 곳에서 최대 토크가 발생한다.

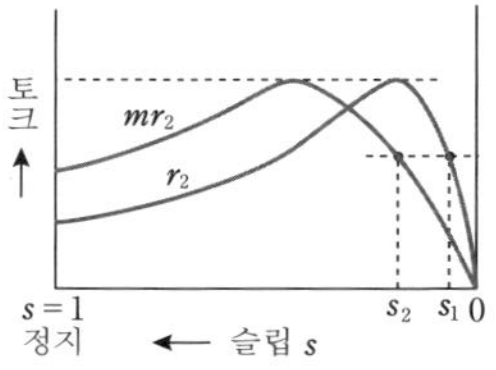

② 필요한 외부 저항값은
$mr_2 = r_2 + R$
이므로, 다음과 같이 된다.
$R = (m-1)r_2[\Omega]$

③ 기동 시 최대 토크가 되는 외부 저항값 : $m = \dfrac{1}{s}$ 배가 되므로, 외부 저항 (기동 저항) R을 다음과 같이 하면 된다.
$R = \left(\dfrac{1}{s} - 1\right)r_2[\Omega]$

[그림 1] 비례 추이

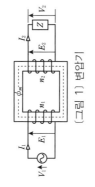

[그림 2] 권선형 유도 전동기와 기동 저항의 접속

권선형 유도 전동기에서는 비례 추이를 이용함으로써 기동 특성을 개선하고, 기동 전류를 줄여 기동 토크를 크게 할 수 있다.

테마 11 변압기의 전압 변동률

(1) 정의식 $\varepsilon = \dfrac{V_0 - V_n}{V_n} \times 100\,[\%]$

(2) 근사식 $\varepsilon = p\cos\theta + q\sin\theta\,[\%]$ $(\sin\theta = \sqrt{1-\cos^2\theta})$

여기서, V_n : 정격 2차 전압[V], V_0 : 무부하 2차 전압[V]
p : 백분율 저항 강하[%], q : 백분율 리액턴스 강하[%]
$\cos\theta$: 부하 역률(지연)

학습 POINT

① 백분율 저항 강하와 백분율 리액턴스 강하 : 변압기의 권선 저항을 $R[\Omega]$, 리액턴스를 $X[\Omega]$, 정격 2차 전류를 $I_n[\mathrm{A}]$이라고 하면 다음과 같이 나타낼 수 있다.

백분율 저항 강하 $p = \dfrac{RI_n}{V_n} \times 100\,[\%]$

백분율 리액턴스 강하 $q = \dfrac{XI_n}{V_n} \times 100\,[\%]$

② 전압 변동률 : 변압기의 전압 변동률 ε는 정격 주파수에서 지정한 역률, 정격 용량을 바탕으로 2차 권선의 단자 전압을 정격 전압 V_0으로 조정해 두고, 그 상태에서 무부하로 했을 때 2차 단자 전압 V_0의 전압 변동 비율을 말한다.

$$\varepsilon = p\cos\theta + q\sin\theta + \frac{(q\cos\theta - p\sin\theta)^2}{200}$$
$$\approx p\cos\theta + q\sin\theta\,[\%]$$

③ 변압기 시험
㉠ 저항 측정 : 권선의 저항값을 측정한다.
㉡ 극성 시험 : 가극성인지 감극성인지 조사한다.
㉢ 변압비(권선비) 시험 : 저압쪽을 기준으로 나타낸 두 권선의 무부하 단자 전압의 비를 측정한다.
㉣ 무부하 시험 : 무부하 전류와 무부하손을 측정한다.
㉤ 단락(임피던스) 시험 : 임피던스 전압과 임피던스 와트를 측정한다.
㉥ 온도 상승 시험 : 온도 상승이 측정 한도 내인지 조사한다.
㉦ 내전압 시험 : 규정 전압을 인가해 내절연 성능을 조사한다.

테마 12 변압기의 규약 효율

규약 효율 $\eta = \dfrac{\text{출력}}{\text{출력}+\text{손실}} \times 100$

$\qquad = \dfrac{\frac{1}{m} \cdot P \cdot \cos\theta}{\frac{1}{m} \cdot P \cdot \cos\theta + P_i + \left(\frac{1}{m}\right)^2 \cdot P_c} \times 100\,[\%]$

여기서, $\frac{1}{m}$: 부하율, P : 변압기 정격 용량[VA], $\cos\theta$: 부하 역률
P_i : 철손[W], P_c : 전부하 시 동손[W]

학습 POINT

① 변압기 효율은 규약 효율로 나타낸다.
② 변압기 효율이 최대가 되는 조건

$\eta = \dfrac{\alpha P_n \cos\theta}{\frac{1}{m} \cdot P \cdot \cos\theta + P_i + \left(\frac{1}{m}\right)^2 \cdot P_c} \times 100\,[\%]$

$\quad = \dfrac{P\cos\theta}{P\cos\theta + \frac{P_i}{\frac{1}{m}} + \frac{1}{m} P_c} \times 100\,[\%]$

위의 수식에서 $\dfrac{P_i}{\frac{1}{m}} = \dfrac{1}{m} P_c$일 때 $P_c = \left(\dfrac{1}{m}\right)^2 \cdot P_c$ (철손=동손 또는 무부하손=부하손)일 때 효율이 최대가 된다.

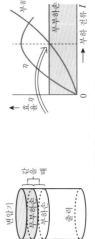

[그림] 최대 효율 조건

③ 철손(무부하손) : 철심의 자화 특성이 히스테리시스 루프를 그리게 되고 그 면적에 해당하는 히스테리시스손과 와전류에 의한 와전류손의 합이다.

테마 13 단권 변압기

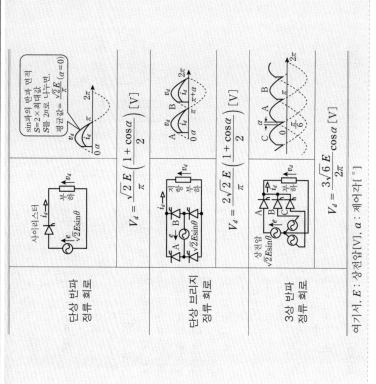

(1) 전압의 관계

$$\frac{E_1}{E_2} = \frac{n_1}{n_1+n_2} = a$$

(2) 전류의 관계

$$\frac{I_1}{I_2} = \frac{n_1+n_2}{n_1} = \frac{1}{a}$$

(3) 선로 용량(통과·용량)

$$P_n = E_1 I_1 = E_2 I_2 \,[\text{VA}]$$

(4) 자기 용량

$$P_s = E_1(I_1 - I_2) = (E_2 - E_1)I_2 \,[\text{VA}]$$

여기서, n_1 : 분로 권선의 권수
n_2 : 직렬 권선의 권수
a : 권수비

학습 POINT

① 단권 변압기의 구성 : 직렬 권선과 1차 및 2차 즉 공통 분로 권선으로 이루어지고, 승압기나 강압기로 사용된다.

② 1차 전류와 2차 전류에 의한 각각의 기자력은 같다.

$$n_1 I_1 = (n_1 + n_2)I_2$$

③ 단권 변압기의 특징
   ㉠ 장점
   • 권선 공통 부분이 있어서, 재료를 절약할 수 있어 소형화·경량화가 가능하며 가격이 싸다.
   • 누설 임피던스·전압 변동률·손실이 작고 효율이 높다.
   ㉡ 단점
   • 임피던스가 작기 때문에 단락 전류가 크다.
   • 1차측과 2차측을 절연할 수 없으므로, 이상 전압이 발생했을 때 저압측에 영향을 미친다.

테마 14 정류 회로의 평균 직류 전압

sin파의 반파 면적
$S = 2 \times$ 최대값
S를 2로 나누면,
평균값 $= \dfrac{\sqrt{2}E}{\pi}$ $(\alpha=0)$

정류 회로	평균 직류 전압
단상 반파 정류 회로	$V_d = \dfrac{\sqrt{2}\,E}{\pi}\left(\dfrac{1+\cos\alpha}{2}\right)$ [V]
단상 브리지 정류 회로	$V_d = \dfrac{2\sqrt{2}\,E}{\pi}\left(\dfrac{1+\cos\alpha}{2}\right)$ [V]
3상 반파 정류 회로	$V_d = \dfrac{3\sqrt{6}\,E}{2\pi}\cos\alpha$ [V]

여기서, E : 상전압[V], α : 제어각 [°]

학습 POINT

반파 정류의 전압은 최대값 1의 반과 면적은 2로, 제어각 α인 경우의 면적은 $(1+\cos\alpha)$이다. 평균 직류 전압 V_d는 아래 식으로 구할 수 있다.

$$V_d = \sqrt{2}\,E\left(\frac{\text{면적}}{2\pi}\right)$$

[표] 반파 정류파형의 직류 평균 전압

반파 파형	제어각 α의 파형
면적=2	면적=cosα, 면적=1
$V_d = \dfrac{2}{2\pi} = \dfrac{1}{\pi}$	$V_d = \dfrac{1+\cos\alpha}{2\pi}$

테마 16 전동기 응용의 기초

(1) 플라이휠 효과 $GD^2 = 4J [kg \cdot m^2]$

(2) 회전체의 운동 에너지 $E = \dfrac{1}{2} J\omega^2 [J]$

여기서, G : 회전체의 질량[kg]
D : 회전체의 지름[m]
J : 물체의 관성 모멘트[kg · m²]
ω : 각속도[rad/sec]

학습 POINT

① 회전체 에너지 : 회전체가 가진 운동 에너지 W는 회전체의 질량을 m[kg], 속도를 v[m/sec]라고 하면 다음과 같이 구할 수 있다.

$$W = \frac{1}{2} mv^2 = \frac{1}{2} m(r\omega)^2 \quad (r : 회전체의 지름[m])$$

$$\boxed{v = r\omega}$$

$$= \frac{1}{2}(mr^2)\omega^2 = \frac{1}{2} J\omega^2 [J]$$

$$\boxed{m = G} \ 및 \ \boxed{r = \frac{D}{2}}$$

관성 모멘트 $J = mr^2 = G\left(\dfrac{D}{2}\right)^2 = \dfrac{GD^2}{4} [kg \cdot m^2]$

② 플라이휠 효과 환산하기 : 풀라이휠 효과 $G_1D_1^2$인 전동기와 풀라이휠 효과 $G_2D_2^2$인 부하 기기가 톱니바퀴(톱니비 $\dfrac{n_1}{n_2}$)로 연결된 경우 전동기축으로 환산한 플라이휠 효과는 다음 식으로 나타낼 수 있다.

$$GD^2 = G_1D_1^2 + \left(\frac{n_1}{n_2}\right)^2 G_2D_2^2 [kg \cdot m^2]$$

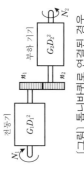

[그림] 톱니바퀴로 연결된 경우

테마 15 초파의 평균 출력 압력

(1) 강압 초파 $E_o = \dfrac{T_{on}}{T_{on} + T_{off}} E_d [V]$

(2) 승압 초파 $E_o = \dfrac{T_{on} + T_{off}}{T_{off}} E_d [V]$

여기서, T_{on} : 초파 on 시간[sec], T_{off} : 초파 off 시간[sec]
T_d : 직류 전원 전압[V]

학습 POINT

① 강압 초파 : [그림 1] (a)의 부하 저항 R에는 스위치 S가 단혀 있는 시간 T_{on}(온 시간)만 E_d가 더해지고, S가 열려 있는 시간 T_{off}(오프 시간)의 전압은 0이다. 따라서, 출력 전압은 전원 전압보다 작아진다.

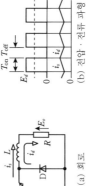

(a) 회로

(b) 전압 · 전류 파형

[그림 1] 강압 초파

② 승압 초파 : [그림 2] (a)의 스위치 S가 단혀 있는 시간 T_{on}(i_s가 흐른다)에 리액터 L이 전자 에너지를 축적하고, S가 열려 있는 시간 T_{off}(i_d가 흐른다)에 축적 에너지와 전원으로부터의 에너지를 부하에 공급한다. 출력 전압은 전원 전압보다 커진다.

$$\underbrace{E_d IT_{on}}_{축적 에너지} = \underbrace{(E_o - E_d)IT_{off}}_{방출 에너지}$$

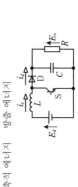

(a) 회로

(b) 전압 · 전류 파형

[그림 2] 승압 초파

③ 초파의 스위칭 주기 $T = T_{on} + T_{off}$이다.

(1) 권상기 $P = K\dfrac{mgv}{\eta}$ [W] $= \dfrac{K \cdot M \cdot V}{6.12\eta}$ [kW]

(2) 펌프 $P = K\dfrac{9.8QH}{\eta}$ [kW]

(3) 송풍기 $P = K\dfrac{QH}{\eta}$ [W]

여기서, K : 전동기의 여유 계수, m : 권상 하중[kg]

g : 중력 가속도(9.8)[m/sec²], v : 권상 속도[m/sec]

η : 효율[pul, (펌프), Q : 양수 유량[m³/sec], H : 전양정[m]

(송풍기), Q : 풍량[m³/sec], H : 풍압[Pa(파스칼)]

학습 POINT

① 상하로 직선 운동하는 기기의 소요 전력 : 물체의 질량을 m[kg], 중력 가속도를 $g(=9.8)$[m/sec²]라고 하면, 물체에 작용하는 중력 F는 $F=mg$[N]이 된다.

이 물체를 속도 v[m/sec]로 이동시킬 때 이론적 동력은 $Fv=mgv$[W]이다. 기기의 여유 계수 K, 효율을 η를 고려한 실제 소요 동력 P는 다음과 같다.

$$P = K\frac{mgv}{\eta} \text{[W]}$$

② 엘리베이터의 하중 : 권상 하중 m은 [그림]처럼 $m=$승강 상자와 적재 하중-균형추 무게 $= W_c + W - W_b$ [kg]로 계산한다.

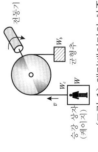

(그림 1) 엘리베이터의 하중

③ 송풍기에서 QH의 단위 : 송풍기 Q[m³/sec], 풍압 H[Pa]인 경우의 이론적 동력 P는 다음과 같다.

$$P = QH\text{[W]}$$

QH의 단위를 따라가면, 다음과 같이 [W]가 된다.

Q[m³/sec] H[Pa] = [m³/sec] [N/m²]

= [N·m/sec] = [J/sec] = [W]

[표 1] 그리스 문자와 읽는 법

대문자	소문자		읽는 법	대문자	소문자		읽는 법
A	α	Alpha	알파	N	ν	Nu	뉴
B	β	Beta	베타	Ξ	ξ	Xi	크사이
Γ	γ	Gamma	감마	O	o	Omicron	오미크론
Δ	δ	Delta	델타	Π	π	Pi	파이
E	ε	Epsilon	엡실론	P	ρ	Rho	로
Z	ζ	Zeta	지타	Σ	σ	Sigma	시그마
H	η	Eta	이타	T	τ	Tau	타우
Θ	θ	Theta	시타	Y	υ	Upsilon	입실론
I	ι	Iota	요타	Φ	ϕ, φ	Phi	파이
K	κ	Kappa	카파	X	χ	Chi	카이
Λ	λ	Lambda	람다	Ψ	ψ	Psi	프사이
M	μ	Mu	뮤	Ω	ω	Omega	오메가

[표 2] SI 기본 단위

기본량	단위 명칭	기호	기본량	단위 명칭	기호
길이	미터	m	전류	암페어	A
질량	킬로그램	kg	온도	켈빈	K
시간	초	s	광도	칸델라	cd
물질량	몰	mol			

II

기초 용어 해설

용어01 중권과 파권

직류기의 전기자 권선법에는 중권과 파권이 관련이 있다. 중권은 코일의 양 코일 변을 서로 이웃하는 정류자편에 접속하는 것으로, 이건 코일과 중첩되어 구성되며, 병렬 회로수가 많고 저전압 대전류에 적용된다. 파권은 각 2차극 피치 떨어진 2개의 정류자편에 접속하는 것으로, 코일이 접지지 않으며 병렬 회로수가 2로 작아서 고전압 소전류에 적용된다.

(그림 1) 중권

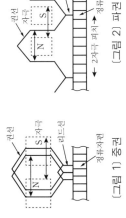

(그림 2) 파권

용어02 보극과 보상 권선

보극, 보상 권선 모두 전기자 권선에 직렬로 접속하며, 전기자 반작용 대책으로 설치한다.

① 보극 : 기하학적 중성축상의 전기자 반작용 자속을 상쇄하며 동시에 정류 중의 리액턴스 전압을 상쇄할 수는 없다.

② 보상 권선 : 주자극의 자극편에 슬롯을 설치하고, 이 슬롯에 권선을 감아 전기자 전류와 반대 방향의 전류를 흘려 해서 전기자의 반작용 기자력을 상쇄한다.

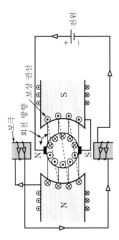

용어03 직류 분권 전동기의 시동 저항

분권 전동기의 단자 전압을 V[V], 기전력을 E[V], 전기자 저항을 R_a[Ω], 계자 저항을 R_f[Ω], 부하 전류를 I[A], 계자 전류를 I_f[A]라고 하면 전기자 전류 I_a는 다음과 같다.

$$I_a = \frac{V-E}{R_a}\,[A]$$

전기자 저항 R_a는 값이 매우 작아서, 기동 시 저자 시에는 회전자의 회전자 속도가 $N=0$이므로 $E=0$[V]이다. 이에 의 식에서 I_a[A]는 과대값이 되고, 전기자 권선의 연소를 초래한다. 이를 방지하기 위해 전기자 정항과 직렬로 기동 저항을 접속해서 I_a를 억제한다.

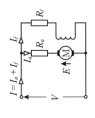

용어04 동기 발전기의 단락비

무부하 포화 곡선의 정격 전압 V_n을 발생시키는 계자 전류를 I_{fs}, 3상 단락 전류를 I_s, 3상 단락 곡선의 정격 전류 I_n을 흐르게 하는 계자 전류를 I_{fn}이라고 하면, 단락비 K_s는 다음과 같이 나타낼 수 있다.

$$K_s = \frac{\text{무부하에서 정격 전압을 발생하는 데 필요한 계자 전류}}{\text{3상 단락 시 정격 전류을 흐르게 하는 데 필요한 계자 전류}}$$

$$= \frac{I_{fs}}{I_{fn}} = \frac{\text{3상 단락 전류 } I_s}{\text{정격 전류 } I_n}\,[pu]$$

단위법으로 나타낸 동기 임피던스를 Z_s[pu]라고 하면 다음과 같은 값이 된다.

$$Z_s[pu] = \frac{1}{K_s}$$

수차 발전기의 단락비는 0.9~1.2로 가서 철기계라고 불리고, 터빈 발전기의 단락비는 0.6~0.9로 작아서 동기계라고 불린다.

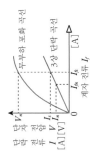

용어 05 동기 발전기의 전기자 반작용

전기자 반작용은 역률에 따라 작용이 달라진다.

> **역률 1인 경우**
> 자극의 회전 방향에서는 계자 자속을 약화시키고, 반대쪽에서는 강화시키는 교차 자화 작용이 발생한다.

> **늦은 역률인 경우**
> 전기자 기자력이 계자 자속을 약화시키는 감자 작용이 발생한다.

> **앞선 역률인 경우**
> 전기자 기자력이 계자 자속을 강화시키는 증자 작용을 발생한다.

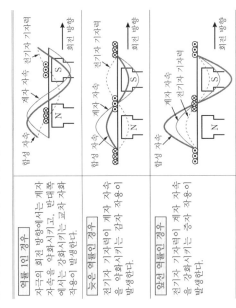

용어 06 동기 발전기의 자기 여자 현상

무여자 상태에서 동기 속도로 회전하는 동기 발전기에 무부하 송전선 등의 용량성 부하를 접속한 경우 잔류 자기에서 생기는 잔류 전압에 의해 앞선 전류가 흐른다.

앞선 전류가 흐르게 되면, 다시 전기자 반작용의 증자 작용으로 단자 전압을 높여 앞선 전류를 증가시키는 일이 반복된다.

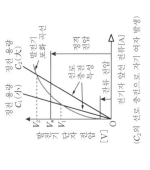

용어 07 동기 발전기의 안정도

전력 계통을 다수의 발전기가 접속해 동기를 유지하면서 병행 운전한다. 전력 계통에 부하 변화나 사고 등으로 교란이 발생했을 때 각 발전기가 동기를 유지하고 운전을 계속할 수 있는 정도를 안정도라고 한다.

① 정태 안정도: 부하 변동 등에 대응해 각 발전기의 출력 분담이나 계통의 조류를 완만하게 조정하고, 발전기의 동기를 유지하게 송전할 수 있는 정도이다.

② 동태 안정도: 동기 발전기의 자동 전압 조정기(AVR)나 정지형 무효 전력 보상 장치(SVC)의 효과를 고려한 안정도이다.

③ 과도 안정도: 전력 계통에 단락·지락 사고 등 급격한 교란이 발생한 경우 우리도 발전기가 탈락이나 계통 분리를 일으키지 않고, 다시 안정된 운용 상태를 회복하는 정도이다.

용어 08 동기 발전기의 여자 방식

동기 발전기에서 자계를 만들기 위한 여자 방식에는 정지형 여자 방식과 교류 여자기 방식, 직류 여자기 방식이 있다.

① 사이리스터 여자 방식: 정지형 여자 방식의 일종으로, 여자용 변압기를 설치해서 발전기 주회로에서 전압을 충전한다. 사이리스터를 이용하므로 여자 제어의 응답성이 높다.

② 브러시리스 여자 방식: 교류 여자기 방식의 일종으로, 주에 직결하여 설치되며 정류기가 필요하다.

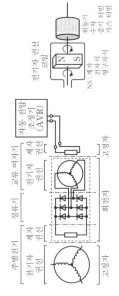

③ 직류 여자기 방식: 보수에 손이 많이 가서 최근에는 사용되지 않는다.

용어11 　농형 유도 전동기

유도 전동기 중 2차측 회전자의 동(알루미늄) 막대를 단락환에 접합한 구조이다. 3상 유도 전동기로서 가장 많이 제용된다.

농형 유도 전동기의 특징은 다음과 같다.

① 구조가 간단하고 견고하며 싸다.
② 슬립링이 없으므로 보수성이 뛰어나다.
③ 운전 효율이 좋다.
④ 인버터 제어로 속도를 제어할 수 있다.

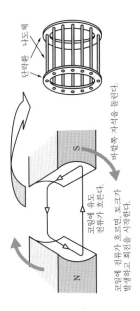

단락환 · 도체

바깥쪽 자석을 돌린다.

코일에 유도 전류가 흐른다.

코일에 전류가 흐르면, 토크가 발생하고 회전을 시작한다.

용어12 　권선형 유도 전동기

2차측 회전자가 1차측과 같은 권선형식으로 된 구조이다. 회전자의 권선은 슬립링을 매개로 외부 저항에 연결된다.

회전자에 흐르는 전류의 크기를 외부 저항에 의해 변경해 속도를 제어할 수 있다. 시작, 정지, 정전, 역전, 속도 제어 등 빈번하게 반복하는 크레인이나 큰 기동 토크가 필요한 경우에 사용한다.

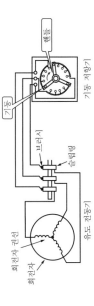

핸들

기동

기동 저항기

브러시

슬립링

회전자 권선

회전자

유도 전동기

용어09 　동기 발전기의 난조

부하의 급변, 단자 전압의 급변, 주파수의 급변 등에 의해 부하각이 진동하는 현상이다.

이에 대한 방지 대책은 다음과 같다.

① 제동 권선을 제용한다.
회전자의 제자 자극면에 제동 권선을 설치해 동기 속도를 벗어난 경우에 제어 토크를 발생시킨다.
이 경우 권선의 저항은 작을수록 좋다.

② 플라이휠을 제용한다.
회전자의 각속도를 균일하게 해서 부하 급변 시 회전 속도가 급변하는 것을 억제한다.

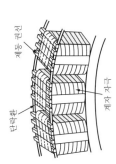

제동 권선

단락환

계자 자극

용어10 　아라고의 원판

아라고는 구리 원판에 가까이 배치한 자석을 회전시킬 때 구리 원판도 회전하는 현상을 발견했는데 이 현상을 아라고의 원판이라고 부른다.

구리 원판에는 전자 유도의 법칙에 따라 맴돌이 전류가 흐르고, 플레밍의 왼손 법칙에 기초해서 회전한다. 아라고의 원판은 유도 전동기의 회전 원리를 나타낸다.

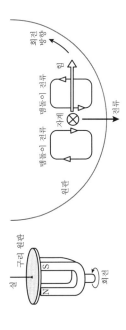

구리 원판

실

회전

맴돌이 전류

자계

힘

맴돌이 전류

전류

원판

회전 방향

용어 15 ▷ 유도 발전기

유도 전동기와 같은 구조로, 전력 계통에서 공급되는 3상 교류를 이용해 고정자에 회전 자계를 만든다.

동기 속도 이상으로 회전자를 회전시키면, 회전자 도체에 발생하는 기전력은 슬립때의 오른손 법칙에서 전동기와 역방향이 된다.

이때, 전류도 2차 권선에서 1차 권선 방향으로 흘러 유도 발전기가 된다.

유도 발전기는 중소 규모 수력 발전이나 풍력 발전에 사용된다.

동기 발전기와 비교하면 다음과 같은 특성이 있다.

① 여자 장치가 필요 없고, 전선 비용이나 보수 비용이 저렴하다.
② 기동, 계통으로의 병렬 등 운전 조작이 간단하다.
③ 부하나 계통에 의해 지연 무효 전력 조정을 할 수 없다.
④ 단독으로 발전할 수 없고, 전력 계통이 전원이 필요하다.
⑤ 계통에 병렬 시 큰 돌입 전류가 흐른다.

용어 16 ▷ 스테핑 모터

스테핑 모터는 펄스 모터라고도 불린다. 회전자는 N극과 S극 자석이고, 고정자측에는 전자석이 배치된다. 고정자측 1~4 전자석이 펄스 전류를 순차적으로 전환해가면, 여기에 동기해서 자석과 전자석 사이에 인력과 척력이 발생하고 회전자가 회전한다.

펄스 신호의 발생 횟수(전류수)와 주기(주파수)로 모터의 회전각과 회전 속도가 결정된다.

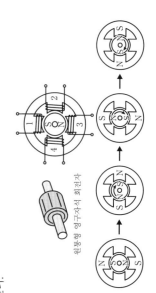

원통형 영구자석 회전자

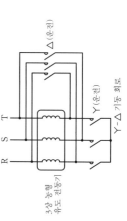

용어 13 ▷ 유도 전동기의 속도 제어

유도 전동기의 회전 속도는 다음과 같이 나타낼 수 있다.

$$N = \frac{120f}{P}(1-s) \text{ [rpm]}$$

이때, 속도의 제어 요소는 P(극수), f(주파수), s(슬립) 3가지이다. 이 요소들을 정리하면 다음 표와 같다.

제어 요소		속도 제어법
자극수		극수 변환
주파수		전압형 인버터
	1차 주파수 제어	전류형 인버터
	사이클로 컨버터	
슬립	2차 여자 제어	크레머 방식, 셀비우스 방식
	1차 전압 제어	

용어 14 ▷ Y-△ 기동

3상 농형 유도 전동기를 직입 기동했을 때 기동 전류는 정격 전류의 4~6배 정도로 커진다.

Y-△ 기동에서는 Y-△ 기동기를 이용해 기동 시에는 1차측 권선을 Y결선으로 하고, 운전 시에는 △결선으로 한다. 직입 기동보다 기동 줄 일수 있지만, 기동 토크도 $\frac{1}{3}$이 되므로 기동 시간은 길어진다.

Y-△ 기동에서는 기동 시 1차측 권선을 $\frac{1}{3}$로 줄 일수 있고, 기동 토크도 $\frac{1}{3}$ 전류를 $\frac{1}{3}$로 줄

R
S
T

△ (운전)

Y (운전)

Y-△ 기동 회로

3상 농형
유도 전동기

용어 17 〉 변압기 냉각 방식

변압기의 철손과 동손에 의한 손실은 열이 되어 철심과 권선의 온도를 상승시킨다. 이 때문에 냉각 효과를 높이고자 아래와 같은 냉각 방식이 채용되고 있다.

변압기
- 건식 (기름을 사용하지 않는 방식)
  - 자냉식: 기름의 대류 작용을 이용해 주변으로 방열한다.
  - 풍냉식: 외부 팬으로 강제로 냉각한다.
- 유입식 (기름을 사용해 냉각하는 방식)
  - 자냉식: 공기의 대류 작용을 이용해서 방열한다.
  - 풍냉식: 외부 팬으로 강제로 냉각한다.
  - 수냉식: 기름 속에 냉각수를 순환시켜 냉각한다.

용어 18 〉 변압기 손실

변압기 손실은 부하에 관계 없이 발생하는 무부하손과 부하 전류에 따라 변화하는 부하손으로 나눌 수 있고, 세분하면 아래와 같은 체계로 되어 있다.

변압기 손실
- 무부하손 (고정손): 무부하 운전 시의 손실
  - 철손
    - 히스테리시스손 (철심에서의 히스테리시스 손과 맴돌이 전류 손실)
    - 와전류손 (여자 전류에 의한 1차 권선 저항에 의한 줄 손실)
    - 유전체손 (절연물에서의 손실) — 손실 비율은 작다.
  - (우전체손은 고압용일 때 고려한다.)
- 부하손
  - 동손 (권선 저항에 의한 손실)
  - 표유부하손 (누설 자속이 권선 이외의 철체 구조물을 통과하면서 생기는 손실) — 부하 전류가 증가에 의해 손실이 커진다.

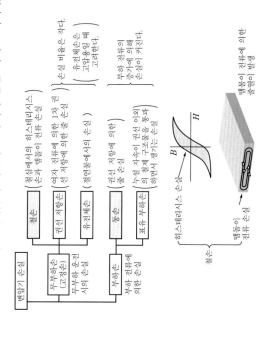

히스테리시스 손 { 철손 맴돌이 전류에 의한 줄 손실 }
맴돌이 전류에 의한 줄 손실

용어 19 〉 아몰퍼스 변압기

인자 배열이 랜덤인 비정질 재료를 사용한 변압기로, 철·규소·붕소를 원료로 한 용융 합금을 초급속 냉각함으로써 결정 생성을 방지한 것이다.

일반 금속 재료

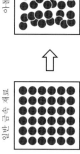
아몰퍼스

기존의 규소 강판 철심보다 철손을 $\frac{1}{3} \sim \frac{1}{4}$ 로 낮출 수 있다. 포화 자속 밀도가 낮아 철적률이 커지고 소재가 얇고 무르다. 조립 작업이 않고 지지 구조상의 이유로 여분의 공간이 생겨 외형과 중량은 커진다.

용어 20 〉 여자 돌입 전류

무여자의 변압기를 계통에 접속할 때 과도적으로 흐르는 전류이다. 여자 돌입 전류가 최대가 되는 것은 변압기가 전압의 순시값이 0인 순간에 투입되고 전류 자속 밀도가 높은 자속 변화 방향과 인가 전압에 의한 자속 변화 방향과 동일한 방향에 있는 경우이다.

변압기 인가 전압 ⇒ 전류 자속(ϕ_r)을 초깃값으로 한 교변 자속 발생 ⇒ 철심의 자기 포화 현상 발생 ⇒ 여자 전류의 돌발적 증대 (여자 돌입 전류)

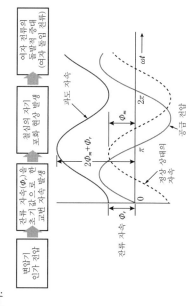

과도 자속
$2\phi_m + \phi_r$
ϕ_m
ϕ_r
정상 상태의 자속
공급 전압
ωt
0, π, 2π

용어 23 ▶ 각변위

변압기의 결선 방법에 따라 1차측과 2차측의 위상각이 변화하는 것을 의미한다. 단상 변압기 3대를 조합한 경우 1차측과 2차측이 같은 결선(△-△이나 Y-Y)에서는 각변위가 없지만, △-Y나 Y-△ 결선한 경우에는 1차측과 2차측의 위상각은 30° 변화한다. Y-△ 결선에서는 1차측에 대해 2차측은 30° 늦은 위상이다.

1차측을 시계 문자판의 12시 위치로 하고, 2차측이 30° 늦으면, 시계의 분 자판의 1 위치에 해당하므로 Yd1로 표시한다.

접속 기호	Yy0	Dd0	Yd1	Dy11
1 차 권 선 유 도 전 압 벡 터 도	 U W　　V	 U W　　V	 U W　　V	 U W　　V
2 차 권 선 유 도 전 압 벡 터 도	 u w　　v	 u w　　v	 w　　v	 v u w

용어 24 ▶ 스위치 소자

스위치 소자의 온(도통), 오프(비도통) 전압과 전류 상태는 아래 그림과 같다. 스위치 소자가 오프에서 온으로 전환하는 것을 점호(點弧)라고 하고, 점호에 필요한 시간을 턴온 시간이라고 한다. 또 온에서 오프로 전환하는 것을 소호라고 하고, 소호에 필요한 시간을 턴오프 시간이라고 한다.

또한, 스위치 온 시 스위치 소자 양끝에 발생하는 전압을 순전압 강하라고 한다.

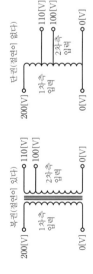

용어 21 ▶ Y-Y-Δ 결선

Y결선에서는 중성점이 접지되지 않으면 3상 전류 속 제3고조파 전류가 동일 위상이므로, 합계는 0이 되지 않는다.

Y결선의 중성점이 접지되지 않은 경우에는 제3고조파 전류의 통로가 없기 때문에, 전류는 정현파가 되어 각 상의 자속과 유도 기전력에 제3고조파를 포함하게 된다. 이 결과 통신선에 전자 유도 장해를 초래한다.

이에 대한 대책으로서 제3고조파 전류가 환류하는 △권선을 설치한 Y-Y-△ 결선이 사용된다.

용어 22 ▶ 단권 변압기

2권선 변압기와 같은 보통 변압기에서는 1차 권선과 2차 권선이 절연되어 있다. 반면에, 단권 변압기는 1차 권선과 2차 권선의 일부를 공통으로 하는 형태의 변압기이다.

단권 변압기의 특징은 다음과 같다.

① 전압의 승·강압과 전동기의 기동에 이용된다.
② 임·출력 간이 절연되지 않아, 재료를 절약할 수 있고 소형·경량이다.
③ 누설 임피던스, 전압 변동률, 손실이 작다.
④ 임피던스가 작으므로 단락 전류는 크다.
⑤ 1차측과 2차측을 절연할 수 없으므로, 저압측에 이상 전압이 영향을 준다.

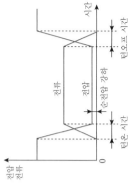

용어 27 회생 제동형 인버터

인버터부에 PWM 정류 장치를 이용하여, 회생 에너지를 교류 전원으로 환원한다. 이 방식에서는 엘리베이터나 가역 빈도가 높은 공작 기계의 회생 에너지를 전원 역률을 제어하면서 전원으로 환원한다.

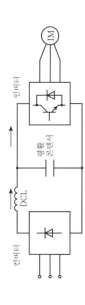

용어 28 회류 다이오드

유도성 부하에 전류가 흐르면, 전원의 극성이 음인 기간이라도 전류를 흘려보내려고 한다. 환류 다이오드(프리 휠링 다이오드)는 이 성질을 이용하여 부하 전류를 흘려보내기 위해 장착하는 다이오드이다. 환류 다이오드를 장착하면 전원의 극성이 음인 기간에도 부하 전류가 흐르고, 직류 평균 전압이 저하되는 것을 제어할 수 있다.

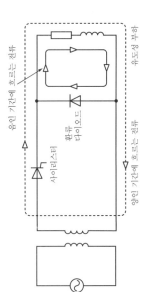

용어 25 IGBT

절연 게이트 바이폴라 트랜지스터로, MOSFET을 입력단으로 하고 바이폴라 트랜지스터(BJT)를 출력단으로 하는 달링턴 접속 구조를 동일 반도체 기판상에 구성한 파워 트랜지스터이다.

컬렉터(C), 이미터(E), 게이트(G)가 있고, 게이트와 이미터 간의 전압에 의해 온 상태, 오프 상태를 양방향으로 제어할 수 있는 전압 제어형 디바이스이다. MOSFET의 약점인 고내 전압, 대전류화가 개선됐다.

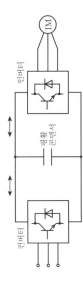

(a) 기본 구조   (b) 등가 회로   (c) 그림 기호

용어 26 범용 인버터

컨버터 부분을 다이오드로 구성해서 정류하고, 인버터 부분은 자기 소호 소자(파워 트랜지스터, GTO, IGBT)와 다이오드를 조합한 구조이다. 이를 소자의 온·오프로 가변 주파수 교류로 변환되며, 에너지의 흐름은 한 방향이다. DCL(직류 리액터)은 인버터 전원측 입력 역률 개선, 고조파 저감을 제어할 경우에 사용한다.

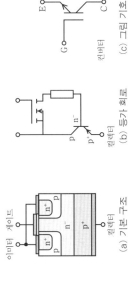

용어 29 사이클로 컨버터

입력 교류 전압에 위상 변조 제어를 이용해 입력 주파수보다 낮은 주파수의 교류를 얻을 수 있는 전력 변환 장치이다.

3상 사이리스터 브리지 정류 회로를 2개 조합해, 각각 A측 양군 컨버터, B측 음군 컨버터로 하고, 각 사이리스터의 제어각을 개별적으로 제어한다. 3상 유도 전동기의 속도 제어에도 이용된다.

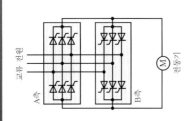

용어 30 펄스폭 변조(PWM)

전압형 인버터의 출력 전압 제어에는 주로 PWM(Pulse Width Modulation) 방식이 이용된다.

1사이클의 전압 과형을 분할해 다수의 펄스열로 구성하고, 펄스의 수, 간격, 폭 등을 시간적으로 변화시켜 평균값을 정현파 형태가 되도록 제어한다. 스위치의 온·오프 타이밍을 조정해 전압·주파수를 변화시킬 수 있고, 3상 유도 전동기의 VVVF 제어 등에 이용된다.

어떤 시점의 전압과 주파수	ON 시간을 짧게 (길게) 해서 전압을 변화한다.	ON, OFF 간격을 짧게 (길게) 해서 주파수를 변화한다.

용어 31 감속비

2개의 톱니바퀴가 조합된 경우 그림처럼 톱니바퀴 B의 톱니수가 톱니바퀴 A의 톱니수의 2배인 경우 톱니바퀴 B를 1회 회전시키기 위해 톱니바퀴 A를 2회 회전시켜야만 한다. 이 경우 감속비는 2이다.

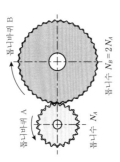

톱니바퀴 B
톱니바퀴 A
톱니수 N_A
톱니수 $N_B = 2N_A$

용어 32 회생 제동

전동기를 발전기로서 동작시키고, 회전기의 운동 에너지를 전기 에너지로 변환해 회수함으로써 제동을 가는 전기 브레이크이다.

전동기를 전원에 접속한 채로 전동기의 유도 기전력을 전원 전압보다 높게 하면, 전동기는 발전기가 되고, 발생 전력은 전원측으로 반송되어 회생된다. 전동기는 제동이 가해진다.

제동 저항을 접속하지 않은 경우에는 전동기 내부 손실분이 제동력으로 작용한다. 전동기를 전원으로 하는 엘리베이터, 전차 등에 이용된다. 회생 제동을 동력으로 하는 엘리베이터, 전차 등에 이용된다.

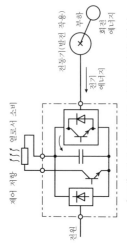

제어 저항
열손실 소비
전동기(발전 작용)
부하
회전 에너지
전기 에너지
전원

(그림) 회생 제동(제동 저항에 의한) 방식

목표값 변화에 대한 추종 제어로, 그 과도 특성이 양호할 것이 요구된다. 서보 기구는 방위, 위치, 자세 등 기계적 위치를 자동으로 제어하는 것을 말한다.

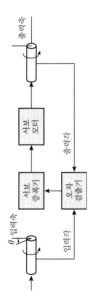

memo